机械制造技术基础

（第3版）

主　编　陈　朴
副主编　张昌明　姜　明　胡　晋
　　　　苏　蓉　马　蕾
主　审　陈兵奎

重庆大学出版社

内容简介

本书是一本以机械制造工艺过程为主线，将机械产品几何技术规范、金属切削基本理论、常用加工方法与机床、刀具、夹具等基本知识进行优化整合，强调基础、突出应用的技术基础课教材。本书编写中全面采用了现行最新的国家标准和机械行业标准，如2010版《金属切削基本术语》、2008版《机械制造工艺基本术语》、2008版《金属切削机床术语》、2020版《产品几何技术规范》、1999版《机床夹具及部件(机械行业标准)》、2022年的《刀具与磨具材料》等国家标准。本书直接涉及的国家标准和机械行业标准达60多项。

本书供机械类本科专业教学使用，也可供从事机械制造工作的技术人员使用参考。

图书在版编目(CIP)数据

机械制造技术基础 / 陈朴主编. -- 3版. -- 重庆 : 重庆大学出版社, 2023.4(2024.12重印)
机械设计制造及其自动化专业本科系列教材
ISBN 978-7-5624-6709-0

Ⅰ.①机… Ⅱ.①陈… Ⅲ.①机械制造工艺—高等学校—教材 Ⅳ.①TH16

中国版本图书馆CIP数据核字(2023)第065653号

机械制造技术基础
(第3版)
主 编 陈 朴
副主编 张昌明 姜 明 胡 晋
苏 蓉 马 蕾
主 审 陈兵奎
策划编辑 杨粮菊
责任编辑:秦旖旎 版式设计:杨粮菊
责任校对:刘志刚 责任印制:张 策
*
重庆大学出版社出版发行
出版人:陈晓阳
社址:重庆市沙坪坝区大学城西路21号
邮编:401331
电话:(023) 88617190 88617185(中小学)
传真:(023) 88617186 88617166
网址:http://www.cqup.com.cn
邮箱:fxk@cqup.com.cn(营销中心)
全国新华书店经销
重庆华林天美印务有限公司印刷
*
开本:787mm×1092mm 1/16 印张:25 字数:627千
2015年8月第1版 2023年4月第3版 2024年12月第12次印刷
印数:16 101—18 100
ISBN 978-7-5624-6709-0 定价:59.00元

第3版前言

《机械制造技术基础》出版发行以来，得到西部地区众多兄弟高校的大力支持，在使用中，兄弟高校和相关企业也提出了很多宝贵的意见。

地方高校的“机械制造技术基础”系列课程的改革方向是重在应用，所以本书的修订是以机械制造工程实际应用为导向组织本书主要内容。本书以机械制造工艺过程为主线，以零件成形的原理、方法及成形过程的基本规律等展开，将金属切削基本理论、机械产品几何技术规范、常用加工方法与机床、刀具、夹具和机械加工精度等基本知识进行优化整合而成。本书注重机械加工相关内容的系统性、强调基础知识、突出工程应用。

第3版主要从两个大的方面进行了修订：一是全面更新和采用了现行的国家标准，主要标准更新至2022年10月实施的相关国家标准；二是增加或加强了数控加工、成组技术和计算机辅助工工艺设计方面的内容。修订的主要内容如下：

(1)第1章增加了常用刀具分类的内容。

(2)根据最新的国家标准，全面修订了第3章的内容，特别是“线性尺寸的公差与配合”“几何公差”和“公差原则”等方面的内容。

(3)第4章进行了较大幅度的修订。根据最新的国家标准修订了“加工方法、机床”等相关术语、修订了“磨具材料及磨具”等方面的相关内容；修订了“数控加工方法和数控机床”方面的相关内容；删除了一些传统机床结构、传动和调整等方面的内容。

(4)第6章进行了全面修订。根据最新的国家标准修订了“加工方法和机械制造工艺基本术语”“时间定额”“铸造”等相关内容；将“工件的安装”“机床夹具的基础知识”移到新增加的第 7 章,将“基准”移至本章的“基准与定位基准选择”;全面修订了“成组技术”和“计算机辅助工工艺设计”等方面的内容。

(5)新增加了第 7 章“机床夹具设计”,较为系统地介绍了“机床夹具的组成”“工件的安装与定位”“工件的夹紧与常用夹紧机构”“各类专用夹具设计(包括车床夹具、铣床夹具、钻床夹具、镗床夹具和数控机床夹具等内容)”“机床夹具设计方法与步骤”等内容,而且各种相关术语均采用最新国家标准,各类定位元件和夹紧元件均采用现行的机械行业标准。

另外,各章习题也作了一定程度的修订,更加注重学生在学习过程中对基础知识的掌握、在学习过程中得到能力的提升。

本书修订后使机械加工方面的知识更为系统和完善,更为适应机械制造行业的现行需求,更为吻合现行国家标准。而且更加有利于基于机械制造工程实际知识的学习顺序和学习内容的连贯性,也更加有利于读者机械制造方面的知识的掌握和能力的达成。对从事机械制造行业的相关技术人员更具参考价值。

本书由西华大学陈朴任主编,陕西理工大学张昌明、四川轻化工大学姜明、重庆科技学院胡晋、西华大学苏蓉和马蕾等任副主编。本次修订工作主要由西华大学完成,由陈朴和马蕾负责全书的统稿。陈朴编写第 7 章、修订第 4 章,马蕾修订第 2 章和第 6 章,封志明修订第 1 章和第 3 章,钟雯修订第 5 章和第 9 章(原第 8 章),尹洋修订第 8 章(原第 7 章),西华大学万长成参与了修订中的校对工作。本书由重庆大学陈兵奎教授主审。

在本书编写和修订过程中得到了许多专家、同仁的大力支持和帮助,也参考了许多专家的有关文献。在此,谨向他们表示衷心的感谢。

由于编者水平有限,修订工作中难免有疏漏之处,恳请使用本书的广大读者批评指正。

编　者

2022 年 11 月

第1版前言

“机械制造技术基础”是1998年机械工程类专业教学指导委员会推荐设置的一门主干技术基础课。通过本课程的学习,使学生掌握机械制造技术的基本知识和基本理论,了解机械制造技术的发展动态,为后续专业课的学习及毕业设计打下基础,也为今后从事机械设计与制造方面的工作打下基础。

本书是重庆大学出版社联合西部地区众多一般院校编写的“机械设计制造及其自动化专业本科系列教材”之一。本书由西华大学陈朴提出并修订编写大纲,参加编写大纲讨论的有西华大学、陕西理工学院、重庆理工大学、四川理工学院、广西科技大学(筹)、重庆科技学院、兰州理工大学等高校。本书充分结合上述各高校在该课程进行的各种教学改革与实践,结合各校的教学经验与对该教材的要求编写而成。

本书是一本以机械制造工艺过程为主线,将金属切削基本理论、机械产品几何技术规范、常用加工方法与机床、刀具、夹具等基本知识进行优化整合,强调基础、突出应用的技术基础课教材。本书按50~80学时的教学计划编写,各校在使用时可酌情增减有关内容。书中部分内容可供学生自学和课外阅读。为便于教学,每一章后附有习题。

进入21世纪以来,在机械制造领域内的大部分国家标准均已更新,本书编写中全面采用了最新的国家标准,如2008版产品几何技术规范、2008版金属切削机床型号编制方法、2010版金属切削基本术语、2008版机械制图等新国家标准。本书直接涉及的新国家标准达30多项。

本书供机械类本科专业教学使用,同时也可供机类、近机类本科和机械类专科等作为教学参考书,也可为从事机械制造工作的技术人员提供参考。

本书由西华大学陈朴任主编,陕西理工学院张昌明、四川理工学院姜明、重庆科技学院胡晋、西华大学苏蓉等任副主编,由陈朴负责全书的统稿。第1章、第2章由张昌明编写,

第3章由胡晋编写，第4章由陈朴编写，第5章由姜明编写，第6章由苏蓉编写，第7章由尹洋（西华大学）编写，第8章由何高法（重庆科技学院）编写。本书由重庆大学陈兵奎教授主审。

在本书编写过程中得到了许多专家、同仁的大力支持和帮助，也参考了许多专家的有关文献。在此，谨向他们表示衷心感谢。

由于我们水平有限，书中难免有错误和不当之处，恳请广大读者批评指正。

编　者

2012年4月

目录

第 1 章
金属切削基础知识

1.1 切削运动与切削用量

1.1.1 切削运动

在金属切削机床上切削工件时,工件与刀具之间要有相对运动,这个相对运动就是切削运动。

图 1.1 所示为外圆车削时的情况。工件的旋转运动形成母线(圆),车刀的纵向直线运动形成导线(直线),圆母线沿直导线运动时就形成了工件上的外圆表面,故工件的旋转运动和车刀的纵向直线运动就是外圆车削时的切削运动。

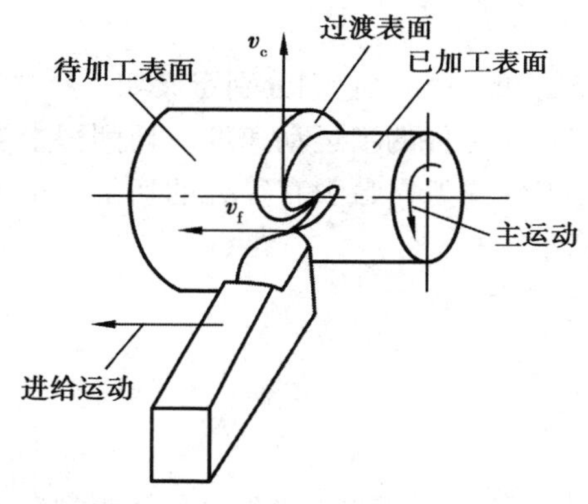

图 1.1　外圆车削的切削运动与加工表面

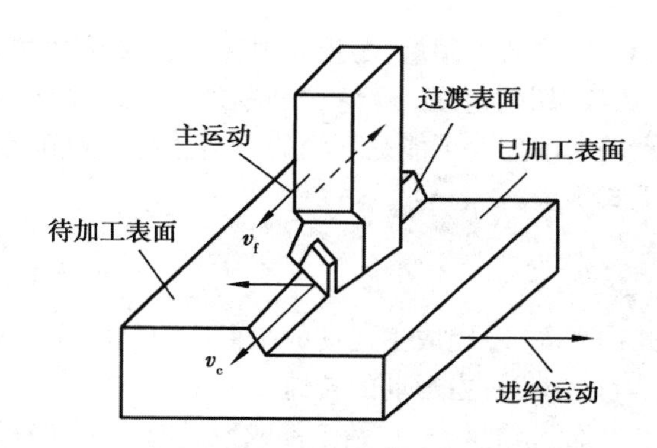

图 1.2　平面刨削的切削运动与加工表面

图 1.2 所示为在牛头刨床上刨平面的情况。刨刀作直线往复运动形成母线(直线),工件作间歇直线运动形成导线,直母线沿直导线运动时就形成了工件上的平面,故在牛头刨床上刨平面时,刨刀的直线往复运动和工件的间歇直线运动就是切削运动。

在其他各种切削加工方法中,工件和刀具同样也必须完成一定的切削运动。切削运动通常按其在切削中所起的作用分为以下两种:

1) 主运动　由机床或人力提供的主要运动,它使刀具与工件之间产生相对运动,从而使刀具前面接近工件。主运动的方向为切削刃选定点相对于工件的瞬时运动的方向。这个运动的速度最高,消耗的功率最大。例如,外圆车削时工件的旋转运动和平面刨削时刀具的直线往复运动都是主运动。主运动的形式可以是旋转运动或直线运动,但每种切削加工方法中主运动通常只有一个。

2) 进给运动　由机床或人力提供的运动,它使刀具与工件之间产生附加的相对运动,加上主运动,即可不断地或连续地切除切屑,并得出具有所需几何特性的已加工表面。例如,外圆车削时车刀的纵向连续直线运动和平面刨削时工件的间歇直线运动都是进给运动。进给运动可能不止一个,它的运动形式可以是直线运动、旋转运动或两者的组合,但无论哪种形式的进给运动,其运动速度和消耗的功率都比主运动要小。

总之,任何切削加工方法都必须有一个主运动,可以有一个或几个进给运动。主运动和进给运动可以由工件或刀具分别完成,也可以由刀具单独完成(例如在钻床上钻孔或铰孔)。

1.1.2　切削加工表面

如图 1.1 所示,在切削加工中,工件上通常存在三个表面,它们是:

1) 待加工表面　它是工件有待切除之表面。随着切削过程的进行,它将逐渐减小,直至全部切去。

2) 已加工表面　它是工件上经刀具切削后形成的表面。随着切削过程的进行,它将逐渐扩大。

3) 过渡表面(加工表面)　它是工件上由切削刃形成的那部分表面,它在下一切削行程,刀具或工件的下一转里被切除,或者由下一切削刃切除。它总是处在待加工表面与已加工表面之间。

1.1.3　切削用量

所谓切削用量,是指切削速度、进给量和背吃刀量三者的总称。它们分别定义如下:

1) 切削速度 v_c　它是切削加工时,切削刃选定点相对于工件的主运动速度。切削刃上各点的切削速度可能是不同的。当主运动为旋转运动时,工件或刀具最大直径处的切削速度由下式确定:

$$v_c = \frac{\pi d n}{1\ 000} \tag{1.1}$$

式中　d——完成主运动的工件或刀具的最大直径,mm;

n——主运动的转速,r/s 或 r/min。

2) 进给量 f　它是工件或刀具的主运动每转一周或每往复一次时,工件和刀具两者在进给运动方向上的相对位移量。例如外圆车削的进给量 f 是工件每转一转时车刀相对于工件在进给运动方向上的位移量,其单位为 mm/r;又如在牛头刨床上刨平面时,其进给量 f 是刨刀每往复一次,工件在进给运动方向上相对于刨刀的位移量,其单位为 mm/双行程。

在切削加工中,也有用进给速度 v_f 来表示进给运动的。所谓进给速度 v_f,是指切削刃上选定点相对于工件的进给运动速度,其单位为 mm/s。若进给运动为直线运动,则进给速度在切削刃上各点是相同的。在外圆车削中

$$v_f = f \cdot n \tag{1.2}$$

式中 f——车刀每转进给量,mm/r;

n——工件转速,r/s。

3)背吃刀量 a_p 对外圆车削(图1.1)和平面刨削(图1.2)而言,背吃刀量 a_p 等于工件已加工表面与待加工表面间的垂直距离,其中外圆车削的背吃刀量

$$a_p = \frac{d_w - d_m}{2} \tag{1.3}$$

式中 d_w——工件待加工表面的直径,mm;

d_m——工件已加工表面的直径,mm。

1.2 刀具切削部分的几何参数

1.2.1 刀具切削部分的结构要素

金属切削刀具的种类很多,各种刀具的结构尽管有的相差很大,但它们切削部分的几何形状都大致相同。普通外圆车刀是最基本、最典型的切削刀具,故通常以外圆车刀为基础来定义刀具切削部分的组成和刀具的几何参数。如图1.3所示,车刀由刀头、刀体两部分组成。刀头用于切削,刀柄用于装夹。刀具切削部分由三个面、两条切削刃和一个刀尖组成。

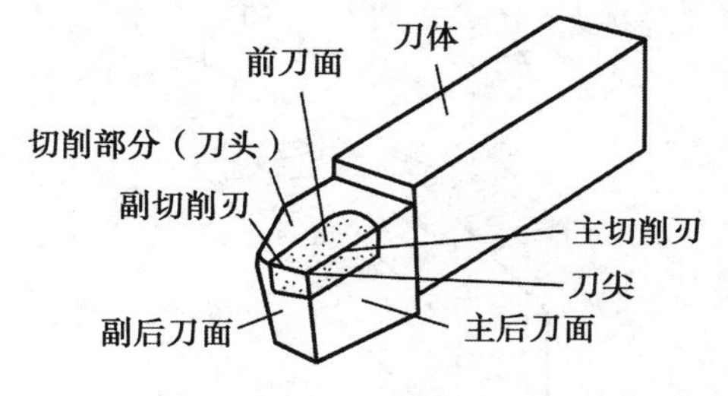

图1.3 车刀切削部分的构成

①前刀面 A_γ:切削过程中切屑流出经过的刀具表面。

②主后刀面 A_α:切削过程中与工件过渡表面相对的刀具表面。

③副后刀面 A'_α:切削过程中与工件已加工表面相对的刀具表面。

④主切削刃 S:起始于切削刃上主偏角为零的点,并至少有一段切削刃拟用来在工件上切出过渡表面的那个整段切削刃。它其实就是前刀面与主后刀面的交线。它担负主要的切削工作。

⑤副切削刃 S':除主切削刃以外的刃,亦起始于主偏角为零的点,但它向背离主切削刃的方向延伸。它其实是前刀面与副后刀面的交线。它配合主切削刃完成切削工作。

⑥刀尖:主、副切削刃的连接处相当少的一部分切削刃。为了改善刀尖的切削性能,常将刀尖磨成直线或圆弧形过渡刃。

1.2.2 刀具的标注角度

用于定义和规定刀具角度的各基准坐标平面称为参考系。参考系有两类:①刀具标注角度参考系或静止参考系:刀具设计、刃磨和测量的基准,用此定义的刀具角度称刀具标注角度;②刀具工作参考系:确定刀具切削工作时角度的基准,用此定义的刀具角度称刀具工作角度。

在建立刀具静止参考系时,特作如下两点假设:

①首先假定主运动方向和假定进给运动方向,其次假定进给速度值很小($v_f=0$);

②安装车刀时,刀柄底面水平放置,且刀柄与进给方向垂直;刀尖与工件回转中心等高。

由此可见,静止参考系是在简化了切削运动和设立标准刀具位置的条件下建立的参考系。

(1)正交平面参考系

正交平面参考系由三个平面组成:基面 P_r、切削平面 P_s 和正交平面 P_o;组成一个空间直角坐标系,如图 1.4 所示。

①基面 P_r:指过主切削刃选定点,并垂直于该点切削速度方向的平面。基面应平行或垂直于刀具上便于制造、刃磨和测量时的某一安装定位平面。对于普通车刀,它的基面总是平行于刀杆的底面。

②切削平面 P_s:指过主切削刃选定点,与主切削刃相切,并垂直于该点基面的平面。

③正交平面 P_o:指过主切削刃选定点,同时垂直于基面与切削平面的平面。

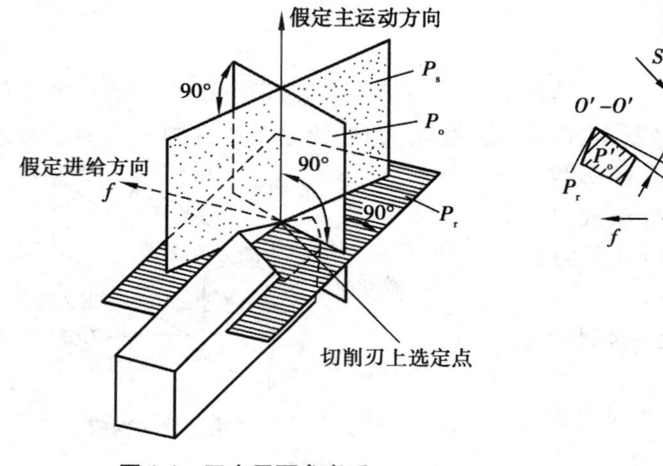

图 1.4 正交平面参考系

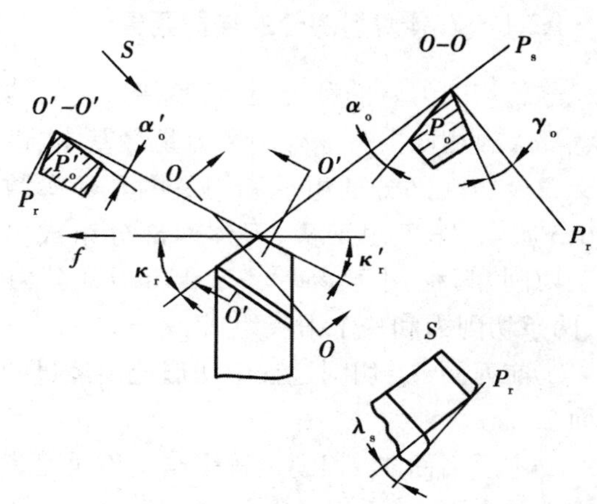

图 1.5 正交平面参考系标注角度

(2)正交平面参考系标注角度

如图 1.5 所示,在正交平面内定义的角度有:

①前角 γ_o:是指在前刀面与基面之间的夹角。前刀面与基面平行时前角为零;刀尖位于前刀面最高点时,前角为正;刀尖位于前刀面最低点时,前角为负。

②后角 α_o:是指后刀面与切削平面之间的夹角。刀尖位于后刀面最前点时,后角为正;刀尖位于后刀面最后点时,后角为负。

在基面内定义的角度有:

③主偏角 κ_r:主切削平面与假定工作平面间的夹角。即主切削刃在基面上的投影与假定进给方向之间的夹角。主偏角一般在 0°~90°。

④副偏角 κ_r':副切削平面与假定工作平面间的夹角。即是指副切削刃在基面上的投影与假定进给方向之间的夹角。

在切削平面内定义的角度有:

⑤刃倾角 λ_s:是指主切削刃与基面之间的夹角。切削刃与基面平行时,刃倾角为零;刀尖

位于刀刃最高点时，刃倾角为正；刀尖位于刀刃最低点时，刃倾角为负。

过副切削刃上选定点且垂直于副切削刃在基面上投影的平面称为副正交平面。过副切削刃上选定点的切线且垂直于基面的平面称为副切削平面。副正交平面、副切削平面与基面组成副正交平面参考系。在副正交平面内定义的角度有：

⑥副后角 α_o'：是指副后刀面与副切削平面之间的夹角。

(3)法平面参考系及标注角度

在标注可转位刀具或大刃倾角刀具时，常用法平面参考系。如图1.6所示，法平面参考系由 P_r、P_s、P_n(法平面)三个平面组成。法平面 P_n 是过主切削刃某选定点，并垂直于切削刃或其切线的平面。

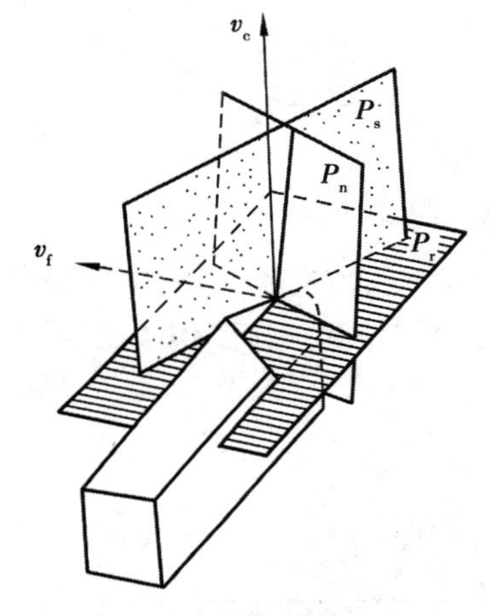

图1.6 法平面参考系

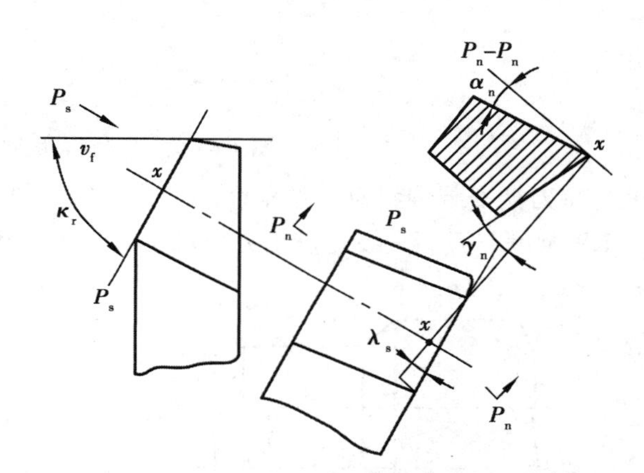

图1.7 法平面参考系标注角度

如图1.7所示，在法平面参考系内的标注角度有：

法前角 γ_n 是指在法平面内测量的前刀面与基面之间的夹角。

法后角 α_n 是指在法平面内测量的后刀面与切削平面之间的夹角。

其余角度与正交平面参考系的相同。

法前角、法后角与前角、后角可由下列公式进行换算：

$$\tan\gamma_n = \tan\gamma_o \cos\lambda_s \tag{1.4}$$

$$\cot\alpha_n = \cot\alpha_o \cos\lambda_s \tag{1.5}$$

必须指出，在GB/T 12204—2010《金属切削 基本术语》中，不再如上划分2个参考系，而是由前述各个参考平面直接形成参考系，不同的刀具角度在相应的参考平面中标注与测量。

1.2.3 刀具的工作角度

以车刀为例，刀具标注角度是在假定运动条件和假定安装条件情况下定义的。在实际切削加工过程中，由于刀具受安装位置和进给运动的影响，刀具的参考平面发生了变化，刀具角度就应在工作参考平面内定义。在工作参考系里标注的角度称为车刀的工作角度。工作参考系的基面 P_{re}、切削平面 P_{se}、正交平面 P_{oe} 的位置与标注参考系不同，所以工作角度也发生了改变。工作角度记作：γ_{oe}、α_{oe}、κ_{re}、κ_{re}'、λ_{se}、α_{oe}'等。

(1)刀具安装对工作角度的影响

1)刀刃安装高度对工作角度的影响　车削时刀具的安装常会出现刀刃安装高于或低于工件回转中心的情况,如图1.8所示。工作基面、工作切削平面相对于标注参考系产生θ角的偏转,将引起工作前角和工作后角的变化:$\gamma_{oe}=\gamma_o\pm\theta,\alpha_{oe}=\alpha_o\mp\theta$。

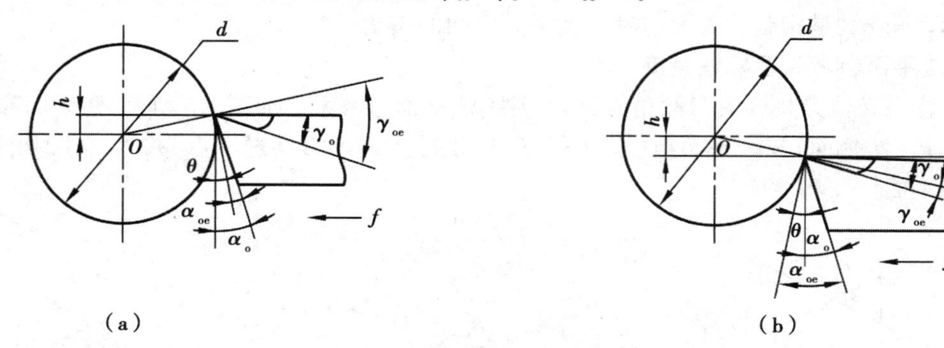

图1.8　车刀安装高度对工作角度的影响

2)刀柄安装偏斜对工作角度的影响　在车削时会出现刀柄与进给方向不垂直的情况,如图1.9所示。刀柄垂线与进给方向产生θ角的偏转,将引起工作主偏角和工作副偏角的变化:$\kappa_{re}=\kappa_r\pm\theta,\kappa_{re}'=\kappa_r'\mp\theta$。

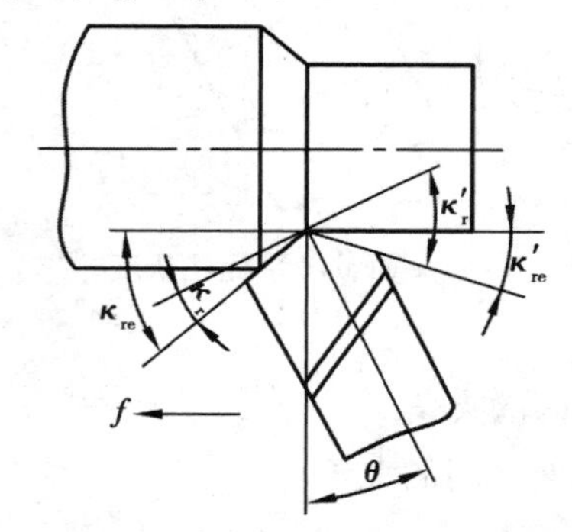

图1.9　车刀安装偏斜对工作角度的影响

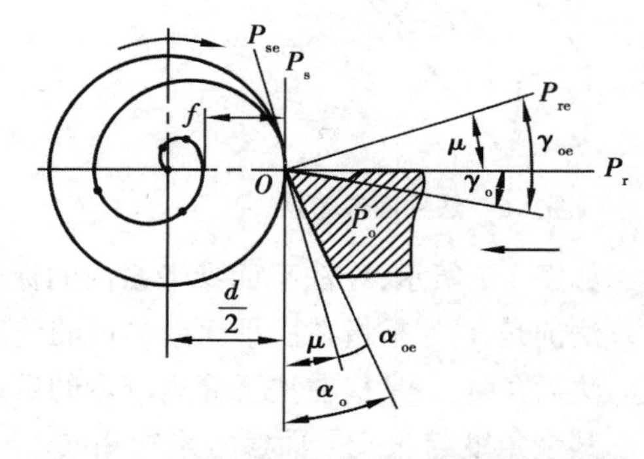

图1.10　横向进给运动对工作角度的影响

(2)进给运动对工作角度的影响

1)横向进给对工作角度的影响　车端面或切断时,车刀作横向进给,切削轨迹是阿基米德螺旋线,如图1.10所示。实际基面和切削平面相对于标注参考系都要偏转一个附加的角度μ(μ是主运动方向与合成切削运动方向之间的夹角,$\tan\mu=\frac{v_f}{v_c}=\frac{f}{\pi d}$,称为合成切削速度角),将使车刀的工作前角增大,工作后角减小:$\gamma_{oe}=\gamma_o+\mu,\alpha_{oe}=\alpha_o-\mu$。

2)纵向进给对工作角度的影响　车外圆或车螺纹时,车削合成运动产生的加工表面为螺旋面,如图1.11所示。实际的基面和切削平面相对于标注参考系都要偏转一个附加的角度μ(角度μ与螺旋升角μ_f的关系为:$\tan\mu=\tan\mu_f\sin k_r=\frac{f\sin\kappa_r}{\pi d}$),将使车刀的工作前角增大,工作后角减小:$\gamma_{oe}=\gamma_o+\mu,\alpha_{oe}=\alpha_o-\mu$。

一般车削时,进给量比工件直径小得多,故角度μ很小,对车刀工作角度影响很小,可忽略不计。但若进给量较大时(如加工丝杆、多头螺纹),则应考虑角度μ的影响。车削右旋螺

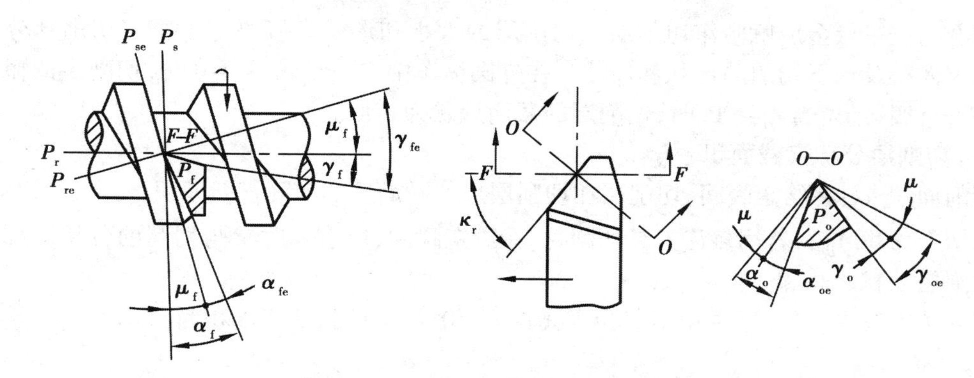

图 1.11　纵向进给运动对工作角度的影响

纹时，车刀左侧刃后角应大些，右侧刃后角应小些。使用可转角度刀架时，将刀具倾斜一个角度μ安装，使左右两侧刃工作前后角相同。

1.3　切削层参数与切削方式

1.3.1　切削层参数

如图 1.12 所示。由刀具切削部分的一个单一动作（或指切削部分切过工件的一个单程，或指只产生一圈过渡表面的动作）所切除的工件材料层即为切削层。换句话讲，刀具或工件沿进给运动方向每移动一个f(mm/r)或f_z(mm/z)后，由一个刀齿正在切的金属层称为切削层。

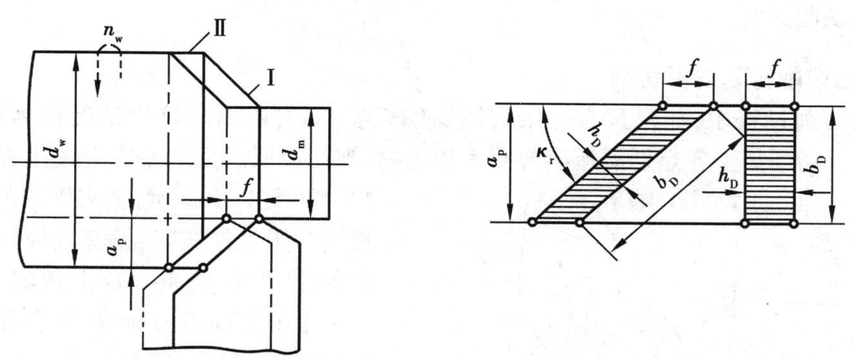

图 1.12　外圆纵车时切削层

切削层参数就是指的这个切削层的截面尺寸，它通常在过作用主切削刃上基点D（一般为将作用主切削刃分为两相等长度的点）并与该点主运动方向垂直的平面内观察和度量，这个平面又叫切削层尺寸平面。

现用典型的外圆纵车来说明切削层参数。如图 1.12 所示，车刀主切削刃上任意一点相对于工作的运动轨迹是一条空间螺旋线，整个主切削刃切出的是一个螺旋面。工件每旋转一周，车刀沿工件轴线移动一个进给量f的距离，主切削刃及其对应的工作过渡表面也在连续移动中由位置Ⅰ移至相邻的位置Ⅱ，于是Ⅰ、Ⅱ螺旋面之间的一层金属被切下变为切屑。由车刀切削着的这一层金属就叫作切削层。切削层的大小和形状直接决定了车刀切削部分所承受的负荷大小及切下切屑的形状和尺寸。在外圆纵车中,当 $\kappa_r'=0$、$\lambda_s=0$ 时,切削层的截面形状为一平行四边形;当 $\kappa_r=90°$时,切削层的截面形状为矩形。

(1)切削层公称横截面积

切削面积 A_D:在给定瞬间,切削层在切削层尺寸平面里的实际横截面积。

总切削面积 A_{Dtot}:若用多齿刀具切削时,在给定瞬间,所有同时参与切削的各切削部分的横截切削层面积之总和。

在外圆纵车中,当作用主切削刃为直线且 $\kappa_r'=0$、$\lambda_s=0$ 时,切削面积为:

$$A_D=h_D \cdot b_D=f \cdot a_p \tag{1.6}$$

(2)切削层公称宽度

切削宽度 b_D:在给定瞬间,作用主切削刃截形上两个极限点间的距离,在切削层尺寸平面中测量。

在外圆纵车中,当作用主切削刃为直线且 $\kappa_r'=0$、$\lambda_s=0$ 时,切削宽度为:

$$b_D=\frac{a_p}{\sin \kappa_\gamma} \tag{1.7}$$

由上式可知,当 a_p减小或 κ_r增大时,b_D变短。

(3)切削层公称厚度

切削厚度 h_D:在同一瞬间的切削层公称横截面积与其切削层公称宽度之比。

在外圆纵车中,当作用主切削刃为直线且 $\kappa_r'=0$、$\lambda_s=0$ 时,切削厚度为:

$$h_D=f \cdot \sin \kappa_r \tag{1.8}$$

由此可见,f 或 κ_r增大,则 h_D变厚。

1.3.2 切削方式

(1)自由切削与非自由切削

刀具在切削过程中,如果只有一条直线切削刃参加切削工作,这种情况称为自由切削。其主要特征是切削刃上各点切屑流出方向大致相同,被切金属的变形基本上发生在二维平面内。如图 1.13 所示,宽刃刨刀的主切削刃长度大于工件宽度,没有其他切削刃参加切削,所以它是属于自由切削。反之,若刀具上的切削刃为曲线,或有几条切削刃(包括副切削刃)都参加了切削,并且同时完成整个切削过程,则称之为非自由切削。其主要特征是各切削刃交接处切下的金属互相影响和干扰,金属变形更为复杂,且发生在三维空间内。例如外圆车削时除主切削刃外,还有副切削刃同时参加切削,所以,它是属于非自由切削方式。

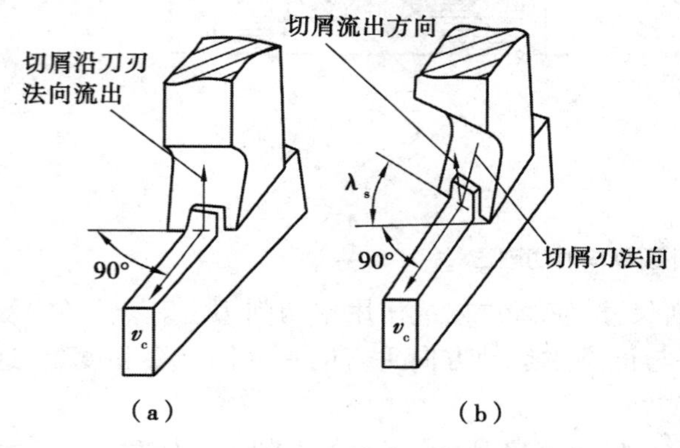

图 1.13 直角切削与斜角切削

(2)直角切削与斜角切削

直角切削是指刀具主切削刃的刃倾角 $\lambda_s=0$ 的切削，此时，主切削刃与切削速度向量成直角，故又称它为正交切削。如图1.13(a)所示为直角刨削简图，它是属于自由切削状态下的直角切削，其切屑流出方向是沿切削刃的法向，这也是金属切削中最简单的一种切削方式，在金属切削的理论和实验研究工作中，多采用这种直角自由切削方式。

斜角切削是指刀具主切削刃的刃倾角 $\lambda_s\neq0$ 的切削，此时主切削刃与切削速度向量不成直角。如图1.13(b)所示即为斜角刨削，它也是属于自由切削方式。一般的斜角切削，无论它是在自由切削或非自由切削方式下，主切削刃上的切屑流出方向都将偏离其切削刃的法向。实际切削加工中的大多数情况属于斜角切削方式。

1.4　常用刀具材料和刀具种类

1.4.1　刀具材料应具备的性能

现代切削加工对刀具提出了更高和更新的要求。近几十年来，世界各工业发达国家都在大力发展先进刀具，开发出了许多高性能的刀具材料。

刀具材料通常是指刀具切削部分的材料。其性能的好坏将直接影响加工精度、切削效率、刀具寿命和加工成本。因此，正确选择刀具材料是设计和选用刀具的重要内容之一。

由于刀具在切削时，要克服来自工件的弹塑性变形的抗力和来自切屑、工件的摩擦力，常使刀具切削刃上出现很大的应力并产生很高的温度，刀具将会出现磨损和破损。因此，为使刀具能正常工作，刀具材料应满足如下一些性能要求。

(1)高的硬度和耐磨性

刀具材料的硬度必须高于被加工材料的硬度，常温下刀具硬度一般应在60 HRC以上。

耐磨性是指材料抵抗磨损的能力，它与材料硬度、强度和金相组织等有关。一般而言，材料的硬度越高，耐磨性越好；材料金相组织中碳化物越多、越细、分布越均匀，其耐磨性越高。

(2)足够的强度和韧性

切削时刀具要承受较大的切削力、冲击和振动，为避免崩刃和折断，刀具材料应具有足够的强度和韧性。一般用材料的抗弯强度和冲击韧度值表示。

(3)高的耐热性

耐热性即高温下保持足够的硬度、耐磨性、强度和韧性的性能。常将材料在高温下仍能保持高硬度的能力称为热硬性。刀具材料的高温硬度越高，耐热性越好，允许的切削速度越高。

(4)化学稳定性好

指刀具材料在常温和高温下不易与周围介质及被加工材料发生化学反应。

(5)良好的工艺性和经济性

便于加工制造，如良好的锻造性、热处理性、可焊性、刃磨性等，还应尽可能满足资源丰富、价格低廉的要求。

现代切削加工具有更高速、更高效和自动化程度高等特点，为适应其需要，对现代切削加工的刀具材料提出了比传统加工用刀具材料更高的要求，它不仅要求刀具耐磨损、寿命长、可靠性好、精度高、韧性好，而且要求刀具尺寸稳定、安装调整方便等。

1.4.2 常用刀具材料的种类

随着机械制造技术的发展与进步，刀具材料也取得了较大的发展。刀具材料从碳素工具钢发展到了现在广泛使用的硬质合金、陶瓷和超硬材料（立方氮化硼、金刚石等）。

现代切削加工基本淘汰了碳素工具钢，所使用刀具材料主要为高速工具钢、硬质合金、陶瓷、立方氮化硼、金刚石等五类，其主要物理、力学性能见表 1.1。

表 1.1 常用刀具材料的主要物理、力学性能

材料种类		密度 /($g \cdot cm^{-3}$)	硬度 /HRC(HRA)	抗弯强度 /GPa	冲击韧度值 /($MJ \cdot m^{-2}$)	热导率/($W \cdot m^{-1} \cdot K^{-1}$)	耐热性 /℃
高速工具钢		8.0~8.8	63~70 (83~86.6)	2~4.5	0.098~0.588	16.75~25.1	600~700
硬质合金	钨钴类	14.3~15.3	(89~91.5)	1.08~2.35	0.019~0.059	75.4~87.9	800
	钨钛钴类	9.35~13.2	(89~92.5)	0.9~1.4	0.002 9~0.006 8	20.9~62.8	900
	碳化钽、铌类	—	(~92)	~1.5	—	—	1 000~1 100
	碳化钛基类	5.56~6.3	(92~93.3)	0.78~1.08	—	—	1 100
陶瓷	氧化铝陶瓷	3.6~4.7	(91~95)	0.44~0.686	0.004 9~0.011 7	4.19~20.93	1 200
	氧化物、碳化物混合陶瓷			0.71~0.88			1 100
超硬材料	立方氮化硼	3.44~3.49	8 000~9 000 HV	~0.294	—	75.55	1 400~1 500
	人造金刚石	3.47~3.56	10 000 HV	0.21~0.48	—	146.54	700~800

(1) 高速工具钢

高速工具钢是在工具钢中加入较多的钨（W）、钼（Mo）、铬（Cr）、钒（V）等合金的高合金工具钢，俗称为白钢或锋钢。

1）高速工具钢的特点　与普通的碳素工具钢和合金工具钢相比，高速工具钢突出的特点是热硬性很高，在切削温度达 500~650 ℃时，仍能保持 60 HRC 的硬度。同时，高速工具钢还具有较高的耐磨性以及高的强度和韧性。

与硬质合金相比，高速工具钢的最大优点是可加工性好并具有良好的综合力学性能。同时，高速工具钢的抗弯强度是硬质合金的 3~5 倍，冲击韧性是硬质合金的 6~10 倍。

高速工具钢具有较好的力学性能和良好的工艺性，特别适合制造各种小型刀具及结构和形状复杂的刀具，如成形车刀、钻头、拉刀、齿轮加工刀具和螺纹加工刀具等。另外，由于高速工具钢刀具热处理技术的进步以及成形金属切削工艺（全磨制钻头、丝锥等）的更新，高速工具钢仍是现代切削加工应用较多的刀具材料之一。

2）常用高速工具钢材料的分类与性能及应用　高速工具钢的品种繁多，根据 GB/T 9943—2008《高速工具钢》，按切削性能可分为低合金高速工具钢（HSS—L）、普通高速工具钢（HSS）和高性能高速工具钢（HSS—E）；按化学成分可分为钨系高速工具钢和钨钼系高速工具钢；另外，按制造工艺不同，分为熔炼高速工具钢和粉末冶金高速工具钢。生产中常用的是普通高速工具钢和高性能高速工具钢，常用高速工具钢的种类、牌号、主要性能和用途见表1.2。

表1.2　常用高速工具钢的种类、牌号、主要性能和用途

种类	代　号	牌　号	常温硬度/HRC	高温硬度/HRC(600 ℃)	抗弯强度/GPa	冲击韧性/(MJ·m^{-2})	其他特性	主要用途
普通高速钢	HSS	W18Cr4V (T51841)	63~66	48.5	3~3.4	0.18~0.32	可磨性好	复杂刀具，精加工刀具
		W6Mo5Cr4V2 (T66541)	63~66	47~48	3.5~4	0.3~0.4	高温塑性特好，热处理较难，可磨性稍差	代替钨系用，热轧刀具
高性能高速钢	HSS-E	W2Mo5Cr4VCo8 (T72948)	67~69	55	2.7~3.8	0.23~0.3	综合性能好，刃磨性也好，但价格特高	切削难加工材料的刀具
		W6Mo5Cr4V2Al (T66546)	67~69	54~55	2.84~3.82	0.223~0.291	性能与T72948相当，但价格低很多，可磨性略差	切削难加工材料的刀具

注：1.表中除W18Cr4V为钨系高速工具钢外，其他的均为钨钼系高速工具钢；

2.牌号下方括号内为GB/T 9943—2008规定的该牌号的统一数字代号。

①普通高速工具钢。普通高速工具钢的特点是工艺性能好，具有较高的硬度、强度、耐磨性和韧性。可用于制造各种刃形复杂的刀具。

普通高速工具钢又分为钨系高速工具钢和钨钼系高速工具钢两类。

a.钨系高速工具钢。该类高速工具钢的典型牌号为W18Cr4V，是我国最常用的一种高速工具钢。该类高速工具钢综合性能较好，可制造各种复杂刃型刀具。

b.钨钼系高速工具钢。它是以Mo代替部分W发展起来的一种高速工具钢。与W18Cr4V相比，这种高速工具钢的碳化物含量减少，而且颗粒细小分布均匀，因此其抗弯强度、塑性、韧性和耐磨性都略有提高，适于制造尺寸较大、承受冲击力较大的刀具(如滚刀、插刀等)；又因钼的存在，使其热塑性非常好，故特别适于轧制或扭制钻头等热成形刀具。其主要缺点是可磨削性略低于W18Cr4V。

②高性能高速工具钢。高性能高速工具钢是在普通高速工具钢成分中再添加一些碳(C)、钒(V)、钴(Co)、铝(Al)等合金元素，进一步提高材料的耐热性能和耐磨性。该类高速工具钢的寿命为普通高速工具钢的1.5~3倍，适用于加工不锈钢、耐热钢、钛合金及高强度钢等难加工材料。

这种高速工具钢属于钨钼系高速工具钢，但其细分种类很多，主要有钴高速工具钢和铝高速工具钢两种。

a.钴高速工具钢，常用牌号为W2Mo9Cr4VCo8(T72948)。这是一种含钴超硬高速工具钢，常温硬度较高，具有良好的综合性能。钴高速工具钢在国外应用较多，我国因钴储量少，故使用不多。

b.铝高速工具钢，常用牌号为W6Mo5Cr4V2Al。这是我国研制的无钴高速工具钢，是在

W6Mo5Cr4V2 的基础上增加铝、碳的含量，以提高钢的耐热性和耐磨性，并使其强度和韧性不降低。国产的 W6Mo5Cr4V2Al 的综合性能已接近国外的 W2Mo9Cr4VCo8，因不含钴，生产成本较低，但刃磨性能较差，已在我国推广使用。

③粉末冶金高速工具钢。粉末冶金高速工具钢是将熔炼的高速工具钢液用高压惰性气体或高压水雾化成细小粉末，将粉末在高温高压下制成形，再经烧结而成的高速工具钢。

与熔炼高速工具钢相比，粉末冶金高速工具钢由于碳化物细小，分布均匀，从而提高了材料的硬度与强度，热处理变形小，因此粉末冶金高速工具钢不仅耐磨性好，而且可磨削性也得到显著改善。但成本较高，其价格相当于硬质合金。因此主要使用范围是制造成形复杂刀具，如精密螺纹车刀、拉刀、切齿刀具等，以及加工高强度钢、镍基合金、钛合金等难加工材料用的刨刀、钻头、铣刀等刀具。

(2)硬质合金

1)硬质合金的组成与性能　硬质合金是由高硬度、高熔点的金属碳化物(WC、TiC、TaC和 NbC 等)微粉，用 Co 或 Mo、Ni 等金属成分作为黏结剂经高温烧结而成的粉末冶金制品。由于其高温碳化物含量远远超过高速工具钢，因此它的硬度、耐磨性和高热硬性均高于高速工具钢，切削温度达到 800~1 000 ℃时仍能进行切削加工。但其抗弯强度较低，脆性较大，加工工艺性较差。

硬质合金的性能取决于其化学成分、碳化物粉末的粗细程度及其烧结工艺。碳化物含量增加时，则硬度增高，抗弯强度降低，适于粗加工；黏结剂含量增加时，则抗弯强度增高，硬度降低，适于精加工。

2)普通硬质合金分类、牌号与使用性能　GB/T 18376.1—2008《硬质合金牌号　第 1 部分　切削工具用硬质合金牌号》将硬质合金分为 P、M、K、N、S 和 H 等共 6 类，各个类别为满足不同的使用要求，以及根据切削工具用硬质合金材料的耐磨性和韧性的不同，分成若干个组，用 01、10、20…两位数字表示组号，其牌号如“P201”，其中“P”表示类，“20”表示组，“1”表示细分号(需要时使用)。各类硬质合金的基本成分与适用领域见表 1.3。

表 1.3　常用硬质合金牌号、成分和力学性能(GB/T 18376.1—2008)

类别	分组号	基本成分	力学性能		使用领域
			常温硬度/HRA	抗弯强度/MPa	
P	01、10、20、30、40	以 TiC、WC 为基，以 Co(Ni+Mo+Co)作黏结剂的合金或涂层合金	≥89.5-92.3	≥700-1 750	长切屑材料的加工，如钢、铸钢、长切削可锻铸铁等的加工
M	01、10、20、30、40	以 WC 为基，以 Co 作黏结剂，添加少量 TiC(TaC、NbC)的合金或涂层合金	≥88.9-92.3	≥1 200-1 800	通用合金，用于不锈钢、铸钢、锰钢、可锻铸铁、合金钢、合金铸铁等的加工
K	01、10、20、30、40	以 WC 为基，以 Co 作黏结剂，或添加少量 TaC、NbC 的合金/涂层合金	≥88.5-92.3	≥1 350-1 800	短切屑材料的加工，如铸铁、冷硬铸铁、短切屑可锻铸铁、灰口铸铁等的加工
N	01、10、20、30	以 WC 为基，以 Co 作黏结剂，或添加少量 TaC、NbC 或 CrC 的合金/涂层合金	≥90.0-92.3	≥1 450-1 700	有色金属、非金属材料的加工，如铝、镁、塑料、木材等的加工

续表

类别	分组号	基本成分	力学性能		使用领域
			常温硬度/HRA	抗弯强度/MPa	
S	01、10、20、30	以WC为基，以Co作黏结剂，或添加少量TaC、NbC或TiC的合金/涂层合金	≥90.5 -92.3	≥1 500 -1 750	耐热和优质合金材料的加工，如耐热钢，含镍、钴、钛的各类合金材料的加工
H	01、10、20、30	以WC为基，以Co作黏结剂，或添加少量TaC、NbC或TiC的合金/涂层合金	≥90.5 -92.3	≥1 000 -1 500	硬切削材料的加工，如淬硬钢、冷硬铸铁等材料的加工

传统的国产普通硬质合金按化学成分不同分为四类：钨钴类、钨钛钴类、钨钛钽(铌)钴类和碳化钛基类硬质合金。前三类主要成分是WC，后一类主要成分为TiC。常用硬质合金见表1.4。

表1.4　常用硬质合金牌号、成分和力学性能

类型	牌号(旧标准)	成分(质量分数)/%					物理力学性能				使用性能	
		WC	TiC	TaC(NbC)	Co	其他	密度/(g·cm^{-3})	导热系数/[W·(M·C)$^{-1}$]	硬度HRA(HRC)	抗弯强度/GPa	加工材料类别	①耐磨性 ②韧性 ③切削速度 ④进给量
钨钴类	YG3	97	—	—	3	—	14.9~15.3	87.92	91.5(78)	1.08	短切屑的黑色金属；有色金属；非金属材料	1 2 3 4 ↑ ↓ ↑ ↓
	YG6X	93.5	—	0.5	6	—	14.6~15.0	75.55	91(78)	1.37		
	YG6	94	—	—	6	—	14.6~15.0	75.55	89.5(75)	1.42		
	YG8	92	—	—	8	—	14.5~14.9	75.36	89(74)	1.47		
	YG8C	92	—	—	8	—	14.5~14.9	75.36	88(72)	1.72		
钨钛钴类	YT30	66	30	—	4	—	9.3~9.7	20.93	92.5(80.5)	0.88	长切屑的黑色金属	1 2 3 4 ↑ ↓ ↑ ↓
	YT15	79	15	—	6	—	11~11.7	33.49	91(78)	1.13		
	YT14	78	14	—	8	—	11.2~12.0	33.49	90.5(77)	1.77		
	YT5	85	5	—	10	—	12.5~13.2	62.80	89(74)	1.37		
钨钛钽(铌)钴类	YG6A(YA6)	91	—	5	6	—	14.6~15.0	—	91.5(79)	1.37	长切屑或短切屑的黑色金属和有色金属	—
	YG8A	91	—	1	8	—	14.5~14.9	—	89.5(75)	1.47		
	YW1	84	6	4	6	—	12.8~13.3	—	91.5(79)	1.18		
	YW2	82	6	4	8	—	12.6~13.0	—	90.5(77)	1.32		
碳化钛基类	YN05	—	79	—	—	Ni7 Mo14	5.56	—	93.3(82)	0.78~0.93	长切屑的黑色金属	—
	YN10	15	62	1	—	Ni12 Mo10	6.3	—	92(80)	1.08		

注：表中符号为Y—硬质合金；G—钴；T—钛；X—细颗粒合金；C—粗颗粒合金；A—含TaC(NbC)的YG硬质合金；W—通用合金；N—不含钴，用镍作黏结剂的合金。

①钨钴类硬质合金(YG)。由 WC 和 Co 组成,代号为 YG。此类硬质合金抗弯强度好,硬度和耐磨性较差。主要用于加工铸铁、有色金属和非金属材料。Co 含量越高,韧性越好,适于粗加工;Co 含量少者用于精加工。YG 类细晶粒硬质合金适于加工精度高、表面粗糙度要求小和需要刀刃锋利的场合。

②钨钛钴类硬质合金(YT)。该类硬质合金含有 5%~30%的 TiC。其硬度、耐磨性、耐热性都明显提高,但韧性、抗冲击和抗振动性差,主要用于加工切屑成带状的钢料等塑性材料。合金中含 TiC 量多、含 Co 量少时,耐磨性好,适于精加工;含 TiC 量少、含 Co 量多时,承受冲击性能好,适于粗加工。

③钨钛钽(铌)钴类硬质合金。在 YG 类硬质合金中添加少量的 TaC 或 NbC,可细化晶粒、提高硬度和耐磨性,而韧性不变,还可提高合金的高温硬度、高温强度和抗氧化能力。适于加工冷硬铸铁、有色金属及其合金的半精加工。

在 YT 类硬质合金中添加少量的 TaC 或 NbC,可提高抗弯强度、冲击韧性、耐热性、耐磨性及高温硬度和抗氧化能力等,既可用于加工钢料,又可用于加工铸铁和有色金属,因此被称为"通用合金"(代号为 YW)。

④碳化钛基类硬质合金(YN)。碳化钛基类硬质合金又称为金属陶瓷。以 TiC 为主体,加入少量的 WC 和 NbC,以 Ni 和 Mo 为黏结剂,经压制烧结而成。

该类硬质合金具有比 WC 基硬质合金更高的耐磨性、耐热性和抗氧化能力,其主要缺点是热导率低和韧性较差。适于工具钢的半精加工及淬硬钢的加工。

硬质合金种类繁多,且不同硬质合金的性能也有所不同,只有根据具体条件合理选用,才能发挥硬质合金的效能。

(3)陶瓷材料

目前,国内外应用最为广泛的陶瓷刀具材料大多数为复相陶瓷,其种类一般可分为氧化铝基陶瓷、氮化硅基陶瓷和复合氮化硅-氧化铝基陶瓷三大类。其中,前两种应用最为广泛。

常用的陶瓷刀具材料是以 Al_2O_3 或 Si_3N_4 为基体成分在高温下烧结而成的。其硬度可达 91~95 HRA,即使在 1 200 ℃时硬度也达 80 HRA;耐磨性比硬质合金高十几倍;有很高化学稳定性,即使在高温下也不易与工件起化学反应;摩擦系数也低,切屑不易粘刀、不易产生积屑瘤。

①因陶瓷材料硬度高、耐磨性好,故可加工传统刀具难以加工或根本不能加工的高硬材料,例如硬度达 65 HRC 的各类淬硬钢、冷硬铸铁等,因而可免除退火热处理工序,提高工件的硬度,延长机器设备的使用寿命。

②陶瓷刀片切削时与金属工件的摩擦力小,切屑不易粘接在刀片上,不易产生积屑瘤,加上可以进行高速切削,所以在条件相同时,被加工工件表面粗糙度比较低。

③普通陶瓷材料的抗弯强度及冲击韧性很差,仅为硬质合金的 1/3~1/2,对冲击十分敏感;但新型陶瓷材料的断裂韧性已接近某些牌号的硬质合金刀片,因而具有良好的抗冲击能力。尤其在进行铣、刨、镗削及其他断续切削时,更能显示其优越性。故其不仅能对高硬度材料进行粗、精加工,也可进行铣削、刨削、断续切削和毛坯粗车等冲击力很大的加工。

④刀具使用寿命比传统硬质合金刀具高几倍甚至几十倍,减少了加工中的换刀次数。

⑤因陶瓷材料耐高温,红硬性好,可在 1 200 ℃下连续切削,所以陶瓷刀具的切削速度可

以比硬质合金高很多。可进行高速切削或实现“以车、铣代磨”，切削效率比传统硬质合金刀具高3~10倍，达到节约工时、电力、机床数30%~70%或更高的效果。

⑥氮化硅陶瓷刀具主要原料是自然界很丰富的氮和硅，用它代替硬质合金，可节约大量W、Co、Ta和Nb等重要的金属。

(4)金刚石

金刚石有天然及人造两类，金刚石刀具有三种：天然单晶金刚石刀具、人造聚晶金刚石(PCD)刀具和金刚石复合刀具。天然金刚石由于价格昂贵等原因应用较少，工业上多使用人造聚晶金刚石作为刀具或磨具材料。

人造金刚石是在高温高压条件下，依靠合金触媒的作用，由石墨转化而成。金刚石复合刀片是在硬质合金的基体上烧结一层厚约0.5 mm的金刚石，形成金刚石与硬质合金的复合刀片。

金刚石的硬度极高，它是目前已知的硬度最高的物质，其硬度接近于10 000 HV(硬质合金的硬度仅为1 250~1 750 HV)，耐磨性很好；金刚石刀具有非常锋利的切削刃，能切下极薄的切屑，加工冷硬现象较少；金刚石抗黏结能力强，不产生积屑瘤，很适合精密加工；金刚石导热系数大，约为硬质合金的2~9倍，甚至高于立方氮化硼和铜，因此热量传递迅速，金刚石热膨胀系数小，仅相当于硬质合金的1/5，因此刀具热变形小，加工精度高；金刚石刀具摩擦系数小，一般仅为0.1~0.3(硬质合金的摩擦系数为0.4~1.0)，因此金刚石刀具切削时可显著减小切削力；但其耐热性差，切削温度不得超过700~800 ℃；强度低、脆性大，对振动很敏感，只宜微量切削；与铁的亲和力很强，不适合加工黑色金属材料。

金刚石目前主要用于磨具及磨料，用于对硬质合金、陶瓷及玻璃等高硬度、高耐磨性材料的加工；作为切削刀具多在高速下对有色金属及非金属材料进行精细切削。

(5)立方氮化硼

立方氮化硼(CBN)是20世纪50年代发展起来的一种人工合成的新型材料，20世纪70年代，发展为切削刀具用的CBN烧结体——聚晶立方氮化硼(PCBN)，由软的立方氮化硼在高温高压下加入催化剂转化而成的一种新型超硬刀具材料。

聚晶立方氮化硼硬度很高，达8 000~9 000 HV，仅次于金刚石的硬度；抗弯强度和断裂韧性介于硬质合金和陶瓷之间；热稳定性大大高于人造金刚石，在1 300 ℃时仍可切削；具有很高的抗氧化能力，在1 000 ℃时也不产生氧化现象，铁元素的化学惰性也远大于人造金刚石，与铁系材料在1 200~1 300 ℃高温时也不易起化学作用，但在1 000 ℃左右时会与水产生水解作用，造成大量CBN被磨耗，因此用PCBN刀具湿式切削时需注意选择切削液种类。

因此，立方氮化硼作为一种超硬刀具材料，可用于加工钢、铁等黑色金属，特别是加工高温合金、淬火钢和冷硬铸铁等难加工材料，它还非常适合数控机床加工。

(6)涂层刀片

涂层刀片是在韧性和强度较高的基体材料(如硬质合金或高速工具钢)上，采用化学气相沉积(CVD)、物理气相沉积(PVD)、真空溅射等方法，涂覆一层或多层(涂层厚度5~12 μm)颗粒极细的耐磨、难熔、耐氧化的硬化物(最常用是涂层材料是TiC、TiN，以及TiC-TiN复合涂层和TiC-Al_2O_3复合涂层)后获得的新型刀片。涂层刀具既保持了良好的韧性和较高的强度，又具有了涂层的高硬度、高耐磨性和低摩擦系数等特点。因此，涂层刀具可以提高加工效率，提高加工精度,延长刀具使用寿命,降低加工成本。但涂层刀具重磨性差,工艺及工装要求高,刀具成本高,主要用于刚性高的数控机床。

当今数控机床所用的切削刀具中有80%左右使用涂层刀具。涂层刀具将是今后数控加工领域中最重要的刀具品种。

1.4.3 刀具材料的选用

目前广泛应用的现代切削刀具主要有金刚石刀具、立方氮化硼刀具、陶瓷刀具、涂层刀具、硬质合金刀具和高速工具钢刀具等。刀具材料种类繁多、各种类材料的牌号更多,其性能相差很大,每一品种的刀具材料都有其特定的加工范围,只能适应一定的工件材料和一定的切削速度范围,而被加工工件材料的品种十分繁多。因此,如何正确选择刀具材料进行切削加工,以确保加工质量、提高切削加工生产率、降低加工成本和减少资源是一个十分重要的问题。

每一品种的刀具材料都有其最佳加工对象,即存在刀具材料与加工对象的合理匹配的问题。刀具材料与加工对象的匹配,主要指二者的力学性能、物理性能和化学性能相匹配,以获得最长的刀具寿命和最大的切削加工生产率。

现代切削加工用刀具材料必须根据所加工的工件和加工性质来选择。

(1)切削刀具材料与加工对象的力学性能匹配

切削刀具与加工对象的力学性能匹配问题主要是指刀具与工件材料的强度、韧性和硬度等力学性能参数要相匹配。具有不同力学性能的刀具材料所适合加工的工件材料有所不同。

刀具材料的主要力学性能排序为:

①刀具材料的硬度大小顺序为:金刚石刀具>立方氮化硼刀具>陶瓷刀具>硬质合金>高速工具钢。

②刀具材料的抗弯强度大小顺序为:高速工具钢>硬质合金>陶瓷刀具>金刚石和立方氮化硼刀具。

③刀具材料的断裂韧度大小顺序为:高速工具钢>硬质合金>立方氮化硼、金刚石和陶瓷刀具。

刀具材料的硬度必须高于工件材料的硬度,高硬度的工件材料,必须用更高硬度的刀具来加工。如立方氮化硼刀具和陶瓷刀具能胜任淬硬钢(45~65 HRC)、轴承钢(60~62 HRC)、高速工具钢(>62 HRC)、工具钢(57~60 HRC)和冷硬铸铁等高速精车加工,可实现“以车代磨”。

具有优良高温力学性能的刀具适用于在数控机床上以较高的切削速度进行切削加工。刀具的高温力学性能比常温力学性能更为重要。高温硬度高的陶瓷刀具可作为高速切削刀具,普通硬质合金在温度高于500 ℃时因为其黏结相钴(Co)变软而硬度急剧下降,所以不适合用作高速切削刀具。

(2)切削刀具材料与加工对象的物理性能匹配

切削刀具与加工对象的物理性能匹配问题主要是指刀具与工件材料的熔点、弹性模量、导热系数、热膨胀系数、抗热冲击性能等物理性能参数相匹配。具有不同物理性能的刀具(如高导热却低熔点的高速工具钢刀具、高熔点和低热胀的陶瓷刀具、高导热和低热胀的金刚石刀具等）所适合加工的工件材料有所不同。

1）各种刀具材料的耐热温度　各种刀具材料的耐热温度由低到高分别为：高速工具钢为600~700 ℃，金刚石刀具为700~800 ℃，WC基超细晶粒硬质合金为800~900 ℃，TiC（N）基硬质合金为900~1 100 ℃，陶瓷刀具为1 100~1 200 ℃，立方氮化硼刀具为1 300~1 500 ℃。

2）各种刀具材料的导热系数　各种刀具材料的导热系数大小顺序为：金刚石>立方氮化硼>WC基硬质合金>TiC（N）基硬质合金>高速工具钢>Si_3N_4基陶瓷>Al_2O_3基陶瓷。

3）各种刀具材料的热胀系数　各种刀具材料的热胀系数大小顺序为：高速工具钢>WC基硬质合金>TiC（N）>Al_2O_3基陶瓷>立方氮化硼>Si_3N_4基陶瓷>金刚石。

4）各种刀具材料的抗热振性　各种刀具材料的抗热振性大小顺序为：高速工具钢>WC基硬质合金>Si_3N_4基陶瓷>立方氮化硼>金刚石>TiC（N）基硬质合金>Al_2O_3基陶瓷。

加工导热性差的工件时，应采用导热较好的刀具材料，以使切削热得以迅速传出而降低切削温度。金刚石由于导热系数及热扩散率大，切削热容易散出，故刀具切削部分温度低。金刚石的热膨胀系数比硬质合金小，约为高速工具钢的1/10。因此，金刚石刀具不会产生很大的热变形，这对尺寸精度要求很高的精密加工刀具来说尤为重要。

（3）切削刀具材料与加工对象的化学性能匹配

切削刀具材料与加工对象的化学性能匹配问题主要是指刀具材料与工件材料化学亲和性、化学反应、扩散和溶解等化学性能参数要相匹配。不同的刀具材料（如金刚石刀具、立方氮化硼刀具、陶瓷刀具、硬质合金刀具、高速工具钢刀具）所适合加工的工件材料有所不同。

各种刀具材料的主要化学性能顺序如下：

1）各种刀具材料抗黏结温度高低顺序　各种刀具材料与钢抗黏结温度高低顺序为：立方氮化硼>陶瓷>硬质合金>高速工具钢。

各种刀具材料与镍基合金抗黏结温度高低顺序：陶瓷>PCBN>硬质合金>金刚石>高速工具钢。

2）各种刀具材料抗氧化温度高低顺序　各种刀具材料抗氧化温度高低顺序为：陶瓷>立方氮化硼>硬质合金>金刚石>高速工具钢。

3）各种刀具材料的扩散强度大小顺序　各种刀具材料对钢铁的扩散强度大小顺序为：金刚石>Si_3N_4基陶瓷>立方氮化硼>Al_2O_3基陶瓷。各种刀具材料对钛的扩散强度大小顺序为：Al_2O_3基陶瓷>立方氮化硼>Si_3N_4基陶瓷>金刚石。

4）刀具材料元素在钢（未淬硬）中溶解度的大小顺序　刀具材料元素在钢（未淬硬）中溶解度的大小顺序为（1 027 ℃）：Si_3N_4基陶瓷>WC基硬质合金>立方氮化硼>TiN基硬质合金>TiC基硬质合金>Al_2O_3基陶瓷。

（4）现代切削刀具材料的合理选择

一般而言，立方氮化硼、陶瓷刀具、涂层硬质合金及TiC（N）基硬质合金刀具适合于钢铁等黑色金属的数控加工；而金刚石刀具适合于对Al、Mg、Cu等有色金属材料及其合金和非金属材料的加工。表1.5列出了上述刀具材料所适合加工的一些工件材料。

表 1.5　数控加工常用刀具材料所适合加工的一些工件材料

刀具材料	高硬钢	耐热合金	钛合金	镍基高温合金	铸铁	纯铜	高硅铝合金	FRP 复材料
PCD	×	×	◎	×	×	×	◎	◎
PCBN	◎	◎	○	◎	◎		●	●
陶瓷刀具	◎	◎	×	◎	◎		×	×
涂层硬质合金	○	◎	◎	●	◎	◎	●	●
TiC(N)基硬质合金	●	×	×	×	◎	●	×	×

注:表中符号含义为:◎—优;○—良;●—尚可;×—不适合。

1.4.4　常用刀具的分类

被加工工件的材质、形状、技术要求、加工工艺和加工设备的多样性从客观上要求刀具应具有不同的结构和功能,因此,生产中使用的刀具种类很多。

1)按工种和功能分　车刀、铣刀、镗刀、刨刀、孔加工刀具、螺纹刀具、齿轮刀具、拉刀和磨具等。其中,车刀、刨刀、镗刀等又统称为切刀。

①车刀又分为:外圆车刀、偏刀、切断刀和镗孔刀等;

②铣刀又分为:圆柱铣刀、盘铣刀、三面刃铣刀和立铣刀等;

③孔加工刀具又分为:麻花钻、扩孔刀、铰刀和锪钻等;

④螺纹刀具又分为:螺纹车刀、梳刀、丝锥、板牙和螺纹铣刀等;

⑤齿轮加工刀具又分为:渐开线加工刀具(如齿轮铣刀、齿轮滚刀、插齿刀和剃齿刀等)和非渐开线加工刀具(花键滚刀和棘轮滚刀等);

⑥磨具又分为:砂轮、砂带、砂瓦和油石等。

2)按结构形式分　整体式、焊接式和机械夹固式(含机械夹固可转位式)刀具等。

3)按刀具的刃形及其数目分　单刃刀具、多刃刀具和成形刀具等。

4)按是否标准刀具分　标准刀具和非标准刀具等。

5)按刀具材料分　高速钢刀具、硬质合金刀具、陶瓷刀具、立方氮化硼刀具和金刚石刀具等。

6)按刀具表面是否涂层分　普通刀具和涂层刀具等。

7)按加工方法及其设备类型分　普通刀具和数控刀具等。数控刀具相对于普通刀具有更高的要求,不仅要刚度好、精度高、尺寸稳定、使用寿命长、断屑和排屑畅通,还要安装调试方便。当前数控刀具使用越来越普遍,使用范围几乎覆盖所有加工方式。

习题与思考题

1.1　试分析各种机床(车、铣、刨、磨、钻、镗、拉)切削运动的主运动和进给运动。
1.2　切削用量包含哪些因素？各自的定义是什么？
1.3　列举外圆车刀在正交平面参考系中的主要标注角度及其定义。
1.4　试画出切断刀具正交平面参考系的标注角度 γ_o、α_o、λ_s、κ_r 和 κ_r'，设 $\kappa_r = 90°$，$\lambda_s = 2°$。
1.5　试比较标注参考系与工作参考系的异同。
1.6　刀具切削部分材料应具备哪些性能？
1.7　高性能高速工具钢有几种类型？与普通高速工具钢比较有什么特点？
1.8　常用的硬质合金有哪些牌号？它们的用途如何？为什么？
1.9　涂层刀具有何优点？一般有哪几种涂层材料？
1.10　陶瓷刀具材料有何特点？各类陶瓷刀具材料的适用场合怎样？
1.11　金刚石刀具材料有何特点？适用场合怎样？
1.12　立方氮化硼刀具材料有何特点？适用场合怎样？
1.13　如何根据加工条件合理选择刀具材料？

第 2 章 金属切削基本理论

2.1 金属切削过程

2.1.1 切屑的形成

金属切削过程是指在刀具和切削力的作用下形成切削的过程，在这一过程中会出现许多物理现象，如切削力、切削热、积屑瘤、刀具磨损和加工硬化等。因此，研究切削过程对切削加工的发展和进步、保证加工质量、降低生产成本、提高生产效率等，都有着重要意义。

对塑性金属进行切削时，切屑的形成过程就是切削层金属的变形过程。图 2.1(a)所示为在低速直角自由切削工件时，用显微镜观察得到的切削层金属变形情况，由该图可绘制出图 2.1(b)所示的滑移线。

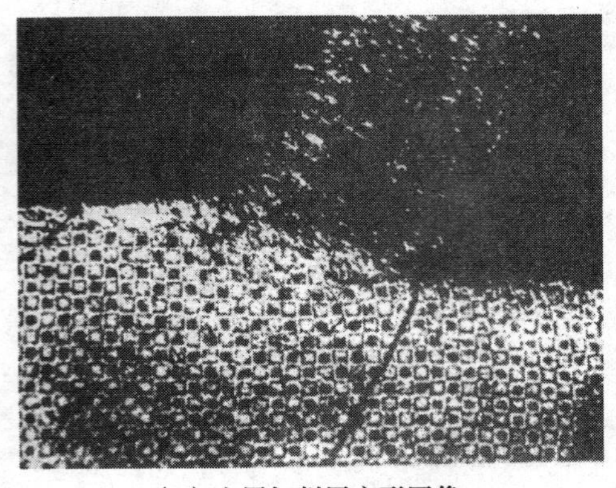

(a) 金属切削层变形图像

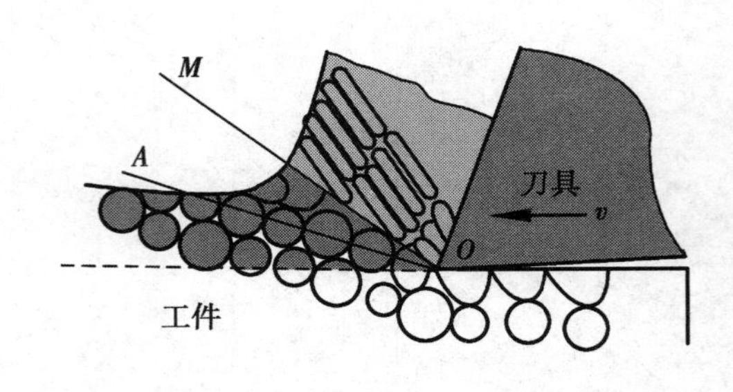

(b) 切削过程晶粒变形情况

图 2.1 切削的形成过程

如图 2.1(b)所示，当工件受到刀具的挤压以后，切削层金属在始滑移面 OA 以左发生弹性变形，越靠近 OA 面，弹性变形越大。在 OA 面上，应力达到材料的屈服点 σ_s，则发生塑性变形，产生滑移现象。随着刀具的连续移动，原来处于始滑移面上的金属不断向刀具靠拢，应力和变形也逐渐加大。在终滑移面 *OM* 上,应力和变形达到最大值。越过 *OM* 面,切削层金属将脱离工件基体,沿着前刀面流出形成切屑,完成切离阶段。经过塑性变形的金属,其晶粒沿大致相同的方向伸长。可见,金属切削过程就是一种挤压过程,在这一过程中产生的许多物理现象,都是由切削过程中的变形和摩擦所引起的。

2.1.2　切削层的变形及其影响因素

根据金属切削实验中切削层的变形图片,可绘制如图 2.2 所示的金属切削过程中的滑移线和流线示意图。流线即被切削金属的某一点在切削过程中流动的轨迹。按照该图,可将切削刃作用部位的切削层划分为三个变形区。

第Ⅰ变形区:从 *OA* 线开始发生塑性变形,到 *OM* 线晶粒的剪切滑移基本完成。

第Ⅱ变形区:切屑沿刀具前面排出时,进一步受到前面的挤压和摩擦,使靠近前面处的金属纤维化,其方向基本上和前面相平行。

第Ⅲ变形区:已加工表面受到切削刃钝圆部分与刀具后面的挤压和摩擦,产生变形或回弹,造成纤维化与加工硬化。

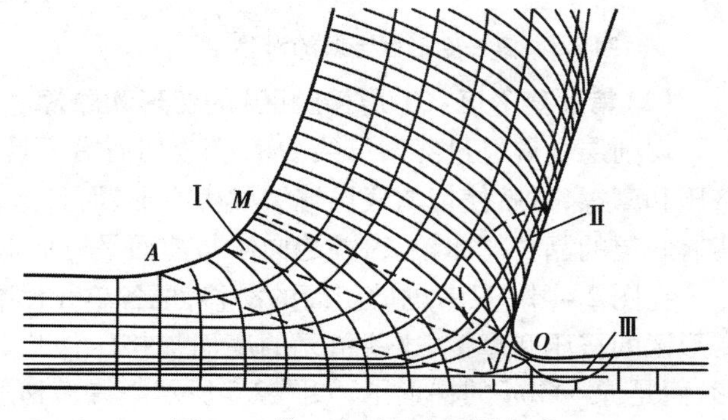

图 2.2　第一变形区金属的滑移

这三个变形区汇集在切削刃附近,此处的应力比较集中而复杂,金属的被切削层就在此处与工件母体材料分离。大部分变成切屑,很小一部分留在已加工表面上。

(1) 第Ⅰ变形区内金属的剪切变形

如图 2.3 所示,当切削层中金属某质点 *P* 向切削刃逼近,到达点 1 的位置时,若通过点 1 的等切应力曲线 *OA*,其切应力达到材料的屈服强度,则点 1 在向前移动的同时,也沿 *OA* 滑移,其合成运动将使点 1 流动到点 2,2′—2 就是它的滑移量。随着滑移的产生,切应力将逐渐增加,也就是当 *P* 点向 1、2、3…各点移动时,它的切应力不断增加,直到点 4 位置,此时其流动方向与刀具前面平行,不再沿 *OM* 线滑移。所以 *OM* 线称为终滑移线,*OA* 称为始滑移线。在 *OA* 到 *OM* 之间整个第一变形区内,其变形的主要特征就是沿滑移线的剪切变形,以及随之产生的加工硬化。

在一般切削速度范围内,第一变形区的宽度仅 0.2~0.02 mm,所以,可用一个面来代替它,此面称为剪切面,常用 *OM* 来表示。剪切面和切削速度方向的夹角称为剪切角,以 ϕ 来表示。

根据上述的变形过程,可以把塑性金属的切削过程粗略地模拟为如图 2.4 所示的示意图。被切材料好比一叠卡片 1′、2′、3′…,当刀具切入时,这叠卡片受力被摞到 1、2、3…位置,卡片之间发生滑移,其滑移方向就是剪切面的方向。

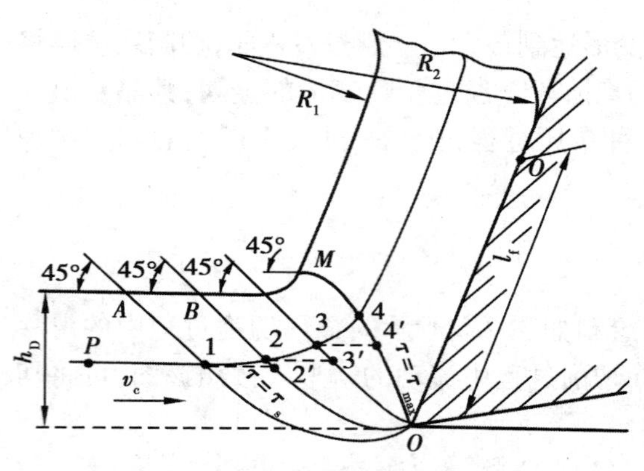

图 2.3　第一变形区金属的滑移

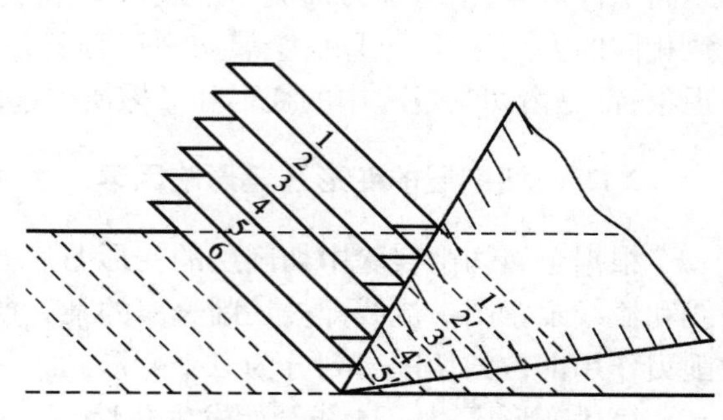

图 2.4　金属切削过程示意图

(2)第Ⅱ变形区(刀-屑接触区)的变形和摩擦

切削层金属经过终滑移线 OM,变成切屑沿刀具前面流出时,切屑底层仍受到刀具前面的挤压和摩擦,这就使切屑底层继续发生变形,而且这种变形仍以剪切滑移为主,变形的结果使切屑底层的晶粒弯曲拉长,并趋向于与前面平行而形成纤维层。

在图 2.4 中,只考虑剪切面的滑移,把各单元比喻为平行四边形的薄片,实际上由于第二变形区的挤压和摩擦,这些单元的底面被挤压伸长,它的形状不再如 $aAMm$ 那样的平行四边形,而是像 $bAMm$ 的梯形了,如图 2.5 所示。许多梯形叠加起来,就造成了切屑的卷曲。

图 2.6 所示为切屑和前面摩擦情况的示意图。

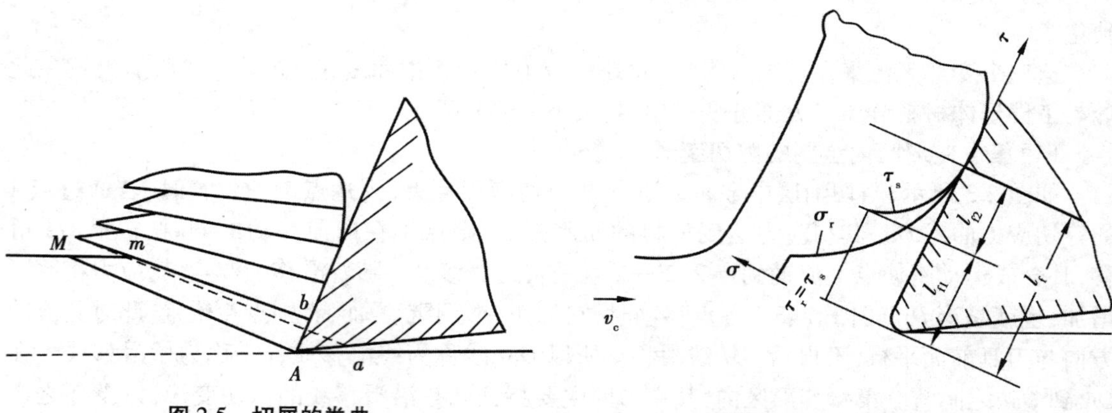

图 2.5　切屑的卷曲　　　　图 2.6　刀-屑接触示意图

在切屑沿前面流出的前期过程中,切屑与前面之间压力为 2 ~ 3 GPa,温度为 400 ~ 1 000 ℃,在如此高压和高温作用下,切屑底层的金属会黏结在前面上,形成黏结层,黏结层以上的金属从黏结层上流过时,它们之间的摩擦就与一般金属接触面间的外摩擦不同,而形成了黏结层与其上流动金属之间的内摩擦,这内摩擦实际就是金属内部的滑移剪切。

在切屑沿前面流出的后期过程中,由于压力和温度降低,因此切屑底层与前面之间的摩擦就成了一般金属接触面间的外摩擦。在外摩擦情况下,摩擦力仅与正压力及摩擦系数有关,而与接触面积无关;在内摩擦情况下,摩擦力与材料的流动应力特性及黏结面积有关。刀-屑接触区通常以内摩擦为主,内摩擦力约占总摩擦力的 85%。

如图 2.6 所示,刀-屑接触区长度为 l_f,其中黏结部分长度为 l_{f1},产生内摩擦;滑动部分长度为l_{f2}，产生外摩擦。通过实验测出前面上的正应力σ和剪应力τ，切屑与前面整个接触区的正应力σ以刀尖处最大，最后逐渐减少为零；剪应力τ在黏结部分等于材料的剪切屈服强度τ_s，在滑动部分由τ_s逐渐减少为零。

(3)表示切屑变形程度的方法

1)剪切角ϕ　主运动方向与剪切平面和工作平面(通过切削刃上选定点并同时包含主运动方向和进给运动方向的平面)的交线间的夹角叫剪切角。实验证明，对于同一工件材料，用同样的刀具，切削同样大小的切削层，当切削速度高时，剪切角ϕ较大，剪切面积变小(如图2.7所示)，切削比较省力，说明切屑变形较小。相反，当剪切角ϕ较小，则说明切屑变形较大。

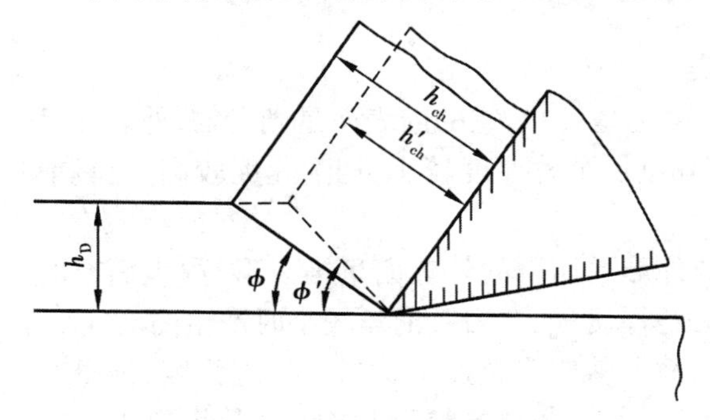

图2.7　剪切角ϕ与剪切面面积的关系

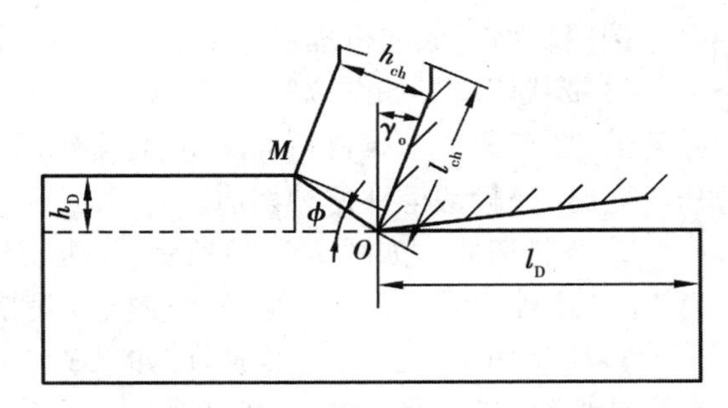

图2.8　切屑厚度压缩比Λ_h的求法

2)切屑厚度压缩比Λ_h　如图2.8所示，在切削过程中，刀具切下的切屑厚度h_{ch}通常都要大于工件上切削层的公称厚度h_D，而切屑长度l_{ch}却小于切削层公称长度l_D，切屑宽度基本不变。

理想切屑厚度h_{ch}与切削层公称厚度h_D之比称为切屑厚度压缩比Λ_h；切削层公称长度l_D与切屑长度l_{ch}之比称为切屑长度压缩比Λ_l，即

$$\Lambda_h=\frac{h_{ch}}{h_D} \tag{2.1}$$

$$\Lambda_l=\frac{l_D}{l_{ch}} \tag{2.2}$$

由于工件上切削层的宽度与切屑平均宽度的差异很小，切削前、后的体积可以看做不变，故

$$\Lambda_h=\Lambda_l \tag{2.3}$$

Λ_h是一个大于1的数，Λ_h值越大，表示切下的切屑厚度越大，长度越短，其变形也就越大。由于切屑厚度压缩比Λ_h直观地反映了切屑的变形程度，并且容易测量，故一般常用它来度量切屑的变形。

(4)影响切屑变形的主要因素

1)工件材料对切屑变形的影响　工件材料的强度、硬度越高，切屑变形越小。这是因为工件材料的强度、硬度越高，切屑与前面的摩擦越小，切屑越易排出，故切屑变形越小。

2)刀具前角对切屑变形的影响　刀具前角越大，切屑变形越小。

生产时间表面，采用大前角的刀具切削，刀刃锋利，切屑流动阻力小，因此，切屑变形小，切削省力。

3)切削速度对切屑变形的影响　在无积屑瘤的切削速度范围内,切削速度越大,则切屑变形越小。这有两方面的原因:一方面是因为切削速度较高时,切削变形不充分,导致切屑变形减小;另一方面是因为随着切削速度的提高,切削温度也升高,使刀—屑接触面的摩擦减小,从而也使切屑变形减小。

4)切削层公称厚度对变形的影响　在无积屑瘤的切削速度范围内,切削层公称厚度越大,则切屑变形越小。这是由于切削层公称厚度增大时,刀—屑接触面上的摩擦减小的缘故。

2.1.3　切屑的类型、变化、形状及控制

(1)切屑的基本类型与控制

按照切屑形成的机理可将切屑分为以下四类:

1)带状切屑　如图2.9(a)所示,带状切屑的外形呈带状,它的内表面是光滑的,外表面是毛茸的,加工塑性金属材料如碳钢、合金钢时,当切削层公称厚度较小,切削速度较高,刀具前角较大时,一般常得到这种切屑。

2)节状切屑　如图2.9(b)所示,这类切屑的外形是切屑的外表面呈锯齿形,内表面有时有裂纹,这种切屑大都在切削速度较低,切削层公称厚度较大、刀具前角较小时产生的。

3)粒状切屑　当切屑形成时,如果整个剪切面上剪应力超过了材料的破裂强度,则整个单元被切离,成为梯形的粒状切屑,如图2.9(c)所示。由于各粒形状类似,因此又叫单元切屑。

4)崩碎切屑　如图2.9(d)所示,在切削脆性金属如铸铁、黄铜等时,切削层几乎不经过塑性变形就产生脆性崩裂,从而使切屑呈不规则的颗粒状。

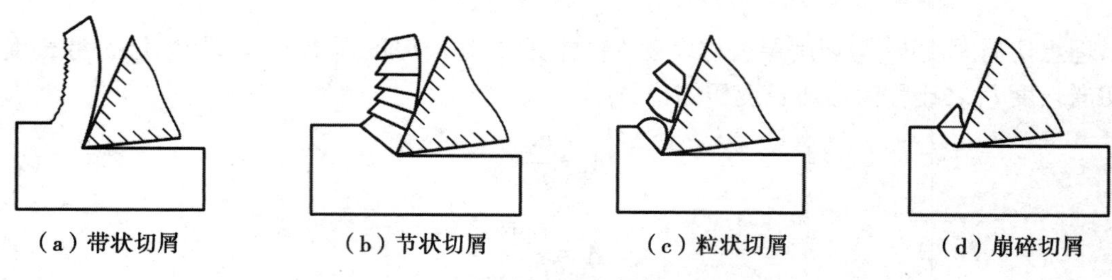
(a)带状切屑　(b)节状切屑　(c)粒状切屑　(d)崩碎切屑

图2.9　切屑类型

前三种切屑是切削塑性金属时得到的。形成带状切屑时,切削过程最平衡,切削力波动小,已加工表面粗糙度小。节状切屑与粒状切屑会引起较大的切削力波动,从而产生冲击和振动。生产中切削塑性金属时最常见的是带状切屑,有时得到节状切屑,粒状切屑则很少见。如果改变节状切屑的条件:进一步增大前角,提高切削速度,减小切削层公称厚度,就可以得到带状切屑;反之,则可以得到粒状切屑。这说明切屑的形态是可以随切削条件而转化的,掌握了它的变化规律,就可以控制切屑的变形、形态和尺寸,以达到断屑和卷屑的目的。

在加工脆性材料形成崩碎切屑时,它的切削过程很不平稳,已加工表面也粗糙,其改进办法是减小切削层公称厚度,使切屑成针状和片状;同时适当提高切削速度,以增加工件材料的塑性。

(2)切屑的形状

影响切屑处理和运输的主要因素是切屑的外观形状,因此,还需按照切屑的外形将其分

类，具体可分为带状屑、C 形屑、崩碎屑、螺卷屑、长紧卷屑、发条状卷屑、宝塔状卷屑等，如图 2.10 所示。

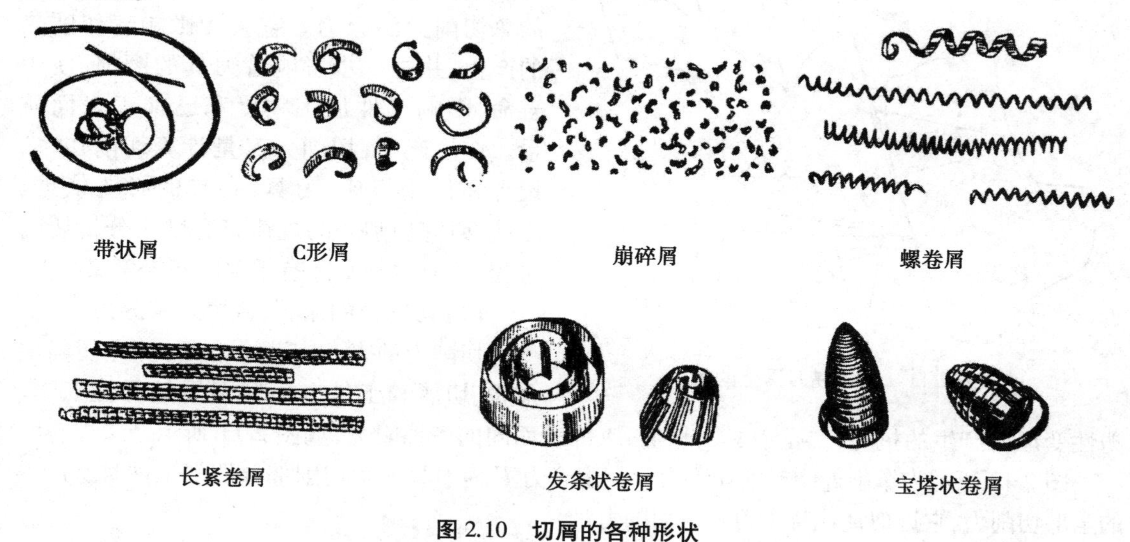

图 2.10　切屑的各种形状

高速切削塑性金属时，如不采取适当的断屑措施，易形成带状屑。带状屑连绵不断，经常会缠绕在工件或刀具上，拉伤工件表面或打坏切削刃，甚至会伤人，所以，一般情况下应力求避免。

车削一般的碳钢和合金钢工件时，采用带卷屑槽的车刀易形成 C 形屑，C 形屑不会缠绕在工件或刀具上，也不易伤人，是一种比较好的屑形。但 C 形屑多数是碰撞在车刀后刀面或工件表面上折断的，切屑高频率的碰撞和折断会影响切削过程的平稳性，对工件已加工表面的粗糙度也有一定的影响。所以，精车时一般大多希望形成长紧卷屑。

长紧卷屑在普通车床上是一种比较好的屑形，但必须严格控制刀具的几何参数和切削用量才能得到。

在重型机床上用大的切深、大进给量车削钢件时，多将车刀卷屑槽的槽底圆弧半径加大，使切削卷曲成发条状。

在自动机或自动线上，宝塔状卷屑是一种比较好的屑形。

车削铸铁、脆黄铜等脆性材料时，如采用波形刃脆铜卷屑车刀，可使卷屑连成螺状短卷。

由此可见，车削加工的条件不同，要求的切屑形状也不同；另外，脱离具体条件，孤立地评论某一种切屑形状的好坏是没有实际意义的。

生产上，常在刀具前刀面上作出卷屑槽来促使切屑卷曲，也采用一些办法使已变形的切屑再附加一次变形，以达到控制切屑的形状和断屑的目的。

2.2　金属切削过程中的主要物理现象及规律

2.2.1　切削力及切削功率

切削力就是在切削过程中作用在刀具或工件上的力。在 GB/T 12204—2010《金属切削

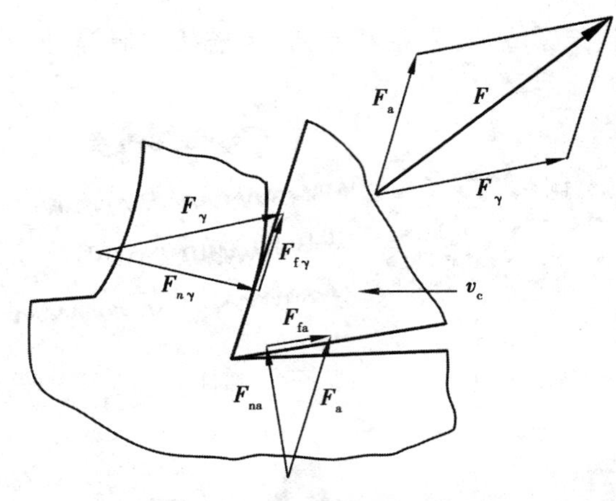

图 2.11　作用在刀具上的力

基本术语》中这样定义:刀具总切削力就是刀具上所有参与切削的各切削部分所产生的总切削力的合力。它直接影响着切削热的产生,并进一步影响着刀具的磨损、使用寿命,影响工件加工精度和已加工表面质量。在生产中,切削力又是计算切削功率、设计和使用机床、刀具、夹具的必要依据。因此,研究切削力的规律将有助于分析切削过程,并对生产实际有重要的指导意义。

(1)切削力的来源、合力及其分力

切削力的来源有两个方面:一是切削层金属、切屑和工件表面层金属的弹性变形、塑性变形所产生的抗力;二是刀具与切屑、工件表面间的摩擦阻力,如图 2.11 所示。

图 2.12 所示为车削外圆时的切削力。切削合力 F 为刀具一个切削部分切削工件时所产生的全部切削力,它近似地代替了刀具总切削力。

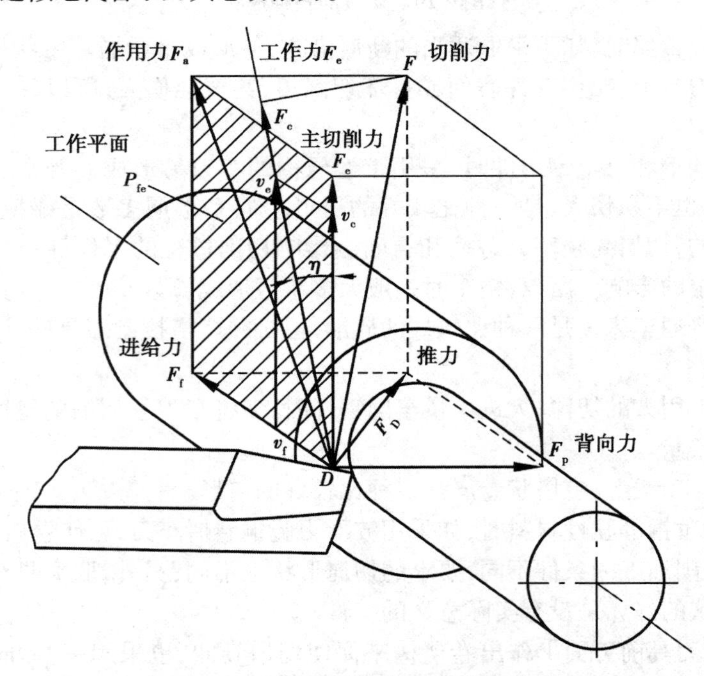

图 2.12　外圆车削时的切削力的分解

为了便于测量和应用,可以将合力 F 分解为如图所示的分力,其中:

F_c——主切削力或切向力,是切削合力在主运动方向上的正投影。是计算车刀强度、设计机床零件、确定机床功率所必需的力。

F_f——进给力或轴向力,是切削合力在进给运动方向上的正投影。是设计机床走刀机构强度、计算车刀进给功率必需的。

F_p——背向力或径向力,是切削合力在垂直于工作平面上的分力。是用来确定与工件加工精度有关的工件挠度、计算机床零件强度的力,它也是使工件在切削过程中产生振动的力。

由图2.12知：

$$F=\sqrt{F_c^2+F_D^2}=\sqrt{F_c^2+F_f^2+F_p^2} \tag{2.4}$$

$$F_p=F_D\cos\kappa_r;F_f=F_D\sin\kappa_r \tag{2.5}$$

一般情况下，F_c最大，F_p次之，F_f最小。随着切削条件的不同，F_p与F_f对F_c的比值在一定范围内变动：$F_p=(0.15\sim0.7)F_c$，$F_f=(0.1\sim0.6)F_c$。

(2)切削功率

同一瞬间切削刃基点上的主切削力与切削速度的乘积称为切削功率p_c(单位kW)。工作功率p_e为同一瞬间切削刃基点的工作力与合成切削速度的乘积。

$$P_c=F_c\cdot v_c\times10^{-3} \tag{2.6}$$

F_f消耗的功率与F_c所消耗的功率相比，一般很小(为总功率的1%~5%)，故可略去不计，而F_p方向没有位移，所以不消耗功率。于是常用切削功率来代替工作功率。求出p_c之后，如果计算机床电机功率p_E，还应将p_c除以机床传动效率η_c(一般取0.75~0.85)，即

$$P_E\geqslant\frac{P_c}{\eta_c} \tag{2.7}$$

(3)单位切削力

单位切削力是指单位面积上的主切削力，用k_c表示(单位N/mm²)。

$$k_c=F_c/A_D \tag{2.8}$$

式中　A_D——切削层公称横截面积(mm²)，$A_D=a_p f$；

F_c——主切削力(N)。

如果已知单位切削力k_c(由相关表格中查出)，可利用下式计算主切削力：

$$F_c=k_cA_D=k_ca_pf \tag{2.9}$$

(4)切削力的测量及经验公式

1)切削力的测量　在切削实验和生产中，可以用测力仪测量切削力。目前最常用的测力仪是电阻式测力仪，这种测力仪用的电阻元件是电阻应变片，如图2.13所示。将若干电阻应变片紧贴在测力仪弹性元件的不同受力位置，分别连成电桥。在切削力的作用下，电阻应变片随着弹性元件的变形而发生变形，使应变片的电阻值改变，破坏了电桥的平衡，于是电流表中有与切削力大小相应的电流通过，经电阻应变仪放大后得电流示数，再按此电流示数从标定曲线上读出三向切削力之值。图2.14为一种常见的电阻式八角环三向车削测量仪。

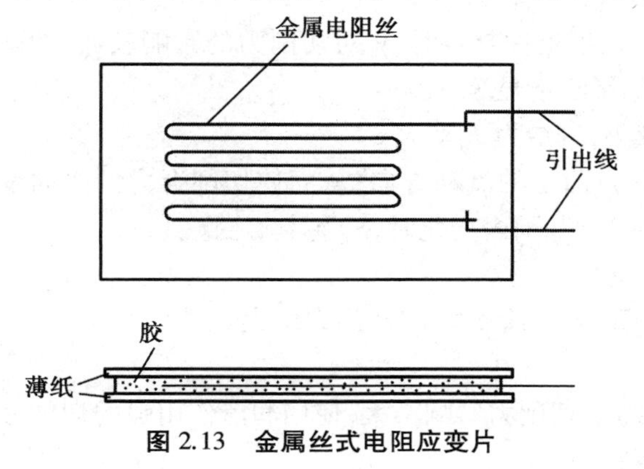

图2.13　金属丝式电阻应变片

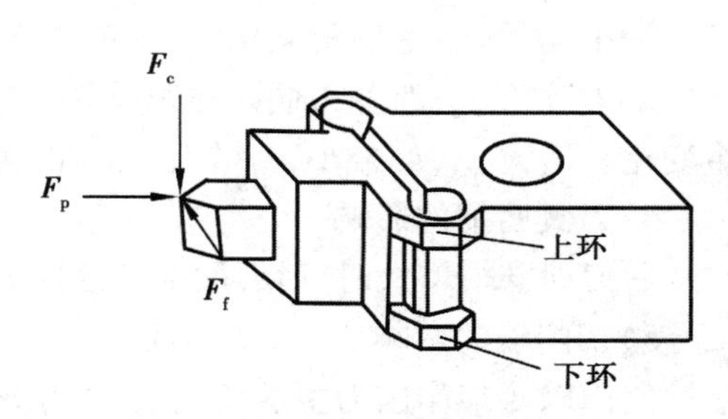

图2.14　八角环三向车削测量仪

2)切削力的经验公式　利用测力仪测出切削力,再将实验数据加以适当处理,得出计算切削力的经验公式,形式如下:

$$\left.\begin{aligned} F_c &= C_{F_c} \cdot a_p^{x_{F_c}} \cdot f^{y_{F_c}} \cdot v_c^{n_{F_c}} \cdot K_{F_c} \\ F_p &= C_{F_p} \cdot a_p^{x_{F_p}} \cdot f^{y_{F_p}} \cdot v_c^{n_{F_p}} \cdot K_{F_p} \\ F_f &= C_{F_f} \cdot a_p^{x_{F_f}} \cdot f^{y_{F_f}} \cdot v_e^{n_{F_f}} \cdot K_{F_f} \end{aligned}\right\} \tag{2.10}$$

式中　F_c、F_p、F_f——主切削力、背向力和进给力;

C_{F_c}、C_{F_p}、C_{F_f}——与工件材料及切削条件有关的系数;

$x_{F_c},y_{F_c},n_{F_c};x_{F_p},y_{F_p},n_{F_p};x_{F_f},y_{F_f},n_{F_f}$——三个分力公式中背吃刀量、进给量和切削速度的指数;

K_{F_c}、K_{F_p}、K_{F_f}——实际切削条件与所求得实验公式条件下不符合时,各种因素对切削力的修正系数之积。

式中各种系数和指数和修正系数可以在相关手册中查到。

(5)影响切削力的因素

1)工件材料的影响　工件材料的强度、硬度越高,切削力越大。切削脆性材料时,被切削材料的塑性变形及它与前刀面的摩擦都比较小,故其切削力相对较小。

2)切削用量的影响

①背吃刀量 a_p 和进给量 f:a_p 和 f 增大,都会使切削力增大,但两者的影响程度不同。a_p 增大时,变形系数 Λ_h 不变,切削力成正比增大;f 增大时,Λ_h 有所下降,故切削力不成正比增大。在切削力的经验公式中,a_p 的指数 x_{F_c} 近似等于 1,f 的指数 y_{F_c} 小于 1。在切削层面积相同的条件下,采用大的进给量 f 比采用大的背吃刀量 a_p 的切削力小。

②切削速度 v_c:切削塑性材料时,在无积屑瘤产生的切削速度范围内,随着 v_c 的增大,切削力减小;这是因为 v_c 增大时,切削温度升高,摩擦系数 μ 减小,从而使 Λ_h 减小,切削力下降。在产生积屑瘤的情况下,刀具的实际前角是随积屑瘤的成长与脱落变化的。在积屑瘤增长期,v_c 增大,积屑瘤高度增大,实际前角增大,Λ_h 减小,切削力下降;在积屑瘤消退期,v_c 增大,积屑瘤减小,实际前角变小,Λ_h 增大,切削力上升。

切削铸铁等脆性材料时,被切材料的塑性变形及它与前刀面的摩擦均比较小,v_c 对切削力没有显著影响。

3)刀具几何参数的影响

①前角 γ_o:γ_o 增大,Λ_h 减小,切削力下降。切削塑性材料时,γ_o 对切削力的影响较大;切削脆性材料时,由于切削变形很小,γ_o 对切削力的影响不显著。

②主偏角 κ_r:主偏角 κ_r 增大,背向力 F_p 减小,进给力 F_f 增大。

③刃倾角 λ_s:改变刃倾角将影响切屑在前刀面上的流动方向,从而使切削合力的方向发生变化。增大 λ_s,F_p 减小,F_f 增大。λ_s 在 $-45°\sim10°$ 范围内变化时,F_c 基本不变。

4)刀具磨损的影响

后刀面磨损增大时,后刀面上的法向力和摩擦力都增大,故切削力增大。

5)切削液的影响

使用以冷却作用为主的切削液(如水溶液)对切削力影响不大,使用润滑作用强的切削液(如切削油)可使切削力减小。

6）刀具材料的影响

刀具材料与工件材料间的摩擦系数影响摩擦力的大小，导致切削力变化。在同样的切削条件下，陶瓷刀的切削力最小，硬质合金次之，高速工具钢刀具的切削力最大。

2.2.2　切削热与切削温度

切削热是切削过程中重要的物理现象之一。大量的切削热使得切削温度升高，这将直接影响刀具前面上的摩擦系数、积屑瘤的形成和消退、刀具的磨损以及工件材料的性能、工件加工精度和已加工表面质量等。

（1）切削热的产生与传出

切削过程中所消耗能量的97%～99%都转变为热量。三个变形区就是三个发热区，如图2.15所示，所以，切削热的来源就是切屑变形功和刀具前、后面的摩擦功。

根据热力学平衡原理，产生的热量和散出的热量应相等，则：

$$Q_s+Q_r=Q_c+Q_t+Q_w+Q_m \tag{2.11}$$

式中　Q_s——工件材料弹、塑性变形所产生的热量；

Q_r——切屑与前面、加工表面与后面摩擦所产生的热量；

Q_c——切屑带走的热量；

Q_t——刀具传散的热量；

Q_w——工件传散的热量；

Q_m——周围介质如空气，切削液带走的热量。

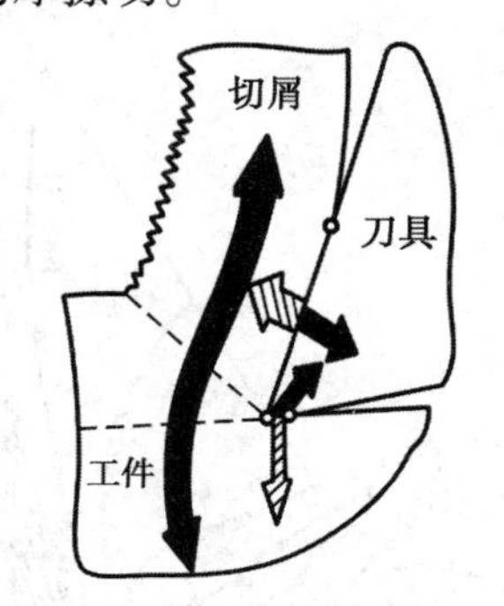

图2.15　切削热的产生与传出

切削塑性材料时，变形和摩擦都比较大，所以发热较多。切削速度提高时，因切屑的变形减小，所以塑性变形产生的热量百分比降低，而摩擦产生热量的百分比增高。切削脆性材料时，后刀面上摩擦产生的热量在切削热中所占的百分比增大。

切削区域的热量被切屑、工件、刀具和周围介质传出。向周围介质直接传出的热量，在干切削（不用切削液）时，所占比例在1%以下，故在分析和计算时可忽略不计。

工件材料的导热性能是影响热量传导的重要因素。工件材料的热导率越低，通过工件和切屑传导出去的切削热量越少，这就必然会使通过刀具传导出去的热量增加。例如切削航空工业中常用的钛合金时，因为它的热导率只有碳素钢的1/4～1/3，切削产生的热量不易传出，切削温度因而随之增高，刀具就容易磨损。

刀具材料的热导率较高时，切削热易从刀具方面导出，切削区域温度随之下降，这有利于刀具寿命的提高。切屑与刀具接触时间的长短，也影响刀具的切削温度。外圆车削时，切屑形成后迅速脱离车刀而落入机床的容屑盘中，故切屑的热量传给刀具不多。钻削或其他半封闭式容屑的切削加工，切屑形成后仍与刀具及工件相接触，切屑将所带的切削热再次传给工件和刀具，使切削温度升高。

切削热由切屑、刀具、工件及周围介质传出的比例大致如下：

①车削加工时，切屑带走切削热为50%～86%，车刀传出40%～10%，工件传出9%～3%，周围介质（如空气）传出1%。切削速度愈高或切削层公称厚度愈大，则切屑带走的热量愈多。

②钻削加工时，切屑带走的切削热 28%，刀具传出 14.5%，工件传出 52.5%，周围介质传出 5%。

③磨削加工时，约有 70%以上的热量瞬时进入工件，只有小部分通过切屑、砂轮、冷却液和大气带走。

(2) 切削温度的分布

所谓切削温度，是指刀具前面上刀—屑接触区的平均温度，用 θ 表示。一般用前刀面与切屑接触区域的平均温度代替。为了深入研究切削温度，还应该知道工件、切屑和刀具上各点的温度分布，这种分布称为温度场。切削温度场可用人工热电偶法或其他方法测出。

图 2.16 是切削钢料时，实验测出的正交平面内的温度场。由此可分析归纳出一些切削温度分布的规律：

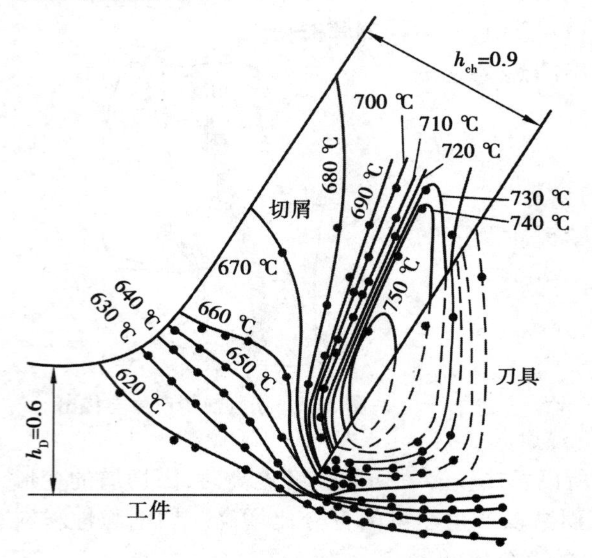

图 2.16 二维切削中的温度分布

工件材料：低碳易切钢；刀具：$\gamma_o = 30°$，$\alpha_o = 7°$；

切削用量：$h_D = 0.6$ mm $v_c = 22.86$ m/min；

切削条件：干切削，预热 611 ℃

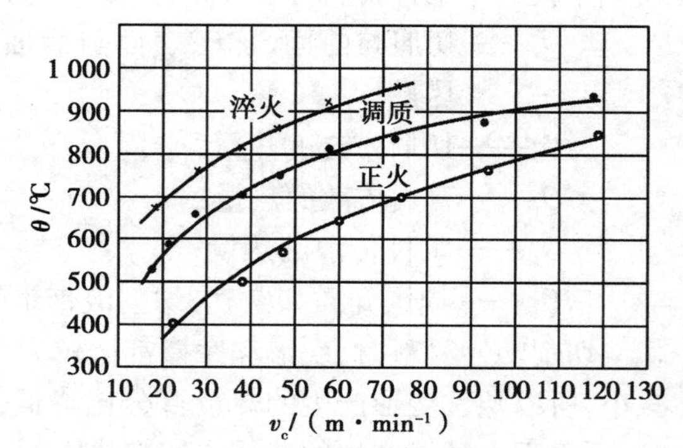

图 2.17 45 钢热处理状态对切削温度的影响

刀具：YT15，$\gamma_o = 15°$

切削用量：$a_p = 3$ mm, $f = 0.1$ mm/r

①剪切面上各点的温度几乎相同，说明剪切面上各点的应力应变规律基本相同。

②刀具前、后面上最高温度都不在切削刃上，而是在离切削刃有一定距离的地方。这是摩擦热沿着刀面不断增加的缘故。

(3) 影响切削热的主要因素

切削温度的高低决定于单位时间内产生的热量与传散的热量两方面综合影响的结果。

1) 工件材料对切削温度的影响　工件材料的硬度和强度越高，切削时消耗的功越多，产生的切削热多，切削温度越高。图 2.17 是切削三种不同热处理状态的 45 钢时，切削温度的变化情况，三者切削温度相差悬殊，与正火状态比较，调质状态增高 20%～25%，淬火状态增高 40%～45%。

工件材料的塑性越大，切削温度越高。脆性金属的抗拉强度和伸长率小，切削过程中变形小，切屑呈崩碎状与前刀面摩擦也小，故切削温度一般比切钢时低。

2) 切削用量对切削温度的影响　通过实验得出的切削温度的经验公式为

$$\theta = C_\theta \cdot v_c^{z_\theta} \cdot f^{y_\theta} \cdot a_p^{x_\theta} \tag{2.12}$$

式中　θ ——刀具前面上刀—屑接触区的平均温度,℃;

C_θ——切削温度系数;

v_c——切削速度,m/min;

f ——进给,mm/r;

a_p——背吃刀量,mm;

z_θ、y_θ、x_θ——相应的影响指数。

实验得出,用高速工具钢或硬质合金刀具切削中碳钢时,系数 C_θ、指数 z_θ、y_θ、x_θ 见表 2.1。

表 2.1　切削温度的系数及指数

刀具材料	加工方法	C_θ	z_θ		y_θ	x_θ
高速工具钢	车削	140~170	0.35~0.45		0.2~0.3	0.08~0.10
	铣削	80				
	钻削	150				
硬质合金	车削	320	$f/(mm \cdot r^{-1})$		0.15	0.05
			0.1	0.41		
			0.2	0.31		
			0.3	0.26		

由式(2.12)及表 2.1 可知,v_c、f、a_p增大,切削温度升高,但切削用量三要素对切削温度的影响程度不一,以 v_c的影响最大,f 次之,a_p最小。因此,为了有效地控制切削温度以提高刀具使用寿命,在机床允许的条件下,选用较大背吃刀量 a_p和进给量f,比选用大的切削速度 v_c更为有利。

3) 刀具几何参数的影响　前角 γ_o增大,使切屑变形程度减小,产生的切削热减小,因而切削温度下降。但前角大于 18°~20°时,对切削温度的影响减小,这是因为楔角减小而使散热体积减小的缘故。

主偏角 κ_r减小,使切削层公称宽度 b_D增大,散热增大,故切削温度下降。

负倒棱及刀尖圆弧半径增大,能使切削变形程度增大,产生的切削热增加;但另一方面这两者都能使刀具的散热条件改善,使传出的热量增加,两者趋于平衡,所以,对切削温度影响很小。

4) 刀具磨损的影响　刀具后面磨损量增大,切削温度升高,磨损量达到一定值后,对切削温度的影响加剧;切削速度愈高,刀具磨损对切削温度的影响就愈显著。

5) 切削液的影响　切削液对降低切削温度、减少刀具磨损和提高已加工表面质量有明显的效果。切削液对切削温度的影响与切削液的导热性能、比热、流量、浇注方式以及本身的温度有很大关系。

2.2.3　刀具磨损和刀具寿命

切削过程中,刀具一方面切下切屑,一方面也被损坏。刀具损坏到一定程度,就要更换新的切削刃或换刀才能继续切削。所以刀具损坏也是切削过程中的一个重要现象。

刀具损坏的形式主要有磨损和破损两类。前者是连续的逐渐磨损,后者又包括脆性破损(如崩刃、碎断、剥落、裂纹等)和塑性破损两种。

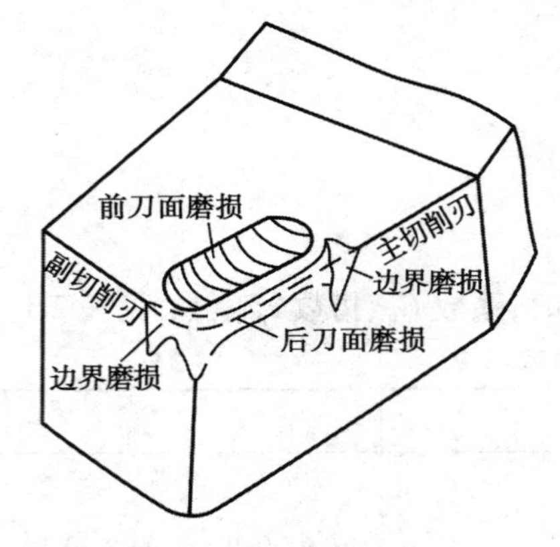

图 2.18 刀具的磨损形状

刀具磨损使工件加工精度降低,表面粗糙度增大,并导致切削力和切削温度增加,甚至产生振动不能继续正常切削。因此,刀具磨损直接影响生产效率、加工质量和成本。

(1)刀具的磨损形式

切削时,刀具的前面和后面分别与切屑和工件相接触,由于前、后面上的接触压力很大,接触面的温度也很高,因此在刀具前、后面上发生磨损,如图 2.18 所示。

1)前刀面磨损　切削塑性材料时,如果切削速度和切削层公称厚度较大,则在前面上形成月牙洼磨损,如图 2.19(a),并以切削温度最高的位置为中心开始发生,然后逐渐向前后扩展,深度不断增加。当月牙洼发展到其前缘与切削刃之间的棱边变得很窄时,切削刃强度降低,容易导致切削刃破损。刀具前面月牙洼磨损值以其最大深度 KT 表示。

2)后刀面磨损　切削时,工件的新鲜加工表面与刀具后面接触,相互摩擦,引起后面磨损。后面的磨损形式是磨成后角等于零的磨损棱带。切削铸铁和以较小的切削层公称厚度切削塑性材料时,主要发生这种磨损。后面上的磨损棱带往往不均匀,如图 2.19(b)所示。刀尖部分(C 区)强度较低,散热条件又差,磨损比较严重,其最大值为 VC;切削刃靠近工件待加工表面处的后面(N 区)磨成较深的沟,以 VN 表示。在后面磨损棱带的中间部位(B 区),磨损比较均匀,其平均宽度以 VB 表示,最大宽度以 VB_{max} 表示。

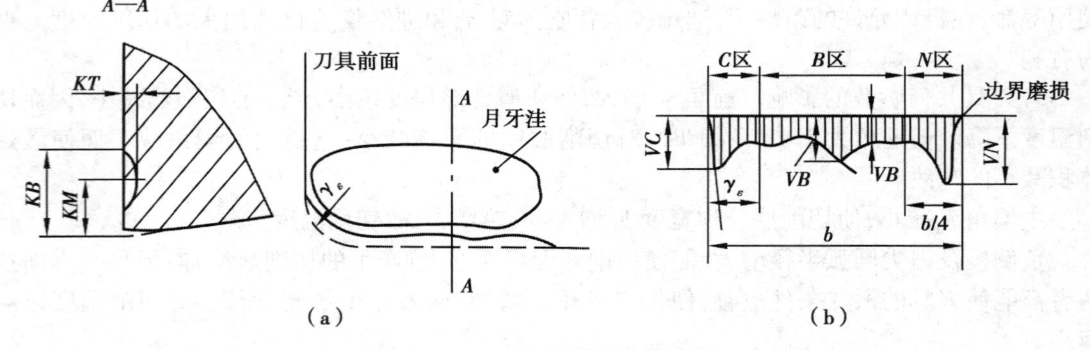

图 2.19 刀具磨损的测量位置

3)前后面同时磨损或边界磨损　切削塑性材料,$h_D = 0.1 \sim 0.5$ mm 时,会发生前后面同时磨损。

在切削铸钢件和锻件等外皮粗糙的工件时,常在主切削刃靠近工件外皮处以及副切削刃靠近刀尖处的后面上,磨出较深的沟纹,这种磨损称为边界磨损,如图 2.20 所示。发生这种边界磨损的主要原因有以下两点。

①切削时,在主切削刃附近的前后刀面上,压应力和切应力很大,但在工件外表面的切削刃上应力突然下降,形成很高的应力梯度,引起很大的切应力。同时,前刀面上切削温度最

高,而与工件外表面接触点由于受空气或切削液冷却,造成很高的温度梯度,也引起很大的切应力。因而在主切削刃后刀面上发生边界磨损。

②由于加工硬化作用,靠近刀尖部分的副切削刃处的切削厚度减薄到零,引起这部分刀刃打滑,促使副后刀面上发生边界磨损。

加工铸、锻件外皮粗糙的工件时,也容易发生边界磨损。

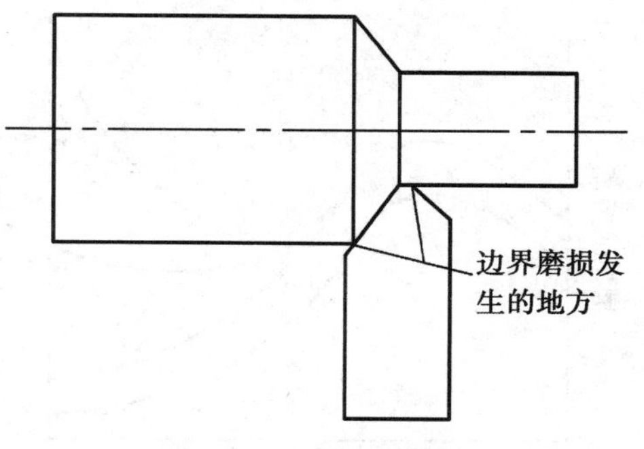

图 2.20　边界磨损部位

(2)刀具磨损的原因

切削时刀具的磨损是在高温高压条件下产生的。因此,形成刀具磨损的原因就非常复杂,它涉及机械、物理、化学和相变等的作用。现将其中主要的原因简述如下:

1)硬质点磨损　是由工件材料中的杂质、材料基体组织中所含的碳化物、氮化物和氧化物等硬质点以及积屑瘤的碎片等将刀具表面擦伤,划出一条条的沟纹造成的机械磨损。各种切削速度下的刀具都存在这种磨损,但它是低速刀具磨损的主要原因,因低速时温度低,其他形式的磨损还不显著。

2)黏结磨损　在一定的压力和温度作用下,在切屑与前面、已加工表面与后面的摩擦面上,产生塑性变形而使工件的原子或晶粒冷焊在刀面上形成黏结点,这些黏结点又因相对运动而破裂,其原子或晶粒被对方带走,一般说来,黏结点的破裂发生在硬度较低的一方,即工件材料上,但刀具材料往往有组织不均、存在内应力、微裂纹以及空隙、局部软点等缺陷,所以,黏结点的破裂也常常发生刀具材料被工件材料带走的现象,从而形成刀具的黏结磨损。高速工具钢、硬质合金等各种刀具都会因黏结而发生磨损。

黏结磨损程度取决于切削温度、刀具和工件材料的亲和力、刀具和工件材料硬度比、刀具表面形状与组织和工艺系统刚度等因素。例如刀具和工件材料的亲和力越大、硬度比越小,黏结磨损就越严重。

3)扩散磨损　切削过程中,刀具表面始终与工件上被切出的新鲜表面相接触,由于高温与高压的作用,两摩擦表面上的化学元素有可能互相扩散到对方去,使两者的化学成分发生变化,从而削弱了刀具材料的性能,加速了刀具的磨损。例如,用硬质合金刀具切削钢件时,切削温度常达到 800~1 000 ℃以上,自 800 ℃开始,硬质合金中的 Co、C、W 等元素会扩散到切屑中而被带走;切屑中的 Fe 也会扩散到硬质合金中,形成新的低硬度、高脆性的复合碳化物;同时,由于 Co 的扩散,还会使刀具表面上 WC、TiC 等硬质相的黏结强度降低,这一切都加剧了刀具的磨损。所以,扩散磨损是硬质合金刀具的主要磨损原因之一。

扩散磨损的速度主要与切削温度、工件和刀具材料的化学成分等因素有关。扩散速度随切削温度的升高而增加,而且愈增愈烈。

4)化学磨损　在一定温度下,刀具材料与某些周围介质(如空气中的氧、切削液中的极压添加剂硫、氯等)起化学作用,在刀具表面形成一层硬度较低的化合物,而被切屑带走,加速了刀具的磨损;或者因为刀具材料被某种介质腐蚀,造成刀具损耗。这些被称为化学磨损。化

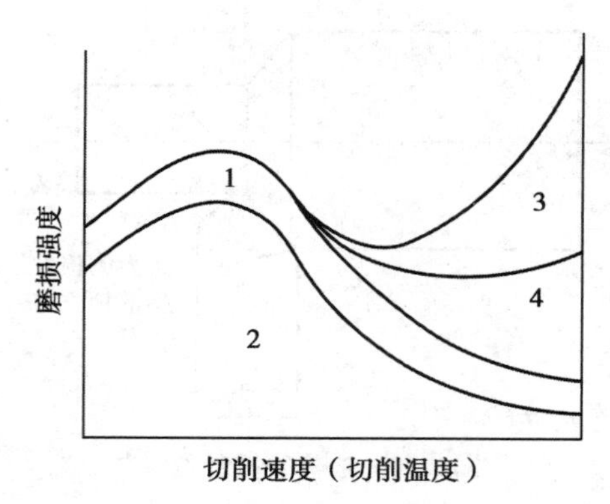

1—硬质点磨损;2—黏结磨损;
3—扩散磨损;4—化学磨损

图 2.21　切削温度对刀具磨损强度的影响

学磨损主要发生于较高的切削速度条件下。

总的说来,当刀具和工件材料给定时,对刀具磨损起主导作用的是切削温度。在温度不高时,以硬质点磨损为主;在温度较高时,以黏结、扩散和化学磨损为主。如图 2.21 所示为硬质合金加工钢料时,在不同的切削速度(切削温度)下各类磨损所占的比例。

(3)刀具磨损过程及磨钝标准

1)刀具的磨损过程　根据切削实验,可得图2.22所示的刀具磨损过程的典型曲线。由图可见,刀具的磨损过程分三个阶段:

①初期磨损阶段。因为新刃磨的刀具后面存在粗糙不平以及显微裂纹、氧化或脱碳等缺陷,而且切削刃较锋利,后面与加工表面接触面积较小,压应力较大,所以,这一阶段的磨损较快。

②正常磨损阶段。经过初期磨损后,刀具后面粗糙表面已经磨平,单位面积压力减小,磨损比较缓慢且均匀,进入正常磨损阶段。在这个阶段,后面的磨损量与切削时间近似地成正比增加。正常切削时,这个阶段时间较长。

③急剧磨损阶段。当磨损量增加到一定限度后,加工表面粗糙度增加,切削力与切削温度迅速升高,刀具磨损量增加很快,甚至出现噪声、振动,以致刀具失去切削能力。在这个阶段到来之前,就要及时换刀。

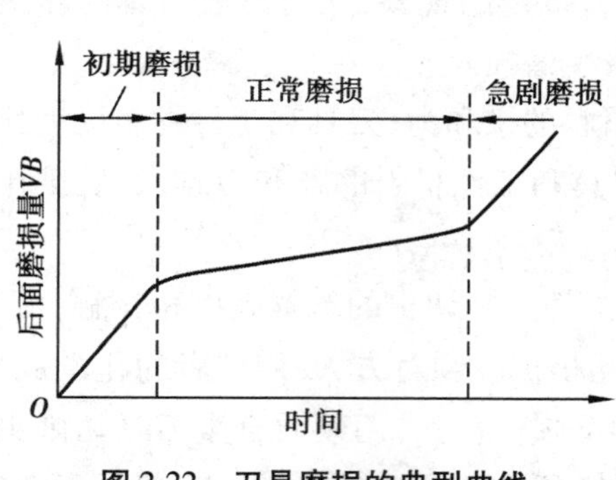

图 2.22　刀具磨损的典型曲线

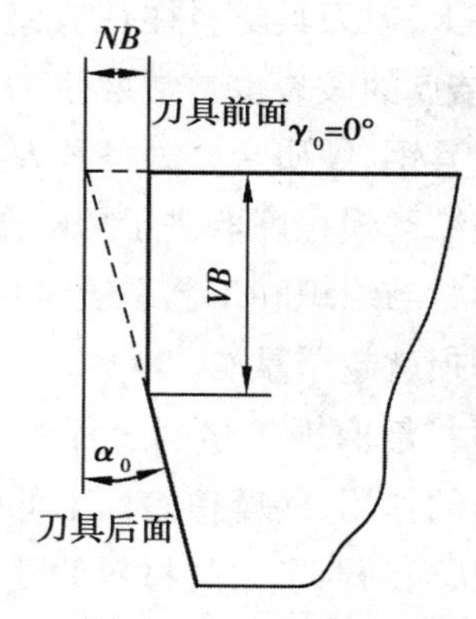

图 2.23　刀具磨钝标准

2)刀具的磨钝标准　刀具磨损后将影响切削力、切削温度和加工质量,因此必须根据加工情况给刀具规定一个最大允许的磨损量,这个磨损限度就称为刀具的磨钝标准。

因为一般刀具的后面都发生磨损,而且测量也比较方便,因此。国际标准化组织 ISO 统一规定以 1/2 切削深度处后面上测量的磨损带宽度 VB 作为刀具的磨钝标准,如图 2.23 所示。

自动化生产中用的精加工刀具,常以沿工件径向的刀具磨损尺寸作为衡量刀具的磨钝标准,称为刀具的径向磨损量 NB,如图 2.23 所示。

由于加工条件不同,所规定的磨钝标准也有变化,例如精加工的磨钝标准取得小,粗加工的磨钝标准取得大。

磨钝标准的具体数值可参考有关手册，一般 $VB=0.3$ mm。

(4)刀具使用寿命及其与切削用量的关系

1)刀具使用寿命　刀具使用寿命的定义为:刀具由刃磨后开始切削一直到磨损量达到刀具磨钝标准所经过的总切削时间。刀具使用寿命以 T 表示，单位为分钟。

刀具总的使用寿命是表示一把新刀从投入切削起，到报废为止总的实际切削时间。因此，刀具总的使用寿命等于这把刀的刃磨次数(包括新刀开刃)乘以刀具的使用寿命。

2)刀具使用寿命与切削用量的关系

①切削速度与刀具使用寿命的关系　当工件、刀具材料和刀具的几何参数确定之后，切削速度对刀具使用寿命的影响最大。增大切削速度，刀具使用寿命就降低。目前，用理论分析方法导出的切削速度与刀具使用寿命之间的数学关系，与实际情况不尽相符，所以还是通过刀具使用寿命实验来建立他们之间的经验公式，其一般形式为

$$v_c \cdot T^m = C_o \tag{2.13}$$

式中　v_c——切削速度，m/min；

T——刀具使用寿命，min；

m——指数，表示 v_c 对 T 的影响程度；

C_o——系数，与刀具、工件材料和切削条件有关。

上式为重要的刀具使用寿命公式，指数 m 表示 v_c 对 T 影响程度，耐热性愈低的刀具材料，其 m 值愈小，切削速度对刀具使用寿命的影响愈大，也就是说，切削速度稍稍增大一点，则刀具使用寿命的降低就很大。

应当指出，在常用的切削速度范围内，式(2.13)完全适用；但在较宽的切削速度范围内进行实验，特别是在低速区内，式(2.13)就不完全适用了。

②进给量和背吃刀量与刀具使用寿命的关系　切削时，增大进给量 f 和背吃刀量 a_p，刀具使用寿命将降低。经过实验，可以得到与式(2.13)类似的关系式：

$$\left.\begin{aligned} f \cdot T^{m_1} &= C_1 \\ a_p \cdot T^{m_2} &= C_2 \end{aligned}\right\} \tag{2.14}$$

③刀具使用寿命的经验公式　综合式(2.13)和式(2.14)，可得到切削用量与刀具使用寿命的一般关系式

$$T=\frac{C_T}{V_c^{\frac{1}{m}} \cdot f^{\frac{1}{m_1}} \cdot a_p^{\frac{1}{m_2}}}$$

令 $x=\dfrac{1}{m}, y=\dfrac{1}{m_1}, z=\dfrac{1}{m_2}$，则

$$T=\frac{C_T}{v_c^x \cdot f^y \cdot a_p^z} \tag{2.15}$$

式中　C_T——使用寿命系数，与刀具、工件材料和切削条件有关；

x、y、z——指数，分别表示各切削用量对刀具使用寿命的影响程度，一般 $x>y>z$。

用 YT15 硬质合金车刀切削 $\sigma_b=0.637$ GPa 的碳钢时，切削用量($f>0.7$ mm/r) 与刀具使用寿命的关系为：

$$T=\frac{C_T}{v_c^5 \cdot f^{2.25} \cdot a_p^{0.75}} \tag{2.16}$$

由上式可以看出,切削速度 v_c 对刀具使用寿命影响最大,进给量 f 次之,背吃刀量 a_p 最小。这与三者对切削温度的影响顺序完全一致,反映出切削温度对刀具使用寿命有着重要的影响。

(5)刀具使用寿命的选择

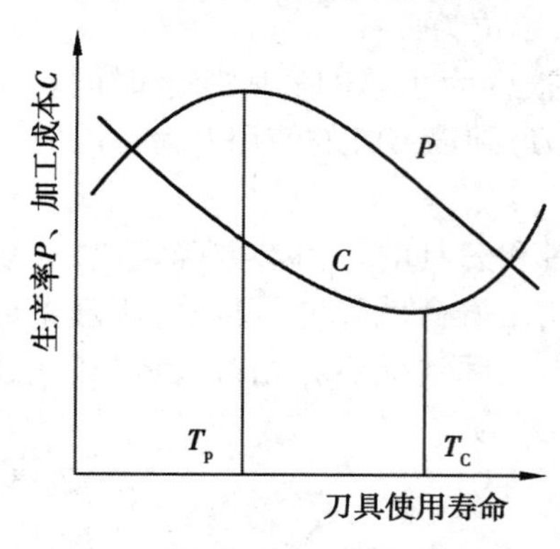

图 2.24 刀具使用寿命对生产率和加工成本的影响

刀具的磨损达到磨钝标准后即需重磨或换刀。究竟刀具切削多长时间换刀比较合适,即刀具的使用寿命应取什么数值才算合理呢?一般有两种方法:一是根据单件工时最短的观点来确定使用寿命,这种使用寿命称为最大生产率使用寿命 T_p;二是根据工序成本最低的观点来确定使用寿命,称为经济使用寿命 T_c。

在一般情况下均采用经济使用寿命,当任务紧迫或生产中出现不平衡环节时,则采用最大生产率使用寿命。图 2.24 表示了刀具使用寿命对生产率和加工成本的影响。

生产中一般常用的使用寿命的参考值为:高速工具钢车刀 $T=60\sim90$ min;硬质合金、陶瓷车刀 $T=30\sim60$ min;在自动机床上多刀加工的高速工具钢车刀 $T=180\sim200$ min。

在选择刀具使用寿命时,还应注意以下几点:

①简单的刀具,如车刀、钻头等,使用寿命应选得低些;结构复杂和精度高的刀具,如拉刀、齿轮刀具等,使用寿命应选得高些;同一类刀具,尺寸大的、制造和刃磨成本均较高的,使用寿命应选得高些;可转位刀具的使用寿命比焊接式刀具应选得低些。

②装卡、调整比较复杂的刀具,使用寿命应选得高些。

③车间内某台机床的生产效率限制了整个车间生产率提高时,该台机床上的刀具使用寿命要选得低些,以便提高切削速度,使整个车间生产达到平衡。

④精加工尺寸很大的工件时,为避免在加工同一表面时中途换刀,使用寿命应选得至少能完成一次走刀,并应保证零件的精度和表面粗糙度要求。

(6)刀具的破损

在切削加工中,刀具时常会不经过正常的磨损,就在很短的时间内突然损坏以致失效,这种损坏类型称为破损。破损也是刀具损坏的主要形式之一,多数发生在使用脆性较大刀具材料进行断续切削或者加工高硬度材料的情况下。据统计,硬质合金刀具有 50%~60%的损坏是破损,陶瓷刀具的比例更高。

刀具的破损按性质可以分成塑性破损和脆性破损;按时间先后可以分成早期破损和后期破损。早期破损是切削刚开始或经过很短的时间切削后即发生的破损,主要是由于刀具制造缺陷以及冲击载荷引起的应力超过了刀具材料的强度;后期破损是加工一定时间后,刀具材料因机械冲击和热冲击造成的机械疲劳和热疲劳而发生破损。

1)塑性破损　切削时由于高温、高压的作用,有时在前、后刀面和切屑或工件的接触层上,刀具表层材料发生塑性流动而丧失切削性能。它直接和刀具材料与工件材料的硬度比值有关,比值越高,越不容易发生塑性破损。硬质合金刀具的高温硬度高,一般不易发生这种破

损。高速工具钢刀具因其耐热性较差,常出现这种破损。常见的塑性破损形式有:

①卷刃。刀具切削刃部位的材料,由于后刀面和工件已加工表面的摩擦,沿后刀面向所受摩擦的方向流动,形成切削刃的倒卷,称为卷刃。主要发生在工具钢、高速工具钢等刀具材料进行精加工或切削厚度很小的加工时。

②刀面隆起。在采用大的切削用量以及加工硬材料的情况下,刀具前、后刀面的材料发生远离切削刃的塑性流动,致使前、后刀面发生隆起。工具钢、高速工具钢以及硬质合金刀具都会发生这种损坏。

2)脆性破损　脆性破损常发生于脆性较大的硬质合金和陶瓷刀具上。

①崩刃。在切削刃上产生小的缺口,一般缺口尺寸与进给量相当或稍大一些,切削刃还能继续进行切削。陶瓷刀具切削时,在早期常发生这种崩刃。硬质合金刀具进行断续切削时,也常发生崩刃现象。

②碎断。在切削刃上发生小块碎裂或大块断裂,不能继续正常切削。前者发生在刀尖和主切削刃处,一般还可以重磨修复再使用,硬质合金和陶瓷刀具断续切削时,常在早期出现这种损坏。后者是发生于刀尖处,刀具不能再重磨使用,大多是断续切削较长时间后,没有及时换刀,因刀具材料疲劳而造成的。

2.3　影响金属切削加工的主要因素及其控制

2.3.1　工件材料的切削加工性

在切削加工中,有些材料容易切削,有些材料很难切削。判断材料切削加工的难易程度、改善和提高切削加工性对提高生产率和加工质量有重要意义。研究材料的切削加工性,是为了找出改善难加工材料切削加工性的途径。

(1)工件材料切削加工性的概念及其评定指标

工件材料切削加工性是指在一定切削条件下,对工件材料进行切削加工的难易程度。材料加工的难易,不仅取决于材料本身,还取决于具体的切削条件。

根据不同的加工要求,衡量切削加工性的指标有以下几种。

1)刀具使用寿命指标与相对加工性指标　用刀具使用寿命高低来衡量被加工材料切削加工的难易程度。在相同切削条件下加工不同材料时,刀具使用寿命较长,其加工性较好;或在保证相同刀具使用寿命的前提下,切削这种工件材料所允许的切削速度,切削速度较高的材料,其加工性较好。

在切削普通金属材料时,取刀具使用寿命为60 min时允许的切削速度v_{60}值的大小,来评定材料切削加工性的好坏;在切削难加工材料时,则用v_{20}值的大小来评定材料切削加工性的优劣。在相同加工条件下,v_{60}或v_{20}的值越高,材料的切削加工性越好;反之,加工性差。

此外,还经常使用相对加工性指标,即以处于正火状态的45钢(170~229 HBS,σ_b = 0.637 GPa)的v_{60}为基准,写作$(v_{60})_j$,其他被切削的工件材料的v_{60}与之相比的数值,记作K_v,这个比值称为相对加工性,即

$$K_v = \frac{v_{60}}{(v_{60})_j} \tag{2.17}$$

$K_v>1$ 的材料，比 45 钢容易切削；$K_v<1$ 的材料，比 45 钢难切削。K_v越大，切削加工性越好；K_v越小，切削加工性越差。目前常用的工件材料，按相对加工性 K_v 可分为 8 级，见表 2.2。

表 2.2　工件材料的切削加工性等级

加工性等级	名称及种类		相对加工性 K_v	代表性工件材料
1	很容易切削材料	一般有色金属	>3.0	5-5-5 铜铅合金，9-4 铝铜合金，铝镁合金
2	容易切削材料	易切削钢	2.5~3.0	15Cr 退火，σ_b = 0.373~0.441GPa 自动机钢，σ_b = 0.392~0.490 GPa
3		较易切削钢	1.6~2.5	30 钢正火，σ_b = 0.441~0.549 GPa
4	普通材料	一般钢及铸铁	1.0~1.6	45 钢，灰铸铁，结构钢
5		稍难切削材料	0.65~1.0	2Cr13 调质，σ_b = 0.828 8 GPa 85 钢轧制，σ_b = 0.882 9 GPa
6	难切削材料	较难切削材料	0.5~0.65	45Cr 调质，σ_b = 1.03 GPa 60Mn 调质，σ_b = 0.931 9~0.981 GPa
7		难切削材料	0.15~0.5	50CrV 调质，1Cr18Ni9Ti 未烨火，α 相钛合金
8		很难切削材料	<0.15	β 相钛合金，镍基高温合金

2）加工材料的性能指标　用加工材料的物理、化学和力学性能高低来衡量切削该材料的难易程度。表 2.3 所示是根据加工材料的硬度、抗拉强度、伸长率、冲击韧性和热导率来划分加工性等级。

表 2.3　工件材料切削加工性分级表

切削加工性		易切钢			较易切削		较难切削			难切削			
等级代号		0	1	2	3	4	5	6	7	8	9	9_a	9_b
硬度	HBS	≤50	>50~100	>100~150	>150~200	>200~250	>250~300	>300~350	>350~400	>400~480	>480~635	>635	
	HRC					>14~24.8	>24.8~32.3	>32.3~38.1	>38.1~43	>43~50	>50~60	>60	
抗拉强度 σ_b /GPa		≤0.196	>0.196~0.441	>0.441~0.588	>0.588~0.784	>0.784~0.98	>0.98~1.176	>1.176~1.372	>1.372~1.568	>1.568~1.764	>1.764~1.96	>1.96~2.45	>2.45
伸长率 δ/%		≤10	>10~15	>15~20	>20~25	>25~30	>30~35	>35~40	>40~50	>50~60	>60~100	>100	
冲击韧度 a_k /($Kj \cdot m^{-2}$)		≤196	>196~392	>392~588	>588~784	>784~980	>980~1 372	>1 372~1 764	>1 764~1 962	>1 962~2 450	>2 450~2 940	>2 940~3 920	
热导率 κ /($W \cdot m^{-1} \cdot K^{-1}$)		418.68~293.08	<293.08~167.47	<167.47~83.74	<83.74~62.80	<62.80~41.87	<41.87~33.5	<33.5~25.12	<25.12~16.75	<16.75~8.37	<8.37		

从加工性分级表中查出材料性能的加工性等级，可较直观地、全面地了解材料切削加工难易程度的特点。例如，某正火 45 钢的性能为 229 HBS、σ_b = 0.598 GPa、δ = 16%、a_k = 588 k/m^2、

$\kappa=50.24$ W/(m·K),表中查出各项性能的切削加工性等级为“4、3、2、2、4”,因此,综合各项等级分析可知。正火45钢是一种较易切削的金属材料。

3)切削力或切削温度　在粗加工或机床动力不足时,常用切削力或切削温度指标来评定材料的切削加工性。即相同的切削条件下,切削力大、切削温度高的材料,其切削加工性就差;反之,其切削加工性就好。对于某些导热性差的难加工材料,也常以切削温度来衡量。

4)已加工表面质量　精加工时,用被加工表面粗糙度值来评定材料的切削加工性。对有特殊要求的零件,则以已加工表面变质层深度、残余应力和加工硬化等指标来衡量材料的切削加工性。凡是容易获得好的已加工表面质量的材料,其切削加工性较好,反之则切削加工性较差。

5)断屑的难易程度　在自动机床、组合机床及自动线上进行切削加工时,或者对如深孔钻削、盲孔钻削等断屑性能要求很高的工序,采用这种衡量指标。凡是切屑容易折断的材料,其切削加工性就好;反之,则切削加工性较差。

(2)难加工材料切削加工性特点

目前在高性能机械结构的机器、造船、航空、电站、石油化工、国防工业中使用了许多难加工金属材料,其中有高锰钢、高强度合金钢、不锈钢、高温合金、钛合金、冷硬铸铁以及各种非金属材料,如玻璃钢、陶瓷等。它们的相对加工性 K_v 一般小于0.65。在加工这些材料时,常表现出切削力大、切削温度高、切屑不易折断和刀具磨损剧烈等现象。并造成严重的加工硬化和较大的残余拉应力,使加工精度降低。为了改善这些材料的切削加工性,进行了大量试验研究。以下介绍几种材料的切削加工性特点。

1)不锈钢　不锈钢的种类较多,按其组织分为:铁素体不锈钢、马氏体不锈钢、奥氏体不锈钢、析出硬化不锈钢。常用的有马氏体不锈钢2Cr13、3Cr13、奥氏体不锈钢1Cr18Ni9Ti。例如1Cr18Ni9Ti的性能为:硬度291 HBS、强度 $\sigma_b=0.539$ GPa、伸长率 $\delta=40\%$、冲击韧度 $a_k=2\,452$ k/m^2,其加工性等级为:“5、2、6、9、—”。

不锈钢的常温硬度和强度接近45钢,但切削时切削温度升高后,使硬化加剧,材料硬度、强度随着提高,切削力增大。不锈钢切削时的伸长率是45钢的3倍,冲击韧性是45钢的4倍,热导率仅为45钢的1/4~1/3。因此,消耗功率大,断屑困难,并因传热差使刀具易磨损。

2)钛合金　钛合金从金属组织上可分为 α 相钛合金(包括工业纯钛)、β 相钛合金、($\alpha+\beta$)相钛合金。其硬度按 α 相、($\alpha+\beta$)相、β 相的次序增加,而切削加工性按这个次序下降。

钛合金的导热性能低,切屑与前刀面的接触面积很小,致使切削温度很高,可为45钢的2倍;钛合金塑性较低,与刀具材料的化学亲和性强,容易和刀具材料中的Ti、Co和C元素黏结,加剧刀具的磨损;钛合金的弹性模量低,弹性变形大,接近后刀面处工件表面的回弹量大,所以已加工表面与后刀面的摩擦较严重。

3)高锰钢　高锰钢有许多类,常用的有水韧处理高锰钢(Mn13)、无磁高锰钢(40Mn18Cr、50Mn18Cr4WV)。例如Mn13耐磨高锰钢的性能为:硬度210 HBS、强度 $\sigma_b=0.981$ GPa、伸长率 $\delta=80\%$、冲击韧度 $a_k=2\,943$ kJ/m^2,加工性等级为:“4、5、9、9a、—”。

由此可见,高锰钢的硬度和强度较低,但伸长率和冲击韧度很高。切削时塑性变形大,加工硬化严重,断屑困难,硬化层达0.1~0.3 mm以上,切削时硬度由210 HBS提高到500 HBS,产生的切削力较切削正火45钢提高一倍以上。高锰钢的热导率小,切削温度高,刀具易磨损。

4)冷硬铸铁　冷硬铸铁的表层硬度很高,可达 60 HRC。在表层中不均匀的硬质点多。其中镍铬冷硬铸铁的高温强度高、热导率小。

冷硬铸铁的加工特点是:刀刃(尖)处受力大、温度高,刀刃碰到硬质点易产生磨粒磨损和崩刃,刀具使用寿命低,所以,在合金铸铁的种类中,是属于难加工材料。

5)硬质合金　硬质合金常用于制造模具材料,它除采用磨削加工外,若选用表层为人工合成聚晶金刚石、基体为硬质合金的复合金刚石刀具(PCD)加工后可得到良好效果。

6)陶瓷　陶瓷材料是用天然或人工合成的粉状化合物,经过成型和高温烧结制成的、由无机化合物构成的多相固体材料。按性能和用途分为普通陶瓷和特种陶瓷。普通陶瓷又叫传统陶瓷;特种陶瓷又叫精细陶瓷,其又可分为结构陶瓷(高强度陶瓷和高温陶瓷)和功能陶瓷(磁性、介电、半导体、光学和生物陶瓷等)两类。

机械工程中应用较多的陶瓷主要是精细陶瓷。具有硬度高、耐磨、耐热等特点。一般采用磨削加工,如采用切削加工,必须选用金刚石刀具或立方氮化硼刀具。

(3)改善材料切削加工性的途径

1)合理选择刀具材料　根据加工材料的性能和要求,应选择与之匹配的刀具材料。例如,切削含钛元素的不锈钢、高温合金和钛合金时,宜用 YG 类硬质合金刀具切削,其中选用 YG 类中的细颗粒牌号,能明显提高刀具使用寿命。由于 YG 类的耐冲击性能较高,故也可用于加工工程塑料和石材等非金属材料。Al_2O_3 基陶瓷刀具切削各种钢和铸铁,尤其对切削冷硬铸铁效果良好。Si_3N_4 基陶瓷能高速切削铸铁和淬硬钢、镍基合金等。立方氮化硼铣刀高速铣削 60 HRC 模具钢的效率比电加工高 10 倍,表面粗糙度 Ra 达 1.8~2.3 μm。金刚石涂层刀具在加工未烧结陶瓷和硬质合金时,效率比用硬质合金刀具高数十倍左右。

2)适当调剂钢中化学元素和进行热处理　在不影响工件的使用性能的前提下,在钢中适当加入易切削元素,如硫、铅,使材料结晶组织中产生硫化物,减少了组织结合强度,便于切削,此外,铅造成组织结构不连接,有利于断屑,铅能形成润滑膜,减小摩擦系数。不锈钢中有硒元素,可改善硬化程度。在铸铁中加入合金元素铝、铜等能分解出石墨元素,易于切削。

采用适当的热处理方法也可改善加工性。例如,对于低碳钢进行正火处理,可提高硬度、降低韧性。高碳钢通过退火处理,降低硬度后易于切削。对于高强度合金钢,通过退火、回火或正火处理可改善切削加工性。

3)采用新的切削加工技术　随着切削加工的发展,出现了一些新的加工方法,例如,加热切削、低温切削、振动切削,在真空中切削和绝缘切削等,其中有的可有效地解决难加工材料切削。

例如,对耐热合金、淬硬钢和不锈钢等材料进行加热切削。通过切削区域中工件上温度增高,能降低材料的剪切强度,减小接触面间摩擦系数,因此,可减小切削力而易于切削。加热切削能减少冲击振动,切削平稳,提高了刀具使用寿命。

加热是在切削部位处加工工件上进行,可采用电阻加热、高频感应加热和电弧加热。加热切削时采用硬质合金刀具或陶瓷刀具。加热切削需附加加热装置,故成本较高。

2.3.2　刀具合理参数的选择

刀具几何参数包括:刀具角度、刀面形式、切削刃形状等。它们对切削时金属的变形、切削力、切削温度、刀具磨损、已加工表面质量等都有显著的影响。

刀具合理的几何参数，是指在保证加工质量的前提下，能够获得最高刀具使用寿命、较高生产效率和较低生产成本的刀具几何参数。

刀具合理几何参数的选择主要决定于工件材料、刀具材料、刀具类型及其他具体工艺条件，如切削用量、工艺系统刚性及机床功率等。

(1)前角及前面形状的选择

1)前角的主要功用

①影响切削区的变形程度　增大刀具前角，可减小切削层的塑性变形，减小切屑流经前面的摩擦阻力，从而减小切削力、切削热和切削功率。

②影响切削刃与刀头的强度、受力性质和散热条件　增大刀具前角，会使刀具楔角减小，使切削刃与刀头的强度降低，刀头的导热面积和容热体积减小，过分增大前角，有可能导致切削刃处出现弯曲应力，造成崩刃。因此，前角过大时，刀具使用寿命会下降。

③影响切削形态和断屑效果　若减小前角，可增大切屑的变形，使之易于脆化断裂。

④影响已加工表面质量　主要通过积屑瘤、鳞刺、振动等施加影响。

从上述前角的功用可知，增大或减小前角各有利弊，在一定的条件下，前角有一个合理的数值。图2.25所示为刀具前角对刀具使用寿命影响的示意曲线，由图可见，前角太大、太小都会使刀具使用寿命显著降低。对于不同的刀具材料，各有其对应着刀具最大使用寿命的前角，称为合理前角 γ_{opt}。由于硬质合金的抗弯强度较低，抗冲击韧性差，其 γ_{opt} 小于高速工具钢刀具的 γ_{opt}。工件材料不同时也是这样，如图2.26所示。

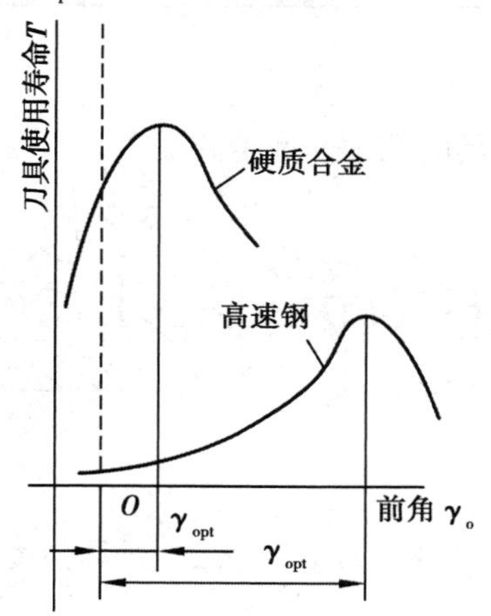

图2.25　前角的合理数值

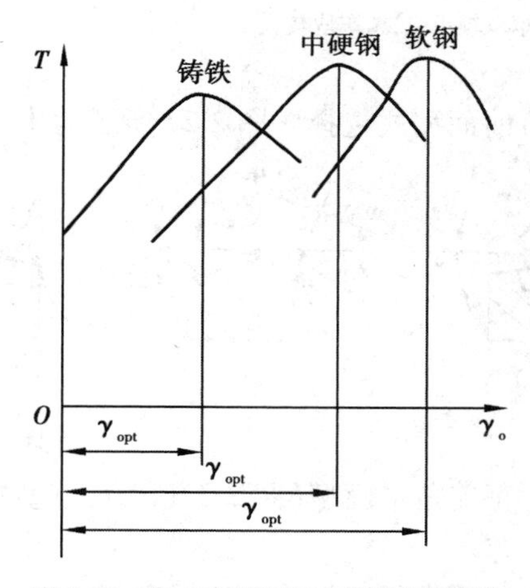

图2.26　加工材料不同时的合理前角

2)合理前角的选择原则

①工件材料的强度、硬度低，可以取较大的甚至很大的前角；工件材料强度、硬度高，应取较小的前角；加工特别硬的工件(如淬硬钢)时，前角很小甚至取负值。例如加工铝合金时，一般取前角为30°~35°，加工中硬钢时，前角取为10°~20°，加工软钢时，前角为20°~30°。

②加工塑性材料(如钢)时，尤其冷加工硬化严重的材料，应取较大的前角；加工脆性材料(如铸铁)时，可取较小的前角。用硬质合金刀具加工一般钢材料时，前角可选10°~20°；加工一般灰铸铁时，前角可选5°~15°。

③粗加工，特别是断续切削，承受冲击性载荷，或对有硬皮的铸锻件粗切时，为保证刀具

有足够的强度,应适当减小前角。但在采取某些强化切削刃及刀尖的措施之后,也可增大前角。

④成形刀具和前角影响刀刃形状的其他刀具,为防止刃形畸变,常取较小的前角,甚至取为0°,但这些刀具的切削条件不好,应在保证切削刃成形精度的前提下,设法增大前角。例如生产中的增大前角的螺纹车刀和齿轮滚刀等。

⑤刀具材料的抗弯强度较大、韧性较好时,应选用较大的前角。如高速工具钢刀具比硬质合金刀具,相同条件时,允许选用较大前角,可增大5°~10°。

⑥工艺系统刚性差和机床功率不足时,应选取较大的前角。

⑦数控机床和自动机、自动线用刀具,为使刀具的切削性能稳定,宜取较小的前角。

表2.4为硬质合金车刀合理前角的参考值,如为高速工具钢车刀,其前角可比表中大5°~10°。

表2.4　硬质合金车刀合理前角的参考值

工件材料	碳钢 σ_b/GPa				40Cr		不锈钢(奥氏体)	高锰钢	钛及钛合金
	≤0.445	≤0.558	≤0.784	≤0.98	正火	调质			
前角	25°~30°	15°~20°	12°~15°	10°	13°~18°	10°~15°	15°~30°	25°~30°	25°~30°

工件材料	淬硬钢/HRC					铸铁/HBS		铜			铝及铝合金
	38~41	44~47	50~52	54~58	60~65	≤220	>220	纯铜	黄铜	青铜	
前角	0°	−3°	−5°	−7°	−10°	10°~15°	5°~10°	25°~30°	15°~25°	5°~15°	25°~30°

注:粗车取较小值,精车取较大值。

3)前面型式选择　图2.27所示为生产中常用到的刀具的几种前面型式。

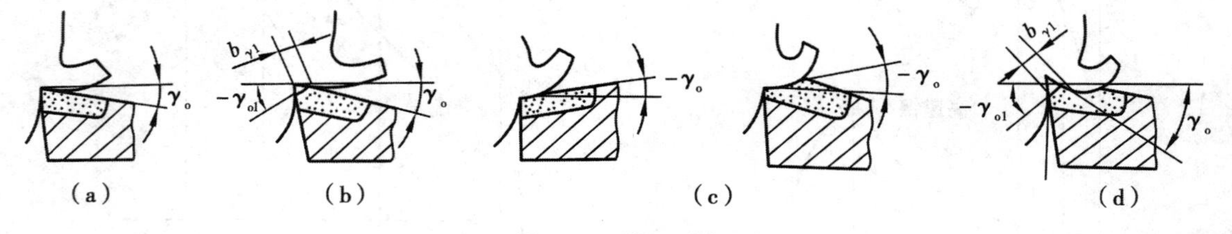

图2.27　前面型式

①正前角平面型(图2.27(a)):该型式形状简单、制造容易、刀刃锋利,但刀具强度较低、散热较差。

该型式常用于精加工刀具和复杂刀具,如车刀、成形车刀、铣刀、螺纹车刀和齿轮加工刀具等。

②正前角带倒棱型(图2.27(b)):该型式要在切削刃上磨出正或负的倒棱。倒棱宽$b_{\gamma1}$一般为0.2 mm~1 mm,或$b_{\gamma1}=(0.3\sim0.8)f$;一般高速工具钢刀具倒棱前角$\gamma_{o1}$取0°~5°,硬质合金刀具倒棱前角$\gamma_{o1}$取−5°~−10°。刀具具有倒棱后可提高其切削刃强度、改善散热条件。由于$b_{\gamma1}$较小,故不影响正前角的切削作用。

一般在用陶瓷刀具、硬质合金刀具进行粗加工和半精加工时需在刀具上磨制出倒棱,磨断屑槽的车刀上也常磨制出倒棱。

③负前角型(图2.27(c)):负前角可作成单面型和双面型两种,双面型可减少前面重磨面积,增加刀片重磨次数。负前角型刀具的切削刃强度高,散热体积大,刀片上由受弯作用改

变为受压,改善了受力条件。但加工时切削力大,易引起振动。

负前角型刀具主要用于硬质合金刀具高速切削高强度、高硬度材料和在间断切削、带冲击切削条件下的切削。

④曲面型(图 2.27(d)):在刀具前面上磨出曲面或在前面上磨出断屑槽,是为了在加工韧性材料时,使切屑卷成螺旋形,或折断成 C 形,使之易于排出和清理。卷屑槽可做成直线圆弧形、直线形、全圆弧形等不同形式,如图 2.28 所示。

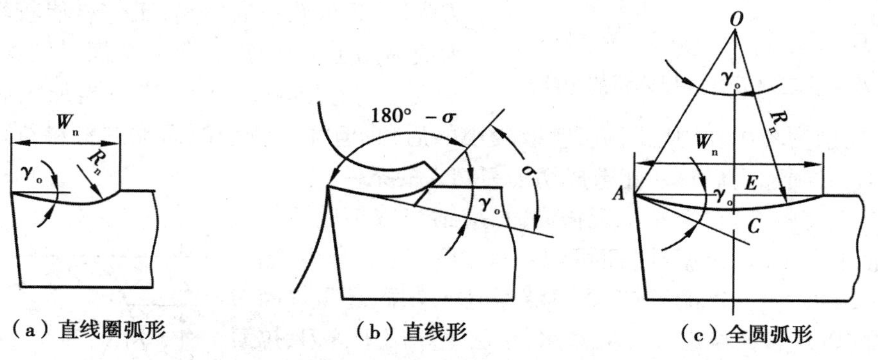

图 2.28　刀具前面上卷屑槽的形状

一般,直线圆弧形的槽底圆弧半径 $R_n=(0.4\sim0.7)W_n$。直线形槽底角$(180°-\sigma)$为 110°~130°。这两种槽形较适于加工碳素钢、合金结构钢、工具钢等,一般 γ_o为 5°~15°。全圆弧槽形,可获得较大的前角(γ_o可增至 25°~30°),且不致使刃部过于削弱,较适于加工紫铜、不锈钢等高塑性材料。

卷屑槽宽度根据工件材料和切削用量决定,一般可取 $W_n=(7\sim10)f$。

在一般硬质合金可转位刀片上作有不同形状的断屑槽。在钻头、铣刀、拉刀和部分螺纹刀具上均具有曲面型前面。

(2)后角的选择

1)后角的功用

①后角的主要功用是减小后面与过渡表面和已加工表面之间的摩擦。由于切屑形成过程中的弹性、塑性变形和切削刃钝圆半径的作用,在过渡表面和已加工表面上有一个弹性恢复层。后角越小,弹性恢复层同后面的摩擦接触长度越大,它是导致切削刃及后面磨损的直接原因之一。从这个意义上来看,增大后角能减小摩擦,可提高已加工表面质量和刀具使用寿命。

②后角越大,切削刃钝圆半径 r_n值越小,切削刃越锋利。

③在同样的磨钝标准 VB 值下,后角大的刀具由新用到磨钝,所磨去的金属体积较大,如图 2.29(a)所示。这也是增大后角可延长刀具使用寿命的原因之一。但带来的问题是刀具径向磨损值 NB 大,当工件尺寸精度要求较高时,就不宜采用大后角。

④增大后角将使切削刃和刀头的强度削弱,导热面积和容热体积减小;且 NB 一定时的磨耗体积小,刀具使用寿命降低,如图 2.29(b)所示。这些是增大后角的不利方面。

因此,同样存在一个后角合理值 α_{opt}。

2)合理后角的选择原则

①粗加工、强力切削及承受冲击载荷的刀具,要求切削刃有足够强度,应取较小的后角;精

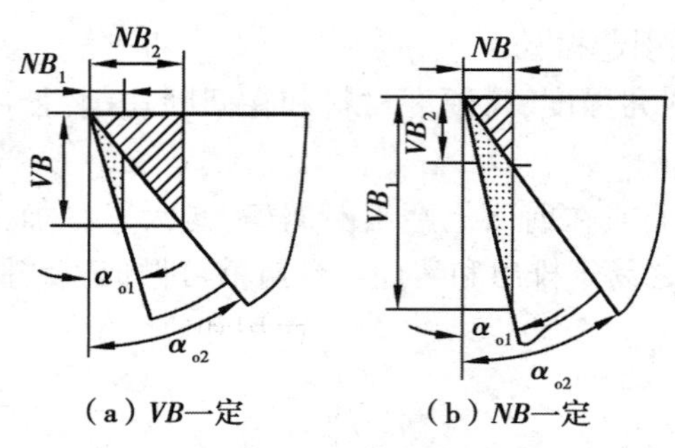

（a）VB一定　（b）NB一定

图 2.29　后角对刀具磨损体积的影响

加工时，刀具磨损主要发生在切削刃区和后面上，为减小后面磨损和增加切削刃的锋利程度，应取较大的后角。车刀合理后角在 $f \leqslant 0.25$ mm/r 时，可取为 $\alpha_o = 10° \sim 12°$，在 $f > 0.25$ = mm/r 时，$\alpha_o = 5° \sim 8°$。

②工件材料硬度、强度较高时，为保证切削刃强度，宜取较小的后角；工件材质较软、塑性较大或易加工硬化时，后面的摩擦对已加工表面质量及刀具磨损影响较大，应适当加大后角；加工脆性材料，切削力集中在刃区附近，宜取较小的后角；但加工特别硬而脆的材料，在采用负前角的情况下，必须加大后角才能造成切削刃切入的条件。

③工艺系统刚性差，容易出现振动时，应适当减小后角。为了减小或消除切削时的振动，还可以在车刀后面上磨出 $b_{\alpha1}$ = 0.1 mm~0.2 mm，$\alpha_{o1} = 0°$的刃带，该刃带不但可消振，还可提高刀具使用寿命，以及起到稳定和导向作用，该法主要用于铰刀、拉刀等有尺寸精度要求的刀具上。也可在刀具后面上磨出如图 2.30 所示的消振棱，其 $b_{\alpha1}$ = 0.1 mm~0.2 mm，$\alpha_{o1} = -5° \sim -10°$。消振棱可以使切削过程稳定性增加，有助于消除切削过程中的低频振动。

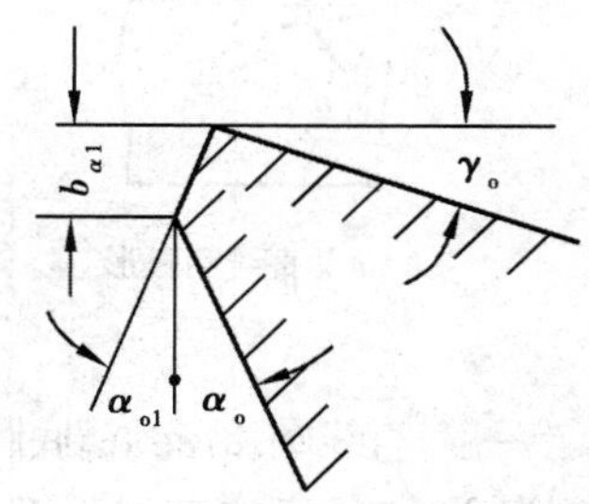

图 2.30　带消振棱的车刀

④各种有尺寸精度要求的刀具，为了限制重磨后刀具尺寸的变化，宜取较小的后角。

⑤为了刀具制造、刃磨方便，车刀的副后角一般取其等于后角。切断刀的副后角，由于受其结构强度的限制，只能很小，$\alpha_o' = 1° \sim 2°$。

硬质合金车刀合理后角的选择见表 2.5。

表 2.5　硬质合金车刀合理后角的参考值

工件材料	合理后角(°)		工件材料	合理后角(°)	
	粗车	精车		粗车	精车
低碳钢	8~10	10~12	灰铸铁	4~6	6~8
中碳钢	5~7	6~8	铜及铜合金(脆)	4~6	6~8
合金钢	5~7	6~8	铝及铝合金	8~10	10~12
淬火钢	8~10		钛合金 ($\sigma_b \leqslant 1.177$ GPa)	10~15	
不锈钢(奥氏体)	6~8	8~10			

(3)主偏角、副偏角及刀尖形状的选择

1)主偏角和副偏角的功用

①影响切削加工残留面积高度。从这个因素看，减小主偏角和副偏角，可以减小已加工表面粗糙度，特别是副偏角对已加工表面粗糙度的影响更大。

②影响切削层的形状，尤其是主偏角直接影响同时参与工作的切削刃长度和单位切削刃上的负荷。在背吃刀量和进给量一定的情况下，增大主偏角时，切削层公称宽度将减小，切削

层公称厚度将增大，切削刃单位长度上的负荷随之增大。因此，主偏角直接影响刀具的磨损和刀具使用寿命。

③影响三个切削分力的大小和比例关系。在刀尖圆弧半径 r_ε 很小的情况下，增大主偏角，可使背向力减小，进给力增大。同理，增大副偏角也可使得背向力减小。而背向力的减小，有利于减小工艺系统的弹性变形和振动。

④主偏角和副偏角决定了刀尖角 ε_r，故直接影响刀尖处的强度、导热面积和容热体积。

⑤主偏角还影响断屑效果。增大主偏角，使得切屑变得窄而厚，容易折断。

2）合理主偏角的选择原则

①粗加工和半精加工，硬质合金车刀一般选用较大的主偏角，以利于减小振动，提高刀具使用寿命和断屑。

②加工很硬的材料，如冷硬铸铁和淬硬钢，为减轻单位长度切削刃上的负荷，改善刀头导热和容热条件，提高刀具使用寿命，宜取较小的主偏角。

③工艺系统刚性较好时，减小主偏角可提高刀具使用寿命；刚性不足时，应取大的主偏角，甚至主偏角 $\kappa_r \geqslant 90°$，以减小背向力、减小振动。

④单件小批生产，希望一两把刀具加工出工件上所有的表面，则选取通用性较好的45°车刀或90°偏刀。

3）合理副偏角的选择原则

①一般刀具的副偏角，在不引起振动的情况下可选取较小的数值，如车刀、端铣刀、刨刀，均可取 $\kappa'_r = 5° \sim 10°$。

②精加工刀具的副偏角应取得更小一些，必要时，可磨出一段 $\kappa'_r = 0$ 的修光刃，如图2.31所示。修光刃长度 b'_ε 应略大于进给量，即 $b'_\varepsilon \approx (1.2 \sim 1.5)f$。

③加工高强度高硬材料或断续切削时，应取较小的副偏角，$\kappa'_r = 4° \sim 6°$，以提高刀尖强度。

④切断刀、锯片铣刀和槽铣刀等，为保证刀头强度和重磨后刀头宽度变化较小，只能取很小的副偏角，即 $\kappa'_r = 1° \sim 2°$。

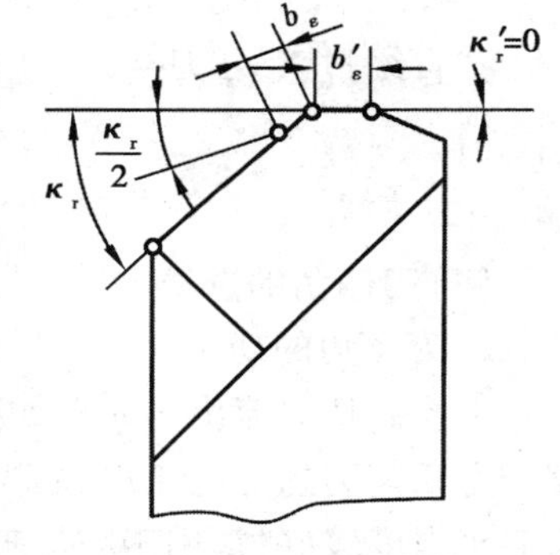

图2.31　修光刃

表2.6是在不同加工条件下，主要从工艺系统刚度考虑的合理主偏角、副偏角的参考值。

表2.6　合理主偏角、副偏角的参考值

加工情况	工艺系统刚度足够，加工冷硬铸铁、高锰钢等高硬度、高强度材料	工艺系统刚度较好，加工外圆及端面，能中间切入	工艺系统刚度较差，粗加工、强力切削时	工艺系统刚度差，加工台阶轴、细长轴、薄壁件，多刀车、仿形车	切断、切槽
主偏角	10°~30°	45°	60°~75°	75°~93°	≥90°
副偏角	10°~5°	45°	15°~10°	10°~5°	1°~2°

4）过渡刃的功用与选择　刀尖是整个刀具最薄弱的部位，刀尖处强度和散热条件很差，极易磨损（或破损）。因此，常在主、副切削刃之间磨出过渡刃，以加强刀尖强度，提高刀具寿命。按形成方法的不同，刀尖可分为三种：交点刀尖、直线过渡刃刀尖（如图2.31、图2.32

(a))和圆弧过渡刃刀尖(如图 2.32(b))。

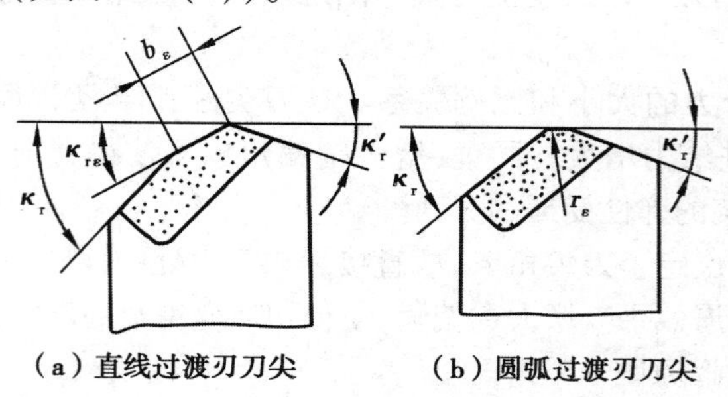

(a)直线过渡刃刀尖　　(b)圆弧过渡刃刀尖

图 2.32　刀尖形式

交点刀尖是主切削刃和副切削刃的交点,无所谓形状,故无须几何参数去描述。将圆弧过渡刃刀尖投影于基面上,刀尖成为一段圆弧,因此,可用刀尖圆弧半径 r_ε 来确定刀尖的形状。而直线过渡刃刀尖在基面上投影后,成为一小段直线切削刃,这段直线切削刃称为过渡刃,可用两个几何参数来确定,即过渡刃长度 b_ε 以及过渡刃偏角 $\kappa_{r\varepsilon}$。圆弧过渡刃刀尖在基面上投影后,用其圆弧半径来描述。

①圆弧过渡刃刀尖　高速工具钢车刀 $r_\varepsilon=1\sim3$ mm;硬质合金和陶瓷车刀 $r_\varepsilon=0.5\sim1.5$ mm;金刚石车刀 $r_\varepsilon=1.0$ mm;立方氮化硼车刀 $r_\varepsilon=0.4$ mm;

②直线过渡刃刀尖　过渡刃偏角 $\kappa_{r\varepsilon}\approx\frac{1}{2}\kappa_r$;过渡刃长度 $b_\varepsilon=0.5\sim2$ mm 或 $b_\varepsilon=\left(\frac{1}{4}\sim\frac{1}{5}\right)a_p$。

(4)刃倾角的选择

1)刃倾角的功用

①控制切屑流出方向。如图 2.33 所示,$\lambda_s=0°$时,即直角切削,切屑在前刀面上近似沿垂直于主切削刃的方向流出;λ_s为负值时,切屑流向与 v_f 方向相反,可能缠绕、擦伤已加工表面,但刀头强度较好,常用于粗加工;λ_s为正值时,切屑流向与 v_f 方向一致,但刀头强度较差,适用于精加工。

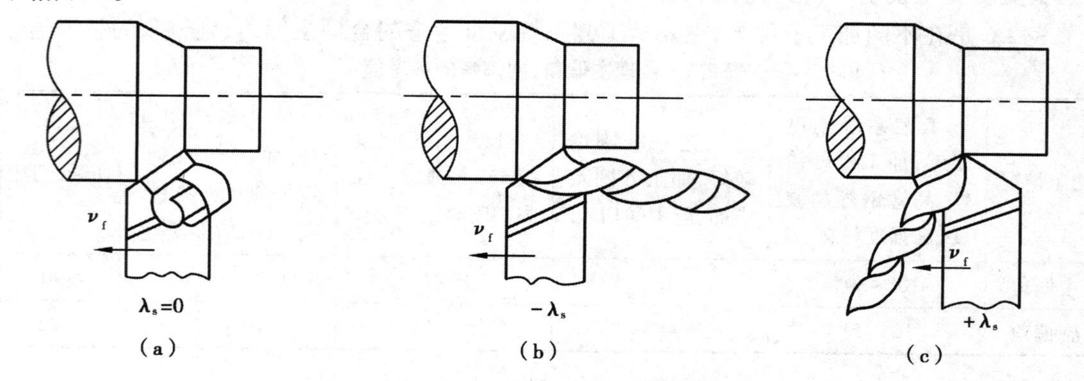

图 2.33　刃倾角 λ_s 对切屑流出方向的影响

②影响切削刃的锋利性。由于刃倾角造成较小的切削刃实际钝圆半径,使切削刃显得锋利,故以大刃倾角刀具工作时,往往可以切下很薄的切削层。

③影响刀尖强度、刀尖导热和容热条件。在非自由不连续切削时，负的刃倾角使远离刀尖的切削刃处先接触工件，可使刀尖避免受到冲击；而正的刃倾角将使冲击载荷首先作用于刀尖。同时，负的刃倾角使刀头强固，刀尖处导热和容热条件较好，有利于延长刀具使用寿命。

④影响作用切削刃的长度和切入切出的平衡性。当 $\lambda_s=0$ 时，切削刃同时切入切出，冲击力大；当 $\lambda_s\neq0$ 时，切削刃逐渐切入工件，冲击小，而且刃倾角越大，作用切削刃越长，切削过程越平稳。

2）合理刃倾角的选择原则和参考值

①加工一般钢料和灰铸铁，无冲击的粗车取 $\lambda_s=0°\sim-15°$，精车取 $\lambda_s=0°\sim5°$；有冲击时，取 $\lambda_s=-5°\sim-15°$；冲击特别大时，取 $\lambda_s=-30°\sim-45°$。

②加工淬硬钢、高强度钢、高锰钢，取 $\lambda_s=-20°\sim-30°$。

③工艺系统刚性不足时，尽量不用负刃倾角，以减小背向力。

④微量精车外圆、精车孔和精刨平面时，取 $\lambda_s=45°\sim75°$。

2.3.3 切削用量的选择

切削用量的大小对切削力、刀具磨损与刀具使用寿命、加工质量、生产率和加工成本等均有显著影响。只有选择合适的切削用量，才能充分发挥机床和刀具的功能，最大限度地挖掘生产潜力，降低生产成本。

（1）制订切削用量的原则

制订切削用量就是确定切削用量三要素的大小。所谓合理的切削用量，是指充分利用刀具的切削性能和机床性能（功率、扭矩等），在保证加工质量的前提下，获得高的生产率和低的加工成本的切削用量。

对于粗加工，要尽可能保证较高的金属切除率和必要的刀具使用寿命。提高切削速度，增大进给量和背吃刀量，都能提高金属切除率。但是，这三个因素中，对刀具使用寿命影响最大的是切削速度，其次是进给量，影响最小的则是背吃刀量。所以，在选择粗加工切削用量时，应优先考虑采用大的背吃刀量，其次考虑采用大的进给量，最后才能根据刀具使用寿命的要求，选定合理的切削速度。

半精加工和精加工时首先要保证加工精度和表面质量，同时应兼顾必要的刀具使用寿命和生产效率。提高切削速度，切屑变形和切削力有所减小，已加工表面粗糙度值减小；提高进给量，切削力将增大，而且已加工表面表面粗糙值会显著增大；提高背吃刀量，切削力成比例增大，使工艺系统弹性变形增大，并可能引起振动，因而会降低加工精度，使已加工表面粗糙度值增大。因此，此时常采用较小的背吃刀量和进给量；为了减小工艺系统的弹性变形，减小积屑瘤和鳞刺的产生，用硬质合金刀具进行精加工时一般多采用较高的切削速度，高速工具钢刀具则一般多采用较低的切削速度。

（2）背吃刀量的选择

背吃刀量根据加工性质和加工余量确定。

①在粗加工时，一次走刀应尽可能切去全部加工余量，在中等功率机床上，背吃刀量 a_p 可达 8～10 mm。

②下列情况可分几次走刀：

·加工余量太大,一次走刀切削力太大,会导致机床功率不足或刀具强度不够时。

·工艺系统刚性不足或加工余量极不均匀,易引起很大振动时,如加工细长轴或薄壁工件。

·断续切削,刀具受到很大的冲击容易造成打刀时。

在上述情况下,如分二次走刀,第一次的背吃刀量也应比第二次大,第二次的背吃刀量可取加工余量的1/4~1/3。

③切削表面层有硬皮的铸锻件或切削不锈钢等冷硬较严重的材料时,应尽量使背吃刀量超过硬皮或冷硬层厚度,以防刀刃过早磨损或破损。

④在半精加工时,$a_p = 0.5 \sim 2$ mm。

⑤在精加工时,$a_p = 0.1 \sim 0.4$ mm。

(3)进给量的选择

粗加工时,对工件表面质量没有太高要求,而此时切削力往往很大,合理的进给量应是工艺系统所能承受的最大进给量。最大进给量要受到下列一些因素的限制:机床进给机构的强度、车刀刀杆的强度和刚度、硬质合金或陶瓷刀片的强度及工件的装夹刚度等。如硬质合金等刀具强度较大时,可选用较大的进给量,当断续切削时,为减小冲击,要适当减小进给量。

在半精加工和精加工时,因背吃刀量较小,切削力不大,进给量的选择主要考虑加工质量和已加工表面的粗糙度值,一般取得较小。

工厂生产中,进给量常根据经验或查表选取。粗加工时,根据加工材料、车刀刀杆尺寸、工件直径及已确定的背吃刀量从相关手册中查表获取进给量。在半精加工和精加工时,则按已加工表面粗糙度要求,根据工件材料、刀尖圆弧半径、切削速度等从相关手册中查表获取进给量。

另外,按经验确定的粗车进给量在一些特殊情况下,如切削力很大、工件长径比很大、刀杆伸出长度很大时,还需对选定的进给量校验(一项或几项)。

(4)切削速度的确定

根据已选定的背吃刀量 a_p、进给量 f 及刀具使用寿命 T,就可按下列公式计算切削速度 v_c 或机床转速 n。

$$v_c = \frac{C_v}{T^m \cdot a_p^{x_v} \cdot f^{y_v}} \cdot K_v \text{(m/min)} \tag{2.18}$$

式中　C_v——切削速度系数；

m、x_v、y_v——T、a_p、f 的指数；

K_v——根据工件材料、毛坯表面状态、刀具材料、加工方法和刀具几何参数等对切削速度的修正系数的乘积,在切削用量手册中查得。

实际生产中也可从相关手册中查表选取切削速度的参考值,通过切削速度的参考值可以看出：

①粗车时,背吃刀量、进给量均较大,所以切削速度较低,精加工时,背吃刀量、进给量均较小,所以切削速度较高。

②工件材料强度、硬度较高时,应选较低的切削速度;反之,切削速度较高。工件材料加工性越差,切削速度越低。

③刀具材料的切削性能愈好,切削速度愈高。

此外，在选择切削速度时，还应考虑以下几点：

①精加工时，应尽量避免积屑瘤和鳞刺产生的区域。

②加工材料的强度及硬度较高时，应选较低的切削速度，反之则选较高的切削速度；材料的加工性越差，则切削速度也应选得越低。加工灰铸铁的切削速度较中碳钢低，加工易切钢的切削速度较同硬度的普通碳钢高，而加工铝合金和铜合金的切削速度则较加工钢要高很多。

③在断续切削或加工锻、铸件等带有硬皮的工件时，为减小冲击和热应力，宜适当降低切削速度。

④在工艺系统刚度较差，易发生振动的情况下，切削速度应避开自激振动的临界速度。

⑤加工大件、细长件、薄壁件以及带硬皮的工件时，应选用较低的切削速度。

(5)机床功率的校核

切削用量选定后，应当校验机床功率能否满足要求。

切削功率 p_c 可用式(2.6)计算，然后利用式(2.7)($P_E \geqslant \dfrac{P_c}{\eta_c}$)进行校核。$p_E$ 为机床电动机功率，从机床说明书上可以查到。

如果满足式(2.7)，则所选择的切削用量可以在该机床上应用。如果 p_c 远小于 p_E，则说明机床的功率没有充分发挥，这时可规定较小的刀具使用寿命或者采用切削性能较好的刀具材料，以提高切削速度，充分利用机床功率，来达到提高生产率的目的。

如果不满足式(2.7)，则所选择的切削用量不能在该机床上应用。这时可采用功率更大的机床，或根据所限定的机床功率适当降低切削速度，以降低切削功率，但此时刀具的性能未能充分发挥。

2.3.4　切削液

在金属切削过程中，合理选用切削液，可以改善金属切削过程的界面摩擦情况，减少刀具和切屑的黏结，抑制积屑瘤和鳞刺的生长，降低切削温度，减小切削力，提高刀具使用寿命和生产效率。所以，对切削液的研究和应用应当予以重视。

(1)切削液的作用

1)冷却作用　切削液浇注在切削区域内，利用热传导、对流和汽化等方式，可有效降低切削温度，从而可以提高刀具使用寿命和加工质量。在刀具材料的耐热性较差、工件材料的热膨胀系数较大以及两者的导热性较差的情况下，切削液的冷却作用显得更为重要。

2)润滑作用　切削液渗入到切屑、刀具、工件的接触面间，其中带油脂的极性分子吸附在切屑、刀具、工件的接触面上，形成物理性吸附膜；若与添加在切削液中的化学物质产生化学反应，则形成化学性吸附膜。在切削区内形成的润滑膜，减小了切屑、刀具、工件之间的摩擦系数，减轻黏结现象、抑制积屑瘤，改善加工表面质量，提高刀具使用寿命。

3)清洗作用　在金属切屑过程中，有时产生一些细小的切屑(如切削铸铁)或磨料的细粉(如磨削)。为了防止碎屑或磨粉黏附在工件、刀具和机床上，影响工件已加工表面质量、刀具使用寿命和机床精度，要求切削液具有良好的清洗作用。为了增强切削液的渗透性、流动性，往往加入剂量较大的表面活性剂和少量矿物油，用大的稀释比(水占 95%~98%)制成乳化液，可以大大提高其清洗效果。为了提高其冲刷能力，及时冲走碎屑及磨粉，在使用中往往给予一定的压力，并保持足够的流量。

4)防锈作用　为了减小工件、机床、刀具受周围介质(空气、水分等)的腐蚀,要求切削液具有一定的防锈作用。在切削液中加入防锈添加剂,使其与金属表面起化学反应生成保护膜,从而起到防锈作用。在气候潮湿地区,对防锈作用的要求显得更为突出。

防锈作用的好坏,取决于切削液本身的性能和加入的防锈添加剂。

此外,切削液应具应有良好的稳定性和抗霉变能力、不损坏涂漆零件,达到排放时不污染环境、对人体无害和使用经济性等要求。

(2)切削液的种类

切削加工中最常用的切削液可分为水溶性、非水溶性(油性)和固体润滑剂三大类。

1)水溶性切削液　水溶性切削液以冷却为主,主要有以下几种:

①水溶液。水溶液是以水为主要成分的切削液。水的导热性能和冷却效果好,但单纯的水容易使金属生锈,润滑性能差。因此。常在水溶液中加入一定量的添加剂,如防锈添加剂、表面活性物质和油性添加剂等,使其既具有良好的防锈性能,又具有一定的润滑性能。在配制水溶液时,要特别注意水质情况,如果是硬水,必须进行软化处理。

②乳化液。乳化液是将乳化油用95%~98%的水稀释而成,呈乳白色或半透明状的液体,具有良好的冷却作用。但润滑、防锈性能较差。通常再加入一定量的油性、极压添加剂和防锈添加剂,配制成极压乳化液或防锈乳化液。表面活性剂的分子上带极性一头与水亲合,不带极性一头与油亲合,并添加乳化稳定剂,使乳化油、水不分离。

2)非水溶性(油性)切削液　非水溶性(油性)切削液以润滑为主,主要为切削油。

①切削油。切削油的主要成分是矿物油,少数采用动植物油或复合油(矿物油与动植物油的混合油)。常用的是矿物油。

矿物油包括机械油、轻柴油和煤油等。它们的特点是:热稳定性好,资源较丰富,价格较便宜,但润滑性能较差。

②极压切削油。纯矿物油不能在摩擦界面形成坚固的润滑膜,润滑效果较差。实际使用中,常在矿物油中添加氯、硫、磷等极压添加剂和防锈添加剂,形成极压切削油,以提高其润滑和防锈作用。

3)固体润滑剂　固体润滑剂主要是二硫化钼蜡笔、石墨、硬脂酸蜡等。二硫化钼能防止黏结和抑制积屑瘤形成,减小切削力,能显著地延长刀具使用寿命和减小加工表面粗糙度。生产中,用二硫化钼蜡笔涂在砂轮、砂盘、带、丝锥、锯带或圆锯片上,能起到润滑作用,降低工件表面的粗糙度,延长砂轮和刀具的使用寿命,减少毛刺或金属的熔焊。

在攻螺纹时,常在刀具或工件上涂上一些膏状或固体润滑剂。膏状润滑剂主要是含极压添加剂的润滑脂。

(3)切削液的选用

切削液的使用效果除取决于切削液的性能外,还与刀具材料、加工要求、工件材料、加工方法等因素有关,应综合考虑,合理选用。

1)根据刀具材料、加工要求选用切削液　高速工具钢刀具耐热性差,粗加工时,切削用量大,切削热多,容易导致刀具磨损,应选用以冷却为主的切削液;精加工时,主要是获得较好的表面质量,可选用润滑性好的极压切削油或高浓度极压乳化液。硬质合金刀具耐热性好,一般不用切削液,如需要,也可用低浓度乳化液或水溶液,但应连续地、充分地浇注,不宜断续浇注,以免处于高温状态的硬质合金刀片在突然遇到切削液时,产生巨大的内应力而出现裂纹。

2)根据工件材料选用切削液　加工钢等塑性材料时,需用切削液。

加工铸铁、黄铜等脆性材料时,一般不用切削液,原因是作用不如钢明显,而崩碎切屑黏附在机床的运动部件上又易搞脏机床、工作地。对于铜、铝及铝合金等材料,加工时均处于极压润滑摩擦状态,为了得到较好的表面质量和精度,应选用极压切削油或极压乳化液,可采用10%~20%乳化液、煤油或煤油矿物油的混合液;切削铜时不宜用含硫的切削液,因硫会腐蚀铜。加工高强度钢、高温合金等难加工材料时,由于切削加工处于极压润滑摩擦状态,故应选用含极压添加剂的切削液。切削镁合金时,不能用水溶液,以免燃烧。

3)根据加工性质选用切削液　钻孔、攻丝、铰孔、拉削等,排屑方式均处于封闭、半封闭状态,导向部、校正部与已加工表面的摩擦严重,对硬度高、强度大、韧性大、冷硬严重的难切削材料尤为突出,宜用乳化液、极压乳化液和极压切削油;成形刀具、齿轮刀具等,要求保持形状、尺寸精度等,应采用润滑性好的极压切削油或高浓度极压切削液;磨削加工温度很高,且细小的磨屑会破坏工件表面质量,要求切削液具有较好冷却性能和清洗性能,常用半透明的水溶液和普通乳化液,磨削不锈钢、高温合金宜用润滑性能较好的水溶液和极压乳化液。

习题与思考题

2.1　试画图说明切削过程的三个变形区并分析其各产生何种变形。

2.2　切削变形的表示方法有哪些?它们之间有何关系?

2.3　从切屑形成的机理可把切屑分为哪些种?各有何特点?可否相互转化?

2.4　以外圆车削为例说明切削合力、分力及切削功率。

2.5　影响切削力有哪些主要因素?并简述其影响情况。

2.6　切削热是如何产生与传出的?

2.7　切削温度的含义是什么?常用的测量切削温度的方法有哪些?测量原理是什么?

2.8　切削用量三要素对切削温度的影响是否相同?为什么?试与切削用量对切削力的影响进行对比。

2.9　刀具有哪几种磨损形态?各有什么特征?

2.10　刀具磨损原因有哪些?刀具材料不同,其磨损原因是否相同?为什么?

2.11　刀具磨损过程可分为几个阶段?各阶段有什么特点?

2.12　何谓刀具磨钝标准?它与刀具使用寿命有何关系?磨钝标准制定的原则是什么?

2.13　如何改善工件材料的切削加工性?

2.14　选择切削用量的原则是什么?

2.15　如果选定切削用量后,发现切削功率将会超过所选机床功率时,应如何解决?

2.16　前角有何功用?如何选择车刀的前角?

2.17　车刀的过渡刃和修光刃有什么功用?

2.18　刃倾角的功用有哪些?

2.19　后角的主要功用是什么?

2.20　前角与后角均影响刀头强度,生产中怎样处理?

2.21　切削加工中常用的切削液有哪几类,它们的主要特点是什么?

2.22　如何合理选择切削液?请举例说明。

第3章 产品几何技术规范

3.1 互换性与优先数

3.1.1 互换性

(1)互换性的含义

互换性在日常生活中随处可见。例如,灯泡坏了换个新的,自行车的零件坏了也可以换新的。这是因为合格的产品和零部件都具有在材料性能、几何尺寸、使用功能上彼此互相替换的性能,即具有互换性。广义上说,互换性是指一种产品、过程或服务能够代替另一种产品、过程或服务,并且能满足同样要求的能力。

制造业生产中,经常要求产品的零部件具有互换性。零部件的互换性就是指制造业的产品或者机器由许多零部件组成,而这些零部件是由不同的工厂和车间制成的。在装配时从加工制成的同一规格的零部件中任意取一件,不需要任何挑选或修配,就能与其他零部件安装在一起而组成一台机器,并且达到规定的使用功能要求。因此,零部件的互换性就是指在同一规格的一批零件或部件中,任取其一,不需任何挑选或附加修配就能装在机器上,达到规定的功能要求。

(2)互换性的分类

①按不同场合对零部件互换的形式和程度的不同要求,互换性可划分为完全互换与不完全互换。

②按确定的参数与使用要求划分,互换性可分为几何参数互换性与功能互换性。

③对于标准部件或机构来说,互换性又可分为外互换与内互换。

(3)互换性的作用

①在设计方面,能最大限度地使用标准件,这样可以简化绘图和计算等工作量,使设计周期缩短,有利于产品更新换代和CAD技术的应用。

②在制造方面,有利于组织专业化生产,使用专用设备和CAM技术。

③在使用和维修方面,可以及时更换那些易磨损或损坏的零部件。对于某些易损件可以

提供备用件,以提高机器的使用价值。

互换性在提高产品质量和产品可靠性、提高经济效益等方面均具有重大意义。互换性原则已成为现代制造业中一个普遍遵守的原则。互换性生产对我国现代化生产具有十分重要的意义。但是互换性原则也不是任何情况下都适用。有时只有采取单个配制才符合经济原则,这时零件虽不能互换,但也有公差和检测的要求。

3.1.2　优先数和优先数系

工程技术上的参数数值,即使只有很小的差别,经过反复的传播以后,也会造成尺寸规格的繁多杂乱,以致给生产组织、协作配套和使用维修等带来很大的困难。

因此,对各种技术参数,必须从全局出发,加以协调优化。优先数和优先数系是对各种技术参数的数值进行协调、简化和统一的一种科学的数值制度。

(1)优先数系及其公比

国家标准(GB/T 321—2005/ISO3:1973)规定十进等比数列为优先数系,并规定了5个系列。分别用系列符号R5、R10、R20、R40和R80表示,称为Rr系列。其中前4个系列是常用的基本系列,而R80则作为补充系列,仅用于分级很细的特殊场合。

优先数系是工程设计和工业生产中常用的一种数值制度。优先数系是十进制等比数列,其中包含10的所有整数幂(…,0.01,0.1,1,10,100,…)。优先数系的公比为 $q_a=\sqrt[a]{10}$。基本系列R5、R10、R20、R40的1~10常用值见表3.1。可以看出,基本系列R5、R10、R20、R40的公比分别为 $q_a=\sqrt[5]{10}\approx 1.6$、$q_a=\sqrt[10]{10}\approx 1.25$、$q_a=\sqrt[20]{10}\approx 1.12$、$q_a=\sqrt[40]{10}\approx 1.06$。另外补充系列R80的公比为 $q_a=\sqrt[80]{10}\approx 1.03$。

优先数系中的任意一个项值称为优先数。

表3.1　优先数基本系列的常用值(GB/T 321—2005)

基本系列	1~10的常用值										
R5	1.00		1.60		2.50		4.00		6.30		10.00
R10	1.00	1.25	1.60	2.00	2.50	3.15	4.00	5.00	6.30	8.00	10.00
R20	1.00	1.12	1.25	1.40	1.60	1.80	2.00	2.24	2.50	2.80	
	3.15	3.55	4.00	4.50	5.00	5.60	6.30	7.10	8.00	9.00	10.00
R40	1.00	1.06	1.12	1.18	1.25	1.32	1.40	1.50	1.60	1.70	1.80
	1.90	2.00	2.12	2.24	2.36	2.50	2.65	2.80	3.00	3.15	3.35
	3.55	3.75	4.00	4.25	4.50	4.75	5.00	5.30	5.60	6.00	6.30
	6.70	7.10	7.50	8.00	8.50	9.00	9.50	10.00			

(2)优先数系的特点

①任意相邻两项间的相对差近似不变(按理论值则相对差为恒定值)。如R5系列约60%,R10系列约为25%,R20系列约为12%,R40系列约为6%,R80系列约为3%。由表3.1可以明显地看出这一点。

②任意两项的理论值经计算后仍为一个优先数的理论值。计算包括任意两项理论值的

积或商,任意一项理论值的正、负整数乘方等。

③优先数系具有相关性。在上一级优先数系中隔项取值,就得到下一系列的优先数系;反之,在下一系列中插入比例中项,就得到上一系列。

(3)优先数的选用规则

选用基本系列时,应遵守先疏后密的规则。即按 R5、R10、R20、R40 的顺序选用;当基本系列不能满足要求时,可选用派生系列,注意应优先采用公比较大和延伸项含有项值 1 的派生系列;根据经济性和需要量等不同条件,还可分段选用最合适的系列,以复合系列的形式来组成最佳系列。

3.2 线性尺寸的公差与配合

机械行业在国民经济中占有举足轻重的地位,线性尺寸在机械制造中占有重要的作用,而孔、轴类尺寸的公差与配合是机械制造中最广泛的一种配合,它对机械产品的使用性能和寿命有很大的影响,所以说孔、轴配合是机械工程当中重要的基础标准,它不仅适用于圆柱形孔、轴的配合,也适用于由单一尺寸确定的配合表面的配合。为了保证互换性,统一设计、制造、检验、使用和维修,特制定孔、轴的极限与配合的国家标准。

本部分内容涉及到的现行主要国家标准如下:GB/T 1800.1—2020《产品几何技术规范(GPS) 线性尺寸公差 ISO 代号体系 第 1 部分 公差、偏差和配合的基础》、GB/T 1800.2—2020《产品几何技术规范(GPS) 线性尺寸公差 ISO 代号体系 第 2 部分 标准公差带代号和孔、轴的极限偏差表》、GB/T 38762.1—2020《产品几何技术规范(GPS) 尺寸公差 第 1 部分 线性尺寸》、GB/T 24637.1—2020《产品几何技术规范(GPS) 通用概念 第 1 部分 几何规范和检验的模型》、GB/T 24637.3—2020《产品几何技术规范(GPS) 通用概念 第 3 部分 被测要素》和 GB/T 1804—2000《一般公差 未注公差的线性和角度尺寸的公差》等。

3.2.1 公差与配合的基本术语

(1)有关尺寸要素方面的术语及定义

1)尺寸要素 包括线性尺寸要素或者角度尺寸要素。线性尺寸要素是指具有线性尺寸的尺寸要素。一般是以特定单位表示的两点之间的距离,如长度、宽度、高度、半径、直径及中心距等。在机械制造中,通常以毫米(mm)为单位。

2)孔和轴的定义 ①孔:指工件的内尺寸要素,包括非圆柱面形的内尺寸要素,为包容面,其尺寸一般由符号 D 表示。

②轴:指工件的外尺寸要素,包括非圆柱形的外尺寸要素,为被包容面,其尺寸一般由符号 d 表示。

如果尺寸确定的各面既不是内尺寸要素也不是外尺寸要素,则一般称为长度(或距离等),其尺寸由符号 L 或 H 等表示。如图 3.1 所示。

3)公称尺寸 由图样规范定义的理想形状要素的尺寸称为公称尺寸。它是设计者根据使用要求,考虑零件的强度、刚度和结构后,经过计算、圆整给出的尺寸。公称尺寸一般都尽量选取优先系数,以减少定尺寸刀具、夹具和量具的规格和数量。

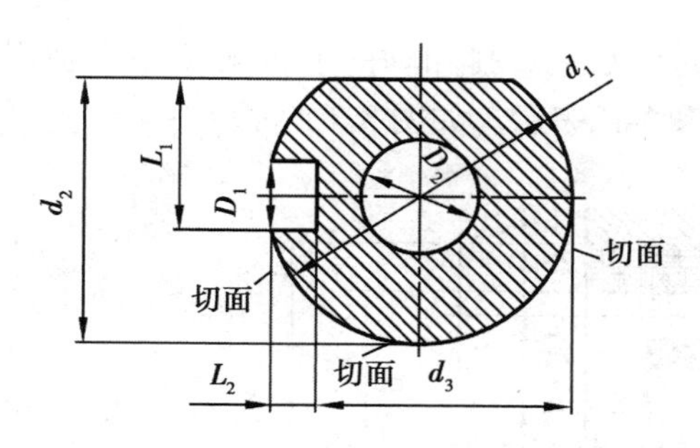

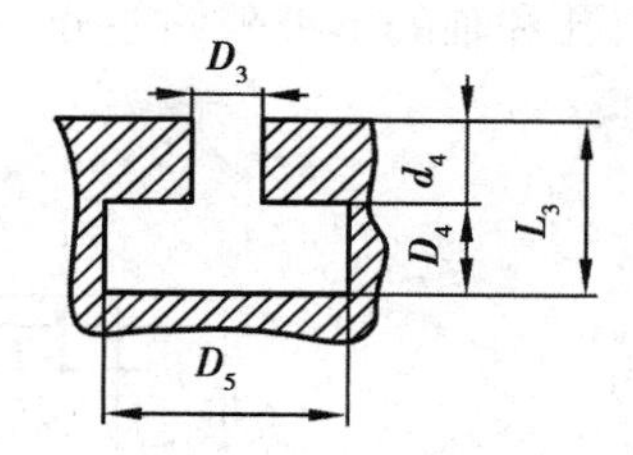

图 3.1　孔和轴

4）实际尺寸　拟合组成要素的尺寸为实际尺寸。组成要素属于工件的实际表面或表面模型的几何要素；拟合要素是通过拟合操作，从非理想表面模型中或从实际要素中建立的理想要素。实际尺寸通过测量得到。

5）极限尺寸　尺寸要素的尺寸所允许的极限值。

①上极限尺寸：尺寸要素允许的最大尺寸。孔和轴的上极限尺寸一般分别用"D_{ULS}"和"d_{ULS}"（或"D_{max}"和"d_{max}"）表示。

②下极限尺寸：尺寸要素允许的最小尺寸。孔和轴的下极限尺寸一般分别用"D_{LLS}"和"d_{LLS}"（或"D_{min}" 和"d_{min}"）表示。

极限尺寸是用来限制实际尺寸的，实际尺寸在极限尺寸范围内，表明工件合格；否则，不合格，如图 3.2 所示。

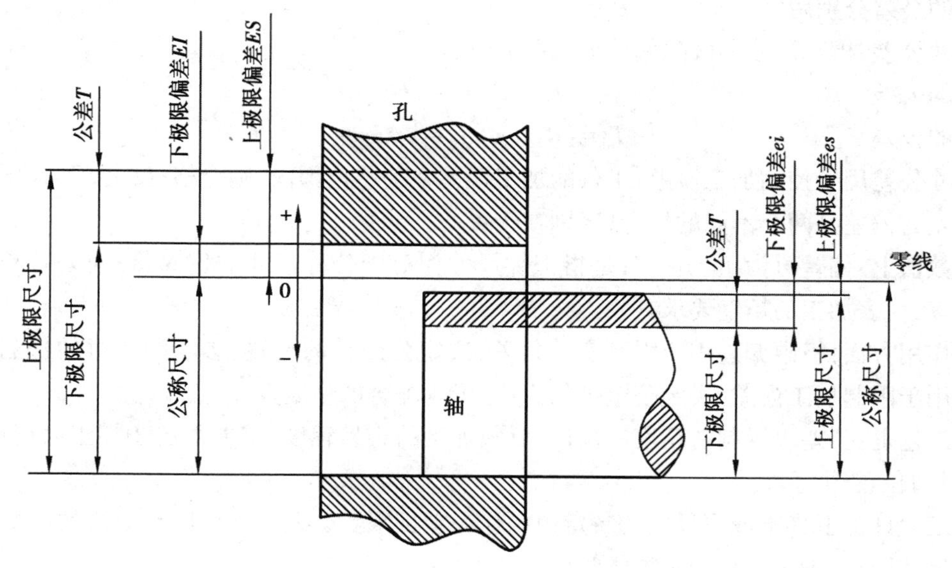

图 3.2　极限与配合示意图

（2）公差与偏差的相关术语与定义

1）偏差　某一实际尺寸减去它的公称尺寸所得的代数差称为偏差。它可以为正值、负值或零，计算或标注时除零以外都必须带正、负号。

2）极限偏差　用极限尺寸减去它的公称尺寸所得的代数差称为极限偏差。极限偏差分为上极限偏差和下极限偏差两种。上极限偏差是上极限尺寸减去公称尺寸所得的代数差，下极限偏差是下极限尺寸减去公称尺寸所得的代数差。孔和轴的上极限偏差分别用“ES”和“es”表示,孔和轴的下极限偏差分别用“EI”和“ei”表示。如图3.3所示。

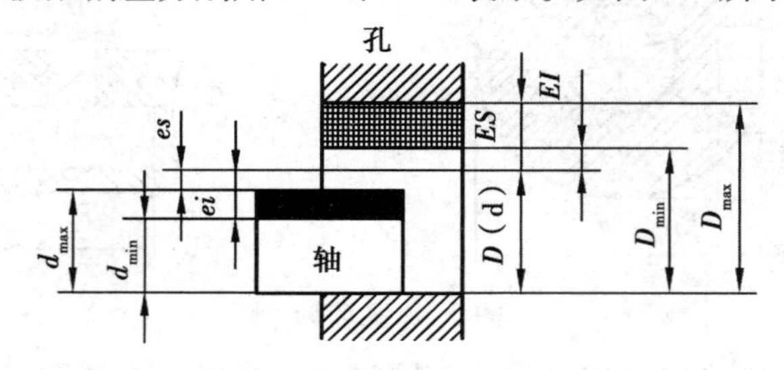

图3.3　极限尺寸与偏差

极限偏差可用下列公式计算:

孔的上极限偏差　$ES=D_{max}-D$　(3.1)

孔的下极限偏差　$EI=D_{min}-D$　(3.2)

轴的上极限偏差　$es=d_{max}-d$　(3.3)

轴的下极限偏差　$ei=d_{min}-d$　(3.4)

3)尺寸公差　允许尺寸的变动量称为尺寸公差。尺寸公差等于上极限尺寸与下极限尺寸相减所得代数差的绝对值,也等于上极限偏差与下极限偏差相减所得代数差的绝对值,公差是用来限制误差的,公差是绝对值,不能为负值,也不能为零(公差为零,零件将无法加工)。孔和轴的公差分别用“T_D”和“T_d”表示。

尺寸公差、极限尺寸和极限偏差的关系如下:

孔的公差　$T_D=|D_{max}-D_{min}|=|ES-EI|$　(3.5)

轴的公差　$T_d=|d_{max}-d_{min}|=|es-ei|$　(3.6)

尺寸公差用于控制加工误差,工件的加工误差在公差范围内,则合格;反之,则不合格。

公差与偏差是两个不同的概念,区别在于:

①数值上:偏差可为正、负、零,是指工件尺寸相对于公称尺寸的偏离量;而公差是正值,不能为零,代表加工的精度要求。

②作用方面:极限偏差用于限制实际偏差,决定公差带的位置,影响配合时的松紧程度;而公差用于限制加工误差,决定公差带的大小,影响配合的精度。

③工艺上:公差表示制造精度的高低,反映加工的难易程度;偏差取决于加工时机床的调整(如进刀位置等)。

确定允许值上界限或下界限的特定值叫作公差极限。公差极限可以是双边的(两个值位于公称尺寸两边)或单边的(两个值位于公称尺寸一边)。

4)尺寸公差带　公差极限之间(包括公差极限)的尺寸变动值为尺寸公差带。公差带代号为基本偏差和标准公差等级的组合,如D13、h6等。

为了能更直观的分析说明公称尺寸、偏差和公差(或公差极限)三者的关系,应用了公差带图。公差带图由零线和尺寸公差带组成。

①零线:公差带图中,表示公称尺寸的一条直线,它是用来确定极限偏差的基准线。极限偏差位于零线上方为正值,位于零线下方为负值,位于零线上为零。在绘制公差带图时,应注

意绘制零线、标注零线的公称尺寸线、标注公称尺寸值和符号“0、+、-”,如图 3.4 所示。

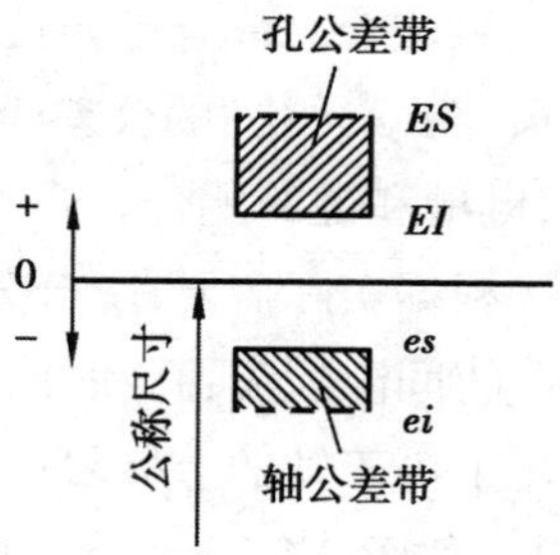

②尺寸公差带:在公差带图解中,由代表上极限偏差和下极限偏差或上极限尺寸和下极限尺寸的两条直线所限定的区域称为尺寸公差带,简称公差带。限制公差带的水平粗实线表示基本偏差,限制公差带的虚线代表另一个极限偏差。

图 3.4　尺寸公差带

公差带是尺寸允许变动的区域,由两个要素决定:

一是公差带的大小,即公差带在零线垂直方向上的宽度,由上、下极限偏差两条线段的垂直距离即尺寸公差确定。

二是公差带偏离零线的位置,即公差带沿零线垂直方向的坐标位置,由公差带中距离零线最近的极限偏差(上极限偏差或者下极限偏差),即基本偏差来确定。

在公差带图解中,通常公称尺寸以 mm 为单位,偏差和公差以 μm 为单位。

(3)有关配合的术语与定义

1)间隙　孔的尺寸减去相配合的轴的尺寸之差为正时则形成间隙,用符号 X 表示。

①最小间隙:在间隙配合中,孔的下极限尺寸与轴的上极限尺寸之差,用符号 X_{min} 表示。如图 3.5 所示。

$$X_{min} = D_{min} - d_{max} = EI - es \tag{3.7}$$

②最大间隙:在间隙配合或过渡配合中,孔的上极限尺寸与轴的下极限尺寸之差,用符号 X_{max} 表示。如图 3.5 所示。

$$X_{max} = D_{max} - d_{min} = ES - ei \tag{3.8}$$

2)过盈　孔的尺寸减去相配合的轴的尺寸之差为负时形成过盈,用符号 Y 表示。

①最小过盈:在过盈配合中,孔的上极限尺寸与轴的下极限尺寸之差,用符号 Y_{min} 表示。如图 3.6 所示。

$$Y_{min} = D_{max} - d_{min} = ES - ei \tag{3.9}$$

②最大过盈:在过盈配合或过渡配合中,孔的下极限尺寸与轴的上极限尺寸之差,用符号 Y_{max} 表示。如图 3.6 所示。

$$Y_{max} = D_{min} - d_{max} = EI - es \tag{3.10}$$

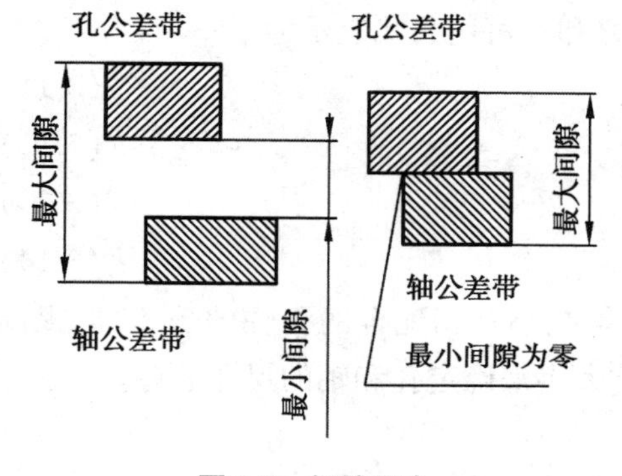

图 3.5　间隙配合

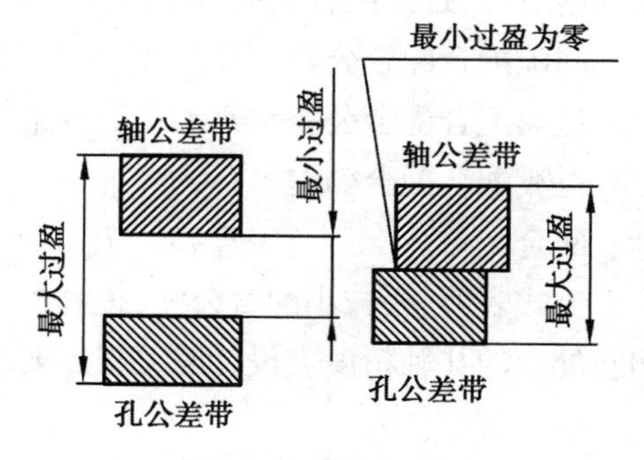

图 3.6　过盈配合

3)配合　配合是指尺寸类型相同、公称尺寸相同且待装配外尺寸要素(轴)的公差带和内尺寸要素(孔)的公差带之间的关系,也泛指非圆包容面与被包容面之间的结合关系。例如,键槽和键的配合。

根据实际需要,配合分为三类:间隙配合、过盈配合和过渡配合。

①间隙配合:孔和轴装配时总是存在间隙的配合。此时,孔的下极限尺寸大于或在极端情况下等于轴的上极限尺寸,孔的公差带完全在轴的公差带之上(包括最小间隙等于零的配合)。如图3.5所示。由于孔、轴有公差,所以实际间隙的大小将随着孔和轴实际尺寸的变化而变化。

②过盈配合:孔和轴装配时总是存在过盈的配合。此时,孔的上极限尺寸小于或在极端情况下等于轴的下极限尺寸,孔的公差带完全在轴的公差带之下(包括最小过盈等于零的配合)。如图3.6所示。当孔和轴处于过盈配合时,通常需要一定的外力或使带孔的零件加热膨胀后才能将轴装入孔中,所以轴与孔装配后不能做相对运动。同理,实际过盈的大小也随着孔和轴实际尺寸的变化而变化。

③过渡配合:可能具有间隙或过盈(针对批量零件而言)的配合称为过渡配合,此时孔的公差带与轴的公差带相互交叠,任取其中一对孔和轴相配,可能具有间隙,也可能具有过盈。如图3.7所示。

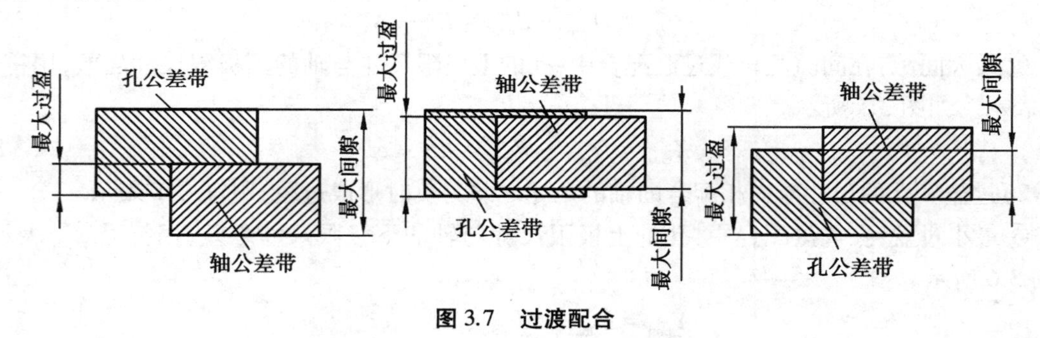

图3.7　过渡配合

4)配合公差　配合公差是指组成配合的两个尺寸要素的尺寸公差之和,它是一个没有符号的绝对值,表示配合所允许的变动量,用T_f表示。

间隙配合公差等于最大间隙与最小间隙之差,过盈配合公差等于最大过盈与最小过盈之差的绝对值,过渡配合公差等于最大间隙与最大过盈之和。可用公式表示为

间隙配合配合公差　$T_f = |X_{max} - X_{min}|$　(3.11)

过盈配合配合公差　$T_f = |Y_{max} - Y_{min}|$　(3.12)

过渡配合配合公差　$T_f = |X_{max} - Y_{max}|$　(3.13)

配合公差　$T_f = T_D + T_d$　(3.14)

上式表明,要减小配合公差,提高配合精度,就必须减小互相配合的孔轴的公差,即提高相互配合的孔轴精度。设计时可根据要求的配合公差大小来确定孔和轴的尺寸公差。

可用配合公差带图解来直观地表达相互配合的孔、轴的配合精度和配合性质,即配合松紧及其变动情况。如图3.8所示。

5)ISO配合制 由线性尺寸公差ISO代号体系确定公差的孔和轴组成的一种配合制度。

形成配合要素的线性尺寸公差ISO代号体系应用的前提条件是孔和轴的公称尺寸相同。ISO配合制规定有两种基准制,即基孔制配合与基轴制配合。基孔制配合和基轴制配合构成了两个平行等效的配合系列。

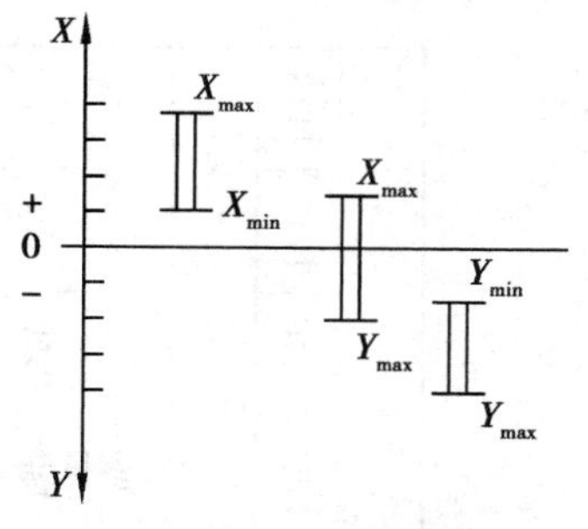

图3.8　配合公差带图

①基孔制配合:孔的基本偏差为零的配合,即孔的下极限偏差等于零,代号为“H”。

孔的下极限尺寸与公称尺寸相同的配合制,是一基本偏差为零的公差带代号的基准孔与不同公差带代号的轴相配合得到。如图3.9(a)所示。

②基轴制配合:轴的基本偏差为零的配合,即其上极限偏差等于零,代号为“h”。

轴的上极限尺寸与公称尺寸相同的配合制,是一基本偏差为零的公差带代号的基准轴与不同公差带代号的孔相配合得到。如图3.9(b)所示。

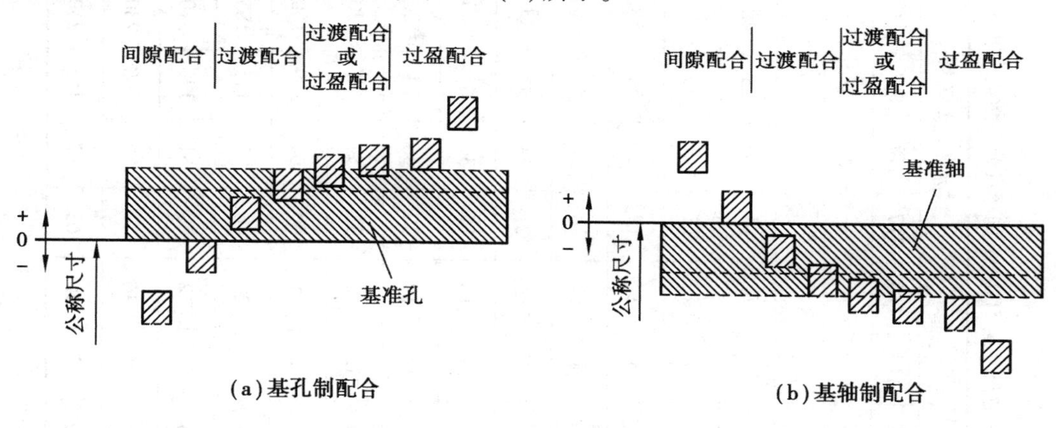

图3.9　ISO配合制

3.2.2　标准公差

标准公差指线性尺寸公差ISO代号体系中的任一公差,用IT表示,IT代表国际公差。

标准公差是以ISO代号体系制定的一系列由不同的标准公称尺寸和不同的公差等级组成的标准公差值。标准公差值用来确定任一标准公差值的大小,也就是确定公差带的大小(宽度),如表3.2所示。

由表可见,标准公差数值主要与公称尺寸分段和标准公差等级有关。

(1)公称尺寸分段

每个公称尺寸都应该对应一个标准公差值,当标准公差等级相同,公称尺寸相差不大时,公差值很接近。因此,从减少标准公差的数目、统一公差值、简化公差表格、方便生产应用出发,国标对公称尺寸进行分段,公称尺寸从0~500 mm的尺寸分为了13个尺寸段,具体分段如表3.2所示。

表 3.2　公称尺寸至 500 mm 的标准公差数值(GB/T 1800.1—2020)

公称尺寸/mm	标准公差等级																			
	IT01	IT0	IT1	IT2	IT3	IT4	IT5	IT6	IT7	IT8	IT9	IT10	IT11	IT12	IT13	IT14	IT15	IT16	IT17	IT18
	标准公差数值																			
	μm													mm						
≤3	0.3	0.5	0.8	1.2	2	3	4	6	10	14	25	40	60	0.1	0.14	0.25	0.40	0.60	1.0	1.4
>3~6	0.4	0.6	1	1.5	2.5	4	5	8	12	18	30	48	75	0.12	0.18	0.30	0.48	0.75	1.2	1.8
>6~10	0.4	0.6	1	1.5	2.5	4	6	9	15	22	36	58	90	0.15	0.22	0.36	0.58	0.90	1.5	2.2
>10~18	0.5	0.8	1.2	2	3	5	8	11	18	27	43	70	110	0.18	0.27	0.43	0.70	1.10	1.8	2.7
>18~30	0.6	1	1.5	2.5	4	6	9	13	21	33	52	84	130	0.21	0.33	0.52	0.84	1.30	2.1	3.3
>30~50	0.6	1	1.5	2.5	4	7	11	16	25	39	62	100	160	0.25	0.39	0.62	1.00	1.60	2.5	3.9
>50~80	0.8	1.2	2	3	5	8	13	19	30	46	74	120	190	0.3	0.46	0.74	1.20	1.90	3.0	4.6
>80~120	1	1.5	2.5	4	6	10	15	22	35	54	87	140	220	0.35	0.54	0.87	1.40	2.20	3.5	5.4
>120~180	1.2	2	3.5	5	8	12	18	25	40	63	100	160	250	0.4	0.63	1.00	1.60	2.50	4.0	6.3
>180~250	2	3	4.5	7	10	14	20	29	46	72	115	185	290	0.46	0.72	1.15	1.85	2.90	4.6	7.2
>250~315	2.5	4	6	8	12	16	23	32	52	81	130	210	320	0.52	0.81	1.30	2.10	3.20	5.3	8.1
>315~400	3	5	7	9	13	18	25	36	57	89	140	230	360	0.57	0.89	1.40	2.30	3.60	5.7	8.9
>400~500	4	6	8	10	15	20	27	40	63	97	155	250	400	0.63	0.97	1.55	2.50	4.00	6.3	9.7

注:公称尺寸小于或等于 1 mm 时,无 IT4~IT18。

(2)标准公差等级

在线性尺寸公差 ISO 代号体系中，标准公差等级标示符由字符 IT 和等级数字组成(如 IT7)，标准公差分为：IT01，IT0，IT1，IT2…IT18 共 20 个标准公差等级，公差等级逐渐降低，而相应的标准公差值逐渐增大。

同一公差等级对所有公称尺寸的一组公差被认为具有同等精确程度。

从 IT6~IT18，标准公差数值是每 5 级乘以因数 10。该规则适用于所有标准公差，还可用于表 3.2 没有给出的 IT 等级的外插值。

3.2.3　基本偏差

基本偏差是用来确定公差带相对于零线位置的上极限偏差或下极限偏差，一般指与公称尺寸(或零线)最近的那个极限偏差。当公差带位于零线上方时，其基本偏差为下极限偏差；当公差带位于零线下方时，其基本偏差为上极限偏差。基本偏差是公差带位置标准化的唯一指标。不同的基本偏差获得不同位置的公差带，组成各种不同性质、不同松紧程度的配合，以满足机器各种各样功能的需求。

(1)基本偏差及其代号

为了满足各种不同配合的需要，国家标准对孔和轴分别规定了 28 种基本偏差，它们用拉丁字母表示，大写字母表示孔、小写字母表示轴，如图 3.10 所示。

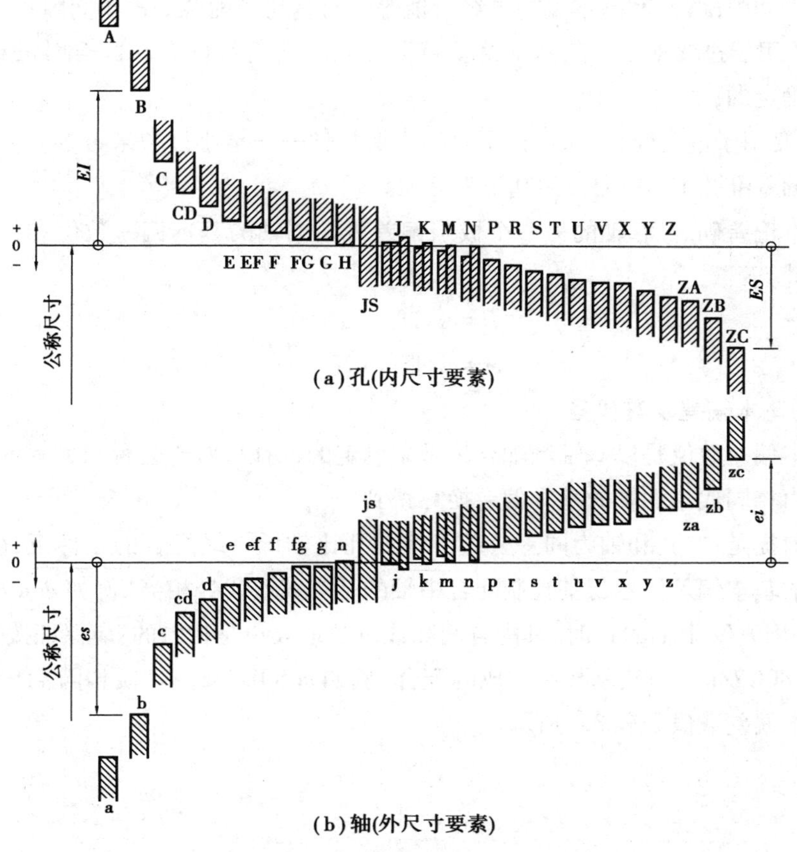

图 3.10　基本偏差相对于公称尺寸的位置

在26个字母中除去5个容易和其他参数混淆的字母"I(i)、L(l)、O(o)、Q(q)、W(w)"外,其余21个字母再加上7个双写字母"CD(cd)、EF(ef)、FG(fg)、JS(js)、ZA(za)、ZB(zb)、ZC(zc)"共计28个字母作为28种基本偏差的代号。在28个基本偏差代号中,JS和js的公差带是相对于公称尺寸线对称分布的,并且逐渐代替近似对称的基本偏差J和j,使用中孔保留了J6、J7、J8,轴保留了j5、j6、j7、j8等几种。

由图3.10可看出:

①轴a~h的基本偏差为上极限偏差*es*,其绝对值依次逐渐减小;j~zc为下极限偏差*ei*。

②孔A~H的基本偏差为下极限偏差*EI*,其绝对值依次逐渐减小;J~ZC为上极限偏差*ES*。

③H和h的基本偏差为零,H为基准孔,h为基准轴。

④基本偏差的概念不适用于JS和js。因为JS和js的公差极限是相对于公称尺寸线完全对称分布的。

(2)轴的基本偏差及其代号

轴的基本偏差数值是在基孔制的基础上,根据所要求的不同配合性质,经过理论计算以及实验和统计分析而确定的。轴的基本偏差数值如表3.3所示。

其中:

a~h用于间隙配合,其基本偏差的绝对值等于与基孔制配合的最小间隙;

j~n主要用于过渡配合。其基本偏差*ei*是按与一定等级的孔相配合时的最大间隙不超出一定值来确定的;

p~zc主要用于过盈配合,从保证配合的主要特性——最小过盈来考虑,而且大多数按它们与最常用的基准孔H7相配合为基础来考虑。

轴的基本偏差确定后,轴的另一个极限偏差可根据轴的基本偏差数值和标准公差数值,按如下公式计算:

$$ei = es - \mathrm{IT} \quad (\mathrm{a} \sim \mathrm{h}) \tag{3.15}$$

或

$$es = ei + \mathrm{IT} \quad (\mathrm{j} \sim \mathrm{zc}) \tag{3.16}$$

(3)孔的基本偏差及其代号

孔的基本偏差数值是以基轴制配合为基础制定的,所以,对于公称尺寸≤500 mm的孔的基本偏差可由相同代号的轴的基本偏差换算得到。

换算的前提是:在孔和轴为同一公差等级或孔比轴低一级配合的条件下,应保证当基轴制配合中孔的基本偏差代号与基孔制配合中轴的基本偏差代号相当(例如ϕ 40F9/h9中孔的F对应于ϕ 40H9/f9中轴的f)时,其配合间隙或过盈量大小是相同的;应保证按基轴制形成的配合(例如ϕ 80G7/h6)与按基孔制形成的配合(例如ϕ 80H7/g6)性质相同。

孔的基本偏差数值如表3.4所示。

表 3.3　公称尺寸至 500 mm 轴的基本偏差数值(GB/T 1800.1—2020)

基本偏差单位：μm

公称尺寸/mm		上极限偏差											js	下极限偏差				
		a①	b①	c	cd	d	e	ef	f	fg	g	h		j			k	
大于	至	所有公差等级												IT5 和 IT6	IT7	IT8	IT4 至 IT7	≤IT3；>IT7
—	3	−270	−140	−60	−34	−20	−14	−10	−6	−4	−2	0	偏差=±ITn/2(ITn 是 IT 值)	−2	−4	−6	0	0
3	6	−270	−140	−70	−46	−30	−20	−14	−10	−6	−4	0		−2	−4	—	+1	0
6	10	−280	−150	−80	−56	−40	−25	−18	−13	−8	−5	0		−2	−5	—	+1	0
10	18	−290	−150	−95	—	−50	−32	—	−16	—	−6	0		−3	−6	—	+1	0
18	30	−300	−160	−110	—	−65	−40	—	−20	—	−7	0		−4	−8	—	+2	0
30	40	−310	−170	−120	—	−80	−50	—	−25	—	−9	0		−5	−10	—	+2	0
40	50	−320	−180	−130														
50	65	−340	−190	−140	—	−100	−60	—	−30	—	−10	0		−7	−12	—	+2	0
65	80	−360	−200	−150														
80	100	−380	−220	−170	—	−120	−72	—	−36	—	−12	0		−9	−15	—	+3	0
100	120	−410	−240	−180														
120	140	−460	−260	−200	—	−145	−85	—	−43	—	−14	0		−11	−18	—	+3	0
140	160	−520	−280	−210														
160	180	−580	−310	−230														
180	200	−660	−340	−240	—	−170	−100	—	−50	—	−15	0		−13	−21	—	+4	0
200	225	−740	−380	−260														
225	250	−820	−420	−280														
250	280	−920	−480	−300	—	−190	−110	—	−56	—	−17	0		−16	−26	—	+4	0
280	315	−1 050	−540	−330														
315	355	−1 200	−600	−360	—	−210	−125	—	−62	—	−18	0		−18	−28	—	+4	0
355	400	−1 350	−680	−400														
400	450	−1 500	−760	−440	—	−230	−135	—	−68	—	−20	0		−20	−32	—	+5	0
450	500	−1 650	−840	−480														

续表

公差尺寸/mm		下极限偏差													
		m	n	p	r	s	t	u	v	x	y	z	za	zb	zc
大于	至	所有公差等级													
—	3	+2	+4	+6	+10	+14	—	+18	—	+20	—	+26	+32	+40	+60
3	6	+4	+8	+12	+15	+19	—	+23	—	+28	—	+35	+42	+50	+80
6	10	+6	+10	+15	+19	+23	—	+28	—	+34	—	+42	+52	+67	+97
10	14	+7	+12	+18	+23	+28	—	+33	—	+40	—	+50	+64	+90	+130
14	18								+39	+45	—	+60	+77	+108	+150
18	24	+8	+15	+22	+28	+35	—	+41	+47	+54	+63	+73	+98	+136	+183
24	30						+41	+48	+55	+64	+75	+88	+118	+160	+218
30	40	+9	+17	+26	+34	+43	+48	+60	+68	+80	+94	+112	+148	+200	+274
40	50						+54	+70	+81	+97	+114	+136	+180	+242	+325
50	65	+11	+20	+32	+41	+53	+66	+87	+102	+122	+144	+172	+226	+300	+405
65	80				+43	+59	+75	+102	+120	+146	+174	+210	+274	+360	+480
80	100	+13	+23	+37	+51	+71	+91	+124	+146	+178	+214	+258	+335	+445	+585
100	120				+54	+79	+104	+144	+172	+210	+254	+310	+400	+525	+690
120	140	+15	+27	+43	+63	+92	+122	+170	+202	+248	+300	+365	+470	+620	+800
140	160				+65	+100	+134	+190	+228	+280	+340	+415	+535	+700	+900
160	180				+68	+108	+146	+210	+252	+310	+380	+465	+600	+780	+1 000
180	200	+17	+31	+50	+77	+122	+166	+236	+284	+350	+425	+520	+670	+880	+1 150
200	225				+80	+130	+180	+258	+310	+385	+470	+575	+740	+960	+1 250
225	250				+84	+140	+196	+284	+340	+425	+520	+640	+820	+1 050	+1 350
250	280	+20	+34	+56	+94	+158	+218	+315	+385	+475	+580	+710	+920	+1 200	+1 550
280	315				+98	+170	+240	+350	+425	+525	+650	+790	+1 000	+1 300	+1 700
315	355	+21	+37	+62	+108	+190	+268	+390	+475	+590	+730	+900	+1 150	+1 500	+1 900
355	400				+114	+208	+294	+435	+530	+660	+820	+1 000	+1 300	+1 650	+2 100
400	450	+23	+40	+68	+126	+232	+330	+490	+595	+740	+920	+1 100	+1 450	+1 850	+2 400
450	500				+132	+252	+360	+540	+660	+820	+1 000	+1 250	+1 600	+2 100	+2 600

注:公称尺寸≤1 mm 时,不使用基本偏差 a 和 b。

表 3.4　公称尺寸至 500 mm 孔的基本偏差数值(GB/T 1800.1—2020)

基本偏差单位：μm

公称尺寸/mm		下极限偏差											JS	上极限偏差								
		A[①]	B[①]	C	CD	D	E	EF	F	FG	G	H		J			K		M		N	
大于	至	所有公差的等级												IT6	IT7	IT8	≤IT8	>IT8	≤IT8	>IT8	≤IT8	>IT8
—	3	+270	+140	+60	+34	+20	+14	+10	+6	+4	+2	0	偏差=±IT_n/2(n是标准公差等级数)	+2	+4	+6	0	0	−2	−2	−4	−4
3	6	+270	+140	+70	+46	+30	+20	+14	+10	+6	+4	0		+5	+6	+10	−1+Δ	—	−4+Δ	−4	−8+Δ	0
6	10	+280	+150	+80	+56	+40	+25	+18	+13	+8	+5	0		+5	+8	+12	−1+Δ	—	−6+Δ	−6	−10+Δ	0
10	14	+290	+150	+95	—	+50	+32	—	+16	—	+6	0		+6	+10	+15	−1+Δ	—	−7+Δ	−7	−12+Δ	0
14	18																					
18	24	+300	+160	+110	—	+65	+40	—	+20	—	+7	0		+8	+12	+20	−2+Δ	—	−8+Δ	−8	−15+Δ	0
24	30																					
30	40	+310	+170	+120	—	+80	+50	—	+25	—	+9	0		+10	+14	+24	−2+Δ	—	−9+Δ	−9	−17+Δ	0
40	50	+320	+180	+130																		
50	65	+340	+190	+140	—	+100	+60	—	+30	—	+10	0		+13	+18	+28	−2+Δ	—	−11+Δ	−11	−20+Δ	0
65	80	+360	+200	+150																		
80	100	+380	+220	+170	—	+120	+72	—	+36	—	+12	0		+16	+22	+34	−3+Δ	—	−13+Δ	−13	−23+Δ	0
100	120	+410	+240	+180																		
120	140	+460	+260	+200	—	+145	+85	—	+43	—	+14	0		+18	+26	+41	−3+Δ	—	−15+Δ	−15	−27+Δ	0
140	160	+520	+280	+210																		
160	180	+580	+310	+230																		
180	200	+660	+340	+240	—	+170	+100	—	+50	—	+15	0		+22	+30	+47	−4+Δ	—	−17+Δ	−17	−31+Δ	0
200	225	+740	+380	+260																		
225	250	+820	+420	+280																		
250	280	+920	+480	+300	—	+190	+110	—	+56	—	+17	0		+25	+36	+55	−4+Δ	—	−20+Δ	−20	−34+Δ	0
280	315	+1 050	+540	+330																		
315	355	+1 200	+600	+360	—	+210	+125	—	+62	—	+18	0		+29	+39	+60	−4+Δ	—	−21+Δ	−21	−37+Δ	0
355	400	+1 350	+680	+400																		
400	450	+1 500	+760	+440	—	+230	+135	—	+68	—	+20	0		+33	+43	+66	−5+Δ	—	−23+Δ	−23	−40+Δ	0
450	500	+1 650	+840	+480																		

续表

公称尺寸/mm 大于	至	上极限偏差 P 到 ZC ≤IT7	P (>IT7 级)	R	S	T	U	V	X	Y	Z	ZA	ZB	ZC	Δ[②]/μm 3	4	5	6	7	8
—	3	在>7 级的标准公差等级的基本偏差数值上增加一个Δ值	-6	-10	-14	-	-18	-	-20	-	-26	-32	-40	-60	0					
3	6		-12	-15	-19	-	-23	-	-28	-	-35	-42	-50	-80	1	1.5	1	3	4	6
6	10		-15	-19	-23	-	-28	-	-34	-	-42	-52	-67	-97	1	1.5	2	3	6	7
10	14		-18	-23	-28	-	-33	—	-40	—	-50	-64	-90	-130	1	2	3	3	7	9
14	18							-39	-45	-	-60	-77	-108	-150						
18	24		-22	-28	-35	—	-41	-47	-54	-63	-73	-98	-136	-183	1.5	2	3	4	8	12
24	30					-41	-48	-55	-64	-75	-88	-118	-160	-218						
30	40		-26	-34	-43	-48	-60	-68	-80	-94	-112	-148	-200	-274	1.5	3	4	5	9	14
40	50					-54	-70	-81	-97	-114	-136	-180	-242	-325						
50	65		-32	-41	-53	-66	-87	-102	-122	-144	-172	-226	-300	-405	2	3	5	6	11	16
65	80			-43	-59	-75	-102	-120	-146	-174	-210	-274	-360	-480						
80	100		-37	-51	-71	-91	-124	-146	-178	-214	-258	-335	-445	-585	2	4	5	7	13	19
100	120			-54	-79	-104	-144	-172	-210	-254	-310	-400	-525	-690						
120	140		-43	-63	-92	-122	-170	-202	-248	-300	-365	-470	-620	-800	3	4	5	7	15	23
140	160			-65	-100	-134	-190	-228	-280	-340	-415	-535	-700	-900						
160	180			-68	-108	-146	-210	-252	-310	-380	-465	-600	-780	-1 000						
180	200		-50	-77	-122	-166	-236	-284	-350	-425	-520	-670	-880	-1 150	3	4	5	9	17	26
200	225			-80	-130	-180	-258	-310	-385	-470	-575	-740	-960	-1 250						
225	250			-84	-140	-196	-284	-340	-425	-520	-640	-820	-1 050	-1 350						
250	280		-56	-94	-158	-218	-315	-385	-475	-580	-710	-920	-1 200	-1 550	4	4	7	9	20	29
280	315			-98	-170	-240	-350	-425	-525	-650	-790	-1 000	-1 300	-1 700						
315	355		-62	-108	-190	-268	-390	-475	-590	-730	-900	-1 150	-1 500	-1 900	4	5	7	11	21	32
355	400			-114	-208	-294	-435	-530	-660	-820	-1 000	-1 300	-1 650	-2 100						
400	450		-68	-126	-232	-330	-490	-595	-740	-920	-1 100	-1 450	-1 850	-2 400	5	5	7	13	23	34
450	500			-132	-252	-360	-540	-660	-820	-1 000	-1 250	-1 600	-2 100	-2 600						

注:①公称尺寸≤1 mm 时,不使用基本偪差 A 和 B.也不使用标准公盖等级>IT8 的基本偏差 N;

②标准公差不大于 IT8 的 K、M、N 和标准公差不大于 IT7 的 P 至 ZC,从表的右侧选取 Δ 值。

对于标准公差等级至 IT8 的 K、M、N 和标准公差等级至 IT7 的 P～ZC 的基本偏差的确定，应考虑表 3.5 右边几列中的 Δ 值，Δ 是被测要素的公差等级和公称尺寸的函数。此时，应将 Δ 值增加到主表给出的固定值上，以得到基本偏差的正确值。

孔的基本偏差确定后，孔的另一个极限偏差可根据孔的基本偏差数值和标准公差数值，按如下公式计算：

$$ES = EI + IT(A \sim H) \tag{3.17}$$

$$\text{或 } EI = ES - IT(J \sim ZC) \tag{3.18}$$

GB/T 1800.2—2020《产品几何技术规范（GPS）线性尺寸公差代号体系　第 2 部分　标准公差带代号和孔、轴的极限偏差表》以表格的形式列出了公称尺寸至 500 mm 的孔和轴的极限偏差数值（包括基本偏差数值和另一偏差数值），因此，实际应用时也可以查表直接得到需要的孔和轴的另一偏差数值。

3.2.4　国家标准推荐的公差带与配合

国家标准提供了 20 种公差等级和 28 种基本偏差代号，其中基本偏差 j 限用于 4 个公差等级，基本偏差 J 限用于 3 个公差等级，由此可组成孔的公差带有 543 种、轴的公差带有 544 种。孔和轴又可以组成大量的配合，为减少定值刀具、量具和工艺装备的品种及规格，提高制造经济性，对公差带和配合应该加以限制。

（1）国家标准推荐的公差带

国标 GB/T 1800.1—2020 对公称尺寸至 500 mm 的孔、轴分别推荐了常用和优先选用公差带，如图 3.11、图 3.12 所示。

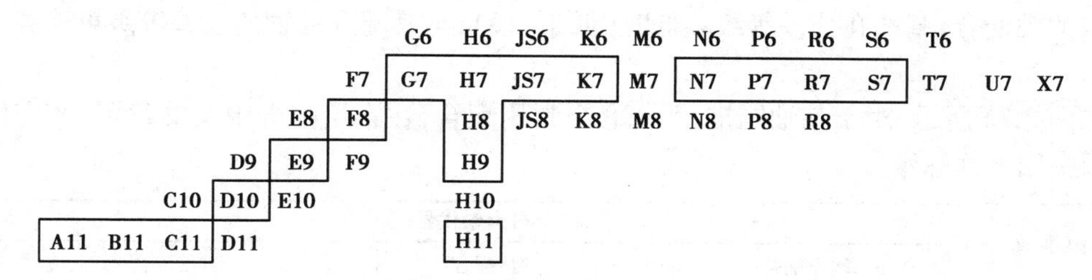

图 3.11　一般和优先选用的孔的公差带（GB/T 1800.1—2020）

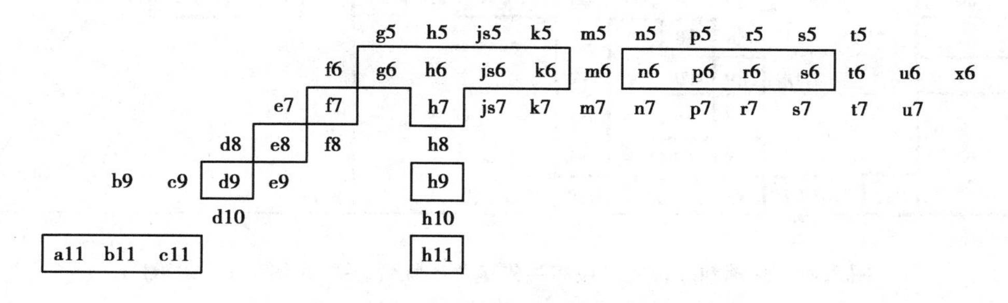

图 3.12　一般和优先选用的轴的公差带（GB/T 1800.1—2020）

对于孔的常用和优先公差带国家标准推荐了 45 种，其中图 3.11 中方框内的 17 种为优先选用的公差带。

对于轴的常用和优先公差带国家标准推荐了 50 种，其中图 3.12 中方框内的 17 种为优先选用的公差带。

图 3.11 和图 3.12 中的公差带代号仅应用于不需要对公差带代号进行特定选取的一般性用途，如有特定需要，可另行根据需要选取。例如，键槽需要特定选取。在少数特定应用中若有必要，偏差 js 和 JS 可被相应的偏差 j 和 J 替代。

(2)国家标准推荐的配合

国家标准在推荐了常用和优先选用的孔、轴公差带的基础上，还推荐了常用和优先选用的孔、轴配合。

如图 3.13 所示，对于基孔制推荐了 45 个常用配合，在常用配合中又推荐了 16 个优先配合(图中用方框标示)。

基准孔	轴公差带代号																	
	间隙配合							过渡配合				过盈配合						
H6						g5	h5	js5	k5	m5		n5	p5					
H7					f6	g6	h6	js6	k6	m6	n6		p6	r6	s6	t6	u6	x6
H8				e7	f7		h7	js7	k7	m7					s7		u7	
			d8	e8	f8		h8											
H9			d8	e8	f8		h8											
H10	b9	c9	d9	e9			h9											
H11	b11	c11	d10				h10											

图 3.13　基孔制配合的一般和优先选用的配合(GB/T 1800.1—2020)

基于工艺等价性，在基孔制配合中，基准孔的公差等级较高时(高于 IT8)，是与公差等级高一级的轴配合；基准孔公差等级较低时(低于 IT8)，与其配合的轴的公差等级可能高一级或同级。

如图 3.14 所示，对于基轴制推荐了 38 个常用配合，在常用配合中又推荐了 18 个优先配合(图中用方框标示)。

基准轴	孔公差错代号																	
	间隙配合							过渡配合				过盈配合						
h5						G6	H6	JS6	K6	M6		N6	P6					
h6					F7	G7	H7	JS7	K7	M7	N7		P7	R7	S7	T7	U7	X7
h7				E8	F8		H8											
h8			D9	E9	F9		H9											
h9				E8	F8		H8											
			D9	E9	F9		H9											
	B11	C10	D10				H10											

图 3.14　基轴制配合的一般和优先选用的配合(GB/T 1800.1—2020)

同理，在基准轴配合中，基准轴的公差等级较高时(高于或等于 IT8)，是与公差等级低一级的孔配合；基准轴的公差等级较低时(如 IT9)，与其配合的孔的公差等级可能低 1~2 级、同级，甚至高一级。

选用公差带或配合时，应按国家标准推荐的优先、常用公差带或配合的次序选用。当常用公差带或配合也不能满足使用要求时,允许按国标规定的基本偏差和公差带等级组成所需要的任意公差带。

3.2.5　公差与配合的选择

尺寸公差与配合的选用是机械设计和制造的一个很重要的环节,公差与配合选择的是否合适,直接影响到机器的使用性能、寿命、互换性和经济性。

公差与配合的选择原则是:能保证机械、机电产品的性能优良并且制造经济可行。即正确选择应能使产品的使用价值和制造成本的综合经济效益达到最佳。

公差与配合的选用主要包括:基准制的选用、公差等级的选用和配合种类的选用三个内容。

(1)ISO 配合制的选用

有基孔制和基轴制两种配合制度。基准制的选择与使用要求的间隙与过盈及其大小无关,主要应从结构、工艺和经济性等方面结合分析考虑。

1)一般情况下应优先选用基孔制配合　设计时,为了减少定值刀具和量具的规格和种类,应优先选用基孔制配合。适用于较高精度、中小尺寸的孔类零件加工。

2)选用基轴制配合　具有明显经济效益时选用基轴制配合。

①在纺织机械、农业机械、仪器仪表中,有些光轴常常使用具有一定精度的冷拉钢材,不需要再加工,此时选用基轴制配合较为经济合理。

②由于结构的需要,同一公称尺寸的轴上需要装配多个配合性质不同的零件时,选用基轴制配合较为经济合理。

例如,发动机的活塞连杆机构中活塞销与连杆及活塞的配合,如图 3.15(a)所示。如果三段都采用基孔制配合,公差带如图 3.15(b)所示。如果改用基轴制配合,公差带如图 3.15(c)所示。

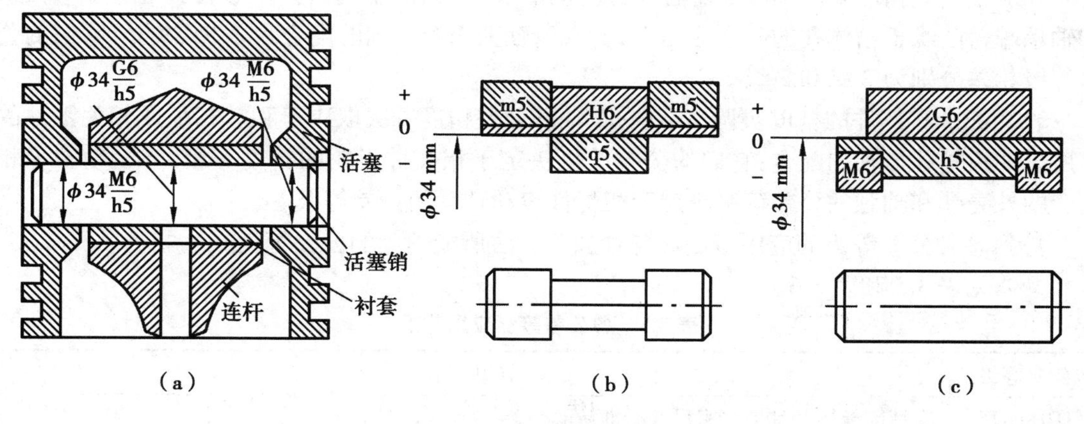

图 3.15　基准制选择示例

3)以标准件为基准件确定基准制　如滚动轴承、键、销等,一般由专业厂家生产,供各行业使用。当与标准件配合时,应以标准件为基准件来确定基准制。例如,滚动轴承内圈与轴颈的配合应采用基孔制配合;滚动轴承外圈与机座孔的配合则采用基轴制配合。

4)允许采用非基准件配合　非基准件配合是指相配合的两个零件既不是基准孔,也不是基准轴。

在某些特殊场合,允许采用任一孔、轴公差带组成的非基准件配合。当一个孔与几个轴相配合,或一个轴与几个孔相配合,其配合性质又各不相同时,有的配合采用非基准件的配合较为合理。

(2)公差等级的选用

公称尺寸一定,公差值的大小是由公差等级决定的,公差等级的高低与制造成本密切相关。公差等级选择的实质是具体解决零件的使用要求与制造工艺和成本之间的矛盾。在满足使用要求的前提下,尽可能采用较低的公差等级。

公差等级的选择可采用计算法或类比法两种方法,一般采用类比法。

具体选择时还应注意以下几个方面:

1)满足"工艺等价"原则

①公差等级小于IT8,公称尺寸不大于500 mm时,因孔比轴加工困难,常取公差等级比轴低一个等级,如ϕ 40H7/f6,ϕ 70S7/h6

②公差等级大于IT8,以及公称尺寸不大于500 mm以及公称尺寸大于500 mm时,孔、轴可采用相同的公差,如ϕ 40H11/c11,ϕ 70E9/h9

③公差等级等于IT8时,孔公差等级可比轴低一级,也可采用相同的公差等级,如ϕ40H8/e8,ϕ70E9/h9

2)配合性质及加工成本

①对于过渡配合和过盈配合一般不允许其间隙或过盈的变动量太大,应选较高的公差等级,推荐孔不大于IT8,轴不大于IT7。

②对于间隙配合,允许间隙量小时,公差等级应高;允许间隙量大时,公差等级可以低些。例如,选用H6/g5,H11/a11是可以的,而选用H11/g11,H6/a5则不妥。

③对于一些精度要求不高的配合,考虑到加工成本,孔、轴的公差等级可以相差2~3级,如轴承端盖凸缘于箱体孔的配合为ϕ 100J7/e9,轴上隔套与轴的配合为ϕ 55G9/j6,它们的公差等级相差分别为2级和3级。

3)相配合零部件的精度协调　某些孔、轴的公差精度等级取决于和它相配或相关零件的精度。如齿轮孔与轴的配合,它们的公差等级决定于相关件齿轮的精度等级,与滚动轴承相配合的外壳孔和轴颈的公差等级决定于相配件滚动轴承的公差等级。

4)熟悉各公差等级的应用范围和各种加工方法所能达到的公差等级

具体见表3.5和表3.6。

表3.5　各公差等级应用范围

公差等级	应用范围
IT01~IT1	高精度量块和其他精密尺寸标准块的公差
IT2~IT5	用于特别精密零件的配合
IT5~IT12	用于配合尺寸公差。IT5的轴和IT6的孔用于高精度和重要的配合处
IT6	用于要求精密配合的情况
IT7~IT8	用于一般精度要求的配合

续表

公差等级	应用范围
IT9~IT10	用于一般要求的配合或精度要求较高的键宽与键槽宽的配合
IT11~IT12	用于不重要的配合
IT12~IT18	用于未注尺寸公差的尺寸精度

表3.6 各种加工方法的加工精度

加工方法	公差等级(IT)																			
	01	0	1	2	3	4	5	6	7	8	9	10	11	12	13	14	15	16	17	18
研磨	—	—	—	—	—	—	—													
珩磨						—	—	—	—											
圆磨							—	—	—	—										
平磨							—	—	—	—										
金刚石车、镗							—	—	—											
拉削							—	—	—	—										
铰孔									—	—	—	—								
车、镗									—	—	—	—	—							
铣										—	—	—	—							
刨、插												—	—							
钻												—	—	—	—					
滚压、挤压												—	—							
冲压												—	—	—	—	—				
压铸													—	—	—	—				
粉末冶金成型								—	—	—										
粉末冶金烧结									—	—	—	—								
砂型铸造																		—	—	—
锻造																	—	—		

(3)配合种类的选用

选择配合主要是决定相配零件在工作时孔、轴结合的相互关系能保证机器和仪器正常使用。当配合制和公差等级确定后,配合的选择就是确定非基准件的基本偏差代号。

1)根据使用要求确定配合类别　国标规定了间隙配合、过渡配合和过盈配合等三大类配合,设计时究竟选择哪一种配合,主要取决于对于机器的使用要求。

当相配合的孔、轴间有相对运动时,选择间隙配合;当相配合的孔、轴间无相对运动时,不经常拆卸,而需要传递一定的扭矩,选择过盈配合;当相配合的孔、轴间无相对运动,而需要经常拆卸时,选择过渡配合。

2)配合代号的选择　配合代号的选择是指在确定了配合制度和标准公差等级后,确定与基准件配合的孔或轴的基本偏差代号。选择主要依据是零件的工作条件所要求的配合性质和松紧程度。

配合种类的选择通常有三种,分别是计算法、试验法和类比法。

①计算法:根据一定的理论和公式,经过计算得出所需的间隙或过盈,计算结果也是一个近似值,然后从标准中选定合适的孔和轴的公差带,实际中还需要经过试验来确定;

②试验法:对产品性能影响很大的一些配合,特别是重要部位的配合,为了防止计算或类比不准确而影响产品的使用性能,常用试验法来确定最佳的间隙或过盈,这种方法要进行大量试验,成本比较高;

③类比法:参照类似的经过生产实践验证的机械,分析零件的工作条件及使用要求,以它们为样本来选择配合种类,类比法是机械设计中最常用的方法。要掌握这种方法,需要掌握各种配合的特征和应用场合,然后考虑所设计产品的具体工作和使用要求。

3)各种配合的特征及应用场合如下　间隙配合:a~h(或A~H)11种配合(a间隙最大,h间隙最小为零),对于工作时有相对运动或虽无相对运动却要求装拆方便的孔、轴结合,应运用间隙配合。

过渡配合:js,j,k,m,n(或JS,J,K,M,N)5种。对于既要求孔、轴有较好的定心精度,又要求装拆方便的孔、轴结合,应选用过渡配合。

过盈配合:p~zc(或P~ZC)12种配合,对于主要靠过盈保持相对静止或传递负荷的孔、轴结合应选用过盈配合。

各种基本偏差的选择可参考表3.7来选择。

表3.7　各种基本偏差的特点和应用

配　合	基本偏差	特性和应用
间隙配合	a(A) b(B)	可得到特别大的间隙,应用很少,主要用于工作时温度高、热变形大的零件配合,如发动机中活塞与缸套的配合H9/a9
	c(C)	可得到很大的间隙,一般用于共走条件较差(农业机械),工作时受力变形大及装配工艺性不好的零件的配合,也适用于高温工作的动配合,如内燃机排气阀与导管的配合为H8/c7
	d(D)	对应于IT7~IT11,用于较松的转动配合,比如密封盖、滑轮、空转带轮与轴的配合,也用大直径的滑动轴承配合
	e(E)	对应于IT7~IT9,用于要求有明显的间隙,易于转动的轴承配合,比如大跨距轴承和多支点轴承等处的配合。e轴适用于高等级的、大的、高速、重载支承,比如内燃机主要轴承、大型电动机、涡轮发动机、凸轮轴承等的配合为H8/e7
	f(F)	对应于IT6~IT8的普通转动配合。广泛用于温度影响小,普通润滑油和润滑脂润滑的支承,例如小电动机,主轴箱、泵等的转轴和滑动轴承的配合
	g(G)	多与IT5~IT7对应,形成很小间隙的配合,用于轻载装置的转动配合,其他场合不推荐使用转动配合,也用于插销的定位配合,例如,滑阀、连杆销精密连杆轴承等
	h(H)	对应于IT4~IT7,作为普通定位配合,多用于没有相对运动的零件。在温度、变形影响小的场合也用于精密滑动配合
过渡配合	js(JS)	对应于IT4~IT7,用于平均间隙小的过渡配合和略有过盈的定位配合,比如联轴节、齿圈和轮毂的配合。用木槌装配
	k(K)	对应于IT4~IT7,用于平均间隙接近零的配合和稍有过盈的定位配合。用木槌装配
	m(M)	对应于IT4~IT7,用于平均间隙较小的配合和精密定位定位配合。用木槌装配
	n(N)	对应于IT4~IT7,用于平均过盈较大和紧密组件的配合,一般得不到间隙。用木槌和压力机装配

续表

配　合	基本偏差	特性和应用
过盈配合	p(P)	用于小的过盈配合，p 轴与 H6 和 H7 形成过盈配合，与 H8 形成过渡配合，对非铁零件为较轻的压入配合。当要求容易拆卸，对于钢、铸铁或铜、钢组件装配时标准压入装配
	r(R)	对钢铁类零件是中等打入配合，对于非钢铁类零件是轻打入配合，可以较方便地进行拆卸。与 H8 配合时，直径大于 100 mm 为过盈配合，小于 100 mm 为过渡配合
	s(S)	用于钢和铁制零件的永久性和半永久性装配，能产生相当大的结合力。当用轻合金等弹性材料时，配合性质相当于钢铁类零件的 p 轴。为保护配合表面，需用热胀冷缩法进行装配
	t(T)	用于过盈量较大的配合，对钢铁类零件适合作永久性结合，不需要键传递力矩。用热胀冷缩法装配
	u(U)	过盈量很大，需验算在最大过盈量时工件是否损坏。用热胀冷缩法装配
	v(V),x(X) y(Y),z(Z)	用于特大过盈配合，目前使用的经验和资料很少，一般不推荐使用

表 3.8 为公称尺寸不大于 500 mm 的优先配合的特征及应用说明。

表 3.8　优先配合的特征及应用说明

优先配合		说　明
基孔制	基轴制	
H11/c11		间隙很大，常用于很松转速低的动配合，也用于装配方便的松配合
H9/e8	E9/h9	用于间隙很大的自由转动配合，也用于非主要精度要求时，或者温度变化大、转速高和轴颈压力很大的时候
H8/f7	F8/h7	用于间隙不大的转动配合，也用于中等转速与中等轴颈压力的精确传动和较容易的中等定位配合
H7/g6	G7/h6	用于小间隙的滑动配合，也用于不能转动，但可自由移动和能滑动并能精密定位
H7/h6 H8/h7	H7/h6 H8/h7 H9/h9	用于在工作时没有相对运动，但装拆很方便的间隙定位配合
H7/k6	K7/h6	用于精密定位的过渡配合
H7/n6	N7/h6	有较大过盈的更精密定位的过盈配合
H7/p6	P7/h6	用于定位精度很重要的小过盈配合，并且能以最好的定位精度达到部件的刚性和对中性要求
H7/s6	S7/h6	用于普通钢件压入配合和薄壁件的冷缩配合

3.2.6　一般公差　线性尺寸的未注公差

对不重要的尺寸，非配合的尺寸以及工艺方法可以保证的尺寸，在图样上不注出公差。但为了保证使用要求，避免在生产中引起不必要的纠纷，国家标准(GB/T 1804—2000)对一般公差的线性尺寸和角度尺寸的未注公差作了明确规定。

(1)线性尺寸一般公差的概念

线性尺寸、角度尺寸的一般公差是指在车间一般加工条件下,机床设备可以保证的公差。它是机床设备在正常维护和操作情况下,可以达到的经济加工精度。它主要用于较低精度的非配合尺寸。采用一般公差的尺寸和角度在正常车间精度保证的条件下,一般可以不标注,同时可突出图样上标注的公差,在加工和检验时可以引起足够的重视。

(2)一般公差的等级

国家标准把未注公差规定了4个等级。这4个公差等级分别为:精密级(f)、中等级(m)、粗糙级(c)和最粗级(v)。

线性尺寸的一般公差等级和相应的极限偏差数值,见表3.9—3.11。

表3.9 线性尺寸的极限偏差数值(GB/T 1804—2000) mm

公差等级	公称尺寸分段							
	0.5~3	>3~6	>6~30	>30~120	>120~400	>400~1 000	>1 000~2 000	>2 000~4 000
f(精密级)	±0.05	±0.05	±0.1	±0.15	±0.2	±0.3	±0.5	—
m(中等级)	±0.1	±0.1	±0.2	±0.3	±0.5	±0.8	±1.2	±2
c(粗糙级)	±0.2	±0.3	±0.5	±0.8	±1.2	±2	±3	±4
v(最粗级)	—	±0.5	±1	±1.5	±2.5	±4	±6	±8

表3.10 倒圆半径与倒角高度尺寸的极限偏差数值(GB/T 1804—2000) mm

公差等级	公称尺寸分段			
	0.5~3	>3~6	>6~30	>30
f(精密级) m(中等级)	±0.2	±0.5	±1	±2
c(粗糙级) v(最粗级)	±0.4	±1	±2	±4

注:倒圆半径与倒角高度的含义参见国家标准GB/T 6403.4—2008《零件倒圆与倒角》。

表3.11 角度尺寸的极限偏差数值(GB/T 1804—2000) mm

公差等级	长度分段				
	~10	>10~50	>50~120	>120~400	>400
f(精密级) m(中等级)	±1°	±30′	±20′	±10′	±5′
c(粗糙级)	±1°30	±1°	±30′	±15′	±10′
v(最粗级)	±3°	±2°	±1°	±30′	±20′

(3)未注公差的表示方法

未注公差在图样上只标注公称尺寸,不标注极限偏差或者其他代号,但是应该在图样上的技术要求中的有关技术文件或标准中,用标准号和公差等级代号表示。例如,选用中等级时,则表示为 GB/T 1804—m。

3.3　几何公差

由于机床、工件、刀具、夹具组成的工艺系统本身的误差,以及加工过程中的受力变形、振动、磨损和工艺操作等因素的影响,实际加工所得到的零件形状和几何体的相互位置相对于其理想的形状和位置关系存在差异,产生形状误差、方向误差、位置误差和跳动误差(简称几何误差),它们对产品的寿命、使用性能和互换性有很大的影响。为了规范几何误差,国家标准规定了几何公差。

本部分内容涉及的现行主要国家标准如下:GB/T 18780.1—2002《产品几何量技术规范(GPS)　几何要素　第 1 部分　基本术语和定义》、GB/T 18780.2—2003《产品几何量技术规范(GPS)　几何要素　第 2 部分　圆柱面和圆锥面的提取中心线、平行平面的提取中心面、提取要素的局部尺寸》、GB/T 1182—2018《产品几何技术规范(GPS)　几何公差:形状、方向、位置和跳动公差标注》、GB/T 13319—2020《产品几何技术规范(GPS)　几何公差　成组(要素)与组合几何规范》、GB/T 17851—2010《产品几何技术规范(GPS)　几何公差　基准和基准体系》、GB/T 4249—2018《产品几何技术规范(GPS)　基础 概念、原则和规则》、GB/T 16671—2018《产品几何量技术规范(GPS)　几何公差　最大实体要求(MMR)、最小实体要求(LMR)和可逆要求(RPR)》、GB/T 24637.1—2020《产品几何技术规范(GPS)通用概念第 1 部分 几何规范和检验的模型》、GB/T 24637.3—2020《产品几何技术规范(GPS)通用概念 第 3 部分 被测要素》和 GB/T 1184—1996《形状和位置公差　未注公差值》等。

3.3.1　术语和定义

(1)几何要素

几何公差(形状、方向、位置和跳动公差)的研究对象是构成零件几何特征的点(圆心、球心、中心点、交点)、线(素线、轴线、中心线、引线)、面(平面、中心平面、圆柱面、圆锥面、球面、曲面),这些点、线、面统称几何要素,如图 3.16 所示。

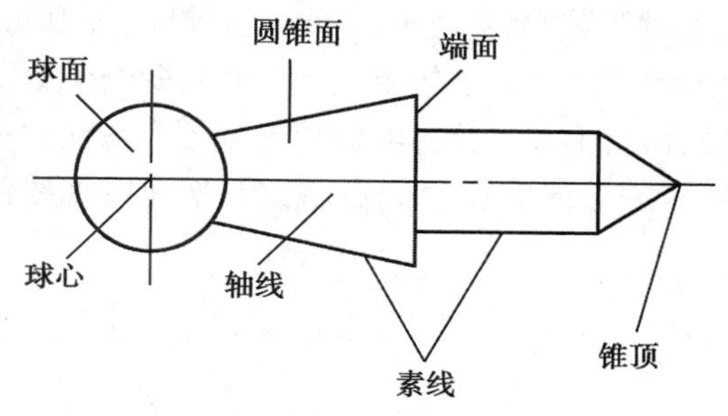

图 3.16　几何要素

1)几何要素　点、线、面、体或者它们的集合为几何要素。几何要素可以是理想要素或者非理想要素,可将其视为一个单一要素或者组合要素。

2)理想要素　由参数化方程定义的要素为理想要素。

3)非理想要素　完全依赖于非理想表面模型或工件实际表面的不完美的几何要素为非理想要素。

实际表面是指实际存在并将整个工件与周围介质分隔的一组要素。

非理想表面模型是指工件与其周围环境的物理分界面模型。

4)公称要素　由设计者在产品技术文件中定义的理想要素。

5)实际要素　对应于工件实际表面部分的几何要素。

6)组成要素　属于工件的实际表面或表面模型的几何要素。

表面模型表示虚拟的或实际工件的物理极限集的模型。

7)中心要素　中心点、理想或非理想的中心线或中心面为中心要素。中心要素不是组成要素。

8)导出要素　对组成要素或滤波要素进行一系列操作而产生的中心的、偏移的、一致的或镜像的几何要素为导出要素。

导出要素可以从一个公称要素、一个拟合要素或一个提取要素中建立,分别称为公称导出要素、拟合导出要素或提取导出要素。

9)提取要素　由有限个点组成的几何要素。按规定方法,由实际要素提取有限数目的点所形成的实际(组成)要素的近似替代。

10)拟合要素　通过拟合操作,从非理想表面模型中或从实际要素中建立的理想要素。

拟合要素可以从(提取的、滤波的)导出要素中或者从(实际的、提取的、滤波的)组成要素中建立。

11)滤波要素　对一个非理想要素滤波而产生的非理想要素为滤波要素,如图3.17所示。

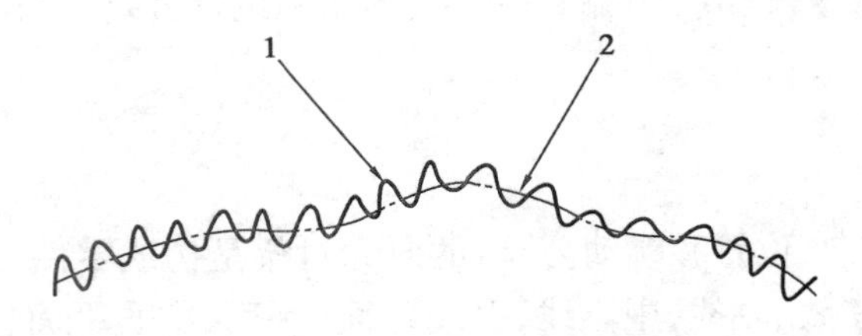

图3.17　滤波要素示例

1—滤波前的非理想要素;2—滤波要素(滤波后的非理想要素)

滤波是用于从非理想要素中创建非理想要素,或通过减少信息水平将一条变动曲线转换为另一条变动曲线的要素操作。不存在公称滤波要素或拟合滤波要素。

12)方位要素　确定要素的方向或位置的点、直线、平面或螺线的要素为方位要素,如图3.18—图3.20所示。

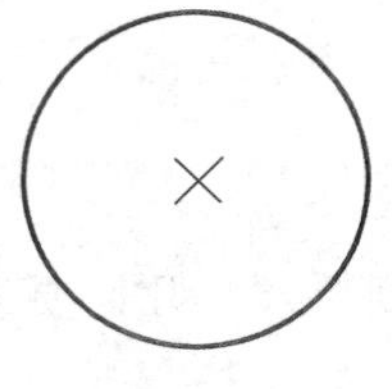

(a)球的方位点

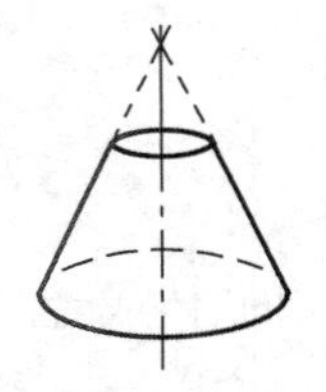

(b)圆锥的方位点(顶点)

图3.18　方位点示例

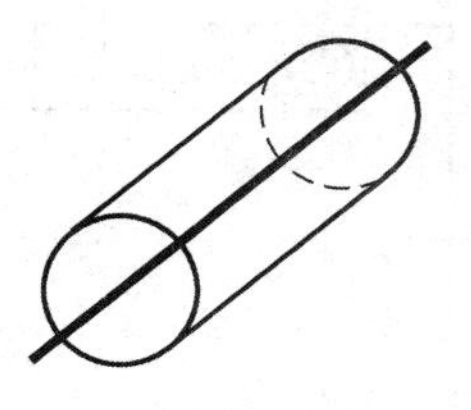

(a)圆柱的方位直线

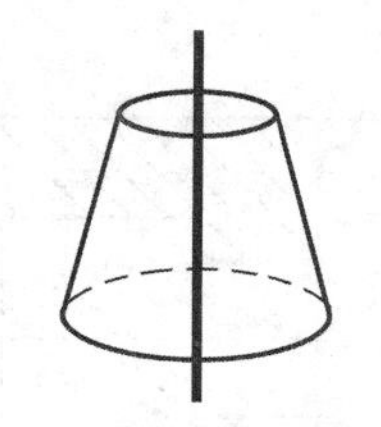

(b)圆锥的方位直线

图3.19 方位直线示例

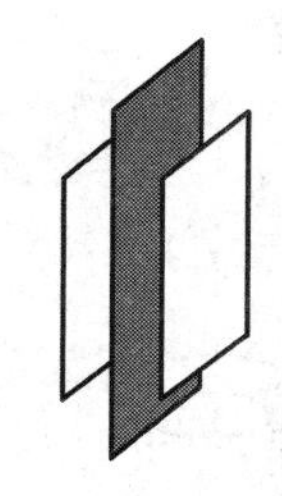

(a)平面的方位平面

(b)两个不平行平面的方位平面

图3.20 方位平面示例

方位要素是理想要素的一个几何属性,尺寸参数与方位要素没有关系。

13)尺寸要素 包括线性尺寸要素或者角度尺寸要素。

线性尺寸要素指具有线性尺寸的尺寸要素。有一个或者多个本质特征(可以是一个点、一条线、一个面、一个体或者它们的集合)的几何要素,其中只有一个可以作为变量参数。

尺寸要素可以是一个球体、一个圆、两条直线、两平行相对面、一个圆柱体、一个圆环,等等。

(2)几何要素的分类

1)按结构特征分类 分为公称要素、组成要素和导出要素。

2)按存在状态分类 分为理想要素和实际要素。

3)按所处部位分类 分为被测要素和基准要素。

①被测要素 即图样中有几何公差要求的要素,是测量和控制的对象,如图3.21中ϕ16H7孔的轴线。

②基准要素 即用来确定被测要素方向和位置的参照要素,应为理想要素。基准要素在图样上都标有基准符号或基准代号,如图3.21中ϕ30h6的轴线。

(3)几何要素术语之间的关系

为做到歧义性最小化,通过实际工件或其非理想表面模型来规范特征和几何要素。相关几何要素术语之间的关系如图3.22所示。

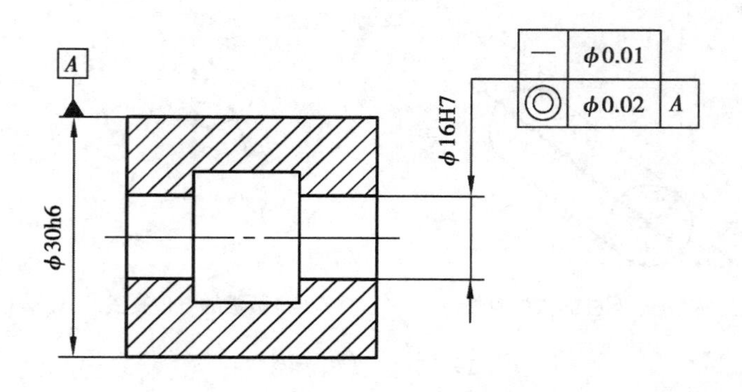

图 3.21 基准要素和被测要素

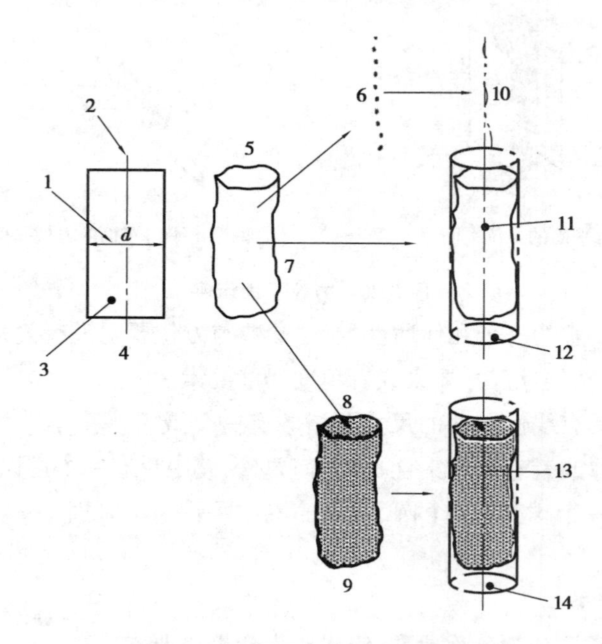

图 3.22 几何要素术语之间的关系

1—尺寸要素的尺寸；2—公称中心要素；3—公称组成表面；4—公称表面模型；
5—工件实际表面的非理想表面模型；6—非理想中心要素；7—非理想组成表面；
8—提取；9—非理想组成提取表面；10—间接拟合中心要素；11—直接拟合中心要素；
12—理想的直接拟合组成表面；13—直接拟合中心要素；14—理想的直接拟合组成表面

3.3.2 几何公差项目

几何公差是被测实际要素允许形状和位置变动的范围。国家标准规定了 4 类 19 个项目，如表 3.12 所示，其中形状公差为 6 个项目，因它是对单一要素提出的要求，因此无基准要求；方向公差为 5 个项目、位置公差为 6 个项目、跳动公差为 2 个项目，因它们是对关联要素提出的要求，在大多数情况下有基准要求。

表 3.12　几何公差项目及其符号（GB/T 1182—2018）

公差类型	几何特征	符　号	有无基准	公差类型	几何特征	符　号	有无基准
形状公差	直线度	—	无	位置公差	位置度	⌖	有或无
	平面度	▱			同心度（用于中心线）	◎	有
	圆度	○			同轴度（用于轴线）		
	圆柱度	⌭			对称度	⌯	
	线轮廓度	⌒			线轮廓度	⌒	
	面轮廓度	⌓			面轮廓度	⌓	
方向公差	平行度	//	有	跳动公差	圆跳动	↗	
	垂直度	⊥			全跳动	⌰	
	倾斜度	∠					
	线轮廓度	⌒					
	面轮廓度	⌓					

3.3.3　几何公差的标注方法

几何公差应按国家标准 GB/T 1182—2018 规定的标注方法，用几何公差框格、基准符号和指引线进行标注。

（1）几何公差框格

几何公差框格由二格或多格组成，在图样中只能水平或垂直绘制，框格中从左到右或从下到上依次填写：几何特征符号、公差值、基准字母及有关符号，如图 3.23 所示。同时在填写时应注意：

1）公差值　是表示公差带的宽度或直径，是控制误差量的指标。公差值的大小是几何公差精度高低的直接体现。如果公差带为圆形或圆柱形，公差值前加注 ϕ，如果是球形，加注 $S\phi$。公差值后面还可以注写其他要求（如最大实体要求Ⓜ），如图 3.23、图 3.24 所示。

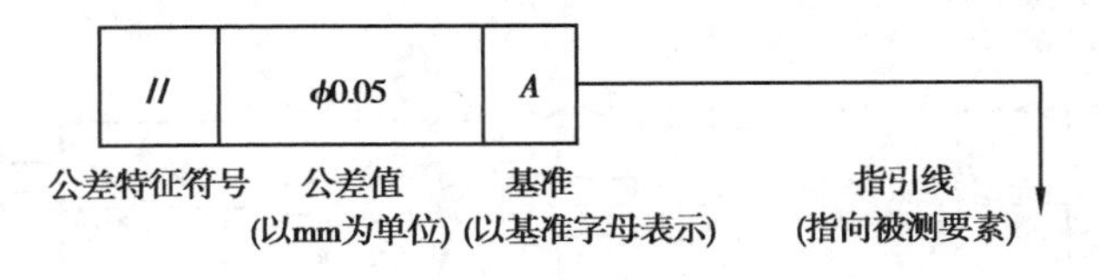

图 3.23　几何公差框格

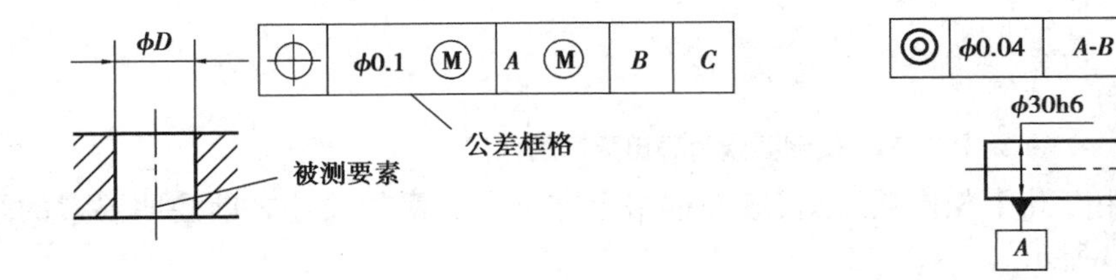

图 3.24　几何公差框格及其基准符号

2)基准　单一基准用大写字母表示;公共基准由横线隔开的两个大写字母表示;如果是多基准,则按基准的优先次序从左到右分别置于各格。基准后面同样可以注写其他用于基准的要求,如图3.23、图3.24所示。

3)指引线　用细实线表示。从框格的左端或右端垂直引出,中间可以弯折,但不得多于两次,指向被测要素的法向,如图3.23、图3.24所示。

(2)被测要素的标注

用带箭头(或小圆点)的指引线将公差框格和被测要素相连来标注被测要素,指引线的终止方向必须指向被测要素的法向,且注意:

①当被测要素为组成要素时,指引线终止在该要素的轮廓线或其线上,以箭头终止并应明显与尺寸线错开,如图3.25(a)、(b)所示。应注意,圆度标注的指引线箭头必须垂直指向回转体的轴线。

②当被测要素为组成要素且指引线终止在要素的界限以内时,以圆点终止。当该面要素可见时,此圆点是实心的,指引线为实线;当该面要素不可见时,这个圆点为空心,指引线为虚线,如图3.25(c)所示。

③当被测要素为中心要素(轴线、球心或中心平面)时,指引线的箭头终止在该要素的尺寸延长线,如图3.26(a)、(b)所示。

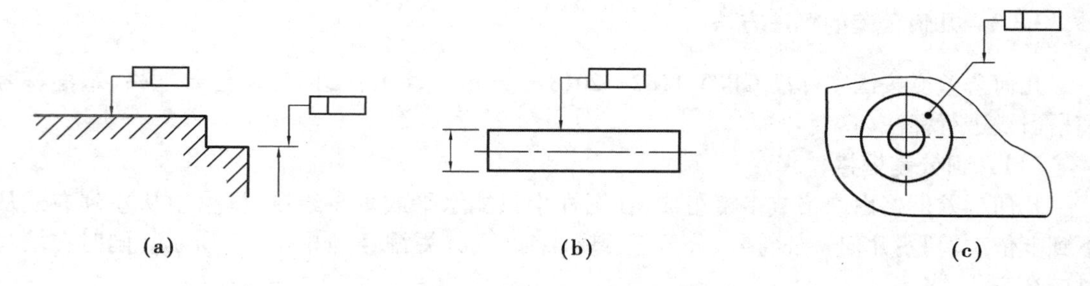

图3.25　被测要素为组成要素的标注

如被测要素为回转体的中心要素时,可将修饰符Ⓐ(表示中心要素)放置在公差框格内的公差值后面,指引线可在组成要素上用箭头或圆点终止,此时表示被测要素是轴线、圆心或球心,如图3.26(c)所示。

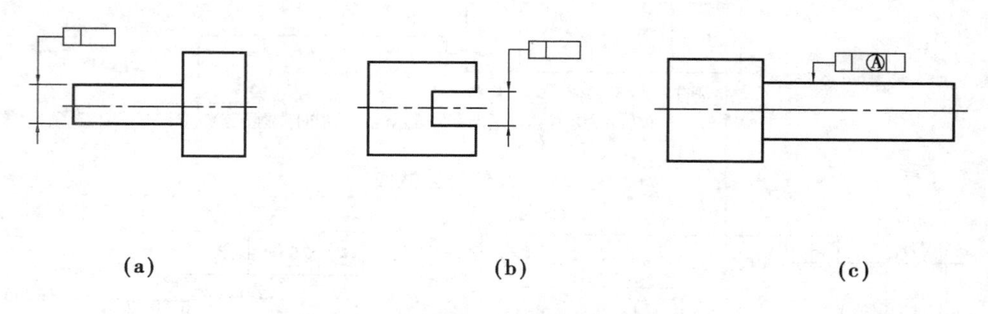

图3.26　被测要素为导出要素的标注

④当某项公差应用于几个相同要素时,应在框格上方被测要素的尺寸之前注明要素的个数,如"6×ϕ",如图3.27所示。

⑤多层公差的标注。若需要为要素指定多个几何特征,可在上下堆叠的公差框格中标注

出。推荐将公差框格按公差值从上到下依次递减的顺序排布,参照线取决于标注空间,应连接于公差框格左侧或右侧的中点,而不是公差框格中间的延长线上,如图 3.28 所示。

图 3.27　被测要素为多个相同要素的标注　　　　图 3.28　多层公差的标注

⑥一个公差框格可以用于具有相同几何特征和公差值的若干个分离要素,表示每个被测要素的要求是独立的,其表示方法如图 3.29(a)、(b)所示。

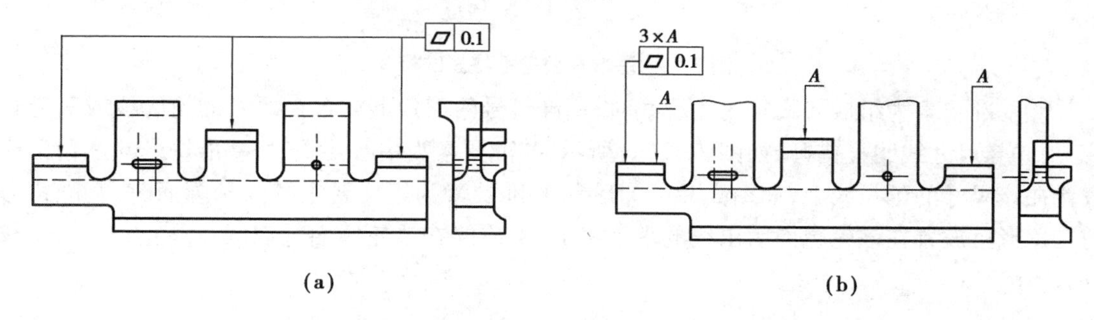

图 3.29　被测要素为多个单独要素的标注

⑦当组合公差带应用于若干独立要素时,或若干个组合公差带(由同一个公差框格控制)同时应用于多个独立要素时,且公差带之间有一定的约束,应采用成组规范标注。即可将多个几何规范转变成一个组合规范,实现“同时要求”。

成组规范可在公差框格内公差值的后面加注公共公差带的符号 CZ(组合公差带),形成单一成组规范的标注,如图 3.30(a)所示;也可在多个相关的公差框格后使用修饰符“SIMi”(多组成组规范,公差带相互关联、同时要求 i),形成多个成组规范标注,如图 3.30(b)所示。

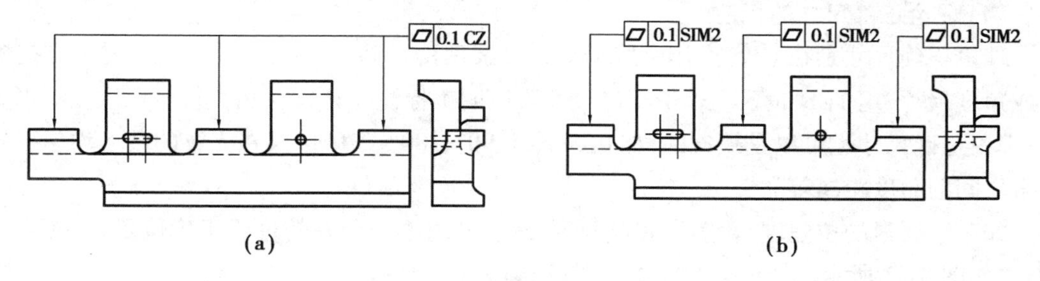

图 3.30　被测要素为成组规范的标注

(3)基准要素的标注

①用以建立基准的表面用英文大写字母表示。为避免混淆,国家标准建议不采用 I、O、Q、X 等字母,也不能与向视图字母重合,可重复同样字母,如:BB、CCC。

②大写字母标注在基准方格内,与一个涂黑的(或空白的)三角形相连以表示基准,表示基准的字母也应标注在公差框格内,字母与方框一般处于水平状态,如图 3.31(a)所示。

③以单个要素作基准时,用一个大写字母表示,如图 3.31(b)所示;当由两个要素建立公共基准时,用由横线隔开的两个大写字母表示,如图 3.31(c)所示;由两个或两个以上要素建立基准体系时,如多基准组合,表示基准的大写字母应按基准的优先次序从左至右分别置于各格中,如图 3.31(d)所示。

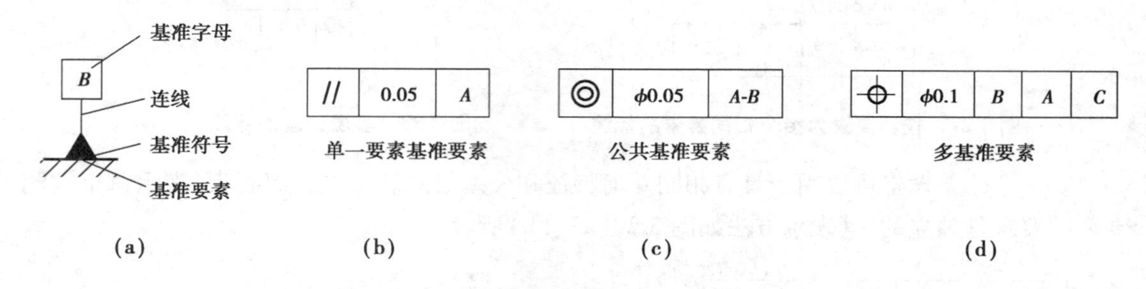

图 3.31　基准在公差框格里的标注

④基准要素为组成要素且为轮廓线时,基准符号的三角形放置在要素的轮廓线或其延长线上,并与尺寸线明显错开,如图 3.32(a)所示;基准要素为中心要素时,基准符号的三角形应放置在该尺寸的延长线上,如图 3.32(b)所示;基准要素为组成要素且为轮廓面时,基准符号的三角形可放置在该轮廓面引出线的水平线上,引出线在该轮廓面上以圆点终止,如图 3. 32(c)所示。

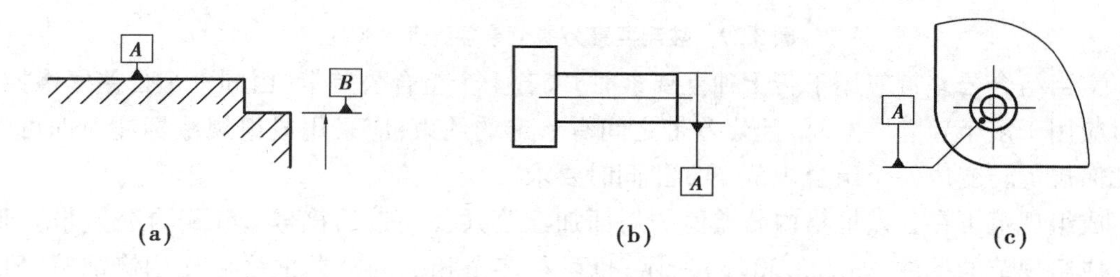

图 3.32　基准在基准要素上的标注

(4)理论正确尺寸的标注

理论正确尺寸是在 GPS 操作中用于定义要素理论正确几何形状、范围、位置与方向的线性或角度尺寸,用 TED 表示。理论正确尺寸可以明确标注,将数值、相关符号标注在矩形方框中;理论正确尺寸也可以是缺省的,如 0 mm、0°、90°、180°、270°以及在完整的圆上均匀分布的要素之间的角度距离等。

如对于要素的位置度、轮廓度和倾斜度,其尺寸由不带公差的理论正确位置、轮廓和角度确定,如图 3.33 所示。

(5)局部规范的标注

①需要对特征相同的规范适用于整个被测要素上任意位置的一个局部长度,则该局部长度的数值应加注在公差值的后面,两者间用斜线相隔。如果要标注两个或多个特征相同的规范,组合方式如图 3.34(a)所示。

②如果给出的公差仅适用于要素的某一指定局部,应采用粗长点划线表示其位置,并用 TED 定义其位置与尺寸,如图 3.34(b)、(c)所示。

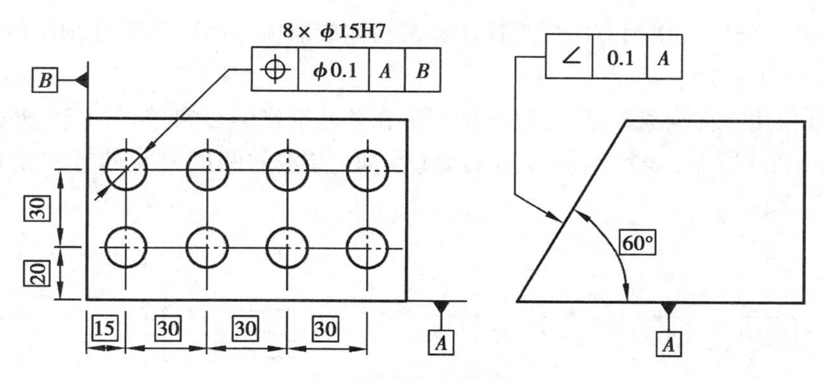

图 3.33　理论正确尺寸标注

③如果只以要素的某一局部作基准，则应用粗长点划线标示出该部分并加注尺寸，如图 3.34(d)所示。

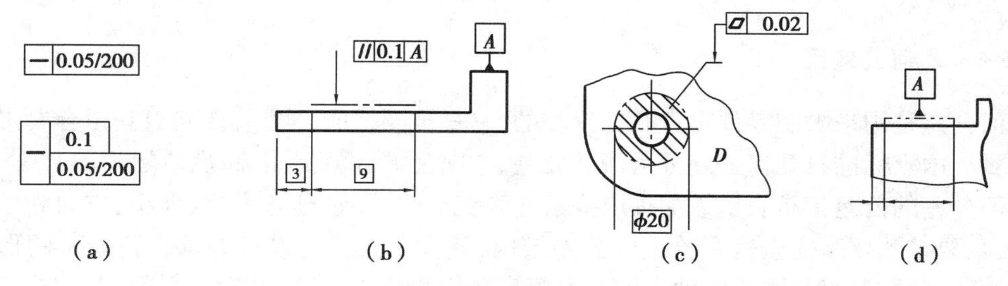

图 3.34　局部规范的标注

(6)相交平面的标注

相交平面用来标识线要素要求的方向。如在平面上线要素的直线度、线轮廓度，以及在面要素上的线要素的“全周”规范。

注意，仅当面要素属于回转型(例如圆锥或圆环)、圆柱和平面时，才能构建相交平面族；相交平面默认垂直于被测要素。

相交平面使用相交平面框格规定，延伸标注在公差框格的右侧，如图 3.35 所示。

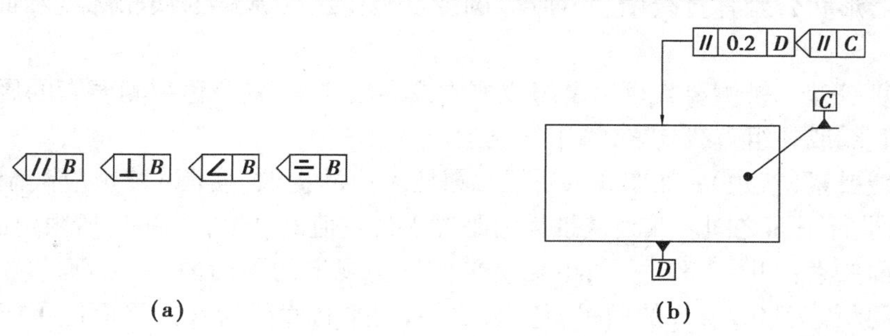

图 3.35　相交平面的标注

如图 3.35(b)所示，表示被测要素是一个给定方向上的所有线要素，被测要素是该面要素上与基准 C 平行的所有线要素，而不是面要素。

(7)方向要素的标注

当被测要素是组成要素且公差带宽度方向与面要素不垂直时，应使用方向要素确定公差带宽度的方向。另外,应使用方向要素标注非圆柱体或球体的回转体表面圆度的公差带宽度方向。

方向要素使用方向要素框格规定,延伸标注在公差框格的右侧,如图 3.36 所示。

如图 3.36(b)所示,表示被测要素的面(锥面)要素的圆度公差的方向跳动于锥面的轴线。

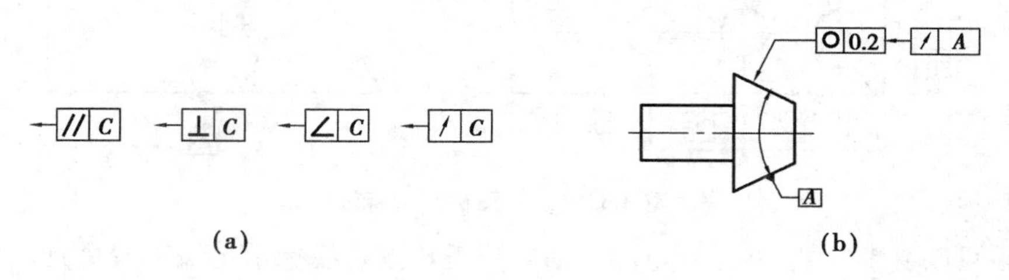

图 3.36　方向要素的标注

3.3.4　几何公差带

几何公差是用来限制零件本身几何误差的,它是被测提取(实际)要素对其拟合要素的允许变动量。国家标准将几何公差分为形状公差、方向公差、位置公差和跳动公差。

几何公差的公差带是表示被测提取要素允许变动的区域,具有形状、大小、方向和位置四个要素,只要被测要素完全落在给定的公差带内,就表示其符合设计要求。公差带的形状取决于被测要素的理想形状、给定的几何公差项目和标注形式。图 3.37 中列出了几何公差带的主要形状;其大小用几何公差带的宽度或直径表示,由给定的几何公差值决定;其方向和位置则由给定的几何公差项目和标注形式确定。

(1)形状公差

形状公差是单一被测提取要素对其拟合要素的允许变动量,形状公差带是表示单一被测提取要素允许变动的区域。

形状公差不涉及基准,形状公差带的方位可以浮动。形状公差带只能控制被测提取要素的形状误差。形状公差有直线度、平面度、圆度、圆柱度、无基准的线轮廓度和面轮廓度等 6 个项目。

1)直线度公差　被测要素可以是组成要素或导出要素,其公称被测要素的属性与形状为明确给定的直线或一组直线要素,属于线要素。

①用于线要素(棱边):如图 3.38 所示,圆柱表面的提取(实际)棱边应限制在间距等于 0.1 mm 的两平行平面之间。其公差带为间距等于公差值 t 的两平行平面所限定的区域。

②用于面要素:如图 3.39 所示,由相交平面框格规定的平面内,上表面的提取(实际)直线应限定在间距等于 0.1 mm 的两平行直线之间;两平行直线所在的平面应平行于基准。其公差带是在平行于(相交平面框格给定的)基准 A、且为任意距离 b 的给定平面 c(相交平面)内与给定方向上、间距等于公差值 t 的两平行直线所限定的区域。

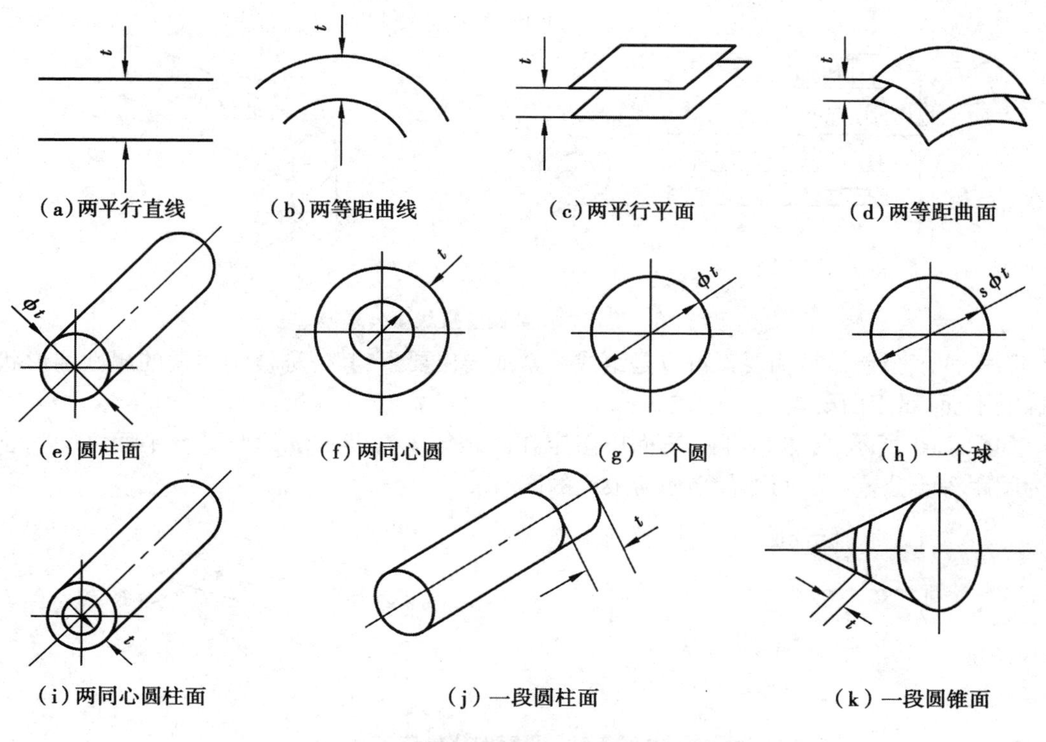

图 3.37　几何公差带的形状及几何公差值

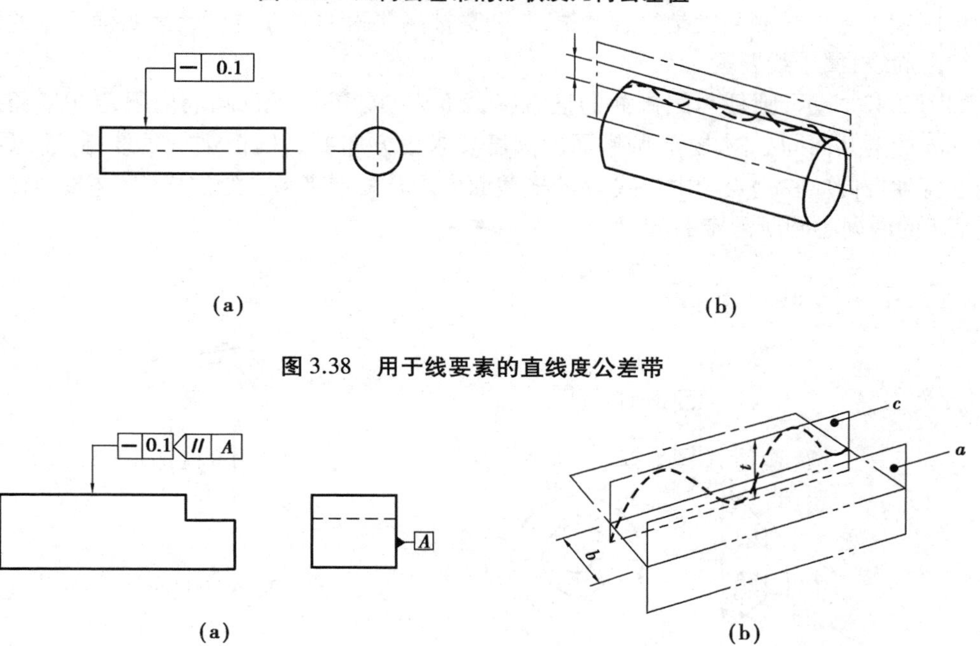

图 3.38　用于线要素的直线度公差带

图 3.39　用于面要素的直线度公差带

③用于中心要素：如图 3.40 所示，圆柱面的提取（实际）中心线应限定在直径等于 ϕ0.08 mm的圆柱面内。公差值前加注 φ，故其公差带是直径等于公差值 ϕt 的圆柱面所限定的区域。

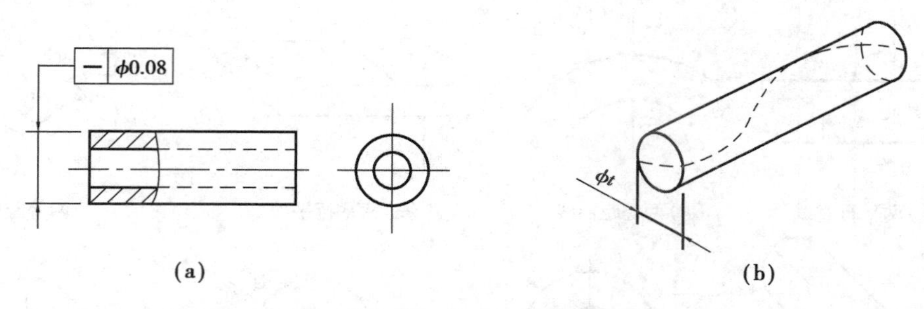

图 3.40　用于导出要素的直线度公差带

2)平面度公差　被测要素可以是组成要素或导出要素,其公称被测要素的属性和形状为明确的平面,属于面要素。

如图 3.41 所示,提取(实际)表面应限定在间距等于 0.08 mm 的两平行平面之间。公差带为间距等于公差值的两平行平面所限定的区域。

图 3.41　平面度公差带

3)圆度公差　被测要素是组成要素,其公称被测要素的属性与形状为明确给定的圆周线或一组圆周线,属于线要素。

如图 3.42 所示,圆柱与圆锥面的任意横截面内,提取(实际)圆周应限定在半径差等于 0. 03 mm 的两共面同心圆之间,圆锥面的圆度要求由方向要素框格进行延伸标注,以明确公差带的宽度方向应在垂直于中心线 D 的横截面内。其公差带为在给定横截面内,半径差等于公差值 t 的两同心圆所限定的区域。

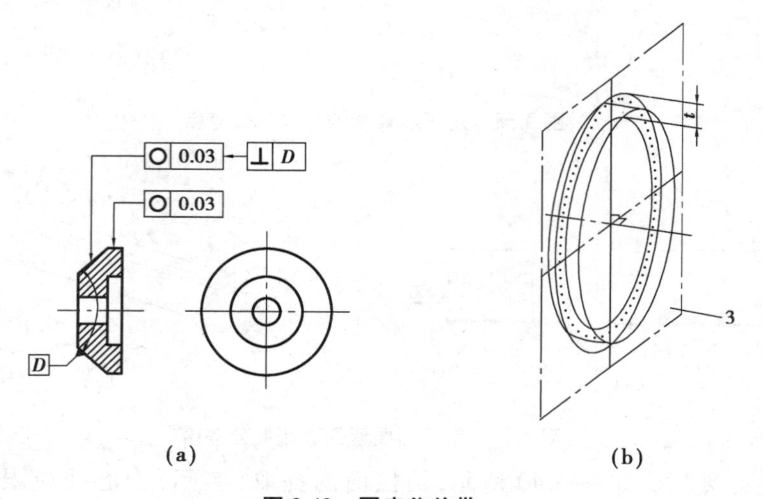

图 3.42　圆度公差带

4)圆柱度公差　被测要素是组成要素,其公称被测要素的属性与形状为明确给定的圆柱表面，属面要素。

如图 3.43 所示，提取（实际）圆柱表面应限定在半径差等于 0.1 mm 的两同轴圆柱面之间。其公差带为半径差等于公差值 t 的两同轴圆柱面所限定的区域。

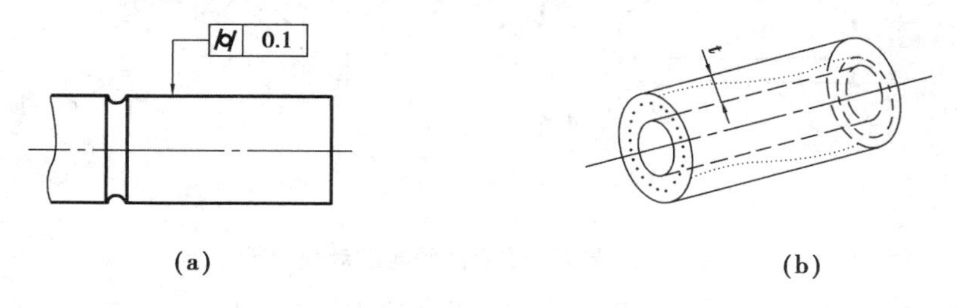

图 3.43　圆柱度公差带

5）线轮廓度公差　被测要素可以是组成要素或导出要素，其公称被测要素的属性由线要素或一组线要素明确给定。

①无基准的线轮廓度公差：公差带的理论正确几何形状一般不是全部由理论正确尺寸来控制，因此公差带位置是不确定的。

如图 3.44 所示，为任一平行于基准平面的截面内（如相交平面框格所规定的），提取（实际）轮廓线应限定在直径等于 ϕ0.04 mm、圆心位于具有理论正确几何形状上的一系列圆的两等距包络线所限定的区域。其公差带为直径等于公差值 ϕt、圆心位于具有理论正确几何形状上的一系列圆的两等距包络线所限定的区域，包络线位于平行于基准平面 $a(A)$ 的平面 c 内，b 为任一距离值。

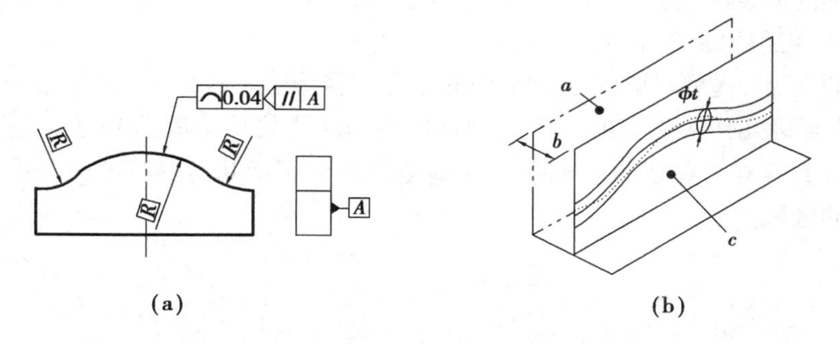

图 3.44　无基准要求的线轮廓度公差带

②有基准的线轮廓度公差：公差带的理论正确几何形状一般全部由理论正确尺寸来控制，因此公差带位置是确定的。

如图 3.45 所示，在任一相交平面框格规定的平行于基准平面 A 的截面内，提取（实际）轮廓线应限定在直径等于 ϕ0.04 mm、圆心位于由基准平面 A 与基准平面 B 确定的具有理论正确几何形状线上的一系列圆的两等距包络线之间。其公差带为直径等于公差值 ϕt、圆心位于由基准平面 A 与基准平面 B 确定的具有理论正确几何形状线上的一系列圆的两等距包络线所限定的区域。

6）面轮廓度公差　被测要素可以是组成要素或导出要素，其公称被测要素属性由某个面要素明确给定。

①无基准的面轮廓度公差：公差带的理论正确几何形状表面一般不是全部由理论正确尺寸来控制，因此公差带位置是不确定的。

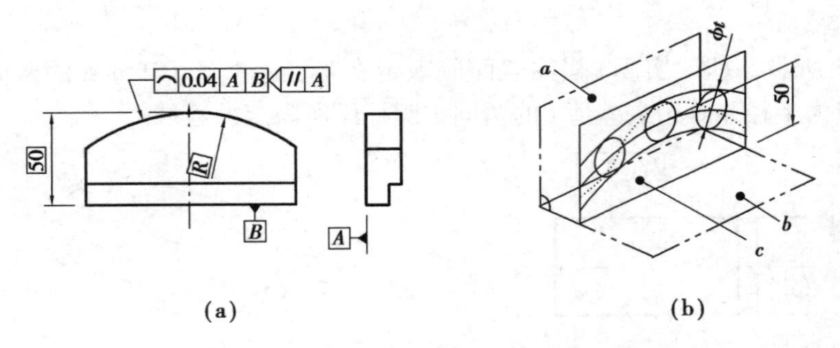

图 3.45　有基准要求的线轮廓度公差带

如图 3.46 所示，提取（实际）轮廓面应限定在直径等于 $s\phi0.02$ mm、且球心应位于理论正确几何形状表面上的一系列圆球的两包络面之间。其公差带为直径等于公差值 $s\phi t$、且球心位于理论正确几何形状表面上的一系列圆球的两个包络面之间的区域。

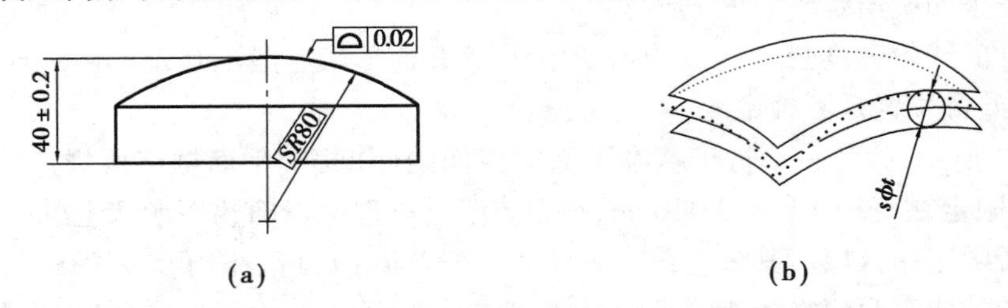

图 3.46　无基准要求的面轮廓度公差带

②有基准的面轮廓度公差：公差带的理论正确几何形状表面一般全部由理论正确尺寸来控制，因此公差带位置是确定的。

如图 3.47 所示，提取（实际）轮廓面应限定在直径等于 $s\phi0.1$ mm、且球心位于由基准平面 A 确定的理论正确几何形状上的一系列圆球的两包络面之间。其公差带为包络一系列直径等于公差值 $s\phi t$、且球心位于由基准平面 A 确定的理论正确几何形状上的一系列圆球的两包络面所限定的区域。

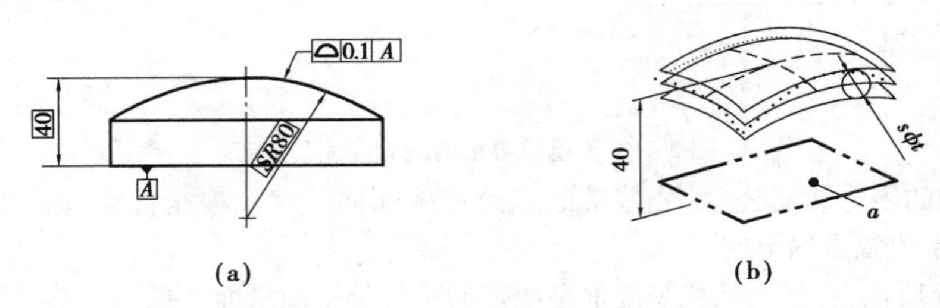

图 3.47　有基准要求的面轮廓度公差带

(2)方向公差

方向公差是关联被测要素对基准要素在规定方向上所允许的变动量。

方向公差带相对于基准有确定的方向，公差带的位置可以浮动，具有综合控制被测要素的方向和形状的职能。

方向公差分为平行度、垂直度、倾斜度、有基准要求的线轮廓度和有基准要求的面轮廓度等几个项目。

1)平行度公差　被测要素可以是组成要素或导出要素，其公称被测要素的属性可以是线性要素、一组线性要素，或面要素。每个公称被测要素的形状由直线或平面明确给定。

平行度公差是用来控制被测要素相对于基准要素在平行方向上变动量的指标，也即控制被测要素相对于基准要素的方向偏离0°的程度（缺省的TED定义的角度）。

①用于线性要素（基准要素是直线和平面）：如图3.48所示，提取（实际）中心线应限定在间距等于0.1 mm、且平行于基准线*A*的两平行平面所限定的区域，限定公差带的平面均平行于由定向平面框格规定的基准平面*B*，基准平面*B*为基准线*A*的辅助基准。其公差带为间距等于公差值*t*，且平行于两基准的两平行平面所限定的区域。

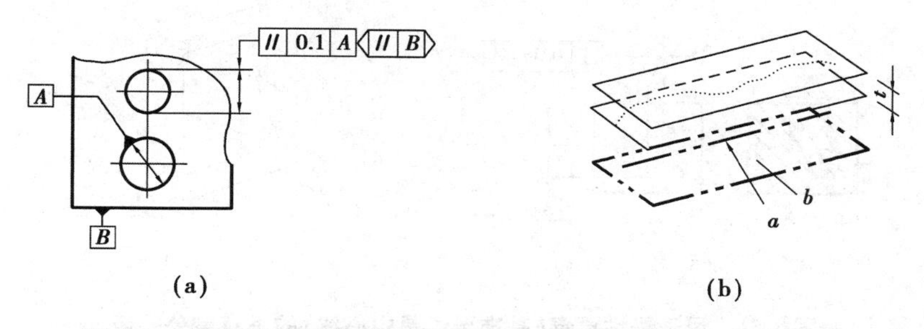

图3.48　用于线性要素（基准要素是直线和平面）的平行度公差带

②用于线性要素（基准要素是中心线）：如图3.49所示，孔提取（实际）中心线应限定在平行于基准轴线*A*、直径等于ϕ0.03 mm的圆柱面内。公差值前加注了符号ϕ，其公差带为平行于基准轴线、直径等于公差值ϕt的圆柱面所限定的区域。

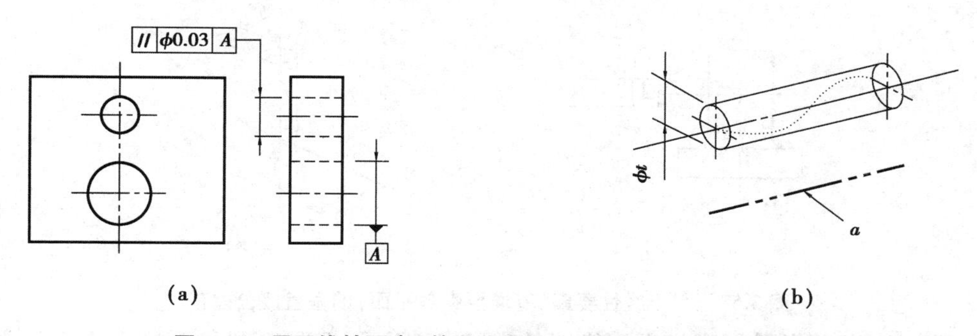

图3.49　用于线性要素（基准要素是中心线）的平行度公差带

③用于面要素（基准要素是平面）：如图3.50所示，提取（实际）表面应限定在间距等于0.01 mm、且平行于基准平面*D*的两平行平面所限定的区域。其公差带为间距等于公差值*t*，且平行于基准平面的两平行平面所限定的区域。

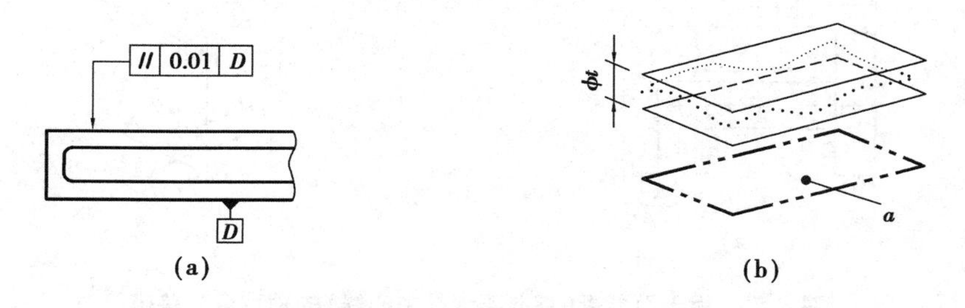

图3.50　用于面要素（基准要素是平面）的平行度公差带

2）垂直度公差　被测要素可以是组成要素或导出要素，其公称被测要素的属性可以是线性要素、一组线性要素,或面要素。公称被测要素的形状由直线或平面要素明确给定。

垂直度公差是用来控制被测要素(面要素或线要素)相对于基准要素(面要素或线要素)在垂直方向上变动量的指标,也即控制被测要素相对于基准要素的方向偏离90°的程度(缺省的TED定义的角度)。

①用于线性要素(基准要素是中心线):如图3.51所示,提取(实际)中心线应限定在间距等于0.06 mm、且垂直于基准轴线A的两平行平面之间。其公差带为间距等于公差值t,且垂直于基准轴线的两平行平面所限定的区域。

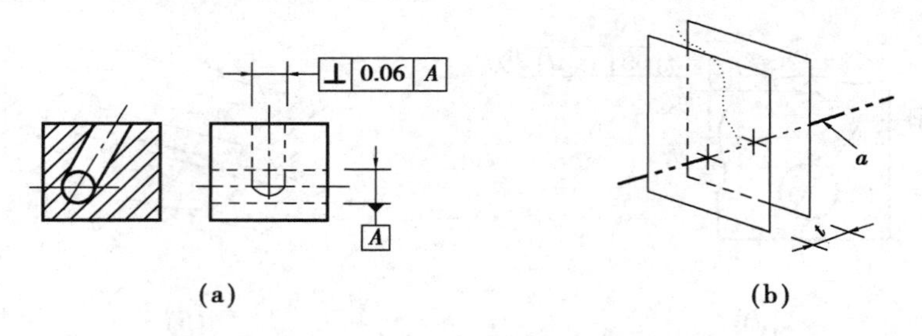

图3.51　用于线性要素(基准要素是中心线)的垂直度公差带

②用于线性要素(基准要素是平面):如图3.52所示,圆柱面的提取(实际)中心线应限定在直径等于ϕ0.01 mm、且垂直于基准平面A的圆柱面内。公差值前加注了符号ϕ,其公差带是直径等于公差值ϕt,且其轴线垂直于基准平面的圆柱面所限定的区域。

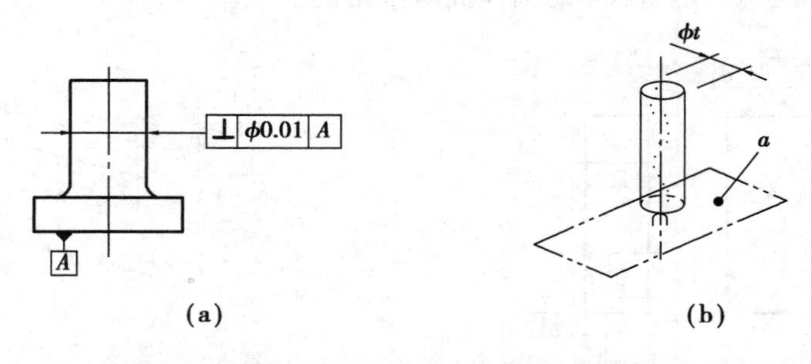

图3.52　用于线性要素(基准要素是平面)的垂直度公差带

③用于面要素(基准要素是中心线):如图3.53所示,提取(实际)面应限定在间距等于0.05 mm、且垂直于基准轴线A的两平行平面之间。其公差带是间距等于公差值t,且垂直于基准轴线的两平行平面所限定的区域。

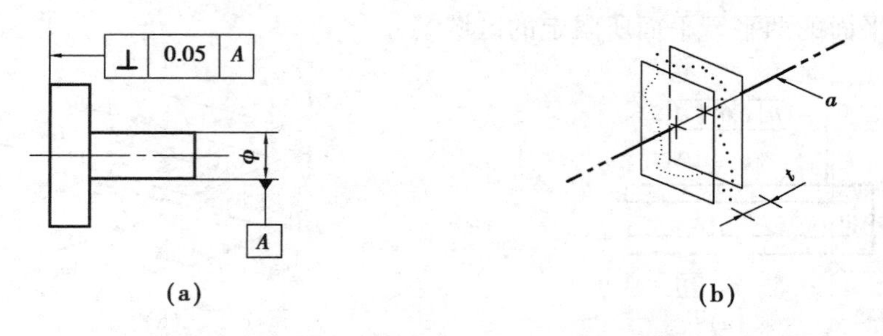

图3.53　用于面要素(基准要素是中心线)的垂直度公差带

④用于面要素(基准要素是平面):如图3.54所示,提取(实际)面应限定在间距等于

0. 08 mm、且垂直于基准平面 A 的两平行平面之间。其公差带是间距等于公差值 t、且垂直于基准平面的两平行平面所限定的区域。

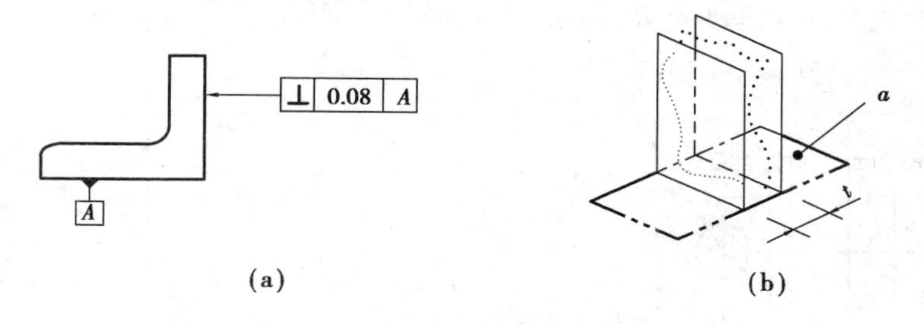

图 3.54　无基准要求的面轮廓度公差带

3)倾斜度公差　被测要素可以是组成要素或导出要素,其公称被测要素的属性是线性要素、一组线性要素,或平面要素。每个公称被测要素的形状由直线或平面明确给定。

倾斜度公差是用来控制被测要素相对于基准要素的方向偏离某一给定角度的指标,也即控制被测要素相对于基准要素的方向偏离 0°~90°的程度。其倾斜角度应相对于公称要素或基准要素用 TED 角度锁定。

被测要素和基准要素均为平面时的倾斜度。如图 3.55 所示,提取(实际)表面应限定在间距等于 0.08 mm 的两平行平面之间,该两平行平面按理论正确角度 40°倾斜于基准平面 A。其公差带是间距等于公差值 t 的两平行平面限定的区域,该两平行平面按理论正确角度倾斜于基准平面。

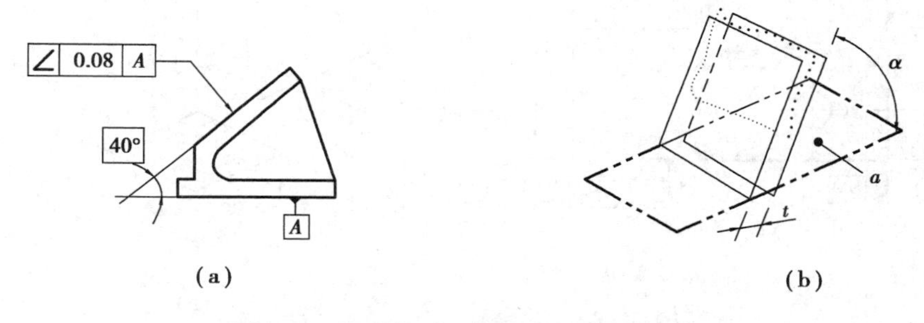

图 3.55　平面相对于平面的倾斜度公差带

(3)位置公差

位置公差是关联被测要素对基准要素在规定位置上所允许的变动量。

位置公差带相对于基准有确定的位置,相对于基准的尺寸为理论正确尺寸,具有综合控制被测要素的位置、方向和形状的职能。

根据被测要素和基准要素的功能关系,位置公差位置度分为同轴度(同心度)、对称度、有基准要求的线轮廓度和有基准要求的面轮廓度等几个项目。

1)位置度公差　被测要素可以是组成要素或导出要素,其公称被测要素的属性为一个组成要素或导出的点、直线或平面,或为导出曲线或导出曲面。

位置度公差是用来限制被测点、线、面的实际位置对其理论位置变动量的指标,其理想位置是由基准和理论正确尺寸(可明确定义或缺省)确定。

①如图 3.56 所示,提取(实际)球心应限定在直径直径等于 $s\phi0.3$ mm 的圆球面内,且该

圆球面的中心与基准平面 A、基准平面 B、基准中心平面 C 及被测球所确定的理论正确位置一致。公差值前加注了符号 $s\phi$,其公差带为直径等于公差值 $s\phi t$ 的圆球面所限定的区域,该圆球面的中心位置由相对于基准 A、B、C 的理论正确尺寸确定。

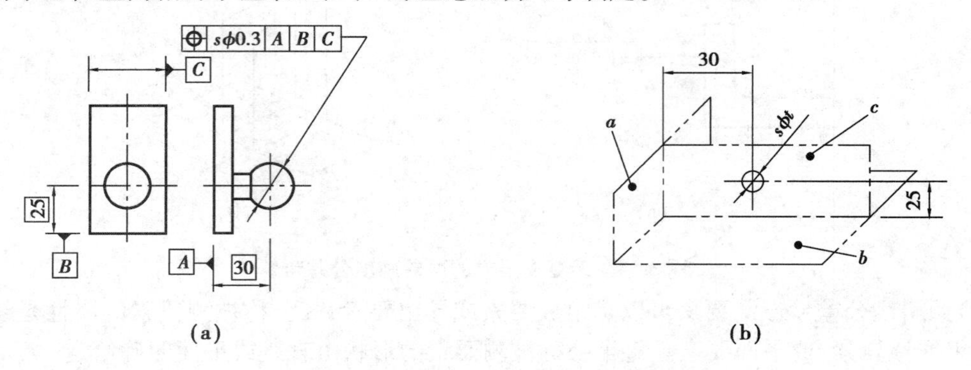

图 3.56　点的位置度公差带

②线的位置度:多用于控制工件上孔的轴线的位置误差。

如图 3.57 所示,提取(实际)中心线应限定在直径等于 ϕ0.08 mm 的圆柱面内,且该圆柱面的轴线应处于由基准平面 C、A、B 与被测孔所确定的理论正确位置。公差值前加注了符号 ϕ,其公差带是直径为 ϕt 的圆柱面所限定的区域,且该圆柱面轴线的位置由相对于基准 C、A、B 的理论正确位置确定。

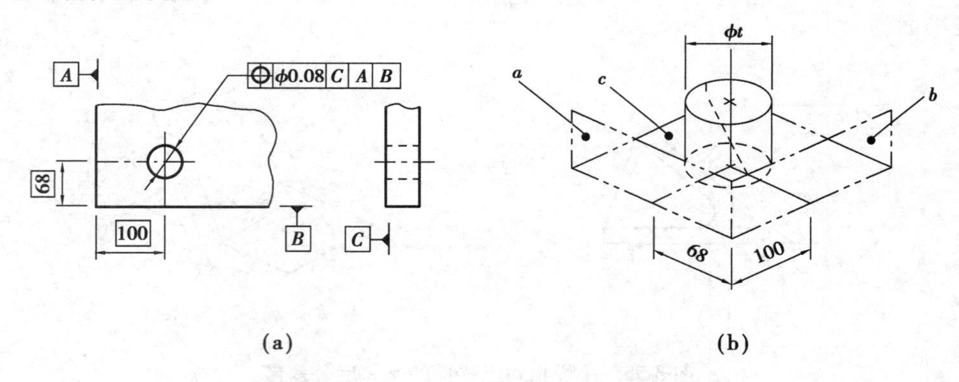

图 3.57　线的位置度公差带

③平面的位置度:用于控制工件上平面的位置误差。

如图 3.58 所示,提取(实际)表面应限定在间距等于 0.05 mm 的两平行平面之间,且该两平行平面对称于由基准平面 A、基准轴线 B 与该被测表面所确定的理论正确位置。其公差带是间距等于公差值 t 的两平行平面所限定的区域,且该两平面对称于由相对于基准 A、B 的理论正确尺寸所确定的理论正确位置。

2)同心度与同轴度公差　被测要素可以是导出要素,其公称被测要素的属性与形状是点要素、一组点要素或直线要素。当所标注的要素的公称状态为直线,且被测要素为一组点时,标注时应在公差框格上方加注“ACS”(任意横截面),此时,每个点的基准也是同一横截面上的一个点。锁定在公称被测要素与基准之间的角度与线性尺寸由缺省的 TED 给定。

①点的同心度:用于控制中心点的位置误差。

如图 3.59 所示,在任意横截面内,内圆的提取(实际)中心应限定在直径等于 ϕ0.1 mm、以

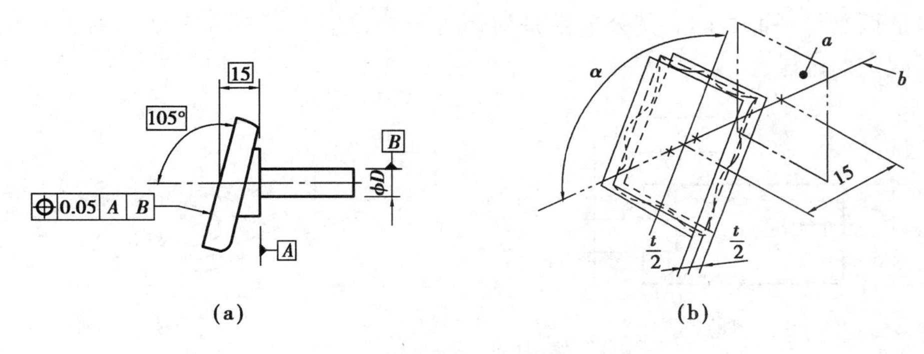

图3.58　平表面的位置度公差带

基准点 A（在同一横截面内）为圆心的圆周内。公差值前应加注符号 ϕ，公差带为直径等于公差值 ϕt 的圆周所限定的区域，且该圆周公差带的圆心与基准点重合。

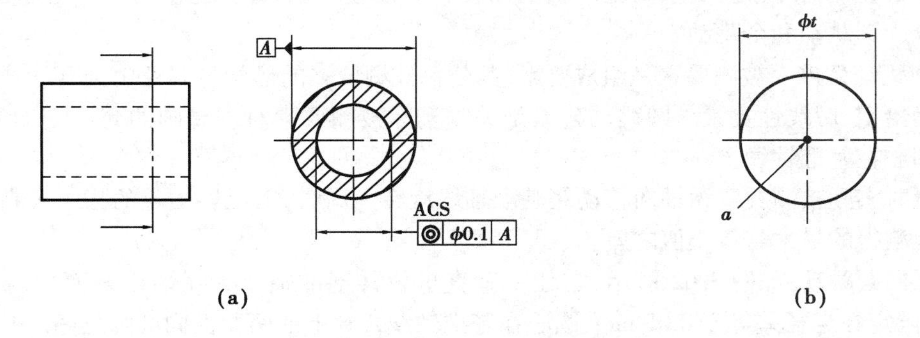

图3.59　点的同心度公差带

②同轴度公差：用于控制中心线的位置误差。

如图3.60所示，被测圆柱的提取（实际）中心线应限定在直径等于 ϕ0.08 mm、以公共基准轴线 A-B 为轴线的圆柱面。公差值前加注了符号 ϕ，公差带是直径等于公差值 ϕt 的圆柱面所限定的区域，且该圆柱面的轴线与基准轴线重合。

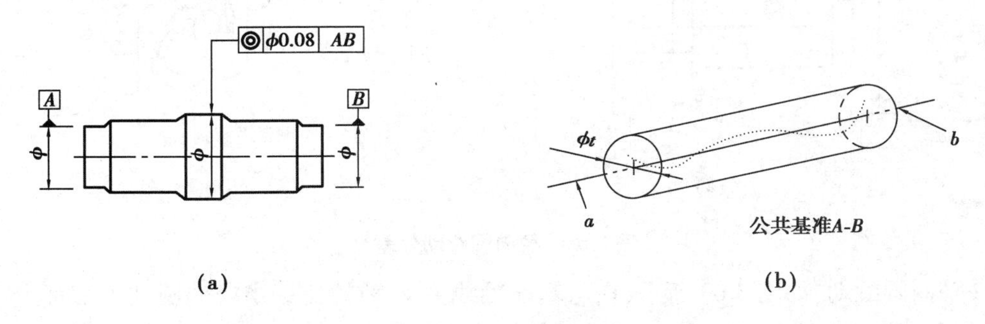

图3.60　同轴度公差度公差带

3）对称度公差　被测要素可以是组成要素或导出要素，其公称被测要素的形状与属性可以是点要素、一组点要素，直线、一组直线，或平面。

对称度公差主要是用来限制被测导出要素对作为基准的导出要素的共线（或共面）的误差。

如图3.61所示，提取（实际）中心面应限定在间距等于0.08 mm、且对称于公共基准中心

平面 A-B 的两平行平面之间。其公差带是间距等于公差值 t、且对称于基准中心平面的两平行平面所限定的区域,

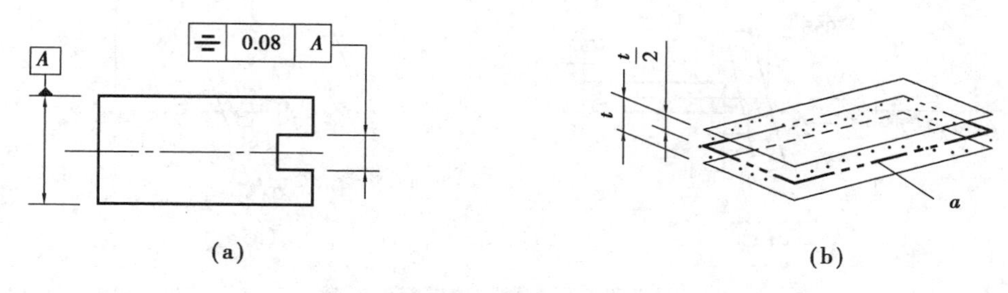

图 3.61 对称度公差带

(4)跳动公差

跳动公差是实际被测要素绕基准轴线回转一周或连续回转时所允许的最大跳动量。跳动公差分为圆跳动和全跳动。

1)圆跳动公差 被测要素是组成要素,其公称被测要素的形状与属性由圆环线或一组圆环线明确给定,属线性要素。圆跳动公差是关联实际被测要素对理想圆的允许变动量,其理想圆的圆心在基准轴线上。

测量时实际被测要素无轴向移动绕基准轴线旋转一周时,由位置固定的指示表在给定测量方向上测得的最大与最小值之差。

①径向圆跳动:如图 3.62 所示,在任一垂直于公共基准轴线 A-B 的横截面内,提取(实际)线应限定在半径差等于0.05 mm、圆心在基准轴线 A-B 上的两共面同心圆之间。其公差带是垂直于基准轴线的任一测量平面内,半径差为公差值 t,且圆心在基准轴线上的两同心圆之间的区域。

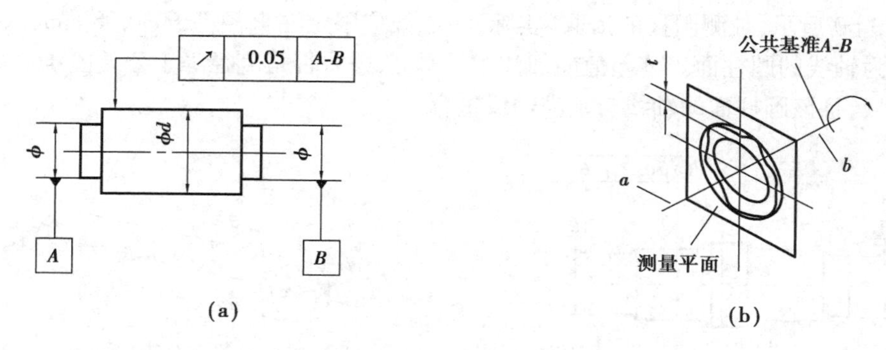

图 3.62 径向圆跳动公差带

②轴向圆跳动:如图 3.63 所示,在与基准轴线 D 同轴的任一半径的圆柱形截面上,提取(实际)圆应限定在轴向间距等于公差值 0.1 mm 的两个等圆之间。其公差带为与基准轴线同轴的任一半径的圆柱截面上、间距等于公差值 t 的两个等圆所限定的圆柱面区域。

③斜向圆跳动:如图 3.64 所示,在与基准轴线 A 同轴的任一圆锥截面上,提取(实际)线应限定在素线方向间距等于公差值 0.05 mm 的两不等圆之间,且截面的锥角与被测要素垂直。其公差带为与基准轴线同轴的任一圆锥截面上、间距等于公差值 t 的两不等圆所限定的圆锥面区域。除非另有规定,公差带的宽度应沿规定几何要素的法向。

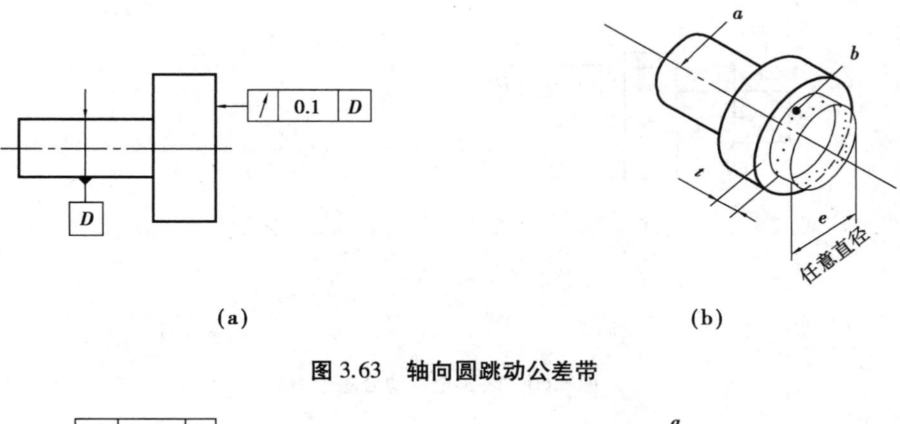

图 3.63　轴向圆跳动公差带

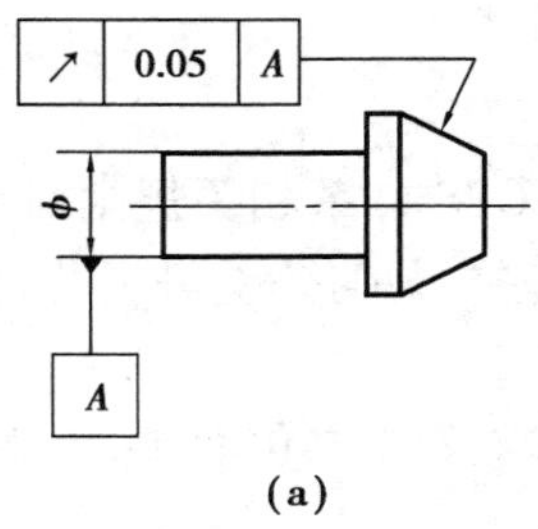

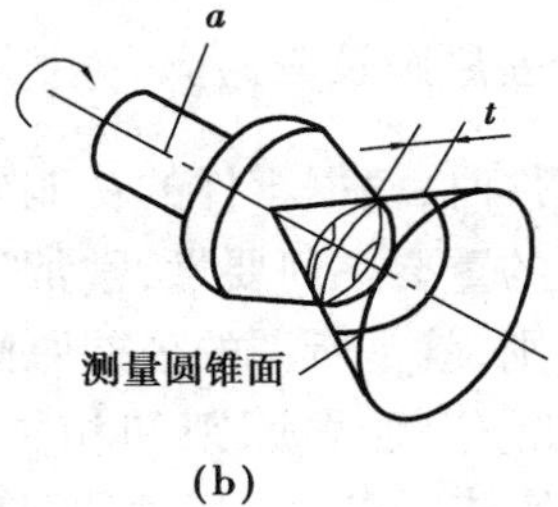

图 3.64　斜向圆跳动公差带

2）全跳动公差　被测要素是组成要素，其公称被测要素的形状与属性为平面或回转体表面，公差带保持被测要素的公称形状，但对于回转体表面不约束径向尺寸。全跳动公差是关联实际被测要素对理想回转面的允许变动量。

测量时被测提取要素绕基准轴线连续回转，指示表同时沿给定方向作直线运动，在整个测量过程中指示计最大差值即为该零件的全跳动。

①径向全跳动：如图 3.65 所示，提取（实际）表面应限定在半径差等于公差值 0.02 mm、且与基准轴线 *A-B* 同轴的两圆柱面之间。其公差带为半径差为公差值 *t*、且与基准轴线同轴的两圆柱面所限定的区域。

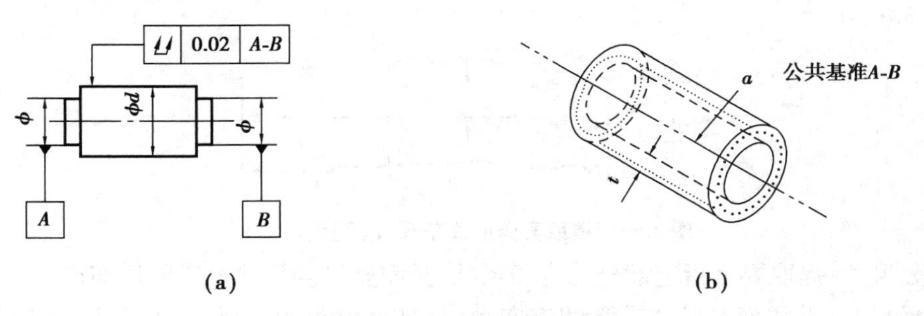

图 3.65　径向全跳动公差带

②轴向全跳动：如图 3.66 所示，提取（实际）表面应限定在间距等于公差值 0.1 mm、且垂直于基准轴线 *D* 的两平行平面之间。其公差带为间距等于公差值 *t*、且与基准轴线垂直的两平行面所限定的区域。

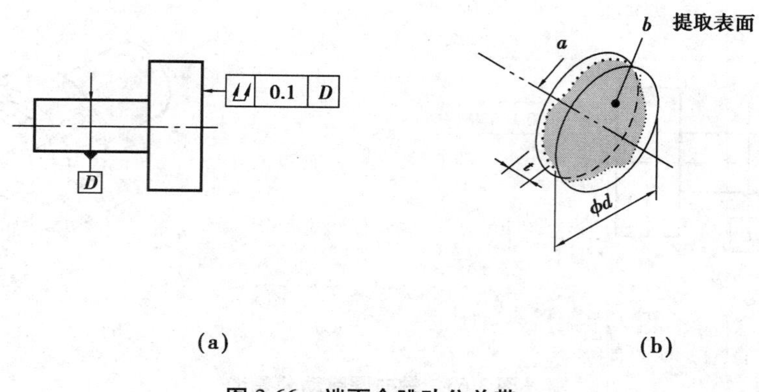

图 3.66 端面全跳动公差带

3.3.5 公差原则及应用

在设计零件时,根据零件的功能要求,大多采用 ISO GPS 体系相关规则对零件进行规范要求。对零件的重要几何要素,常常需要同时给定尺寸公差、几何公差等规范,而处理两者之间的关系的准则,就是所谓的公差原则。

公差原则分为独立原则和相关要求两类,相关要求又分成包容要求、最大实体要求(MMR)、最小实体要求(LMR)和可逆要求(RPR)。

本部分引用的现行主要国家标准:GB/T 4249—2018《产品几何技术规范(GPS) 基础概念、原则和规则》、GB/T 38762.1—2020《产品几何技术规范(GPS) 尺寸公差 第1部分 线性尺寸》和 GB/T 16671—2018《产品几何技术规范(GPS) 几何公差 最大实体要求(MMR)、最小实体要求(LMR)和可逆要求(RPR)》等。

(1)有关术语与定义

1)局部尺寸 沿和/或绕着尺寸要素的方向上,尺寸要素的尺寸特征会有不唯一的评定结果。对于给定要素,存在多个局部尺寸。

①两点尺寸:提取组成线性尺寸要素上的两相对点间的间距,是局部尺寸。圆柱面上的两尺寸称为“两点直径”;两相对平面上的两点尺寸称为“两点距离”,“两点厚度”或“两点宽度”,如图 3.67 所示。

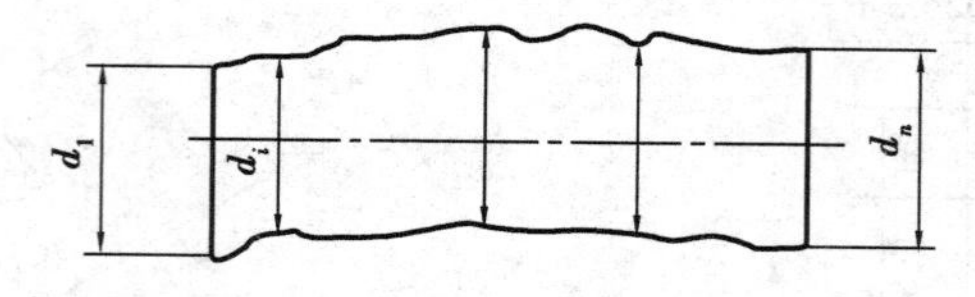

图 3.67 提取要素的局部尺寸(两点尺寸)

②部分尺寸:提取要素指定部分的全局尺寸,是完整被测尺寸要素的局部尺寸。

2)全局尺寸:沿和绕着尺寸要素的方向上,尺寸要素的尺寸特征具有唯一的评定结果。全局尺寸等于拟合组成要素的尺寸,该拟合组成要素与尺寸要素的形状类型相同,其建立不受尺寸、方向、或位置的限制。

由于从提取组成要素中获得拟合要素的拟合准则不同,全局尺寸一般分为最小二乘尺寸、最大内切尺寸、最小外接尺寸和最小区域尺寸等。

①最大内切尺寸:采用最大内切准则从提取组成要素中获得的拟合组成要素的直接全局尺寸。

对于内尺寸要素而言,最大内切尺寸称为“内要素的配合尺寸”,即拟合组成要素须内切于提取组成要素,且其尺寸为最大(提取组成要素与拟合组成要素相接触),如图3.68(a)所示。

②最小外接尺寸:采用最小外接准则从提取组成要素中获得的拟合组成要素的直接全局尺寸。

对于外尺寸要素而言,最小外接尺寸称为“外要素的配合尺寸”,即拟合组成要素须外接于提取组成要素,且其尺寸为最小(提取组成要素与拟合组成要素相接触),如图3.68(b)所示。

③最小区域尺寸:采用最小区域准则从提取组成要素中获得的拟合组成要素的直接全局尺寸。

最小区域准则给出了包含提取组成要素的最小包络区域,且不受内、外材料约束;即提取组成要素与拟合组成要素上所有点之间距离的最大值最小、且不受材料约束,如图3.68(c)所示。

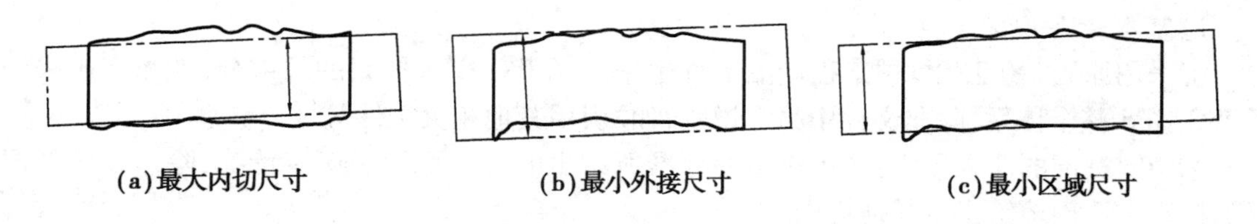

(a)最大内切尺寸　(b)最小外接尺寸　(c)最小区域尺寸

图3.68　直接全局尺寸

3)最大实体状态(MMC)和最大实体尺寸(MMS)

①最大实体状态(MMC):当尺寸要素的提取组成要素的局部尺寸处处位于极限尺寸且使其具有材料最多(实体最大)时的状态。

②最大实体尺寸(MMS):确定要素最大实体状态的尺寸。对于外表面为上极限尺寸,对于内表面为下极限尺寸。

4)最小实体状态(LMC)和最小实体尺寸(LMS)

①最小实体状态(LMC):提取组成要素的局部尺寸处处位于极限尺寸,且使其具有材料量最少(实体最小)时的状态。

②最小实体尺寸(LMS):确定要素最小实体状态的尺寸。对于外表面为下极限尺寸,对于内表面为上极限尺寸。

5)最大实体实效尺寸(MMVS)和最大实体实效状态(MMVC)

①最大实体实效尺寸(MMVS):尺寸要素的最大实体尺寸和其导出要素的几何公差(形状、方向或位置)共同作用产生的尺寸。

对于外尺寸要素,MMVS是MMS和几何公差之和,而对于内尺寸要素,是MMS和几何公差之差。

$$外尺寸要素:l_{\mathrm{MMVS},e} = l_{\mathrm{MMS}} + t = d_{\max} + t \tag{3.19}$$

$$内尺寸要素:l_{\mathrm{MMVS},i} = l_{\mathrm{MMS}} - t = D_{\min} - t \tag{3.20}$$

②最大实体实效状态(MMVC):拟合要素的尺寸为其最大实体实效尺寸时的状态。

MMVC 是要素的理想形状状态。当几何公差是方向规范时，MMVC 受拟合要素的方向约束；当几何公差是位置规范时，MMVC 受拟合要素的位置约束。

6）最小实体实效尺寸（**LMVS**）和最小实体实效状态（**LMVC**）

①最小实体实效尺寸（**LMVS**）：尺寸要素的最小实体尺寸与其导出要素的几何公差（形状、方向或位置）共同作用产生的尺寸。

对于外尺寸要素，LMVS 是 LMS 和几何公差之差，而对于内尺寸要素，是 LMS 和几何公差之和。

$$外尺寸要素：l_{\mathrm{LMVS},c} = l_{\mathrm{LMS}} - t = d_{\min} - t \tag{3.21}$$

$$内尺寸要素：l_{\mathrm{LMVS},i} = l_{\mathrm{LMS}} + t = D_{\max} + t \tag{3.22}$$

②最小实体实效状态（**LMVC**）：拟合要素的尺寸为其最小实体实效尺寸时的状态。

LMVC 是要素的理想形状状态。当几何公差是方向规范时，LMVC 受拟合要素的方向约束；当几何公差是位置规范时，LMVC 受拟合要素的位置约束。

（2）公差原则

国家标准采用的 ISO GPS 体系除了一些基本原则之外，还有处理尺寸公差和几何公差两者之间的关系公差原则：包容要求、最大实体要求、最小实体要求和可逆要求等。

1）基本原则

①采用原则：一旦在机械工程产品文件中采用了 ISO GPS 体系的一部分，就相当于采用了 ISO GPS 整个体系，除非文件中另有说明，如“引用其他相关文件”。

②GPS 标准的层级原则：层级较高的标准所给出的规则适用于所有情况，除非在较低层级的标准中明确地给出了其他规则。

ISO GPS 体系的标准由高到低分为四种层级：GPS 基础标准、GPS 综合标准、GPS 通用标准和 GPS 补充标准。

③要素原则：一个工件可以被认为是由多个用自然边界限定的要素组成。缺省情况下，一个要素的每个 GPS 规范适用于整个要素；表达多个要素间关系的每个 GPS 规范，适用于多个要素。如需改变该缺省规定，应在图样上明确标注。

④独立原则：缺省其他规范的情况下，每个要素的 GPS 规范或要素间关系的 GPS 规范与其他规范之间均相互独立，应分别满足。除非另有标注。

图样上给定的几何公差和尺寸公差相互无关，并分别满足要求的公差原则；如当产品的尺寸公差与几何公差有其他特殊规范，那么就需要采用其他公差原则来确定几何公差与尺寸公差相互之间的关系。

2）包容要求　用最小实体尺寸控制两点尺寸，同时最大实体尺寸控制最小外接尺寸或最大内切尺寸。包容要求又被称为“泰勒原则”。包容要求适用于单一要素，如圆柱面或两平行平面。

当提取组成要素偏离最大实体状态时，其偏移量被用于补偿几何公差，当提取组成要素为最小实体状态时，几何公差获得最大补偿量。

图样标注时，在单一要素尺寸极限偏差或公差带代号之后加注符号“Ⓔ”。

①包容要求用于外尺寸要素：下极限尺寸控制两点尺寸，同时上极限尺寸控制最小外接尺寸。当提取组成要素未达到上极限尺寸时，其差值将用于允许工件存在形状误差。

如图 3.69 所示，轴的两点尺寸处处应大于或等于下极限尺寸（ϕ149.97 mm），包容圆柱面直径为上极限尺寸(ϕ150.03 mm);当轴的提取组成要素偏离包容面时,允许轴存在形状误差,当轴的提取组成要素为 ϕ149.97 mm 时,其最大形状误差为 0.06 mm。

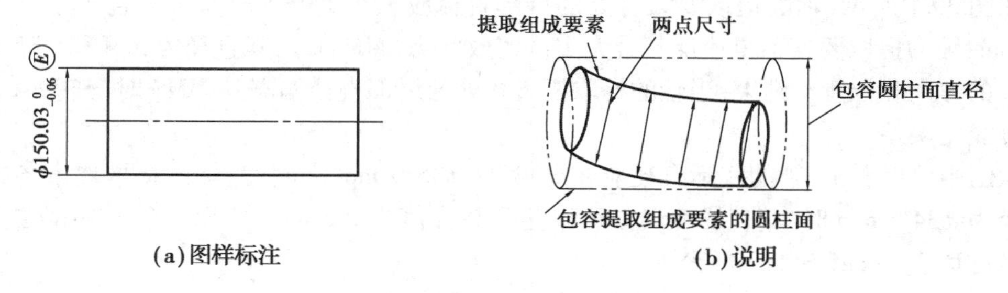

(a)图样标注　　(b)说明

图 3.69　外尺寸要素应用包容要求

②包容要求用于内尺寸要素:上极限尺寸控制两点尺寸,同时下极限尺寸控制最大内切尺寸。当提取组成要素超过下极限尺寸时,其差值将用于允许工件存在形状误差。

如图 3.70 所示,孔的两点尺寸处处应小于或等于上极限尺寸(ϕ12.1 mm),包容圆柱面直径为下极限尺寸(ϕ12 mm);当孔的提取组成要素偏离被包容面时,允许孔存在形状误差,当孔的提取组成要素为 ϕ12.1 mm 时,其最大形状误差为 0.1 mm。

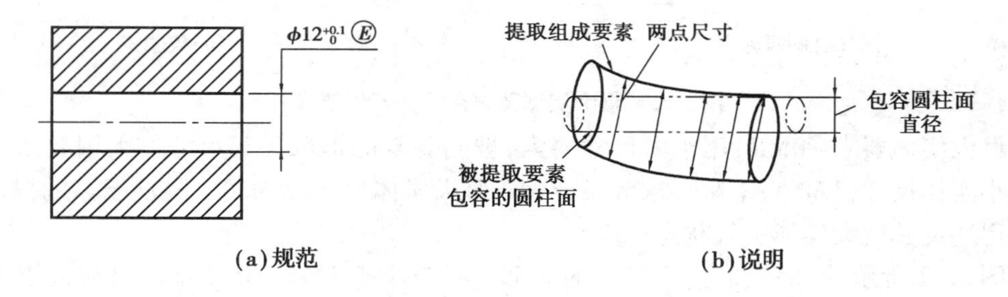

(a)规范　　(b)说明

图 3.70　内尺寸要素应用包容要求

包容要求常用于保证孔、轴的配合性质,特别是配合公差较小的精密配合要求,所需的最小间隙或最大过盈通过各自的最大实体尺寸来保证。

3)最大实体要求(MMR)　尺寸要素的非理想要素不得违反其最大实体实效状态(MMVC)的一种尺寸要素要求,也即尺寸要素的非理想要素不得超越其最大实体实效边界(MMVB)的一种尺寸要素要求。

其最大实体实效状态或最大实体实效边界是和被测要素相同类型和理想形状的几何要素的极限状态,该极限状态的尺寸是 MMVS。

当实际要素偏离最大实体状态时,其尺寸偏移量被用于补偿几何公差,当实际要素为最小实体状态时,几何公差获得最大补偿量。

最大实体要求(MMR)既可用于被测要素,又可用于关联基准要素。最大实体要求只用于零件的导出(中心)要素,多用于位置公差。

当最大实体要求(MMR)用于被测要素时,应在图样上的公差框格里用符号“Ⓜ”标注在尺寸要素(被测要素)的导出要素的几何公差之后;用于基准要素时,在图样上用符号“Ⓜ”标注在基准字母之后。

①最大实体要求(MMR)用于外尺寸要素:被测要素的提取局部尺寸的上限要求等于或

小于最大实体尺寸(MMS);下限要求等于或大于最小实体尺寸(LMS)。被测要素的提取组成要素不得违反其最大实体实效状态(MMVC)。

如图3.71所示,轴的提取要素各处的局部直径应大于LMS=34.9 mm,且应小于MMS=35.0 mm;轴的提取要素不得违反其最大实体实效状态(MMVC),其直径为MMVS=35.1 mm,MMVC的方向和位置无约束;当轴的提取要素各处的局部直径偏离其MMS时,其差值允许补偿给直线度误差。

从图中可以看出,轴的实际直径应在ϕ34.9~ϕ35.0 mm之间;当轴的提取要素各处的局部直径为ϕ34.9 mm时,其直线度误差可以达到最大值为0.2 mm,即尺寸公差补偿给几何公差最多可达0.1 mm(轴的尺寸公差)。

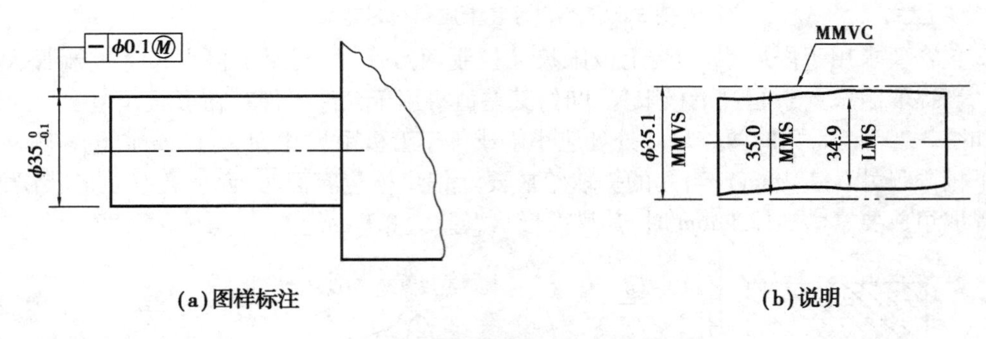

图3.71　最大实体要求用于外尺寸要素

②最大实体要求(MMR)用于内尺寸要素,被测要素的提取局部尺寸的上限要求等于或小于最小实体尺寸(LMS);下限要求等于或大于最大实体尺寸(MMS)。被测要素的提取组成要素不得违反其最大实体实效状态(MMVC)。

如图3.72所示,孔的提取要素各处的局部直径应小于LMS=35.3 mm,且应大于MMS=35.2 mm;孔的提取要素不得违反其最大实体实效状态(MMVC),其直径为MMVS=35.1 mm;MMVC的方向和位置无约束;当孔的提取要素各处的局部直径偏离其MMS时,其差值允许补偿给直线度误差。

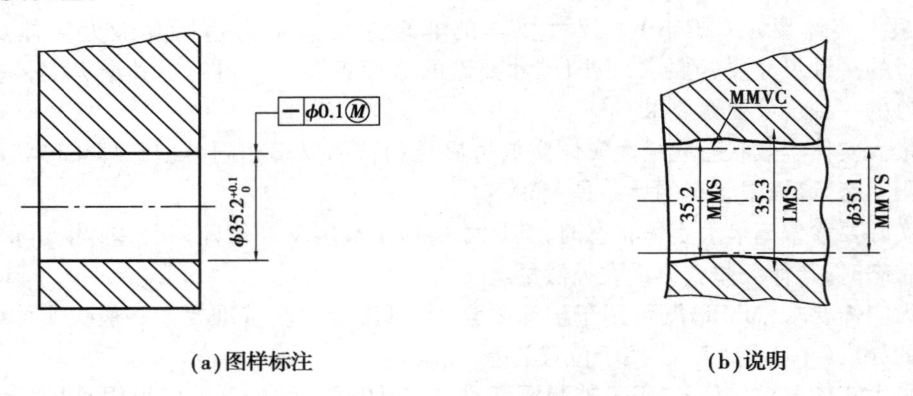

图3.72　最大实体要求用于内尺寸要素

从图中可以看出,孔的实际直径应在ϕ35.2~ϕ35.3 mm之间;当孔的提取要素各处的局部直径为ϕ35.3 mm时,其直线度误差达到最大值为0.2 mm,即尺寸公差补偿给几何公差最多可达0.1 mm(孔的尺寸公差)。

③最大实体要求的零几何公差Ⓜ。

这是最大实体要求的特殊情况，在零件图样上的几何公差框格的几何公差值标注为“0或$\phi0$”。此时，被测实际要素的最大实体实效边界就变成了最大实体边界。对于几何公差而言，最大实体要求的零几何公差比起最大实体要求来，显然更严格。当几何公差为形状公差时，其意义与包容要求Ⓔ相同。

如图3.73所示为一标注公差的轴，其预期的功能是可和一个等长的被测孔形成间隙配合。轴的提取要素各处的局部直径应大于LMS = 35.1 mm，且应小于MMS = 35.3 mm；轴的提取要素不得违反其最大实体实效状态（MMVC），其直径为MMVS = 35.3 mm，MMVC的方向和位置无约束；当轴的提取要素各处的局部直径偏离其MMS时，其差值允许补偿给直线度误差。

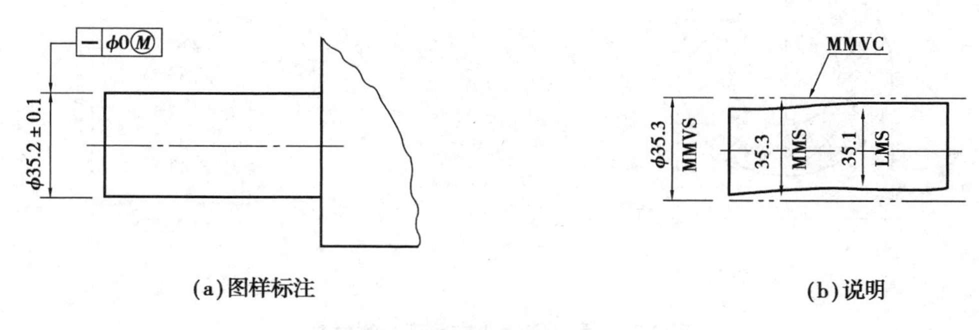

(a)图样标注　　(b)说明

图3.73　最大实体要求的零几何公差

从图中可以看出，轴的实际直径在$\phi35.1 \sim \phi35.3$ mm之间；当轴直径为$\phi35.1$ mm时，允许其直线度误差达到最大值为0.2 mm，即尺寸公差补偿给几何公差最多可达0.2 mm（轴的尺寸公差）。

最大实体要求是从装配互换性基础上建立起来的，主要应用在要求装配互换性的场合。常用于零件精度低（尺寸精度、几何精度较低）、配合性质要求不严，但要求能自由装配的零件上，以获得最大的技术经济效益。而使用包容要求Ⓔ通常会导致对要素功能（可装配性）的过多约束，不经济。

4）最小实体要求（**LMR**）　尺寸要素的非理想要素不得违反其最小实体实效状态（LMVC）的一种尺寸要素要求，也即尺寸要素的非理想要素不得超越其最小实体实效边界（LMVB）的一种尺寸要素要求。

当实际要素偏离最小实体状态时，其尺寸偏移量被用于补偿几何公差，当实际要素为最大实体状态时，几何公差获得最大补偿量。

最小实体要求（LMR）既可用于被测要素，又可用于关联基准要素。最小实体要求适用于零件的导出（中心）要素，多用于位置公差。

当最小实体要求（LMR）用于被测要素时，应在图样上的公差框格里用符号“Ⓛ”标注在尺寸要素（被测要素）的导出要素的几何公差之后；用于基准要素时，在图样上用符号“Ⓛ”标注在基准字母之后。两者同时应用最小实体要求时，应同时分别标注。

最小实体要求（**LMR**）用于被测要素时，被测要素的提取局部尺寸的上限和下限受制于最小实体尺寸（LMS）和最大实体尺寸（MMS）。被测要素的提取组成要素不得违反其最小实体实效状态（LMVC）。

成对使用的最小实体要求主要用于需要保证最小壁厚处(如空心的圆柱凸台、带孔的小垫圈等)的中心要素,一般是中心轴线的位置度、同轴度等。

如图3.74所示,一个有位置度要求的内尺寸要素应用最小实体要求的示例,本图例用位置度、同轴度和同心度标注意义是相同的。内尺寸要素的提取要素不得违反其最小实体实效状态(LMVC),其方向和基准 A 相平行,且其位置在和基准 A 同轴的理论正确位置上,其直径为 LMVS = 35.2 mm;各处的局部直径应大于 MMS = 35.0 mm,且应小于 LMS = 35.1 mm;当孔的提取要素各处的局部直径偏离其 LMS 时,其差值允许补偿给同轴度误差。

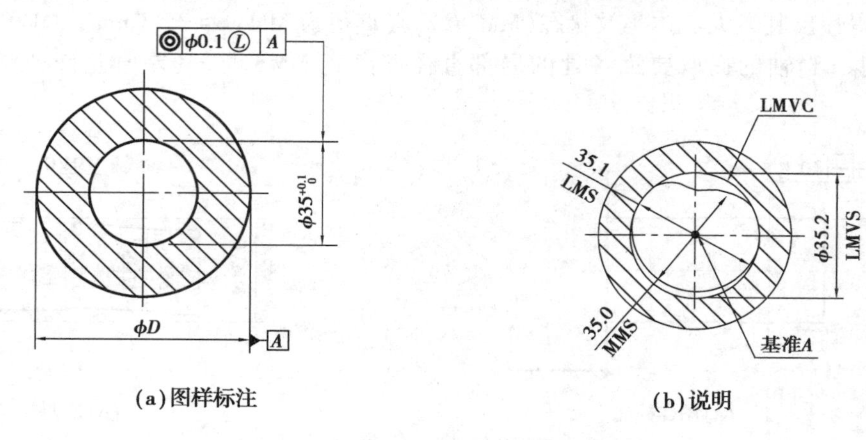

图3.74 最小实体要求用于被测要素

从图中可以看出,孔的实际直径在 ϕ35 ~ ϕ35.1 mm 之间;当孔提取要素各处的局部直径为 ϕ35 mm 时,其同轴度误差可以达到最大值为 0.2 mm,即尺寸公差补偿给几何公差最多可达 0.1 mm(孔的尺寸公差)。

由于本图标注不全,在其他要素上缺少最小实体要求,因此并不能实现控制最小壁厚的功能。

5)可逆要求(**RPR**) 可逆要求是最大实体要求或最小实体要求的附加要求,表示尺寸公差可以在实际几何误差小于几何公差之间的差值范围内增大。即在最大实体要求或最小实体的规则内,允许尺寸公差和几何公差之间相互补偿。此时,尺寸公差有双重职能:控制尺寸误差;协助控制几何误差。而位置公差也有双重职能:控制几何误差;协助控制尺寸误差。

可逆要求仅用于被测要素,在图样上用符号"Ⓡ"标注在导出要素的几何公差值和符号"Ⓜ"或"Ⓛ"之后。

可逆要求用于最大实体要求的实例如图3.75所示。图样标注显示,零件的预期功能是两销柱和一个具有相距 25 mm 的两个公称尺寸为 ϕ10 mm 的孔的板类零件装配,且要和平面 A 垂直。两销柱的提取要素不得违反其最大实体实效状态(MMVC),其直径为 MMVS = 10.3 mm;两销柱的提取要素各处的局部直径应大于 LMS = 9.8 mm,RPR 允许其上限尺寸增加(允许局部直径的尺寸公差增加);两个 MMVC 的位置处于其轴线彼此相距为理论正确尺寸 25 mm,且和基准 A 保持理论正确垂直。

从图中可以看出,销柱的实际轮廓受制于 ϕ10.3 mm,且要与基准 A 垂直;销柱的实际直径应大于或等于 ϕ9.8 mm,上限视几何误差的情况确定;当销柱直径为 ϕ9.8 mm 时,其位置度误差达到最大值为 0.5 mm,即尺寸公差补偿给几何公差最多可达 0.2 mm(销柱的尺寸公差);

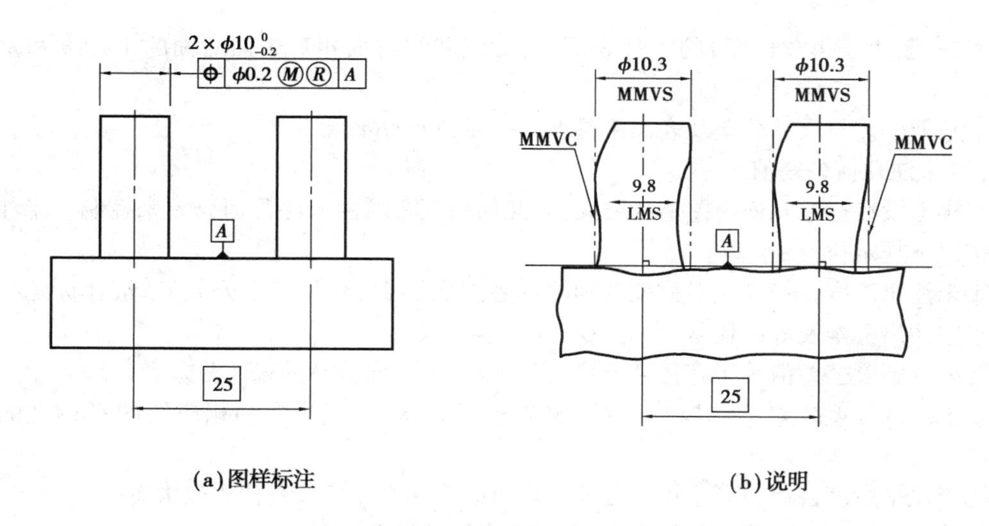

(a) 图样标注　　(b) 说明

图 3.75　最大实体要求和附加可逆要求

当位置度误差为 0 时，则销柱上限直径尺寸可达 10.3 mm，即几何公差补偿给尺寸公差0.3 mm（位置度公差）。

3.3.6　几何公差的选用及未注几何公差值

零、部件的几何误差对机器或仪器的正常工作有很大的影响，因此，合理、正确地确定几何公差值，对保证机器与仪器的功能要求、提高经济效益是十分重要的。

实际零件上所有的要素都存在几何误差，根据国家标准规定，凡是一般机床加工能保证的几何精度，其几何公差值按 GB/T 1184—1996《形状和位置公差　未注公差值》执行，凡几何公差有特殊要求（高于或低于 GB/T 1184—1996 规定的公差级别），则应按标准规定注出几何公差。

按国家标准的规定，对 19 项几何公差，除线、面轮廓度及位置度未规定公差等级外，其余项目均有规定。其中，直线度、平面度、平行度、垂直度、圆柱倾斜度、同轴度、对称度、圆跳动、全跳动划分为 12 级，即 1～12 级，1 级精度最高，12 级精度最低；圆度、圆柱度划分为 13 级，最高级为 0 级。

(1) 几何公差的选用

总的原则是：在满足功能要求的前提下，应该根据零件的几何特征及特征项目的公差带特点，选用测量简便的项目和最经济的公差值。除此之外，还要根据公差原则中各项原则与要求的特点选择适用的公差原则。

确定几何公差值的方法有类比法和计算法，常用类比法。

按类比法确定几何公差值时，应考虑下列因素：

①在同一要素上给定的形状公差值应小于方向、位置和跳动公差值，其关系为 $t_{形状} < t_{定向} < t_{定位}$。如同一平面上，平面度公差值应小于该平面对基准的平行度公差。

②圆柱形零件的形状公差值（轴线直线度除外）一般情况下应小于其尺寸公差值。

③平行度公差值应小于其相应的距离公差值。

④根据使用情况，考虑到加工难易程度和除主参数外其他参数的影响，在满足工件功能要求下，适当降低 1～2 级选用。如孔相对于轴、长径比较大的轴和孔、距离较大的轴和孔、宽

度较大(一般大于1/2长度)的零件表面、线对线和线对面相对于面对面的平行度和垂直度公差。

⑤几何公差与尺寸公差及表面粗糙度的关系:$T<t<Ra$。

(2)未注几何公差值

图样上没有标注几何公差值的要素,其几何精度要求由未注几何公差来控制。未注几何公差按以下规定执行:

①未注直线度、垂直度、对称度和圆跳动各规定了H、K、L三个公差等级,在标题栏或技术要求中注出标准及等级代号。如:"GB/T 1184—K"。

②未注圆度公差值等于直径公差值,但不得大于径向跳动的未注公差。

③未注圆柱度公差不作规定,由构成圆柱度的圆度、直线度和相应线的平行度的公差控制。

④未注平行度公差值等于尺寸公差值或直线度和平面度公差值中较大者。

⑤未注同轴度公差值未作规定,可引用径向圆跳动公差等。

⑥未注线轮廓度、面轮廓度、倾斜度、位置度和全跳动的公差值均由各要素的注出或未注出的尺寸或角度公差控制。

3.4 表面粗糙度

零件经过机械加工后的表面会留下许多间距较小、高低不平的微小凸峰和凹谷,表面粗糙度就是指零件表面加工后,形成的由较小间距和峰谷组成的微观几何形状特性。表面粗糙度越小,表面越光滑。

表面粗糙度是零件表面质量评价体系的主要参数,对零件的使用性能、可靠性和寿命有直接影响,主要有以下几个方面:

①对磨损的影响:表面越粗糙,摩擦阻力越大,零件磨损越快。

②对配合的影响:表面粗糙度会使零件配合变松。具体而言,会使间隙配合的间隙增大;会使过盈配合的连接强度降低。

③对疲劳强度的影响:粗糙的表面容易在表面微观不平度的凹谷处产生应力集中,使零件的疲劳强度降低。

④对抗腐蚀性能的影响:粗糙的表面易使腐蚀性物质附着于零件表面的微观凹谷,并渗入到金属零件的内层,使锈蚀或电化学腐蚀加剧。

此外,表面粗糙度对接触刚度、密封性、产品外观及表面反射能力等都有明显的影响。因此,表面粗糙度是评定产品质量的重要指标。在零件设计保证尺寸、形状和位置等几何精度的同时,对表面粗糙度提出相应的要求也是必不可少的一个方面。

粗糙度方面的国家标准经过多次修改,现在实施的国家标准主要包括:GB/T 3505—2009《产品几何技术规范(GPS)表面结构　轮廓法　术语、定义及表面结构参数》、GB/T 1031—2009《产品几何量技术规范(GPS)表面结构　轮廓法　表面粗糙度及其数值》、GB/T 131—2006《产品几何技术规范(GPS)技术产品文件中表面结构的表示法》等。

3.4.1　术语和定义

新国家标准采用轮廓法确定表面结构参数。

(1)轮廓滤波器

轮廓滤波器是把轮廓分成长波和短波成分的滤波器。通过几种轮廓滤波器(λs,λc,λf)把加工后形成的实际表面划分为粗糙度轮廓(roughness profile)、波纹度轮廓(waviness profile)以及原始轮廓(或称形状轮廓)(primary profile)。这三种轮廓的相关参数分别称为 *R* 参数、*W* 参数和 *P* 参数。

(2)表面粗糙度轮廓 *R*

表面粗糙度轮廓 *R* 是对原始轮廓采用 λc 滤波器抑制长波成分后形成的轮廓。

(3)粗糙度轮廓中线

原始轮廓中线是在原始轮廓上按照标称形状用最小二乘法拟合确定的中线,即在取样长度内,使轮廓上各点至该线的距离 $Z(x)$ 平方和为最小的线,如图 3.76 所示。

用 λc 滤波器所抑制的长波轮廓成分对应的中线,称为粗糙度轮廓中线。

(4)取样长度 *l*r

取样长度 *l*r 是指在 *x* 轴方向判别被评定轮廓不规则特征的长度。评定表面粗糙度所规定的一段基准线长度。应与表面粗糙度的大小相适应,它在数值上与轮廓滤波器 λc 的截止波长相等。规定取样长度是为了限制和减弱表面波纹度对表面粗糙度测量结果的影响,一般在一个取样长度内应包含 5 个以上的波峰和波谷。表面越粗糙,取样长度就越大。取样长度如图 3.77 所示。

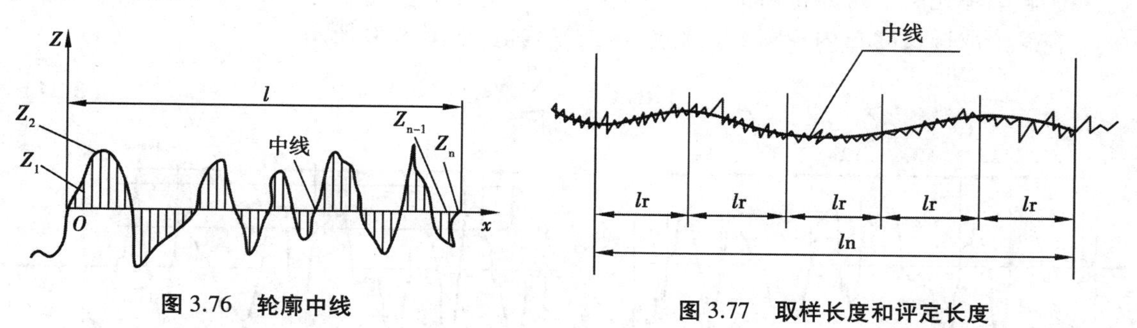

图 3.76　轮廓中线

图 3.77　取样长度和评定长度

(5)评定长度 *l*n

评定长度 *l*n 是用于判别被评定轮廓的 *x* 轴方向的长度。它包含一个或几个取样长度,一般取评定长度等于 5 个取样长度,此时不需说明,否则应在有关技术文件中注明。评定长度如图 3.78 所示。

(6)评定参数

为了全面反映表面粗糙度对零件使用性能的影响,国标规定的表面粗糙度参数由高度参数、间距参数和混合参数所组成。常用的主要参数如下:

1)高度特性参数

①轮廓的算术平均偏差 *Ra*

在一个取样长度内纵坐标值 $Z(x)$ 绝对值的算术平均值,如图 3.78 所示。

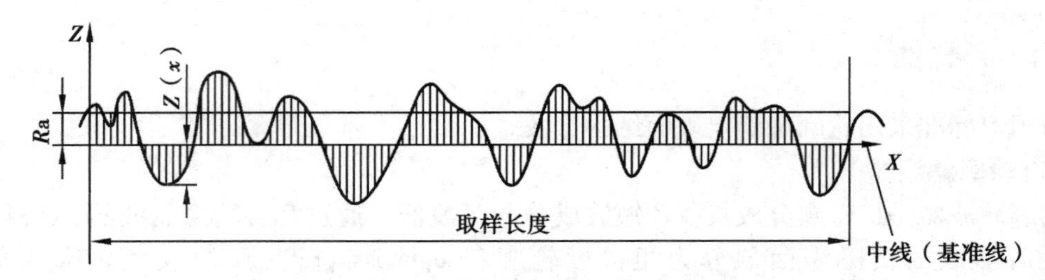

图 3.78 粗糙度轮廓的算术平均偏差

$$Ra = \frac{1}{lr}\int_0^{lr} |Z(x)| \mathrm{d}x \tag{3.23}$$

②轮廓最大高度 Rz

在取样长度内，最大轮廓峰高和最大轮廓谷深之和，如图 3.79 所示。

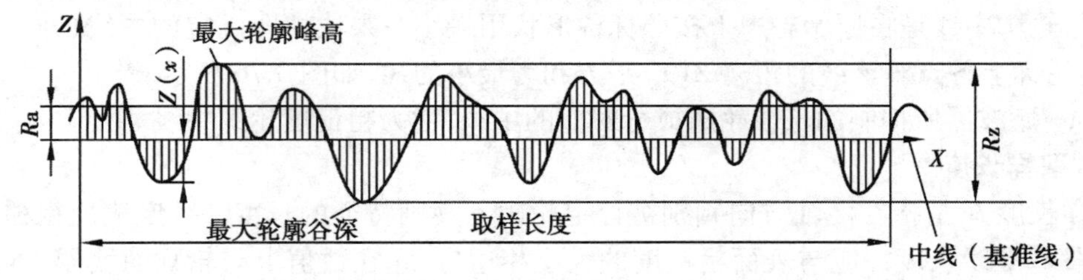

图 3.79 粗糙度轮廓的最大高度

2)附加特性参数

①轮廓单元的平均宽度 Rsm

在一个取样长度 lr 内轮廓单元宽度 Xs 的平均值，如图 3.80 所示。

$$Rsm = \frac{1}{m}\sum_{i=1}^{m} Xs_i \tag{3.24}$$

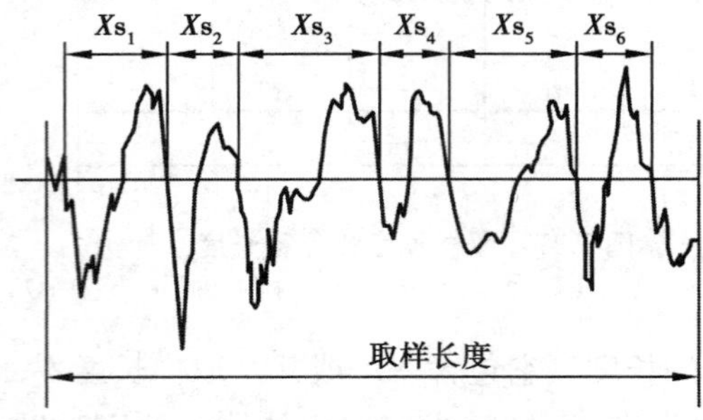

图 3.80 轮廓单元的平均宽度

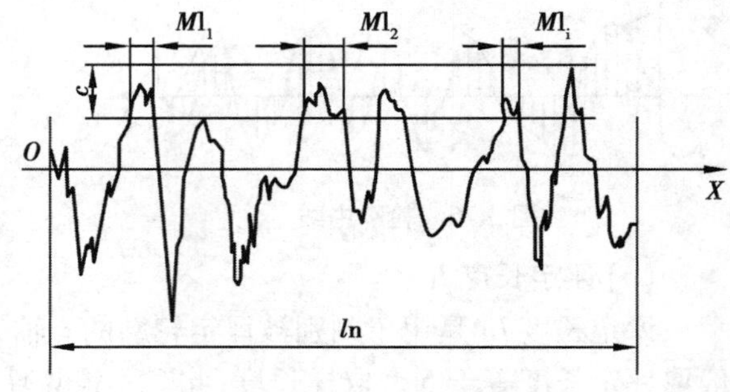

图 3.81 轮廓支承长度率

②轮廓支承长度率 $Rmr(c)$

在给定水平截面高度 c 上轮廓的实体材料长度 $Ml(c)$ 与评定长度 ln 的比率，如图 3.81 所示。

$$Rmr(c) = \frac{Ml(c)}{ln} \tag{3.25}$$

$Rmr(c)$ 是对应于不同的水平截距而给出的，能反映接触面积大小。$Rmr(c)$ 越大，表面的承载能力及耐磨性越好。

(7)评定参数的数值

国标 GB/T 1031—2009 规定了表面粗糙度的评定参数值,设计时应按国家标准规定的参数值系列选取。高度特征、间距特征参数值分为基本系列和补充系列,选用时应优先采用基本系列的参数值,见表 3.13—表 3.16。

表 3.13　轮廓算术平均偏差 *Ra*(GB/T 1031—2009)　μm

基本系列	0.012　0.025　0.050　0.100　0.20　0.40　0.80　1.60　3.2　6.3　12.5　25　50　100
补充系列	0.008　0.010　0.016　0.020　0.032　0.040　0.063　0.080　0.125　0.160　0.25　0.32　0.50　0.63　1.00　1.25　2.0　2.5　4.0　5.0　8.0　10.0　16.0　20　32　40　63　80

表 3.14　轮廓最大高度 *Rz* 的数值(GB/T 1031—2009)　μm

基本系列	0.025　0.050　0.100　0.20　0.40　0.80　1.60　3.2　6.3　12.5　25　50　100　200　400　800　1 600
补充系列	0.032　0.040　0.063　0.080　0.125　0.160　0.25　0.32　0.50　0.63　1.00　1.25　2.0　2.5　4.0　5.0　8.0　10.0　16.0　20　32　40　63　80　125　160　250　320　500　630　1 000　1 250

表 3.15　轮廓单元的平均宽度 *Rsm* 的数值(GB/T 1031—2009)　mm

基本系列	0.006　0.012 5　0.025　0.050　0.100　0.20　0.40　0.80　1.60　3.2　6.3　12.5
补充系列	0.002　0.003　0.004　0.005　0.008　0.010　0.016　0.020　0.032　0.040　0.063　0.080　0.125　0.160　0.25　0.32　0.50　0.63　1.00　1.25　2.0　2.5　4.0　5.0　8.0　10.0

表 3.16　轮廓支承长度率 *Rmr*(c)(%)的数值(GB/T 1031—2009)

10	15	20	25	30	40	50	60	70	80	90

注:选用轮廓支承长度率 *Rmr*(c)时,必须同时给出轮廓水平截距 *C* 值。*C* 值可用微米或 *Rz* 的百分数表示,其系列如下:*Rz* 的 5%,10%,15%,25%,30%,40%,50%,60%,70%,80%,90%。

3.4.2　表面粗糙度的符号与标注

(1)表面粗糙度符号和代号

如表 3.17 所示,表面结构的图形符号有基本符号、扩展符号和完整符号之分。

表 3.17　表面结构符号及其意义(GB/T 131—2006)

符　号	意义及说明
	基本图形符号。表示表面可用任何方法获得。没有补充说明(加注粗糙度参数值或有关说明)时不能单独使用。仅用于简化代号标注。
	扩展图形符号。基本图形符号加一短划,表示表面是用去除材料的方法获得。如车、铣、磨等机械加工。

续表

符　号	意义及说明
	扩展图形符号。基本图形符号加一小圆，表示表面是用不去除材料方法获得。如铸、锻、冲压变形等，或者是用于保持原供应状况的表面。
	完整图形符号。在上述三个符号的长边上均加一横线，以便注写对表面结构特征的补充信息。
	在完整图形符号上加一小圆，标注在图样封闭轮廓线上。表示在图样某个视图上构成封闭轮廓的各表面有相同的表面结构要求。

(2)表面结构完整图形符号的组成

表面结构完整图形符号构成如图 3.82 所示。各规定位置的意义分别是：

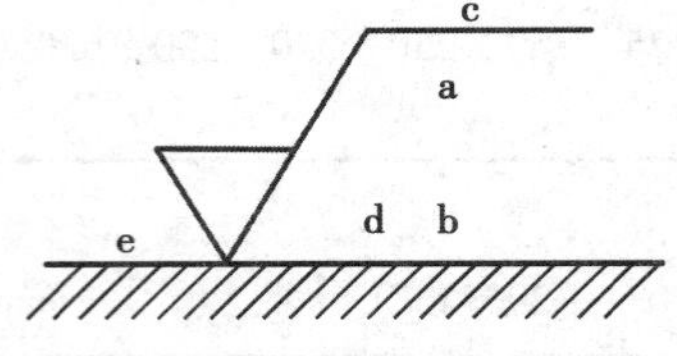

图 3.82　表面结构完整图形符号

a：标注表面结构的单一要求。

a 和 b：标注多个表面结构要求。

a 标注第一表面结构要求；b 标注第二表面结构要求。如要标注第三个或更多个表面结构要求，图形符号在垂直方向扩大，以空出足够空间，此时 a、b 的位置随之上移。

c：标注加工方法、表面处理、涂层等工艺要求，如车、磨、镀等。

d：标注加工表面纹理和纹理方向，如“=、⊥、×、C、M、R、P”。

e：标注要求的加工余量（mm）。

表面结构各项要求标注时应注意以下几点：

①完整符号水平线长度取决于上、下标注内容的长度。

②参数代号 *Ra* 不能省略，且与数值之间应插入空格。

③传输带或取样长度标注在表面结构参数代号的前面，用斜线“/”隔开。例如：0.002 5-0.8/*R*z 6.3。

④R 轮廓传输带的标注：前后数值分别表示短波滤波器、长波滤波器的截止波长值，即评定时波长范围。如只标注一个滤波器，应保留连字号“-”以区分短波还是长波滤波器。长波滤波器的截止波长值 λc 就是取样长度。例如：-0.8/*R*z 6.3。

⑤16%规则是所有表面结构要求标注的默认规则，如应用最大规则，在参数代号后注写“max”字样。例如：*R*amax 0.8。

⑥单向极限要求，且均为单向上限值，则省略代号“*U*”；若为单向下限值，在参数代号前必须加注代号“*L*”。双向极限要求，应标注极限代号，上限值用代号“*U*”标在上方，下极限用代号“*L*”注在下方。

(3)表面结构代号的含义实例

表面结构代号的含义实例如表 3.18 所示。

表 3.18　表面结构代号的含义实例

代　号	意　义
Ra 0.8	表示去除材料,单向上限值,默认传输带,R 轮廓,算术平均偏差 0.8 μm,评定长度为 5 个取样长度(默认),“16%规则”(默认)。
Rzmax 0.2	表示去除材料,单向上限值,默认传输带,R 轮廓,粗糙度最大高度的最大值 0.2 μm,评定长度为 5 个取样长度(默认),“最大规则”。
0.008~0.8/Ra 3.2	表示去除材料,单向上限值,传输带 0.008~0.8 mm,R 轮廓,算术平均偏差3.2 μm,评定长度为 5 个取样长度(默认),“16%规则”(默认)。
U Ra max 3.2 L Ra 0.8	表示不允许去除材料,双向极限值,两极限值均使用默认传输带,R 轮廓,上限值:算术平均偏差 3.2 μm,评定长度为 5 个取样长度(默认),“最大规则”;下限值:算术平均偏差 0.8 μm,评定长度为 5 个取样长度(默认),“16%规则”(默认)。
-0.8/Ra 3 3.2	表示去除材料,单向上限值,传输带:根据 GB/T 6062(λs 默认 0.002 5 mm),取样长度 0.8 mm,R 轮廓,算术平均偏差 3.2 μm,评定长度包含 3 个取样长度,“16%规则”(默认)。

注:极限值判断规则:①16%规则:被检表面测得的全部参数值中,超过极限值的个数不多于总个数的 16%时合格(默认规则);②最大规则:被检的整个表面测得的参数值一个也不应超过给定的极限值。

(4)表面结构要求在图样上的标注

表面结构要求对每一表面一般只注一次,并尽可能注在相应的尺寸及其公差的同一视图上。

表面结构的标注和读取方向与尺寸的标注和读取方向一致。可以标注在轮廓线或轮廓延长线上(其符号尖端应从材料外指向并接触表面),也可标注在指引线上(指引线应带箭头)、特征尺寸的尺寸线上、几何公差框格上,如图 3.83 所示。

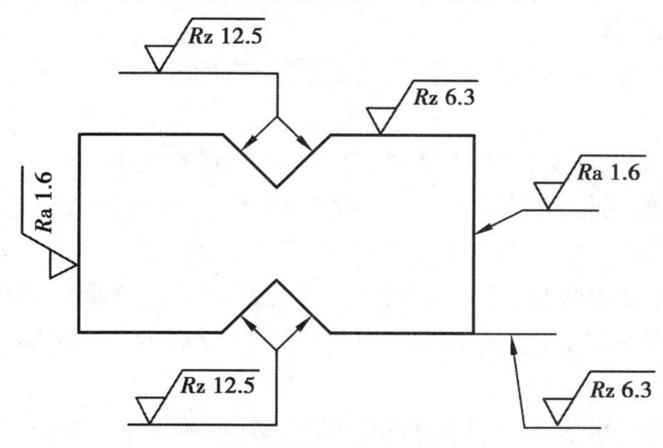

图 3.83　表面粗糙度标注示例

工件的多数(包括全部)表面有相同的表面结构要求时,统一标注在图样的标题栏附近。此时,表面结构要求的符号后面应有:

①在圆括号内给出无任何要求的基本符号,如图 3.84(a)所示;

②在圆括号内给出无任何要求的基本符号,不同的表面结构要求直接标注在图形中,如图 3.84(b)所示。

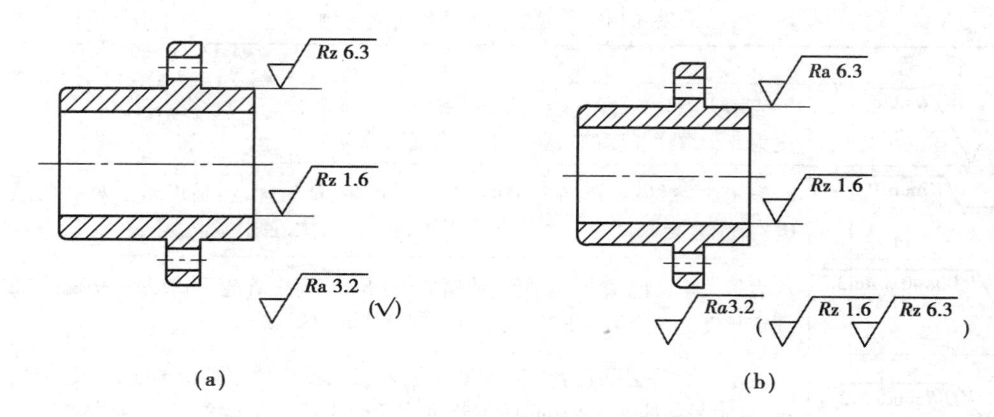

图 3.84 多数表面有相同表面结构要求的简化标注示例

3.4.3 表面粗糙度的选择

表面粗糙度的选择主要包括评定参数的选择和参数值的选择。

(1)评定参数的选择

在评定参数中，幅度特性参数 *Ra* 和 *R*z 是主参数，间距参数 *R*sm 和相关参数 *R*mr(c)为附加参数。

国家标准推荐，在常用值范围内(*Ra* 为 0.025~6.3 μm,*R*z 为 0.032~0.08 μm)，推荐优先选用 *Ra*。这时用轮廓仪可以方便的测出 *Ra* 的实际值。*R*z 主要用于某些表面很小或为曲面时，以及有疲劳强度要求的零件表面的评定。

对于 *R*sm 和 *R*mr(c)，一般不能作为独立参数选用，只有少数零件的重要表面，有特殊功能要求时才附加选用。*R*sm 主要用在评价涂漆性能，以及冲压成型时抗裂纹、抗震性、抗腐蚀性、减小流体流动摩擦阻力等场合。*R*mr(c)主要用在耐磨性、接触刚度要求较高等场合。

(2)评定参数值的选择

表面粗糙度参数值总的选择原则是：在满足功能要求的前提下，尽量选用较大的参数值，以降低加工成本。

在实际工作中，通常采用类比法选择确定评定参数值的大小。首先参考经验统计资料选定评定参数值的大小，然后根据实际工作条件进行调整，可以考虑以下原则：

①同一零件上工作表面应比非工作表面粗糙度参数值小。

②摩擦表面应比非摩擦表面、滚动摩擦表面应比滑动摩擦表面的粗糙度参数值小。

③承受交变载荷的零件上，容易引起应力集中的部分表面(如圆角、沟槽)粗糙度参数值应小些。

④要求配合性质稳定可靠的零件表面粗糙度参数值应小些。配合性质相同时，小尺寸的配合表面应比大尺寸的配合表面粗糙度参数值小。

⑤防腐性、密封性要求高、外表美观等表面粗糙度参数值应小些。

⑥凡有关标准已对表面粗糙度要求作出规定的(如量规、齿轮、与滚动轴承相配合的轴颈和壳体孔等)表面，应按标准规定选取粗糙度参数值。

⑦尺寸公差、几何公差与表面粗糙度三者间不存在确定的函数关系，但在正常工艺条件下，三者之间可按以下近似关系设计：(尺寸公差 T，表面形状公差 t)

若	普通精度	$t \approx 0.6T$	则	$Ra \leqslant 0.05T$	$Rz \leqslant 0.2T$
	较高精度	$t \approx 0.4T$		$Ra \leqslant 0.025T$	$Rz \leqslant 0.1T$
	提高精度	$t \approx 0.25T$		$Ra \leqslant 0.012T$	$Rz \leqslant 0.05T$
	高精度	$t < 0.25T$		$Ra \leqslant 0.15t$	$Rz \leqslant 0.6t$

习题与思考题

3.1　简述互换性与几何量公差的概念,说明互换性有什么作用?互换性的分类如何?

3.2　优先数系是一种什么数列?它有何特点?有哪些优先数的基本系列?什么是优先数的派生系列?

3.3　公称尺寸、极限尺寸、实际尺寸和作用尺寸有何区别和联系?

3.4　尺寸公差、极限偏差和实际偏差有何区别和联系?

3.5　配合分为几类?各种配合中孔、轴公差带的相对位置分别有什么特点?配合公差等于相互配合的孔轴公差之和说明了什么?

3.6　什么叫标准公差?什么叫基本偏差?它们与公差带有何联系?

3.7　什么是基准制?为什么要规定基准制?为什么优先采用基孔制?在什么情况下采用基轴制?

3.8　什么是线性尺寸的未注公差?它分为几个等级?线性尺寸的未注公差如何表示?

3.9　公差等级的选用应考虑哪些问题?

3.10　间隙配合、过盈配合与过渡配合各适用于什么场合?每类配合在选定松紧程度时应考虑哪些因素?

3.11　配合的选择应考虑哪些问题?

3.12　几何公差带由哪几个要素组成?形状公差带、定向公差带、定位公差带和跳动公差带的特点各是什么?

3.13　表面粗糙度对零件的使用性能有哪些影响?

3.14　设计时如何协调尺寸公差、形状公差和表面粗糙度参数值之间的关系?

3.15　试述粗糙度轮廓中线的意义及其作用。为什么要规定取样长度和评定长度?两者有何关系?

3.16　评定表面粗糙度的主要轮廓参数有哪些?分别简述其含义和代号。

3.17　根据题表3.1中已知数据,填写表中各空格,并按适当比例绘制出各孔、轴的公差带图。

题表3.1

孔或轴	上极限尺寸	下极限尺寸	上极限偏差	下极限偏差	公差	尺寸标注
孔 $\phi28$	$\phi28.041$	$\phi28.020$				
孔 $\phi50$			−0.026		0.025	
轴 $\phi60$		$\phi60.00$			1.046	
轴 $\phi30$			−0.007	−0.020		
轴 $\phi120$	$\phi120.140$			0		

3.18　根据题表 3.2 中已知数据，填写表中各空格，并按适当比例绘制出各对配合的尺寸公差带图和配合公差带图。

题表 3.2

公称尺寸	孔			轴			极限间隙或极限过盈		T_f
	ES	EI	T_D	es	ei	T_d	$X_{max}(Y_{min})$	$X_{min}(Y_{max})$	
$\phi25$		0				0.021	+0.074	+0.020	
$\phi16$		0				0.018	+0.025	−0.020	
$\phi50$			0.025	0			−0.029	−0.070	

3.19　利用有关表格查表确定下列公差带的极限偏差。

(1) $\phi50$d8　　(2) $\phi90$r8　　(3) $\phi40$n6

(4) $\phi40$R7　　(5) $\phi50$D9　　(6) $\phi30$M7

3.20　某配合的公称尺寸是 $\phi30$ mm，要求装配后的间隙在 +0.018 mm ~ +0.088 mm 范围内，试确定它们的配合代号。

3.21　试计算孔 $\phi35^{+0.025}_{0}$ 与轴 $\phi35^{+0.033}_{+0.017}$ 配合的极限间隙（或极限过盈），并指明配合性质。

3.22　试分别计算 $\phi18\ \frac{M8}{h7}$ 和 $\phi18\ \frac{H8}{js7}$ 这两个配合的极限间隙或极限过盈，并分别绘制出它们的孔、轴公差带示意图。

3.23　设某轴的直径为 $\phi30^{-0.1}_{-0.3}$，其轴线直线度公差为 $\phi0.2$，采用最大实体要求。试画出其动态公差图。若该轴的实际尺寸处处为 29.75 mm，其轴线直线度公差可增大至何值？

3.24　设某孔的尺寸为 $\phi45^{+0.25}_{0}$，其轴线直线度公差为 $\phi0.05$，求其最大实体实效尺寸 D_{MV}。

3.25　如题图 3.1 所示，被测要素采用的公差原则是________，最大实体尺寸是________mm，最小实体尺寸是________mm，实效尺寸是________mm。垂直度公差给定值是________mm，垂直度公差最大补偿值是________mm。设孔的横截面形状正确，当孔实际尺寸处处都为 $\phi60$ mm 时，垂直度公差允许值________mm，当孔实际尺寸处处都为 $\phi60.10$ mm 时，垂直度公差允许值是________mm。

3.26　改正题图 3.2 中标注的错误（不得改变公差项目）。

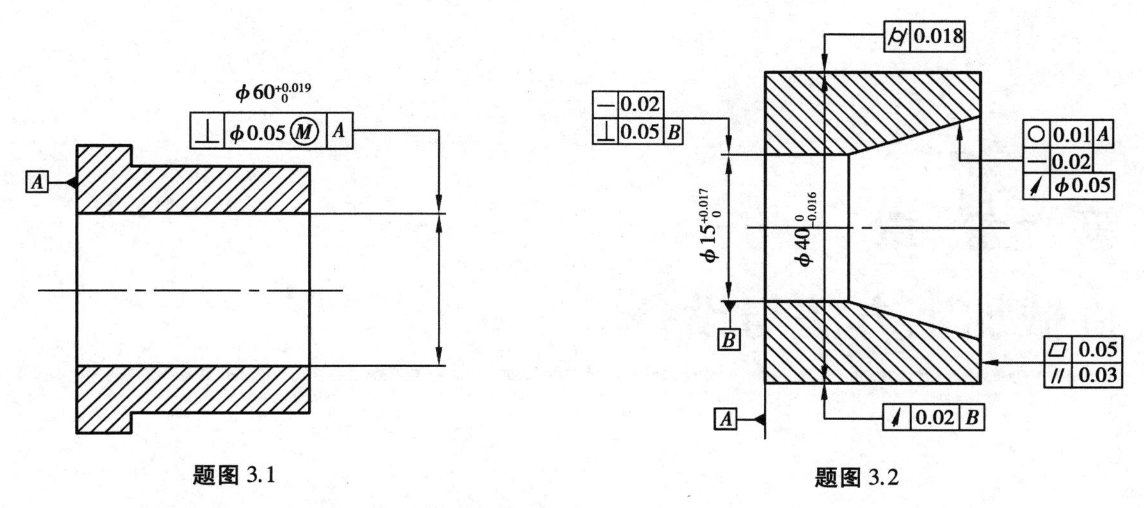

题图 3.1　　　　　　　　　　题图 3.2

3.27　将下列各项几何公差要求标注在题图 3.3 中。

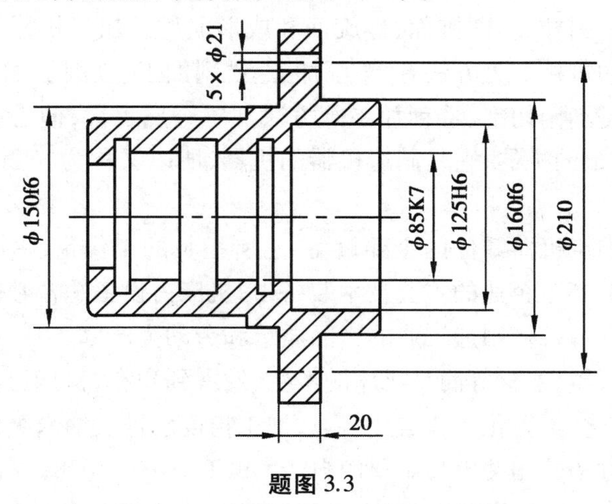

题图 3.3

①ϕ160f6 圆柱表面对 ϕ85K7 圆孔轴线的圆跳动公差为 0.03 mm。

②ϕ150f6 圆柱表面对 ϕ85K7 圆孔轴线的圆跳动公差为 0.02 mm。

③厚度为 20 的安装板左端面对 ϕ150f6 圆柱面的垂直度公差为 0.03 mm。

④安装板右端面对 ϕ160f6 圆柱面轴线的垂直度公差为 0.03 mm。

⑤ϕ125H6 圆孔的轴线对 ϕ85K7 圆孔轴线的同轴度公差为 ϕ0.05 mm。

⑥5×ϕ21 孔在由与 ϕ160f6 圆柱面轴线同轴，同轴度公差为 0.04，直径为 ϕ210 的圆周上并均匀分布，理想位置的位置度公差为 ϕ0.125 mm。

第4章 机械加工方法与设备

机器种类繁多,构成机器的零件形状更是多种多样,但构成零件轮廓的表面不外乎是这样几种基本类型:平面、圆柱面、圆锥面、螺旋面和成形面等。加工机器零件实际上就是对这些表面的加工。常见的机械加工方法有:车削加工、铣削加工、刨削加工、钻削加工、磨削加工等。而金属切削机床是利用切削、特种加工等方法加工金属工件,使之获得所要求的几何形状、尺寸精度和表面质量的机器,它是制造机器的机器,所以又称为“工作母机”或“工具机”,简称机床。

金属切削机床是加工机器零件的主要设备,它所担负的工作量,占机器制造总工作量的40%~60%,在一般机械制造企业的主要技术装备中,机床占设备总台数的60%~80%。因此,机床的技术水平直接影响机械制造工业的产品质量和劳动生产率。

从几千年前加工石器、木材等简易机床的产生,发展到现在,机床已具有高速度、高效率、自动化性能,具有数控化、柔性化和集成化特点,加工精度已进入纳米级(0.001 μm)。

本章涉及的加工方法的相关定义主要源自于GB/T 4863—2008《械制造工艺基本术语》,机床的相关定义源自于GB/T 6477—2008《金属切削机床　术语》。

4.1 金属切削机床概述

4.1.1 金属切削机床的分类

机床最基本的分类方法,是按加工性质和所用的刀具进行分类。根据我国制定的机床型号编制方法国家标准,将机床分为11大类:车床、钻床、镗床、磨床、齿轮加工机床、螺纹加工机床、铣床、刨插床、拉床、锯床及其他机床。在每一类机床中,又按工艺范围、布局型式和结构等,分为10个组,每一组又细分为若干系(系列)。

除上述基本分类方法外,还可根据机床其他特征进一步区分。

(1)按应用范围(通用性程度)分类

1)通用机床(或称万能机床)　指可加工多种工件、完成多种工序的使用范围较广的机床。它的工艺范围宽,但结构比较复杂,自动化程度低,生产率低,这种机床主要适用于单件小批生产。例如卧式车床、万能升降台铣床、万能外圆磨床等。

2)专门化机床　指用于加工形状相似而尺寸不同的工件的特定工序的机床。它的工艺范围较窄,一般适用于某些有特殊表面的零件加工。如曲轴车床、凸轮轴车床等。

3)专用机床　指用于加工特定工件的特定工序的机床。它的工艺范围最窄,只能用于加工某一种零件的某一道特定工序,适用于大批大量生产。如加工机床主轴箱的专用镗床、加工车床导轨的专用磨床等,大批大量生产中使用的各种组合机床也属专用机床。

(2)同类型机床按工作精度分类

GB/T 25372—2010《金属切削机床　精度分级》根据被加工工件的加工精度要求的高低,按绝对分级法将机床分为:Ⅵ、Ⅴ、Ⅳ、Ⅲ、Ⅱ、Ⅰ等6个绝对精度等级,Ⅵ级精度最低,Ⅰ级精度最高;具体到各类型机床,则应在绝对精度等级的基础上,按相对分级法将机床划分为普通精度机床(P级)、精密机床(M级)和高精度机床(G级)3个相对精度等级。

(3)按加工工件时是否用数字控制分类

可分为普通机床和数控机床两大类。数控机床按是否具有自动换刀功能,可分为数控机床和加工中心;按数控系统的性能又可分为经济型数控机床、普及型数控机床和高级型数控机床。

(4)按自动化程度分类

可分为手动、机动、半自动和自动机床。

(5)按其重量与尺寸分类

可分为仪表机床、中型机床(一般机床)、大型机床(重量达10 T)、重型机床(大于30 T)和超重型机床(大于100 T)。

(6)按机床主要工作部件的数目分类

可分为单轴、多轴或单刀、多刀机床等。

通常,机床根据加工性质进行分类,再根据其某些特点进一步描述,如多刀半自动车床、高精度外圆磨床等。

随着机床的发展,其分类方法也在不断发展。现代机床正向数控化方向发展,数控机床的功能日趋多样化,工序更加集中,一台数控机床集中了越来越多的传统机床的功能。例如,数控车床在卧式车床功能的基础上,又集中了转塔车床、仿形车床、自动车床等多种传统车床的功能;车削中心出现以后,又在数控车床功能的基础上,加入了钻、铣、镗等类机床的功能。又如,具有自动换刀功能的镗铣加工中心机床(习惯上所称的“加工中心”)集中了钻、铣、镗等多种类型机床的功能,有的加工中心的主轴既能立式又能卧式,这又集中了立式加工中心和卧式加工中心的功能。可见,机床数控化引起机床传统分类方法的变化,这种变化主要表现在机床品种不是越分越细,而应是趋向综合。

4.1.2　金属切削机床型号编制

机床的型号是赋予每种机床的一个代号，用以简明地表示机床的类型、通用性和结构特性、主要技术参数等。GB/T 15375—2008《金属切削机床　型号编制方法》规定，机床型号由汉语拼音字母和阿拉伯数字按一定的规律组合而成，它适用于新设计的各类通用机床、专用机床和回转体加工自动线（不包括组合机床、特种加工机床）。本章仅介绍通用机床型号的编制方法。

通用机床的型号由基本部分和辅助部分组成，中间用“/”隔开，读作“之”。基本部分需统一管理，辅助部分纳入型号与否由机床生产厂家自定。

通用机床的型号表示方法如下：

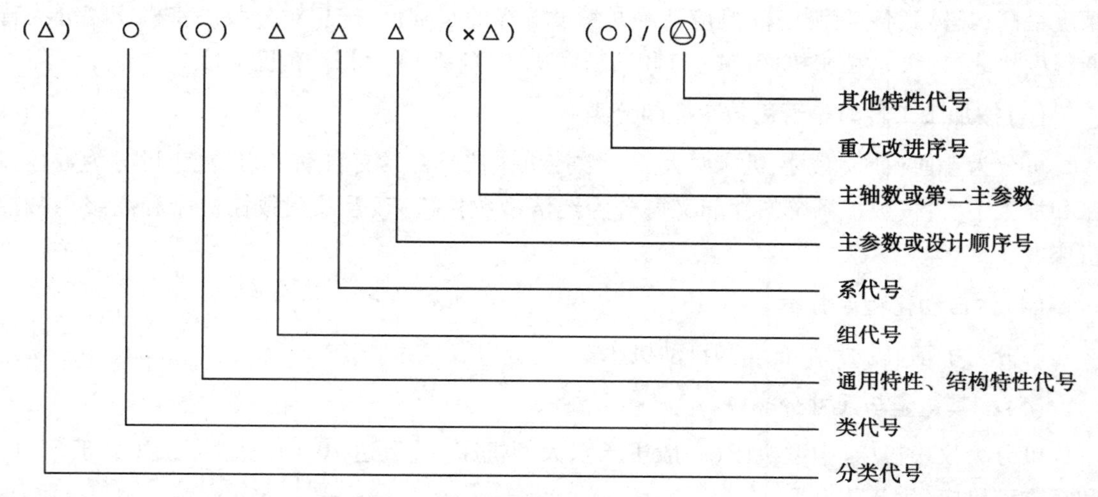

注 1：有“（）”的代号或数字，当无内容时则不表示，当有内容时则不带括号；

注 2：有“○”符号者，为大写的汉语拼音字母；

注 3：有“△”符号者，为阿拉伯数字；

注 4：有“◎”符号者，为大写的汉语拼音字母或阿拉伯数字，或两者兼有之。

图 4.1　通用机床的型号表示方法

（1）机床类别代号与分类代号

机床的类代号表示机床的类别，用大写的汉语拼音字母表示，必要时，每类可分为若干分类，分类代号用阿拉伯数字表示，作为型号的首位而位于类代号前。例如磨床可分为 M、2M、3M。机床类别代号和分类代号见表 4.1。

表 4.1　普通机床类别代号和分类代号（GB/T 15375—2008）

类　别	车床	钻床	镗床	磨床			齿轮加工机床	螺纹加工机床	铣床	刨插床	拉床	锯床	其他机床
代号	C	Z	T	M	2M	3M	Y	S	X	B	L	G	Q
读音	车	钻	镗	磨	2 磨	3 磨	牙	丝	铣	刨	拉	割	其他

对于具有两类特性的机床编制其型号时，主要特性应放在后面，次要特性应放在前面。例如铣镗床是以镗为主、铣为辅的。

(2)通用特性代号和结构特性代号

这两种特性代号，用大写的汉语拼音字母表示，位于类代号之后。

1)通用特性代号　通用特性代号有统一的规定含义，它在各类机床的型号中表示的意义相同。

当某类型机床除有普通型外，还有下列某种通用特性时，则在类代号之后加通用特性代号予以区别。如果某类型机床仅有某种通用特性，而无普通型式者，则通用特性不予表示。如C1312型单轴转塔自动车床，由于这类自动车床没有“非自动”型，所以不必用“Z”表示通用特性。当在一个型号中需同时使用两至三个通用特性代号时，一般按重要程度排列顺序。通用特性代号见表4.2。

表4.2　机床的通用特性代号(GB/T 15375—2008)

通用特性	高精度	精密	自动	半自动	数控	加工中心(自动换刀)	仿形	轻型	加重型	柔性加工单元	数显	高速
代号	G	M	Z	B	K	H	F	Q	C	R	X	S
读音	高	密	自	半	控	换	仿	轻	重	柔	显	速

2)结构特性代号　对主参数值相同而结构、性能不同的机床，在型号中加结构特性代号予以区分。根据各类机床的具体情况，对某些结构特性代号，可以赋予一定含义。但结构特性代号与通用特性代号不同，它在型号中没有统一的含义，只在同类机床中起区分机床结构、性能不同的作用。当型号中有通用特性代号时，结构特性代号应排在通用特性代号之后。结构特性代号，用汉语拼音字母(通用特性代号已用的字母和“I、O”两个易与数字混淆的字母不能用)表示，当单个字母不够用时，可将两个字母组合起来使用，如AD、AE等，或DA、EA等。

(3)机床组、系的划分及其代号

每类机床划分为十个组，每组又划分为十个系(系列)。在同一类机床中，主要布局或使用范围基本相同的机床，即为同一组；在同一组机床中，其主参数相同，主要结构及布局型式相同的机床，即为同一系。

1)组代号　用一位阿拉伯数字表示，位于类代号或通用特性代号、结构特性代号之后，各类机床组的代号及划分见表4.3。

2)系代号　用一位阿拉伯数字表示，位于组代号之后。部分系代号如表4.4所示。

表 4.3　金属切削机床类、组划分表(GB/T 15375—2008)

类别＼组别		0	1	2	3	4	5	6	7	8	9
车床 C		仪表小型车床	单轴自动车床	多轴自动、半自动车床	回轮、转塔车床	曲轴及凸轮轴车床	立式车床	落地及卧式车床	仿形及多刀车床	轮、轴、辊、锭及铲齿车床	其他车床
钻床 Z			坐标镗钻床	深孔钻床	摇臂钻床	台式钻床	立式钻床	卧式钻床	铣钻床	中心孔钻床	其他钻床
镗床 T				深孔镗床		坐标镗床	立式镗床	卧式铣镗床	精镗床	汽车、拖拉机修理用镗床	其他镗床
磨床	M	仪表磨床	外圆磨床	内圆磨床	砂轮机	坐标磨床	导轨磨床	刀具刃磨床	平面及端面磨床	曲轴、凸轮轴、花键轴及轧辊磨床	工具磨床
	2M		超精机	内圆珩磨机	外圆及其他珩磨机	抛光机	砂带抛光及磨削机床	刀具刃磨及研磨机床	可转位刀片磨削机床	研磨机	其他磨床
	3M		球轴承套圈沟磨床	滚子轴承套圈滚道磨床	轴承套圈超精机		叶片磨削机床	滚子加工机床	钢球加工机床	气门、活塞及活塞环磨削机床	汽车、拖拉机修磨机床
齿轮加工机床 Y		仪表齿轮加工机		锥齿轮加工机	滚齿及铣齿机	剃齿及珩齿机	插齿机	花键轴铣床	齿轮磨齿机	其他齿轮加工机	齿轮倒角及检查机
螺纹加工机床 S					套丝机	攻丝机		螺纹铣床	螺纹磨床	螺纹车床	
铣床 X		仪表铣床	悬臂及滑枕铣床	龙门铣床	平面铣床	仿形铣床	立式升降台铣床	卧式升降台铣床	床身铣床	工具铣床	其他铣床
刨插床 B			悬臂刨床	龙门刨床			插床	牛头刨床		边缘及模具刨床	其他刨床
拉床 L				侧拉床	卧式外拉床	连续拉床	立式内拉床	卧式内拉床	立式外拉床	键槽、轴瓦及螺纹拉床	其他拉床
锯床 G				砂轮片锯床		卧式带锯床	立式带锯床	圆锯床	弓锯床	锉锯床	
其他机床 Q		其他仪表机床	管子加工机床	木螺钉加工机		刻线机	切断机	多功能机床			

表4.4　系代号(部分)(GB/T 15375—2008)

类	组		系	
	代号	名称	代号	名称
C	6	落地及卧式车床	0	落地车床
			1	卧式车床
			2	马鞍车床
			3	轴车床
			4	卡盘车床
Z	5	立式钻床	0	圆柱立式钻床
			1	方柱立式钻床
			2	可调多轴立式钻床
X	6	卧式升降台铣床	0	卧式升降台铣床
			1	万能升降台铣床
			2	万能回转头铣床
			3	万能摇臂铣床
M	1	外圆磨床	0	无心外圆磨床
			3	外圆磨床
			4	万能外圆磨床
			5	宽砂轮外圆磨床
			6	端面外圆磨床
Y	3	滚齿机及铣齿机	1	滚齿机
			3	非圆齿轮铣齿机
			4	非圆齿轮滚齿机
			6	卧式滚齿机
B	6	牛头刨床	0	牛头刨床
			2	水平移动牛头刨床
			6	落地牛头铣刨床

注:系代号为0~9的阿拉伯数字,但大多没有10位。

(4)主参数、主轴数和第二主参数

1)主参数与设计顺序号　机床主参数表示机床规格大小,用折算值(主参数乘以折算系数)表示。当折算值大于1时,则取整数,前面不加“0”;当折算小于1时,则取小数点后第一位数,并在前面加“0”。常见机床主参数及折算系数见表4.5。

表4.5　常见机床主参数及折算系数(GB/T 15375—2008)

机床名称	主参数名称	折算系数
普通卧式车床	床身上最大回转直径	$\frac{1}{10}$
自动车床、六角车床	最大棒料直径	1
立式车床	最大车削直径	$\frac{1}{100}$
立式钻床、摇臂钻床	最大钻孔直径	1
卧式镗床	镗轴直径	$\frac{1}{10}$
坐标镗床	工件台面宽度	$\frac{1}{10}$
牛头刨床、插床	最大刨(插)削长度	$\frac{1}{10}$
龙门刨床	最大刨花削宽度	$\frac{1}{100}$

续表

机床名称	主参数名称	折算系数
卧式及立式升降台铣床	工作台面宽度	$\frac{1}{10}$
龙门铣床	工作台面宽度	$\frac{1}{100}$
外圆磨床、内圆磨床	最大磨削直径	$\frac{1}{10}$
平面磨床	工作台面宽度(直径)	$\frac{1}{10}$
齿轮加工机床	最大工件直径	$\frac{1}{10}$

某些通用机床,当无法用一个主参数表示时,则在型号中用设计顺序号表示,设计顺序号由1起始。当设计顺序号小于10时,由01开始编号。

2)主轴数与第二主参数　多轴机床主轴数应以实际数值列入型号,置于主参数之后,用“×”分开(读作“乘”),单轴,可省略,不予表示。

第二主参数(多轴机床的主轴数除外)一般不予表示,如有特殊情况,需在型号中表示。第二主参数是指最大模数、最大跨距、最大工件长度等。在型号中表示第二主参数时,一般应折算成两位数,最多不超过三位数。折算时,一般属长度(如跨距、行程等)的参数采用1/100的折算系数;属直径、深度、宽度的参数采用1/10的折算系数;最大模数、厚度等,以实际数值列入(即折算系数1/1)。当折算值大于1时,则取整数;当折算值1时,则取小数点后第一位数,并在前面加“0”。

(5)机床的重大改进顺序号

当机床的结构、性能有更高的要求,需按新产品重新设计、试制和鉴定时,按改进的先后顺序选用汉语拼音字母(但顺序按英文字母排列,如A、B、C…,但不得选用“I、O”两个字母)加在基本部分的尾部,以区别原机床型号。其与原型号的机床,是一种取代的关系。

(6)其他特性代号

其他特性代号主要用以反映各类机床的特性。如数控机床,可用来反映所采用的不同控制系统等;对于加工中心,可用来反映控制系统、联动轴数、自动交换主轴头、自动交换工作台等;对于柔性加工单元,可用来反映自动交换主轴箱;对于一机多能机床,可用来补充表示某些功能;对于一般机床,可以反映同一型号的变型等,同一型号机床的变型代号一般应放在其他特性代号之首位。

其他特性代号,置于辅助部分之首。其中同一型号机床的变型代号一般应放在其他特性代号之首位。

其他特性代号可用汉语拼音字母(“I、O”两个字母除外)表示,其中L表示联动轴数,F表示复合。当单个字母不够用时,可将两个字母组合使用。也可用阿拉伯数字表示,还可以用数字和字母两者组合表示。

另外,在GB/T 15375—2008实施前,还可在其他特性代号之后表示企业代号。

通用机床型号示例：

示例1：中捷友谊厂生产的摇臂钻床：Z3040×16，型号中字母及数字的含义依次为：

Z——类别代号：钻床；

3——组代号：摇臂；

0——系代号：摇臂；

40——主参数：最大钻孔直径40 mm；

16——第二主参数：最大跨距1 600 mm。

示例2：工作台最大宽度为400 mm的5轴联动卧式加工中心，其型号应为：TH6340/5L。

示例3：配置MTC-2M型数控系统的数控床身铣床，其型号为：XK714/C。

应当指出，某些未退出使用的旧机床，其型号仍沿用之前的标准，其含义可查阅1957年、1959年、1963年、1971年、1976年、1985年和1994年颁布的机床型号编制方法。

4.1.3　金属切削机床的技术性能

为了能正确地选择机床、合理地使用机床，必须了解机床的技术性能。机床的技术性能是指机床的加工范围、使用质量和经济效益等方面的技术参数，包括工艺范围、技术规格、加工精度和表面粗糙度、生产率、自动化程度及精度保持性等。

(1)工艺范围

机床的工艺范围是指机床适应不同生产要求的能力，即机床上可以完成的工序种类，能加工的零件类型、毛坯和材料种类，适用的生产规模等。

如前所述，通用机床的工艺范围广，专门化机床和专用机床工艺范围较窄，数控机床（尤其是加工中心），加工精度和自动化程度都很高，一次安装后可以对多个表面进行加工，因此其工艺范围较大。

(2)技术规格

技术规格是反映机床尺寸大小和工作性能的各种技术数据。包括主参数和影响机床工作性能的其他各种尺寸参数，运动部件的行程范围、主轴、刀架、工作台等执行件的运动速度，电动机功率，机床的轮廓尺寸和重量。为了适应加工尺寸大小不同的各种零件的需要，每一种通用机床和专门化机床都有不同的规格。

(3)加工精度和表面粗糙度

加工精度和表面粗糙度是指在正常工艺条件下，机床上加工的零件所能达到的尺寸和几何精度以及所能控制的表面粗糙度。各种通用机床的加工精度和表面粗糙度在国家制定的机床精度标准中均有规定。普通精度级机床的加工精度较低，但生产率较高，制造成本较低，适用于加工一般精度要求的零件，是生产中使用最多的机床。精密级和高精度级机床的加工精度高，但生产率较低，且制造成本较高，仅适用于加工少数精度要求高的零件的精加工。

(4)生产率

机床的生产率是指在单位时间内机床所能加工的零件数量，它直接影响到生产效率和生产成本。

(5)自动化程度

提高机床的自动化程度，不仅可提高劳动生产率，减轻工人的劳动强度，而且可减少由于工人的操作水平对机床加工质量的影响，有利于保证产品质量的稳定，因此是现代机床发展的一个方向。以往自动化程度高的机床一般只用于大批量生产,而现在由于数控技术的发展,高度自动化的机床也开始应用于小批甚至单件生产中。

(6)机床的效率

机床的效率是指消耗于切削的有效功率与电动机输出功率之比,两者的差值是各种损耗。机床效率低,不但浪费能量,而且大量损耗的功率转变为热量,引起机床热变形,影响加工精度。对于大功率机床和精加工机床,效率更为重要。

(7)其他

除上述几个方面外,机床的技术性能还包括精度保持性、噪声、人机关系等。

精度保持性是指机床保持其规定的加工质量的时间长短。机床在使用中由于磨损或变形等原因,会逐步地丧失其原始精度。因此,精度保持性是机床(特别是精密机床)的重要技术性能指标。

机床的运动与传动和生产均会产生噪声。噪声会影响工人的身心健康,应尽量降低。

机床的操纵、观察、调整,装卸工件和工具应方便省力,维护要简单,修理必须方便;机床工作时应不易发生故障和操作错误,以保证工人和机床的安全,提高机床的生产率。

机床是为完成一定工艺任务服务的,必须根据被加工对象的特点和具体生产条件(如被加工零件的类型、形状、尺寸和技术要求,生产批量和生产方式等),选择技术性能与之相适应的机床,才能充分地发挥其效能,取得良好的经济效益。

4.1.4 金属切削机床的运动

不同的工艺方法所要求的机床运动的类型和数量是不相同的。机床上的运动按其功用可分为:表面的成形运动(含主运动和进给运动)和辅助运动(包括分度运动、夹紧运动、测量运动、砂轮修整运动、退回运动等);也可按运动的组成分为:简单运动和复合运动。

(1)成形运动和辅助运动

1)成形运动　成形运动是保证得到工件要求的表面形状的最基本的运动。车削外圆柱面时,工件的旋转运动(主运动)和刀具的纵向直线移动(进给运动)即是机床上的成形运动。

2)辅助运动　辅助运动是指成形运动以外的一切运动。主要包括以下几种运动。

①切入运动:保证被加工表面获得所需尺寸的运动,又叫切深运动,外圆车削时常为间歇运动。

②分度运动:工件上有许多相同形状、不同位置的表面,当其不能同时加工时,一个表面加工完成后应将工件转过一定角度(或移动一定距离),再加工另一位置的表面,这一运动称为分度运动。多工位工作台、刀具等的周期性转位和移动也是一种分度运动。

③送、夹料运动:装卸、夹紧、松开工件的运动。自动线中工件或随行夹具的输送、定位、夹紧以及随行夹具的倒屑、回转运动等。

④控制运动:包括机床的开车、停车、变速、换向、自动换刀、自动测量、自动补偿、控制各种动作及运动的先后顺序等。

⑤其他各种空行程运动:加工开始前,机床有关部件移动到要求位置的调位运动,切削前后刀具或工件的快速趋近和快速退回等。

(2)简单运动和复合运动

如果形成工件表面的成形运动是独立的运动,则称为简单运动;如果成形运动是由两个或两个以上运动，按照某种确定的运动关系组合而成，则称此成形运动为复合运动。

如图4.2所示车削螺纹时，刀具与工件间应作相对的螺旋运动，一般将螺旋运动分解为工件的旋转运动 B_{11} 和刀具的直线运动 A_{12}。这两部分应保持严格的传动比关系，即当工件旋转1转时，刀具应准确地移动一个螺旋线导程。

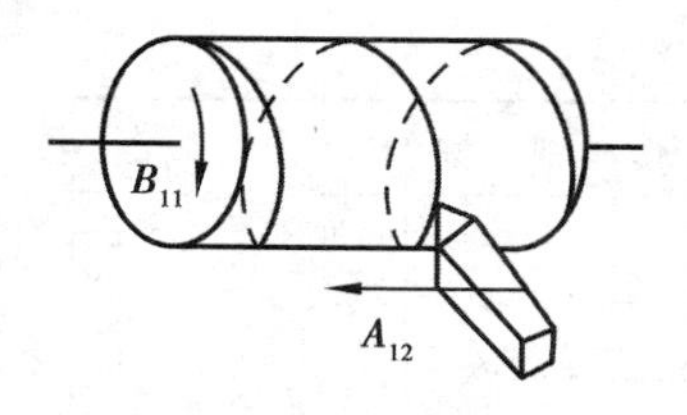

图4.2　车螺纹的运动

4.1.5　金属切削机床的传动

(1)机床传动的组成

为了实现加工过程中所需的各种运动，机床必须有动力源、执行件和传动装置等三个基本部分。

1)动力源　是为执行件提供运动和动力的装置，如交流异步电动机、直流或交流调速电动机和伺服电动机等。可以几个运动共用一个动力源，也可以每个运动有单独的动力源。

2)执行件　是机床执行所需运动的部件，如主轴、刀架、工作台等，其任务是装夹刀具或工件，并直接带动它们完成一定形式的运动(旋转或直线运动)，并保证其运动轨迹的准确性。

3)传动装置(传动件)　是传递运动和动力的装置，通过它把执行件和动力源或有关的执行件与执行件联系起来，使执行件获得一定速度和方向的运动，并使有关执行件之间保持某种确定的相对运动关系。机床的传动装置有机械、液压、电气、气压等多种形式。传动装置还有完成变换运动的性质、方向和速度的作用。

(2)机床的有级变速和无级变速传动

为适应工件和刀具的材料、尺寸的变化，为满足不同加工工序要求，机床的主运动和进给运动速度需在一定范围内变化。根据速度调节的特点不同，机床的传动可分为无级变速和有级变速传动。无级变速传动的速度变换是连续的，在一定范围内可以调节到所需的任意速度；有级变速传动的速度变换是不连续的，在一定的变速范围内只能获得有限的若干种速度。

机床采用无级变速传动，可以在一定范围内获得最佳的切削用量，对提高生产率和适应加工工艺要求具有重要的意义，但因其可靠性、传动效率、使用寿命、制造成本等原因，无级变速传动目前仅用于某些精密机床和重型机床。而机械有级变速传动因具有结构紧凑、工作可靠、效率高、变速范围大和传动比准确等优点，被大多数通用机床所采用。

(3)机床常见的传动方式与传动比

机床的机械传动中常用皮带、齿轮、蜗杆蜗轮、丝杠螺母等传动副来传递运动并实现执行件的变速与换向。表4.6中列出了常用机械传动副及其传动比 i 或运动速度 v 的计算公式。

表4.6　常用机械传动副及其传动比或传动速度

传动副名称	简　图	传动比或运动速度	传动特点
皮带传动	Ⅰ d_1 Ⅱ d_2	$i_{Ⅰ-Ⅱ}=\frac{n_Ⅱ}{n_Ⅰ}=\frac{d_1}{d_2}\eta$ η:传动效率，一般取0.98 $n_Ⅰ$、$n_Ⅱ$:皮带轮转速 d_1、d_2:皮带轮直径	带传动平稳，结构简单；制造、维修方便；两轴间中心距变化范围大；制造、维修方便；有过载保护作用，但带与带轮间易打滑，所以传动比不准确；传动是同向的

续表

传动副名称	简　图	传动比或运动速度	传动特点
齿轮传动		$i_{\text{I}-\text{II}}=\frac{n_{\text{II}}}{n_{\text{I}}}=\frac{Z_1}{Z_2}$ n_{I}、n_{II}:齿轮转速 Z_1、Z_2:齿轮齿数	结构紧凑,传动比准确,传动效率高,可传递较大功率;但制造复杂,当精度不高时,传动不平稳,有噪声;传动是反向的
蜗杆蜗轮传动		$i_{\text{I}-\text{II}}=\frac{n_{\text{II}}}{n_{\text{I}}}=\frac{k}{Z_k}$ n_{I}、n_{II}:蜗杆螺旋转速 k:蜗杆螺旋线头数	可获得较大的降速比,运动传递不可逆;传动平稳,无噪声;但传动效率低,需良好润滑
齿轮齿条传动		$v=n\pi d=n\pi mZ$ n:齿轮转速 d:齿轮分度圆直径 m:齿轮模数 Z:齿轮齿数	传动效率高,但制造精度不高时,易跳动,降低传动的平稳性和准确性
丝杠螺母传动		$v=\frac{knP}{60}$ k:丝杠螺旋线头数 n:丝杠转速 P:丝杠螺距	工作平稳,无噪声;但高精度的丝杠螺母制造困难,传动效率低

注:表中,i 为传动比, Ⅰ、Ⅱ为传动轴号。

(4)机床的传动链

机床上为了得到所需要的运动,需要通过一系列的传动件把执行件与动力源(如把主轴和电动机)、或者把执行件和执行件(例如把主轴和刀架)之间联系起来,这种联系称为传动联系。构成一个传动联系的一系列顺序排列的传动件,称为传动链。其总传动比由下式计算:

$$i_{\text{I}-\text{k}}=\frac{n_{\text{k}}}{n_{\text{I}}}=i_{\text{I}-\text{II}}\times i_{\text{II}-\text{III}}\times\cdots\cdots\times i_{(\text{k}-1)-\text{k}} \tag{4.1}$$

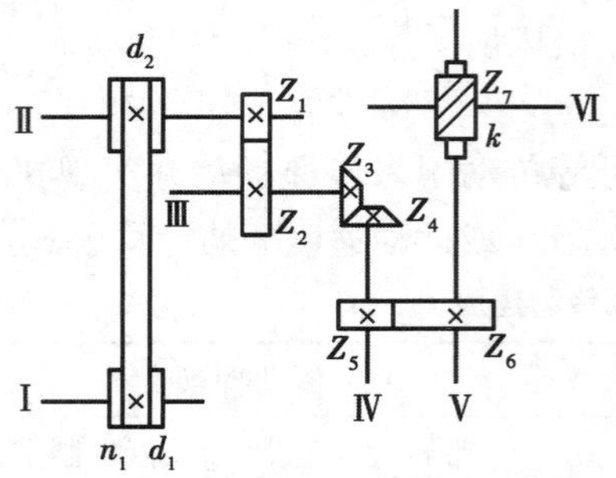

图 4.3　某机床的部分传动链

如图 4.3 所示,运动由Ⅰ轴输入,由Ⅵ轴输出。则有:

$$i_{\text{I}-\text{VI}}=\frac{n_{\text{VI}}}{n_{\text{I}}}=\frac{d_1}{d_2}\eta\cdot\frac{z_1}{z_2}\cdot\frac{z_3}{z_4}\cdot\frac{z_5}{z_6}\cdot\frac{k}{z_7}$$

传动链中通常包含两类传动机构:一类是传动比和传动方向固定不变的传动机构,如定比齿轮副、蜗杆蜗轮副、丝杠螺母副等,称为定比传动机构;另一类是根据加工要求可以变换传动比和传动方向的传动机构,如挂轮变速机构、滑移齿轮变速机构、离合器变速机构等,统称为换置机构。

根据传动联系的性质,传动链可以分为以下两类。

1)外联系传动链　它是联系动力源(如电动机)和机床执行件(如主轴、刀架、工作台等)之间的传动链,使执行件得到运动,一般还能改变运动的速度和方向,但不要求动力源和执行件之间有严格的传动比关系。

2)内联系传动链　当表面成形运动为复合的成形运动时,它是由保持严格的相对运动关系的两个单元运动(旋转或直线运动)所组成,为完成复合的成形运动,必须有传动链把实现这些单元运动的执行件与执行件之间联系起来,并使其保持确定的运动关系,这种传动链叫做内联系传动链。

内联系传动链必须保证复合运动的两个单元运动严格的运动关系,其传动比是否准确以及由其确定的两个单元运动的相对运动方向是否正确,将会直接影响被加工表面的形状精度。因此,内联系传动链中不能有传动比不确定或瞬时传动比变化的传动机构,如带传动、链传动和摩擦传动等。

(5)机床的变速机构与换向机构

机床的传动装置,应保证加工时能得到最有利的切削速度和运动方向。实际上,计算出来的理论切削速度只能在无级变速的机床上得到,而在一般的机床上,只能从机床现有的若干转速中,通过变速机构,来选取接近于所要求的转速。

变换机床的转速和方向的主要装置是机床的齿轮箱。齿轮箱中的变速机构和换向机构是由一些基本的机构组成的。变速机构是多种多样的,最常用的有以下几种。

1)滑动齿轮变速机构　如图 4.4 所示,带长键的从动轴Ⅱ上装有三联滑动齿轮(z_2、z_4 和 z_6),通过手柄可使它分别与固定在主动轴Ⅰ上的齿轮 z_1、z_3 和 z_5 相啮合,轴Ⅱ可得到三种转速,其传动比分别为:

$$i_1=\frac{z_1}{z_2};i_2=\frac{z_3}{z_4};i_3=\frac{z_5}{z_6}$$

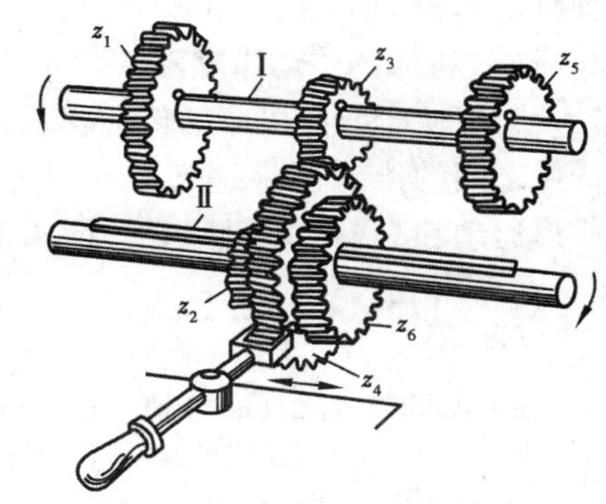

图 4.4　滑动齿轮变速机构

这种变速机构的传动路线表达式如下:

$$\text{Ⅰ}-\begin{bmatrix}\frac{z_1}{z_2}\\\frac{z_3}{z_4}\\\frac{z_5}{z_6}\end{bmatrix}-\text{Ⅱ}$$

2)离合器式齿轮变速机构　如图 4.5 所示,从动轴Ⅱ两端空套有齿轮 z_2 和 z_4,它们可以分别与固定在主动轴Ⅰ上的齿轮 z_1 和 z_3 相啮合。轴Ⅱ的中部带有键,并装有牙嵌式离合器。当由手柄左移或右移离合器时,可使离合器的左爪或右爪与齿轮 z_2 或 z_4 的端面齿相啮合,轴Ⅱ可得到两种不同的转速,其传动比分别为:

$$i_1=\frac{z_1}{z_2};i_2=\frac{z_3}{z_4}$$

其传动路线表达式如下:

$$\text{Ⅰ}-\begin{bmatrix}\frac{z_1}{z_2}\\\frac{z_3}{z_4}\end{bmatrix}-\text{Ⅱ}$$

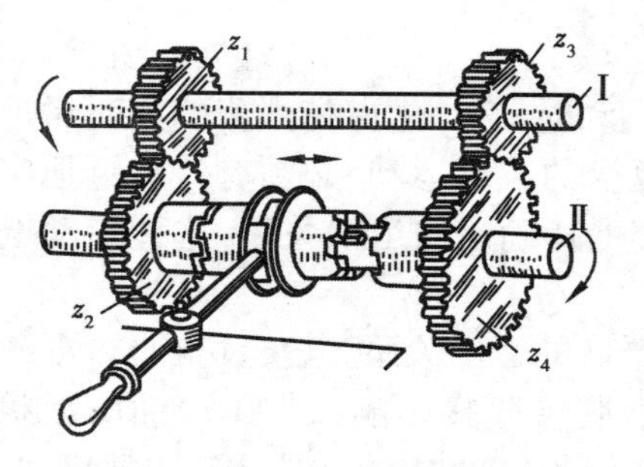

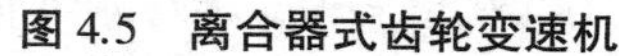

图 4.5　离合器式齿轮变速机

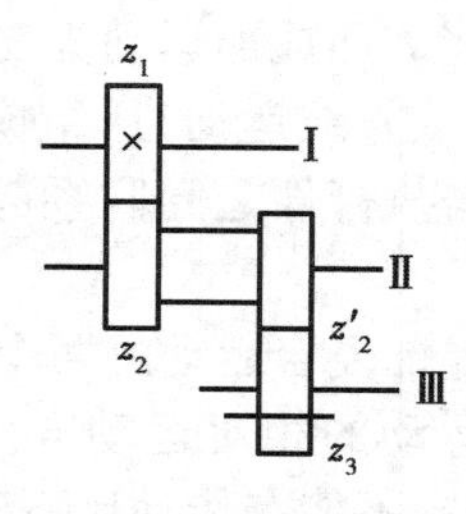

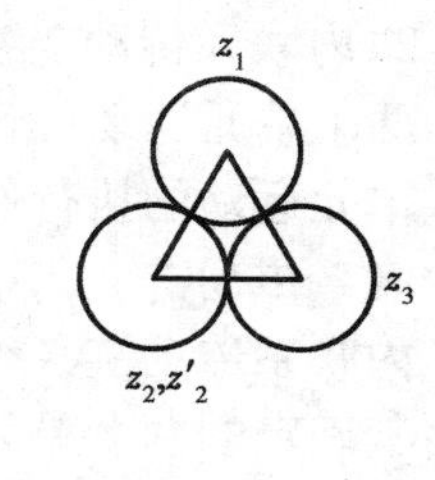

图 4.6　换向机构

3)换向机构　换向机构改变机床部件的运动方向,如图 4.6 所示。当轴Ⅰ上的固定齿轮 z_1 与轴Ⅱ的空套齿轴 z_2 啮合,轴Ⅱ上的空套齿轮 Z'_2 与轴Ⅲ上的滑动齿轮 z_3 啮合时,轴Ⅰ与轴Ⅲ同向转动。若将轴Ⅲ上的滑动齿轮 z_3 移向左与轴Ⅰ上的齿轮 z_1 直接啮合时,则轴Ⅰ与轴Ⅲ反向转动。

(6)机床的传动原理图

为了便于研究机床的传动联系,常用一些简单的符号表示运动源与执行件及执行件与执行件之间的传动联系,这就是传动原理图。一般来说,传动原理图只表明机床最基本的表面成形运动和必要的辅助运动。图 4.7 所示为传动原理图常用的部分符号。

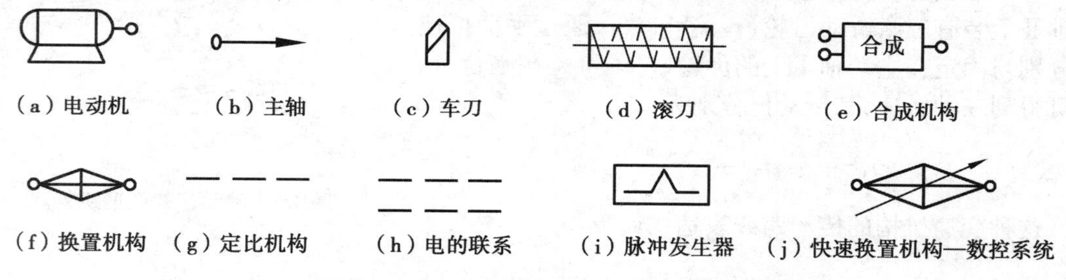

图 4.7　传动原理图常用的一些示意符号

图 4.8 给出了车削外圆柱面时设计的传动原理的几种方案。工件装在机床主轴上,随主轴一起做旋转运动 B_1;车刀固定在刀架上,随刀架一起作直线进给运动 A_2。

主轴转动是主运动,因此电动机到主轴这条传动链被称为主运动传动链;同理,形成进给运动的传动链成为进给运动传动链。加工时通常需要根据工艺要求选用不同的主轴转速和刀架的进给速度。因此在传动链中需要有变换传动比的换置机构。图中的定比传动可以由齿轮副、蜗轮副、带轮副、链轮副或摩擦副等组成。换置机构中有时也包括改变运动方向的换向机构和运动启停机构等。主运动、进给运动以及必要的辅助运动等传动链构成了一台机床的传动系统。

进给运动传动链既可以有自己单独的运动源,如图 4.8(a)所示;也可以与主运动共用一个运动源,如图 4.8(b)所示;还可以由另一个执行件(主轴)作间接运动源,如图 4.8(c)所示。这三种方式在传动形式上不同,据此设计出的机床也会有相应的差别,但从完成车削外圆柱面的运动角度来看,本质是一样的。若车削螺纹,则只有图 4.8(c)中通过换置机构才能够保证主轴(工件)的旋转运动 B_1 和刀架(刀具)的直线进给运动 A_2 之间严格的比例关系,形成所需要的内联系传动链 4-5-u_f-6-7。

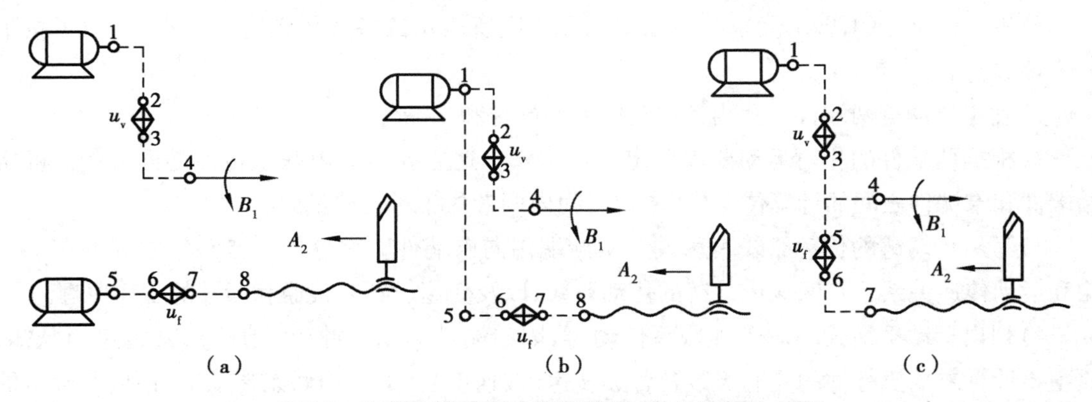

图 4.8　车削外圆柱面时传动原理图的几种设计方案

(7)机床的传动系统

由传动原理图所表示的机床各执行件的运动情况和它们之间的相互关系以及其他各种为切削加工所必需的辅助运动,最后均由机床的传动系统图表达出来。机床的传动系统图是表示机床全部运动传动关系的示意图,在图中用简单的规定符号代表各种传动元件。

机床的传动系统图是画在一个能反映机床外形和主要部件相互位置的投影面上,并尽可能绘制在机床外形的轮廓线内。在传动系统图中,各传动链中的传动元件是按照运动传递的先后顺序,以展开图的形式画出来的。传动系统图只能表示传动关系,不能代表各传动元件实际的尺寸和空间位置。在传动系统图中通常还须标明齿轮和蜗轮的齿数、丝杠的导程和头数、带轮直径、电动机的功率和转速、传动轴的编号等有关数据。图 4.9 所示为万能升降台铣床的主运动传动系统图。

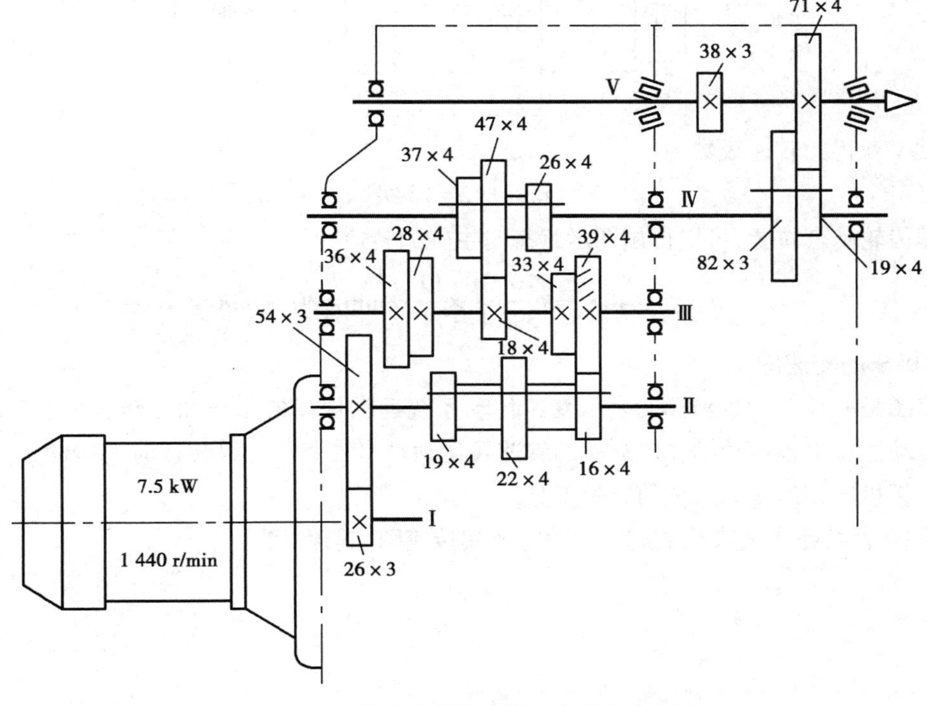

图 4.9　万能升降台铣床的主运动传动系统

分析一台机床的传动系统时，应以传动原理图所表达的各条传动链为依据，大致可按下列步骤进行。

1）确定传动链两端件　找出该传动链的始端件和末端件。

2）根据两端件的相对运动要求确定计算位移　这主要是对内联系传动链而言的。确定始端件和末端件之间的计算位移（指单位时间内两者的相对位移量）。

3）写出传动链的传动路线表达式　从始端件向末端件顺次分析各传动轴之间的传动结构和运动传递关系。查明该传动链的传动路线，以及变速、换向、接通和断开的工作原理。

4）列出运动平衡式　对于外联系传动链，因始端件为动力源（电动机），其转速为已知，故主要计算末端执行件的变速级数及各级转速（或速度）。对于内联系传动链，根据所确定的计算位移，从运动平衡式中，或整理出换置机构（通常为挂轮机构）的换置公式，计算所需采用的挂轮齿数，或确定对其他变速机构的调整要求。

如图4.9所示万能升降台铣床，主运动传动链的两端件是主电动机（7.5 kw，1 440 r/min）和主轴Ⅴ。由图可知，电动机的运动经弹性联轴器传给轴Ⅰ，然后经轴Ⅰ-Ⅱ之间的定比齿轮副$\frac{26}{54}$以及轴Ⅱ-Ⅲ、Ⅲ-Ⅳ和Ⅳ-Ⅴ之间的三个滑移齿轮变速机构，带动主轴Ⅴ旋转。主轴的开、停及变向均由电动机实现。

主运动传动链的传动路线表达式为：

$$\text{电动机}—\text{Ⅰ}—\frac{26}{54}—\text{Ⅱ}—\begin{bmatrix}\frac{16}{39}\\ \frac{19}{36}\\ \frac{22}{33}\end{bmatrix}—\text{Ⅲ}—\begin{bmatrix}\frac{18}{47}\\ \frac{28}{37}\\ \frac{39}{26}\end{bmatrix}—\text{Ⅳ}—\begin{bmatrix}\frac{19}{71}\\ \frac{82}{38}\end{bmatrix}—\text{Ⅴ（主轴）}$$

主轴Ⅴ获得的转速级数为：

$$1\times3\times3\times2=18\text{ 级}$$

根据齿轮啮合位置，可以得出图示状态时主轴的转速为：

$$n_{\text{主}}=1\ 440\times\frac{26}{54}\times\frac{16}{39}\times\frac{18}{47}\times\frac{19}{71}\text{ r/min}=30\text{ r/min}$$

（8）机床的转速图

转速图是一种在对数坐标上表示变速传动系统运动规律的格线图。转速图能直观地反映变速传动过程中各传动轴和传动副的转速及运动输出轴获得各级转速时的传动路线等，是认识和分析机床变速传动系统的有效工具。

图4.10为某卧式车床的主运动传动链及其转速图，其含义为：

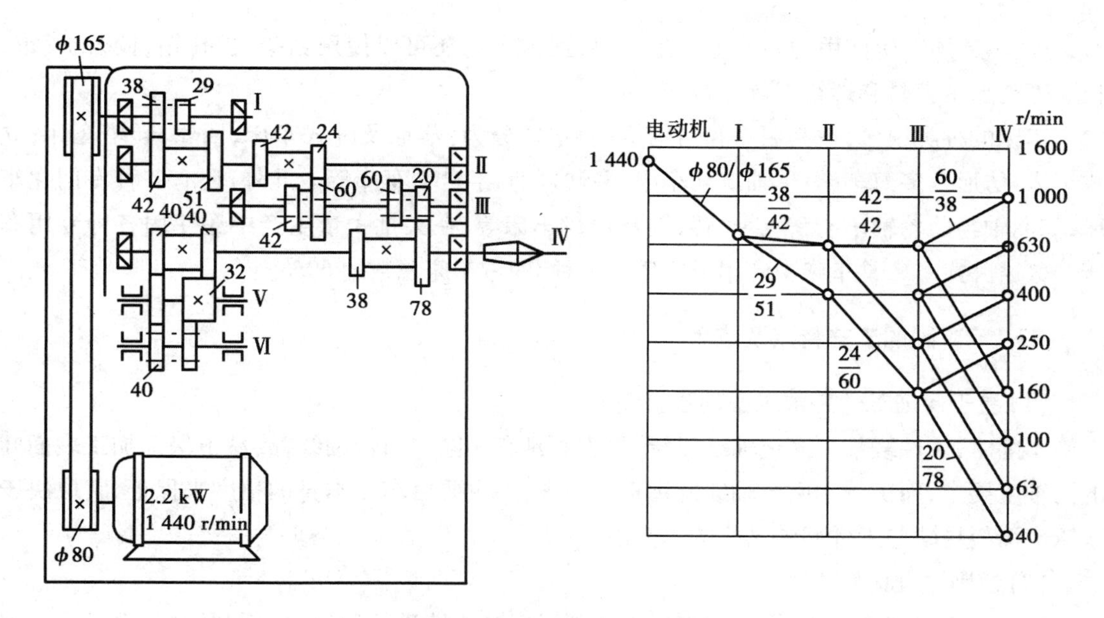

图 4.10　某卧式车床传动系统图及转速分布图

1）竖线代表传动轴　间距相等的竖线代表各传动轴，传动轴按运动传递的先后顺序，从左向右依次排列。图示的传动链由五根传动轴组成，传动顺序为：电机-Ⅰ-Ⅱ-Ⅲ-Ⅳ。

2）横线代表转速值　间距相等的横线由下至上依次表示由低到高的各级转速。由于机床主轴的各级转速通常按等比数列排列，所以当采用对数坐标时，代表主轴各级转速的横线之间的间距则相等。该卧式车床的主轴转速值为 40、63、100、…、1 000，标于横线的右端。

3）竖线上的圆点表示各传动轴实际具有的转速　转速图中每条竖线上有若干小圆点，表示该轴可以实现的实际转速。如电机轴上只有一个圆点，表示电机轴只有一个固定转速，即 n=1 440 r/min。主轴上虽标有 1 600 r/min，但此处无圆点，表示主轴不能实现此种转速。

4）两圆点之间的连线表示传动副的传动比，其倾斜程度表示传动副传动比的大小　从左向右，连线向上倾斜，表示升速传动；连线向下倾斜，表示降速传动；连线为水平线，表示等速传动。因此在同一变速组内倾斜程度相同的连线（平行线）表示其传动比相同，即代表同一传动副。

由图 4.10 所示的转速图可以看出该传动链的组成及运动基本情况：

①传动轴数及各轴运动传递的顺序；

②变速组数及各变速组的传动副数；

③各传动副的传动比的值；

④各传动轴的转速范围及转速级数；

⑤实现主轴各级转速的传动路线。

4.2　车削加工与设备

车削加工是指工件旋转作主运动，车刀作进给运动的切削加工方法，是机械制造中应用最广泛的一类加工方法，车床是应用最广泛的一类机床（往往可占机床总台数的 20%～

35%）。车床加工所使用的刀具主要是车刀，很多车床还可以使用钻头、扩孔钻、铰刀、丝锥、板牙等孔加工刀具和螺纹刀具进行加工。

车床的种类很多，按其用途和结构不同，主要分为：落地及卧式车床；回轮、转塔车床；立式车床；仿形及多刀车床；单轴自动车床；多轴自动、半自动车床等。此外，还有各种专门化车床，如曲轴与凸轮轴车床，轮、轴、辊、锭及铲齿车床等，在大批大量生产中还使用各种专用车床。普通卧式车床是车床中应用最广泛的一种，约占车床总数的60%。

4.2.1 车削的工艺特点及应用

（1）易于保证工件各加工面的位置精度

车削时，工件绕某一固定轴线回转，各表面具有相同的回转轴线，故易于保证加工表面间的同轴度要求，而工件端面与轴线的垂直度要求，则主要由车床本身的精度来保证，它取决于车床横溜板导轨与工件回转轴线的垂直度。

（2）切削过程比较平稳

除了车削断续表面之外，一般情况下车削过程是连续进行的（而铣削和刨削，在一次走刀过程中刀齿有多次切入和切出，会产生冲击），并且当车刀几何形状、背吃刀量和进给量一定时，切削层公称横截面积是不变的。因此，车削时切削力基本上不发生变化，车削过程比铣削和刨削平稳。

（3）适用于有色金属零件的精加工

某些有色金属零件，因材料本身的硬度较低，塑性较大，若用砂轮磨削，软的磨屑易堵塞砂轮，难以得到很光洁的表面。因此，当有色金属零件表面粗糙度 Ra 值要求较小时，不宜采用磨削加工，而要用车削或铣削等。

（4）刀具简单

车刀是刀具中最简单的一种，制造、刃磨和安装均较方便，这就便于根据具体加工要求，选用合理的角度。因此，车削的适应性较广，并且有利于加工质量和生产效率的提高。

在车床上使用不同的车刀或其他刀具，可以加工各种回转表面，如内外圆柱面、内外圆锥面、螺纹、沟槽、端面和成形面等。加工精度可达IT8～IT7，表面粗糙度 Ra 值为1.6～0.8 μm。用金刚石刀具细车时，加工精度可达IT6～IT5，表面粗糙度 Ra 值达0.1～0.4 μm。

图4.11是卧式车床所能加工的典型表面。

4.2.2 CA6140型卧式车床概述

（1）CA6140型普通卧式车床的作用及外观

CA6140卧式车床为目前最为常见的型号之一，是我国自行设计、制造的机床。该机床通用性好，适用于加工各种轴类、套筒类、轮盘类零件上的表面。其加工范围如图4.11所示。

CA6140型车床因加工范围广、结构复杂、自动化程度不高，所以，一般用于单件小批生产。

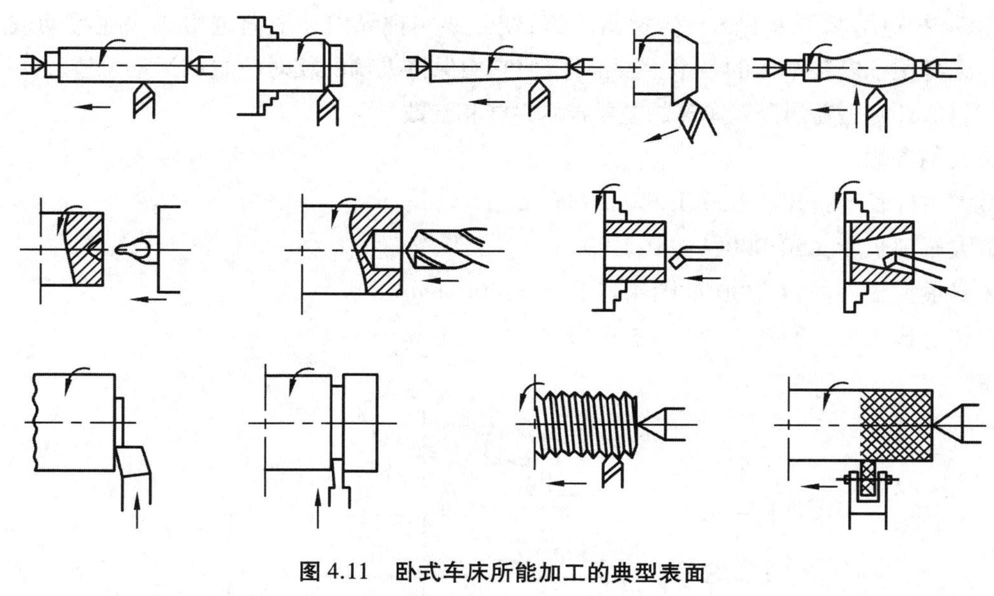

图4.11　卧式车床所能加工的典型表面

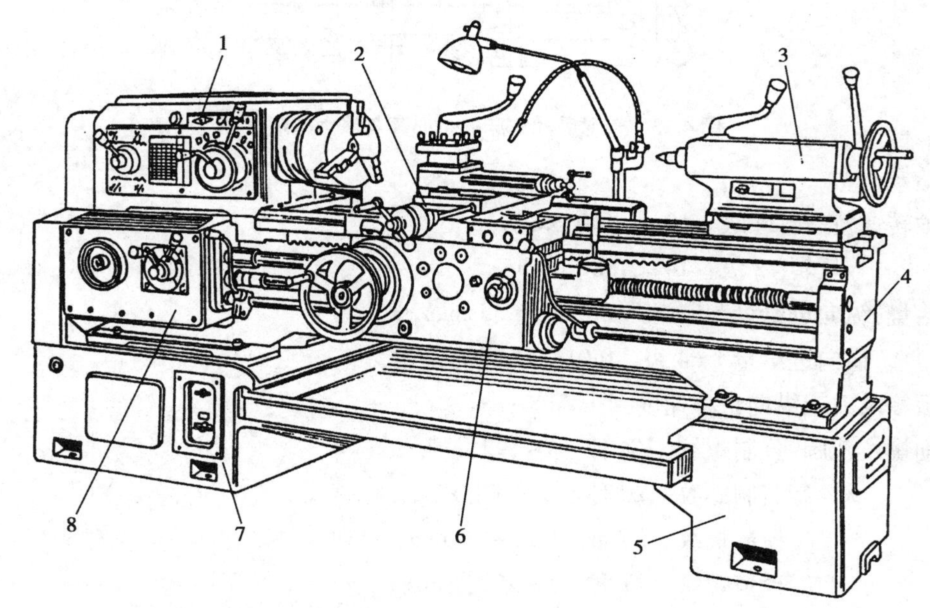

图4.12　CA6140型普通卧式机床外形

1—主轴箱;2—刀架;3—尾座;4—床身;5、7—床腿;6—溜板箱;8—进给箱

图4.12是CA6140型卧式车床外观图,其主要组成部分包括:主轴箱、刀架、尾座、进给箱、溜板箱和床身。主轴箱的功用是支撑主轴并把动力经主轴箱内的变速传动机构传给主轴,使主轴带动工件按规定的转速旋转,以实现主运动,包括实现车床的启动、停止、变速和换向等。刀架部件的功用是装夹车刀,实现纵横向或斜向运动。尾座的功用是用后顶尖支承长工件,也可以安装钻头、中心钻等刀具进行孔类表面加工。进给箱内装有进给运动的换置机构,包括变换螺纹导程和进给量的变速机构(基本组和增倍组)、变换公制与英制螺纹路线的移换机构、丝杠和光杠的转换机构、操纵机构以及润滑系统等。溜板箱与刀架联结在一起作

纵向运动,把进给箱传来的运动传递给刀架,使刀架实现纵向和横向进给或快速移动或车削螺纹。床身用于安装车床的各个主要部件,使它们保持准确的相对位置或运动轨迹。

(2)CA6140型普通卧式车床的主要技术性能和参数

1)几何参数

最大工件长度:750、1 000、1 500、2 000 mm;

最大车削长度:650、900、1 400、1 900 mm;

床身最大工件回转直径(如图4.13所示):400 mm;

刀架上最大工件回转直径(如图4.13所示):210 mm;

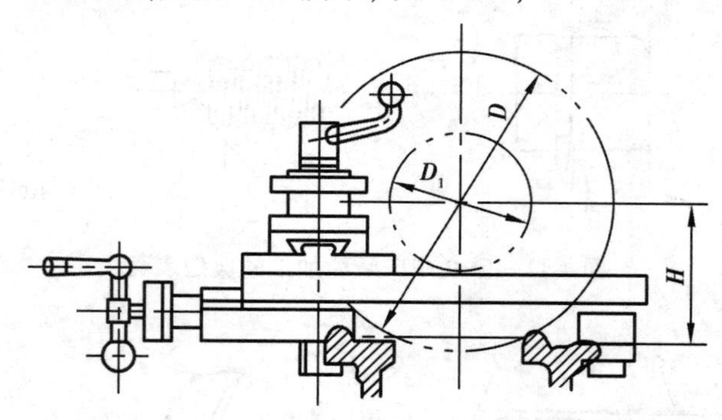

图4.13　普通卧式车床的中心高与最大车削直径

2)运动参数

主轴转速:正转24级　10~1 400 r/min;

　　　　　反转12级　14~1 580 r/min;

进给量:纵向进给量　64级　0.028~6.33 mm/r;

　　　　横向进给量　64级　0.014~3.16 mm/r;

溜板箱及刀架纵向快移速度:4 m/min;

车削螺纹范围:公制螺纹　44种　1~192 mm;

　　　　　　　英制螺纹　20种　2~24扣/in;

　　　　　　　模数螺纹　39种　0.25~48 mm;

　　　　　　　径节螺纹　37种　1~96牙/in。

3)动力参数

主电机功率和转速:7.5 kW,1 450 r/min。

4.2.3　CA6140型卧式车床的传动系统

图4.14为CA6140型普通卧式车床的传动系统图。机床的传动系统由主运动传动链、车螺纹传动链、纵向及横向进给传动链和快速空行程运动传动链组成。

(1)主运动传动链

1)传动路线　主运动的动力源是电动机,执行件是主轴。运动由电动机经三角带轮传动

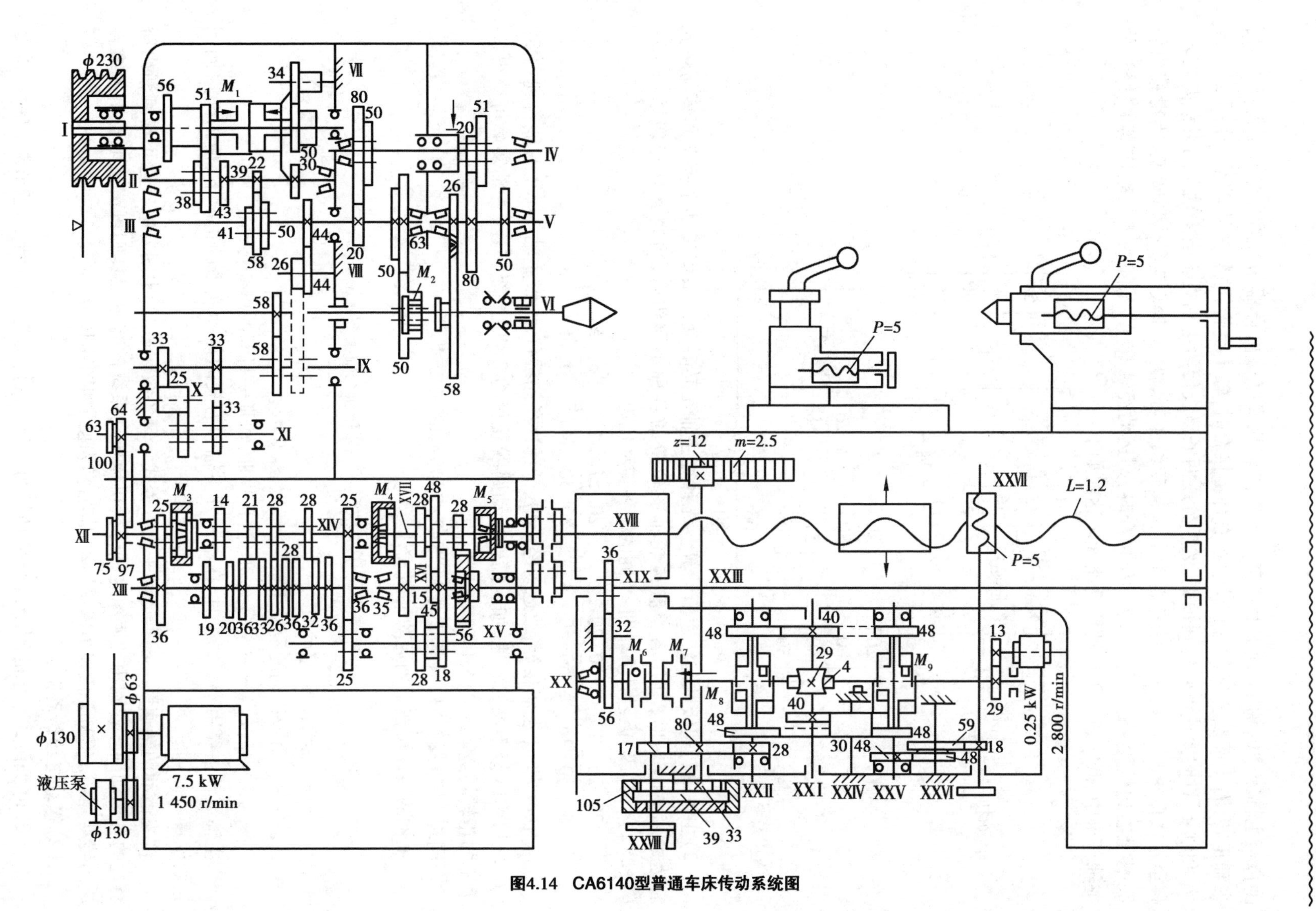

图4.14　CA6140型普通车床传动系统图

副传至主轴箱中的轴Ⅰ,轴Ⅰ上装有一个双向多片式摩擦离合器 M_1,离合器左半部接合时,主轴正转;右半部接合时,主轴反转;左右都不接合时,轴Ⅰ空转,主轴停止转动。轴Ⅰ运动经 M_1 和轴Ⅰ-Ⅲ间变速齿轮传到轴Ⅲ,然后分成两条路线传给主轴Ⅵ。当主轴上的滑移齿轮 Z_{50} 移至左边位置时,运动从轴Ⅲ经齿轮副直接传给主轴,使主轴获得 6 种高转速;当滑移齿轮 Z_{50} 移至右边位置,使齿式离合器 M_2 接合时,则运动经轴Ⅲ-Ⅳ-Ⅴ间的齿轮副传到主轴Ⅵ,使主轴获得中、低转速。主运动传动路线表达式如下:

$$\text{电动机}-\frac{\phi 130}{\phi 230}-\text{I}-\begin{bmatrix} \begin{matrix} M_1(\text{左}) \\ (\text{正转}) \end{matrix}-\begin{bmatrix} \frac{51}{43} \\ \frac{56}{38} \end{bmatrix}-\!-\!- \\ \begin{matrix} M_1(\text{右}) \\ (\text{反转}) \end{matrix}-\frac{50}{34}-\text{VII}-\frac{34}{30} \end{bmatrix}-\text{II}-\begin{bmatrix} \frac{22}{58} \\ \frac{30}{50} \\ \frac{39}{41} \end{bmatrix}-\text{III}-$$

$$\begin{bmatrix} \begin{bmatrix} \frac{20}{80} \\ \frac{50}{50} \end{bmatrix}-\text{IV}-\begin{bmatrix} \frac{20}{80} \\ \frac{51}{50} \end{bmatrix}-\text{V}-\frac{26}{58}-M_2(\text{右}) \\ \cdots\cdots-\frac{63}{50}-M_2(\text{左})\cdots\cdots \end{bmatrix}-\text{VI}(\text{主轴})$$

2)主轴的转速级数与转速值计算　先计算主轴正转转速。根据传动系统图和传动路线表达式,主轴正转时,利用各滑移齿轮轴向位置的各种不同组合,可得其转速级数:2×3×(1+2×2)= 30 级,但经计算轴Ⅲ-Ⅵ间的四种传动比为:

$$u_1=\frac{20}{80}\times\frac{20}{80}=\frac{1}{16};u_2=\frac{50}{50}\times\frac{20}{80}=\frac{1}{4};u_3=\frac{20}{80}\times\frac{51}{50}\approx\frac{1}{4};u_4=\frac{50}{50}\times\frac{51}{50}\approx 1$$

其中 u_2 和 u_3 近似相等,故运动经由中、低速这条路线传动时,主轴实际上只能得到 2×3×(2×2−1)= 18 级不同的转速,加上高速传动路线获得的 2×3 = 6 级转速,主轴实际可获得 24 级不同正转转速。

同理,主轴反转时,只能获得 3+3×(2×2−1)= 12 级转速。

主轴的转速可按下列运动平衡式计算

$$n_{\text{主}}=1\ 450\times\frac{130}{230}\times(1-\varepsilon)u_{\text{I-II}}\times u_{\text{II-III}}\times u_{\text{III-VI}} \tag{4.2}$$

式中　$n_{\text{主}}$——主轴转速,r/min;

ε——三角带传动的滑动系数,一般取 $\varepsilon=0.02$;

$u_{\text{I-II}}$、$u_{\text{II-III}}$、$u_{\text{III-VI}}$——轴Ⅰ—Ⅱ、轴Ⅱ—Ⅲ、轴Ⅲ—Ⅵ间的可变传动比。

主轴反转主要用于车螺纹时,在不断开主轴和刀架间传动联系的情况下,使刀架退回到起始位置。

3)主运动的转速图　根据运动平衡方程式计算各级转速时,中间各级转速不易判断出所经过的各传动副。若利用转速图这种分析机床传动系统的有效工具则可清楚地看出各级转速的传动路线。CA6140 型车床主运动传动链转速图如图 4.15 所示。

(2)螺纹进给传动链

CA6140 型卧式车床的螺纹进给传动链可车削米制、英制、模数制和径节制四种标准螺

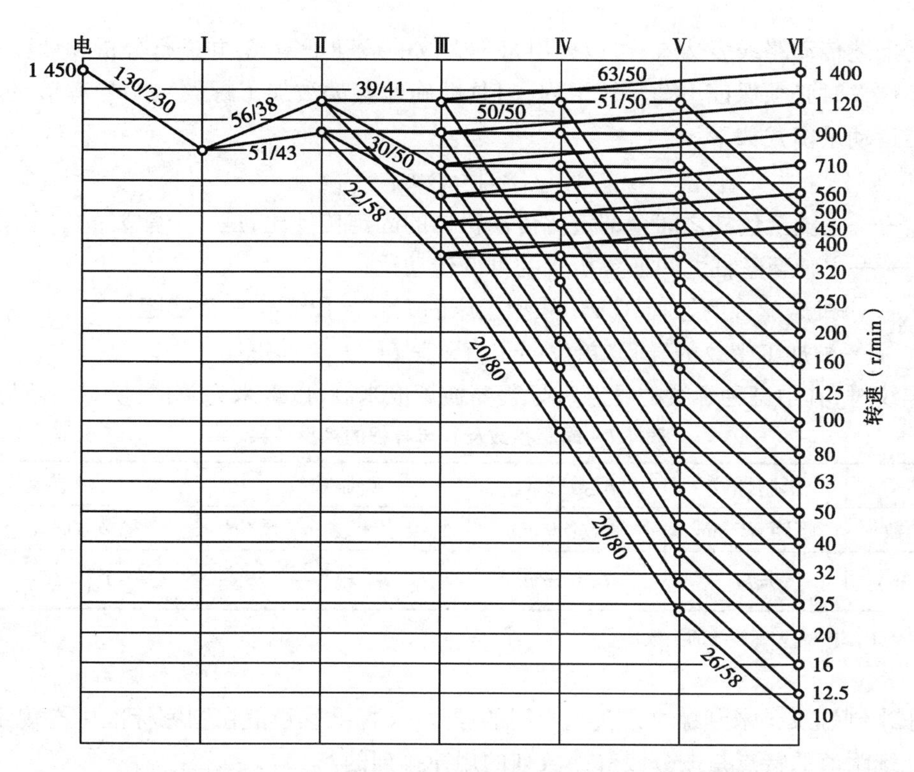

图 4.15　CA6140 型普通卧式车床的主运动(正转)转速图

纹;此外,还可车削大导程、非标准和较精密螺纹;这些螺纹可以是右旋的,也可以是左旋的。各种螺纹进给运动传动路线表达式如下。

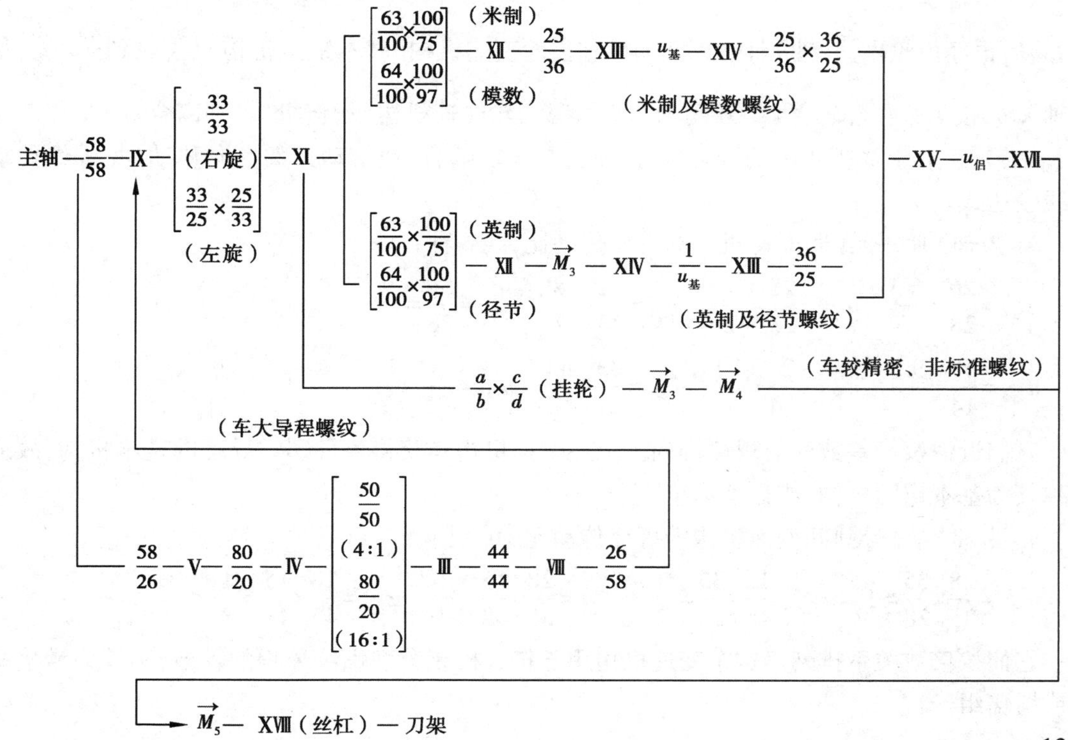

根据上述传动路线表达式,可以列出每种螺纹的运动平衡式,并进行分析和计算。

在车螺纹时必须保证主轴每转 1 周,刀具准确地移动被加工螺纹一个导程 L 的距离,因此可列出运动平衡式如下:

$$1_{(\text{主轴})} \times u_0 \times u_x \times L_{\text{丝}} = L_{\text{工}} \tag{4.3}$$

式中 u_0——主轴至丝杠之间全部定比传动机构的固定传动比,是一个常数;

u_x——主轴至丝杠之间换置机构的可变传动比;

$L_{\text{丝}}$——机床丝杠的导程,CA6140 型车床的 $L=P=12$ mm,P 为螺距;

$L_{\text{工}}$——被加工螺纹的导程,单位:mm。导程 $L=kP$,k 为螺纹头数。

车螺纹时,其中三种螺纹的螺距和导程要换算成米制,以毫米为单位,换算关系见表 4.7。

表 4.7 螺距参数及其与导程的换算关系

螺纹种类	米制螺纹	模数螺纹	英制螺纹	径节螺纹
螺距参数	螺距:P/mm	模数:m/mm	每英寸牙数:a/(牙/in)	径节:DP/(牙/in)
螺距(mm)	$L=kP$	$L_m=k\pi m$	$L_a=k\dfrac{25.4}{a}$	$L_{DP}=k\dfrac{25.4}{DP}\pi$

注:导程 $L=kP$,式中 k 为螺旋线的头数。

1)车米制螺纹 米制螺纹是我国常用的螺纹,其标准螺距值在国家标准中有规定。米制螺纹标准螺距值的特点是按分段等差数列的规律排列的。

车削米制螺纹时,进给箱中的离合器 M_3、M_4 脱开(如图 4.14 所示位置),M_5 接合。此时,运动由主轴Ⅵ经齿轮副$\frac{58}{58}$、轴Ⅸ-Ⅺ间的左右螺纹换向机构、挂轮$\frac{63}{100}\times\frac{100}{75}$,传至进给箱的轴Ⅻ;然后再经齿轮副$\frac{25}{36}$、轴XⅢ-XⅣ间的滑移齿轮变速机构(基本螺距机构)、齿轮副$\frac{25}{36}\times\frac{36}{25}$,传至轴XⅤ;接下去再经轴XⅤ-XⅦ间的两组滑移齿轮变速机构(增倍机构)和离合器 M_5 传动丝杠XⅧ旋转。合上溜板箱中的开合螺母,使其与丝杠啮合,便带动刀架纵向移动(见螺纹传动路线表达式)。

$u_{\text{基}}$为轴XⅢ—XⅣ间变速机构的可变传动比,共 8 种:

$$u_{\text{基}1}=\frac{26}{28}=\frac{6.5}{7} \quad u_{\text{基}2}=\frac{28}{28}=\frac{7}{7} \quad u_{\text{基}3}=\frac{32}{28}=\frac{8}{7} \quad u_{\text{基}4}=\frac{36}{28}=\frac{9}{7}$$

$$u_{\text{基}5}=\frac{19}{14}=\frac{9.5}{7} \quad u_{\text{基}6}=\frac{20}{14}=\frac{10}{7} \quad u_{\text{基}7}=\frac{33}{21}=\frac{11}{7} \quad u_{\text{基}8}=\frac{36}{21}=\frac{12}{7}$$

它们近似按等差数列的规律排列。上述变速机构是获得各种螺纹导程的基本机构,故通常称其为基本螺距机构,或称基本组。

$u_{\text{倍}}$为轴XⅤ—XⅦ间变速机构的可变传动比,共 4 种:

$$u_{\text{倍}1}=\frac{28}{35}\times\frac{35}{28}=1 \quad u_{\text{倍}2}=\frac{18}{45}\times\frac{35}{28}=\frac{1}{2} \quad u_{\text{倍}3}=\frac{28}{35}\times\frac{15}{48}=\frac{1}{4} \quad u_{\text{倍}4}=\frac{18}{45}\times\frac{15}{48}=\frac{1}{8}$$

它们按倍数关系排列。这个变速机构用于扩大机床车削螺纹导程的种数,称其为增倍机构或增倍组。

根据传动系统图或传动链的传动路线表达式，可列出车削米制螺纹时的运动平衡式如下：

$$L=kP=1_{主轴}\times\frac{58}{58}\times\frac{33}{33}\times\frac{63}{100}\times\frac{100}{75}\times\frac{25}{36}\times u_{基}\times\frac{25}{36}\times\frac{36}{25}\times u_{倍}\times 12 \tag{4.4}$$

将上式化简后得：

$$L=kP=7u_{基}u_{倍} \tag{4.5}$$

把 $u_{基}$ 和 $u_{倍}$ 的数值代入上式，可得 8×4＝32 种导程值，其中符合标准的只有 20 种，如表 4.8 所示。

表 4.8　CA6140 型车床米制螺纹表

$u_{倍}$ \ $u_{基}$	$\frac{26}{28}$	$\frac{28}{28}$	$\frac{32}{28}$	$\frac{36}{28}$	$\frac{19}{14}$	$\frac{20}{14}$	$\frac{33}{21}$	$\frac{36}{21}$
$\frac{18}{45}\times\frac{15}{48}=\frac{1}{8}$	—	—	1	—	—	1.25	—	1.5
$\frac{28}{35}\times\frac{15}{48}=\frac{1}{4}$	—	1.75	2	2.25	—	2.5	—	3
$\frac{18}{45}\times\frac{35}{28}=\frac{1}{2}$	—	3.5	4	4.5	—	5	5.5	6
$\frac{28}{35}\times\frac{35}{28}=1$	—	7	8	9	—	10	11	12

由表 4.8 可以看出，通过变换基本螺距机构的传动比，可以得到大体上按等差数列规律排列的导程值（或螺距值），通过变换增倍机构的传动比，可把由基本螺距机构得到的导程值，按 2∶4∶8的关系增大或缩小，两种变速机构传动比不同组合的结果，便得到所需的导程（或螺距）数列。

2）车模数螺纹　模数螺纹主要用在米制蜗杆中，如 Y3150E 型滚齿机的垂直进给丝杠就是模数螺纹。

模数螺纹的螺距参数为模数 m，国家标准规定的标准 m 值也是分段等差数列，因此，标准模数螺纹的导程（或螺距）排列规律和米制螺纹相同，但导程（或螺距）的数值不一样，且数值中还含有特殊因子 π，所以车削模数螺纹时的传动路线与米制螺纹基本相同，而为了得到模数螺纹的导程（或螺距）数值，必须将挂轮换成$\frac{64}{100}\times\frac{100}{97}$，移换机构的滑移齿轮传动比$\frac{25}{36}$，使螺纹进给传动链的传动比作相应变化，以消除特殊因子 π（因为$\frac{64}{100}\times\frac{100}{97}\times\frac{25}{36}\approx\frac{7\pi}{48}$）。化简后的运动平衡式为：

$$L=k\pi m=\frac{7\pi}{4}u_{基}u_{倍} \tag{4.6}$$

即

$$m=\frac{7}{4k}u_{基}u_{倍} \tag{4.7}$$

变换 $u_{基}$、$u_{倍}$，便可车削各种不同模数的螺纹。

3）车英制螺纹　英制螺纹又称英寸制螺纹，在采用英寸制的国家中应用较广泛。我国的部分管螺纹采用英制螺纹。

英制螺纹的螺距参数为每英寸长度上螺纹牙（扣）数 a，标准的 a 值也是按分段等差数列的规律排列的，所以英制螺纹的螺距和导程值是分段调和数列（分母是分段等差数列）。另外，将以英寸为单位的螺距或导程值换算成以毫米为单位的螺距或导程值时，即螺距 $Pa=25.4/a$，数值中含有特殊因子 25.4。由此，为了车削出各种螺距（或导程）的英制螺纹，螺纹进给传动链必须作如下变动。

①将车米制螺纹时的基本组的主动、从动传动关系对调，即轴XIV为主动，轴XIII为从动，这样基本组的传动比数列变成了近似的调和数列，与英制螺纹螺距（或导程）数列的排列规律相一致。

②改变传动链中部分传动副的传动比，使螺纹进给传动链总传动比满足英制螺纹螺距（或导程）数值上的要求，使其中包含特殊因子 25.4。

车削英制螺纹时传动链的具体调整情况为，挂轮用 $\frac{63}{100}\times\frac{100}{75}$，进给箱中离合器 M_3 和 M_5 接合，M_4 脱开，同时轴XV左端的滑移齿轮 Z_{25} 左移，与固定在轴XIII上的齿轮 Z_{36} 啮合。于是运动便由轴XII经离合器 M_3 传至轴XIV，然后由轴XIV传至轴XIII，再经齿轮副 $\frac{36}{25}$ 传至轴XV，同时轴XII与轴XV之间定比传动机构的传动比也由 $\frac{25}{36}\times\frac{25}{36}\times\frac{36}{25}$ 改变为 $\frac{36}{25}$，其余部分传动路线与车米制螺纹时相同（见螺纹传动路线表达式）。

传动链的运动平衡式为：

$$L_a=25.4k/a=1_{主轴}\times\frac{58}{58}\times\frac{33}{33}\times\frac{63}{100}\times\frac{100}{75}\times\frac{1}{u_{基}}\times\frac{36}{25}\times u_{倍}\times 12 \tag{4.8}$$

化简后得：

$$a=\frac{7k}{4}\frac{u_{基}}{u_{倍}} \tag{4.9}$$

变换 $u_{基}$、$u_{倍}$，便可车削各种英制螺纹。

4）车削径节螺纹　径节螺纹主要用于英制蜗杆，其螺距参数以径节 DP 表示。标准径节的数列也是分段等差数列，而螺距和导程值中有特殊因子 25.4，和英制螺纹类似，故可采用英制螺纹的传动路线，但因螺距和导程值中还有特殊因子 π，又和模数螺纹相同，所以需将挂轮换成模数螺纹用挂轮。其运动平衡式化简得：

$$L_{DP}=\frac{25.4k\pi}{DP}=\frac{25.4\pi}{7}\frac{u_{倍}}{u_{基}} \tag{4.10}$$

$$DP=7k\frac{u_{基}}{u_{倍}} \tag{4.11}$$

变换 $u_{基}$、$u_{倍}$，便可车削各种径节螺纹。

5）车削大导程螺纹　当需要车削导程超过标准螺纹螺距范围，如大导程多头螺纹、油槽等，则必须将轴IX右端滑移齿轮 Z_{58} 向右移动，使之与轴VIII上的齿轮 Z_{26} 啮合，于是主轴VI与丝杠通过下列传动路线实现传动联系：

$$主轴(Ⅵ)—\frac{58}{26}—Ⅴ—\frac{80}{20}—Ⅳ—\begin{bmatrix}\frac{50}{50}\\ \frac{80}{20}\end{bmatrix}—Ⅲ—\frac{44}{44}—Ⅷ—\frac{26}{58}—Ⅸ(正常螺纹传动路线)$$

…………………………ⅩⅧ(丝杠)

此时,主轴Ⅵ至轴Ⅸ间的传动比为 4 或 16,车削正常螺纹时,主轴Ⅵ至轴Ⅸ间的传动比为 1。这表明,当螺纹进给传动链其他调整情况不变时,作上述调整可使主轴与丝杠间的传动比增大 4 倍或 16 倍,从而车削螺纹导程也相应地扩大了 4 倍或 16 倍,由此条传动路线,机床可车削符合标准的螺距为 14~192 mm 的米制螺纹 24 种,模数为 3.25~48 mm 的模数螺纹 28 种,径节为 1~6 牙/in 的径节螺纹 13 种。

必须指出,由于扩大螺距机构的传动齿轮就是主运动的传动齿轮,所以只有当主轴上的 M_2 合上,主轴处于低速状态时,才能用扩大螺距机构。即主轴转速为 10~32 r/min 时,导程可扩大 16 倍,主轴转速为 40~125 r/min 时,导程可扩大 4 倍,主轴转速更高时,导程不能扩大,这也符合实际工艺需要。

6) 车削较精密螺纹和非标准螺纹　当车削比较精密的螺纹时,应尽可能地缩短传动链,以减少传动误差,从而提高被车削螺纹的螺距精度。在 CA6140 型车床的传动系统中,当进给箱中的三个离合器 M_3、M_4、M_5 全部接通时,轴Ⅻ、ⅩⅣ、ⅩⅦ和丝杠ⅩⅧ联成一根轴,从而最大限度地缩短了进给箱中的传动路线,提高了车削螺纹的精度。通过调整挂轮来满足车削不同螺距的螺纹(包括非标准螺纹)的要求。

传动链的运动平衡方程式为:

$$L=kP=1_{主轴}\times\frac{58}{58}\times\frac{33}{33}\times u_{挂}\times 12 \tag{4.12}$$

将上式化简后得挂轮传动比的换置公式:

$$u_{挂}=\frac{a}{b}\times\frac{c}{d}=\frac{L_{工}}{P_{丝}}=\frac{L_{工}}{12} \tag{4.13}$$

按传动比计算出的配换齿轮,即使均是机床配换齿轮中包含的齿轮,也不一定都能安装到挂轮架上正常运转,它受到挂轮架结构尺寸和机床上安装挂轮架的固定轴间距离等因素限制,所以必须校核。

如上所述,CA6140 型卧式车床,通过调整传动路线,改换挂轮,就可以车削各种制式和各种螺距的螺纹,各种螺纹传动路线主要特征见表 4.9。

表 4.9　各种螺纹的传动特征与运动平衡式

传动特征与运动平衡式 / 螺纹种类	挂　轮	离合器			轴 XV 上 Z_{25} 的位置	运动平衡式
		M_3	M_4	M_5		
米制螺纹	$\frac{63}{100},\frac{100}{75}$	开	开	合	右位	$L=kP=7\times u_{基}\times u_{倍}$
模数螺纹	$\frac{64}{100},\frac{100}{97}$	开	开	合	右位	$m=\frac{7}{4k}u_{基}u_{倍}$

续表

传动特征与运动平衡式 / 螺纹种类	挂轮	离合器			轴XV上Z_{25}的位置	运动平衡式
		M_3	M_4	M_5		
英制螺纹	$\frac{63}{100},\frac{100}{75}$	合	开	合	左位	$a=\frac{7k}{4}\frac{u_{基}}{u_{倍}}$
径节螺纹	$\frac{64}{100},\frac{100}{97}$	合	开	合	左位	$DP=7k\frac{u_{基}}{u_{倍}}$
较精密及非标准螺纹	$\frac{a}{b}\times\frac{c}{d}$	合	合	合		$u_{挂}=\frac{a}{b}\times\frac{c}{d}=\frac{L_{工}}{P_{丝}}=\frac{L_{工}}{12}$

注：表中 a、b、c、d 挂轮由给定的导程值计算确定。

(3)纵向和横向进给传动链

实现一般车削时刀架机动进给的纵向和横向进给传动链，由主轴至进给箱轴XVII的传动路线与车米制或英制常用螺纹时的传动路线相同，其后运动经齿轮副$\frac{28}{56}$传至光杠XIX（此时离合器M_5脱开，齿轮Z_{28}与轴XIX上的齿轮Z_{56}啮合），再由光杠经溜板箱中的传动机构，分别传至齿轮齿条机构和横向进给丝杠XXVII，使刀架作纵向或横向机动进给，其传动路线表达式如下。

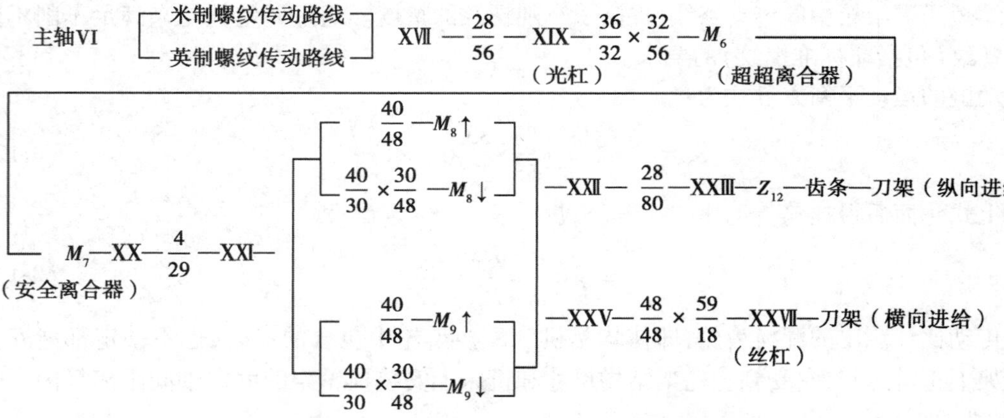

$$\text{主轴VI}\begin{bmatrix}\text{米制螺纹传动路线}\\\text{英制螺纹传动路线}\end{bmatrix}\text{XVII}-\frac{28}{56}-\underset{(\text{光杠})}{\text{XIX}}-\frac{36}{32}\times\frac{32}{56}-\underset{(\text{超超离合器})}{M_6}-\underset{(\text{安全离合器})}{M_7}-\text{XX}-\frac{4}{29}-\text{XXI}-\begin{bmatrix}\begin{bmatrix}\frac{40}{48}-M_8\uparrow\\\frac{40}{30}\times\frac{30}{48}-M_8\downarrow\end{bmatrix}-\text{XXII}-\frac{28}{80}-\text{XXIII}-Z_{12}-\text{齿条}-\text{刀架（纵向进给）}\\\begin{bmatrix}\frac{40}{48}-M_9\uparrow\\\frac{40}{30}\times\frac{30}{48}-M_9\downarrow\end{bmatrix}-\text{XXV}-\frac{48}{48}\times\frac{59}{18}-\underset{(\text{丝杠})}{\text{XXVII}}-\text{刀架（横向进给）}\end{bmatrix}$$

溜板箱中由双向牙嵌式离合器M_8、M_9和齿轮副$\frac{40}{48}$、$\frac{40}{30}\times\frac{30}{48}$组成的两个换向机构，分别用于变换纵向和横向进给运动的方向。利用进给箱中的基本螺距机构和增倍机构，以及进给传动链的不同传动路线，可获得纵向和横向进给量各64种。

由传动分析可知，横向机动进给在其与纵向进给传动路线一致时，所得的横向进给量是纵向进给量的一半。横向进给量的种数与纵向进给量种数相同。

(4)刀架快速移动传动链

刀架快速移动由装在溜板箱内的快速电动机(0.25 kW,2 800 r/min)传动。快速电动机的运动经齿轮副$\frac{13}{29}$传至轴XX，然后再经溜板箱内与机动工作进给相同的传动路线传至刀架，使其实现纵向和横向的快速移动。当快速电动机使传动轴XX快速旋转时，依靠齿轮Z_{56}与轴XX间的单向超越离合器M_6，可避免与进给箱传来的慢速工作进给运动发生矛盾。

4.2.4　其他车床简介

(1)单轴纵切自动车床

单轴纵切自动车床是用机械方式实现自动化加工的自动机床,它的自动循环是靠凸轮、挡块等控制来实现的。这种机床可以实现车削圆柱面、圆锥面、成形表面及车槽和切断等工作。当采用各种附件时,还可以加工各种孔(纵向和横向)、内外螺纹、铣槽、滚花和加工端面沉孔等。

图 4.16 是 CM1107 型单轴纵切自动车床的外形图。该类车床主要适用于钢和有色金属的冷拔料,且外形不太复杂的小直径阶梯轴类零件的车削加工,加工精度较高。由于其起控制作用的各种凸轮,均需根据工件形状专门设计和制造,且机床调整费时,故只适用于大批量生产。

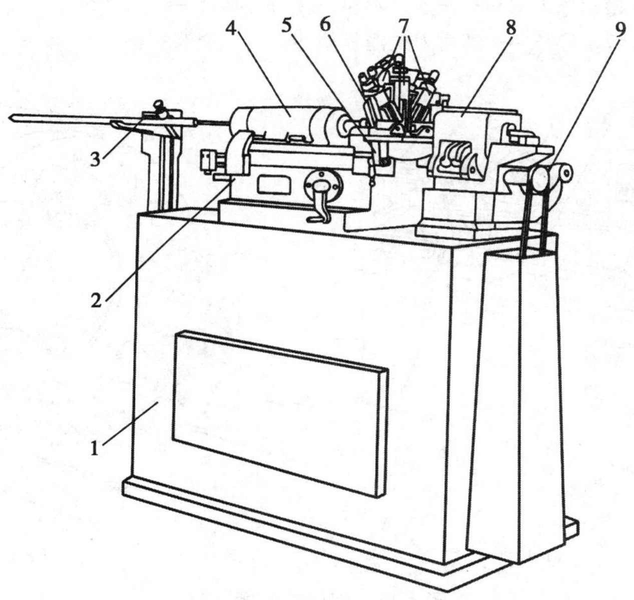

图 4.16　CM1107 型单轴纵切自动车床外形图

1—底座;2—床身;3—送料装置;4—主轴箱;5—天平刀架;
6—中心架;7—上刀架;8—钻铰附件;9—分配轴

(2)回轮、转塔车床

回轮、转塔车床是在卧式车床的基础上发展起来的,它与卧式车床在结构上的主要区别是,没有尾座和丝杠,在床身尾部装有一个能纵向移动的多工位刀架,其上可安装多把刀具。加工过程中,多工位刀架可周期地转位,将不同刀具依次转到加工位置,顺序地对工件进行加工。因此它在成批生产,特别是在加工形状较复杂的工件时,生产率比卧式车床高。但由于这类机床没有丝杠,所以只能采用丝锥和板牙加工螺纹。根据多工位刀架结构的不同,回轮、转塔车床主要有转塔式和回轮式两种,如图 4.17、图 4.18 所示。

与普通卧式车床比较,在回轮、转塔车床上加工工件主要有以下一些特点:

①转塔或回轮刀架上可安装很多刀具,容易完成复杂的加工工序,利用刀架转位来转换刀具迅速方便,缩短了辅助时间。

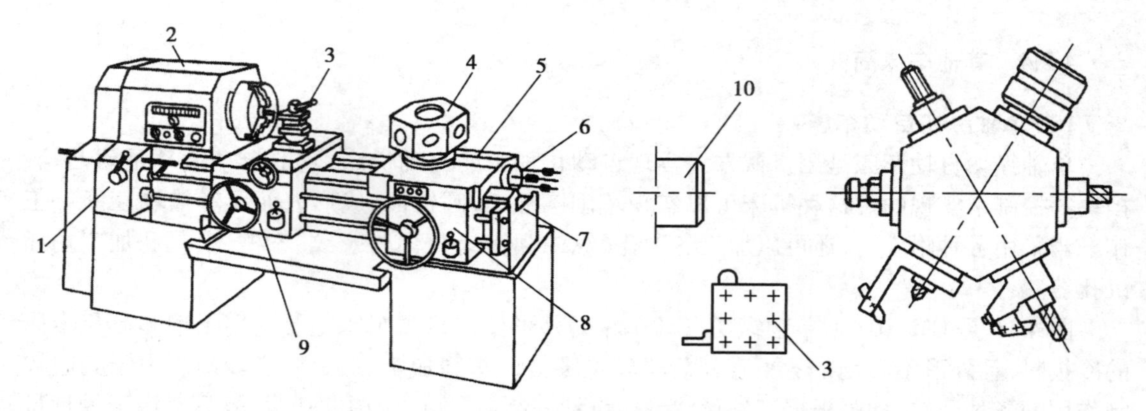

图 4.17　滑鞍转塔车床

1—进给箱;2—主轴箱;3—前刀架;4—转塔刀架;5—纵向溜板;6—定程装置;
7—床身;8—转塔刀架溜板箱;9—前刀架溜板箱;10—主轴

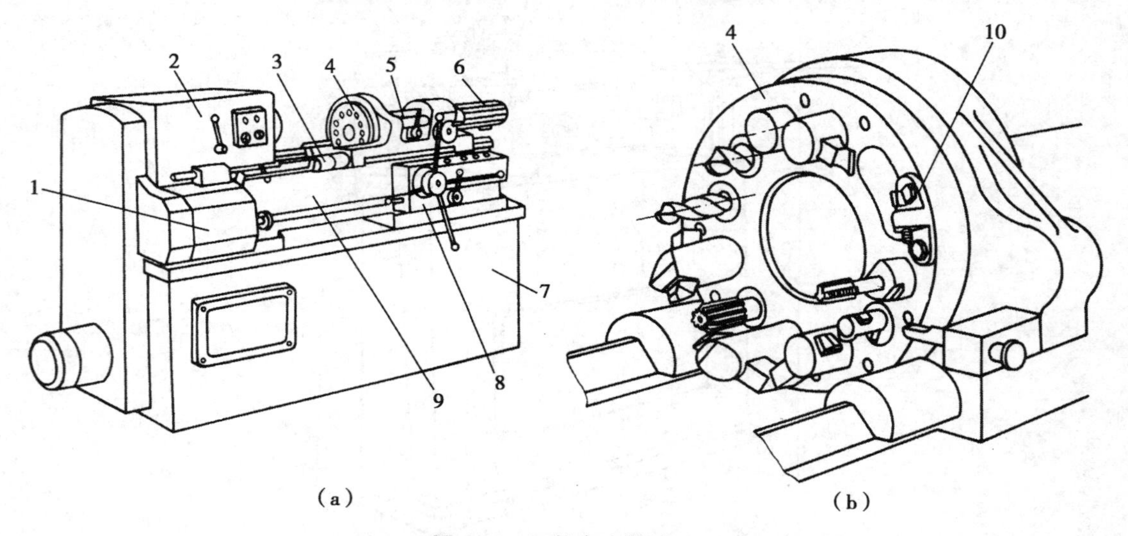

图 4.18　回轮车床的外形

1—进给箱;2—主轴箱;3—刚性纵向定程机构;4—四轮刀架;5—纵向刀具溜板;
6—纵向定程机构;7—底座;8—溜板箱;9—床身;10—横向定程机构

②每把刀具只用于完成某一特定工步,可进行合理调整,实现多刀同时切削,缩短机动时间。

③由预先调整好的刀具位置来保证工件的加工尺寸,并利用可调整的定程机构控制刀具的行程长度,在加工过程中不需要对刀、试切和测量。

④通常采用各种快速夹头以替代普通卡盘;加工棒料时,还采用专门的送料机构,安装工件和送夹料迅速方便。

但是,回轮、转塔车床上调整费时,不适于单件小批生产,而在大批大量生产中,则应采用生产率更高的自动和半自动车床。因此它只适用于成批生产中加工尺寸不大且形状较复杂的零件。

(3)立式车床

立式车床主要用于加工径向尺寸大而轴向尺寸相对较小、且形状比较复杂的大型或重型零件。立式车床是汽轮机、水轮机、重型电机、矿山冶金重型机械制造厂不可缺少的加工设备。立式车床结构布局的主要特点是主轴垂直布置，并有一个直径很大的圆形工作台，供安装工件之用。由于工件及工作台的重量由床身导轨或推力轴承承受，大大减轻了主轴及其轴承的载荷，因此较易保证加工精度。

立式车床分单柱式和双柱式两种，前者加工直径一般小于 1 600 mm，后者加工直径一般大于 2 000 mm，重型立式车床其加工直径超过 2 500 mm。

单柱立式车床的外形和组成图如图 4.19 所示。

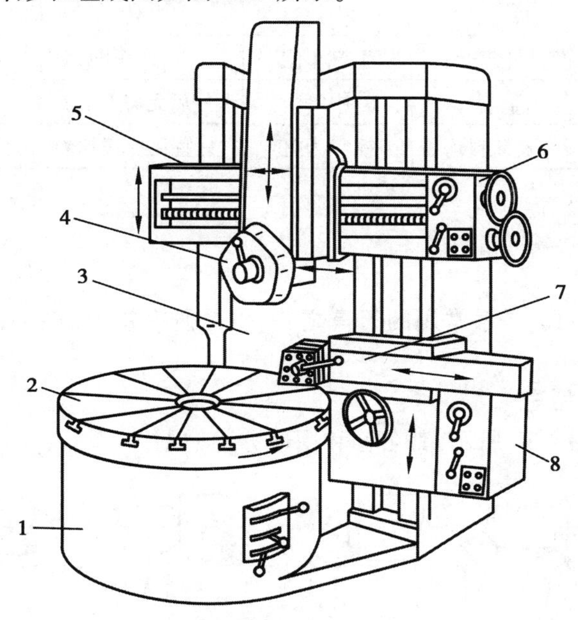

图 4.19　立式车床外形

1—底座；2—工作台；3—立柱；4—垂直刀架；5—横梁；
6—垂直刀架进给箱；7—侧刀架；8—侧刀架进给箱

(4) 数控车床

数控车床是使用较为广泛的数控机床之一，约占数控机床总数的 25%。它主要用于轴类零件或盘套类零件的内外圆柱面、任意锥角的内外圆锥面、复杂回转内外曲面和圆柱、圆锥螺纹等切削加工，并能进行切槽、钻孔、扩孔、铰孔及镗孔等。

加工前，应把被加工零件的加工工艺路线、工艺参数、刀具的运动轨迹、位移量、切削参数以及辅助功能等按照数控机床规定的指令代码及程序格式编写成加工程序，并输入到数控机床的数控装置中，数控机床就自动地对被加工零件进行加工。

在单件生产、小批量生产中，使用数控车床加工复杂形状的零件，不仅可以提高劳动生产率和加工质量，而且还可以缩短生产准备周期和降低了对工人技术熟练程度的要求。因此它成了单件、小批量生产中一种有效的、常用的加工手段。

各种常见车床性能比较见表 4.10。

表 4.10 各种常见车床性能比较

项目 \ 类型	卧式车床	回轮、转塔车床	自动、半自动车床	数控车床
工件几何形状	不限	较复杂为宜	较复杂为宜	较复杂为宜
生产批量	单件、小批	成批	大批	单件、小批
调整机床所需时间	少	中等	多	省时
生产效率	低	中等	高	高
适用场合	生产、机修车间	生产车间	生产车间	不限
工人劳动强度	高	中等	调好后无需人工操作	调好后无需人工操作
所用毛坯及要求	铸、锻件及棒料均可	棒料为宜	只宜用冷拔棒料	不限,但外形应粗加工成形

4.2.5 车刀

车刀是一种单刃刀具,是最常用的刀具之一,也是研究铣刀、钻头、刨刀等其他切削刀具的基础。

(1)车刀的种类和用途

几种常用车刀如图 4.20 所示,其名称和用途分述如下:

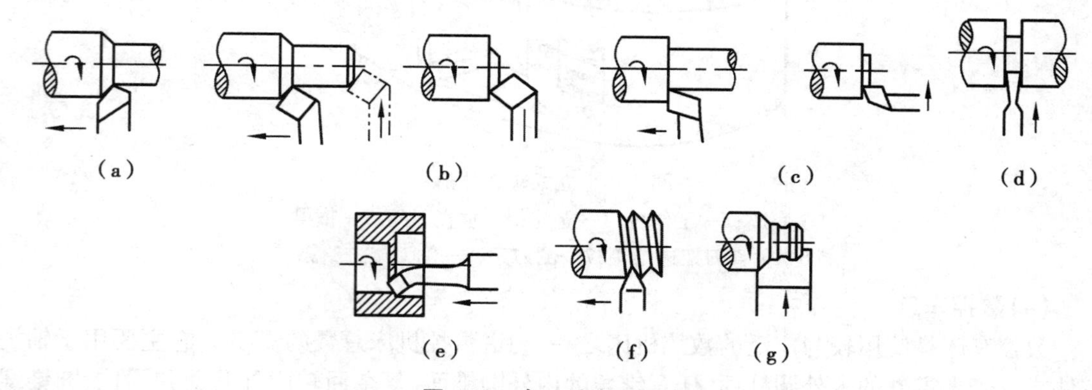

图 4.20 车刀种类及用途

①直头外圆车刀,如图 4.20(a)所示。主要用于车削工件外圆,也可切外圆倒角。

②弯头车刀,如图 4.20(b)所示。用于车削工件外圆、端面或倒角。

③偏刀,如图 4.20(c)所示。有左偏刀和右偏刀之分,用于车削工件外圆、轴肩或端面。

④车槽或切断刀,如图 4.20(d)所示。用于切断工件,或在工件上车槽。

⑤镗孔刀,如图 4.20(e)所示。用于镗削工件内孔,包括通孔和不通孔。

⑥螺纹车刀,如图 4.20(f)所示。图示螺纹车刀用于车削工件的外螺纹。

⑦成形车刀,如图 4.20(g)所示。用于加工工件的成形回转表面,这是一种专用刀具。

(2)车刀的结构型式

车刀的结构型式随着生产的发展和新刀具材料的应用也在不断地发展和变化。高速钢车刀虽仍有应用,但多采用高速钢扁条、方条或把刀头夹持在刀杆中的结构形式,由此节约高速钢材料。应用最广泛的是硬质合金车刀,硬质合金车刀有焊接式和机械夹固式两种结构形式,而机械夹固式又分为普通机夹式和可转位式两种。

可转位车刀用机械夹固的方法将可转位刀片直接紧固在刀杆上。可转位刀片常制成正三角形、正四边形、正五边形、菱形和圆形等。当刀片的一个切削刃用钝后,可将刀片转位,换一个切削刃继续使用,而这种转位不影响切削刃位置的精确性。由于采用可转位式车刀可以缩短停机时间,提高生产率,因此得到广泛应用。

4.3 磨削加工与设备

用磨料磨具(砂轮、砂带、油石和研磨剂等)为工具以较高的线速度对工件表面进行加工的方法称为磨削。磨削可以加工内外圆柱面、圆锥面、平面、渐开线齿廓面、螺旋面以及成形面,还可以刃磨刀具和进行切断等工作,其应用范围十分广泛。磨削主要用于零件的精加工,尤其是淬硬钢和高硬度特殊材料零件的精加工,也有不少用于粗加工的高效磨削。磨削的加工精度可达IT6~IT4,表面粗糙度 Ra 为0.01~1.25 μm。

磨削使用的机床,统称磨床。为了适应磨削各种不同形状的工件表面及生产批量的要求,磨床的种类繁多,主要类型有:各类内、外圆磨床、平面磨床、工具磨床、刀具刃磨机床以及各种专门化磨床。

4.3.1 磨削原理

(1)磨削运动

外圆、内圆和平面磨削时的切削运动如图4.21所示。

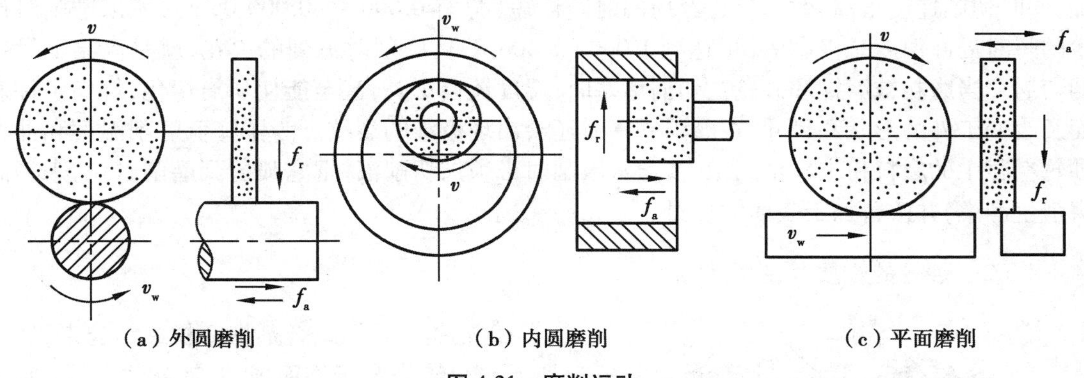

(a)外圆磨削　(b)内圆磨削　(c)平面磨削

图4.21 磨削运动

1)主运动 砂轮的旋转运动是主运动。

2)进给运动 随不同的磨削方式,一般有2~3个进给运动,以实现圆周、轴向和径向进给运动。

(2)磨削过程及特点

如图4.22所示,砂轮上的磨粒是无数又硬又小且形状很不规则的多面体,磨粒的顶尖角为90°~120°,并且尖端均带有若干微米的尖端圆角半径 r_β,磨粒尖端随机分布在砂轮上。经

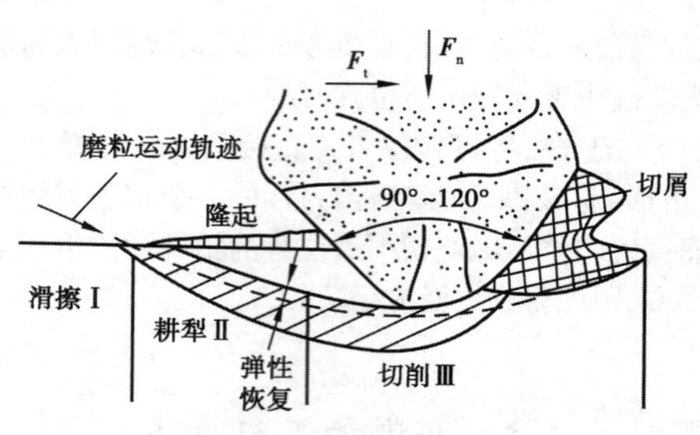

图 4.22 磨粒切入过程

修整后的砂轮,磨粒前角可达-60°~-85°,因此磨削过程与其他切削方法相比具有自己的特点。

磨削时,其切削厚度由零开始逐渐增大。由于磨粒具有很大负前角和较大尖端圆角半径,当磨粒开始以高速(砂轮圆周速度可高达 60 m/s)切入工件时,在工件表面上产生强烈的滑擦,这时切削表面产生弹性变形;当磨粒继续切入工件,磨粒作用在工件上的法向力 F_n 增大到一定值时,工件表面产生塑性变形,使磨粒前方受挤压的金属向两边塑性流动,在工件表面上耕犁出沟槽,而沟槽的两侧微微隆起;当磨料继续切入工件,其切削厚度增大到一定数值后,磨粒前方的金属在磨粒的挤压作用下,发生滑移而成为切屑。

由于各个磨粒形状、分布和高低各不相同,其切削过程也有差异。其中一些突出和比较锋利的磨粒,切入工件较深,经过滑擦、耕犁和切削三个阶段,形成非常微细的切屑;比较钝的、突出高度较小的磨粒,切不下切屑,只是起刻划作用,在工件表面上挤压出微细的沟槽;更钝的、隐藏在其他磨粒下面的磨粒只是稍微滑擦工件表面,起抛光的作用。由此可见,磨削过程是包含切削、刻划和抛光作用的综合的复杂过程。

从磨削的过程看,滑擦、耕犁和切削使工件有挤压变形,并导致工件与磨粒之间的摩擦增加,同时切削速度很高,磨削过程经历的时间极短(只有 0.000 1~0.000 05 s);所以磨削时产生的瞬时局部温度是极高的(可达到 1 000~1 400 ℃),磨削时见到的火花,就是高温下燃烧的切屑。当磨粒被磨钝和砂轮被切屑堵塞时,温度还会更高,甚至能使切屑熔化,烧伤工件表面及改变工件的形状和尺寸,在磨淬硬钢时还会出现极细的裂纹。为了降低磨削温度和冲去砂轮空隙中的磨粒粉末和金属微尘,通常磨削时必须加切削液,把它喷射到磨削区域,来提高磨削生产率,并改善加工表面的质量。

4.3.2 砂轮的性质和使用选择

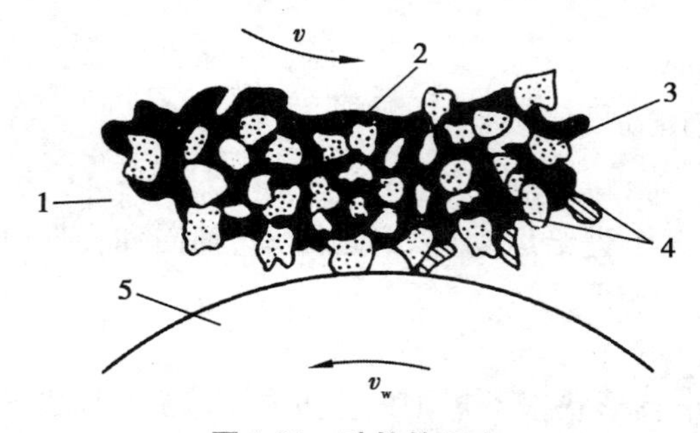

图 4.23 砂轮的组成

1—砂轮;2—结合剂;3—磨料;4—气孔;5—工件

砂轮是一种用结合剂把磨粒黏结起来,经压坯、干燥、焙烧及车整而成,具有很多气孔,而用磨粒进行切削的工具。砂轮的结构如图 4.23 所示,砂轮是由磨料、结合剂和气孔所组成。它的特性主要由磨料、粒度、结合剂、硬度和组织 5 个参数所决定。

(1)磨料

磨料分天然磨料和人造磨料两大类。天然磨料为金刚砂、天然刚玉、金刚石等。天然金刚石价格昂贵，其他天然磨料杂质较多，质地较不均匀，故主要用人造磨料来制造砂轮。

目前常用的磨料可分为刚玉系、碳化物系和超硬磨料系三类。其具体分类、代号、主要成分、性能和适用范围见表 4.11。

表 4.11　常用磨料的种类、代号、主要成分、性能和适用范围

（GB/T 2476—2016、GB/T 2480—2022、GB/T 6408—2018 和 GB/T 23536—2022）

种类	名　称	代　号	主要成分	颜色	性　能	适用范围
刚玉类	棕刚玉	A	Al_2O_3:92.5%～97% TiO_2:2%～3%	棕褐色	硬度高，韧性好，抗弯强度大，化学性能稳定，耐热，价廉	碳钢、合金钢、可锻铸铁与青铜
	白刚玉	WA	Al_2O_3:>99%	白色		淬火钢、高速钢
碳化物类	黑碳化硅	C	SiC:>95%	黑色	硬度更高，强度高，性脆，很锐利，与铁有反应，热稳定性较好	铸铁、黄铜、非金属
	绿碳化硅	GC	SiC:>99%	绿色		硬质合金
超硬磨料类	立方氮化硼	CBN 100～600	立方氮化硼	黑色、琥珀色	硬度高，耐磨性和导电性好，发热量小	磨硬质合金、不锈钢、高合金钢等难加工材料
	人造金刚石（单晶、微粉）	D05～90MD	碳结晶体	黄色、乳白色、无色等	硬度极高，韧性很差，价格昂贵	磨硬质合金、宝石、陶瓷等材料

（2）粒度

粒度指磨料颗粒的尺寸大小（单位：μm），其中值粒径大于 53～64 μm 为粗磨粒、小于53～64 μm 为微粉。

1）粗磨粒　当磨粒尺寸较大时，用机械筛选法来分级，粒度号是指用 1 英寸长度有多少孔数的筛网来命名的。

2）微粉　粒度号有 F 系列（一般工业用途）和 J 系列（精密研磨用途）两个系列。一般用重力沉降法、电阻法或沉降管法来分级，其粒度号为 F230～F1200（或 J240～J8000）。

常用粒度及适用范围见表 4.12，粒度号越大，颗粒越小。

表 4.12　常用磨料的粒度和适用范围（GB/T 2481.1—1998、GB/T 2481.2—2020）

类　别		粒　度	应用范围	类　别		粒　度	应用范围
粗磨粒	粗粒度	F4，F5，F6，F7，F8，F10，F12，F14，F16，F20，F22，F24	荒磨 去毛刺	微粉	极细粒度	F230，F240，F280，F320，F360	珩磨 研磨
	中粒度	F30，F36，F40，F46，F54，F60	粗磨 半精磨 精磨			F400，F500，F600，F800，F1000，F1200 F1500，F2000	研磨 超精磨 镜面磨
	细粒度	F70，F80，F90，F100，F120，F150，F180，F220	精磨				
			珩磨				

一般而言，用粗粒度砂轮磨削时磨削效率高，但工件表面粗糙度差，用细粒度砂轮磨削时，工件表面粗糙度好，但磨削效率低。在满足工件表面粗糙度要求的前提下，应尽量选用粒

度较粗的磨具，以保证较高的磨削效率。砂轮粒度选择的原则如下：

①粗磨时，选粒度较小(颗粒粗)的砂轮，可提高磨削生产率。

②精磨时，选粒度较大(颗粒细)的砂轮，可减小已加工表面粗糙度。

③磨软而韧的金属，用颗粒较粗的砂轮，这是因为用粗颗粒砂轮可减少同时参加磨削的磨粒数，避免砂轮过早堵塞，并且磨削时发热也小，工件表面不易烧伤。

④磨硬而脆的金属，用颗粒较细的砂轮，此时增加了参加磨削的磨粒数，可提高磨削生产率。

(3)结合剂

结合剂是把许多细小的磨粒黏结在一起而构成砂轮的材料。砂轮是否耐腐蚀、能否承受冲击和经受高速旋转而不致裂开等，主要取决于结合剂的成分和性质。常用结合剂及其性能和用途见表4.13、表4.14。

表4.13 结合剂种类(GB/T 2484—2018)

代码	B	BF	E	MG	PL	R	RF	V
种类	树脂或其他热固性有机结合剂	纤维增强树脂结合剂	虫胶结合剂	菱苦土结合剂	热塑性塑料结合剂	橡胶结合剂	增强橡胶结合剂	陶瓷结合剂

表4.14 常用结合剂的性能和适用范围

结合剂	代号	性　能	适用范围
陶瓷	V	耐热、耐蚀，气孔率大，易保持廓形，弹性差	最常用，适用于各类磨削加工
树脂	B	强度较V高，弹性好，耐热性差	适用于高速磨削，切断，开槽等
橡胶	R	强度较B高，弹性更好，气孔率小，耐热性差	适用于切断，开槽，及作无心磨的导轮

(4)砂轮的硬度

砂轮硬度并不是指磨粒本身的硬度，而是指砂轮工作表面的磨粒在外力作用下脱落的难易程度。即磨粒容易脱落的，砂轮硬度为软；反之，为硬。同一种磨料可做出不同硬度的砂轮，它主要取决于黏结剂的成分。砂轮硬度从“超软”到“超硬”可分成7级，其中再分为19个小级，用英文字母标记，“A”到“Y”由软至硬。砂轮的硬度等级见表4.15。

表4.15 砂轮的硬度等级名称及代号(GB/T 2484—2018)

名称	超　软				很　软			软			中		硬				很　硬	超　硬
代号	A	B	C	D	E	F	G	H	J	K	L	M	N	P	Q	R	S	T	Y

砂轮硬度的选用原则是：保证磨具适当自锐性的同时，避免磨具过大磨损，保证磨削时不产生过高磨削温度。

①工件材料愈硬，应选用愈软的砂轮。这是因为硬材料易使磨粒磨损，需用较软的砂轮以使磨钝的磨粒及时脱落，但是磨削有色金属(铝、黄铜、青铜等)、橡皮、树脂等软材料，却要用较软的砂轮。因为这些材料易使砂轮堵塞，选用软的砂轮可使堵塞处较易脱落，露出尖锐的新磨粒。

②砂轮与工件磨削接触面积大时，磨粒参加切削的时间较长，较易磨损，应选用较软的砂轮。

③半精磨与粗磨相比，需用较软的砂轮，以免工件发热烧伤，但精磨和成形磨削时，为了使砂轮廓形保持较长时间，则需用较硬一些的砂轮。

④砂轮气孔率较低时，为防止砂轮堵塞，应选用较软的砂轮。

⑤树脂结合剂砂轮由于不耐高温，磨粒容易脱落，其硬度可比陶瓷结合剂砂轮选高 1~2 级。

在机械加工中，常用的砂轮硬度等级是软 2 至中 2，荒磨钢锭及铸件时可用至中硬 2。

(5)砂轮的组织号

砂轮的组织是指磨粒、结合剂、气孔三者在砂轮内分布的紧密或疏松的程度。磨粒占砂轮体积百分比较高而气孔较少时，属紧密级；磨粒体积百分率较低而气孔较多时，属疏松级。砂轮组织的等级划分是以磨粒所占砂轮体积的百分数为依据的，见表 4.16。

表 4.16　砂轮的组织代号(GB/T 2484—2018)

组织号	0	1	2	3	4	5	6	7	8	9	10	11	12	13	14
磨粒/%	62	60	58	56	54	52	50	48	46	44	42	40	38	36	34
疏密度	紧密				中等				疏松					大气孔	
使用范围	重负荷、成形、精密磨削、间断及自由磨削，或加工硬脆材料				外圆、内圆、无心磨及工具磨，淬火钢工件及刀具刃磨等				粗磨及磨削韧性大、硬度低的工件，适合磨削薄壁、细长工件，或砂轮与工件接触面大以及平面磨削等					磨削有色金属及塑料等非金属，以及热敏性大的合金	

砂轮组织号大，则组织松，砂轮不易被磨屑堵塞，切削液和空气能带入磨削区域，可降低磨削区域的温度，减少工件因发热引起的变形和烧伤，故适用于粗磨、平面磨、内圆磨等磨削接触面积较大的工序，以及磨削热敏感性较强的材料、软金属和薄壁工件。

砂轮组织号小，则组织紧密，气孔百分率小，使砂轮变硬，容易被磨屑堵塞，磨削效率低，但可承受较大磨削压力，砂轮廓形可保持持久，故适用于重压力下磨削，如手工磨削以及精磨、成形磨削。

(6)砂轮的形状及选择

为了适应在不同类型的磨床上磨削各种形状和尺寸工件的需要，砂轮有许多种形状和尺寸，常用砂轮的形状、型号、用途见表 4.17。

表 4.17　常用砂轮的型号、基本形状及用途(GB/T 2484—2018)

型号	形　状	示意图	尺寸标记	主要用途
1	平形砂轮	T H D	1 型—圆周型面— $D \times T \times H$	外圆磨、内圆磨、平面磨、无心磨、工具磨

续表

型号	形　状	示意图	尺寸标记	主要用途
2	黏结或夹紧用筒形砂轮	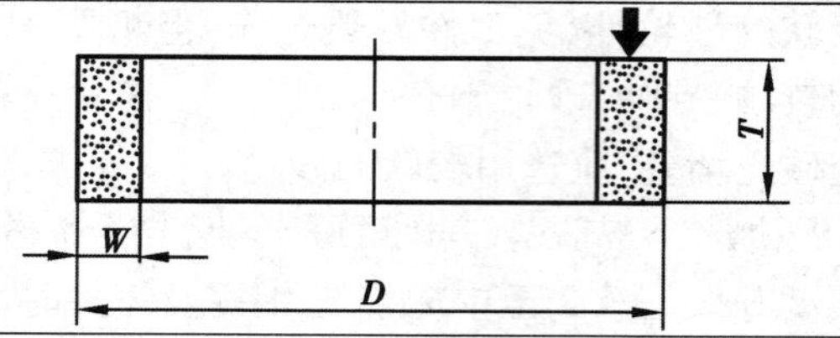 T W D	2型— D×T×W	端磨平面
4	双斜边砂轮	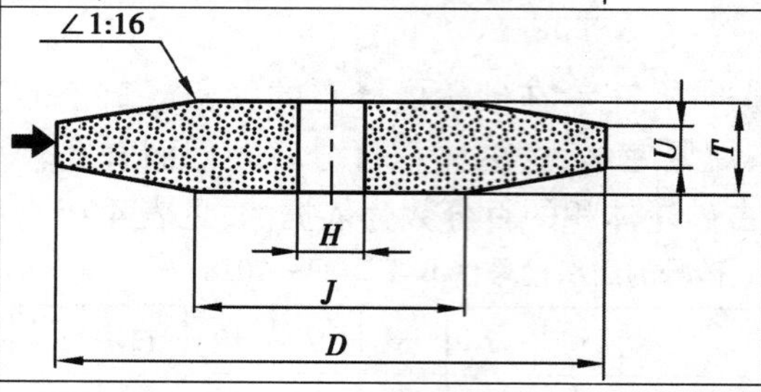 ∠1:16 U T H J D	4型— D×T×H	磨齿轮及螺纹
6	杯形砂轮	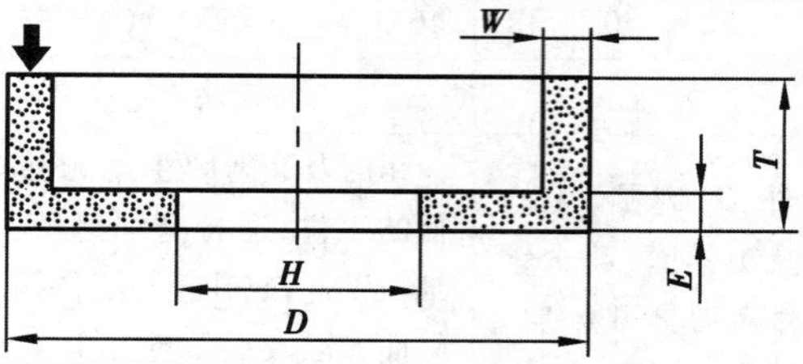 W T E H D	6型— D×T×H-W×E	磨平面、内圆、刃磨刀具
7	双面凹一号砂轮	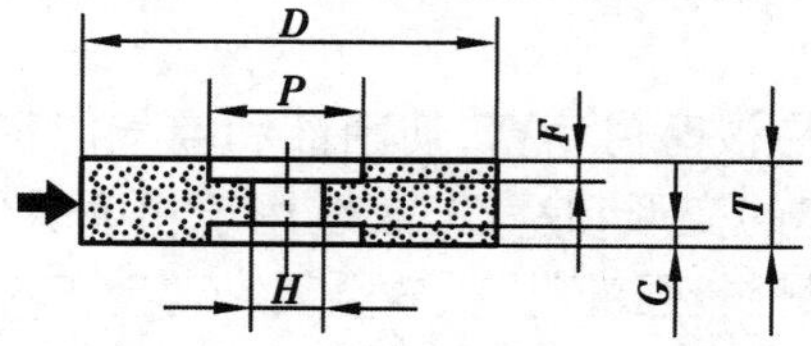 D P F T G H	7型—圆周型面— D×T×H-P×F/G	磨外圆、无心磨的砂轮和导轮、刃磨车刀后刀面
11	碗形砂轮	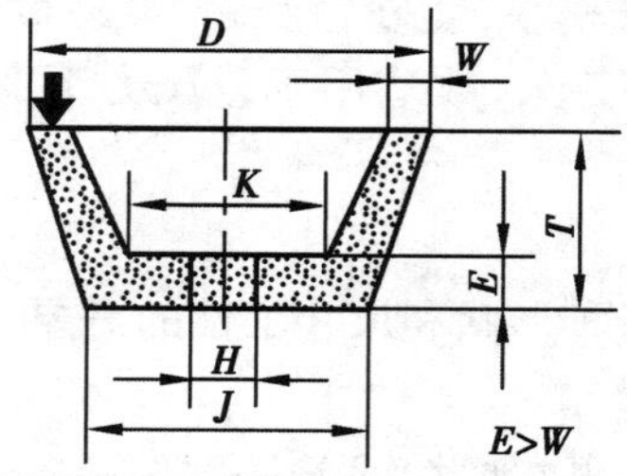 D W K T E H J E>W	11型— D/J×T×H-W×E	端磨平面、刃磨刀具、磨刀具
41	平行切割砂轮	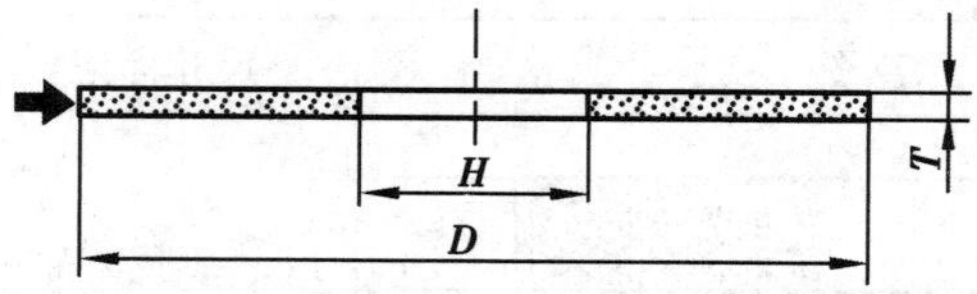 T H D	41型— D×T×H	切断及切槽

注：→表示固结磨具工作面的符号。

根据GB/T 2484—2018的规定，砂轮的标记主要有如图4.24所示的内容。

国标还规定，砂轮的标志应标示在产品表面或标签（或最小包装单元）上，标志的主要内容包括：生产企业名称、商标、主要尺寸（可选，企业自行决定）、磨料种类、磨料料度、硬度等

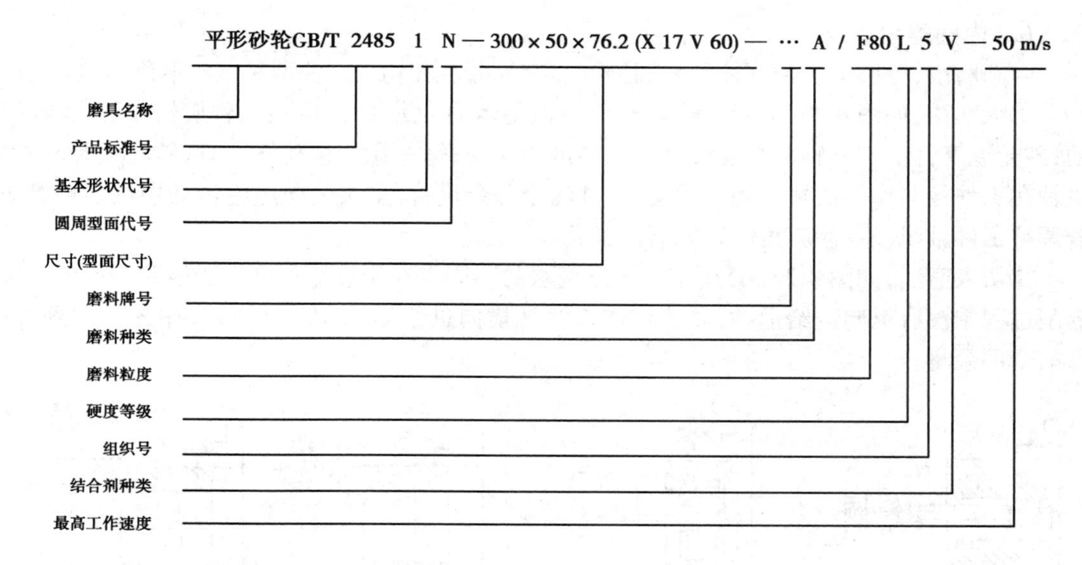

图4.24 砂轮的标记示例

级、组织号(可选,企业自行决定)、最高工作速度和生产日期等。

选用砂轮时,其外径在可能情况下尽量选大些,可使砂轮圆周速度提高,以降低工件表面粗糙度和提高生产率;砂轮宽度应根据机床的刚度、功率大小来决定,机床刚性好、功率大,可使用宽砂轮。

4.3.3 磨削方式

磨削分为外圆磨削、内圆磨削、平面磨削和无心磨削等几种主要磨削方式。

(1)外圆磨削

外圆磨削是用砂轮外圆周面来磨削工件的外回转表面的磨削方式。它能磨削外圆柱面、圆锥面、球面和特殊形状的外表面,基本的磨削方法有两种:纵磨法和横磨法(切入磨法)。

①纵磨法,如图4.25(a)所示。砂轮旋转做主运动。进给运动有:工件旋转作圆周进给运动;工件沿其轴线往复移动作纵向进给运动;在工件每一往复行程终了时,砂轮作一次横向进给运动,工件全部余量在多次行程中逐步被磨去。

②切入磨法,如图4.25(b)所示。切入磨时,工件只作圆周进给,而无纵向进给运动,砂轮则连续地作横向进给,直到磨去全部余量为止。

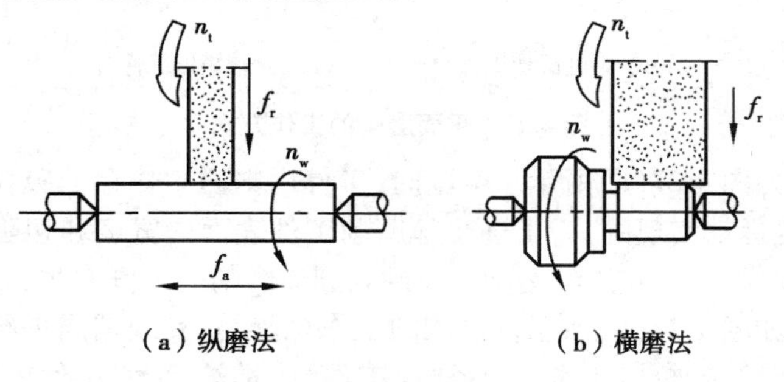

(a)纵磨法　(b)横磨法

图4.25 外圆磨削的工作方式

(2)内圆磨削

内圆磨削,可磨削各种圆柱孔和圆锥孔。有纵磨法和切入磨法两种基本磨削方法。

①纵磨法,如图4.26(a)所示。砂轮旋转做主运动。进给运动有:工件旋转作圆周进给运动;砂轮或工件沿工件轴向往复移动作纵向进给运动;每一往复移动终了时,砂轮架带动砂轮主轴在工件径向作一次横向切入运动,工件的全部余量,在多次横向进给运动中逐步被磨去。若调整工件轴线成一倾斜角度即能磨出锥孔。

②切入磨法,如图4.26(b)所示。与纵磨法的不同点在于砂轮宽度大于被磨表面的长度,磨削过程中没有纵向进给运动,砂轮仅作连续地横向进给运动,在进给过程中逐渐地磨去工件的全部余量。

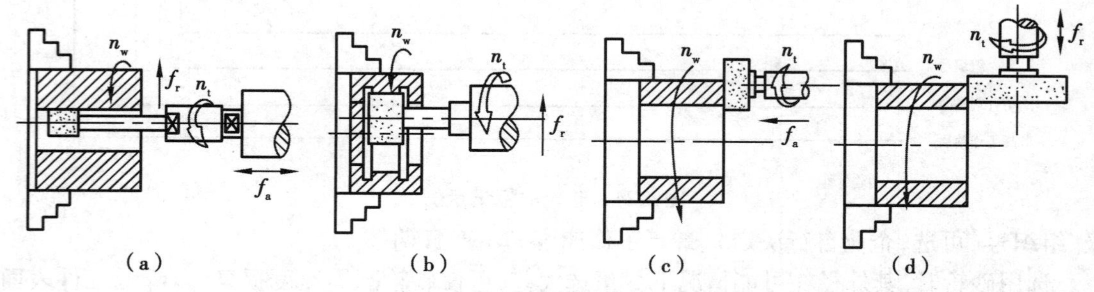

图4.26　内圆磨削的工作方式

某些普通内圆磨床上装备有专门的端磨装置,采用这种端磨装置,可在工件一次装夹中完成内孔和端面的磨削,如图4.26(c)、(d)所示,这样既容易保证孔和端面的垂直度,又可提高生产效率。

(3)平面磨削

根据砂轮工作表面(周边或端面)和机床工作台形状(矩形工作台或圆形工作台)的不同,平面磨床有如图4.27所示的四种工作方式。

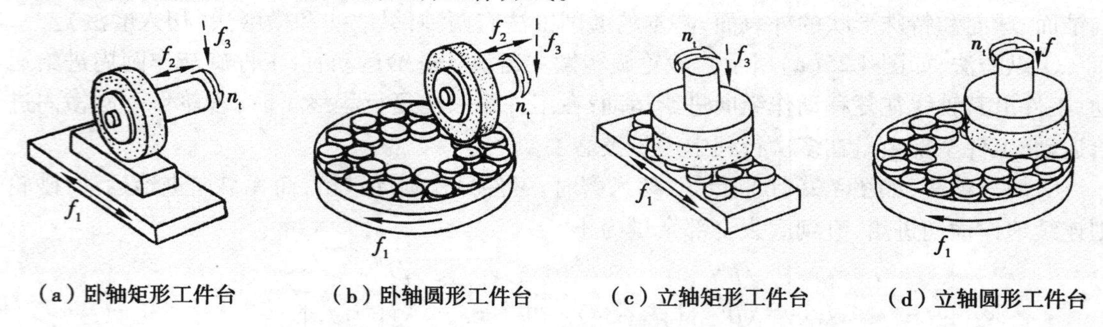

图4.27　平面磨削的工作方式

①卧轴矩台式,如图4.27(a)所示。磨削时,工件由电磁工作台面吸住,磨削工件全长是由工作台作纵向往复运动实现的,为了逐步地磨削工件表面的宽度和切除表面的全部余量,砂轮架还需间歇地作横向、垂直进给运动。属砂轮圆周磨削的工作方式。

②卧轴圆台式,如图4.27(b)所示。机床圆工作台旋转,实现圆周进给,为了使砂轮能磨削至工作台的全部面积,砂轮架作连续的径向(工作台)进给运动,工件表面的全部余量由间歇的垂直切入运动完成。属砂轮圆周磨削的工作方式。

③立轴矩台式,如图4.27(c)所示。由于砂轮主轴垂直布局且砂轮直径大于工件被磨表

面的宽度,故机床进给运动不再需要横向进给,而砂轮架仅作间歇的垂直切入运动,就能磨削工件表面至规定尺寸。属砂轮端面磨削的工作方式。

④立轴圆台式,如图 4.27(d)所示。由于砂轮主轴的垂直布局且砂轮直径大于工作台半径,所以进给运动和卧轴圆台式的区别在于不需要横向进给就能磨削工件全部面积。属砂轮端面磨削的工作方式。

上述四种平面磨削的工作方式中,用砂轮端面磨削与用砂轮周边磨削相比较,由于端面磨削的砂轮直径往往较大,又能磨出工件的全宽,因而生产率较高,特别是圆台式由于是连续进给,其生产率更高。但是,端面磨削时,砂轮和工件表面是成弧形线或面接触,冷却排屑均不便,所以加工精度和表面粗糙度稍差。在生产中,圆台式只适用于磨削大直径的环形小零件端面,不能磨削狭长零件。而矩台式工艺范围广,可方便地磨削各种常用零件的平面、沟槽和台阶等的垂直侧平面,而且加工精度也比圆台式要高。目前,以卧轴矩台式平面磨床和立轴圆台式平面磨床应用最为广泛。

(4)无心外圆磨削

无心外圆磨削时,工件不是支承在顶尖上或夹持在卡盘中,而是直接被放在砂轮和导轮之间,由托板和导轮支承,以工件被磨削的外圆表面本身作为定位基准面,如图 4.28 所示。磨削时砂轮 1 高速旋转,导轮 3 则以较低的速度旋转,工件 4 在磨削力以及导轮和工件间摩擦力的作用下被带动旋转,实现圆周进给运动。导轮是摩擦系数较大的树脂或橡胶结合剂砂轮,它不起磨削作用,而是用于支承工件并控制工件的进给速度。在正常磨削情况下,高速旋转的砂轮通过磨削力 $F_{切}$ 带动工件旋转,导轮则依靠摩擦力 F_1 限制工件的圆周速度,使之基本上等于导轮的圆周线速度,从而在砂轮和工件间形成很大的速度差,产生磨削作用。改变导轮的转速,便可调节工件的圆周进给速度。

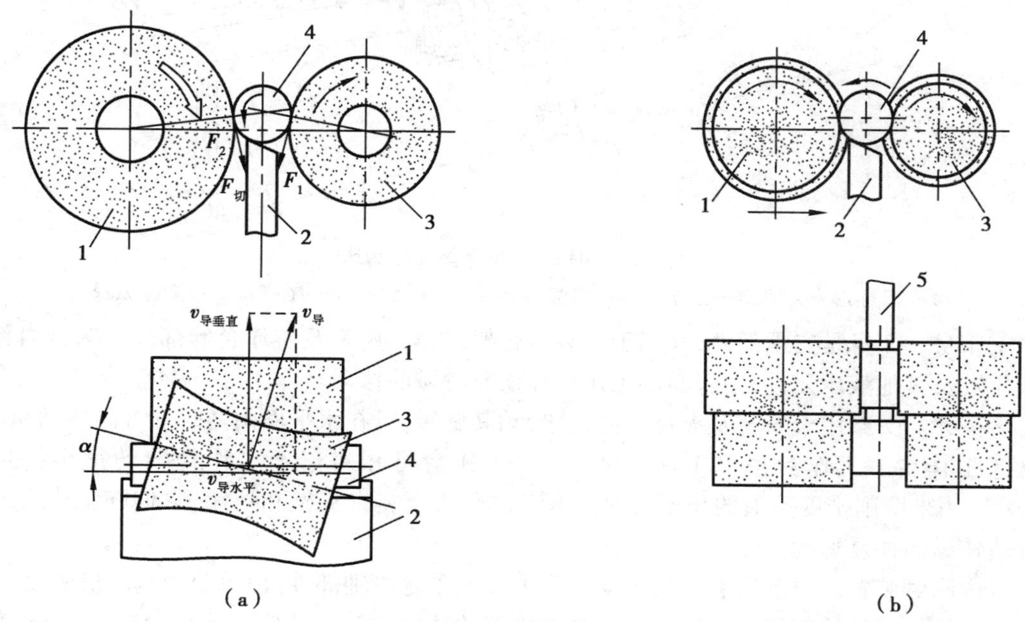

图 4.28　无心外圆磨的加工示意图

1—砂轮;2—托板;3—导轮;4—工件;5—挡块

无心外圆磨床有两种磨削方式:纵磨法和切入磨法。

①纵磨法,如图 4.28(a)所示。由于导轮轴线相对工件轴线倾斜 α 角度,所以产生了水平分速度,使工件作轴向进给。为了保证导轮在倾斜了 α 角后再能与工件间的接触成直线,把导轮的形状修正成回转双曲面形,又为了避免磨出棱圆形工件,应使工件中心略高于砂轮中心(高出工件直径的 15%~25%),这样,就可使工件在多次转动中逐步地被磨圆。

②切入磨法,如图 4.28(b)所示。由砂轮横向切入工件作进给运动。导轮轴线仅倾斜不到 1°(约 30′左右),这时对工件有微小的轴向推力,使它靠住挡块 5,工件得到可靠的轴向定位。

无心磨削法适用于大量生产中磨削短小工件的外圆表面。对小直径的细长轴加工,可用纵磨法;对具有阶梯式成形回转表面的工件,宜用切入法加工。

4.3.4 M1432A 型万能外圆磨床

(1)机床的布局

图 4.29 为 M1432A 型万能外圆磨床的外形图。它由下列主要部件组成:

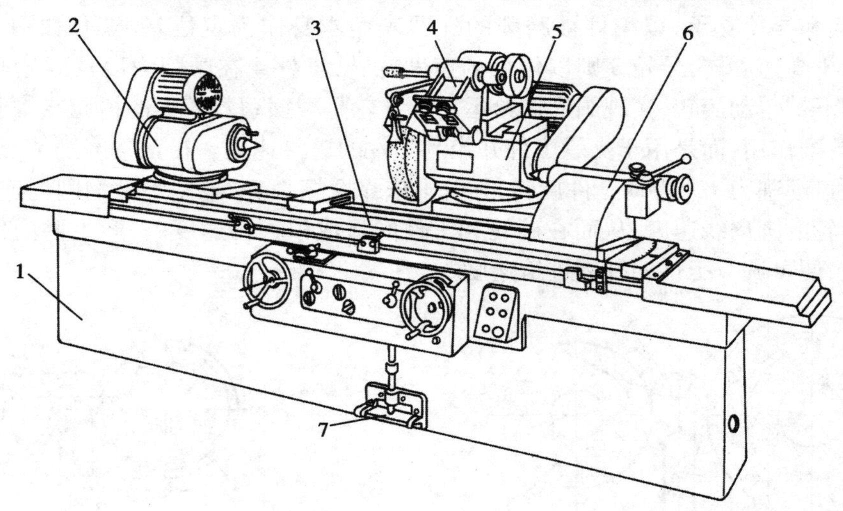

图 4.29 M1432A 型万能外圆磨床

1—床身;2—头架;3—工作台;4—内圆磨装置;5—砂轮架;6—尾座;7—脚踏操纵板

①床身。床身是支承部件,并用于安装砂轮架、头架、尾座及工作台等部件。床身内部装有液压缸及其他液压元件,用来驱动工作台和横向滑鞍的移动。

②头架。头架用于安装及夹持工件,并带动其旋转,可在水平面内逆时针方向转动 90°。

③工作台。工作台由上下两层组成,上工作台可相对于下工作台转动很小的角度(±10°),用来磨削锥度不大的长圆锥面。上工作台顶面装有头架和尾座,它们随工作台沿床身导轨作纵向往复运动。

④内圆磨装置。内圆磨装置用于支承磨内孔的砂轮主轴部件,由单独的电动机驱动。

⑤砂轮架。砂轮架用于支承并传动高速旋转的砂轮主轴。砂轮架装在滑鞍上,当需磨削短圆锥时,砂轮架可在±30°内调整角度位置。

⑥尾座。尾座和头架的顶尖一起支承工件。

(2) 机床的运动

如图 4.30 所示是万能外圆磨床几种典型加工方法的示意图。机床必须具备以下运动:外磨或内磨砂轮的旋转为主运动,工件作圆周进给运动,工件(工作台)直线往复为纵向进给运动,砂轮作周期或连续横向进给运动,此外,机床还有砂轮架快速进退和尾座套筒缩回两个辅助运动。

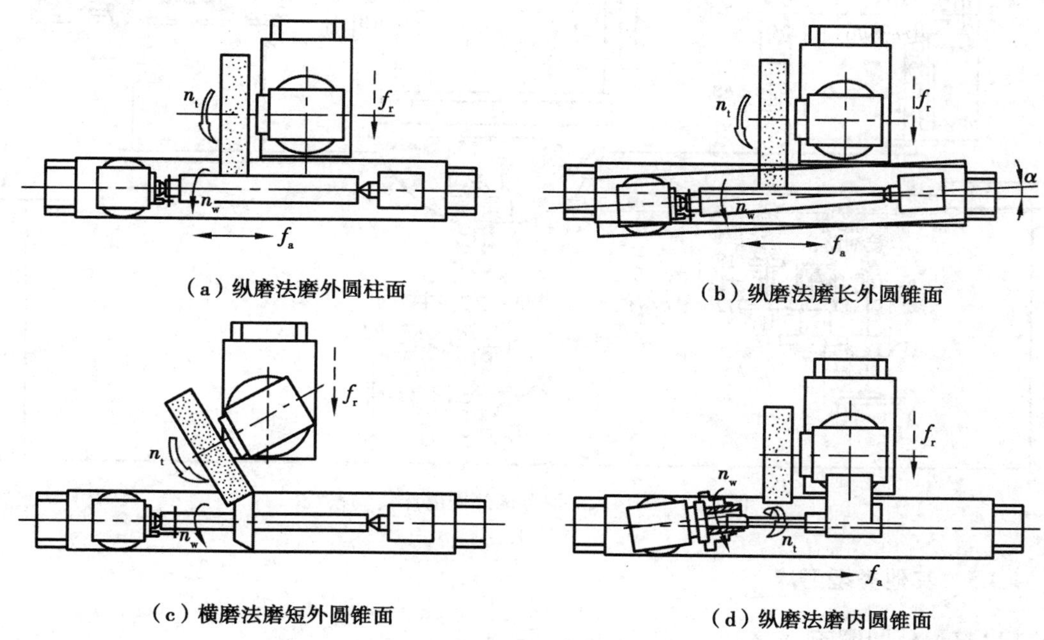

(a) 纵磨法磨外圆柱面　(b) 纵磨法磨长外圆锥面

(c) 横磨法磨短外圆锥面　(d) 纵磨法磨内圆锥面

图 4.30　万能外圆磨床加工示意图

(3) 机床的传动

如图 4.31 所示为 M1432A 型万能外圆磨床的传动系统图。

1) 头架拨盘(带动工件)的传动　这一传动用于实现工件的圆周进给运动,其传动路线为:电机—Ⅰ—三级塔轮—Ⅱ—Ⅲ—拨盘。头架电动机是双速的,轴Ⅰ和轴Ⅱ间有 3 级变速,故工件可获得 6 级转速。

2) 砂轮的传动　外圆磨削砂轮只有一种转速,由电动机通过 V 带传动。内圆磨削砂轮由电动机经平带传动,通过更换带轮可获得两种转速。

3) 砂轮架的横向进给运动　砂轮架的横向进给是用操作手轮来实现的,手轮固定在轴 XⅢ 上,由手轮至砂轮架的传动路线为:手轮—Ⅷ—ⅠX(两组齿轮变速)—横向丝杆—砂轮架。

4) 工作台的纵向往复运动　工作台的纵向往复运动可通过手动和液压驱动。

手动驱动　传动路线为:手轮 A—V—Ⅵ—Ⅶ—齿轮齿条—工件台。

液压驱动　工作台的纵向往复运动要求平稳,无"爬行",换向无冲击,并能实现无级调速等,因此,该运动一般由液压传动来实现。

工作台的液压驱动和手动驱动之间有互锁装置。当工作台由液压驱动作纵向进给运动时,压力油进入液压缸,推动轴Ⅵ上双联滑移齿轮,使齿轮 18 与轴Ⅶ上齿轮 72 脱离啮合,此时工作台移动而手轮 A 不转,故可避免因工作台移动带动手轮转动可能引起的伤人事故。

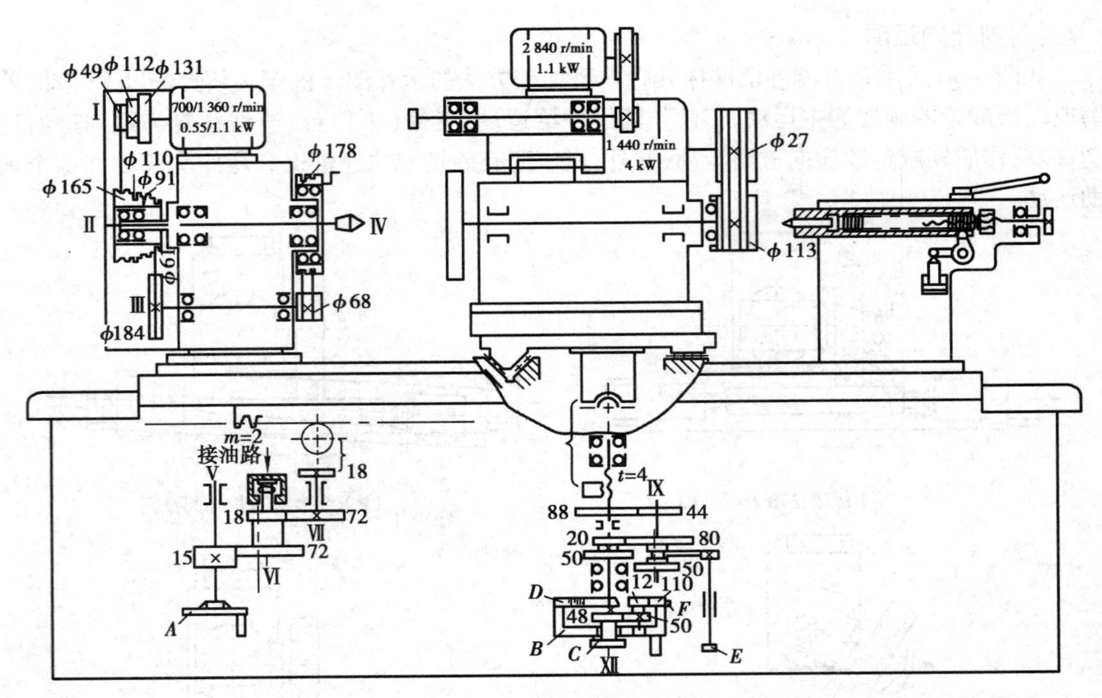

图 4.31　M1432A 型万能外圆磨床传动系统

4.3.5　其他类型磨床

(1)普通外圆磨床

这类磨床的砂轮架和头架都不能像万能外圆磨床那样绕其垂直轴线调整角度。此外,头架主轴不能转动,机床又没有内圆磨具。因此,工艺范围较窄,只能磨削外圆,但生产率较高,也较易保证磨削质量。

(2)普通内圆磨床

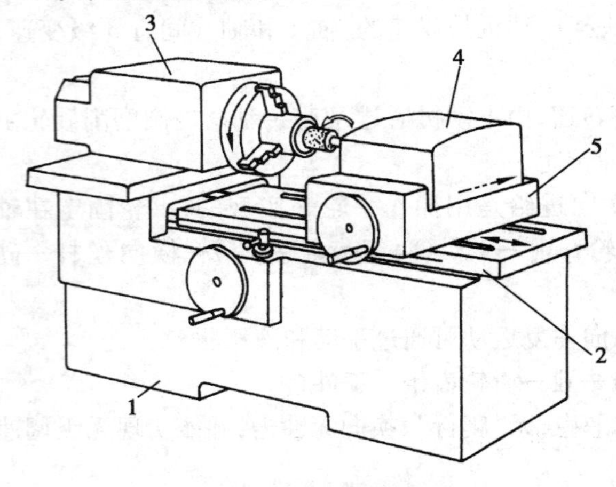

图 4.32　普通内圆磨床

1—床身;2—工作台;3—头架;4—滑座

如图 4.32 所示为一种普通内圆磨床的布局型式。磨床的砂轮架安装在工作台上,随工作台做纵向进给运动,横向进给运动由砂轮架实现,工件头架可绕其垂直轴线调整角度,以便磨削锥孔。

(3)平面磨床

平面磨床主要用于磨削各种工件的平面。在其主要的四种类型(卧轴矩台型、卧轴圆台型、立轴矩台型和立轴圆台型)中,应用较多的是卧轴矩台式和立轴圆台式平面磨床。

1)卧轴矩台平面磨床　如图 4.33 所示是一卧轴矩台平面磨床的外形(砂轮架移动式)。工作台 4 只作纵向往复运动,而由砂轮架 1 沿滑鞍 2 上的燕尾型导轨移动来实现周期的横向进给运动,滑鞍和砂轮架一起可沿立柱 3 的导轨垂直移动,完成周期的垂直进给运动。

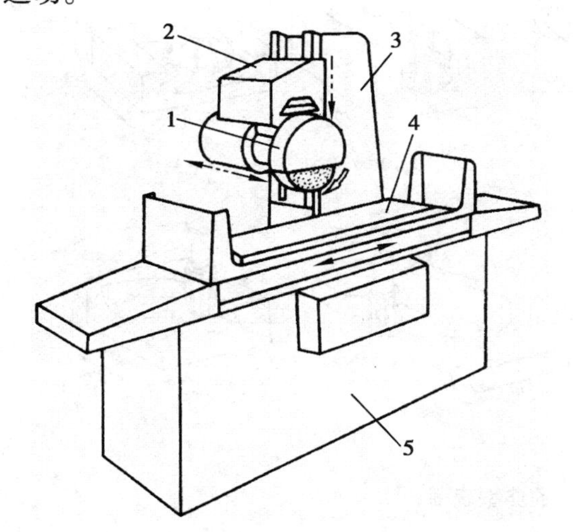

图 4.33　卧轴矩形工作台平面磨床外形

1—砂轮架;2—滑鞍;3—立柱;4—工作台;5—床身

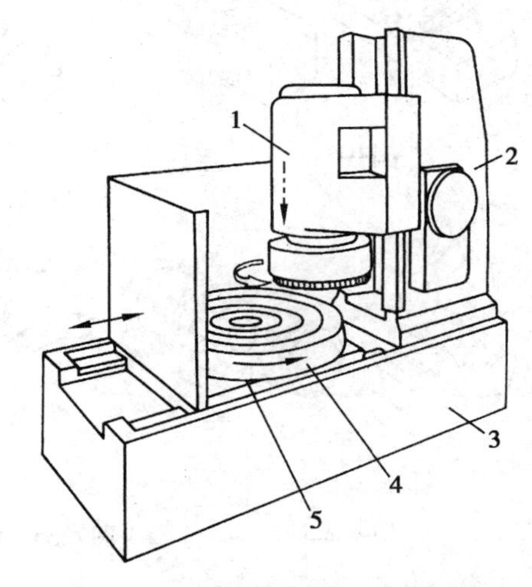

图 4.34　立轴圆形工作台平面磨床外形

1—砂轮架;2—立柱;3—床身;4—工作台;5—床身导轨

2)立轴圆台平面磨床　如图 4.34 所示是一立轴圆台平面磨床的外形。圆形工作台 4 除了做旋转运动实现圆周进给外,还可以随床鞍 5 一起沿床身 3 的导轨纵向快速运动,以便装卸工件。砂轮架可做垂直快速调位运动,砂轮主轴轴线的位置,可根据加工要求进行微量调整,使砂轮端面和工作台台面平行或倾斜一个微小的角度。

4.4　铣削加工与设备

铣削加工是指铣刀旋转作主运动,工件或铣刀作进给运动的切削加工方法。铣床是用铣刀进行加工的机床。铣削的加工范围广、生产率较高,而且还可以获得较好的加工表面质量,其加工精度一般为 IT9~IT7,表面粗糙度为 $Ra6.3 \sim 1.6\ \mu m$。

4.4.1　铣削的工艺特点及其应用

铣床是用多齿刀具进行铣削加工的机床,它可以加工平面(水平面、垂直面等)、沟槽(键槽、T 型槽、燕尾槽等)、分齿零件(齿轮、链轮、棘轮、花键轴等)、螺旋形表面(螺纹和螺旋槽)及各种曲面等,如图 4.35 所示。

(1)生产率较高

铣刀是典型的多齿刀具,铣削时有几个刀齿刃同时参加工作,并且参与切削的切削刃较长。铣削的主运动是铣刀的旋转,有利于高速铣削。因此,铣削的生产率比刨削高。

(2)容易产生振动

铣刀的刀齿切入和切出时产生冲击,也将引起同时工作刀齿数的增减,如图 4.36 所示,在切削过程中每个刀齿的切削层厚度 h_i 随刀齿位置的不同而变化,引起切削层横截面积变化,因此,在铣削过程中铣削力是变化的,切削过程不平稳,容易产生振动,这就限制了铣削加工

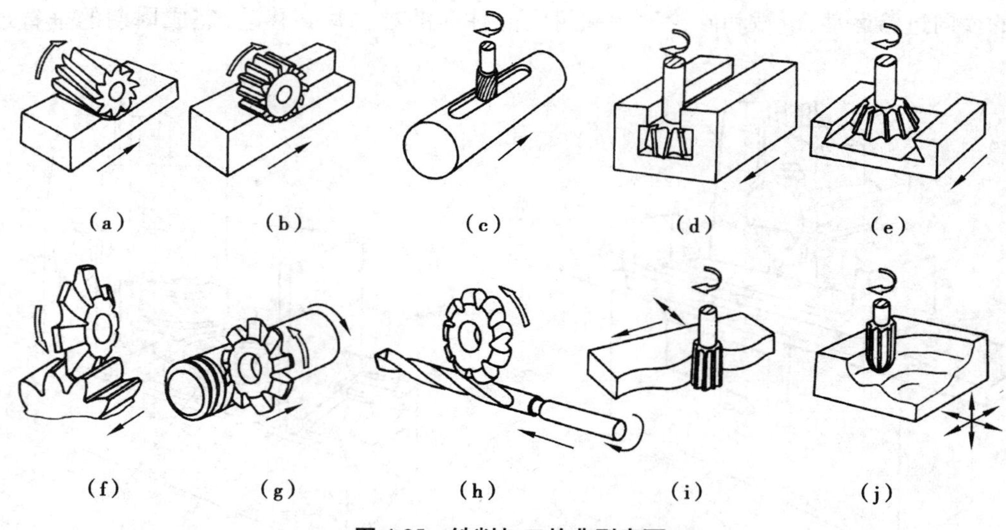

图 4.35　铣削加工的典型表面

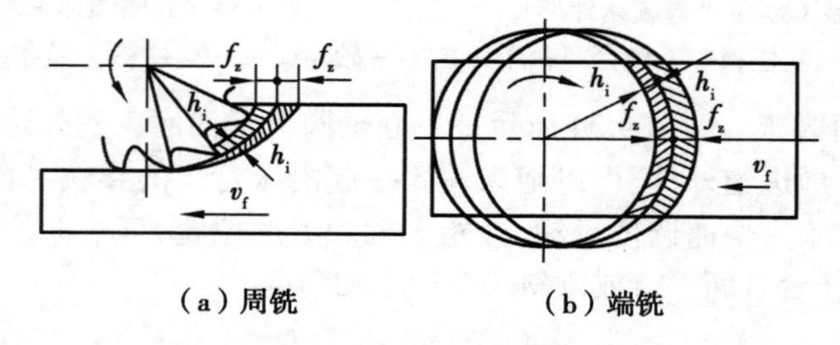

图 4.36　铣削时切削层厚度的变化

质量和生产率的进一步提高。

(3) 刀齿散热条件较好

铣刀刀齿在切离工件的一段时间内,可以得到一定的冷却,散热条件较好。但是,切入和切出时热和力的冲击将加速刀具的磨损,甚至可能引起硬质合金刀片的碎裂。

4.4.2　铣削方式

平面铣削有周铣和端铣两种方式,如图 4.37 所示。

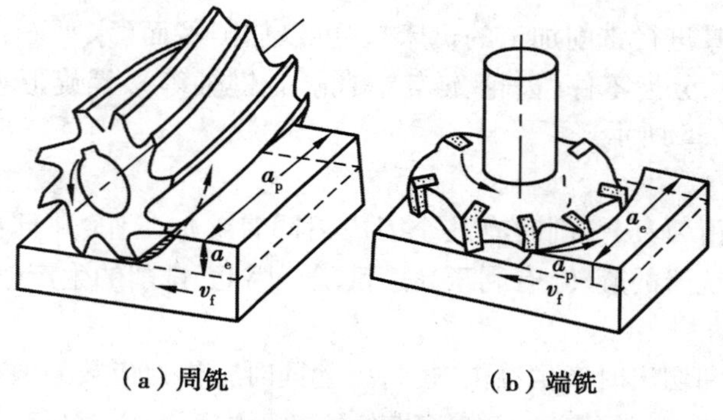

图 4.37　周铣和端铣

(1)周铣(周边铣削)

周铣是用圆柱形铣刀圆周上的齿刃对工件进行切削。根据铣刀运动方向和工件移动进给方向的关系,周铣可分为逆铣和顺铣,如图4.38所示。铣刀切削部位刀齿的运动方向和工件的进给方向相反时,为逆铣;相同时,为顺铣。

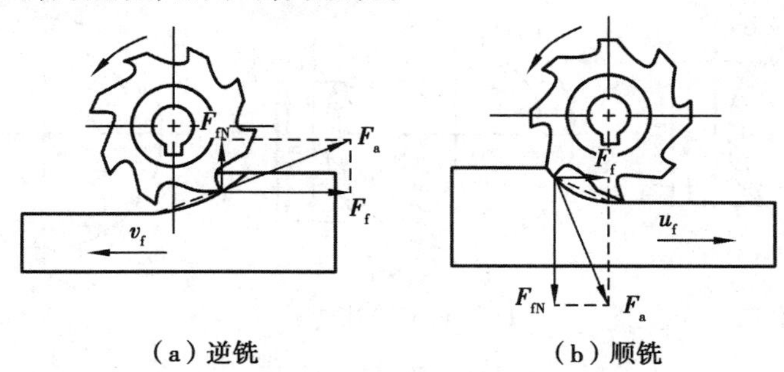

(a)逆铣　(b)顺铣

图4.38　逆铣和顺铣

逆铣时,每个刀齿的切削层厚度是从零增大到最大值,由于铣刀刃口处总有圆弧存在,而不是绝对尖锐的,所以在刀齿接触工件的初期,不能切入工件,而是在工件表面上挤压、滑行,使刀齿与工件之间的摩擦加大,加速刀具磨损,同时也使表面质量下降。顺铣时,每个刀齿的切削层厚度是由最大减小到零,从而避免了上述缺点。

逆铣时,铣削力上抬工件;而顺铣时,铣削力将工件压向工作台,减少了工件振动的可能性,尤其是在铣削薄而长的工件时,更为有利。

由上述分析可知,从提高刀具使用寿命和工件表面质量、增加工件夹持的稳定性等观点出发,一般以采用顺铣法为宜。但是,顺铣时忽大忽小的水平分力 F_f 与工件的进给方向是相同的,而工作台进给丝杠与固定螺母之间一般都存在间隙,如图4.39所示,该间隙在进给方向的前方。由于 F_f 的作用(当 F_f 大于进给力时),就会使工件连同工作台和丝杠一起,向前窜动,造成进给量突然增大,甚至引起打刀,"窜动"产生后,间隙在进给方向的后方,又会造成丝杠仍在旋转,而工作台暂时不进给的现象。而逆铣时,水平分力 F_f 与进给方向相反,铣削过程中工作台丝杠始终压向螺母,不致因为间隙的存在而引起工件窜动。目前,一般铣床尚没有消除工作台丝杠与螺母之间间隙的机构,所以,在生产中仍多采用逆铣法。另外,当铣削带有黑皮的表面时,例如铸件或锻件表面的粗加工,若用顺铣法,因为刀齿首先接触黑皮,将加剧刀齿的磨损,所以也应采用逆铣法。

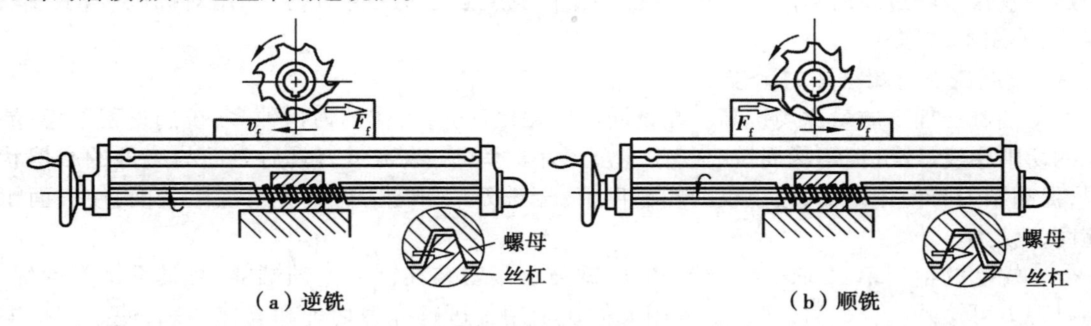

(a)逆铣　(b)顺铣

图4.39　逆铣和顺铣时丝杠螺母间隙

(2)端铣法(端面铣削)

端铣是以端铣刀端面上的齿刃铣削工件表面的一种加工方式。由于端铣刀具有较多的同时工作的刀齿，又使用了硬质合金刀片和修光刃口，所以加工表面粗糙度较低，并且铣刀的使用寿命，生产效率都比周铣法高。根据铣刀和工件相对位置的不同，端铣法可以分为对称铣削法和不对称铣削法，如图 4.40 所示。

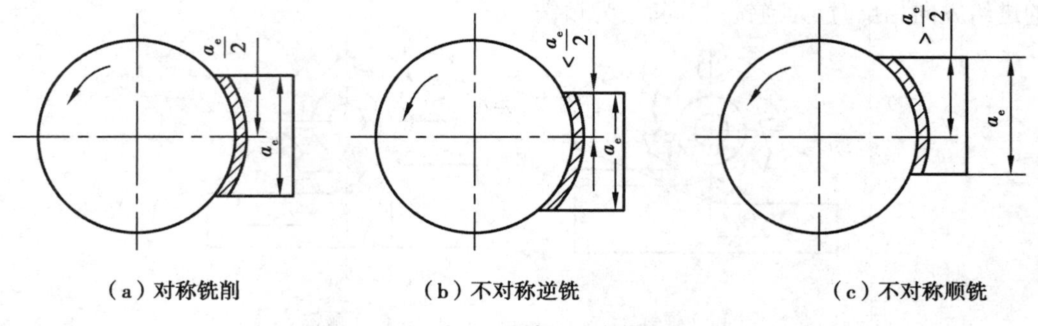

（a）对称铣削　（b）不对称逆铣　（c）不对称顺铣

图 4.40　端铣法的方式

工件相对铣刀回转中心处于对称位置时称为对称铣。此时，刀齿切入工件与切出工件时的切削厚度相同，每个刀齿在切削过程中，有一半是逆铣，一半是顺铣。当刀齿刚切入工件时，切屑较厚，没有滑行现象，但在转入顺铣阶段中，对称端铣与圆柱铣刀顺铣方式一样，会使工作台顺着进给方向窜动，造成不良后果。生产中对称端铣方式很适宜于加工淬硬钢件，因为它可以保证刀齿超越冷硬层切入工件，能提高端铣刀使用寿命和获得光洁度较均匀的加工表面。

铣削中，刀齿切入时的切削厚度小于或大于切出时的切削厚度，称为不对称铣削。这种铣削方式又可分为不对称逆铣和不对称顺铣两种。

不对称逆铣，刀齿切入工件时的切削厚度小于切出时的厚度。这种铣削方式在加工碳钢及高强度合金钢之类的工件时，可减少切入时的冲击，能提高硬质合金端铣刀使用寿命 1 倍以上。不对称逆铣方式还可减少工作台窜动现象，特别在铣削中采用大直径的端铣刀加工较窄平面时，切削很不平稳，若采用逆铣成分比较多的不对称端铣方式将是更为有利的。

不对称顺铣，刀齿以最大的切削厚度切入工件，从最小的切削厚度切出。实践证明，不对称顺铣用于加工不锈钢和耐热合金时，可减少硬质合金刀具的热裂磨损，可使切削速度提高 40%~60%，或提高刀具使用寿命达 3 倍之多。

端铣法可以通过调整铣刀和工件的相对位置，调节刀齿切入和切出时的切削层厚度，从而达到改善铣削过程的目的。一般情况，当工件宽度接近铣刀直径时，采用对称铣；当工件较窄时，采用不对称铣。

（3）周铣法与端铣法的比较

①端铣的加工质量比周铣高。端铣同周铣相比，同时工作的刀齿数多，铣削过程平稳；端铣的切削厚度虽小，但不像周铣时切削厚度最小时为零，改善了刀具后刀面与工件的摩擦状况，提高了刀具使用寿命，减小表面粗糙度值；端铣刀的修光刃可修光已加工表面，使表面粗糙度值较小。

②端铣的生产率比周铣高。端铣的面铣刀直接安装在铣床主轴端部，刀具系统刚性好，同时刀齿可镶硬质合金刀片，易于采用大的切削用量进行强力切削和高速切削，使生产率得到提高，而且工件已加工表面质量也得到提高。

③端铣的适应性比周铣差。端铣一般只用于铣平面，而周铣可采用多种形式的铣刀加工平面、沟槽和成形面等，因此周铣的适应性强，生产中仍常用。

4.4.3　铣床

铣床的主要类型有:升降台式铣床、龙门铣床、工具铣床、圆台铣床、仿形铣床和各种专门化铣床等。

(1)升降台式铣床

升降台式铣床是铣床中应用最普遍的一种类型。升降台式铣床的结构特征是:主轴带动铣刀旋转实现主运动,其轴线位置通常固定不动;工作台可在相互垂直的三个方向上调整位置,带动工件在其中任一方向上实现进给运动。升降台式铣床根据主轴的布局可分为卧式和立式两种。

1)卧式升降台铣床　如图 4.41 所示,其主轴水平布置。床身 1 固定在底座 8 上,用于安装和支承机床各部件,床身内装有主轴部件、主运动变速传动机构及其操纵机构等。床身 1 顶部的燕尾型导轨上装有可沿主轴轴线方向调整其前后位置的悬梁 2,悬梁上的刀杆支架 4 用于支承刀杆的悬伸端。升降台 7 装在床身 1 的垂直导轨上,可以上下(垂直)移动,升降台内装有进给电动机,进给运动变速传动机构及其操纵机构等。升降台的水平导轨上装有床鞍 6,可沿平行于主轴轴线的方向(横向)移动。工作台 5 装在床鞍 6 的导轨上,可沿垂直于主轴轴线的方向(纵向)移动。因此,固定在工作台上的工件,可随工作台一起在相互垂直的三个方向上实现任一方向的进给运动或调整位置。

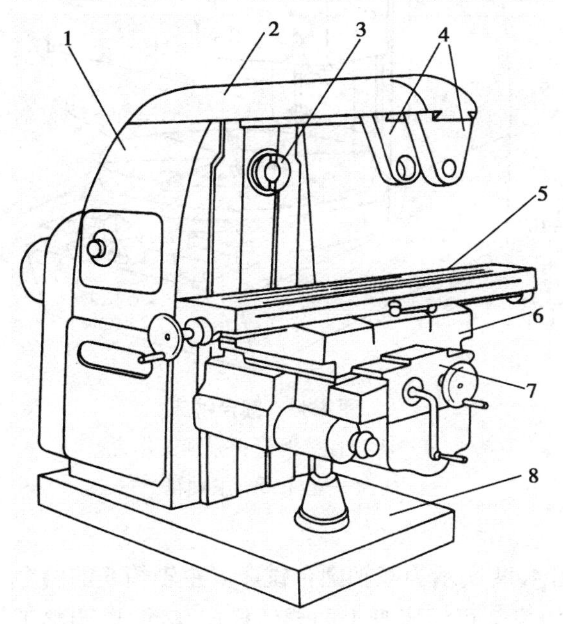

图 4.41　卧式升降台铣床

1—床身;2—悬梁;3—主轴;4—刀杆支架;
5—工作台;6—床鞍;7—升降台;8—底座

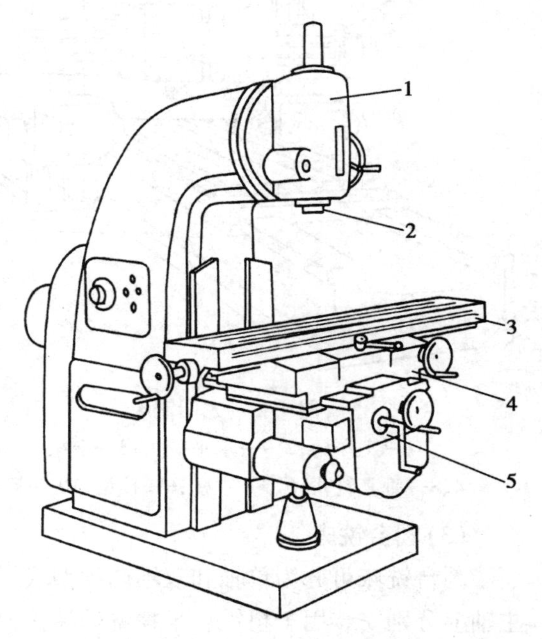

图 4.42　立式升降台铣床

1—铣头;2—主轴;3—工作台;
4—床鞍;5—升降台

万能卧式升降台铣床的结构与卧式升降台铣床基本相同,但在工作台 5 和床鞍 6 之间增加了一层转盘。转盘相对于床鞍在水平面内可绕垂直轴线在±45°范围内转动,使工作台能沿调整后的方向进给,以便铣削螺旋槽。

卧式升降台铣床配置立铣头后，可作立式铣床使用。

2）立式升降台铣床　立式升降台铣床与卧式升降台铣床的主要区别在于，它的主轴是垂直布置的，可用端铣刀或立铣刀加工平面、斜面、沟槽、台阶、齿轮、凸轮等表面。如图4.42所示为常见的一种立式升降台铣床，其工作台3、床鞍4及升降台5的结构与卧式升降台铣床相同。铣头1可根据加工要求在垂直平面内调整角度，主轴2可沿其轴线进给调整位置。

（2）龙门铣床

龙门铣床是一种大型高效能的铣床，主要用于加工各类大型工件上的平面和沟槽，借助于附件还可完成对斜面、内孔等的加工。

如图4.43所示为具有四个铣头的中型龙门铣床。每个铣头都是一个独立部件；横梁3上的两个垂直铣头4和8，可沿横梁的水平方向（横向）调整位置，横梁本身及立柱5、7上的两个水平铣头2和9可沿立柱导轨调整其垂直方向的位置。各铣刀的切削深度均由主轴套筒带动铣刀主轴沿轴向移动来实现。加工时，工作台1带动工件作纵向进给运动。龙门铣床可用多把铣刀同时加工几个表面，所以生产率较高，在成批和大量生产中得到广泛应用。

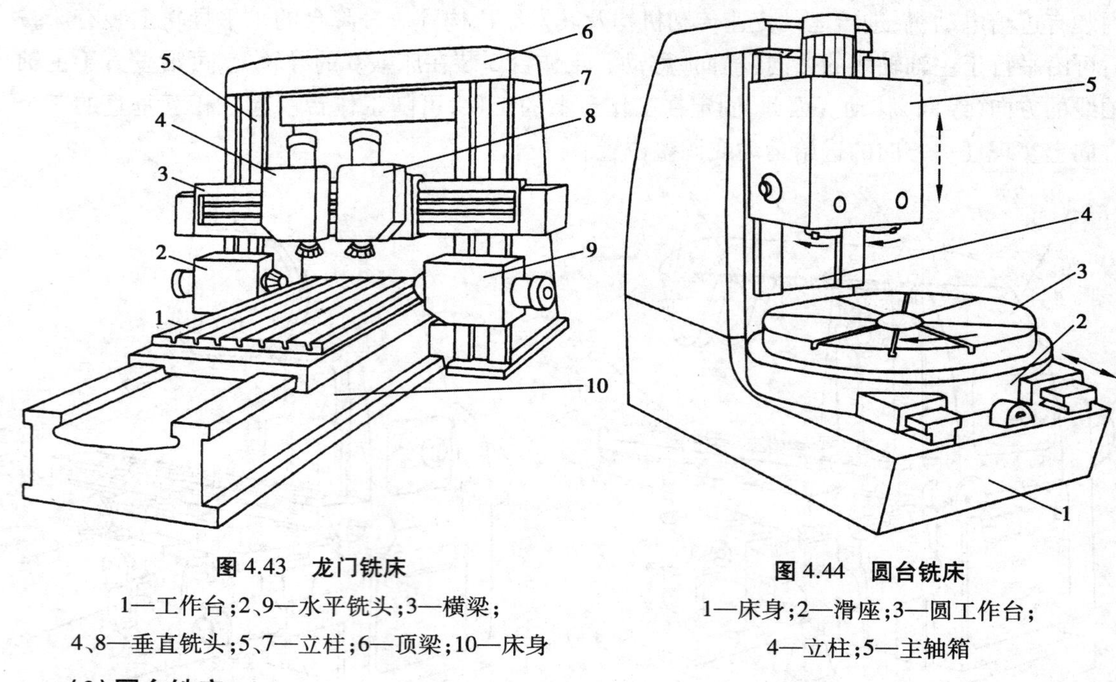

图4.43　龙门铣床

1—工作台；2、9—水平铣头；3—横梁；
4、8—垂直铣头；5、7—立柱；6—顶梁；10—床身

图4.44　圆台铣床

1—床身；2—滑座；3—圆工作台；
4—立柱；5—主轴箱

（3）圆台铣床

圆台铣床可分为单轴和双轴两种型式，如图4.44所示为双轴圆台铣床。主轴箱5的两个主轴上分别安装用于粗铣和半精铣的端铣刀。滑座2可沿床身1的导轨横向移动，以调整工作台3与主轴间的横向位置。主轴箱5可沿立柱4的导轨升降；主轴也可在主轴箱中调整其轴向位置，以使刀具与工件的相对位置准确。加工时，可在工作台3上装夹多个工件，工作台3作连续转动，由两把铣刀分别完成粗、精加工，装卸工件的辅助时间与切削时间重合，生产率较高。这种铣床的尺寸规格介于升降台铣床与龙门铣床之间，适于成批大量生产中加工中小型零件的平面。

4.4.4　铣刀

铣刀是机械加工中使用最多的刀具之一。它是多刃回转刀具，规格、品种很多，根据用途，铣刀可分为以下几类，如图 4.45 所示。

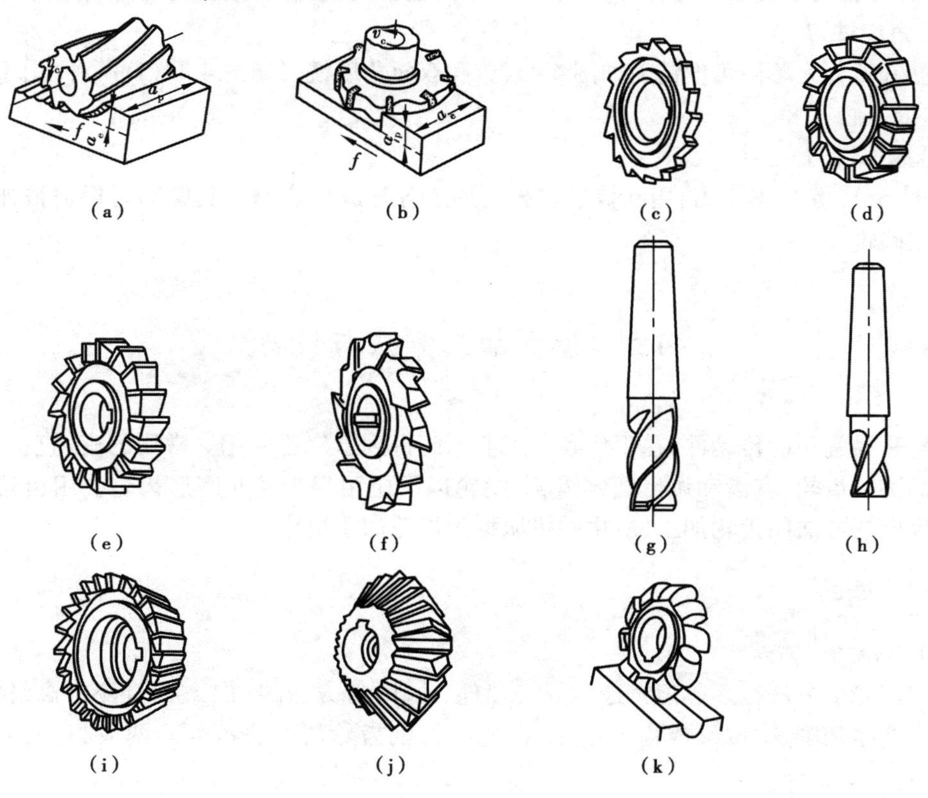

图 4.45　铣刀类型

(1) 圆柱平面铣刀

如图 4.45(a) 所示，该类铣刀用于在卧式铣床上加工平面，一般切削刃为螺旋形，其材料有整体高速钢和镶焊硬质合金两种。

(2) 面铣刀

面铣刀又叫端铣刀，如图 4.45(b) 所示，主切削刃分布在铣刀端面上，多用在立式铣床上加工平面，端铣刀主要采用硬质合金可转位刀片，生产率较高。

(3) 盘铣刀

盘铣刀分为单面刃、双面刃和三面刃三种，如图 4.45(c)、(d)、(e) 所示。主要用于加工沟槽和台阶。图 4.45(f) 为错齿三面刃铣刀，其刀齿左右交错，并分别为左右螺旋，可改善切削条件。这种铣刀多采用硬质合金机夹结构。

(4) 锯片铣刀

锯片铣刀实际上是薄片槽铣刀。但齿数少，容屑空间大，主要用于切断和切窄槽。

(5) 立铣刀

如图 4.45(g) 所示，立铣刀圆柱面上的螺旋刃为主切削刃，端面刃为副切削刃，因此，它不能沿轴向进给,主要加工槽和台阶面。

(6)键槽铣刀

图4.45(h)所示为键槽铣刀,它是铣键槽的专用刀具,它的端刃和圆周刃都可作为主刃。铣键槽时,先轴向进给切入工件,然后沿键槽方向进给铣出键槽,重磨时只磨端面刃。

(7)角度铣刀

角度铣刀分为单面角度铣刀如图4.45(i)和双面角度铣刀如图4.45(j)两种,用于铣削斜面、燕尾槽等。

(8)成形铣刀

图4.45(k)是成形铣刀,用在普通铣床上加工各种成形表面。其廓形要根据被加工工件的廓形来确定。

4.5 齿面加工方法与设备

齿轮是最常用的传动件,在现代各种工业部门得到了广泛应用。常用的有:直齿、斜齿和人字齿的圆柱齿轮,直齿和弧齿圆锥齿轮,蜗轮以及应用很少的非圆形齿轮。用齿轮刀具加工齿轮齿面的方法叫齿轮加工,所用的机床称为齿轮加工机床。

4.5.1 概述

(1)齿轮加工方法

制造齿轮的方法很多。但铸造、辗压(热轧、冷轧)等方法的加工精度还不够高,精密齿轮现在仍主要靠切削法,按形成齿形的原理分类,切削齿轮的方法可分为两大类:成形法和展成法。

1)成形法(也称仿形法)　用成形加工方法进行齿轮加工的方法。

成形法加工齿轮所采用的刀具为成形刀具,其切削刃形状与被切齿轮的齿槽形状相吻合。例如,在铣床上用盘形铣刀或指状铣刀铣削齿轮齿面,在刨床或插床上用成形刀具刨削或插削齿轮齿面等。如图4.46(a)所示为用盘形铣刀加工直齿圆柱齿轮,如图4.46(b)所示为用指状铣刀加工直齿圆柱齿轮。这种方法的优点是不需要专门的齿轮加工机床,而可以在通用机床(如配有分度装置的铣床)上进行加工。由于轮齿的齿廓为渐开线,其廓形取决于齿轮的基圆直径,故对于同一模数的齿轮,只要齿数不同,其渐开线齿廓形状就不相同,需采用不同的成形刀具。而在实际生产中,为了减少成形刀具的数量,每一种模数通常只配有8把一套或15把一套的成形铣刀,每把刀具适应一定的齿数范围,见表4.18。

表4.18　盘形齿轮铣刀刀号

刀　号	1	2	3	4	5	6	7	8
加工齿数范围	12~13	14~16	17~20	21~25	26~34	35~54	55~134	135以上

标准齿轮铣刀的模数、压力角和加工的齿数范围都标记在铣刀的端面上。由于每种编号的刀齿形状均按加工齿数范围中最小齿数设计,因此,加工该范围内的其他齿数的齿轮时,就

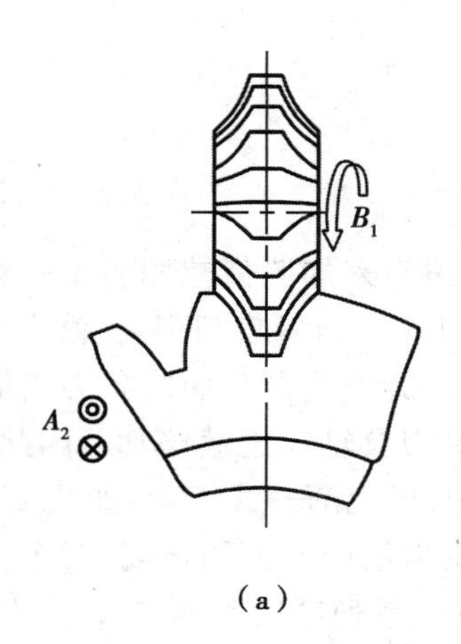

(a)

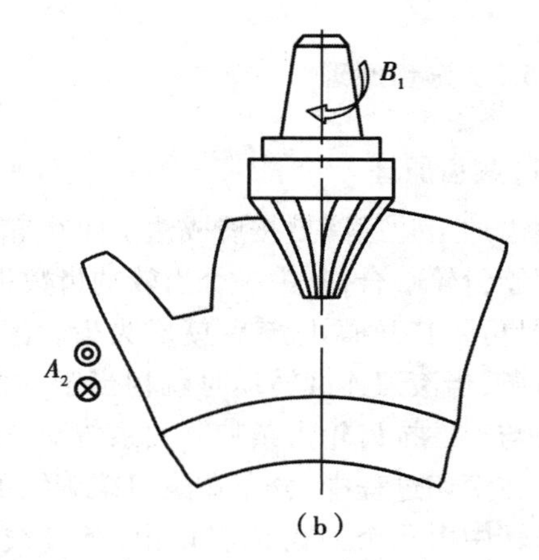

(b)

图 4.46　成形法加工齿轮

会产生一定的齿廓形状误差。盘状齿轮铣刀适用于加工 $m \leqslant 8$ mm 的齿轮,指状齿轮铣刀可用于加工较大模数的齿轮。当所加工的斜齿圆柱齿轮精度要求不高时,可以借用加工直齿圆柱齿轮的铣刀。但此时铣刀的号数不应根据斜齿圆柱齿轮的实际齿数选择,而应按照法向截面内的当量齿数(假想齿数)$Z_{当}$来选择。如斜齿圆柱齿轮的螺旋角为 β,则其当量齿数 $Z_{当}$可按下式求出:

$$Z_{当}=\frac{Z}{\cos^{3}\beta} \tag{4.14}$$

铣齿加工出来的渐开线齿廓是近似的,加工精度较低。而且,每加工完一个齿槽后,工件需要分度一次,生产率也较低。所以,本方法常用于修配行业中加工精度要求不高的齿轮,或用于重型机器制造业中,以解决缺乏大型齿轮加工机床的问题。

在大批量生产中,也有采用多齿廓成形刀具加工齿轮,如用齿轮拉刀、齿轮推刀或多齿刀盘等刀具,此时,其渐开线齿形可按工件齿廓的要求精确制造。加工时在机床的一个工作循环中即可完成全部齿槽的加工,生产率较高,但刀具制造比较复杂且成本较高。

2)展成法(也称滚切法)　按展成原理加工齿轮齿面的方法。

展成法加工齿轮是利用齿轮的啮合原理进行的,即把齿轮啮合副(齿条与齿轮、齿轮与齿轮)中的一个转化为刀具,另一个转化为工件,并强制刀具和工件做严格的啮合运动,在工件上切出齿廓。由于齿轮啮合副正常啮合的条件是模数相同,故展成法加工齿轮所用刀具切削刃的渐开线廓形仅与刀具本身的齿数有关,而与被切齿轮的齿数无关。因此,每一种模数,只需用一把刀具就可以加工各种不同齿数的齿轮。此外,还可以用改变刀具与工件的中心距来加工变位齿轮。这种方法的加工精度和生产率一般比较高,因而在齿轮加工机床中应用最为广泛,如插齿、滚齿、剃齿和展成法磨齿等。

(2)齿轮加工机床的类型

按照被加工齿轮种类不同,齿轮加工机床可分为圆柱齿轮加工机床和圆锥齿轮加工机床两大类。圆柱齿轮加工机床主要有滚齿机、插齿机等。圆锥齿轮加工机床可分为直齿锥齿轮加工机床和弧齿锥齿轮加工机床。直齿锥齿轮加工机床主要有刨齿机、铣齿机和拉齿机等。弧齿锥齿轮加工机床主要有加工各种不同弧齿锥齿轮的铣齿机和拉齿机等。另外,用于精加工齿面的机床有剃齿机、珩齿机和磨齿机等。

4.5.2 滚齿原理

(1)滚齿原理

滚齿加工是用滚刀按展成法加工齿轮齿面的方法。用滚刀来加工齿轮相当于一对交错轴的螺旋齿轮啮合,其中一个齿轮的齿数很少(只有一个或几个),且螺旋角很大,就变成了一个蜗杆,再将其开槽并铲背,就成为齿轮滚刀。在齿轮滚刀螺旋线法向剖面内各刀齿面成了一根齿条,当滚刀连续转动时就相当于一根无限长的齿条沿刀具轴向连续移动。因此,滚齿时滚刀与工件按齿轮齿条啮合关系传动,在齿坯上切出齿槽,形成渐开线齿面,如图 4.47(a)所示。在滚切过程中,分布在滚刀螺旋线的各刀齿相继切出齿槽中一薄层金属,每个齿槽在滚刀旋转中由几个刀齿依次切出,渐开线齿廓则由切削刃一系列瞬时位置包络而成,如图 4.47(b)所示。滚齿时成形运动是由滚刀的旋转运动和工件的旋转运动组成的复合运动($B_{11}+B_{12}$),这个复合运动称为展成运动。当滚刀与工件连续转动时,便在工件整个圆周上依次切出所有齿槽,在这一过程中,齿面的形成与齿轮的分度是同时进行的,因而展成运动也就是分度运动。

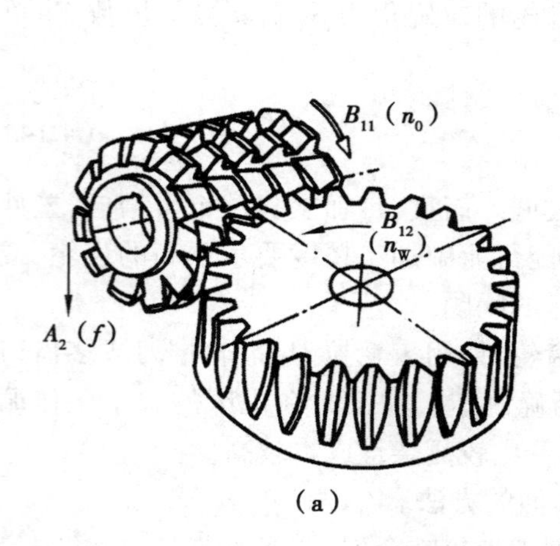

(a)

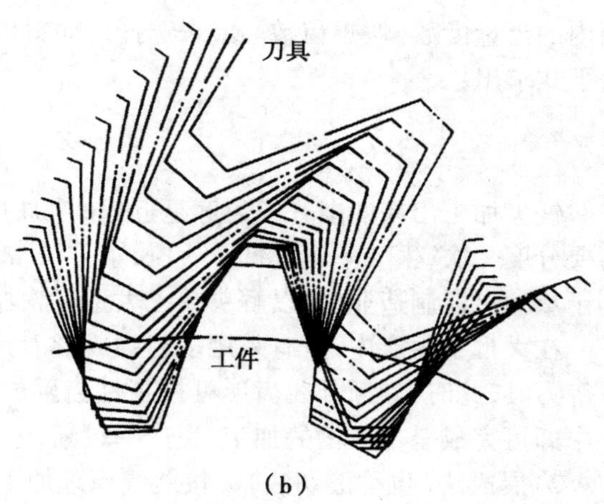

(b)

图 4.47 滚齿原理

由上所述,为了得到渐开线齿廓和齿轮齿数,滚齿时,滚刀和工件之间必须保持严格的相对运动关系,即当滚刀转过 1 转时,工件相应地转过 K/Z 转(K 为滚刀头数,Z 为工件齿数)。

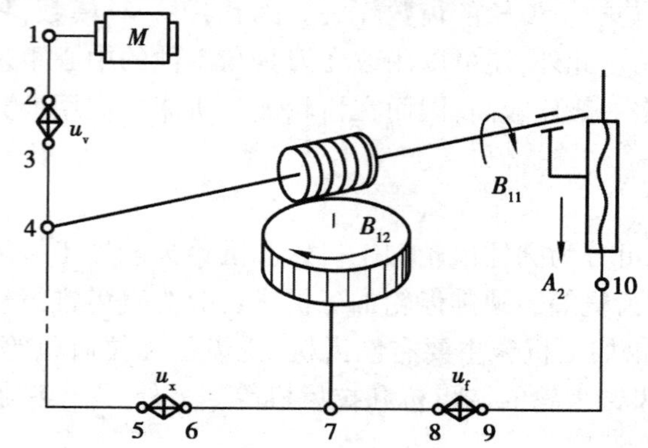

图 4.48 滚直齿圆柱齿轮的传动原理

(2)加工直齿圆柱齿轮的传动原理

用滚刀加工直齿圆柱齿轮必须具备以下两个运动:形成渐开线齿廓的展成运动和形成直线齿面(导线)的运动。图 4.48 是滚切直齿圆柱齿轮的传动原理图。

1)主运动传动链　在图 4.48 中,主运动传动链为:电动机-1-2-u_v-3- 4-滚刀(B_{11})。这条传动链产生切削运动,是外联系传动链。其传动链中的换置机构 u_v 用于调整渐开线齿廓的成形速度(变换滚刀的转速),该转速是由滚刀材料、直径、工件材料、硬度以及加工质量要求来确定的。

2)展成运动传动链　渐开线齿廓是由展成法形成的,由滚刀的旋转运动 B_{11} 和工件的旋转运动 B_{12} 组成复合运动,展成运动传动链为:刀具-4-5-u_x-6-7-工作台,其中置换机构 u_x 适于工件齿数和滚刀头数的变化。显然这是一条内联系传动链,不仅要求传动比准确,而且要求滚刀和工件两者旋转方向必须符合一对交错轴螺旋齿轮啮合时相对运动方向。

3)垂直进给运动传动链　为了切出整个齿宽,滚刀在自身旋转的同时,必须沿工件轴线作直线进给运动 A_2,这种形成导线的方法是相切法。在这里,滚刀的垂直进给运动是滚刀刀架沿立柱导轨移动实现的,垂直进给传动链为:工作台-7-8-u_f-9-10-刀架。传动链中的置换机构 u_f 用于调整垂直进给量的大小和进给方向,以适应不同加工表面粗糙度的要求。由于刀架的垂直进给运动是简单运动,所以,这条传动链是外联系传动链。这里采用工作台作为间接动力源,不仅可满足工艺上的需要而且能简化机床的结构。

(3)加工斜齿圆柱齿轮的传动原理

滚切斜齿圆柱齿轮同样需要两个成形运动,即形成渐开线齿廓的运动和齿面线的运动。但是,斜齿圆柱齿轮的齿面线是一条螺旋线,它应由展成法实现。图4.49(a)是滚切斜齿圆柱齿轮的传动的原理图,其中展成运动传动链、垂直进给运动传动链、主运动传动链与直齿圆柱齿轮的情形相同,为了形成螺旋形齿面线,在滚刀作轴向进给运动的同时,工件还应做附加旋转运动 B_{22},附加运动传动链为:刀架(滚刀移动 A_{21})-12-13-u_y-14-15-合成-6-7-u_x-8-9-工作台(工件附加转动 B_{22}),以保证形成螺旋齿面线,其中置换机构 u_y 用于适应工件螺旋线导程 L 和螺旋方向的变化。图4.49(b)形象地说明了这个问题,设工件螺旋线为右旋,螺旋角为 β,当滚刀沿工件轴向进给 f(单位为mm),滚刀由 a 点到 b 点,这时为了形成螺旋线,工件除了做展成运动 B_{12} 以外,还要再附加转动 $b'b$,同理,当滚刀移动至 c 点时,工件应附加转动 $c'c$。依次类推,当滚刀移动至 p 点时(一个工件螺旋线导程 L),工件附加转动 $p'p$,正好附加转一转。附加运动 B_{22} 与工件展成运动 B_{12} 旋转方向是否相同,取决于工件的螺旋线方向及滚刀的进给方向。如果 B_{22} 和 B_{12} 同向,计算时附加运动取+1转,反之,则取-1转。由于附加运动 B_{22} 与工件展成运动 B_{12} 均是由滚刀传给工件的,为使这两个运动同时传到工件上又不发生干涉,需要在传动系统中配置运动合成机构,将两个运动合成之后,再传给工件。所以,工件的旋转运动是由齿廓展成运动 B_{12} 和螺旋轨迹运动的附加运动 B_{22} 合成的。

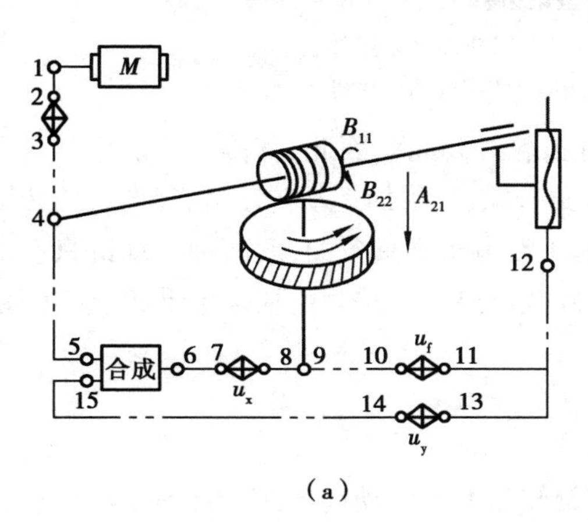

(a)

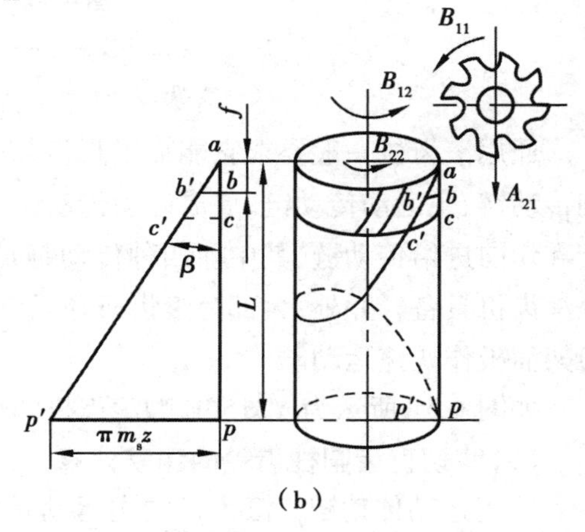

(b)

图4.49　滚切斜齿圆柱齿轮的传动原理

(4)滚齿机的运动合成机构

通常,滚齿机是根据加工斜齿圆柱齿轮的要求设计的。在传动系统中设有一个运动合成机构,以便将展成运动传动链中工作台的旋转运动 B_{12} 和附加运动传动链中工作台的附加运动 B_{22} 合成为一个运动后传送到工作台。加工直齿圆柱齿轮时,通过运动合成机构断开附加运动传动链。

4.5.3 Y3150E 型滚齿机传动系统及其调整计算

如图 4.50 所示为 Y3150E 型滚齿机的外形图。床身 1 上固定有立柱 2,刀架溜板 3 带动刀架体 5 可沿立柱导轨作垂直进给运动和快速移动,安装滚刀的刀杆 4 装在刀架体 5 的主轴上,刀架体连同滚刀一起可沿刀架溜板的圆形导轨在 240°范围内调整安装角度。工件安装在工作台 9 的心轴 7 上或直接安装在工作台上,随工作台一起转动。后立柱 8 和工作台 9 装在床鞍 10 上,可沿床身的水平导轨移动,以调整工件的径向位置或作手动径向进给运动。后立柱的支架 6 可通过轴套或顶尖支承工件心轴的上端,以提高心轴的刚度,使滚切过程平稳。

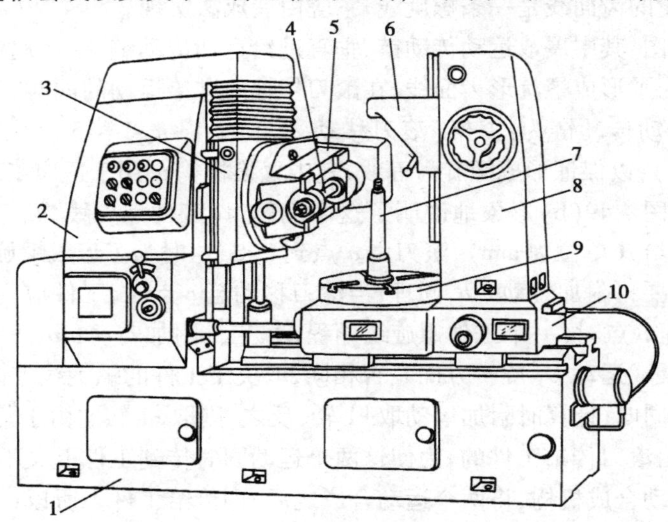

图 4.50 Y3150E 型滚齿机

1—床身;2—支柱;3—刀架溜板;4—刀杆;5—刀架体;
6—支架;7—心轴;8—后立柱;9—工作台;10—床鞍

通用滚齿机一般要求它能加工直齿、斜齿圆柱齿轮和蜗轮。因此,其传动系统应具备下列传动链:主运动传动链、展成运动传动链、轴向进给传动链、附加运动传动链、径向进给传动链和切向进给传动链,其中前四种传动链是所有通用滚齿机都具备的,后两种传动链只有部分滚齿机具备。此外,大部分滚齿机还具备刀架快速空行程传动链,由快速电动机直接传动刀架溜板作快速运动。

如图 4.51 所示为 Y3150E 型滚齿机的传动系统图。

(1)滚切直齿圆柱齿轮的调整计算

1)主运动传动链　滚齿机的主运动是滚刀的旋转运动。传动链的两端件是主电动机和滚刀主轴。运动平衡方程式如下:

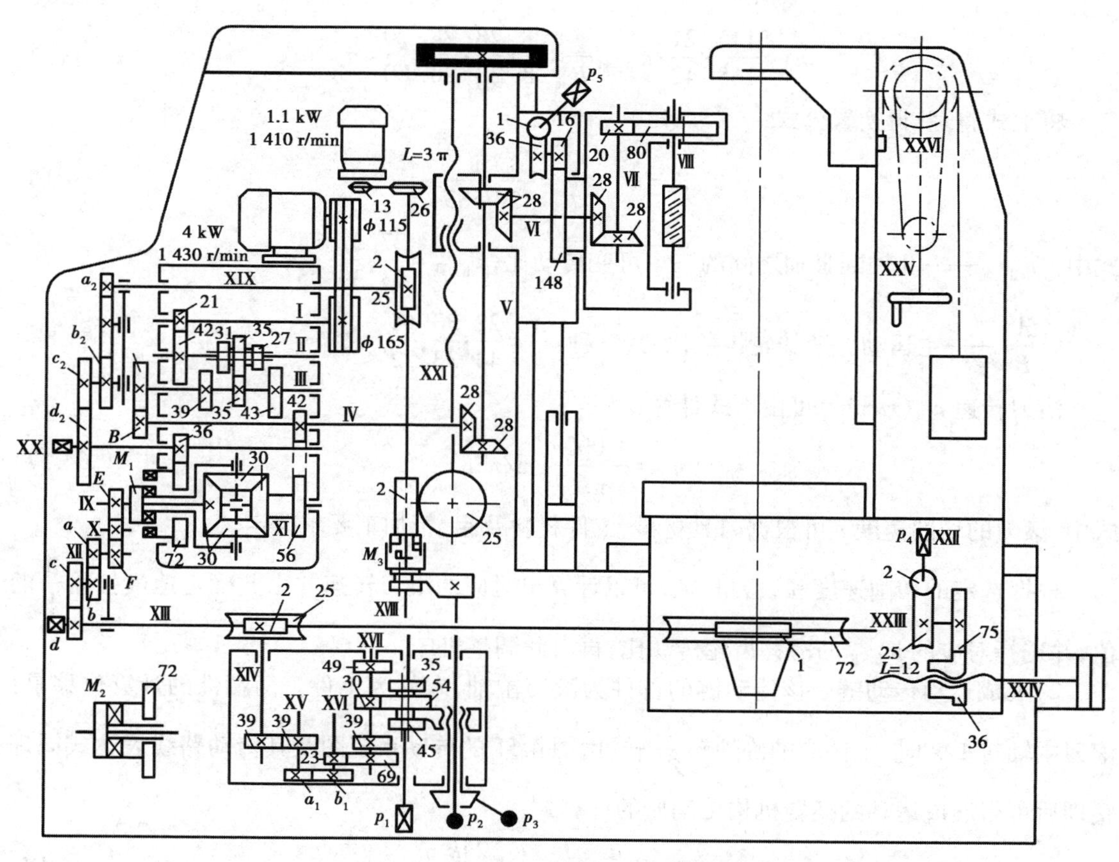

图 4.51　Y3150E 型滚齿机传动系统图

其传动路线表达式为：

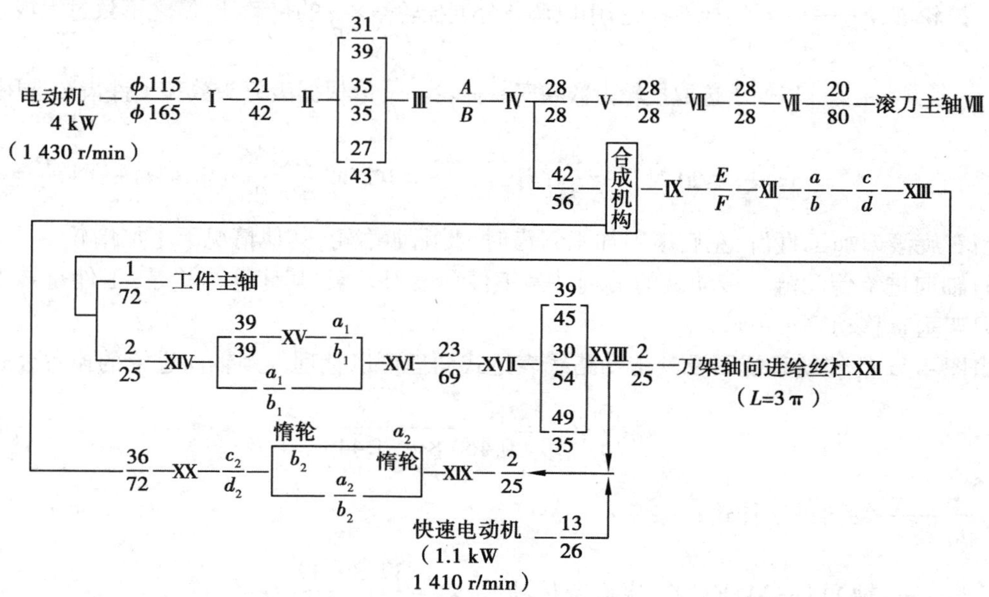

$$n_{电} \times \frac{115}{165} \times \frac{21}{42} \times u_{\text{Ⅱ-Ⅲ}} \frac{A}{B} \times \frac{28}{28} \times \frac{28}{28} \times \frac{28}{28} \times \frac{20}{80} = n_{刀} \tag{4.15}$$

将上式整理，得换置公式：

$$u_{v} = u_{\text{Ⅱ-Ⅲ}} \frac{A}{B} = \frac{n_{刀}}{124.583} \tag{4.16}$$

式中　$u_{\text{Ⅱ-Ⅲ}}$——Ⅱ轴到Ⅲ轴之间的三个可变传动比，$u_{\text{Ⅱ-Ⅲ}} = \frac{27}{43};\frac{31}{39};\frac{35}{35}$；

$\frac{A}{B}$——主运动变速挂轮齿数比，共三种：$\frac{A}{B} = \frac{22}{44};\frac{33}{33};\frac{44}{22}$。

滚刀转速 $n_{刀}$(r/min)可由下式计算：

$$n_{刀} = \frac{1\,000v}{\pi D} (\text{m/min}) \tag{4.17}$$

式中，滚刀的切削速度 v 可根据刀具材料、工件材料及粗、精加工要求确定。

根据选定的切削速度和滚刀直径，可以计算出对应的滚刀转速并由此确定速度挂轮$\frac{A}{B}$的值，并选择对应的 $u_{\text{Ⅱ-Ⅲ}}$ 的滑移齿轮传动比，再由此调整机床。

2)展成运动传动链　该传动链的首件为滚刀主轴，末件为工件。两端件的计算位移是：滚刀主轴转 1 转时，工件应准确地转$\frac{k}{Z_{工}}$转，由图 4.51 的传动系统图及其传动路线表达式同理整理后可得展成运动的换置机构传动比的计算式：

$$u_{x} = \frac{a}{b} \times \frac{c}{d} = \frac{F}{E} \times \frac{24k}{Z_{工}} \tag{4.18}$$

式中　挂轮 E、F——一对结构性挂轮，用以调节分度挂轮$\frac{a}{b} \times \frac{c}{d}$的传动比，使之不致过大或过小，以便于选取挂轮齿数和安装挂轮。$\frac{E}{F}$值根据滚刀头数和工件齿数选用。当 $5 \leqslant \frac{Z_{工}}{k} \leqslant 20$ 时，$\frac{E}{F} = \frac{48}{24}$；当 $21 \leqslant \frac{Z_{工}}{k} \leqslant 142$ 时，$\frac{E}{F} = \frac{36}{36}$；当 $143 \leqslant \frac{Z_{工}}{k}$ 时，$\frac{E}{F} = \frac{24}{48}$。

当右旋滚刀加工直齿、左旋滚刀加工斜齿时，要配加惰轮，其他情况下不加惰轮。

3)轴向进给传动链　传动链的两端件是工件和滚刀刀架，其计算位移是：工件每转 1 转，滚刀刀架垂直移动 f(mm/r)。

由图 4.51 的传动系统图及其传动路线表达式同理可以整理得到轴向进给的换置公式：

$$u_{f} = \frac{a_1}{b_1} \times u_{进} = \frac{f}{0.460\,8\pi} = \frac{f}{1.44} \tag{4.19}$$

式中　$\frac{a_1}{b_1}$——轴向进给挂轮；

$u_{进}$——轴ⅩⅦ—ⅩⅧ间的三级可变传动比，$u_{进} = \frac{39}{45};\frac{30}{54};\frac{49}{35}$。

轴向进给量 f 可根据工件材料、粗、精加工性质，齿面粗糙度等要求选择，并由此得到对应的进给挂轮$\frac{a_1}{b_1}$和 $u_{进}$的值。

(2)滚切斜齿圆柱齿轮的调整计算

1)主运动传动链　其调整计算与滚切直齿圆柱齿轮时完全相同。

2)展成运动传动链　其两端件和计算位移与滚切直齿圆柱齿轮时相同,但由于附加运动传动链的存在,因此,必须使用运动合成机构。此时,$u_{合1}=-1$,代入前式化简得换置机构的计算式为:

$$u_x=\frac{a}{b}\times\frac{c}{d}=-\frac{F}{E}\times\frac{24k}{Z_{工}} \tag{4.20}$$

上式中负号说明展成运动传动链中轴Ⅹ与Ⅸ的转向相反,而在实际加工时,是要求两轴的转向相同(换置公式中符号应为正)。因此,必须按机床说明书规定在调整展成运动挂轮 u_x 时,配加一个惰轮,以消除"-"号的影响。

3)轴向进给传动链　其调整计算仍同于滚切直齿圆柱齿轮,但因工件的螺旋角大小、滚刀与工件的螺旋线方向的异同会使实际进给量发生变化,因此,应将根据工件材料、粗、精加工求选择的进给量进行修正。

4)附加运动传动链　附加运动传动链的首件是滚刀刀架、末件是工件,其计算位移为:刀架移动一个工件的螺旋线导程 L(mm)时,工件应附加转动±1 转。

由图 4.51 的传动系统图及其传动路线表达式同理可以整理得到附加运动的换置公式

$$u_y=\frac{a_2}{b_2}\times\frac{c_2}{d_2}=\pm 9\,\frac{\sin\beta}{m_n k} \tag{4.21}$$

式中"+"为附加运动方向和展成运动方向相同的情况,"-"为附加运动方向和展成运动方向相反的情况;根据机床说明书配加惰轮。

(3)滚刀的安装角及其调整

滚齿时,应使滚刀的螺旋线方向与被加工齿轮的齿面线方向一致,即滚刀和工件处于正确的啮合位置。这一点无论对直齿圆柱齿轮或斜齿圆柱齿轮都是一样的。因此,需将滚刀轴线与被切齿轮端面安装成一定的角度,这个角度称作安装角 δ。

当加工直齿圆柱齿轮时,滚刀安装角等于滚刀的螺旋升角 ω,即

$$\delta=\pm\omega \tag{4.22}$$

滚刀搬动方向决定于滚刀的螺旋线旋向。

当加工斜齿圆柱齿轮时,滚刀的安装角不仅与滚刀螺旋线方向及螺旋升角 ω 有关,而且还与被加工齿轮的螺旋方向及螺旋角 β 有关,此时滚刀的安装角为:

$$\delta=\beta\pm\omega \tag{4.23}$$

当 β 与 ω 反向时,取"+";同向时,取"-"。

加工斜齿圆柱齿轮时,应尽量用与工件螺旋方向相同的滚刀,使滚刀的安装角较小些,有利于提高机床运动平稳性及加工精度。

4.5.4　其他齿轮加工方法与机床

(1)插齿与插齿机

插齿是用插齿刀按展成法加工内、外圆柱齿轮或齿条齿面的方法。插齿机主要用于加工

内、外啮合的圆柱齿轮，尤其适用于加工在滚齿机上不能加工的多联齿轮、内齿轮和齿条，但插齿机不能加工蜗轮。

插齿机也是按展成法原理来加工的。插齿刀实质上是一个端面磨有前角，齿顶及齿侧均磨有后角的齿轮，如图4.52所示，其模数和压力角与被加工齿轮相同。插齿时，插齿刀沿工件轴向作直线往复运动以完成切削运动，在刀具与工件轮坯作“无间隙啮合运动”的过程中，在轮坯上逐渐地切出全部齿廓。刀具每往复一次，仅切出工件齿槽的一小部分，齿廓曲线渐开线是在插齿刀刀刃多次相继切削中，由刀刃各瞬时位置的包络线所形成的。

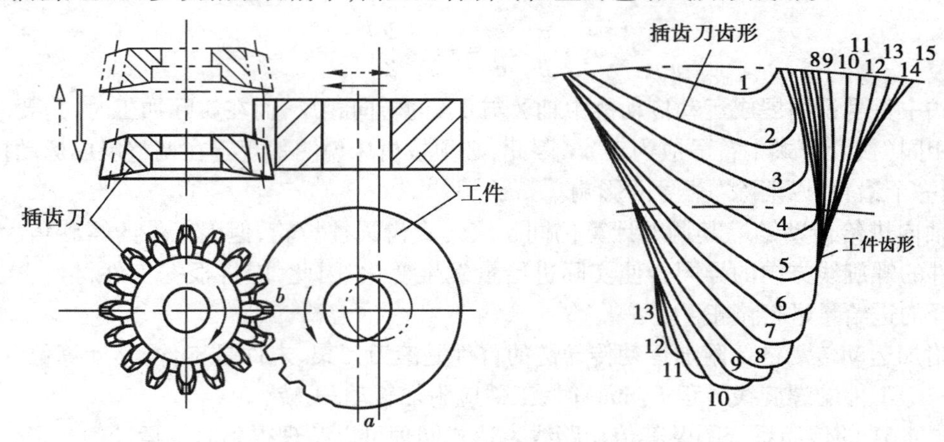

图4.52　插齿原理

图4.53是Y5132型插齿机。该机床能实现主运动、展成运动、圆周进给运动、让刀运动、径向切入运动等五个运动。

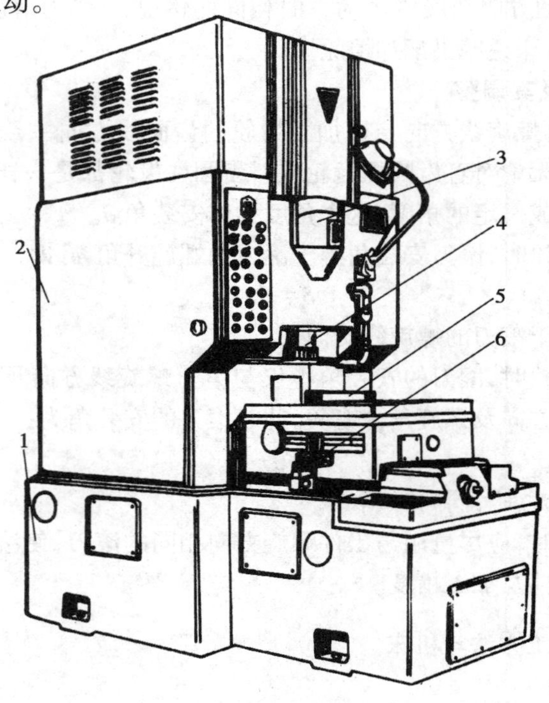

图4.53　Y5132型插齿机

1—床身；2—立柱；3—刀架；4—刀具；5—工作台；6—挡块

(2)磨齿与磨齿机

磨齿是用专用砂轮磨削齿轮齿面的方法,是对淬硬齿轮的齿面进行精加工,磨齿后齿轮精度可达6级或更高。磨齿机有两大类,即成形法磨齿和展成法磨齿。成形法磨齿机应用较少,多数磨齿机为展成法。

1)按成形法工作的磨齿机　这类磨齿机又称成形砂轮型磨齿机。它所用砂轮的截面形状被修整成工件轮齿间的齿廓状。如图4.54所示是成形磨齿的工作原理。成形法磨齿时,砂轮高速旋转并沿工件轴线方向作往复运动,一个齿磨完后,工件需分度一次,再磨第二个齿。砂轮对工件的切入进给运动,由安装工件的工作台作径向进给运动得到。这种磨齿方法使机床的运动比较简单。

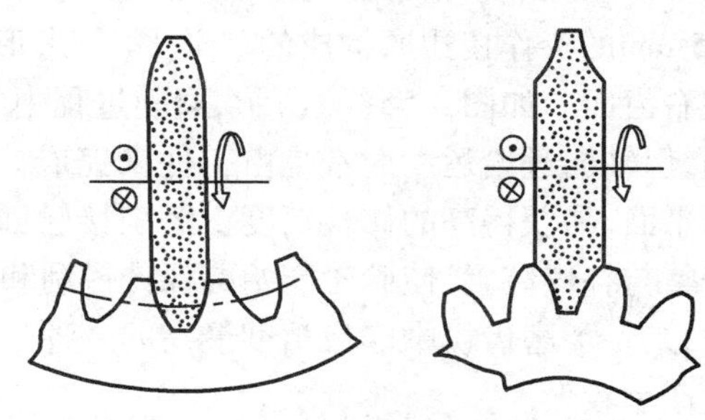

图4.54　成形砂轮磨齿的工作原理

成形砂轮型磨齿机的优点是加工时砂轮和工件接触面积大,生产率较高。缺点是砂轮修整时容易产生误差,并且在磨削过程中,由于砂轮各部分的磨损不均匀,直接影响加工精度和表面质量。这种类型的磨齿机一般用于大量生产中磨削精度要求不太高的齿轮。此外,展成法磨齿由于结构上的限制,难以用来磨削内齿轮,因此,内齿轮的磨齿一般均采用成形法进行加工。

2)按展成法工作的磨齿机　展成法磨齿机有连续磨齿和分度磨齿两大类,如图4.55所示。

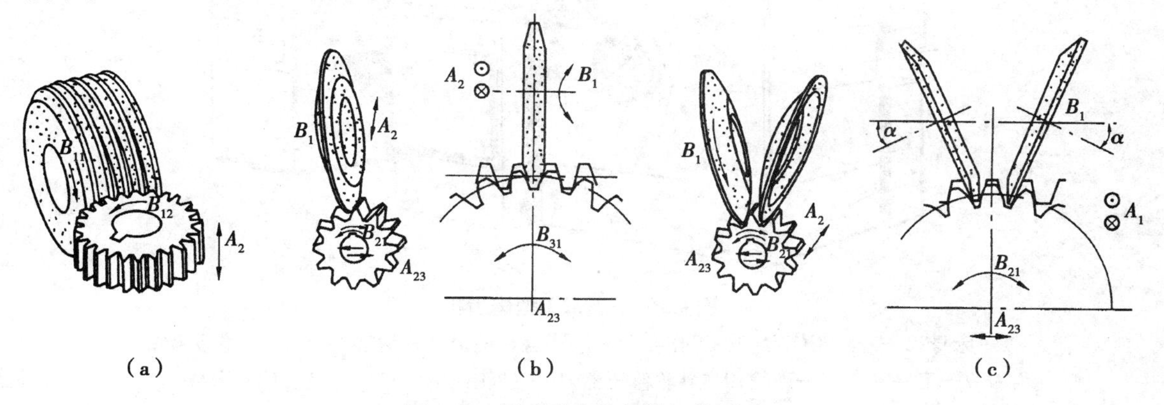

图4.55　展成法磨齿机的工作原理

①蜗杆砂轮磨齿机。这种磨齿机用直径很大且修整成蜗杆形的砂轮磨削齿轮,其工作原理与滚齿机相似,如图4.55(a)所示。因是连续磨削,其生产率很高。但缺点是砂轮修整困难,不易达到高精度,磨削不同模数的齿轮时需要更换砂轮;砂轮的转速很高,联系砂轮与工件的展成传动链如果用机械传动易产生噪声,磨损较快,为克服这一缺点,目前常用的方法有两种,一种用同步电动机驱动,另一种是用数控的方式保证砂轮和工件之间严格的速比关系。这种机床适用于中小模数齿轮的成批生产。

②锥形砂轮磨齿机。锥形砂轮磨齿机是利用齿条和齿轮啮合原理来磨削齿轮的,它所用的砂轮截面形状是按照齿条的齿廓修整的。当砂轮按切削速度旋转,并沿工件导线方向作直线往

复运动时,砂轮两侧锥面的母线就形成了假想齿条的一个齿廓,如图 4.55(b)所示。加工时,被磨削齿轮在假想齿条上滚动,当被磨削齿轮转动一个齿的同时,其轴心线移动一个齿距的距离,便可磨出工件上一个轮齿一侧的齿面。经多次分度,才能磨出工件上全部轮齿齿面。

③双碟形砂轮磨齿机。双碟形砂轮磨齿机用两个碟形砂轮的端平面(实际是宽度约为0.5 mm的工作棱边所构成的环形平面)来形成假想齿条的不同轮齿两侧面,同时磨削齿槽的左右齿面。如图 4.55(c)所示,磨削过程中的成形运动和分度运动与锥形砂轮磨齿机基本相同,但轴向进给运动通常是由工件来完成。由于砂轮的工作棱边很窄,且为垂直于砂轮轴线的平面,易获得高的修整精度。磨削接触面积小,磨削力和磨削热很小。机床具有砂轮自动修整与补偿装置,使砂轮能始终保持锐利和良好的工作精度,因而磨齿精度较高,最高可达4级,是各类磨齿机中磨齿精度最高的一种。其缺点是砂轮刚性较差,磨削用量受到限制,所以生产率较低。

如图 4.56 所示为 Y7132A 型磨齿机。

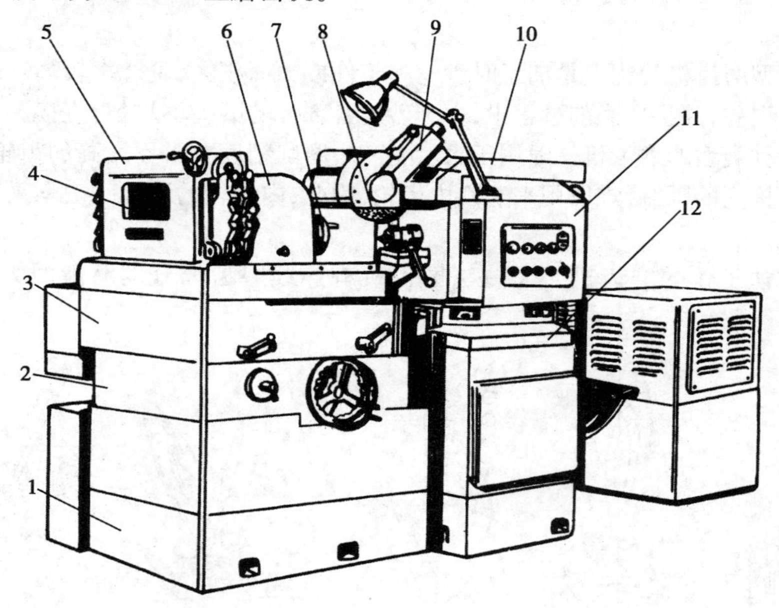

图 4.56 Y7132A 型磨齿机

1—床身;2—升降工作台;3—工作台;4—滚圆盘和钢带;5—钢带支架;6—工件头架;7—工件主轴;8—砂轮;9—砂轮修正器;10—砂轮架滑座;11—立柱;12—床身

(3)剃齿

剃齿是用剃齿刀加工圆柱齿轮或蜗轮齿面的方法,是按展成法原理加工的。所用刀具称为剃齿刀,它的外形很像一个斜齿圆柱齿轮,齿形做得非常准确,并在齿面上开出许多小沟槽,以形成切削刃,如图 4.57 所示。在与被加工齿轮啮合运转过程中,剃齿刀齿面上众多的切削刃,从工件齿面上剃下细丝状的切屑,从而提高了齿形精度,减小了齿面粗糙度。

加工直齿圆柱齿轮时,剃齿刀与工件之间的位置关系及运动情况如图 4.57 所示。工件由剃齿刀带动旋转,时而正转,时而反转,正转时剃工件轮齿的一个侧面,反转时则剃工件轮齿的另一侧面。由于剃齿刀刀齿是倾斜的,其螺旋角为β,要使它与工件啮合,必须使其轴线与工件轴线倾斜β角。这样,剃齿刀在A点的圆周速度v_A可以分解为两个分速度,即沿工件圆周切线

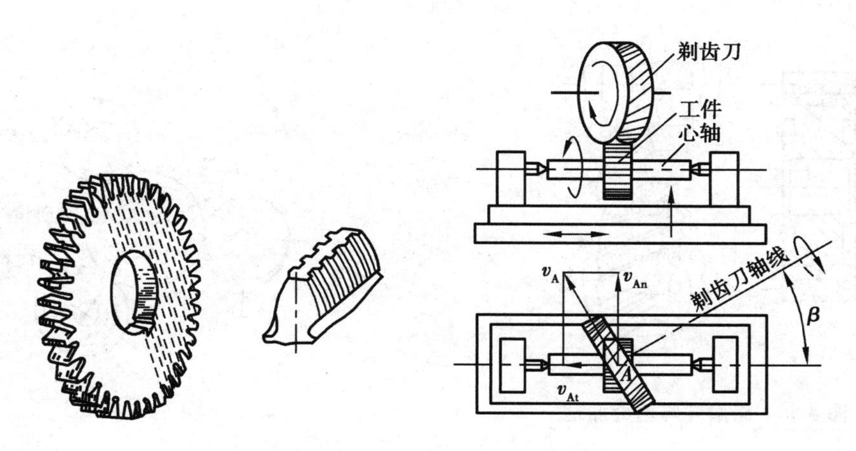

图4.57　剃齿刀与剃齿机原理

的分速度 v_{An} 和沿工件轴线的分速度 v_{At}。v_{An} 使工件旋转，v_{At} 为齿面相对滑动速度，也就是剃齿时的切削速度。为了能沿轮齿齿宽进行剃削，工件由工作台带动作往复直线运动。在工作台的每一往复行程终了时，剃齿刀相对于工件作径向进给，以便逐渐切除余量，得到所需的齿厚。

剃齿一般在剃齿机上进行，也可以在铣床等其他机床改装的设备上进行。剃齿的精度主要取决于剃齿刀的精度，较剃齿前约提高一级，可达5~6级。由于剃齿刀的使用寿命和生产率较高，所用机床简单，调整方便，所以广泛用于齿面未淬硬（低于35HRC）的直齿和斜齿圆柱齿轮的精加工。当齿面硬度超过35HRC时，就不能用剃齿加工，而要用珩齿或磨齿进行精加工。

(4)珩齿

珩齿是用齿轮状或蜗杆状珩轮珩磨圆柱齿轮齿面的方法，珩齿与剃齿的原理完全相同，只不过是不用剃齿刀，而用珩磨轮。珩磨轮是用磨料与环氧树脂等浇铸或热压而成的、具有很高齿形精度的斜齿圆柱齿轮。当它以很高的速度带动工件旋转时，就能在工件齿面上切除一层很薄的金属，使齿面粗糙度 Ra 值减小到0.4 μm以下。珩齿对齿形精度改善不大，主要是减小热处理后齿面的粗糙度。

珩齿在珩齿机上进行，珩齿机的结构布局近似于剃齿机，但转速高得多，如图4.58所示为珩磨轮与珩磨原理。

(5)研齿

研齿是在两齿轮齿面间加研磨剂，并使其啮合滚动以对硬齿面进行加工的方法。研齿是齿轮的精整加工方法之一，图4.59为其加工示意图。被研齿轮安装在三个研磨轮之间，同时带动三个轻微制动的研磨轮作无间隙的自由啮合运动，在啮合的齿面间加入研磨剂，利用齿面间的相对滑动，从齿面上切除一层极薄的金属。研磨直齿圆柱齿轮时，三个研磨轮中，一个是直齿圆柱齿轮，另两个是斜齿圆柱齿轮。为了在全齿宽上研磨齿面，工件还要沿其轴向作快速短行程的往复运动。研磨一定时间后，改变旋转方向，研磨另一齿面。

研齿的精度主要取决于研齿前齿轮的精度和研磨轮的精度，并且仅能有效地提高齿面质量及稍微修正齿形、齿向误差，对其他精度改善不大。它主要用于没有磨齿机或不便磨齿时的淬硬齿面的精加工。

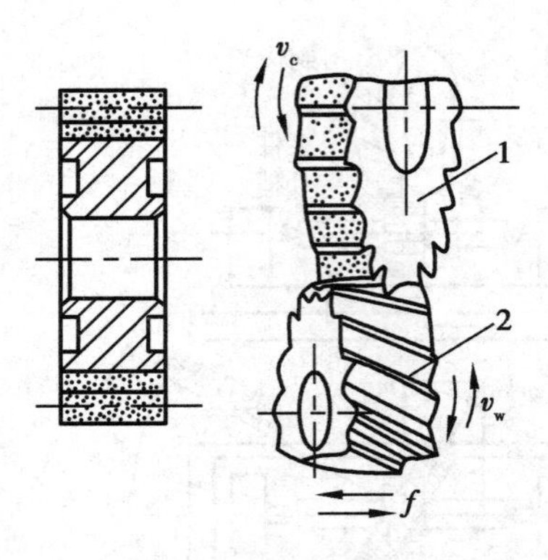

图 4.58 珩磨轮与珩磨原理

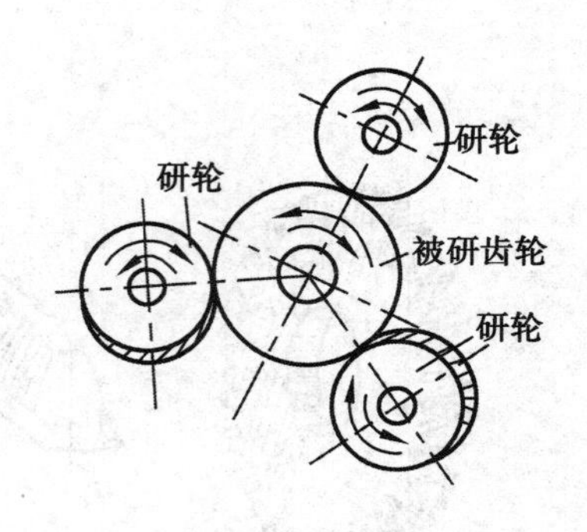

图 4.59 研齿

4.6 孔加工方法与设备

孔是各种机器零件上最多的几何表面之一，按照它和其他零件之间的连接关系来区分，可分为非配合孔和配合孔。前者一般在毛坯上直接钻、扩出来；而后者则必须在钻孔、扩孔等粗加工的基础上，根据不同的精度和表面质量的要求，以及零件的材料、尺寸、结构等具体情况作进一步的加工。无论后续的半精加工和精加工采用何种方法，总的来说，在加工条件相同的情况下，加工一个孔的难度要比加工外圆大得多。这主要是由于孔加工刀具有以下一些特点：

①大部分孔加工刀具为定尺寸刀具，刀具本身的尺寸精度和形状精度不可避免地对孔的加工精度有着重要的影响。

②孔加工刀具（含内圆磨具）切削部分和夹持部分的有关尺寸受着被加工孔尺寸的限制，致使刀具的刚性差，容易产生弯曲变形和相对正确位置产生偏离，也容易引起振动。孔的直径越小，深径比（孔的深度与直径之比的比值）越大，这种影响越显著。

③孔加工时，刀具一般是被封闭或半封闭在一个窄小的空间内进行的，切削液难以被输送到切削区域；切屑的折断和及时排出也较困难，散热条件不佳，对加工质量和刀具使用寿命都产生不利的影响。此外，在加工过程中对加工情况的观察、测量和控制，都比外圆和平面加工复杂得多。

④切削速度受到孔径的限制，一般较低。

孔加工的方法很多，除了常用的钻孔、扩孔、铰孔、锪孔、镗孔、磨孔外，还有金刚镗、珩磨、研磨、挤压以及孔的特种加工等。其加工精度通常为 IT5 ~ IT15；表面粗糙度为 Ra 12.5 ~ 0.006 μm。

4.6.1 钻削加工与设备

用钻头、扩孔钻等刀具在工件上切削孔的方法为钻削加工。通常工件固定，钻头旋转并作轴向进给。

(1) 钻孔

用钻头在实心材料上加工孔的方法称为钻孔。钻孔一般要占机械加工厂切削加工总量的 30%左右。钻削的精度较低，表面较粗糙（加工精度为 IT13 ~ IT12，表面粗糙度为 Ra12.5 ~

6.3 μm),生产效率也比较低。因此,钻孔一般只用于直径在 ϕ80 mm 以下的次要孔(例如精度和粗糙度要求不高的螺纹底孔、油孔等)最终加工和精度较高或高的孔的预加工。

钻削可以在各种钻床上进行,也可以在车床、镗床、铣床和组合机床、加工中心上进行。单件小批生产中,中小型工件上的小孔(D<13 mm),常用台式钻床加工;中小型工件上直径较大的孔(一般 D<50 mm),常用立式钻床加工;大中型工件上的孔应采用摇臂钻床加工;回转体工件上的孔常在车床上加工。在成批和大量生产中,为了保证加工精度,提高生产效率和降低加工成本,广泛使用钻模在多轴钻或组合机床进行孔的加工。

精度高、粗糙度小的中小直径孔(D<50 mm)在钻削之后,常常需要采用扩孔和铰孔进行半精加工和精加工。

(2)扩孔

扩孔是用扩孔钻对工件上已有孔(铸孔、锻孔、预钻孔)孔径扩大的加工,如图4.60所示。其加工精度和表面粗糙度为IT12~IT10和 Ra 为6.3~3.2 μm,加工孔径一般不超过 ϕ100 mm。扩孔除了可用做高和较高的孔的预加工(铰削和镗削以前的加工)外,还由于其加工质量比钻孔高,可用于一些要求不高的孔的最终加工。

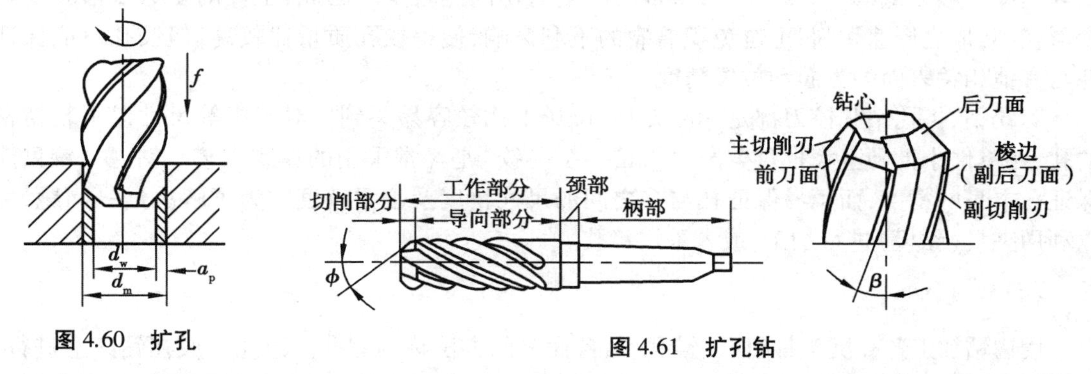

图4.60　扩孔

图4.61　扩孔钻

由于扩孔的背吃刀量比钻孔时小得多,因而刀具的结构(如图4.61所示)和切削条件比钻孔时好得多,主要是:

①切削刃不必自外圆延续到中心,避免了横刃和由横刃所引起的一些不良影响。

②切屑窄,易排出,不易擦伤已加工表面。同时容屑槽也可做得较小较浅,从而可以加粗钻心,大大提高扩孔钻的刚度,有利于加大切削用量和改善加工质量。

③刀齿多(3~4个),导向作用好,切削平稳,生产率高。

考虑到扩孔比钻孔有较多的优越性,在钻直径较大的孔(一般 $D \geqslant 30$ mm)时,可先用小钻头(直径为孔径的0.5~0.7)预钻孔,然后再用原尺寸的大钻头扩孔。实践表明,这样虽分两次钻孔,也比采用大钻头一次钻孔时生产效率高。若用扩孔钻扩孔,则效率将更高,精度也比较高。

扩孔常作为孔的半精加工,当孔的精度和表面粗糙度要求更高时,则要采用铰孔或其他孔加工方法。

(3)铰孔

铰孔是用铰刀修正孔的精度的方法,是应用较为普遍的孔的精加工方法之一,一般加工精度可达IT9~IT7,表面粗糙度度值 Ra 为0.4~1.6 μm。

铰孔加工质量较高的原因,除了具有上述扩孔的优点之外,还由于铰刀结构(如图4.62

所示）和切削条件比扩孔更为优越，主要原因如下：

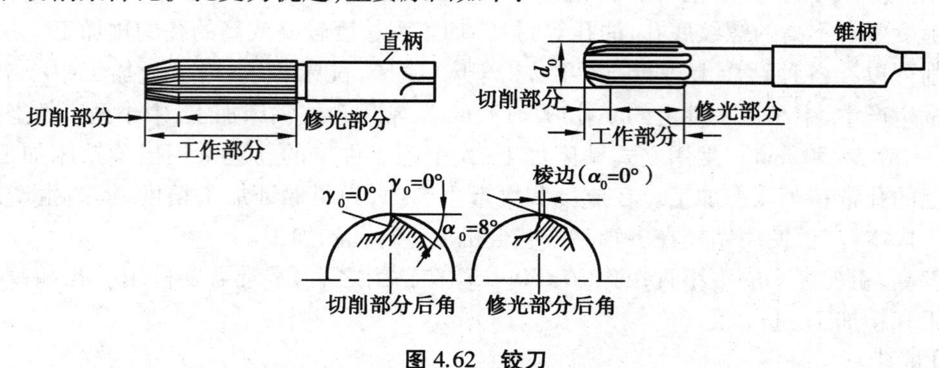

图 4.62　铰刀

①铰刀切削刃数目更多（6～12 个），又有修光部分（其作用是校准孔径、修光孔壁），所以切削更加平稳，从而进一步提高了孔的加工质量。

②铰孔的余量小（粗铰为 0.15～0.35 mm，精铰为 0.05～0.15 mm），切削力较小；铰孔时的切削速度一般较低（v_c = 1.5～10 m/min），产生的切削热较少。因此，工件的受力变形和受热变形较小，加之低速切削，可避免积屑瘤的不利影响，使得铰孔质量比较高，但铰孔不能保证孔与其他相关表面的方向和位置精度。

麻花钻、扩孔钻和铰刀都是标准刀具，市场上比较容易买到。对于中等尺寸以下较精密的孔，在单件小批乃至大批量生产中，"钻→扩→铰"是经常采用的典型工艺。钻、扩、铰只能保证孔本身的精度，而不易保证孔与孔之间的尺寸精度及位置精度。为了解决这一问题，可以利用夹具（钻模）进行加工，或者采用镗孔。

（4）锪孔

用锪钻加工各种沉头螺钉孔、锥孔、凸台面等的方法称为锪孔。锪孔一般在钻床上进行。如图 4.63（a）所示为带导柱平底锪钻，它适用于加工六角螺栓、带垫圈的六角螺母、圆柱头螺钉的沉头孔；如图 4.63（b）、（c）所示是带导柱和不带导柱的锥面锪钻，用于加工锥面沉孔；如图 4.63（d）所示为端面锪钻，用于加工凸台，锪钻上带有的定位导柱 d_1 是用来保证被锪孔或端面与原来孔的同轴度或垂直度。

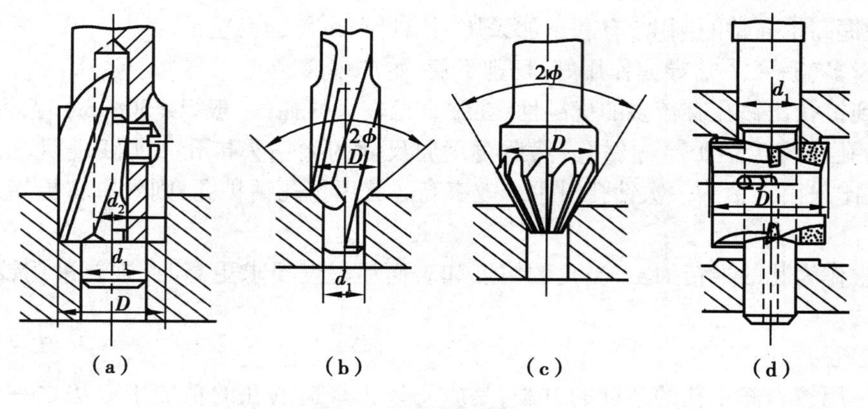

图 4.63　锪钻及其加工

(5)钻床

钻床是一种孔加工机床,它一般用于加工直径不大、精度要求不高的孔。其主要加工方法是用钻头在实心材料上钻孔,此外还可在原有孔的基础上扩孔、铰孔、锪平面、攻螺纹等加工。在钻床上加工时,工件固定不动,主运动是刀具(主轴)的旋转,刀具(主轴)沿轴向的移动即为进给运动。钻床的加工方法及其所需运动如图 4.64 所示。

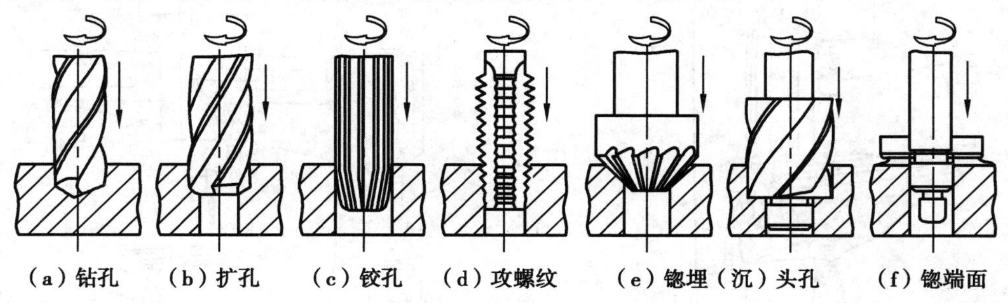

(a)钻孔　(b)扩孔　(c)铰孔　(d)攻螺纹　(e)锪埋(沉)头孔　(f)锪端面

图 4.64　钻床的加工方法

钻床分为:坐标镗钻床、深孔钻床、摇臂钻床、台式钻床、立式钻床、卧式钻床、铣钻床、中心孔钻床等。

1)立式钻床　如图 4.65 所示是立式钻床的外形。其特点为主轴轴线垂直布置,且位置固定。主运动和进给运动由主轴 2 旋转,并随主轴套筒在主轴箱中作直线移动来实现。利用装在主轴箱上的进给操纵机构 5,可以使主轴实现手动快速升降、手动进给以及接通或断开机动进给。被加工工件可直接或通过夹具安装在工作台 1 上,移动工件使被加工孔的中心线与刀具旋转中心线重合。工作台和主轴箱都装在方形立柱 4 的垂直导轨上,可上下调整位置,以适应加工不同高度的工件。

2)摇臂钻床　如图 4.66 所示为摇臂钻床的外形。它的主轴箱 4 装在摇臂 3 上,可沿摇臂的导轨水平移动,而摇臂 3 又可绕立柱 2 的轴线转动,因而可以方便地调整主轴 5 的坐标位置,使主轴旋转轴线与被加工孔的中心线重合。此外,摇臂 3 还可以沿立柱升降,以便于加工不同高度的工件。为保证机床在加工时有足够的刚度,并使主轴在钻孔时保持准确的位置,摇臂钻床具有立柱、摇臂及主轴箱的夹紧机构,当主轴位置调整完毕后,可以迅速地将它们夹紧。底座 1 上的工作台 6 可用于安装尺寸不大的工件,如果工件尺寸很大,可将其直接安装在底座上,甚至就放在地面上进行加工。摇臂钻床适用于单件和中、小批量生产中加工大、中型零件。

3)其他钻床　台式钻床实质上是加工小孔的立式钻床,简称台钻,其钻孔直径一般在 16 mm以下,如图 4.67 所示。主要用于小型零件上各种小孔的加工。台钻的自动化程度较低,通常采用手动进给,但其结构简单,小巧灵活,使用方便。

在成批和大批量生产中,广泛使用多轴钻(可用通用钻床改制)和组合钻床,如图 4.67 所示。

上述各类钻床在配以专用的钻模后,也能加工具有方向和位置精度要求的孔系。

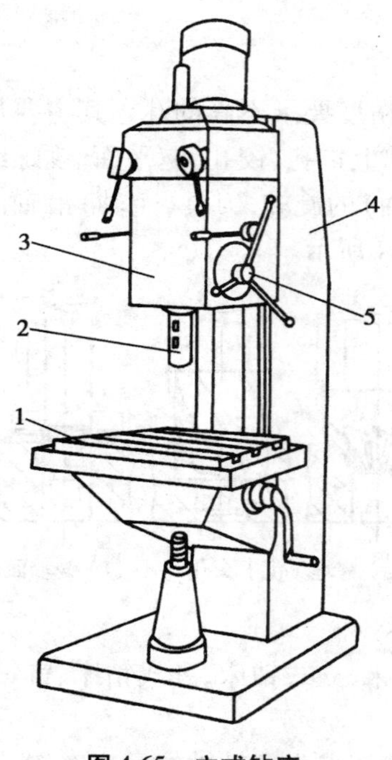

图 4.65 立式钻床

1—工作台;2—主轴;3—主轴箱;
4—立柱;5—进给操纵机构

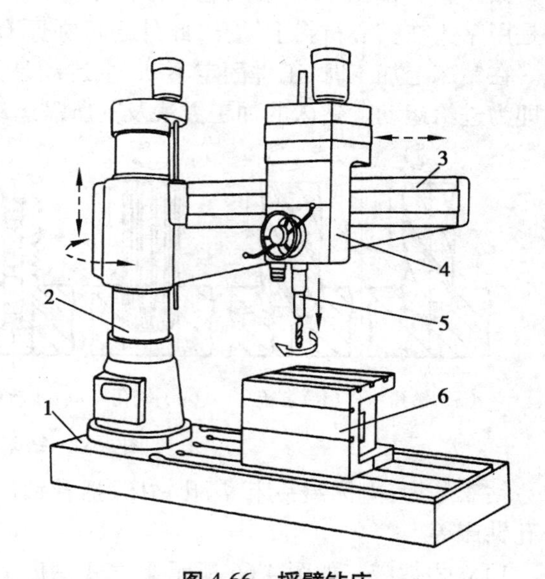

图 4.66 摇臂钻床

1—底座;2—立柱;3—摇臂;
4—主轴箱;5—主轴;6—工作台

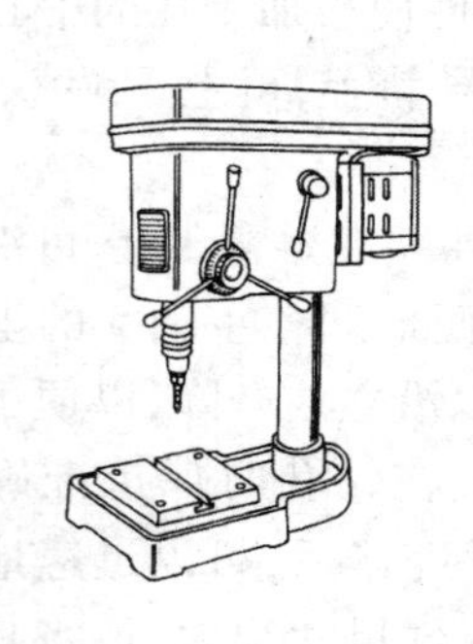

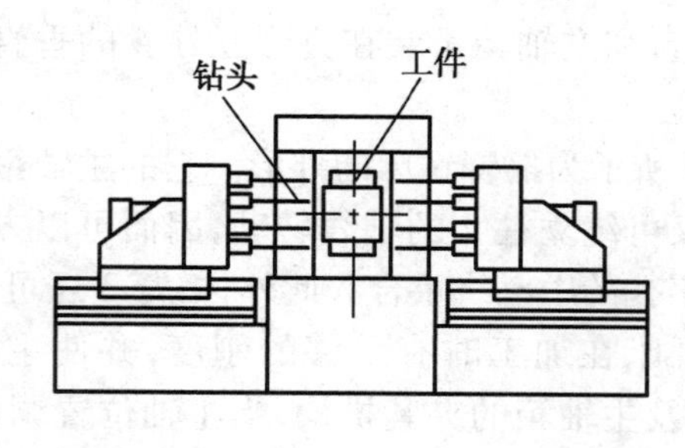

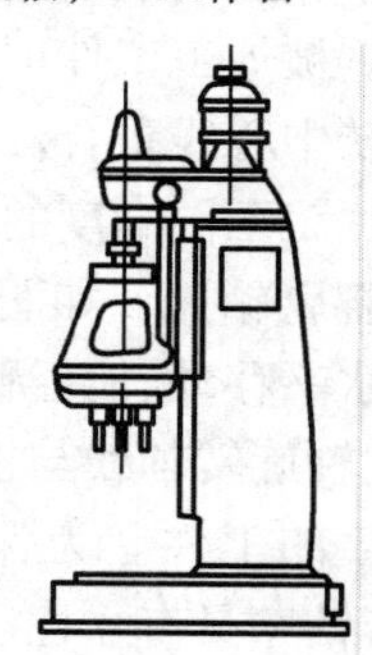

图 4.67 台式钻床、组合钻床与多轴钻

4.6.2 镗削加工与设备

用旋转的镗刀对保持不动的工件上已有的孔进行再加工,称为镗孔,如图 4.68 所示。

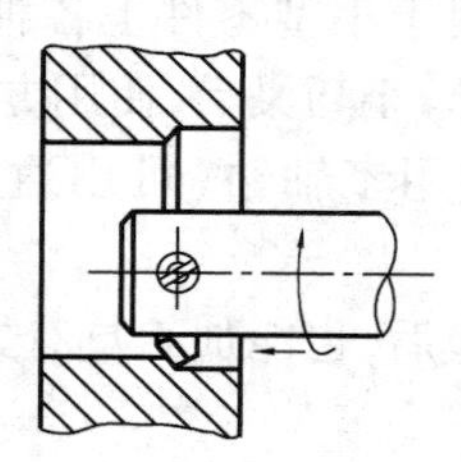

图 4.68 镗孔

对于直径较大的孔（一般 $D>80\sim100$ mm）、内成形面或孔内环槽等，镗削是唯一合适的加工方法。一般镗孔精度达 IT8～IT7，表面粗糙度 Ra 为 0.8～1.6 μm；精细镗时，精度可达 IT7～IT6，表面粗糙度 Ra 为 0.2～0.8 μm。

镗孔可以在多种机床上进行。回转体零件上的孔多在车床上加工，箱体类零件上的孔或孔系（指要求相互平行或垂直的若干个孔）则常用镗床加工。

镗床的主要功用是用镗刀镗削工件上已铸出或已钻出的孔。除镗孔外，大部分镗床还可以进行铣削、钻孔、扩孔、铰孔等工作。镗床的主要类型有卧式铣镗床、坐标镗床和精镗床等。

(1) 卧式铣镗床

如图 4.69 所示为卧式铣镗床的外形。

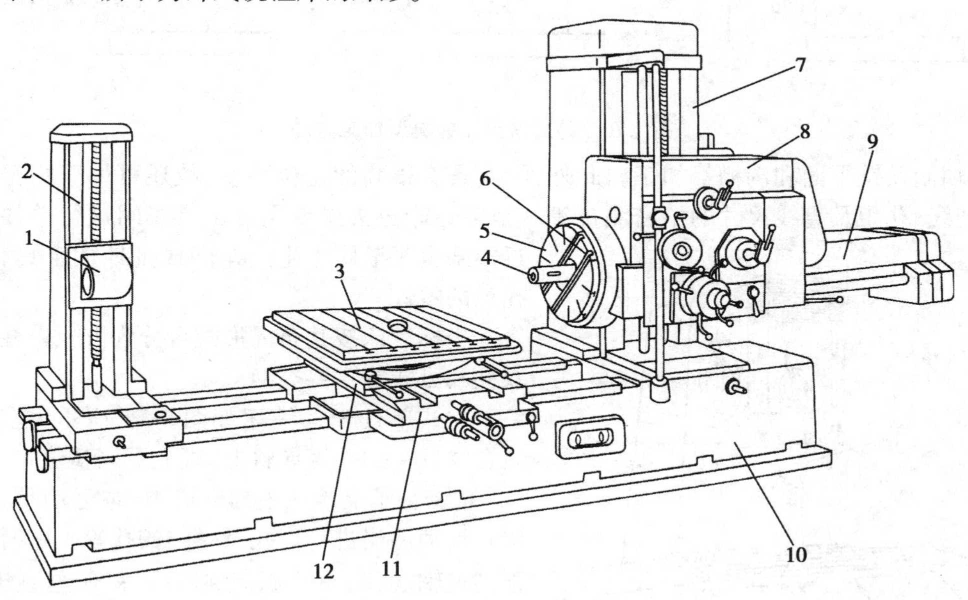

图 4.69　卧式铣镗床

1—后支架；2—后立柱；3—工作台；4—镗轴；5—平旋盘；6—径向刀具溜板；
7—前立柱；8—主轴箱；9—后尾筒；10—床身；11—下滑座；12—上滑座

卧式铣镗床的主运动有：镗轴 4 和平旋盘 5 的旋转运动。进给运动有：镗轴 4 的轴向进给运动，平旋盘刀具溜板 6 的径向进给运动，主轴箱 8 的垂直进给运动，工作台 3 的纵向和横向进给运动。辅助运动有：工作台 3 的转位运动，后立柱 2 的纵向调位运动，后支架 1 的垂直方向调位运动，以及主轴箱 8 沿垂直方向和工作台 3 沿纵、横方向的调位运动。

如图 4.70 所示为卧式铣镗床的几种典型加工方法：如图 4.70(a) 所示为用装在镗轴上的悬伸刀杆镗孔，如图 4.70(b) 所示为利用长刀杆镗削同轴线上的两孔，如图 4.70(c) 所示为用装在平旋盘上的悬伸刀杆镗削大直径的孔，如图 4.70(d) 所示为用装在镗轴上的端铣刀铣平面，如图4.70(e)、(f) 所示为用装在平旋盘刀具溜板上的车刀车内沟槽和端面。

(2) 坐标镗床

坐标镗床主要用于精密孔及位置精度要求很高的孔系的加工。例如钻模、镗模和量具等零件上的精密孔和孔系加工。坐标镗床的主要特点是具有工作台、主轴箱等移动部件的精密坐标位置测量装置，能实现工件和刀具的精确定位。坐标镗床除镗孔外，还可进行钻、扩和铰

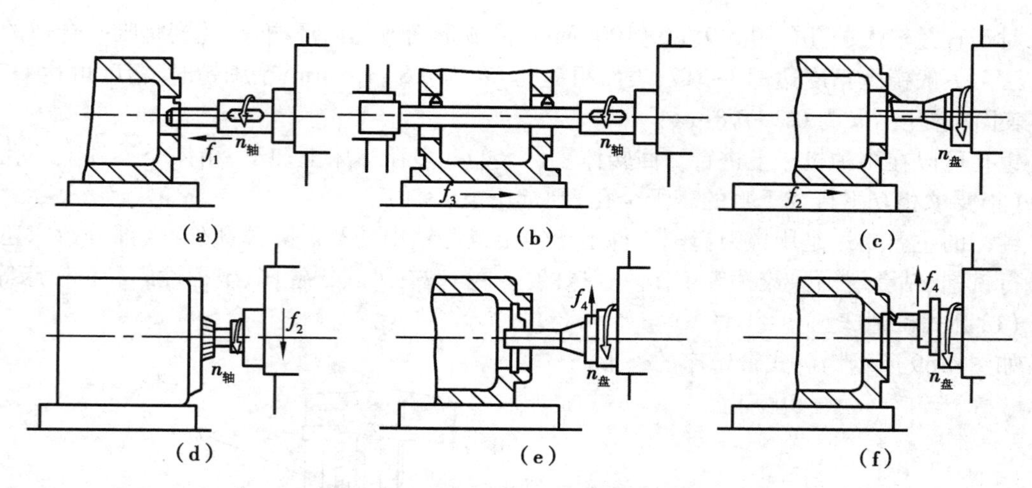

图 4.70　卧式铣镗床的典型加工方法

孔、锪端面及铣平面和沟槽等加工。此外,因其具有很高的定位精度,故还可用于精密刻线、精密划线、孔距及直线尺寸的精密测量等。坐标镗床过去主要用在工具车间进行单件生产,近年来也逐渐用于生产车间成批地加工具有精密孔系的零件。

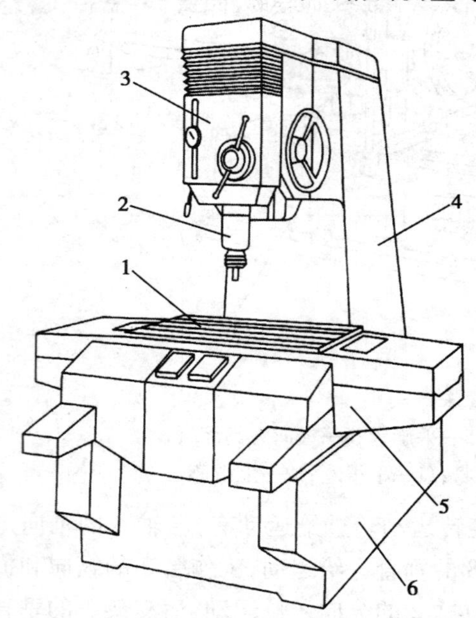

图 4.71　立式单柱坐标镗床

1—工作台;2—主轴;3—主轴箱;
4—立柱;5—床鞍;6—床身

坐标镗床按其布局形式可分为方式单柱、立式双柱和卧式等主要类型。

立式单柱坐标镗床如图 4.71 所示,主轴箱 3 装在立柱 4 的垂直导轨上,可上下调整位置。主轴 2 由精密轴承支承在主轴套筒中,主运动是主轴的旋转运动。当进行镗孔、钻孔、铰孔等工序时,主轴连同主轴套筒,可由机动或手动实现垂直进给运动,镗孔坐标位置由工作台 1 沿床鞍 5 的导轨纵向移动和床鞍沿床身 6 的导轨横向移动来确定;当进行铣削时,则由工作台 1 在纵向或横向移动来完成进给运动。

立式单柱坐标镗床的工作台三面敞开,结构比较简单,操作比较方便。但由于工作台和床身之间的层次较多,主轴箱又悬臂安装,削弱了刚度,在机床尺寸较大时,主轴中心线离立柱较远,影响主轴的加工精度。因此,立式单柱一般为中小型坐标镗床采用的布局形式。

4.7 其他加工方法与设备

4.7.1 刨削加工与刨床

刨削是用刨刀对工件做水平相对直线往复运动的切削加工方法。刨削是加工平面和沟槽的主要方法之一。常见的刨床类机床有牛头刨床、龙门刨床和插床等。

(1)刨削的工艺特点与应用

1)通用性好　根据切削运动和具体的加工要求,刨床的结构比车床、铣床简单,价格低,调整和操作也较简便,所用的单刃刨刀与车刀基本相同,形状简单,制造、刃磨和安装均较方便。

2)生产率较低　刨削的主运动为往复直线运动,反向时受惯性力的影响,加之刀具切入和切出时有冲击,限制了切削速度的提高。单刃刨刀实际参加切削的切削刃长度有限,一个表面往往要经过多次行程才能加工出来,加工时间较长,刨刀返回行程时不进行切削,又增加了辅助时间。因此,刨削的生产率低于铣削。但是对于狭长表面(如导轨、长槽等)的加工,刨削的生产率则高于铣削,因为铣削进给的长度与工件的长度有关,而刨削进给的长度则与工件的宽度有关,工件较窄可减少进给次数,且常可多件刨削。

3)加工精度较高　刨削主运动为往复直线运动,冲击力较大,只能采用中低速切削,当用中等切削速度刨削钢件时易产生积屑瘤,增大表面粗糙度值。刨削的精度可达IT8~IT7,表面粗糙度 Ra 值为1.6~6.3 μm。当采用宽刀精刨时,加工精度会更高一些。

刨削主要用在单件小批生产中,在维修车间和模具车间应用较多,如图4.72所示为刨削的主要应用与运动。

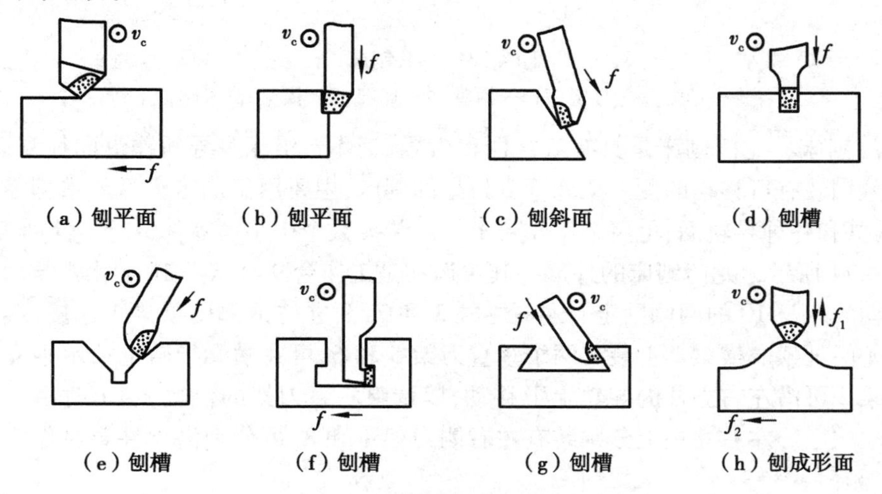

图4.72　刨削的主要应用

(2)刨床

用刨刀加工工件表面的机床为刨床,主要用于加工各种平面和沟槽。其主运动是刀具或工件所作的直线往复运动(所以也称为直线运动机床)。它只在一个运动方向上进行切削,称为工作行程,返程时不切削,称为空行程。进给运动是刀具或工件沿垂直于主运动方向所作的间歇运动。

1）牛头刨床　牛头刨床是刨刀安装在滑枕的刀架上作纵向往复运动的刨床，主要用于加工小型零件，其外形如图4.73所示。主运动为滑枕3带动刀具在水平方向所作的直线往复运动。滑枕3装在床身4顶部的水平导轨中，由床身内部的曲柄摇杆机构传动实现主运动。刀架1可沿刀架座2的导轨上下移动，以调整刨削深度，也可在加工垂直平面和斜面时作进给运动。调整刀架座2，可使刀架左右回转60°以便加工斜面或斜槽。加工时，工作台6带动工件沿横梁5作间歇的横向进给运动。横梁5可沿床身4的垂直导轨上下移动，以调整工件与刨刀的相对位置。

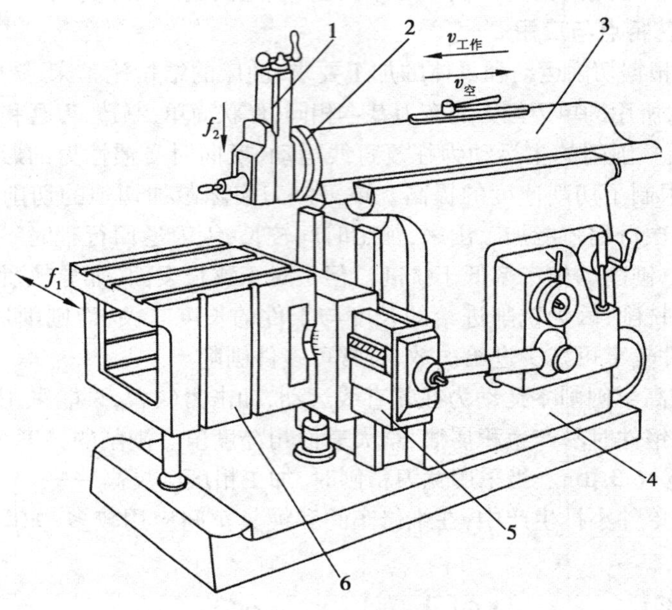

图4.73　牛头刨床

1—刀架；2—刀架座；3—滑枕；4—床身；5—横梁；6—工作台

2）龙门刨床　龙门刨床是具有双立柱和横梁，工作台沿床身导轨作纵向往复运动，立柱和横梁上分别装有可移动的侧刀架和垂直刀架的刨床，主要用于加工大型或重型零件上的各种平面、沟槽和各种导轨面，也可在工作台上一次装夹数个中小型零件进行多件加工。

如图4.74所示为龙门刨床的外形。其主运动是工作台9沿床身10的水平导轨所作的直线往复运动。床身10的两侧固定有左右立柱3和7，两立柱顶部用顶梁4连接，形成结构刚性较好的龙门框架。横梁2上装有两个垂直刀架5和6，可在横梁导轨上沿水平方向作进给运动。横梁2可沿左右立柱的导轨上下移动，以调整垂直刀架的位置，加工时由夹紧机构夹紧在两个立柱上。左右立柱上分别装有左右侧刀架1和8，可分别沿立柱导轨作垂直进给运动，以加工侧面。

由于刨削时，返程不切削，为避免刀具碰伤工件表面，龙门刨床刀架夹持刀具的部分都设有返程自动让刀装置，通常均为电磁式。

3）插床　插床实质上是立式刨床，其主运动是滑枕带动插刀所作的直线往复运动。如图4.75所示为插床的外形。滑枕2向下移动为工作行程，向上为空行程。滑枕导轨座3可以绕销轴4在小范围内调整角度，以便加工倾斜的内外表面。床鞍6和溜板7可分别带动工件实

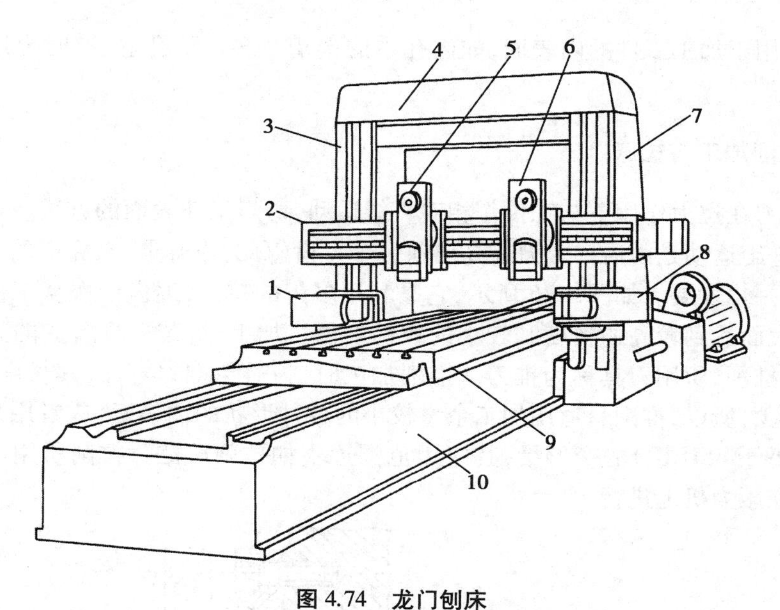

图4.74　龙门刨床

1、8—左、右侧刀架；2—横梁；3、7—立柱；4—顶梁；
5、6—垂直刀架；9—工作台；10—床身

现横向和纵向进给运动，圆工作台1可绕垂直轴线旋转，实现圆周进给运动或分度运动。圆工作台1在各个方向上的间歇进给运动是在滑枕空行程结束后的短时间内进行的。圆工作台的分度运动由分度装置5实现。

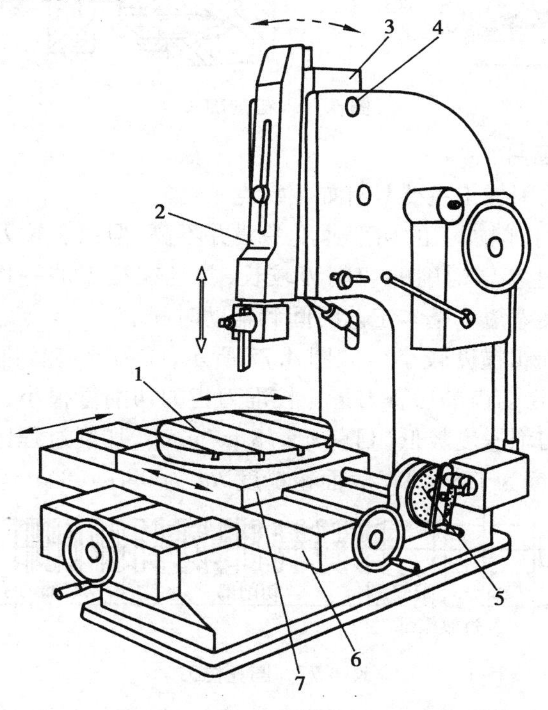

图4.75　插床

1—圆工作台；2—滑枕；3—滑枕导轨座；4—销轴；
5—分度装置；6—床鞍工作台；7—溜板

插床主要用于加工工件的内表面,如内孔中的键槽及多边形孔等,有时也用于加工成形内外表面。

4.7.2　拉削加工与拉床

拉削是拉刀在拉力作用下与工件作相对直线运动,切削工件表面的方法。拉刀的直线运动为主运动,进给运动是由后一个刀齿高出前一个刀齿(称为齿升量)来完成的。拉削可以认为是刨削的进一步发展。如图4.76所示,它是利用多齿的拉刀,逐齿依次从工件上切下很薄的金属层,使表面达到较高的精度和较小的粗糙度值。加工时,若刀具所受的力不是拉力而是推力则称为推削,所用刀具称为推刀。推削加工时,为避免推刀弯曲,其长度比较短,总的金属切除量较少,所以,推削只适用加工余量较小的各种形状的内表面,或者用来修整工件热处理后(硬度低于45HRC)的变形量,其应用范围远不如拉削广泛。拉削所用的机床称为拉床,推削则多在压力机上进行。

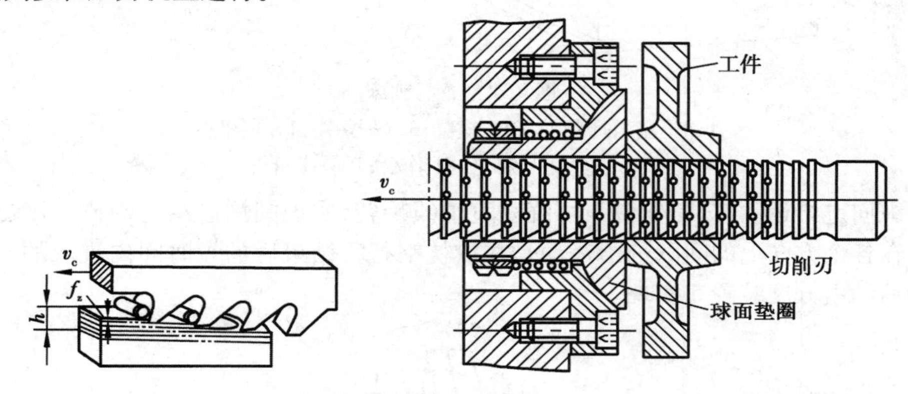

图4.76　拉削加工

(1)拉削的特点与应用

与其他加工相比,拉削加工主要具有如下特点:

1)生产率高　虽然拉削加工的切削速度一般并不高,但由于拉刀是多齿刀具,同时参加工作的刀齿数较多,同时参与切削的切削刃较长,并且在拉刀的一次工作行程中能够完成粗—半精—精加工,大大缩短了基本工艺时间和辅助时间。

2)加工精度高、表面粗糙度较小　如图4.77所示,拉刀具有校准部分,其作用是校准尺寸,修光表面,并可作为精切齿的后备刀齿。校准刀齿的切削量很小,仅切去工件材料的弹性恢复量。另外,拉削的切削速度较低(目前 v_c<18 m/mim),切削过程比较平稳,可避免积屑瘤的产生。一般拉孔的精度为IT8~IT7,表面粗糙度 Ra 为0.4~0.8 μm。

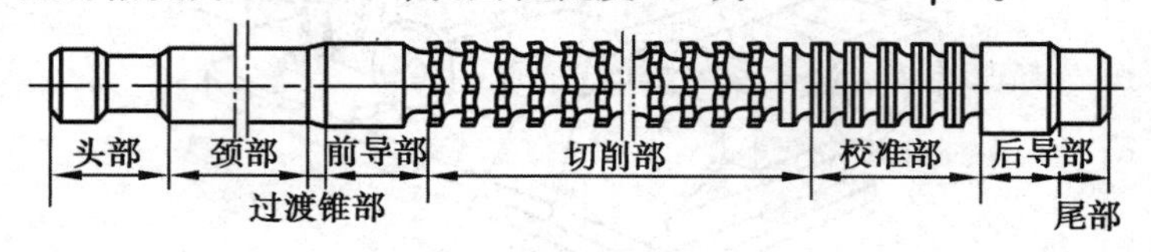

图4.77　圆孔拉刀

3)拉床结构和操作比较简单　拉削只有一个主运动,即拉刀的直线运动。进给运动是靠拉刀的后一个刀齿高出前一个刀齿来实现的,相邻刀齿的高出量称为齿升量。

4）拉刀价格昂贵　由于拉刀的结构和形状复杂，精度和表面质量要求较高，故制造成本很高。但拉削时切削速度较低，刀具磨损较慢，刃磨一次可以加工数以千计的工件，加之一把拉刀又可以重磨多次，所以拉刀的寿命长。当加工零件的批量大时，分摊到每个零件上的刀具成本并不高。

5）加工范围较广　内拉削可以加工各种形状的通孔，如图 4.78 所示，例如圆孔、方孔、多边形孔、花键孔和内齿轮等。还可以加工多种形状的沟槽，例如键槽、T 形槽、燕尾槽和涡轮盘上的样槽等。外拉削可以加工平面、成形面、外齿轮和叶片的榫头等。

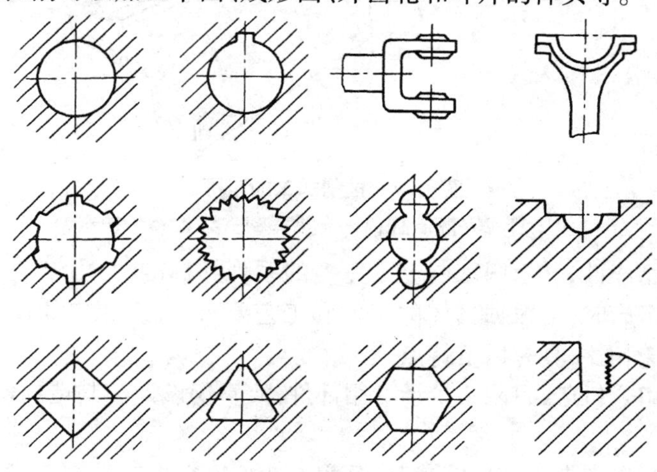

图 4.78　拉削加工的范围

由于拉削加工具有以上特点，所以主要适用于成批和大量生产，尤其适于在大量生产中加工比较大的复合型面，如发动机的气缸体等。在单件小批生产中，对于某些精度要求较高、形状特殊的表面，用其他方法加工很困难时，也有采用拉削加工的。但对于盲孔、深孔、阶梯孔及有障碍的外表面，则不能用拉削加工。

（2）拉床

拉床是用拉刀进行加工的机床。拉床的运动比较简单，它只有主运动而没有进给运动，被加工表面在一次拉削中成形。考虑到拉刀承受的切削力很大，同时为了获得平稳的切削运动，所以拉床的主运动通常采用液压驱动。

拉床按用途可分为内拉床和外拉床，按机床布局可分为卧式、立式、链条式等。如图 4.79 所示为卧式内拉床的外形。在床身 1 的内部有水平安装的液压缸 2，通过活塞杆带动拉刀沿水平方向移动，实现拉削的主运动，工件支承座 3 是工件的安装基准。拉削时，工件以其端面紧靠在支承座 3 上，护送夹头 5 及滚柱 4 用以支承拉刀，开始拉削前，护送夹头 5 及滚柱 4 向左移动，将拉刀穿过工件预制孔，并将拉刀左端柄部插入拉刀夹头。加工时滚柱 4 下降不起作用。

4.7.3　组合机床

（1）组合机床的组成及特点

组合机床是由已经系列化、标准化的通用部件为基础，配以少量专用部件组合而成的一种高效专用机床。它常用多刀、多面、多工位同时加工，是一种工序高度集中的加工方法，其生产率和自动化程度高，加工精度稳定。

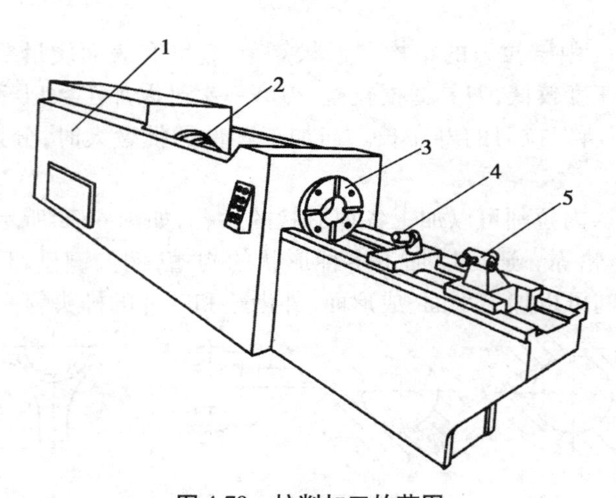

图 4.79　拉削加工的范围

1—床身;2—液压缸;3—支承座;4—滚柱;5—护送

组合机床的通用部件,已由国家制定了完整的系列和标准,并由专业厂家预先设计制造好。设计制造组合机床时,可根据具体的工件和工艺要求,选用相应的通用部件。因而组合机床与一般专用机床相比,具有以下特点:

①设计和制造组合机床,只限于少量专用部件,故不仅设计和制造周期短,而且便于使用和维修。

②通用部件经过了长期生产实践考验,且由专业厂家集中成批制造,质量易于保证,因而机床加工精度稳定,工作可靠,制造成本也较低。

③当加工对象改变时,通用零件、部件可以重复使用,故有利于企业产品的更新换代。

④生产率高,因为工序集中,可多面、多工位、多刀同时加工;加工精度稳定,因为常与专用夹具配套,且自动循环工作。

(2)组合机床的通用部件及其配套

通用部件是具有特定功能、按标准化、系列化、通用化原则设计制造的组合机床基础部件。它有统一的主要技术参数和联系尺寸标准,在设计制造各种组合机床时,可以互相通用。组合机床的通用化程度是衡量其技术水平的重要标志。

通用部件按其尺寸大小不同,可分为大型和小型两类。它们通常指动力滑台台面宽度 $B \geqslant 200$ mm和 $B<200$ mm 的动力部件及其配套部件。

通用部件按其功用,可分为以下几类。

1)动力部件　用于传递动力,实现主运动或进给运动的部件,包括动力箱、各种动力头和动力滑台。动力部件是通用部件中最主要的一类部件。

2)支承部件　组合机床的基础件,包括侧底座、立柱、立柱底座和中间底座等。侧底座用于与滑台等动力部件组成卧式机床,立柱用于组成立式机床,立柱底座供支承立柱之用,中间底座用于安装夹具和输送部件。

3)输送部件　用于多工位组合机床上完成工件在工位间的输送,其定位精度直接影响多工位机床的加工精度。它包括回转工作台、移动工作台和回转鼓轮等。

4)控制部件　用于控制组合机床按预定程序进行工作循环。它包括可编程控制器、液压传动装置、分级进给机构、自动检测装置及操纵台电器柜等。

5)辅助部件　它主要包括冷却、润滑、排屑等辅助装置,以及实现自动夹紧的液压或气动装置、机械扳手等。

(3)组合机床的工艺范围及配置型式

在组合机床上可以完成的工序很多,但就目前使用的大多数组合机床来说,则主要用于箱体类零件的平面加工和孔加工。前者包括铣平面、车平面和锪平面等,后者包括钻、扩、铰、镗孔以及孔口倒角、攻螺纹、锪沉头孔和滚压孔等。随着组合机床技术的不断发展,其工艺范围也在不断扩大,例如车外圆、行星铣削、拉削、磨削、珩磨、抛光、冲压等工序也可在组合机床上完成。此外,组合机床还可以完成焊接、热处理、自动测量和自动装配、清洗和零件分类等非切削工作。

组合机床上主要加工箱体类零件,如汽缸体、汽缸盖、变速箱体、阀门壳体和电动机座等;也可以完成轴、套、盘、叉和盖板类零件,如曲轴、汽缸套、飞轮、连杆、法兰盘、拨叉等的部分或全部加工工序。目前,组合机床应用最广泛的是大批量生产的场合,如汽车、拖拉机、电机、阀门和缝纫机等行业。此外,一些中小批量生产的企业,如机床制造厂等,为了保证加工质量,也采用组合机床来完成某些重要零件的关键加工工序。随着组合机床技术水平的不断提高,组合机床的应用将会更加广泛。

组合机床的配置型式主要有单工位组合机床和多工位组合机床两大类。

单工位组合机床的工作特点是,加工过程中工件位置固定不变,由动力部件移动来完成各种加工。这类机床能保证较高的相互位置精度,它特别适合于大、中型箱体类零件的加工。

多工位组合机床的工作特点是,工件在加工过程中,按预定的工作循环作周期移动或转动,以便顺次地在各个工位上,对同一加工部位进行多工步加工,或者对不同部位顺序地进行加工,从而完成一个或数个面的比较复杂的加工工序。这类机床的生产率比单工位组合机床高,但由于存在转位或移位所引起的定位误差,所以加工精度不如单工位机床,且结构复杂,造价较高,多用于大批量生产中比较复杂的中、小型零件的加工。

如图4.80(a)所示为移动工作台式组合机床,其工作台带动夹具和工件可先后在2~3个工位上,从单面或双面对工件进行加工。这种机床运用于加工孔间距较小的工件。如图4.80(b)所示为中央立柱式组合机床,这类机床的动力部件安装在工作台四周和中央立柱上,夹具和工件装在回转工作台上,工作台绕中央立柱转位,依次进行加工。这类机床的工位数很多,工序集中程度高,但结构复杂。

4.7.4　数控加工与数控机床

数控加工方法是根据被加工零件图样和工艺要求,编制成以数码表示的程序,并输入到机床的数控装置或控制计算机中,以控制工件和工具的相对运动,使之加工出合格零件的方法。能实现数控加工的机床称为数控机床,其控制系统称为数控系统。数控机床是在传统的机床技术基础上发展起来的,产生于20世纪50年代(数控系统采用电子管),经历了数控(NC)和计算机数控(CNC)等两个阶段共六代的发展历程,在20世纪90年代出现了基于PC的数控系统(属于第二阶段第六代)。

(1)数控加工的基本原理

1)数控机床的工作原理　数控机床的加工原理如图4.81所示。首先把加工过程所需的几何信息和工艺信息用数字量表示出来,并用规定的代码和格式编制出数控加工程序(编制

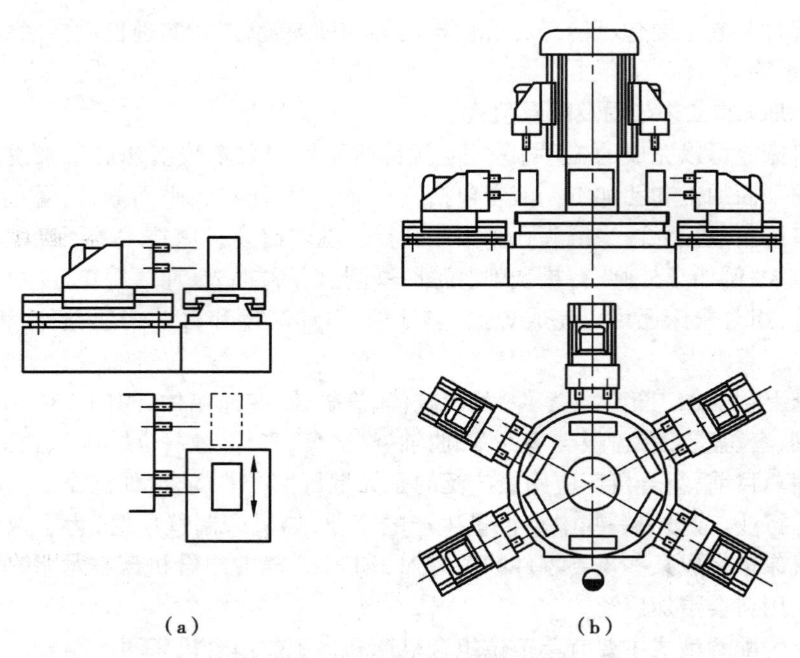

图 4.80　组合机床的配置型式

程序的工作可以人工进行,也可以在数控机床以外用计算机自动编程系统来完成,常用的程序载体有穿孔纸带、磁卡、磁盘、光盘等);然后用适当的方式通过输入装置将加工程序输入到数控系统,数控系统对输入信息进行处理与运算后,将结果输入到机床的伺服系统,控制并驱动机床运动部件按预定的轨迹和速度运动,对工件完成相应加工。

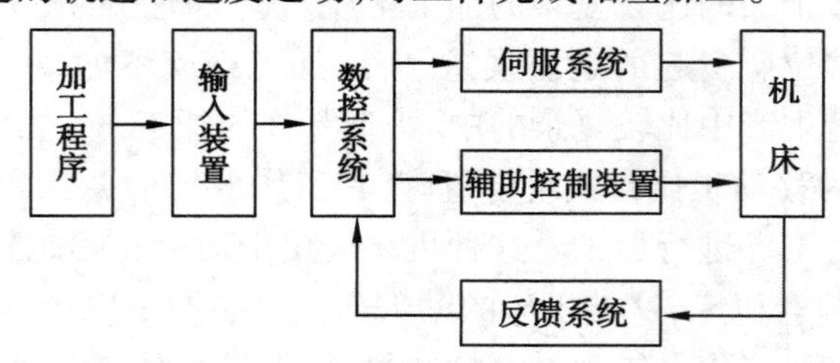

图 4.81　数控机床加工零件的过程

输入装置、数控系统、伺服系统及机床本体是数控机床的四个基本组成部分。辅助控制装置的主要作用是接受数控系统输出的主运动换向、变速、起停、刀具的选择和交换,以及其他辅助装置动作等指令信号,经过必要的编译、逻辑判断和运算,经功率放大后直接驱动相应的驱动源,带动机床完成工件的装夹、刀具的更换、切削液的开关等一些辅助功能。

2)插补原理　在数控机床上加工零件时,由伺服系统接受数控装置送来的指令脉冲,并将其转化为执行件(工作台或刀架)的位移。每一个脉冲可使执行件沿指令要求的方向走过一小段直线距离(0.01 mm~0.001 mm),这个距离称为“脉冲当量”。加工时执行件沿每个坐标的运动都是根据脉冲当量一步一步完成的,因此执行件的运动轨迹是一条折线。为了保证执行件以一定的折线轨迹逼近所要加工的零件轮廓(曲线或曲面),必须根据被加工零件的要求准确地向各坐标分配和发送指令脉冲信号,这个分配指令脉冲信号的方法称为“插补”。用折线轨迹代替光滑曲线,其精度取决于机床脉冲当量的大小,其值越小,精度越高。

插补运算就是数控装置根据输入的基本数据(直线的起点和终点坐标值、圆弧的起点、圆心、半径和终点坐标值等),计算出一系列中间加工点的坐标值(数据密化),使执行件在两点之间的运动轨迹与被加工零件的廓形相近似。

数控机床中常用的插补运算方法有逐点比较法、数字积分法和时间分割法等。

(2)数控机床的组成

1)数控装置　数控机床的核心,包括硬件(印制电路板、CRT显示器、键盒、纸带阅读机等)和相应的软件。用于输入数字化的零件加工程序,并完成输入信息的存储、数据变换、插补运算以及实现各种控制功能。

数控装置主要由输入、处理和输出三个基本部分构成。而所有这些工作都由计算机的系统程序进行合理地组织,使整个系统协调地进行工作。

①输入装置。将数控指令输入给数控装置,根据程序载体的不同,相应有不同的输入装置。主要有键盘输入、磁盘输入、CAD、CAM系统直接通信方式输入和连接上级计算机的DNC输入。

②处理装置。输入装置将加工信息传给CNC单元,编译成计算机能识别的信息,由信息处理部分按照控制程序的规定,逐步存储并进行处理后,通过输出单元发出位置和速度指令给伺服系统和主运动控制部分。

③输出装置。输出装置与伺服机构相联。输出装置根据控制器的命令接受运算器的输出脉冲,并把它送到各坐标的伺服控制系统,经过功率放大,驱动伺服系统,从而控制机床按规定要求运动。

2)伺服驱动系统　是数控机床执行机构的驱动部件,包括伺服驱动电动机、各种传动装置(如齿轮副、丝杠螺母副等)和执行部件等。它的作用是根据来自数控装置的速度和位移指令控制执行部件的进给速度、方向和位移。

3)输入装置　建立人和数控机床联系的装置。这种联系的媒介物称为输入介质或信息载体、控制介质,用于记录各种加工指令,以控制机床的运动,实现零件的加工。

4)机床本体　机床的机械部分,包括主运动部件、进给运动部件(如工作台、刀架)和支承部件(如床身、立柱等)。

5)辅助装置　指数控机床上一些必要的配套部件,用来保证数控机床的运行,如冷却、润滑、排屑和监测等。

(3)数控机床的分类

1)按机床的工艺用途分类

①一般数控机床:这类数控机床与一般的通用机床一样,按机床的类别,数控机床可分为:数控车床、数控铣床、数控钻床、数控磨床、数控电火花加工机床、数控电火花线切割机床、数控激光切割机床等。其加工方法、工艺范围也与一般的同类型通用机床相似,不同的是,除装卸工件外,这类机床的加工过程是完全自动进行的。此外,在车、铣、磨等类型数控机床上,还可以加工精度要求更高、形状更复杂的零件。

②数控加工中心:这类机床也常称自动换刀数控机床,它带有刀库(一般可容纳20~120把刀具)和自动换刀装置(换刀机械手),能使工件在一次装夹中完成大部分甚至全部机械加工工序。因而,大大节约了机床台数,减少了装卸工件和换刀等辅助时间,消除了由于多次安装造成的定位误差,它比一般数控机床更能够实现高精度、高效率、高度自动化及低成本的加

工,这也是近年来这类机床得以迅速发展的重要原因。

2)按刀具(或工件)的运动轨迹分类

①点位控制:点位控制只要求控制刀具从一个位置点移动到另一个位置点的准确加工坐标位置,在移动途中刀具不进行切削,对两点之间的移动速度及运动轨迹没有严格要求,如图4.82(a)所示。常见的有数控钻床、数控坐标镗床、数控冲床等。

②直线控制:直线控制除了要求控制起点和终点的准确位置外,还要控制在起点和终点之间沿一个坐标轴方向进行直线进给切削,并按指定的进给速度进给,如图4.82(b)所示。常见的有数控车床、数控铣床、数控磨床等。

③轮廓控制:除了控制起、终点的坐标外,还要能对两个或两个以上坐标方向的切削进给运动严格不间断地连续进行控制,故也称连续控制。如图4.82(c)所示。如在数控铣床上铣圆弧,在数控车床上车锥面、车圆弧面等。

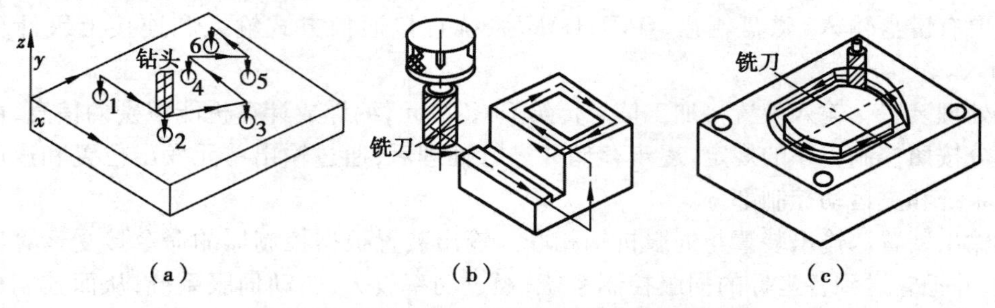

图4.82　按运动轨迹分类的三类数控机床系统

3)按伺服驱动系统的反馈形式分类

①开环控制:如图4.83(a)所示,工作台的移动量没有检测、反馈和校正装置,因此工作台的位移精度主要取决于步进电动机、齿轮和滚珠丝杠等的传动误差,故精度低。但结构简单,稳定,调试维修都较方便,成本也低。常用在精度要求不高的中小型机床上。

②闭环控制:如图4.83(b)所示,在工作台上装有位置检测装置,能测出工作台进给的实际位移量,发出相应的反馈信号到比较环节,与原指令信号比较,根据两者的差值进行控制,直到差值消除为止。这种系统的精度高,其缺点是系统复杂、调试维修困难、成本较高,一般用在大型精密数控机床上。

③半闭环控制:如图4.83(c)所示,该系统的检测装置不是装在工作台上,而是装在滚珠丝杠上测定其转角(可换成脉冲值),并进行偏差反馈控制。它的稳定性比闭环好,检测装置结构简单、造价低、调试方便。但因检测元件以后的各种传动误差不能由系统得到补偿,而使其精度介于开环和闭环系统之间。此系统目前应用较广。

(4)数控机床的特点与用途

数控机床与其他机床相比较,主要有以下几方面的特点。

1)具有良好的柔性　由于数控机床是按照记录在信息载体上的指令信息自动进行加工的,当加工零件改变时,只需重新编制相应的程序,输入数控装置就可以自动地加工出新的零件,无须对机床本身重新进行调整或特制工装,使生产准备时间大为减少,降低成本。随着数控技术的发展,数控机床的柔性也在不断扩展,逐步向多工序集中加工方向发展。

2)能获得高的加工精度和稳定的加工质量　数控机床的进给运动是由数控装置输送给伺服机构一定数目的脉冲进行控制的,目前数控机床的脉冲当量已普遍达到了0.001 mm,高

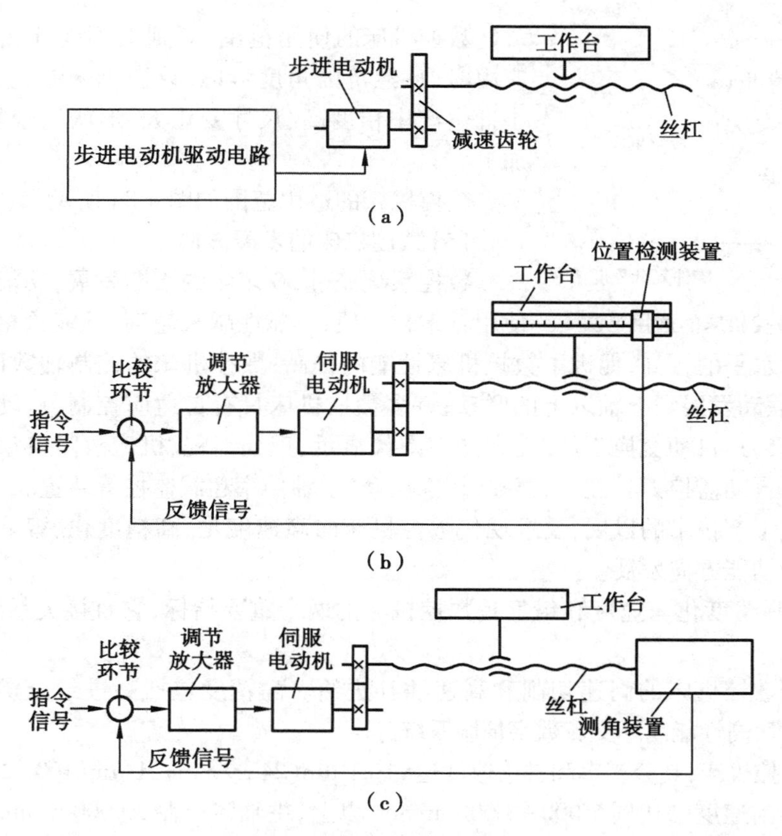

图 4.83　数控机床伺服驱动系统的控制框图

精度的数控机床可达 0.000 1 mm,其运动分辨率远高于普通机床。此外,数控机床具有位置检测装置,可将移动部件的实际位移量或丝杠、伺服电机的转角反馈到数控系统,并自动进行补偿,所以可获得较高的加工精度。工件的加工尺寸是按照预先编好的程序由数控机床自动保证的,完全消除了操作者的人为误差,使得同一批零件加工尺寸的一致性好,重复精度高,加工质量稳定。

3)能加工形状复杂的零件　数控机床能自动控制多个坐标联动,可以加工母线为曲线的旋转体、凸轮和各种复杂空间曲面的零件,能完成其他机床很难甚至不能完成的加工。

4)具有较高的生产效率　数控机床刚性好,功率大,主运动和进给运动都采用无级变速,所以能选择较大的、合理的切削用量,并自动连续完成整个切削加工过程,可大大缩短机动时间。而且,数控机床在程序指令的控制下可以自动换刀、自动变换切削用量和快速进退等,因而大大缩短了辅助时间。又因为数控机床定位精度高,无须在加工过程中对零件进行中间检测,减少了停机检测时间,所以数控机床的生产效率较高。

5)能减轻劳动强度　数控机床的加工,除了装卸零件、操作键盘、观察机床运行外,其他动作都是按照加工程序要求自动连续地进行的,免除了操作者繁重的重复手工操作,所以能减轻工人的劳动强度,改善了劳动条件。

6)有利于实现现代化的生产管理　用计算机管理生产是实现管理现代化的重要手段。数控机床的切削条件、切削时间等都是由预先编制好的程序决定的,都能实现数据化,有利于与计算机联网,构成由计算机控制和管理的生产系统。

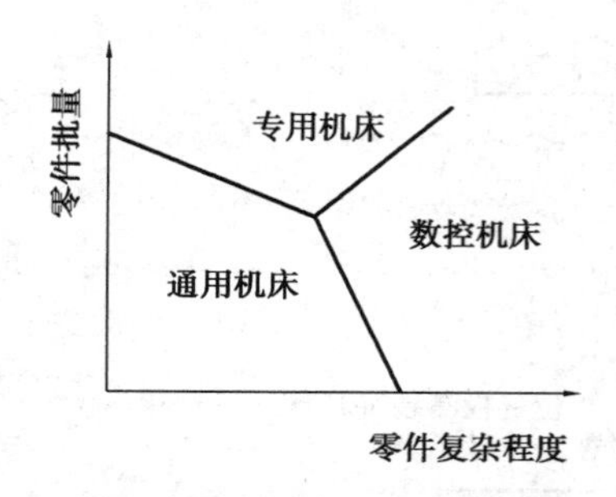

图 4.84 数控机床的适用范围

数控机床的使用范围,原则上不受什么限制,但实际应用时,从经济的角度考虑,数控机床更适合于单件和中小批生产中精度高、尺寸变化大、形状比较复杂的零件的加工。

数控机床的适用范围如图 4.84 所示。

(5)数控机床的发展方向

数控系统经过 50 多年的不断发展,功能越来越完善,使用越来越方便,可靠性越来越高,性能价格比越来越好。数控系统技术水平的提高,促进了数控机床性能的提高:数控机床的控制轴数已从单轴的点位控制、两轴联动发展到五轴以上的联动;许多数控机床具有自适应控制、自动检测、软件精度补偿、自动换刀、自动交换工件、动态加工图像显示、现场编程、机床故障自诊断等功能;某些机床还带有自动监控刀具破损、磨损、切削振动、主轴功率超载监控等装置。

随着先进生产技术的以展,要求现代数控机床向高速度化、高精度化、智能化、高可靠性化和更完善的功能方向发展。

1)高速、高精度化　速度和精度是数控机床的两个重要指标,它直接关系到加工效率和产品质量。

高速化指数控机床的高速切削和高速插补进给。高精度包括高进给分辨率、高定位精度、高动态刚度、高性能闭环交流数字伺服系统等。

新型的数控机床,其分辨率和进给速度达到 0.1 μm(24 m/min),1 μm(100~240 m/min);车削和铣削的切削速度已达到 5 000~8 000 m/min 以上,主轴转速在 30 000 r/min 以上(采用电主轴其转速高达 100 000 r/min)。普通数控加工的尺寸精度通常可达 5 μm,精密级加工中心的加工精度通常可达 1 μm,超精密的加工精度已进入纳米级(0.001 μm)。

2)智能化　随着人工智能在计算机领域不断渗透和发展,数控技术向智能化发展。在新一代的数控系统和伺服装置中,由于采用了“进化计算”(Evolutionary Computation)、“模糊系统”(Fuzzy System)和“神经网络”(Neural Network)等方面新的控制机理,使其性能大大提高。例如在数控系统中配备编程专家系统、故障诊断专家系统、参数自动设定和刀具自动管理及补偿等自适应调节系统,在高速加工时的综合运动控制中引入提前预测和预算功能、动态前馈功能,在压力、温度、位置、速度控制等方面采用模糊控制等,使数控系统的控制性能大大提高,从而达到最佳控制的目的。

3)功能复合化　数控机床的功能复合化指在一台机床上工件一次安装便可完成多工种、多工序的加工。

加工中心应是数控机床复合化的体现。现在,除了镗铣类加工中心和车削中心外,还出现了集成型车/铣加工中心、自动更换电极的电火花加工中心及带有自动更换砂轮装置的内圆磨削加工中心等。随着数控技术的不断发展,打破了原有机械分类的工艺性能界限,出现了相互兼容、扩大工艺范围的趋势。复合加工技术正向不同类技术领域内发展。

4)高可靠性　数控系统的高可靠性是提高数控机床可靠性的关键。在数控系统中采用大规模、超大规模集成电路实现三维高密度插装技术,进一步把典型的硬件结构集成化,做成专用芯片,提高了系统的可靠性。现代数控机床都装备有各种类型的监控、检测装置,以及具有故障自动诊断与保护功能。能够对工件和刀具进行适时监测,发现问题能及时报警并及时处理。具有故障预报和自恢复功能,保证数控机床长期可靠地工作。

5)网络化　网络化数控装备是近几年来国际著名机床博览会的一个新亮点。数控装备的网络化将极大地满足生产线、制造系统、制造企业对信息集成的需求,也是实现新的制造模式,如敏捷制造、虚拟企业、全球制造的基础单元。在第6代开放式数控系统中,安装网络通信及其配套软件可实现网络化制造。通过网络可将工件的加工程序传送给远地的机床,进行远程控制加工,也可以进行远程诊断并发出指令进行调整。这就使各地区某些分散的数控机床通过网络联系在一起,相互协调,统一优化调度。使产品加工不局限在某个工厂内,而成为社会化的产品。

(6)数控机床与加工中心示例

1)TND360型数控车床　如图4.85所示,底座1是机床的基础,为钢板焊接的箱形结构,它连接电气柜7和防护罩8,其内部装有排屑装置。床身2固定在底座1上,床身导轨向后倾斜,以便于排屑,同时又可以采用封闭的箱形结构,其刚度比卧式车床床身高。转塔刀架4安装在床身中部的十字溜板上,可实现纵向(Z)和横向(X)的运动,它有八个工位,可安装八组刀具,在加工时可根据指令要求自动转位和定位,以便准确地选择刀具。防护罩8安装在底座1上,机床在防护罩关上时才能工作,操作者只能通过防护罩上的玻璃窗观察机床的工作情况,这样就不用担心切屑飞溅伤人,故切削速度可以很高,以充分发挥刀具的切削性能。机床的电气控制系统7主要由机床前左侧的CNC操作面板、机床操作面板、CRT显示器和机床最后面的电气柜组成,能完成该机床复杂的电气控制自动管理。液压系统5为机床的一些辅助动作(如卡盘夹紧、尾架套筒移动、主轴变速齿轮移动等)提供液压驱动。此外,机床的润滑系统6为主轴箱内的齿轮提供循环润滑,为导轨等运动部件提供定时定量润滑。主轴轴承、支承轴承以及滚珠丝杠螺母副均采用油脂润滑。

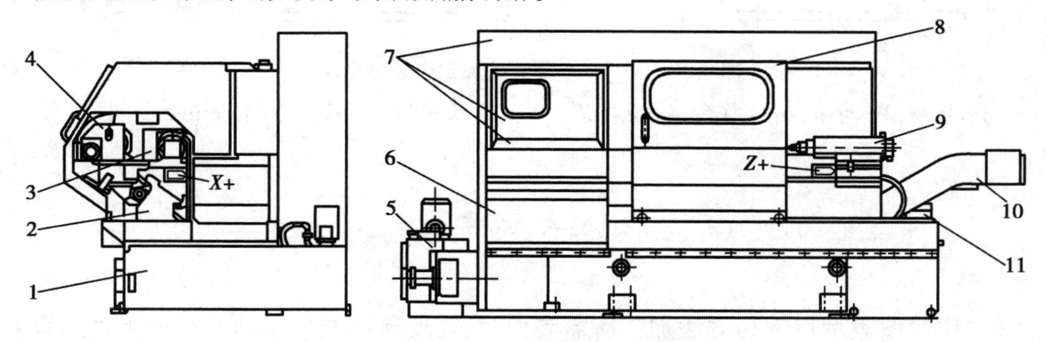

图4.85　TND360型数控车床外形图

1—底座;2—床身;3—主轴箱;4—刀架;5—液压系统;6—润滑系统;7—电气控制系统;8—防护罩;9—尾座;10—排屑装置;11—冷却装置

2)XH715A型立式加工中心　天津第一机床总厂生产的XH715A型立式加工中心是一种带有水平刀库和换刀机械手的以铣削为主的单柱式铣镗类数控机床,属于连续控制(三坐标)型。该机床具有足够的切削刚性和可靠的精度稳定性,其刀库容量为20把刀,可在工件一次装夹后,按程序自动完成铣、镗、钻、铰、攻螺纹及三维曲面等多种工序的加工,主要适用于机械制造、汽车、拖拉机、电子等行业中加工批量生产的板类、盘类及中小型箱体、模具等零件。

XH715A型立式加工中心机床的外形如图3.95所示,它采用了机、电、气、液一体化布局,工作台移动结构。其数控柜、液压系统、可调主轴恒温冷却装置及润滑装置等都安装在立柱和床身上，减少了占地面积，简化了机床的搬运和安装调试。滑座2安装在床身1顶面的导轨上，可作横向（前后）运动（y轴）；工作台3安装在滑座2顶面的导轨上，可实现纵向（左右）运动（x轴）；在床身1的后部固定有立柱4，主轴箱5在立柱导轨上可作垂直（上下）运动（z轴）。在立柱左侧前部是圆盘式刀库7和换刀机械手8，刀具的交换和选用是靠PC系统记忆，故采用随机换刀方式。在机床后部及其两侧分别是驱动电柜、数控柜、液压系统、主轴箱恒温系统、润滑系统、压缩空气系统和冷却排屑系统。操作面板6悬伸在机床的右前方，操作者可通过面板上的按键和各种开关按钮实现对机床的控制，同时，表示机床各种工作状态的信号也可以在操作面板上显示出来，以便于监控。这种单柱、水平刀库布局的立式加工中心，具有外形整齐，加工空间宽广，刀库容量易于扩展等优点。

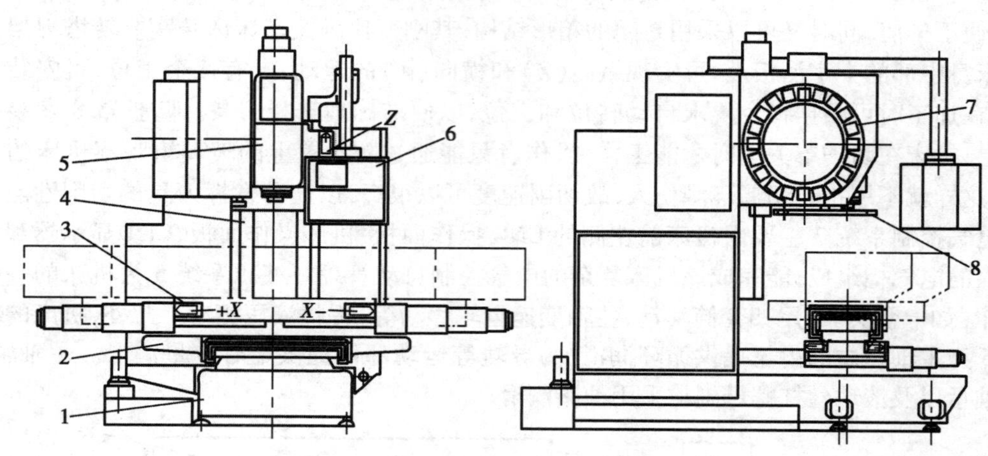

图4.86　XH715A型立式加工中心外形图

1—床身；2—滑座；3—工作台；4—立柱；5—主轴箱；6—操作面板；7—刀库；8—换刀机械手

习题与思考题

4.1　用简图表示用下列方法加工所需表面时，需要哪些成形运动？其中哪些是简单运动？哪些是复合运动？

（1）用成形车刀车削外圆锥面；

（2）用尖头车刀纵、横向同时运动车外圆锥面；

（3）用钻头钻孔；

（4）用拉刀拉削圆柱孔；

（5）插齿刀插削直齿圆柱齿轮。

4.2　举例说明何谓外联系传动链？何谓内联系传动链？其本质区别是什么？对这两种传动链有何不同要求？

4.3　如题图4.1所示的某机床传动系统图，试列出其传动路线表达式，并求：

①主轴有几种转速？

②主轴的最高转速和最低转速各多少？

③图示齿轮啮合位置主轴的转速是多少？

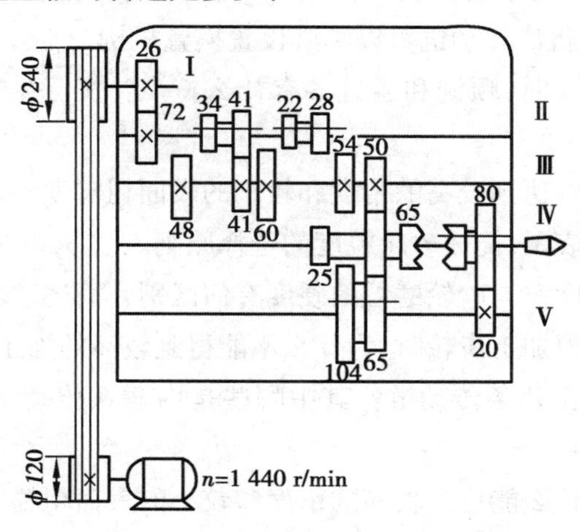

题图 4.1　某机床主运动传动系统图

4.4　如题图 4.2 所示为某镗床的部分传动图。试根据离合器 M_1 和 M_2 的不同的开合情况,分析运动由轴Ⅳ传到轴Ⅴ时共有几条传动路线？如轴Ⅳ有 6 种转速,那么轴Ⅴ有几种转速？如当轴Ⅳ转速为 1 000 r/min 时,轴Ⅴ转速为多少？

4.5　如题图 4.3 所示传动链中,当轴Ⅰ的转速 $n_1=100$ r/min 时,试求螺母的移动速度。

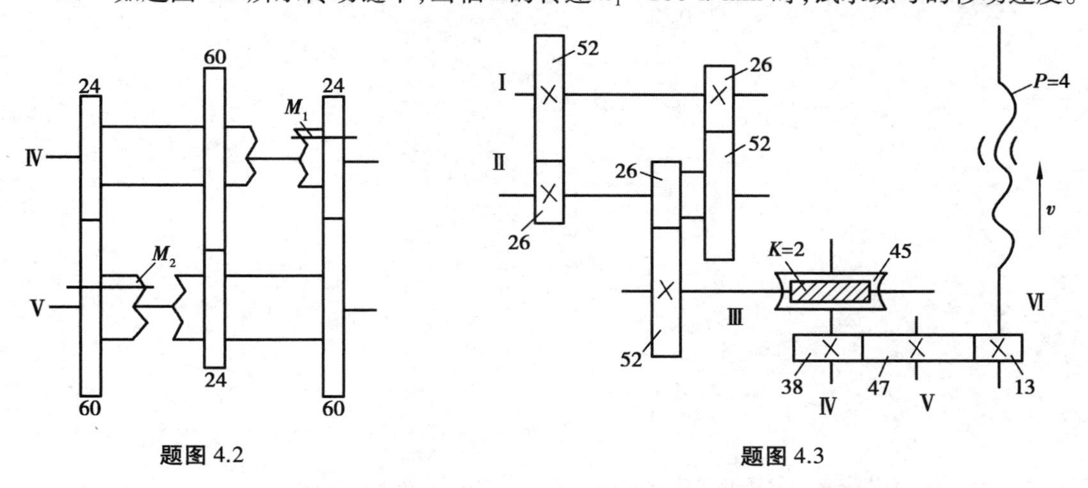

题图 4.2　　题图 4.3

4.6　一般情况下,车削的切削过程为什么比刨削、铣削等平稳？对加工有何影响？

4.7　试写出 CA6140 型普通车床的主轴在下列转速时的运动平衡式:主轴正转转速 25 r/min、710 r/min、反转 14 r/min。

4.8　分析 CA6140 型普通车床的传动系统。

(1)证明 $f_{纵}=2f_{横}$。

(2)当主轴转速分别为 40、160 及 400 r/min 时,能否实现螺距扩大 4 及 16 倍？为什么？

(3)为何使用丝杠和光杠传动分别担任切螺纹和车削工作？如果只用其中的一个传动,

既作切削螺纹又作车削进给，将会有何问题？

(4)说明 M_3，M_4 和 M_5 的功用？是否可取消其中之一？

4.9　为何在机床传动链中需要设置换置机构？机床传动链的换置计算，一般可以分为几个步骤？在何种条件下机床传动链可以不必设置换置机构？

4.10　用周铣法铣平面时，顺铣和逆铣各有什么特点？实际生产中，多采用哪种铣削方式？为什么？

4.11　磨削为什么能够达到较高的精度和较小的表面粗糙度？

4.12　砂轮粒度怎样表示，简述砂轮粒度的选择原则。

4.13　何谓砂轮的硬度？与砂轮磨粒的硬度有何区别？简述砂轮硬度的选择原则。

4.14　用盘状模数铣刀加工齿轮时，为什么不能得到较高的加工精度？

4.15　通用滚齿机有哪几条传动链？其中哪些是内联系传动链？其传动链两端件运动关系分别是什么？

4.16　扩孔和铰孔为什么能达到较高的精度和较小的表面粗糙度？

4.17　镗孔与钻、扩、铰孔比较，有何特点？

4.18　一般情况下，刨削的生产率为什么比铣削低？

4.19　拉削加工有哪些特点？适用于何种场合？

4.20　数控机床相对传统机床有何特点？

第 5 章 机械加工精度与表面质量

产品的质量与零件的加工质量、产品的装配质量密切相关，而零件的机械加工质量是保证产品质量的基础，直接影响着产品的性能、寿命、效率、可靠性等质量指标，依靠零件的毛坯制造方法、机械加工、热处理以及表面处理等工艺来保证的。它包括零件的机械加工精度和表面质量两个方面。

5.1 概　述

5.1.1 机械加工精度与获得加工精度的方法

(1)机械加工精度

在机械加工过程中，由于各种因素的影响，使刀具与工件间正确的相对位置产生偏移，因而加工出的零件，不可能与理想的要求完全符合，这就产生了加工精度和加工误差。

加工精度是指零件加工后的实际几何参数(尺寸、几何形状以及各表面相互位置等)与理想几何参数的符合程度。符合程度越高，加工精度就越高。

实际加工时不可能也没有必要与理想零件完全一致，而总会有一定的偏差，即所谓加工误差。加工误差是指零件加工后的实际几何参数对理想几何参数的偏离程度，即实际值与理想值之差。所以加工误差的大小反映了加工精度的高低。加工误差越小，加工精度越高。

加工精度和加工误差是从两个不同的角度来评定零件几何参数的同一事物，实际生产中，加工精度的高低是用加工误差的大小来评定的。所谓保证和提高加工精度，就是指控制和减少加工误差。研究加工精度，就是通过分析各种因素对加工精度的影响规律，从而找出减少加工误差的工艺措施，把加工误差控制在公差范围之内。

(2)加工经济精度

加工过程中，影响精度的因素很多。每种加工方法在不同的工作条件下，所能达到的精度会有所不同。任何一种加工方法，只要精心操作，细心调整，并选用合适的切削参数进行加工，都能使加工精度得到较大的提高。一般来说，每种加工方法若要获得高的精度，则成本就要加大；反之，精度降低，成本下降。

加工经济精度是指在正常的加工条件(包括采用符合质量标准的设备、工艺装备、标准技术等级的工人以及不延长加工时间)下所能保证的加工精度。若延长加工时间,就会增加成本,虽然精度能提高,但不经济。

经济粗糙度的概念类同于经济精度的概念。

(3)获得加工精度的方法

零件的加工精度包括尺寸精度、几何精度(包括形状、方向、位置和跳动精度)。它们之间既有区别又有联系。一般的情况是尺寸精度高,其几何精度也高。

1)获得尺寸精度的方法　获得尺寸精度的方法有试切法、调整法、定尺寸刀具法和自动控制法等。

①试切法　是将刀具与工件的相对位置作初步调整并试切一小段,测量试切所得尺寸。然后根据测得的试切尺寸与所要求的尺寸进行比较,如果合适就采用该背吃刀量进行切削,如果测量的试切尺寸与所要求的尺寸不一样,就应根据其差值大小相应调整刀具与工件之间的位置,然后再试切,直到符合要求。这种方法的效率低,对操作者的技术水平要求高,主要适用于单件、小批生产。

②调整法　预先调整好刀具和工件在机床上的相对位置,并在一批零件的加工过程中始终保持这个位置不变,以保证零件被加工尺寸的方法。例如,车床上可用行程挡块决定车削长度,铣床上可用对刀块决定铣削面的位置。调整法广泛用于各类半自动、自动机床和自动线,适用于成批、大量生产。调整法比试切法的加工精度稳定性好,并有较高的生产率。但是需要增加机床的调整工作量,零件的加工精度主要取决于调整精度、调整时的测量精度和机床精度等。

③定尺寸刀具法　是用相应尺寸的刀具来直接保证工件被加工部位尺寸的方法,如用钻头、铰刀、拉刀、丝锥、浮动镗刀等进行的加工。这种方法的加工精度,主要取决于刀具的制造、刃磨质量和切削用量。其优点是加工的尺寸精度比较稳定、生产率较高,但刀具制造较复杂,几乎与操作者的技术水平无关,常用于孔、槽和成形表面的成批生产。

④自动控制法　是用尺寸测量装置、进给机构和控制系统构成的自动控制系统,使加工过程中的测量、补偿调整和切削加工自动完成以保证加工尺寸的方法。例如,在磨削加工中,自动测量工件的加工尺寸,在与所要求的尺寸进行比较后发出信号,使砂轮磨削、修整和微量补偿或使机床停止工作。这种方法自动化程度高,获得的精度也高。

2)获得形状精度的方法　获得形状精度的方法有轨迹法、展成法、相切法和成形刀具法等。

①轨迹法　轨迹法是依靠刀尖与工件的相对运动轨迹来获得所要求的加工表面几何形状的方法。刀尖的运动轨迹精度取决于机床运动使刀具和工件的相对运动轨迹精度。

②仿形法　仿形法是刀具按照仿形装置进给对工件进行加工获得所需表面几何形状的一种方法。在仿形车床上利用靠模和仿形刀架加工回转体曲面和阶梯轴,其形状精度主要取决于靠模精度。

③成形刀具法　成形刀具法是用成形刀具来替代通用刀具对工件进行加工获得所需表面几何形状的一种方法。刀具切削刃的形状和加工表面所需获得的几何形状相一致,很明显其加工精度取决于刀刃的形状精度。

④展成法　展成法是利用工件和刀具作展成运动进行切削加工获得所需表面几何形状

的一种方法。滚齿加工多采用这种方法。其加工精度主要取决于展成切削运动的精度和刀具的制造精度。

此外,通过对加工表面形状的检测,由工人对其进行相应的修整加工,以获得所要求的形状精度的方法即非成形运动法。尽管非成形运动法是获得零件表面形状精度的最原始方法,效率相对比较低,但当零件形状精度要求很高(超过现有机床设备所能提供的成形运动精度)或表面形状比较复杂时,常常采用这种方法。例如,0 级平板的加工,就是通过三块平板配刮方法来保证其平面度要求的。

3)获得方向、位置和跳动精度的方法　在旧国标中,这三项精度称为零件的相互位置精度,主要由机床精度、夹具精度和工件的装夹精度来保证。例如,在平面上钻孔,孔中心线对平面的垂直度,取决于钻头进给方向与工作台或夹具定位面的垂直度。其精度的获得有下列三种方法:

①一次装夹获得法　零件表面的位置精度在一次安装中,由刀具相对于工件的成形运动位置关系保证。例如,在车床上一次安装,车削一工件外圆和端面,则端面对于外圆表面轴线的垂直度主要是靠车床横向溜板(刀尖)运动轨迹与车床主轴回转中心的垂直度来保证。

②多次装夹获得法　通过刀具相对工件的成形运动与工件定位基准面之间的位置关系来保证零件表面的位置精度。例如。在车床上用两顶尖两次装夹轴类零件,以完成不同外圆表面的加工。不同安装中加工的外圆表间之间的同轴度,通过各自与顶尖孔轴线(工件定位基准)的同轴度来间接保证;而各外圆表面与顶尖孔轴线的同轴度又是通过刀尖运动轨迹与工件定位基准面(顶尖孔连线)之间的位置关系来保证的。

③非成形运动法　利用人工而不是依靠机床精度,对工件的相关表面进行反复的检测和加工,使之达到零件所要求的位置精度。

除此也可分为由直接找正法、划线找正法和夹具定位法来获得。

5.1.2　加工表面质量

任何机械加工方法所获得的加工表面,实际上都不可能是绝对理想的表面。零件表面加工后的实际表面轮廓是由粗糙度轮廓(roughness profile)、波纹度轮廓(waviness profile)以及原始轮廓(或称形状轮廓)(primary profile)叠加而成。在某些情况下还会产生化学性质的变化。如图 5.1(a)所示即为零件加工表面层沿深度方向的变化情况,在最外层生成有氧化膜或其他化合物,并吸收渗进了某些气体、液体和固体的粒子,称为吸附层,其厚度一般不超过 8×10^{-3} μm。在加工过程中由切削力造成的表面塑性变形区称为压缩区,其厚度约为几十至几百微米。在此压缩区中的纤维层,则是由被加工材料与刀具之间的摩擦力所造成的。加工过程中的切削热也会使加工表面层产生各种变化,如同淬火、回火一样将会使表面层的金属材料产生金相组织和晶粒大小的变化等。上述各种因素综合作用的结果,最终使零件加工表面层的物理、机械性能与零件基体有所差异,产生了如图 5.1(b)所示的显微硬度和残余应力的变化。

(1)加工表面轮廓的结构参数

加工表面轮廓的结构参数主要由三部分组成,如图 5.2 所示。

1)形状误差(由原始轮廓形成)　通过 λ_s 轮廓滤波器后的总轮廓。轮廓滤波器是把轮廓分成长波和短波成分的滤波器。零件表面中峰谷的波长和波高之比大于 1 000 的不平程度,

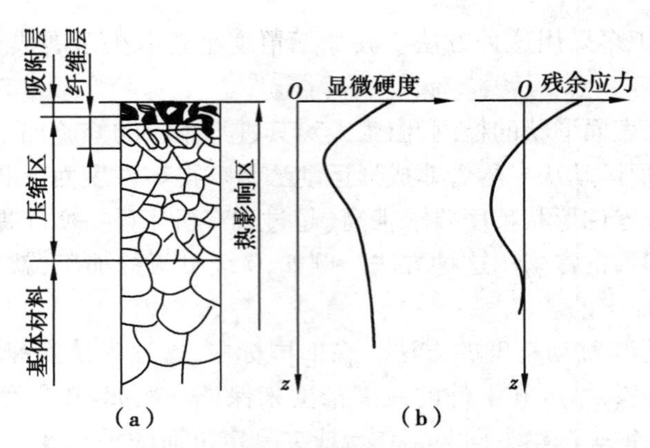

图 5.1 零件加工表面沿深度的组成及变化

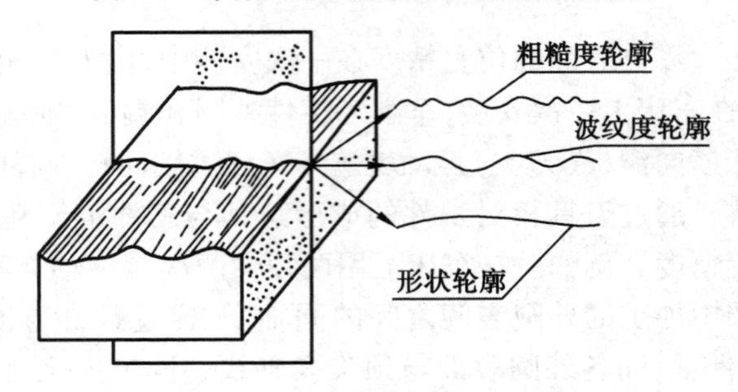

图 5.2 加工表面的几何形状

属于形状误差。

2)表面粗糙度轮廓　即表面的微观几何形状误差。是对原始轮廓采用 λ_c 滤波器抑制长波成分后形成的轮廓。其等级用表面的轮廓算术平均偏差 Ra 或轮廓最大高度 R_z 的数值大小表示,国家标准推荐优先选用 Ra。

3)表面波纹度轮廓　由间距比粗糙度大得多的、随机的或接近周期形式的成分构成的表面不平度。波纹度轮廓是对原始轮廓连续采用 λ_c 滤波器抑制短波成分和 λ_f 滤波器抑制长波成分后形成的轮廓。主要是由加工过程中工艺系统的振动或意外因素引起的不平度。

(2)加工表面层的物理力学性能和化学性能变化

机械加工过程中由于力和热等因素的综合作用,工件表面层金属的物理力学性能和化学性能发生了一定的变化。主要包括:加工表面层因塑性变形产生的冷作硬化;加工表面层因切削热或磨削热引起的金相组织变化;加工表面层因力或热的作用产生的残余应力。

5.2 机械加工精度

零件的加工精度主要取决于机床、夹具、刀具和工件组成的机械加工工艺系统(简称工艺系统)的结构要素和运行方式。工艺系统中的各种误差,会在不同的具体条件下,以不同的程度、不同的形式反映到加工工件上,形成加工误差,因而工艺系统的误差是工件产生加工误差的根源。所以把工艺系统的误差称为原始误差。

工艺系统的原始误差可分为两大类:一类是在零件未加工前工艺系统本身所具有的某些

误差因素,称为工艺系统原始误差,也称工艺系统静误差或几何误差。另一类是在加工过程中受力、热、磨损等影响,工艺系统原有精度受到破坏而产生附加误差的因素,称为工艺过程原始误差,或动误差。数控加工时还有伺服进给系统位移误差等。还有一类是加工后产生的,这类误差在许多书上也分别归到前两类。总结起来原始误差归纳如下:

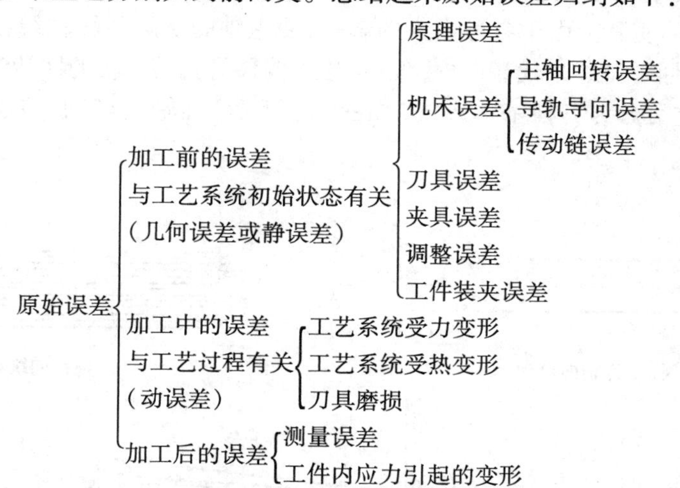

研究机械加工精度的方法主要有分析计算法和统计分析法。分析计算法是在掌握各种原始误差对加工精度影响规律的基础上,分析工件加工中所出现的误差可能是哪一种或哪几种主要原始误差所引起的,并找出原始误差与加工误差之间的影响关系,通过估算来确定工件加工误差的大小,再通过实验测试来加以验证。统计分析法是对具体加工条件下得到的几何参数进行实际测量,然后运用数理统计学方法对这些测试数据进行分析处理,找出工件加工误差的规律和性质,进而控制加工质量。分析计算法主要是在对单项原始误差进行分析计算的基础上进行的,统计分析法则是对有关的原始误差进行综合分析的基础上进行的。

在实际生产中两种方法常常结合起来应用,可先用统计分析法寻找加工误差产生的规律,初步判断产生加工误差的可能原因,再运用计算分析法进行分析、实验,找出影响工件加工精度的主要原因。

5.2.1　工艺系统的几何误差

(1)原理误差

原理误差是指由于采用了近似的加工方法、近似的成形运动或近似的刀具轮廓而产生的误差。

如在普通公制丝杆的车床上加工模数制和英制螺纹,只能用近似的传动比配置挂轮,加工方法本身就带来一个传动误差;又如用阿基米德滚刀近似地代替渐开线滚刀加工渐开线齿轮时,因为阿基米德滚刀刃形有误差,从而造成渐开线齿轮的齿形误差,即加工原理误差;再如数控机床上加工复杂的轮廓曲线或曲面,采用直线或圆弧插补方法来逼近所要求的曲线或曲面;用齿轮铣刀对齿轮表面成形铣削产生的原理误差等。可见在实际生产中,采用近似的加工方法,虽然存在加工原理误差,但是往往能使工艺设备简单,工艺容易实现,有利于降低生产成本,因此,只要包括加工原理误差在内的加工误差之和不超过规定的精度要求时,采用近似的加工方法还是认为合理可行的。

(2)机床的几何误差

机床的几何误差主要由主轴回转误差、导轨误差及传动链误差组成。

1)机床主轴回转误差

①主轴回转误差的概念及其影响因素。机床主轴工作时,理论上其回转轴线在空间的位置应当稳定不变,而实际上由于各种因素的影响,使主轴的实际回转轴线相对其理想回转轴线(一般用其平均回转轴线来代替)产生偏移,这个偏移量就是主轴的回转误差。

主轴回转误差可分为三种基本形式(如图 5.3 所示)纯轴向窜动,纯径向跳动和纯角度摆动。

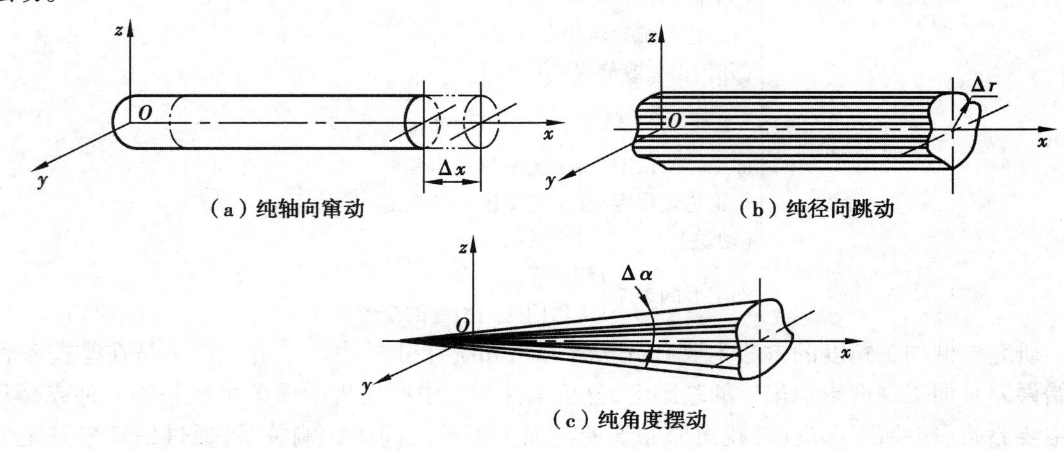

(a)纯轴向窜动　(b)纯径向跳动

(c)纯角度摆动

图 5.3　主轴回转误差的基本形式

纯轴向窜动是指主轴实际回转线沿其平均回转轴线方向的轴向运动。纯径向跳动指主轴实际回转轴线始终平行其平均回转轴线方向的径向跳动。纯角度摆动指主轴实际回转线与其平均回转轴线成一倾斜角度,但其交点位置固定不变的运动。实际上主轴回转误差是上述三种形式误差的合成。由于实际回转轴线在空间的位置是在不断变化的,所以上述三种运动所产生的位移(即误差)是一个瞬时值。

实践和理论分析表明,当机床主轴采用滑动轴承时,影响主轴回转精度的主要因素有轴承孔和轴颈表面的圆度误差,如图 5.4 所示;当机床主轴采用滚动轴承时,影响主轴回转精度的主要因素有滚动轴承内外滚道的圆度误差、内环的壁厚差、内环滚道的波纹度以及滚动体的圆度误差和尺寸误差,如图 5.5 所示。此外轴承间隙以及切削过程中的受力变形、轴承定位端面与轴线垂直度误差、轴承端面之间的平行度误差、锁紧螺母的端面跳动以及主轴轴颈

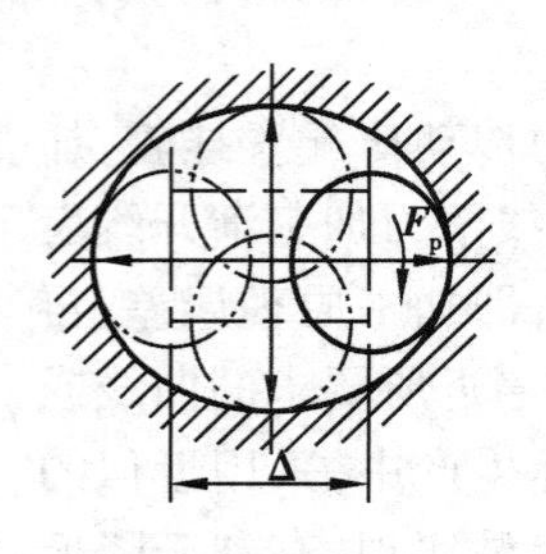

(a)轴承孔圆度误差

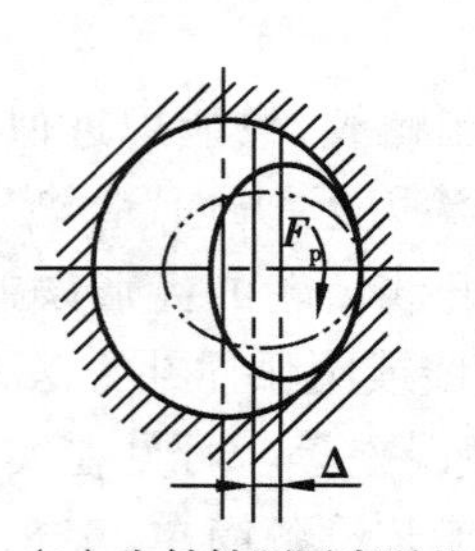

(b)主轴轴颈圆度误差

图 5.4　采用滑动轴承时影响主轴回转精度的因素

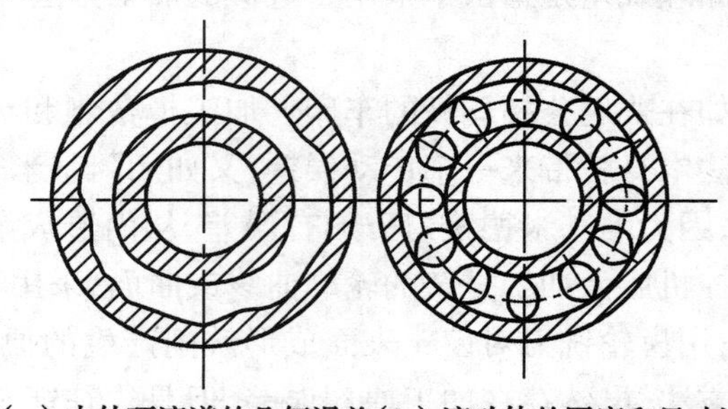

(a)内外环滚道的几何误差(b)滚动体的圆度和尺寸误差

图 5.5　采用滚动轴承时影响主轴回转精度的因素

和箱体孔的形状误差等，都会降低主轴的回转精度。

②主轴回转误差对加工精度的影响。机床主轴回转误差对加工精度的影响，取决于不同截面内主轴瞬时回转中心相对刀尖位置的变化情况。这种位置的变化造成了工件表面产生加工误差。

若主轴回转误差使刀具与工件之间在与工件接触点的法向产生 Δy 的相对位移（即原始误差），如图 5.6（a）所示。则工件的加工误差为

$$\Delta R=\Delta y \tag{5.1}$$

而在切向产生 Δz 的相对位移时，如图 5.6（b）所示，产生的加工误差为（忽略 ΔR^2）

$$\Delta R\approx\frac{\Delta_z^2}{2R} \tag{5.2}$$

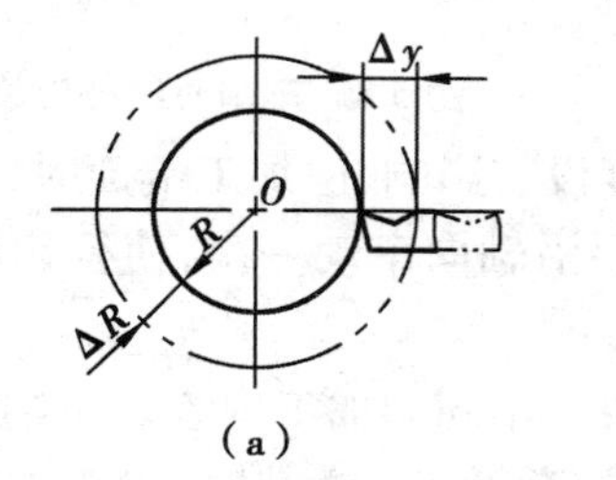

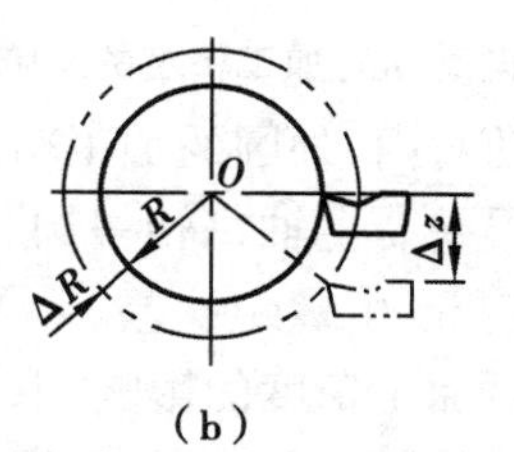

图 5.6　刀具相对工件在不同方向的位移量对加工精度的影响

设 $\Delta z=\Delta y=0.01$，$R=50$ mm，则由于法向原始误差而产生的加工误差 $\Delta R=0.01$ mm，而由于切向原始误差产生的加工误差 $\Delta R\approx 0.000\ 001$ mm，因此此值完全可以忽略不计。

一般把原始误差对加工精度影响最大的那个方向（即通过刀刃的加工表面的法线方向）称为误差敏感方向。分析主轴回转误差对加工精度的影响时，应着重分析在误差敏感方向的影响。

对刀具回转类机床，加工时误差敏感方向和切削力方向随主轴回转而不断变化。下面以在镗床上镗孔为例来说明主轴回转误差对加工精度的影响。

假设由于主轴的纯径向跳动而使轴线在 y 坐标方向作简谐运动，如图 5.7 所示。其频率与主轴转速相同，简谐幅值为 A；且主轴中心偏移最大（等于 A）时，镗刀尖正好通过水平位置 1 处。当镗刀转过一个 φ 角时（位置 1′），刀尖轨迹的水平分量和垂直分量分别计算得

$$Y=A\cos\varphi+R\cos\varphi=(A+R)\cos\varphi \tag{5.3}$$

$$Z=R\sin\varphi \tag{5.4}$$

将上两式平方相加得

$$\frac{Y^2}{(A+R)^2}+\frac{Z^2}{R^2}=1 \tag{5.5}$$

上式是个椭圆方程式，表明此时镗出的孔为椭圆形，如图 5.7 中的双点画线所示。

对工件回转类机床，加工时误差敏感方向和切削力方向均保持不变。下面以在车床上车削外圆为例来说明主轴回转误差对加工精度的影响。

假设主轴轴线沿 Y 轴作简谐运动，如图 5.8 所示。在工件的 1 处（主轴中心偏移最大之处）切出的半径比在工件的 2、4 处切出的半径小一个幅值 A；在工件的 3 处切出的半径比在工件的 2、4 处切出的半径大一个幅值 A。这样，上述四点工件的直径都相等，其他各点直径误差也很小，所以车削出的工件表面接近于一个真实圆。由此可见，主轴的纯径向跳动对车削加

工工件的圆度影响很小。

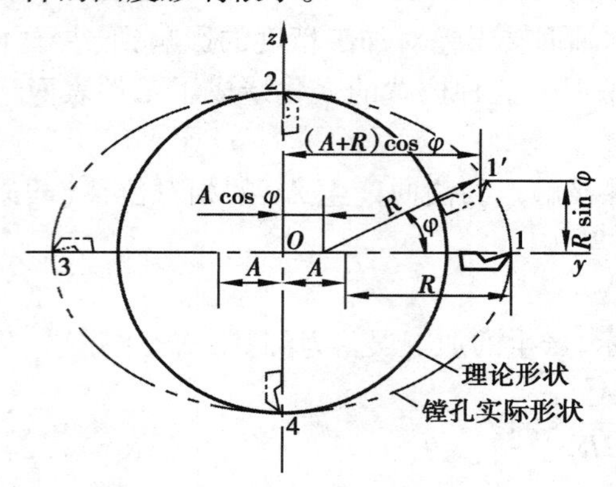

图 5.7　镗孔时纯径向跳动对加工精度的影响

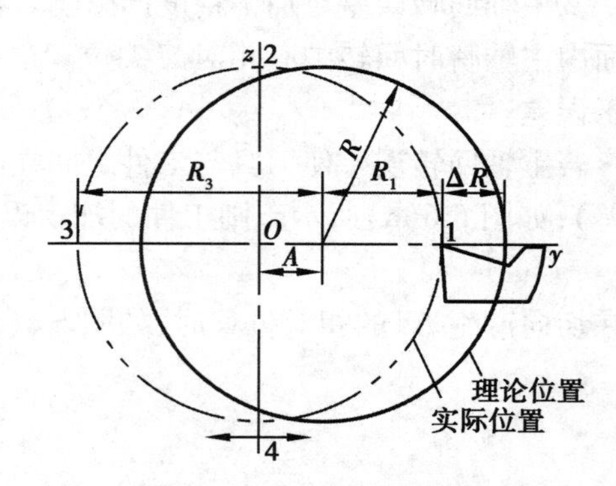

图 5.8　车削时纯径向跳动对加工精度的影响

主轴的纯轴向窜动对内、外圆的加工精度没有影响，但加工端面时，会使加工的端面与内外圆轴线产生垂直度误差。主轴每转一周，要沿轴向窜动一次，使得切出的端面产生平面度误差。当加工螺纹时，会产生螺距误差。

主轴纯角度摆动对加工精度的影响，取决于不同的加工内容。车削加工时工件每一横截面内的圆度误差很小，但轴平面有圆柱度误差（锥度）。镗孔时，由于主轴的纯角度摆动使得主轴回转轴线与工作台导轨不平行，使镗出的孔呈椭圆形，如图 5.9 所示。

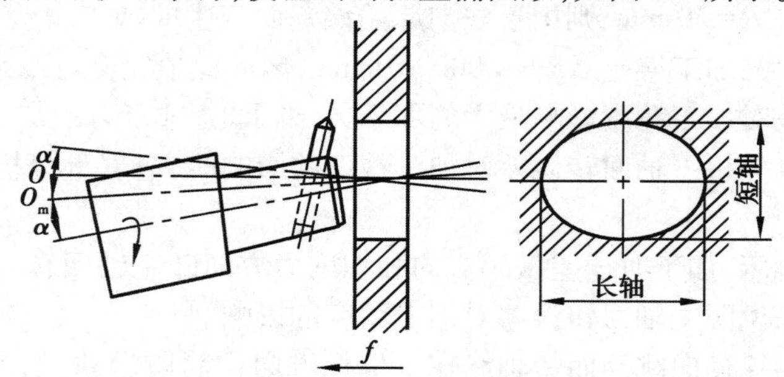

图 5.9　主轴纯角度摆动对镗孔精度的影响

③提高主轴回转精度的措施。

• 提高主轴的轴承精度。轴承是影响主轴回转精度的关键部件，对精密机床宜采用精密滚动轴承、多油楔动压和静压滑动轴承。

• 减少机床主轴回转误差对加工精度的影响。如在外圆磨削加工中，采用固定顶尖磨削外圆，由于前、后顶尖都是不转的，避免了主轴回转误差对加工精度的影响。在采用高精度镗模镗孔时，可使镗杆与机床主轴浮动连接，使加工精度不受机床主轴回转误差的影响。

• 对滚动轴承进行预紧，以消除间隙。

• 提高主轴箱体支承孔、主轴颈和与轴承相配合的零件有关表面的加工精度。

2）机床导轨误差　机床导轨是机床中确定某些主要部件相对位置的基准，也是某些主要部件的运动基准。机床导轨在水平面内的直线度、在垂直面内的直线度以及前后导轨平行度（扭曲）是影响工件加工精度的主要因素。

现以卧式车床为例，说明导轨误差是怎样影响工件加工精度的。

①导轨在水平面内直线度误差的影响。机床导轨在水平面内如果有直线度误差，则在纵

向切割过程中,刀尖的运动轨迹相对于机床主轴线不能保持平行,因而使工件在纵向截面和横向截面内分别产生形状误差和尺寸误差。当导轨向后凸出时,工件上产生鞍形加工误差;当导轨向前凸起时,工件上产生鼓形加工误差,如图 5.10 所示。当导轨在水平面内的直线度误差为 Δy 时,引起工件在半径方向的误差为 $\Delta R=\Delta y$。在车削长度较短的工件时该直线度误差影响较小,若车削长轴,这一误差将明显地反映到工件上。

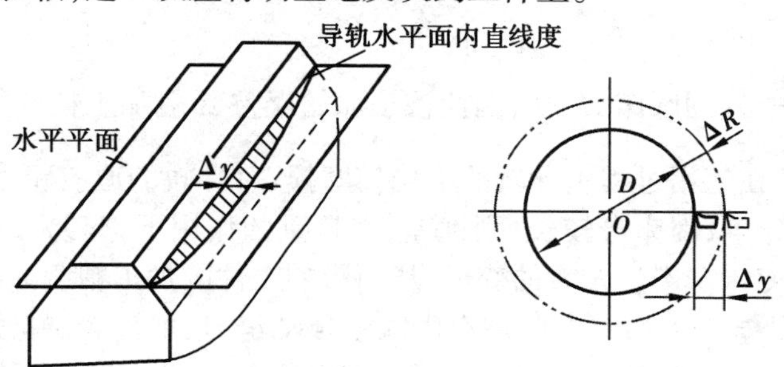

图 5.10　导轨在水平面内的直线度误差

②导轨在垂直面内直线度误差的影响。床身导轨在垂直面内有直线度误差,如图 5.11 所示,会引起刀尖产生切向位移 ΔZ,造成工件在半径方向产生误差为 $\Delta R\approx\dfrac{\Delta Z^2}{d}$,由于 ΔZ^2 值很小,因此误差对工件的尺寸精度和形状精度影响精度影响甚小。但对平面磨床、龙门刨床及铣床等,导轨在垂直面的直线度误差会引起工件相对于砂轮(刀具)产生法向位移,其误差将直接反映到被加工工件上,造成形状误差,如图 5.12 所示。

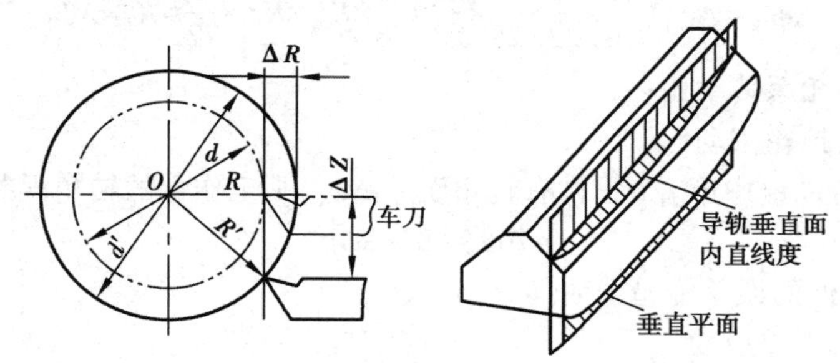

图 5.11　导轨在垂直面内的直线度误差

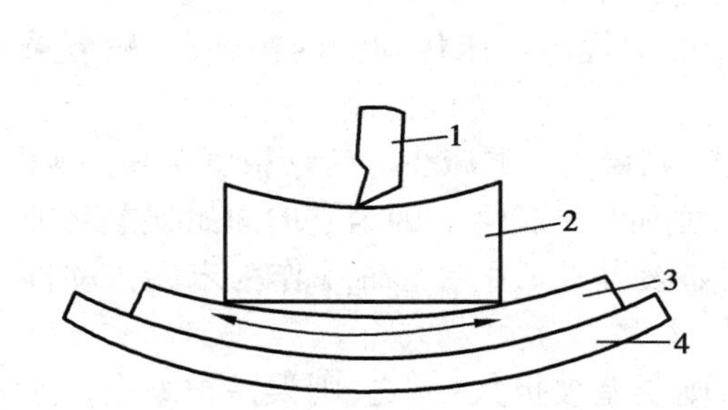

图 5.12　龙门刨床导轨垂直面内的直线度误差

1—刨刀;2—工件;3—工作台;4—床身导轨

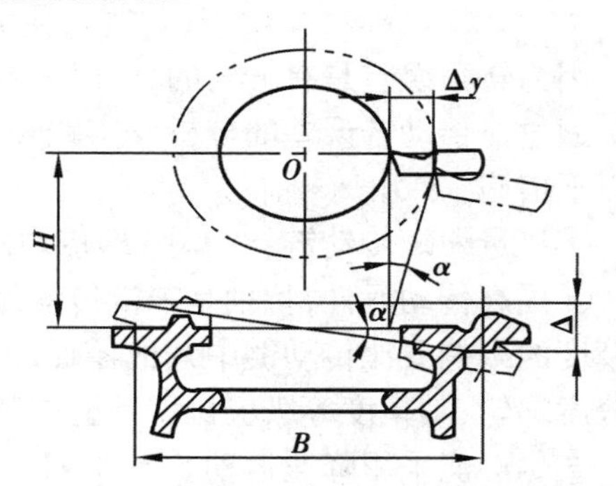

图 5.13　车床导轨扭曲对工件形状精度的影响

③前后导轨的平行度误差的影响。床身前后导轨有平行度误差(扭曲)时,会使车床滑板在沿床身移动时发生偏斜,从而使刀尖相对工件产生偏移,使工件产生形状误差(鼓形、鞍形、锥度)。从图5.13可知,车床前后导轨扭曲的最终结果反映在工件上,于是产生了加工误差Δy。从几何关系中可得出

$$\Delta y \approx \frac{\Delta H}{B} \tag{5.6}$$

一般车床$H \approx \frac{2B}{3}$,外圆磨床$H \approx B$,因此该项原始误差Δ对加工精度的影响很大。

机床的安装以及在使用过程中导轨的不均匀磨损,对导轨的原有精度影响也很大。尤其对龙门刨床、导轨磨床等,因床身较长,刚性差,在自重的作用下,容易产生变形,若安装不正确或地基不实,都会使床身产生较大的变形,从而影响工件的加工精度。

3)机床传动链误差　在加工中要求有内联系传动链时,如齿轮、螺纹、蜗轮、丝杆等表面的加工,刀具与工件之间有严格的传动比要求。要满足这一要求,机床传动链的误差必须控制在允许的范围内。传动链误差是指传动链始末两端执行元件间相对运动的误差,即是内联系传动的实际传动关系与理论计算的传动关系之间的偏差。它的精度由组成内联系传动链的所有传动元件的传动精度来保证。传动链误差的大小对车、磨、铣螺纹,滚、插、磨(展成法磨齿)齿轮等加工会影响分度精度,造成加工表面的形状误差,如螺距精度、齿距精度等。

以Y3150E型滚齿机为例,当滚刀传动到工作台的第一个齿轮有转角误差$\Delta\phi_1$时,则工作台产生的转角误差为:

$$\Delta\phi_{1n} = \Delta\phi_1 \times \frac{80}{20} \times \frac{28}{28} \times \frac{28}{28} \times \frac{28}{28} \times \frac{42}{56} \times K_{差} \times K_{分} \times \frac{1}{72} = K_1 \times \Delta\phi_1 \tag{5.7}$$

式中　$K_{差}$——差动轮系传动比;

　　　$K_{分}$——分度挂轮传动比。

推广而得:若传动链中第j个元件有转角误差$\Delta\phi_1$,则工作台的转角误差为:

$$\Delta\phi_{jn} = K_j \times \Delta\phi_j \tag{5.8}$$

式中K_j为第j个元件的误差传递系数。

所以,传动链总误差应为

$$\Delta\phi_{\sum} = \sum_{j=1}^{n} \Delta\phi_{jn} = \sum_{j=1}^{n} K_j \times \Delta\phi_j \tag{5.9}$$

因为转角误差是有方向的,所以上式中的求和是向量和。

通过对传动链误差的分析及实践经验的总结得知,要提高机床传动链的精度,一般可采取以下措施:

①尽量缩短传动链,n减小,即传动件的件数减少,则误差来源减少。传动精度越高。

②提高传动元件,特别是末端传动元件的制造精度和装配精度。因为它的原始误差对加工精度的影响要比传动链中其他零件的影响大。例如滚齿机工作台部件中作为末端传动件的分度蜗轮,其精度等级应比传动链中其他齿轮高1~2级。

③尽可能采用降速运动。当$K_j>1$,即升速传动,则误差被扩大;反之,则误差被缩小。速度降得越多,对加工误差的影响越小。

④消除传动副间存在的间隙可以使末端元件瞬时速度均匀,尤其可以改善反向运动的滞后现象,减小反向死区对运动精度的影响。

⑤采用误差校正机构(校正尺、偏心齿轮、行星校正机构、数控校正装置、激光校正装置等)对传动误差进行补偿,如精密丝杠车床、万能螺纹磨床中常有应用。

(3)工艺系统其他几何误差

1)刀具误差　不同的刀具误差对工件加工精度的影响情况不一样,机械加工中常用的刀具有:一般刀具、定尺寸刀具、成形刀具以及展成法刀具。

一般刀具(如普通车刀、单刃镗刀和面铣刀、刨刀等)的制造误差对加工精度没有直接影响。但对于用调整法加工的工件,刀具磨损后对工件尺寸或形状精度有一定影响。这是因为加工表面的形状主要由机床精度保证,而尺寸主要由调整决定。

定尺寸刀具(如钻头、铰刀、圆孔拉刀、键槽铣刀等)的尺寸误差和形状误差直接影响被加工工件的尺寸精度和形状精度。如果刀具的安装和使用不当,也会影响加工精度。

成形刀具(如成形车刀、成形铣刀、盘形齿轮铣刀、成形砂轮等)的误差主要影响被加工面的形状精度。

展成法刀具(如齿轮滚刀、插齿刀等)加工齿轮时,刀刃的几何形状误差会直接影响加工表面的形状精度。

2)夹具误差　夹具误差包括制造误差、定位误差、夹紧误差、夹具安装误差、对刀误差等。这些误差主要与夹具的制造与装配精度有关。对零件的加工精度影响较大。所以在夹具的设计与安装时,凡影响零件加工精度的尺寸和几何公差都应严格控制。

夹具的制造精度必须高于被加工零件的加工精度。精加工(IT6~IT8)时,夹具主要尺寸公差一般可规定为被加工零件相应尺寸公差的1/3~1/2;粗加工(IT11以下)时,因工件尺寸公差较大,夹具的精度则可规定为零件相应尺寸公差的1/10~1/5。

夹具在使用过程中,定位元件、导向元件等工作表面的磨损、碰伤会影响工件的定位精度和加工表面的形状精度。因此夹具应定期检验、及时修复或更换磨损元件。

辅助工具,如各种卡头、心轴、刀夹头等的制造误差和磨损,也会引起加工误差。

3)测量误差　工件在加工过程中,要进行各种检验、测量,以便调整机床;工件加工后要用测得的结果来评定加工精度。造成测量误差的因素有以下四个方面:

①测量方法和测量仪器误差。由于量具、量仪及测量方法都不可能绝对准确,因此它们都会产生误差。它们的误差占被测量零件的10%~30%,对于高精度的零件可占30%~50%。可见,它们对加工精度影响还是比较大的。

②测量力引起的变形误差。测量时的接触力会使测量仪器本身或被测零件变形造成测量误差,特别在精密测量时,测量力必须恒定。

③测量环境的影响。测量时对环境的温度、洁净度都必须进行控制,精密测量应在恒温室及洁净间进行。

④读数误差。目测正确程度和主观读数误差等都会直接反映到测量误差上。

4)调整误差　机床调整对保证加工精度极为重要,有时调整误差是造成废品的主要原因。任何调整工作都会带来一定的误差,这种原始误差称为调整误差。调整误差的大小取决于调整方法和调整工人的技术水平。在成批大量生产的调整法加工中,零件加工后的尺寸精度在很大程度上取决于刀具的调整精度。当采用一把刀具加工时,主要是调整刀具相对于工件的位置;当同时采用几把刀具加工时,则还需要调整刀具和刀具之间的位置。不同的调整方式,有不同的误差来源。

①试切法调整。试切法是使用普通机床在单件小批生产中广泛采用的方法。试切法调整就是对工件进行试切—测量—调整—再试切，直至达到所要求精度的机床调整方法。它是由机床操作者在加工时直接用试切的方法调整刀具与工件间的相对位置。引起这种方式的调整误差与下列因素有关：

• 测量误差　量具本身的误差、测量方法及测量操作误差等都会影响调整精度，因而产生加工误差。

• 微进给机构引起的位移误差　在用低速微量进给试切时，由于进给机构的刚度及传动链间隙的影响，常会出现进给机构的“爬行”现象，使刀具的实际进给量比手轮转动的刻度值偏大或偏小，从而造成加工误差。为了克服这一影响，操作时常采用两种办法：一种是在微量进给前先退刀，然后把刀具快速引进到新的手轮刻度值处，其间不停顿；另一种是轻轻敲击手轮，用振动消除爬行的影响。

• 最小切削厚度的影响　刀具所能切掉的最小切削厚度应该大于切削刃钝圆半径。但是在精加工试切时常有最小切削厚度小于切削刃钝圆半径。从而产生了切削刃的打滑和挤压，使该切除的金属层实际上没有切除掉。这时如果测得的尺寸已经合格，则进行正式切削后未试切部分的尺寸将小于试切部分的尺寸。

②调整法调整。调整法就是在正式加工之前由调整工人按工艺要求调整好机床，并按要求的工序尺寸确定好工件加工表面和刀具的相对位置，然后对一批工件进行加工。在加工过程中，通过抽检工件，监视工艺系统是否仍能保证加工精度，以决定是否要重新进行调整。

这种调整法，广泛采用行程挡块、行程开关、靠模、凸轮等机构控制刀具的轨迹和行程来保证加工精度。调整时，可以采用样件，对刀装置等来进行调整，也可以采用试切法来确定刀具、挡块和行程开关等的位置。调整后，加工出试件，经检验合格后，便交给机床操作工人正式用来加工工件。

这种调整法的精度同样取决于测量精度和进给系统精度，另外还取决于标准样件、对刀装置、定位装置和挡块等调整元件与调整装置的制造精度、磨损，以及与它们配合使用的离合器、电器开关和控制阀等的灵敏度。

5.2.2　工艺系统受力变形引起的误差

工艺系统在切削力、夹紧力、传动力、惯性力、重力等多种外力的作用下，会产生相应的弹性变形和塑性变形。这种变形将破坏刀具与工件之间的正确位置关系，使工件产生加工误差。例如车削细长轴时(如图 5.14 所示)，在背向力的作用下工件因弹性变形而产生“让刀”

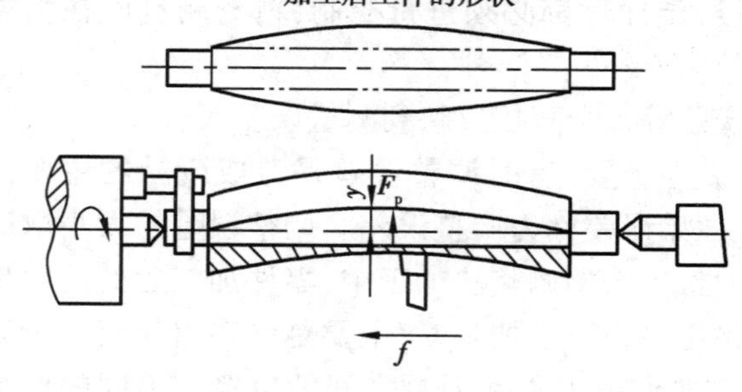

图 5.14　车削细长轴时的变形

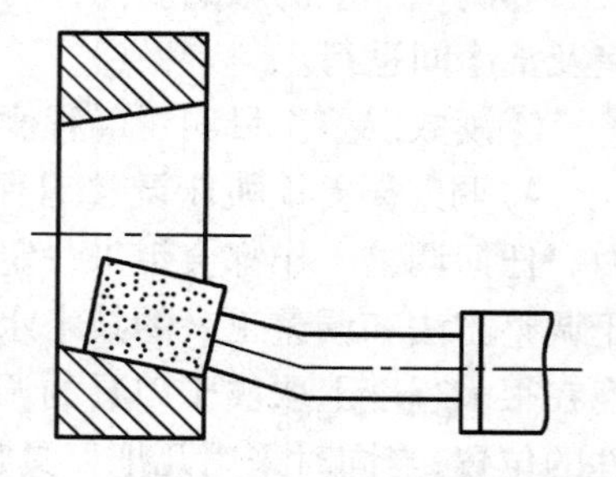

图 5.15　切入式磨孔时磨杆的变形

现象。刀具在工件全长上的背吃刀量先由多变少,再由少变多,使工件加工后产生腰鼓形的圆柱度误差。又如在内圆磨床上用切入式磨孔时,由于内圆磨头主轴的弹性变形,使磨出的孔出现锥度误差(如图5.15所示)。所以说工艺系统的受力变形是一项重要的原始误差,它严重影响加工精度和表面质量。

因此,为了保证和提高工件的加工精度,就必须深入研究并控制以至消除工艺系统及其有关组成部分的变形。切削加工中,工艺系统各部分在各种外力作用下,将在各个受力方向产生相应的变形。其中以研究误差敏感方向的力和变形更有意义。

(1)工艺系统的刚度

工艺系统的刚度是指工艺系统在外力作用下抵抗变形的能力。在零件加工过程中,工艺系统各个部分在切削力的作用下将在受力方向上产生相应的变形。但从对零件加工精度的影响程度来看,工艺系统在加工误差敏感方向的变形影响最大。因此,为了反映工艺系统对零件加工精度的实际影响,将工艺系统刚度定义为加工误差敏感方向上工艺系统所受外力 F_P 与变形量(或位移量) y_{xt} 之比

$$k_{xt}=\frac{F_P}{y_{xt}} \tag{5.10}$$

变形 y_{xt} 是总切削力的三个分力 F_c、F_p、F_f 综合作用的结果。因此有可能出现变形方向与 F_p 方向不一致的情况,若 F_p 与 y_{xt} 方向相反,工艺系统就处于负刚度状态。如图5.16所示。刀架系统在力 F_p 的作用下引起同向变形 y,如图5.16(a)所示;而在力 F_c 的作用下引起的变形 y 与 F_p 方向相反,如图5.16(b)所示,这时工艺系统就出现负刚度现象。负刚度现象对保证加工质量是不利的,此时车刀的刀尖将扎入工件(扎刀)的外圆表面引起刀具的破损和振动,应尽量避免。

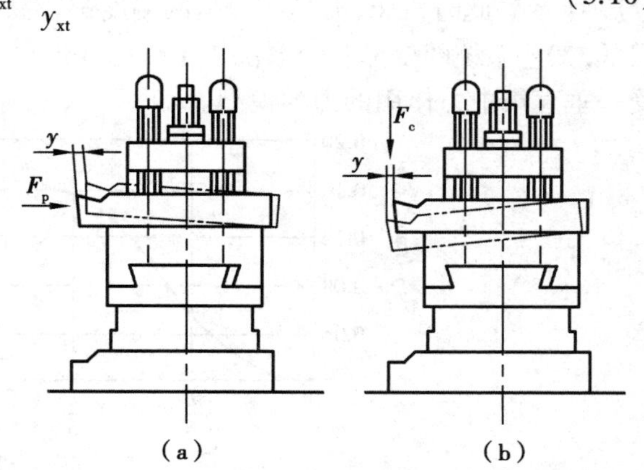

图5.16　车削加工中的负刚度现象

由于工艺系统由一系列零部件按一定的连接方式组合而成,因此受力后的变形与单个物体受力后的变形不同。在外力作用下,组成工艺系统的各个环节将产生不同程度的变形,这些变形又不同程度地影响到工艺系统的总变形。工艺系统的变形是各组成环节变形的综合结果。即工艺系统的变形应为机床有关部件、夹具、刀具和工件在总切削力的作用下,使刀尖和加工表面在误差敏感方向产生的相对位移的代数和。即工艺系统的总变形量为

$$y_{xt}=y_{jc}+y_{dj}+y_{jj}+y_{gj} \tag{5.11}$$

而工艺系统各部件的刚度为

$$k_{xt}=\frac{F_P}{y_{xt}},k_{jc}=\frac{F_p}{y_{jc}},k_{dj}=\frac{F_p}{y_{dj}},k_{jj}=\frac{F_p}{y_{jj}},k_{gj}=\frac{F_p}{y_{gj}} \tag{5.12}$$

式中　y_{xt}——工艺系统总变形,mm;

k_{xt}——工艺系统总刚度,N/mm;

y_{jc}——机床变形量,N/m;

k_{jc}——机床刚度,N/mm;

y_{jj}——夹具的变形量,mm;

k_{jj}——夹具的刚度,N/mm;

y_{dj}——刀架的变形量,mm;

k_{dj}——刀架的刚度,N/mm;

y_{gj}——工件的变形量,mm;

k_{gj}——工件的刚度,N/mm。

工艺系统刚度的一般式为

$$k_{xt}=\frac{1}{\frac{1}{k_{jc}}+\frac{1}{k_{jj}}+\frac{1}{k_{dj}}+\frac{1}{k_{gj}}} \tag{5.13}$$

若已知工艺系统各组部分的刚度,就可以求出工艺系统的刚度。

(2)工艺系统受力变形对加工精度的影响

1)背向力作用点位置变化引起的加工误差　假设在车床两顶尖间车削一细长轴,如图5.17所示。此时机床、夹具和刀具的刚度都较高,所产生的变形忽略不计。而工件细长,刚度很低,工艺系统的变形完全取决于工件的变形。如图5.17所示的受力图可以抽象为一简支梁受一垂直集中力作用的力学模型。

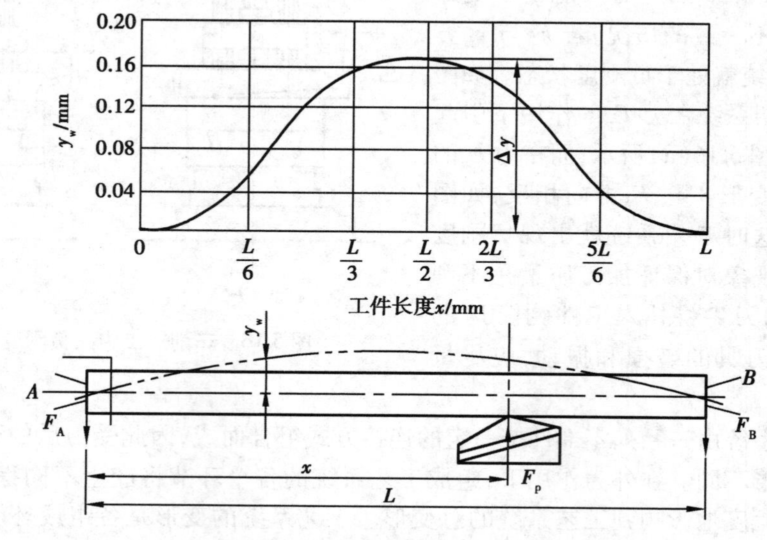

图5.17　工艺系统变形随受力点位置变化而变化

根据材料力学的挠度计算公式,其切削点工件的变形量为

$$y_w=\frac{F_p}{3EI}\times\frac{(L-x)^2x^2}{L} \tag{5.14}$$

从上式的计算结果和车削的实际情况都可证实,切削后的工件呈鼓形,其最大直径在通过轴线中点的横截面内。

若车削一短而粗刚度很大的光轴时,通过推证可知工艺系统在工件切削点处的变形量为

$$y_{xt}=F_p\left[\frac{1}{k_{dj}}+\frac{1}{k_{zz}}\left(\frac{L-x}{L}\right)^2+\frac{1}{k_{wz}}\left(\frac{x}{L}\right)^2\right] \tag{5.15}$$

综合上述两种情况，工艺系统的总变形量为上面两式的叠加，即

$$y_{xt}=F_p\left[\frac{1}{k_{dj}}+\frac{1}{k_{zz}}\left(\frac{L-x}{L}\right)^2+\frac{1}{k_{wz}}\left(\frac{x}{L}\right)^2+\frac{(L-x)^2x^2}{3EIL}\right] \tag{5.16}$$

则工艺系统的刚度为

$$k_{xt}=\frac{F_P}{y_{xt}}=\frac{1}{\frac{1}{k_{dj}}+\frac{1}{k_{zz}}\left(\frac{L-x}{L}\right)^2+\frac{1}{k_{wz}}\left(\frac{x}{L}\right)^2+\frac{(L-x)^2x^2}{3EIL}} \tag{5.17}$$

式中　k_{zz}——车床主轴箱的刚度，N/mm；

　　k_{wz}——车床尾座的刚度，N/mm。

从以上可知，工艺系统刚度沿工件轴线的各位置是变化的，因此各点的位移量也是不相同的，加工后横截面上的直径尺寸随 x 值的变化而变化，即形成加工表面纵截面的几何形状误差。

2）切削过程中受力大小变化引起的加工误差——误差复映规律　在机械加工中，由于工件余量或材料硬度不均匀，会引起切削力的变化，使工艺系统受力变形发生变化，从而造成工件的尺寸误差和形状误差。

图5.18为车削一个有圆度误差的毛坯。假设毛坯有椭圆形圆度误差，外形轮廓为曲线1，刀具调整到双点划线位置，在工件每转一转的过程中，背吃刀量将从最大值 a_{p1} 减小到 a_{p2}，然后又增加到 a_{p1}。背吃刀量大时，产生的切削力大，刀具相对于工件的位移也大。设对应于 a_{p1} 系统的变形为 Y_1，对应于 a_{p2} 系统的变形为 Y_2，即有 $Y_1>Y_2$，反之亦然。其结果使毛坯的椭圆形圆度误差在加工后仍以一定的比例反映到工件的表面上。

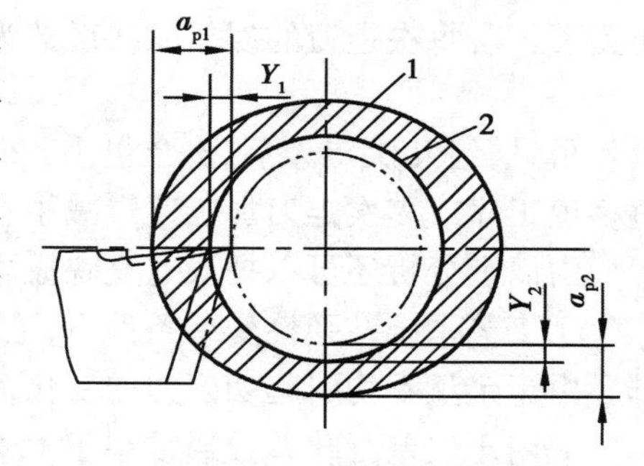

图5.18　毛坯形状误差复映

由于工艺系统的受力变形，工件加工前的误差以类似的形状反映到加工后的工件上去，造成加工后误差，这种现象称为误差复映。误差复映的程度通常用误差复映系数 ε 表示。

按切削力计算公式有：

$$F_p=C_{Fp}a_p{}^{X_{Fp}}f^{Y_{Fp}} \tag{5.18}$$

式中　C_{Fp}——与切削条件有关的系数；

　　a_p——切削深度；

　　f——进给量；

　　X_{Fp}、Y_{Fp}——指数。

假设在一次走刀中，切削条件和进给量不变，即 $C_{Fp}\cdot f^{Y_{Fp}}=C$（常数），在车削进给中 $X_{Fp}=1$，所以 $F_P=C\cdot a_p\cdot X_{F_p}=C\cdot a_p$

当切削有椭圆形圆度误差的毛坯时，在最大和最小切削深度 a_{p1} 和 a_{p2} 产生的切削力分别为

$$F_{P1}=C\cdot a_{p1};F_{P2}=C\cdot a_{p2}$$

由此引起的工艺系统受力变形为：

$$Y_1=\frac{F_{p1}}{K_{st}}=\frac{Ca_{p1}}{K_{st}};Y_2=\frac{F_{p2}}{K_{st}}=\frac{Ca_{p2}}{K_{st}} \tag{5.19}$$

则工件误差为 $\Delta_g=Y_1-Y_2=\frac{C}{K_{st}}(a_{p1}-a_{p2})$

又毛坯的误差为 $\Delta_m=a_{p1}-a_{p2}$

所以

$$\Delta_g=\frac{C}{K_{st}}\Delta_m \tag{5.20}$$

定义加工后工件的某项误差值与毛坯的相应误差值之比为误差复映系数 ε,则有:

$$\varepsilon=\frac{\Delta_g}{\Delta_m}=\frac{C}{K_{st}} \tag{5.21}$$

ε 值通常小于 1,它反映了加工前后误差的复映程度,说明工艺系统在受力变形这一因素影响下进给前后误差的变化关系,定量地表示了毛坯误差经加工后减少的程度。由此可见,为减少误差复映,主要措施是提高工艺系统的刚度。工艺系统刚性越高,ε 越小,毛坯误差在工件上的复映也就越小。当一次走刀工步不能满足精度要求时,则必须进行第二次、第三次走刀……若每次走刀的误差复映系数为 $\varepsilon1$、$\varepsilon2$、$\varepsilon3$……则总的复映系数为

$$\varepsilon=\varepsilon_1\times\varepsilon_2\times\varepsilon_3\times\cdots\cdots \tag{5.22}$$

可见,经几次走刀后,ε 会很小,在加工精度要求较高的情况下,工件毛坯的误差可以通过多道工序或多次走刀加工逐步减小到零件公差所允许的范围之内。

由以上分析还可以把误差复映概念做如下推广:

①工艺系统在弹性变形条件下,毛坯的各种误差(圆度、圆柱度、同轴度、平面度误差等),都会由于余量不均引起切削力的变化,并以一定的复映系数复映成工件的加工误差。

②由于误差复映系数通常小于 1,多次加工后,减小很快,所以当工艺系统的刚度足够时,只有粗加工时用误差复映规律估算加工误差才有现实意义;在工艺系统刚度较低的场合,如镗一定深度的小直径孔、车细长轴和磨细长轴等,则误差复映现象比较明显,有时需要从实际复映系数着手进行分析,采取相应的措施来提高加工精度。

③在大批量生产中,一般采用调整法加工。即刀具调到一定的切削深度后,当毛坯尺寸形状有误差时,使加工余量发生变化,由于误差复映的结果,也就造成了一批工件的"尺寸分散"。要使一批零件尺寸分散在公差范围内,就必须查明误差复映的大小。

④毛坯材料硬度的不均匀将使切削力产生变化,引起工艺系统受力变形的变化,从而产生加工误差。毛坯中夹杂了"硬质点"以后,切削时就会产生让刀(工艺系统的受力变形),从而在工件表面形成了圆度误差,铸件和锻件在冷却过程中的不均匀是造成毛坯硬度不均匀的根源。

3)切削过程中受力方向变化引起的加工误差　在车床或磨床类机床上加工轴类零件时,常用单爪拨盘带动工件旋转,如图 5.19(a)所示。传动力 F 在拨盘的每一转中不断改变方向,其在误差敏感方向的分力有时把工件推向刀具,如图 5.19(b)所示,使实际背吃刀量增大;有时把工件拉离刀具(在与图 5.19(b)相反的位置),使实际背吃刀量减小,从而在工件上靠近拨盘一端的部分产生呈心脏线形的圆度误差,如图 5.19(c)所示。对形状精度要求较高的工件来说,传动力引起的误差是不容忽视的。在加工精密零件时可改用双爪拨盘或柔性连接装置带动工件旋转。

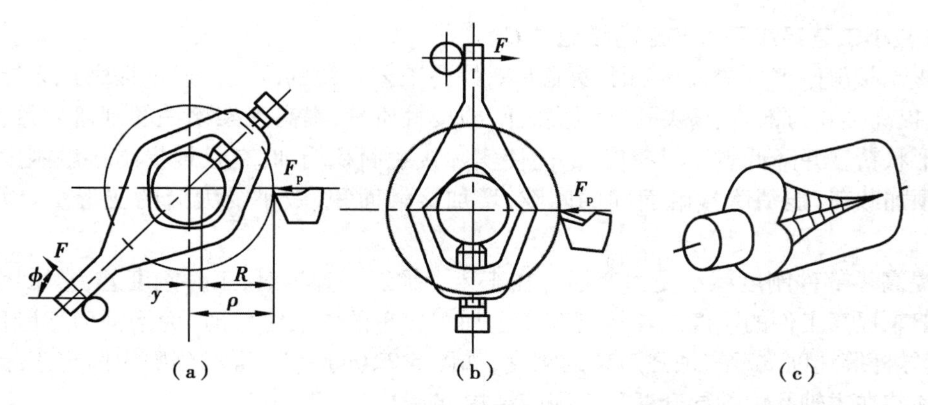

图5.19　单爪拨盘传动力引起的加工误差

切削加工中高速旋转的零部件(包括夹具、刀具和工件)的不平衡会产生离心力。离心力和传动力一样,它在误差敏感方向的分力有时将工件推向刀具,如图5.20(a)所示;有时将工件拉离刀具,如图5.20(b)所示,所以在被加工工件表面上产生了与图5.20(c)相类似的形状误差,但这种心脏线形的圆度误差是产生在轴的全长上。

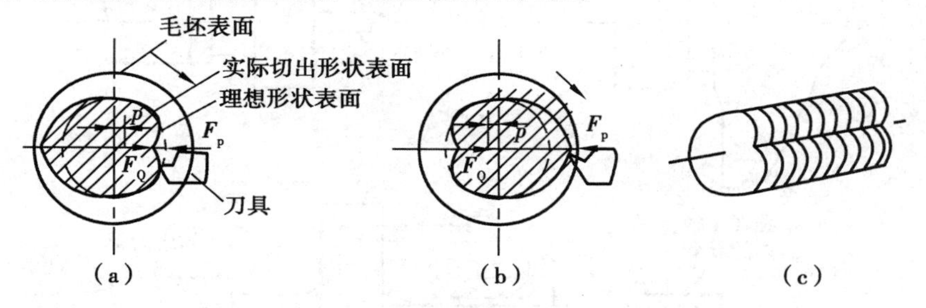

图5.20　离心力引起的加工误差

由离心力所引起的工件误差是与工件转速的平方成正比的,所以适当降低主轴转速是减小由于离心力作用而引起加工误差的有效办法。采用配重平衡来减小离心力,也是减小此类加工误差的有效途径。

4)工艺系统其他外力作用引起的加工误差　在工艺系统中,由于零部件的自重也会产生变形。如龙门铣床、龙门刨床刀架横梁的变形,镗床镗杆伸长下垂变形等,都会造成加工表面产生误差,如图5.21所示。

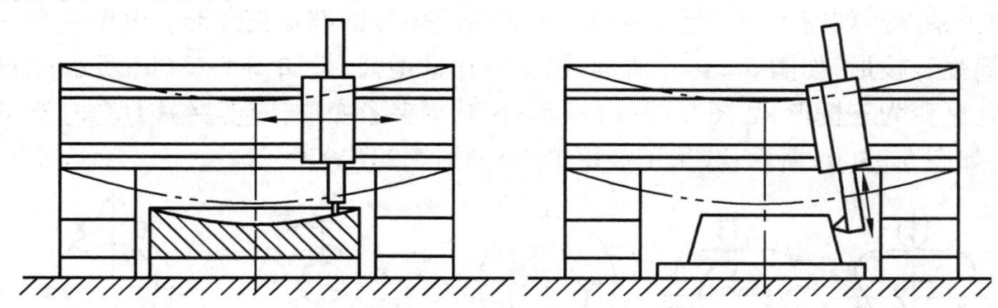

图5.21　机床部件自重引起的横梁变形

此外,被加工工件在夹紧过程中,由于工件刚性较差或夹紧力过大,也会引起变形,产生加工误差。

(3)减小工艺系统受力变形的措施

1)提高接触刚度　提高接触刚度能有效提高工艺系统的刚度。通过提高机床导轨的刮研质量,提高锥孔与锥体、顶尖孔与顶尖之间的接触质量,提高刀架楔铁的刮研质量,提高接合面的形状精度并降低表面粗糙度,都能使实际接触面积增加,有效地提高接触刚度。在接触面间预加载荷,能消除接触面间的间隙,增加接触面积,减小受力后的变形量,增大接触刚度。

2)提高零部件刚度减小受力变形　在车床上加工细长轴时,工件刚度差,常采用中心架或跟刀架来提高工件的刚度。在转塔车床上加工较短的轴类零件时,为增强刀架刚度,常采用导套、导杆等辅助支承来加强刀架的刚度,如图5.22(a)、(b)所示分别为固定于床身上的支承套和装在主轴孔内的导套两种不同的结构。

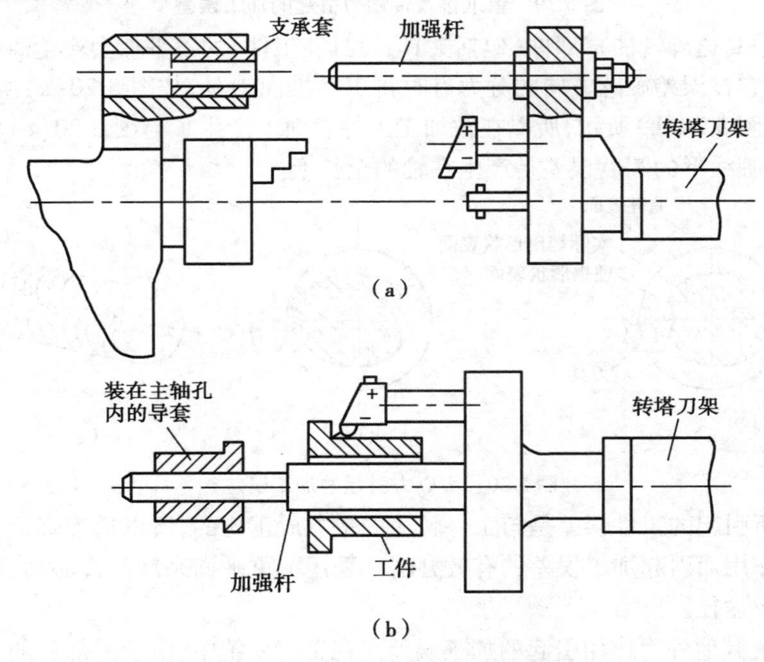

图5.22　提高部件刚度的装置

3)合理安装工件减小夹紧变形　对刚性较差的工件选择合适的夹紧方法,能减小夹紧变形,提高加工精度。如图5.23所示,薄壁套未夹紧前内外圆都是正圆形。由于夹紧方法不当,夹紧后套筒呈三棱形,如图5.23(a)所示;镗孔后孔呈正圆形,如图5.23(b)所示;松开卡爪后镗圆的内孔又变为三棱形,如图5.23(c)所示;为减小夹紧变形,应使夹紧力均匀分布,采用开口过渡环,如图5.23(d)所示;或采用专用卡爪,如图5.23(e)所示。

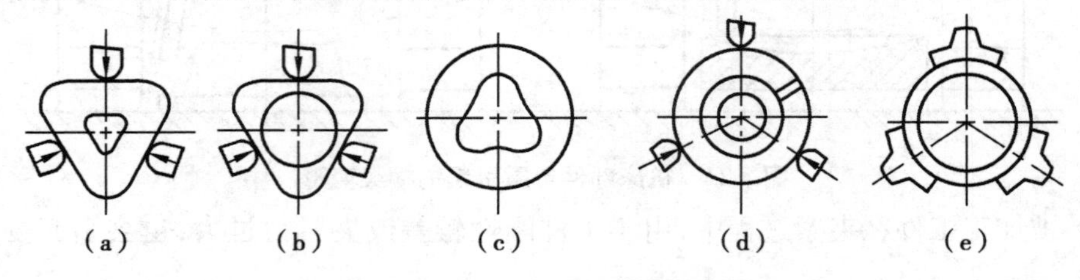

图5.23　工件夹紧变形引起的误差

如图 5.24 所示为铣角铁工件时的两种装夹方法,图 5.24(a)为工件立式安装用圆柱铣刀加工,图 5.24(b)为工件卧式安装用面铣刀加工。显然后一种安装方式比前一种安装方式刚性好,工件变形小。

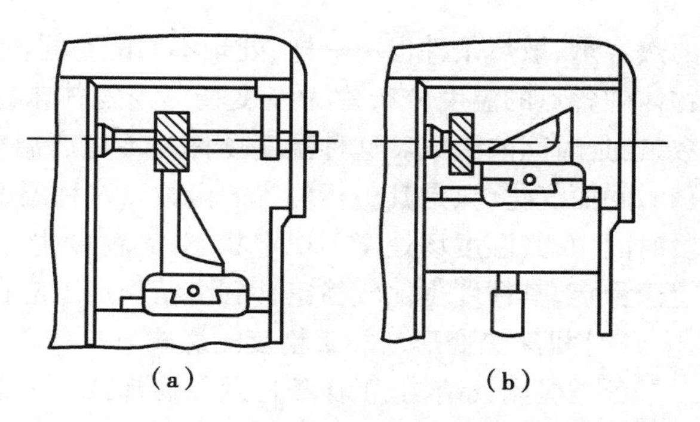

图 5.24　铣角铁工件的两种装夹方法

4)减少摩擦防止微量进给时的"爬行"

随着数控加工、精密和超精密加工工艺的迅猛发展,对微量进给的要求越来越高,机床导轨的质量很大程度上决定了机床的加工精度和使用寿命。数控机床导轨则要求在高速进给时不振动,低速进给时不爬行,灵敏度高,耐磨性和精度保持性好。为此,现代数控机床导轨在材料和结构上都进行了重大改进,如采用塑料滑动导轨,导轨塑料常用聚四氟乙烯导轨软带和环氧型耐磨导轨涂层两类。这种导轨摩擦特性好,能有效防止低速爬行,运行平稳,定位精度高,具有良好的耐磨性、减振性和工艺性。此外,还有滚动导轨和静压导轨。滚动导轨是用滚动体做循环运动;静压导轨是在两个相对运动的导轨面间通入压力油,使运动件浮起。这种导轨不但能长时间保持高精度,而且能高速运行,刚性好承载能力强,摩擦系数极小,磨损小寿命长,既无爬行也不会产生振动。

5.2.3　工艺系统热变形引起的加工误差

(1)概述

工艺系统在各种热源作用下,会产生相应的热变形,从而破坏工件与刀具间正确的相对位置,造成加工误差。据统计,由于热变形引起的加工误差占总加工误差的 40%~70%。工艺系统的热变形不仅严重地影响加工精度,而且还影响加工效率的提高。实现数控加工后,加工误差不能再由人工进行补偿,全靠机床自动控制,因此热变形的影响就显得特别重要。工艺系统热变形的问题已成为机械加工技术发展的一个重大研究课题。

1)工艺系统的热源　工艺系统的热源可分为内部热源和外部热源两大类。

内部热源主要是切削热和摩擦热。切削热是在切削过程中存在于工件、刀具、切屑及冷却液中的切削热。在工件的切削加工过程中,消耗于弹、塑性变形及刀具、工件和切屑之间摩擦的能量,绝大部分转变成热能,形成切削热源。摩擦热是由于各种相对运动而产生的,如电动机、轴承、齿轮副、导轨副、离合器、液压泵、丝杆螺母副等部件的相对运动都会产生摩擦热。尽管系统内摩擦热比切削热少,但有时会使工艺系统某个局部产生较大的热变形,破坏工艺系统的原有几何精度。

外部热源主要是指外部环境温度的变化和辐射热。如靠近窗口的机床受到日光照射的影响,不同的时间机床温升和变形就会不同,而日光照射通常是单面的或局部的,其受到照射的部分与未被照射的部分之间产生温度差,从而使机床产生变形。

2)工艺系统的热平衡　工艺系统受各种热源的影响,其温度会逐渐升高。同时,它们也通过各种传热方式向周围散发热量。当单位时间内传入和散发的热量相等时,工艺系统达到了热平衡状态,而工艺系统的热变形也就达到某种程度的稳定。

由于作用于工艺系统各组成部分的热源,其发热量、位置和作用的时间各不相同,各部分的热容量、散热条件也不一样，处于不同的空间位置上的各点在不同时间其温度也是不等的。物体中各点的温度分布称为温度场。当物体未达热平衡时，各点温度不仅是坐标位置的函数，也是时间的函数。这种温度场称为不稳态温度场。物体达到热平衡后，各点温度将不再随时间而变化，只是其坐标位置的函数。这种温度场称为稳态温度场。机床在开始工作的一段时间内，其温度场处于不稳定状态，其精度也是很不稳定的，工作一定时间后，温度才逐渐趋于稳定，其精度也比较稳定，因此，精密加工应在热平衡状态下进行。

(2)机床热变形对加工精度的影响

各类机床其结构、工作条件及热源形式均不相同，因此机床各部件的温升和热变形情况是不一样的。车、铣、钻、镗等机床主轴箱中的齿轮、轴承摩擦发热、润滑油发热是主要热源。如车床主轴箱和床身发热使主轴在垂直面内抬高和倾斜，如图 5.25 所示。主轴的温升、位移随时间变化的测量结果表明，主轴在 $n=1\ 200$ r/min 时工作 8 h 后，主轴抬高量达 140 μm；在垂直面上的倾斜为 60 μm/300 mm。前者主要由主轴前后轴承的较高温升引起，后者则主要由于床身的受热弯曲。

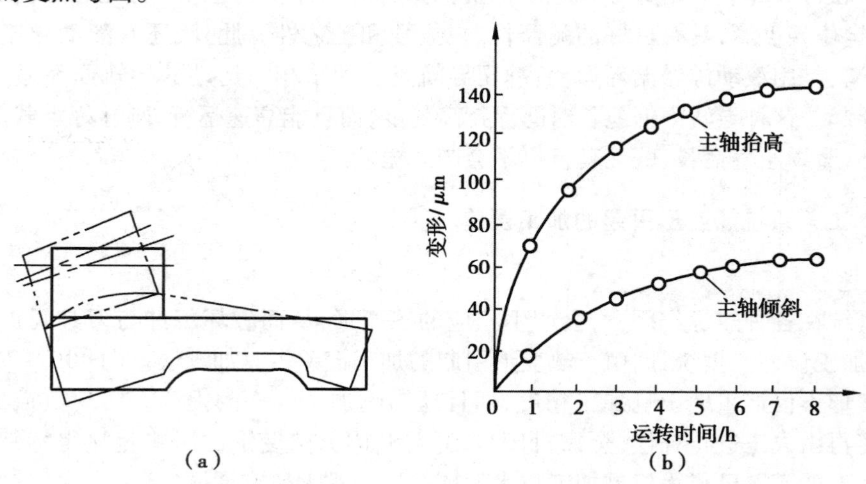

图 5.25　车床的热变形

龙门刨床、牛头刨床、立式车床等机床导轨副的摩擦热是其主要热源。这些机床床身比较长，有时床身的上下温度可相差好几度，从而导致床身产生中凸的热变形。

各种磨床通常都有液压系统并配有高速磨头，砂轮主轴轴承的发热和液压系统的发热是其主要热源。砂轮主轴轴承发热，使主轴轴线升高，并使砂轮架向工件方向趋近，使工件直径产生误差。此外，液压系统发热导致床身弯曲和前倾，都将影响工件的加工精度。

(3)工件热变形对加工精度的影响

1)工件均匀受热　对于一些形状简单、对称的零件，如轴、套筒等，加工时(如车削、磨削)切削热能较均匀地传入工件，工件热变形量可按下式估算

$$\Delta L=aL\Delta t \tag{5.23}$$

式中　a——工件材料的热膨胀系数，1/℃；

L——工件在热变形方向的尺寸，mm；

Δt——工件温升，℃。

在精密丝杠加工中，工件的热伸长会产生螺距的累积误差。如在磨削 400 mm 长的丝杠

螺纹时，每磨一次温度升高 1 ℃，则被磨丝杠将伸长

$$\Delta L = 1.17\times10^{-5}\times400\times1\ \text{mm} = 0.004\ 7\ \text{mm}$$

而 5 级丝杠的螺距累积误差在 400 mm 长度上不允许超过 5 μm 左右。因此热变形对工件加工精度影响很大。

在较长的轴类零件加工中，开始切削时，工件温升为零，随着切削加工的进行，工件温度逐渐升高而使直径逐渐增大，增大量被刀具切除，因此，加工完的工件冷却后将出现锥度误差。

2）工件不均匀受热　平面在刨削、铣削、磨削加工时，工件单面受热，上下平面间产生温差而引起热变形，从而使工件向上凸起，凸起部分被切掉，冷却后，被加工表面呈凹形。

（4）刀具热变形对加工精度的影响

刀具热变形主要是由切削热引起的。切削加工时虽然大部分切削热被切屑带走，传入刀具的热量并不多，但由于刀具体积小，热容量小，导致刀具切削部分的温升急剧升高，其热变形对加工精度的影响有时是不能忽略的。例如，用高速钢车刀切削时，刀刃部分温升可达 700~800 ℃，刀具伸长量可达 0.03~0.05 mm。

在车削长轴或在立式车床上加工大端面时，刀具连续长时间工作，车刀热伸长曲线如图 5.26 所示。其中曲线 A 是车刀连续切削时的热伸长曲线，切削开始时，刀具的温升和热伸长较快，随后趋于缓和，逐步达到热平衡（热平衡时间为 $t_{平衡}$）。曲线 B 为切削停止后，刀具温度下降，伸长量减小的曲线，当切削停止时，刀具温度开始下降较快，刀具热伸长量较快地减小，以后逐渐趋于缓和。

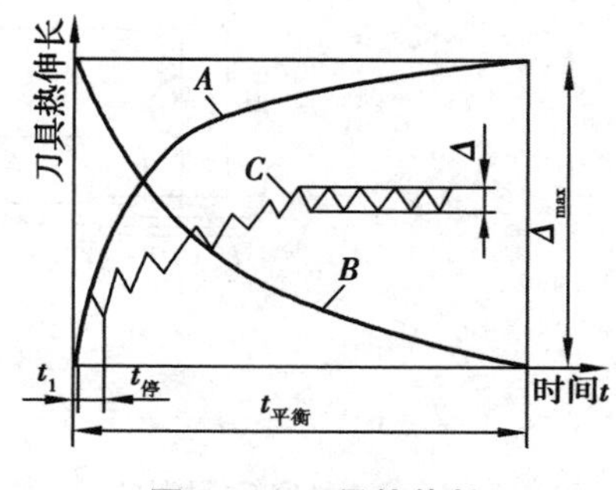

图 5.26　刀具热伸长

由于刀具从常温到热平衡的连续工作过程中逐渐伸长，使加工出的大端面出现平面度误差；使加工出的长轴出现圆柱度误差。

在采用调整法加工一批短轴工件时，刀具的受热与冷却是间歇进行的，开始加工的一些零件尺寸会减小或增大，当达到热平衡后，刀具的热变形在 Δ 范围内波动，对尺寸精度的影响不显著，如折线 C 所示。

（5）减少工艺系统热变形的主要途径

1）减少发热和隔离热源　把机床中的电动机、变速箱、液压系统、冷却系统等热源应尽可能从主机中分离出去。对主轴轴承、丝杠螺母副、摩擦离合器、导轨副等不能分离出去的热源，应尽量从结构设计上采取措施，改善摩擦条件，以减少热量的产生。如机床主轴轴承可采用发热量少的静压轴承、空气轴承等；在润滑方面可改用低黏度润滑油、锂基油脂或油雾润滑等。另外，也可采用隔热措施，将发热部件和机床基础件（如床身、立柱等）隔离开来。如图 5.27 所示为解决单立柱坐标镗床立柱变形问题而采用的隔热罩，将电动机及变速箱与立柱隔开，使变速箱及电动机产生的热量，通过电动机上的风扇将热量从立柱下方的排风口排出，以取得良好的隔热效果。

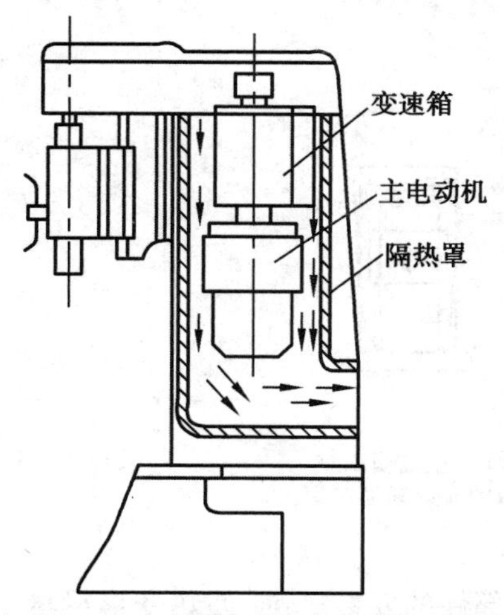

图 5.27　采用隔热罩减少热变形

对既不能从机床内部移出，又不便隔热的一些发热量大的热源，可采用强制冷却方法，吸收热源发出的热量，从而控制机床的温升和热变形。如采用风冷、水冷以及循环润滑等措施，增加散热面积，以取得良好的冷却效果。

在数控机床及加工中心机床上，也有采用冷冻机对润滑油、切削液进行强制冷却，以提高冷却效果。

通过控制切削用量，可减少切削热的产生。通过合理安排工艺路线，将粗、精加工分开，可减小热变形对加工精度的影响。

2）均衡温度场　如图 5.28 所示为 M7150A 型平面磨床所采用的均衡温度场的示意图。该机床床身较长，加工时工作台纵向运动速度较高，致使床身上下部温差较大。散热措施是将油池搬出主机并做成一个单独的油箱 1。此外，在床身下部开出热补偿油沟 2，利用带有余热的回油流经床身下部，使床身下部的温升提高，以达到减少床身上、下部温差。采用这种措施后，床身上、下部温差仅 1~2 ℃，导轨中凸量由原来的 0.265 mm 降为 0.052 mm。

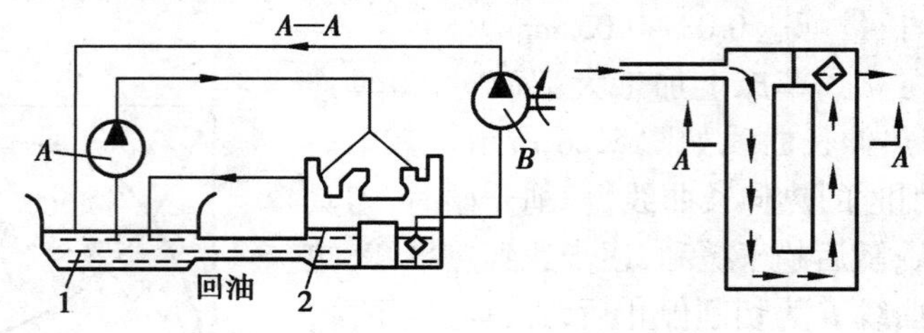

图 5.28　M7150A 型磨床的“热补偿油沟”

1—油箱；2—补偿油沟

3）改进机床布局和结构设计

①采用热对称结构。卧式加工中心采用的框式双立柱结构如图 5.29(a)所示。这种结构相对热源来说是对称的。在产生热变形时，其刀具或工件回转中心对称线的位置基本不变，它的主轴箱嵌入框式立柱内，且从立柱左右导轨两内侧定位，如图 5.29(b)所示。这样，热变形时主轴中心将主要产生垂直方向的变化，保持了高的导向精度，而垂直方向的热变形很容易用垂直坐标移动的修正量加以补偿，从而获得高的加工精度。

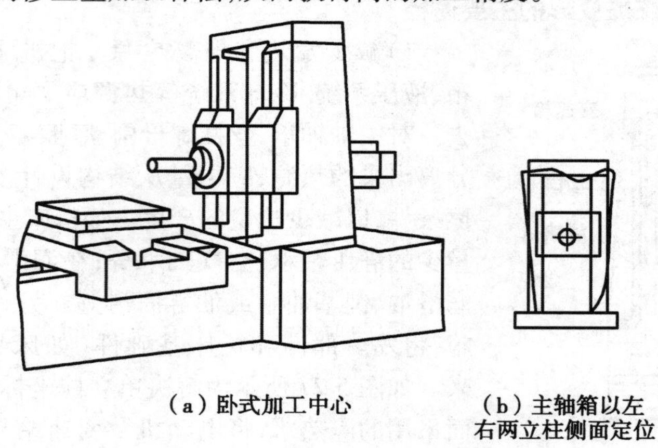

(a) 卧式加工中心　　(b) 主轴箱以左右两立柱侧面定位

图 5.29　加工中心框式立柱

②合理选择机床零部件的安装基准。合理选择机床零部件的安装基准，使热变形尽量不

在误差敏感方向。如图5.30(a)所示,车床主轴箱在床身上的定位点H置于主轴轴线的下方,主轴箱产生热变形时,使主轴孔在z方向产生热位移,对加工精度影响较小。若采用如图5.30(b)所示的定位方式,主轴除了在z方向以外还在误差敏感方向——y方向产生热位移。直接影响了刀具与工件之间的正确位置,产生了较大的加工误差。

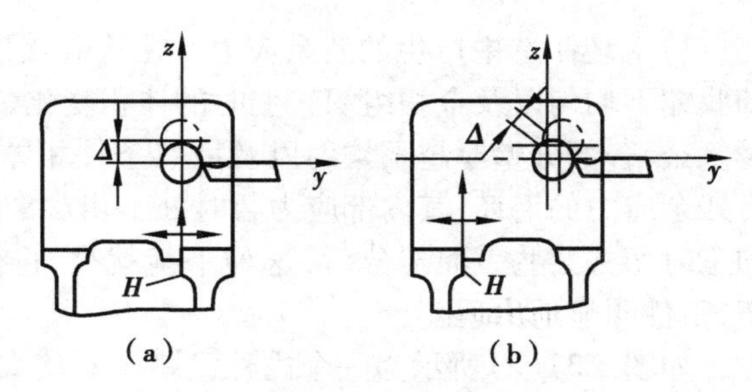

图5.30 车床主轴箱两种结构的热位移

4)保持工艺系统的热平衡 当工艺系统达到热平衡状态时,热变形趋于稳定,加工精度易于保证。因此,为了尽快使机床进入热平衡状态,可以在加工工件前,使机床作高速空运转,当机床在较短时间内达到热平衡之后,再将机床速度转换成工作速度进行加工。精密和超精密加工时,为使机床达到热平衡状态而作的高速空转时间,可达数十小时。必要时,还可以在机床的适当部位设置控制热源,人为地给机床加热,使其尽快地达到热平衡状态。精密机床加工时应尽量避免中途停车。

5)控制环境温度 精密机床一般安装在恒温车间,其恒温精度一般控制在±1 ℃以内,精密级较高的机床为±0.5 ℃,恒温室平均温度一般为20 ℃,在夏季取23 ℃,在冬季可取17 ℃。对精加工机床应避免阳光直接照射,布置取暖设备也应避免使机床受热不均匀。

6)热位移补偿 在对机床主要部件,如主轴箱、床身、导轨、立柱等受热变形规律进行大量研究的基础上,可通过模拟实验和有限元分析,寻求各部件热变形的规律。在现代数控机床上,根据实验分析可建立热变形位移数字模型并存入计算机中进行实时补偿。热变形附加修正装置已在国外产品上作商品供货。我国北京机床研究所在热位移补偿研究中做了大量工作,并已成功用于二坐标精密数控电火花线切割机床。

另外,为了减小刀具的热变形对加工精度的影响,应合理选择切削用量和刀具几何参数,在加工过程中进行充分的冷却和润滑,以减少切削热,降低切削温度。

为减小工件的热变形对加工精度的影响,主要从减少切削热、缩短对工件的热作用时间以及改善散热条件等方面来考虑。如即时进行刀具的刃磨和砂轮的修整,不让过分磨钝的刀刃和磨粒参与切削,以减少切削热;提高切削速度,使大部分热量由切屑带走,以减少传入工件上的热量;在切削区供给充分的冷却液,迅速散热;合理安排工艺,粗精加工分开,工件在精加工前有充分的时间进行冷却;使工件夹紧状态下有伸缩的自由(如采用弹簧后顶尖)。

5.2.4 工件残余应力引起的加工误差

(1)产生残余应力的原因及所引起的加工误差

残余应力是指在没有外部载荷的情况下,存在于工件内部的应力,又称内应力。残余应力是由金属内部的相邻宏观或微观组织发生了不均匀的体积变化而产生的,促使这种变化的因素主要来自热加工或冷加工。存在残余应力的零件,始终处于一种不稳定状态,其内部组织有要恢复到一种新的稳定的没有内应力状态的倾向。在常温下,特别是在外界某种因素的影响下,其内部组织在不断地进行变化,直到内应力消失为止。在内应力变化的过程中,零件产生相应的变形,原有的加工精度受到破坏。用这些零件装配成机器,在机器使用中也会逐渐产生变形,从而影响整台机器的质量。

1)毛坯制造中产生的残余应力　在铸造、锻造、焊接及热处理过程中,由于工件各部分冷却收缩不均匀以及金相组织转变时的体积变化,在毛坯内部就会产生残余应力。毛坯的结构越复杂,各部分壁厚越不均匀以及散热条件相差越大,毛坯内部产生的残余应力就越大。具有残余应力的毛坯,其内部应力暂时处于相对平衡状态,虽在短期内看不出有什么变化,但当加工时切去某些表面部分后,这种平衡就被打破,内应力重新分布,并建立一种新的平衡状态,工件明显地出现变形。

如图 5.31(a)所示为一个内外壁厚相差较大的铸件,在浇铸后的冷却过程中产生残余应力的情况。由于壁 1 和壁 2 比较薄,散热容易,冷却速度比壁 3 快。当壁 1 和壁 2 从塑性状态冷却到弹性状态时,壁 3 尚处于塑性状态。所以壁 1 和壁 2 收缩时,壁 3 不起阻止变形作用,不会产生内应力。当壁 3 冷却到弹性状态时,壁 1 和壁 2 的温度已经降低很多,收缩速度比壁 3 的收缩速度慢得多,此时壁 3 的收缩受到壁 1 和壁 2 的阻碍。这样,壁 3 产生了拉应力,壁 1 及壁 2 产生了压应力,形成了相互平衡的状态。如果在壁 2 上开一个缺口,如图 5.31(b)所示,则壁 2 的压应力消失。铸件在壁 3 和壁 1 的内应力作用下,壁 3 收缩,壁 1 伸长,产生弯曲变形,直至残余应力重新分布,达到新的平衡为止。

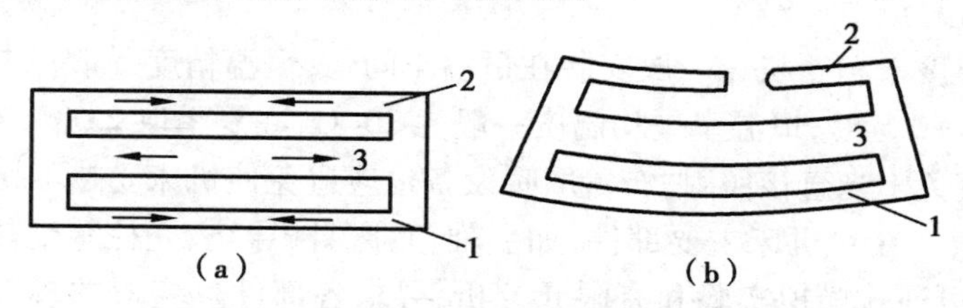

图 5.31　铸件残余应力引起的变形

一般对比较复杂的铸件,需进行时效处理,以消除或减少内应力。

2)冷校直引起的残余应力　冷校直工艺方法是在一些长棒料或细长零件弯曲的反方向施加外力 F 以达到校直目的。如图 5.32(a)所示。在外力 F 的作用下,工件内部的应力重新分布,如图 5.32(b)所示,在轴心线以上的部分产生压应力(用负号表示),在轴心线以下的部分产生拉应力(用正号表示)。在轴心线和两条虚线之间,是弹性变形区域,在虚线以外是塑性变形区域。当外力去除后,弹性变形本可完全恢复,但因塑性变形部分的阻止而恢复不了,使残余应力重新分布而达到平衡,如图 5.32(c)所示。但这种平衡同样是不稳定的,如果工件继续切削加工,工件内部的应力又会重新分布而使工件产生新的弯曲,并且最后的精度还不够稳定。所以对精度要求较高的细长轴(如精密丝杠),不允许采用冷校直来减小弯曲变形,而采用加大毛坯余量,经多次切削和时效处理来消除内应力,或采用热校直。

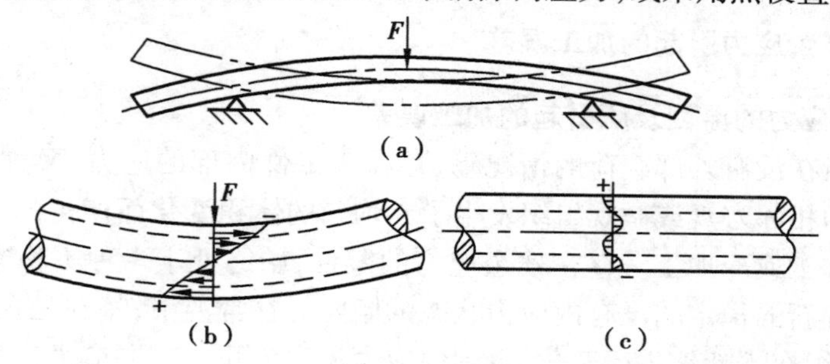

图 5.32　冷校直引起的残余应力

3)切削加工中产生的残余应力　工件在切削加工时,其表面层在切削力和切削热的作用下,会产生不同程度的塑性变形,引起体积改变,从而产生残余应力。这种残余应力的分布情况由加工时的工艺因素决定。内部有残余应力的工件在切去表面的一层金属后,残余应力要重新分布,从而引起工件的变形。为此,在拟订工艺规程时,要将加工划分为粗、精等不同阶段进行,以使粗加工后内应力重新分布所产生的变形在精加工阶段去除。对质量和体积均很大的笨重零件,即使在同一台重型机床进行粗精加工也应该在粗加工后将被夹紧的工件松开,使之有充足时间重新分布内应力,在使其充分变形后,然后重新夹紧进行精加工。

(2)减少或消除残余应力的措施

1)合理设计零件结构　在零件的结构设计中,应尽量简化结构,减小零件各部分尺寸差异,以减少铸锻件毛坯在制造中产生的残余应力。

2)增加消除残余应力的专门工序　对铸、锻、焊接件进行退火或回火;工件淬火后进行回火;对精度要求高的零件在粗加工或半精加工后进行时效处理都可以达到消除残余应力的目的。

3)合理安排工艺过程　在安排零件加工工艺过程中,尽可能将粗、精加工分在不同工序中进行。对粗、精加工在一个工序中完成的大型工件,其消除残余应力的方法已在前文阐述,此处不再重复。

5.2.5　数控机床加工误差概述

目前,在数控机床(含加工中心,下同)上加工的零件越来越多。与普通机床相比,除了在精度上要求更高、技术上要求更严外,还多了数控功能,即由数控系统按程序指令而实现的一些自动控制功能,包括各种补偿功能。影响数控加工精度的因素很多,从整个数控加工工艺系统来看,数控机床的加工精度是由数控系统精度、数控伺服精度、机床精度三者累积而成。数控系统精度是基于数控装置中的插补方式不同而在本质上产生的误差,即送到数控伺服系统的实际指令值对要求指令值的误差。数控伺服精度是指数控伺服系统本身的精度,也是影响数控精度的最大因素。机床精度是基于机床本身的制造误差、热变形、力变形等引起的误差,刀具的力变形和热变形以及刀具磨损,工件及夹具的力变形和热变形等因素引起的误差。所以在数控加工中,除了要控制在普通机床上加工时常出现的那一类误差源以外,还要有效地控制数控加工时才能出现的误差源。这些误差源对加工精度的影响及抑制的途径,主要有以下几个方面:

(1)数控机床重复定位精度的影响

数控机床的几何精度和定位精度的高低对加工精度有直接影响。数控机床的几何精度主要影响工件的形状误差,定位精度和重复定位精度直接影响工件的尺寸误差。

评价数控机床精度等级的重要指标是定位精度和重复定位精度,它反映了坐标轴轴向各运动部件的综合精度。尤其是重复定位精度,它反映了该轴在有效行程内任意定位点的定位稳定性,这是衡量该轴能否稳定可靠工作的基本指标。

数控机床的定位精度是指数控机床各坐标轴在数控系统的控制下运动的位置精度。机床运动部件的移动是靠数字程序指令实现的,故定位精度的高低取决于数控系统和机械传动的误差。而数控系统的误差则与插补误差、跟踪误差有关。重复定位精度是指重复定位时坐标轴的实际位置与理想位置的符合程度。

(2)检查装置的影响

在闭环系统中,把位移测量信号作为反馈信号,并将信号转换成数字送回计算机,与控制脉冲进行比较,若二者产生差值,则将其作为信号并经放大后控制驱动元件进行运动的补偿,所以检测装置的精度对数控加工的精度有着重要的影响。

由于检测方式和检测装置的不同,其检测精度的高低也就不等。若检测方式和检测装置本身精度较低,则不可避免地将导致加工精度的降低。例如采用光栅、感应同步器等直接来测量机床工作台的直线移动,其测量精度较高,但其测量装置要和行程等长,从而限制了在大型数控机床上的使用。如果采用把工作台直线运动“转换”成回转运动的间接测量装置,例如旋转变压器,虽然无行程长度的限制,但是在测量信号中加入了由直线位移转变为回转运动的传动链误差,从而影响了测量精度,导致了加工误差的增大。

(3)数控机床刀具系统误差

要真正发挥数控机床的效率,数控机床刀具影响极大。现代数控机床正在向着高速、高刚性和大功率方向发展。为了提高生产率,数控机床刀具必须具有承受高速切削和强力切削的性能。目前不少数控机床上使用了涂层硬质合金刀具、陶瓷刀具和超硬刀具,并由数控系统对刀具工况进行监控。此外,数控机床刀具要具有较高的形状精度,并具备能实现快速和自动换刀的功能,对整体式刀具和安装可转位刀片的刀体以及刀尖的位置都有较高的精度要求。数控机床刀具品种、规格多,需要配备完善的、先进的工具系统。由于采用的刀具具有自动交换功能,因而在提高生产率的同时,也带来了刀具交换误差。在加工一批工件时,由于频繁重复换刀,致使刀柄相对于主轴锥孔(或刀座)产生重复定位误差而降低加工精度。

在数控加工中由于上述各种因素所产生的加工误差必须采取有效的措施予以补偿。过去一般多采用硬件补偿的方法,例如加工中心通常都有螺距误差补偿功能,可以对控制轴的螺距误差进行补偿和反向间隙补偿,也可以对进给传动链上各环节的系统误差进行稳定的补偿。

随着微电子技术、控制技术和监测技术的发展,出现了新的软件补偿技术。它的特征是应用与数控系统通信的补偿控制单元和相应的软件,以实现误差的补偿,其原理是利用坐标的附加移动来修正误差。

5.2.6 提高加工精度的途径

为了保证加工精度,首先要找出产生加工误差的主要原因,然后采取相应的工艺措施减少和控制这些因素的影响。尽管减少加工误差的措施很多,但从技术上看,可将它们分为两大类:

一是误差预防　指减少原始误差或原始误差的影响,亦即减少误差源或改变误差源至加工误差之间的数量转换关系。实践与分析表明,精度要求高于某一程度后,利用误差预防技术来提高加工精度所花费的成本将成指数增长。

二是误差补偿　在现存的表现误差条件下,通过分析、测量,进而建立数学模型,以这些信息为依据,人为地在系统中引入一个附加的误差源,使之与系统中现存的表现误差相抵消,以减少或消除零件的加工误差,从提高机械加工精度考虑,在现有工艺系统条件下,误差补偿技术是一种行之有效的方法,特别是借助计算机辅助技术,可达到更好的效果。

具体来讲可以采用以下的方法来控制和提高加工精度:

(1)合理采用先进的工艺装备

为了减少原始误差,需要针对零件的加工精度要求,合理采用先进的工艺和装备。首先,在设计零件的加工工艺过程时,必须对每一道工序的加工能力进行评价,对加工能力较低的工序,要么更换为加工能力较高的工序,要么采取改进措施提高工序的加工能力。

(2)直接减小或消除原始误差

这是生产中应用最为广泛的一种基本方法,即是在查明影响加工精度的主要原始因素之后,设法对其直接进行消除或减小。例如当用三爪卡盘夹持薄壁套筒时,应在套筒外面加过渡环,避免产生由夹紧变形所引起的加工误差;又如车削加工细长轴时,因为工件刚度低,容易产生弯曲变形和振动,为了减少因吃刀抗力使工件弯曲变形所产生的加工误差,增加工件的刚度,采用跟刀架,但有时仍难车出高精度的细长轴。究其原因,采用跟刀架虽然可以减小背向力 F_p,解决使工件"顶弯"的问题,但没有解决工件在进给力 F_f 作用下的"压弯"问题,见图5.33(a)。压弯后的工件在高速回转中,由于离心力的作用,不但变形加剧,而且产生了振动。此外装夹工件的卡盘和尾架顶尖之间的距离是固定的,切削热引起的工件热伸长受到阻碍,这又增加了工件的弯曲变形。实践证明,采用以下的措施可以使鼓形误差大为改善。

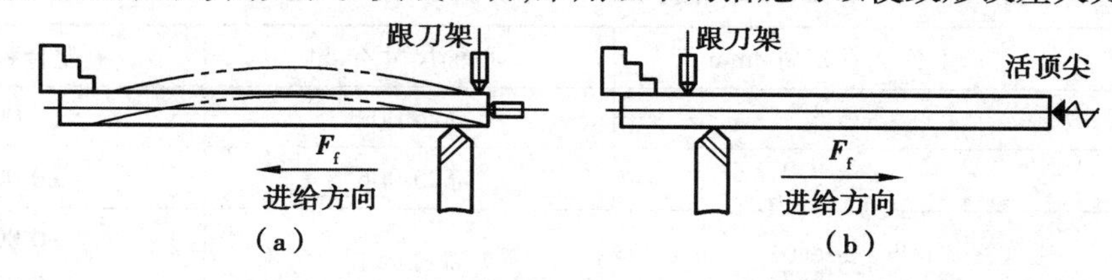

图5.33　车细长轴的误差原因及采取的措施

①采用反向进给的切削方式,如图5.35(b)所示,进给方向由卡盘一端指向尾架,进给力 F_f 对工件是拉伸作用,解决了"压弯"问题。

②反向进给切削时采用大进给量和较大的主偏角车刀,以增大进给力 F_f,使工件受强力拉伸作用,而不被压弯。同时可消除振动,使切削过程平稳。

③改用具有伸缩性的弹性后顶尖。这样既可以避免工件从切削点到尾架顶尖一段由于受压力而弯曲,又使工件在热伸长下有伸缩的余地。

④在卡盘一端的工件上车出一个缩颈,缩颈的直径 $d=D/2$(D 为工件坯料直径)。缩颈使工件具有柔性,可以减小由于坯料弯曲而在卡盘强制夹持下而产生轴心线歪斜的影响。

(3)补偿或抵消原始误差

补偿原始误差是指在充分掌握误差变化规律的条件下,采取一定的措施或方法补偿已经或将要产生的原始误差。

丝杠车床上,从主轴经交换齿轮到丝杠的传动链精度直接影响所加工丝杠的螺距误差,生产实际中广泛应用误差补偿原理来设计误差校正机构及装置,以抵消传动链误差,提高螺距精度。

(4)误差转移法

误差转移法是把影响加工精度的原始误差转移到对误差不敏感的方向上或者不影响加工精度的方向上去。

例如,在六角车床上采用垂直装刀法,可以把由转塔刀架转位误差引起的刀具位置误差转移到加工表面的切向,即误差不敏感方向。

又如,在一般精度的机床上,采用专用的工、夹具或辅具,能加工出精度较高的工件。典型实例是用镗床夹具加工箱体零件的孔系,镗杆与主轴采用浮动连接,就可以把机床主轴的回转误差、导轨误差、坐标尺寸的调整误差等排除掉。此时工件的加工精度就完全取决于镗杆和镗模的制造精度了,而与机床的精度关系不大,形成了误差的转移。

(5)均分与均化原始误差

均分原始误差就是当坯件精度太低,引起的定位误差或复映误差太大时,将坯件按其误差大小均分成 n 组,每组坯件误差的范围就缩小为原来的 $1/n$,再按各组的误差范围分别调整刀具和工件的相对位置,使各组工件的尺寸分散范围中心基本一致,那么整批工件的尺寸分散范围就比分组调整以前的小得多了。这种办法比直接提高本工序的加工精度要简便易行一些。例如某厂采用心轴装夹工件剃齿,齿轮内孔尺寸为 $\phi25_{0}^{+0.013}$ mm(IT6),心轴的实际尺寸为 $\phi25.002$ mm。由于配合间隙过大,剃齿后工件齿圈径向跳动超差。为减小配合间隙又不再提高加工精度,采用均分原始误差方法,按工件内孔尺寸大小分成三组,与相应的心轴配合,见表 5.1,使每组配合间隙在 0.005 mm 之内,以保证剃齿加工要求。

表 5.1 尺寸分组

组 号	工件内孔尺寸/mm	心轴尺寸/mm	配合精度
1	$\phi25_{0}^{+0.004}$	$\phi25.002$	±0.002
2	$\phi25_{+0.004}^{+0.008}$	$\phi25.006$	±0.002
3	$\phi25_{+0.008}^{+0.013}$	$\phi25.011$	+0.002 −0.003

均化原始误差的实质就是利用有密切联系的工件或刀具表面的相互比较、相互检查,从中找出它们之间的差异,然后再进行相互修正加工或互为基准的加工,使被加工表面原有的误差不断缩小和平均化。对配偶件的表面,如伺服阀的阀套和阀芯、精密丝杆与螺母采用配研的方法,实质上就是把两者的原始误差不断缩小的互为基准加工,最终使原始误差均化到两个配偶件上。生产中,许多精密基准件的加工都采用误差均化的方法。如三块一组的标准平板,是用相互对研、配刮的方法加工出来的。因为三个表面能够两两密合,只有在都是精确的平面的条件下才有可能,还有如直尺、角度规等高精度量具和工具也是采用这种方法来制造的。

(6)"就地加工"达到最终精度

"就地加工"的办法就是把各相关零件、部件先行装配,使它们处于工作时要求的相互位置,然后就地进行最终加工。就地加工的目的在于,消除机器或部件装配后的累积误差。

"就地加工"的实例很多,如六角转塔车床的制造中,为保证转塔上六个安装刀架的孔的中心与机床主轴回转轴线的重合度及孔的端面与主轴回转轴线的垂直度,在转塔装配到车床床身后,再在主轴上装镗杆和径向进给小刀架。对转塔上的孔和端面进行最终加工。此外,普通车床上对花盘平面或软爪夹持面的修正、龙门刨床上对工作台面的修正等都属于"就地加工"。

(7)主动测量与闭环控制

主动测量是指加工过程中随时测量出工件实际尺寸(形状、位置精度),根据测量结果控制刀具的相对位置,这样,工件尺寸的变动始终在自动控制之中。

在数控机床上,一般都带有对各个坐标移动量的检测装置(如光栅尺、感应同步器)。检测信号作为反馈信号输入控制装置,实现闭环控制,以确保运动的准确性,从而提高加工精度。

5.2.7　加工误差的统计分析

前面已经分析了产生加工误差的各项因素,也提出了一些行之有效的解决途径。但从分析方法来讲,还侧重在单因素的分析。当某项因素是产生误差的主导因素时,上述分析与解决问题的方法是奏效的。在实际生产中,影响加工精度的因素往往是错综复杂的,上述各项因素总是同时存在,并且是相互影响的,从而使精度分析错综复杂,很难用单因素分析法来分析计算某一工序的加工误差。实践证明,用数理统计的方法可以成功地解决成批大量生产中机械加工误差的分析和对加工精度的控制问题。

(1)加工误差的性质

按数理统计的理论,各种加工误差按它们在一批零件中出现的规律,可以分为两大类:系统误差和随机误差。

1)系统误差

①常值系统误差。当顺序加工一批零件时,大小和方向始终保持不变的误差称为常值系统误差。原理误差、机床、刀具、夹具和量具的制造和调整误差,工艺系统的静力变形等引起的加工误差与加工时间无关,其大小和方向在一次调整中也基本不变,因此属于常值系统误差。机床、夹具和量具的磨损量在一次调整加工中无明显变化的,也可以看成常值系统误差。

②变值系统误差。当顺序加工一批零件时,大小和方向按一定规律变化的误差称为变值系统误差。机床、工件、刀具的热变形引起的加工误差,刀具的磨损随加工顺序(或加工时间)有规律变化引起的加工误差都属于变值系统误差。

2)随机误差　顺序加工一批零件时,大小和方向没有一定变化规律的误差称为随机误差。毛坯误差(余量大小不一,硬度不均匀)的复映、定位误差(基准面尺寸不一、间隙影响等)、夹具误差(夹紧力大小不一)、多次调整的误差,内应力引起的变形误差等都属于随机误差。

随机误差从表面上看似乎没有规律,但是用数理统计的方法对一批零件的加工误差进行统计分析时,可以找出加工误差的总体规律性。

不同性质的误差,解决的途径也不一样。一般来说,对常值系统误差,可以在查明其大小和方向后,通过相应的调整或维修工艺装备的办法来解决,有时还可以用误差补偿或抵消的办法人为地用一个常值误差去抵偿已经存在的常值系统误差。对变值系统误差,可以在搞清楚其变化规律的基础上,通过自动连续补偿的办法解决。如各种刀具(或砂轮)的自动补偿装置。随机误差没有明显的变化规律,很难完全消除,但可以采取适当的措施减小其影响,如缩小毛坯本身的误差和提高工艺系统的刚度可以减小毛坯误差的复映。采用主动测量和闭环控制对减小随机误差有显著的效果。

(2)加工误差的统计分析法

加工误差的统计分析法就是以生产现场对工件进行实际测量得到的数据为基础,应用数理统计的方法,分析一批工件的情况,从而找出产生误差的原因以及误差的性质,以便找出解决问题的方法。

在机械加工中常常采用的统计分析法主要有分布图分析法和点图分析法。

1)分布图分析法

①实际分布图——直方图　实际分布图(即直方图)是对一批零件的某工序加工实际尺寸做出的统计结果。下面以实例来说明实际分布图的做法及运用。

一批活塞销孔,图纸要求 $\phi28_{-0.015}^{\ 0}$ mm。对这批销孔精镗后,抽查100件,并按尺寸大小分组,每组的尺寸间隔为0.002 mm,统计每组的工件数,将结果列于表5.2中。

表5.2　活塞销孔直径测量结果

组别	尺寸范围/mm	中点尺寸/mm	组内工件数(m 件)	频率 m/n
1	27.992—27.994	27.993	4	4/100
2	27.994—27.996	27.995	16	16/100
3	27.996—27.998	27.997	32	32/100
4	27.998—28.000	27.999	30	30/100
5	28.000—28.002	28.001	16	16/100
6	28.002—28.004	28.003	2	2/100

其中,抽取的这批零件称为样本,其件数 n 称为样本容量。由于各种误差的影响,加工尺寸或偏差总是在一定的范围内变动,称为尺寸分散。

根据统计结果,以每组件数 m 或频率 m/n 作纵坐标,以尺寸范围的中点值 X 为横坐标就可以绘制出直方图及折线图,如图5.34所示。

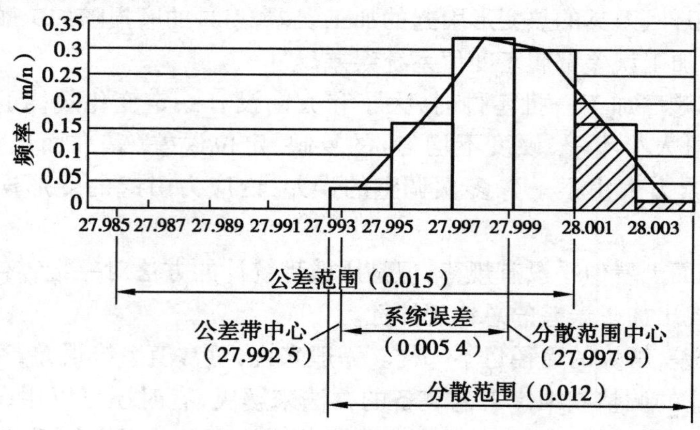

图5.34　活塞销孔直径实际分布直方图及折线图

从该图可以算出:

- 分散范围=最大孔径-最小孔径=28.004 mm-27.992 mm=0.012 mm;
- 分散范围中心(即平均孔径):$\bar{x}=\dfrac{\sum mx}{n}=27.997\ 9$ mm;
- 公差带中心:$L_M=28-\dfrac{0.015}{2}=27.992\ 5$ mm;

• 废品率=18%，即尺寸为28.000~28.004 mm的零件的频率，也即图中阴影部分；

• 系统误差 Δ_{st}=|分散范围中心−公差带中心|=|27.997 9−27.992 5|=0.005 4 mm；

• 因为实际分散范围=0.012<公差值=0.015，所以只需设法将分散中心调整到公差带中心，即将镗刀伸出量调小一点，就可以减少废品率，甚至不出现废品。

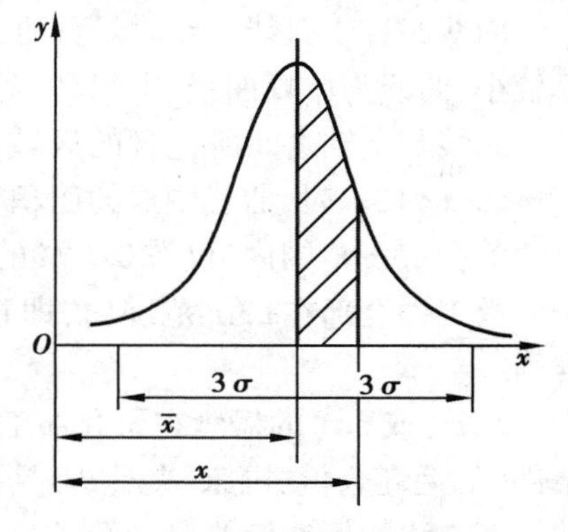

图5.35　正态分布曲线

大量的统计表明，在绘制上述曲线时，如果把所取工件数增加，且把尺寸间隔减小，则所作出的折线就非常接近光滑曲线，这就是分布曲线。

②正态分布曲线　在机械加工中，如果用调整法加工一批零件，无特殊或意外因素的影响时，不存在明显的变值系统误差，其分布曲线就接近正态分布曲线，如图5.35所示。概率论与数理统计学已经证明：相互独立的大量微小随机变量，其分布接近正态分布。用正态分布曲线来近似代替实际分布曲线将使问题的分析大大简化。

• 正态分布曲线方程：

$$y=\frac{1}{\sigma\sqrt{2\pi}}e^{\left[-\frac{(x-\bar{x})^2}{2\sigma^2}\right]}(-\infty<x<+\infty,\sigma>0) \tag{5.24}$$

当采用该曲线代表加工尺寸的实际分布曲线时，上式各参数的意义为：

y——分布曲线的纵坐标，尺寸为 x 时所出现的分布密度（概率密度）；

x——分布曲线的横坐标，工件的尺寸或误差；

$\bar{x}$——工件尺寸的算术平均值（分散范围中心），$\bar{x}=\frac{1}{n}\sum_{i=1}^{n}x_i$；

σ——均方根偏差（标准偏差），$\sigma=\sqrt{\frac{1}{n}\sum_{i=1}^{n}(x_i-\bar{x})^2}$；

n——工件的数量（工件数量应足够多，通常为100~200件）。

当平均值 $\bar{x}=0$，标准差 $\sigma=1$ 的正态分布称为标准正态分布。

• 正态分布曲线的特征参数　正态分布曲线的特征参数有两个，即 $\bar{x}$ 和 σ。算术平均值 $\bar{x}$ 是确定曲线位置的参数。它决定一批工件尺寸分散中心的坐标位置。若 $\bar{x}$ 改变，整个曲线沿 x 轴平移，但曲线形状不变，如图5.36所示，则使 $\bar{x}$ 产生变化的主要原因是常值系统性误差的影响。标准偏差 σ 决定了分布曲线的形状和分散范围。当 $\bar{x}$ 保持不变时，σ 值越小则曲线形状

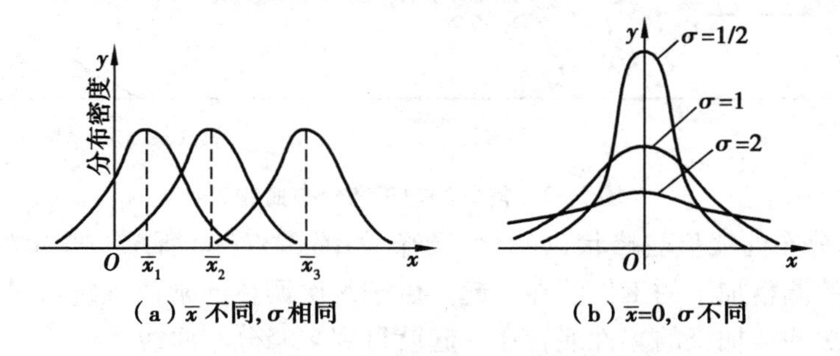

（a）$\bar{x}$ 不同，σ 相同　　（b）$\bar{x}$=0，σ 不同

图5.36　$\bar{x}$ 和 σ 值对正态分布曲线的影响

越陡，尺寸分散范围越小，加工精度越高；σ 值越大则曲线形状越平坦，尺寸分散范围越大，加工精度越低。σ 的大小实际反映了随机误差的影响程度，随机性误差越大则 σ 越大。

• 正态分布曲线的特点

曲线对称于直线 $x=\bar{x}$，靠近$\bar{x}$的工件尺寸出现的概率较大，而远离$\bar{x}$的工件尺寸出现的概率较小，曲线为单峰曲线，中间高，两端低。对$\bar{x}$的正偏差和负偏差其概率相等。

曲线与 x 轴之间所包含的区域的面积代表了全部工件，即 100%。其对应面积为 1。当 $-3\sigma<x-\bar{x}<+3\sigma$ 时，曲线围成的面积为 0.997 3。也就是说，对一批工件来说，有99.73%的工件尺寸落在$\pm3\sigma$ 范围内，仅有 0.27%的工件尺寸落在$\pm3\sigma$ 之外。因此，实际生产中常常认为加工一批工件全部在$\pm3\sigma$ 范围内，即正态分布曲线的分散范围为$\pm3\sigma$，工艺上称该原则为 6σ 准则。

$\pm3\sigma$（或 6σ）的概念在研究加工误差时应用很广。6σ 的大小代表了某种加工方法在一定条件（如毛坯余量、机床、夹具、刀具）下所能达到的加工精度，所以在一般情况下，应使所选择的加工方法的标准偏差 σ 与公差带宽度 T 之间具有如下的关系：

$$6\sigma \leqslant T \tag{5.25}$$

但考虑系统误差及其他因素的影响，应使 6σ 小于公差带宽度 T，才能可靠地保证加工精度。

③分布曲线分析法的应用

• 确定给定加工方法的精度。对于给定的加工方法，由于其加工尺寸的分布近似服从正态分布，其分散范围为$\pm3\sigma$，即 6σ，在多次统计的基础上，可求得给定加工方法的标准偏差值 σ，则 6σ 即为该加工方法的加工精度。

• 判断加工误差的性质。如果实际分布曲线基本符合正态分布，则说明该加工过程没有变值系统误差（或影响很小）。此时，若公差带中心与尺寸分布中心重合，则加工过程中常值系统误差为零；若公差带中心与尺寸分散中心不重合，即存在常值系统误差，则其大小为其差值。

若实际分布曲线不服从正态分布，可根据分布曲线的形状分析判断变值系统误差的类型，分析产生误差的原因并采取有效措施加以抑制和消除。常见的非正态分布有以下几种：

a.等概率密度分布曲线：分布曲线呈平顶状，如图 5.37（a）所示。其特点是有一段曲线概率密度相等，这是由线性变值系统误差形成的。如加工中刀具在正常磨损阶段的磨损，其磨损量与刀具的切削长度呈线性正比关系，使加工后工件的尺寸误差平顶分布。这种分布曲线可以看成随着时间的推移，众多正态分布曲线组合的结果。

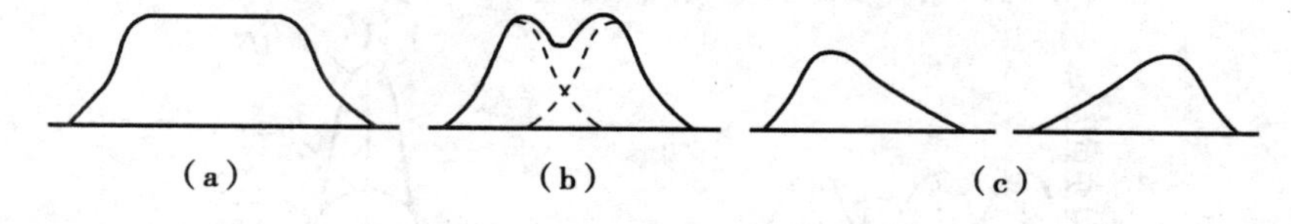

图 5.37　常见的非正态分布曲线

b.双峰分布：分布曲线呈驼峰状，有两个顶峰，如图 5.37（b）所示。产生的主要原因可能是经过两次不同的调整加工的工件混在一起。由于每次调整的常值系统误差不同，就会得到双峰曲线。将几次调整加工的零件混合在一起就得到多峰分布曲线。

c.偏态分布：分布曲线的顶峰偏向一侧，图形不对称，如图 5.37（c）所示。产生的主要原因可能是工艺系统产生显著的热变形(如刀具受热伸长会使加工的孔偏大,图形的顶峰右偏;使得加工的轴偏小,图形的顶峰左偏),或因为操作者加工习惯所致,为了尽量避免产生不可修复的废品,常使轴的尺寸总是接近公差的上限,孔的尺寸总是接近于公差下限。有时端面跳动、径向跳动等形位误差也服从这种分布。

• 判断工序能力及其等级。工序能力是指某工序稳定地加工出合格产品的能力。把工件尺寸公差 T 与分散范围 6σ 的比值称为该工序的工序能力系数 C_p,用以判定生产能力。

$$C_p=\frac{T}{6\sigma} \tag{5.26}$$

根据工序能力系数的大小,可将工序能力分为五个等级。见表5.3。

表5.3 工序能力等级

工序能力系数	工序能力等级	说 明
$C_P>1.67$	特级	工序能力极高,可允许有异常波动,不经济。对于关键或主要项目可进一步缩小公差,或者为降低成本放宽波动幅值
$1.67\geqslant C_P>1.33$	一级	工序能力足够,可允许有一定的异常波动,对于非关键或主要项目,可放宽波动幅值,简化质量检查或减少抽检频数
$1.33\geqslant C_P>1.00$	二级	工序能力勉强,必须密切注意。必须用管理图或其他方法对工序进行控制和监督,以便及时发现异常波动。对产品按照正常规定进行检验
$1.00\geqslant C_P>0.67$	三级	工序能力不足,会出现少量不合格品。分析分散范围大的原因,制定措施加以改进,在不影响产品质量的情况下,放宽公差范围,加强质量检验,全数检验或增加检验频数
$0.67\geqslant C_P$	四级	工序能力很差,必须加以改进。一般应停止继续加工,找出原因,改进工艺,提高 C_p 值,否则全数检验,挑出不合格品

一般情况下,工序能力应不低于二级,即要求 $C_P>1$。若 $C_P<1$,则工序能力差,废品率高。C_P 值越大,工序能力越强,产品合格率也越高,但是生产成本也相应增加,故在选择工序时,工序能力应适当。

需要指出的是,$C_P>1$,表明公差带 T 大于尺寸分散范围 6σ,具备了工序不产生废品的必要条件,但不是充分条件。若存在较大的常值或变值系统误差,仍有可能出现不合格品。要不出废品,还必须保证调整的正确性,只有当 $T-2|\bar{x}-L_M|\geqslant 6\sigma$,才不会产生不合格品。当 $C_p<1$ 时,尺寸分散范围 6σ 超出了公差带 T,此时无论怎样调整,必将产生废品。当 $C_P=1$ 时,公差带 T 与尺寸分散范围 6σ 相等,在各种系统误差的影响下,该工序也将产生部分废品。

• 计算不合格品率。通过分布曲线不仅可以掌握某道工序随机误差的分布范围,而且还可以知道不同误差范围内出现的零件数占全部零件数的百分比,估算在采用调整法加工时产生不合格品的可能性及其数量。

分布曲线与横坐标所包围的面积,代表一批工件的总数。如果尺寸分散范围大于工件的公差,将产生不合格品,其中公差带内的面积,代表产品的合格率,以外的面积代表不合格率,包括可修复的和不可修复的(废品)。

当分散中心$\bar{x}$与公差带中心 L_M 重合时,如图 5.38(a)所示,图中空白部分面积代表产品的合格率,面积 F_1 和 F_2 相等,可以只计算其中一个面积;如果不重合,如图 5.38(b)所示,则 F_1 和 F_2 不相等,应分别计算。

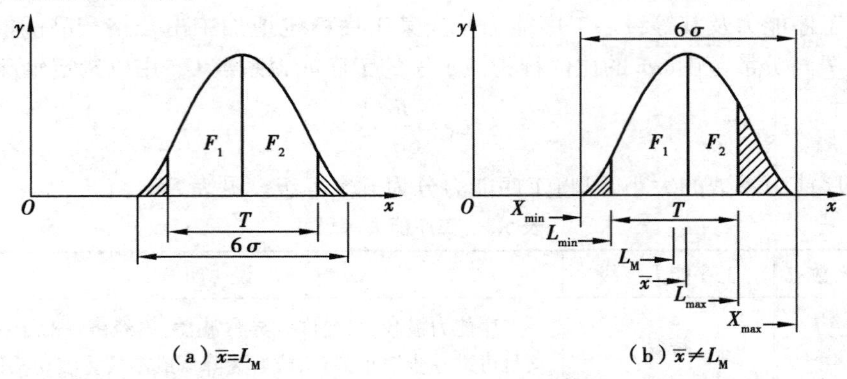

图 5.38 正态分布的合格率和不合格率

尺寸落在公差带$[L_{min},L_{max}]$内,工件的概率即空白部分的面积就是加工工件的合格率。即:

$$F=\frac{1}{\sigma\sqrt{2\pi}}\int_{L_{min}}^{L_{max}}e^{\left[-\frac{(x-\bar{x})^2}{2\sigma^2}\right]}dx \tag{5.27}$$

它表示了随机变量 x 落在区间$[L_{min},L_{max}]$上的概率。

为了计算方便,将标准正态分布函数计算出来,制成表 5.4,任何非标准正态分布都可以通过变量代换 $z=\dfrac{x-\bar{x}}{\sigma}$,变成标准正态分布,就可以利用标准正态分布的函数值,求得各种正态分布的函数值。

表 5.4 正态分布曲线下的面积函数 $F(z)=\frac{1}{\sqrt{2\pi}}\int_0^z e^{\left[-\frac{z^2}{2}\right]}dz\left(z=\frac{|x-\bar{x}|}{\sigma}\right)$

z	$F_{(z)}$	z	$F_{(z)}$	z	$F_{(z)}$	z	$F_{(z)}$
0.00	0.000 0	0.29	0.114 1	0.66	0.245 4	1.60	0.445 2
0.01	0.004 0	0.30	0.117 9	0.68	0.251 7	1.65	0.450 6
0.02	0.008 0	0.31	0.121 7	0.70	0.258 0	1.70	0.455 4
0.03	0.012 0	0.32	0.125 5	0.72	0.264 2	1.75	0.459 9
0.04	0.016 0	0.33	0.129 3	0.74	0.270 3	1.80	0.464 1
0.05	0.019 9	0.34	0.133 1	0.76	0.276 4	1.85	0.467 8
0.06	0.023 9	0.35	0.136 8	0.78	0.282 3	1.90	0.471 3
0.07	0.027 9	0.36	0.140 5	0.80	0.288 1	1.95	0.474 4
0.08	0.031 9	0.37	0.144 3	0.82	0.293 9	2.00	0.477 2
0.09	0.035 9	0.38	0.148 0	0.84	0.299 5	2.10	0.482 1

续表

z	$F_{(z)}$	z	$F_{(z)}$	z	$F_{(z)}$	z	$F_{(z)}$
0.10	0.039 8	0.39	0.151 7	0.86	0.305 1	2.20	0.486 1
0.11	0.043 8	0.40	0.155 4	0.88	0.310 6	2.30	0.489 3
0.12	0.047 8	0.41	0.159 1	0.90	0.315 9	2.40	0.491 8
0.13	0.051 7	0.42	0.162 8	0.92	0.321 2	2.50	0.493 8
0.14	0.055 7	0.43	0.166 4	0.94	0.326 4	2.60	0.495 3
0.15	0.059 6	0.44	0.170 0	0.96	0.331 5	2.70	0.496 3
0.16	0.063 6	0.45	0.173 6	0.98	0.336 5	2.80	0.497 4
0.17	0.067 5	0.46	0.177 2	1.00	0.341 3	2.90	0.498 1
0.18	0.071 4	0.47	0.180 8	1.05	0.353 1	3.00	0.498 65
0.19	0.075 3	0.48	0.184 4	1.10	0.364 3	3.20	0.499 31
0.20	0.079 3	0.49	0.187 9	1.15	0.374 9	3.40	0.499 66
0.21	0.083 2	0.50	0.191 5	1.20	0.384 9	3.60	0.499 841
0.22	0.087 1	0.52	0.198 5	1.25	0.394 4	3.80	0.499 928
0.23	0.091 0	0.54	0.205 4	1.30	0.403 2	4.00	0.499 968
0.24	0.094 8	0.56	0.212 3	1.35	0.411 5	4.50	0.499 997
0.25	0.098 7	0.58	0.219 0	1.40	0.419 2	5.00	0.499 999 97
0.26	0.102 3	0.60	0.225 7	1.45	0.426 5		
0.27	0.106 4	0.62	0.232 4	1.50	0.433 2		
0.28	0.110 3	0.64	0.238 9	1.55	0.439 4		

当平均值$\bar{x}=0$，标准差$\sigma=1$的正态分布称为标准正态分布。

$$y=\frac{1}{\sqrt{2\pi}}e^{\left[-\frac{(x)^2}{2}\right]} \tag{5.28}$$

对于区间$(-\infty,x]$上的正态分布$F=\frac{1}{\sigma\sqrt{2\pi}}\int_{-\infty}^{x}e^{\left[-\frac{(x-\bar{x})^2}{2\sigma^2}\right]}dx$函数值通过$z=\frac{x-\bar{x}}{\sigma}$变量代换后有

$$F(z)=\frac{1}{\sqrt{2\pi}}\int_{0}^{z}e^{\left[-\frac{z^2}{2}\right]}dz \tag{5.29}$$

也可由$\frac{x-\bar{x}}{\sigma}$值直接查表 5.4 得出 F 值。

2)点图分析法　分布图分析法没有考虑工件加工的先后顺序，故不能反映误差的变化规律，难以区别按照一定规律变化的系统误差与随机误差的影响；必须等到一批工件加工完毕

后才能绘制分布图,因此不能在加工过程中及时提供控制工艺过程的资料,为此,生产中采用点图法以弥补上述不足。

①逐点点图。在一批零件的加工过程中,按照加工顺序逐个地测量一批工件的尺寸,以工件序号为横坐标,以工件的加工尺寸为纵坐标,就可以做出逐点点图。如图 5.39 所示。

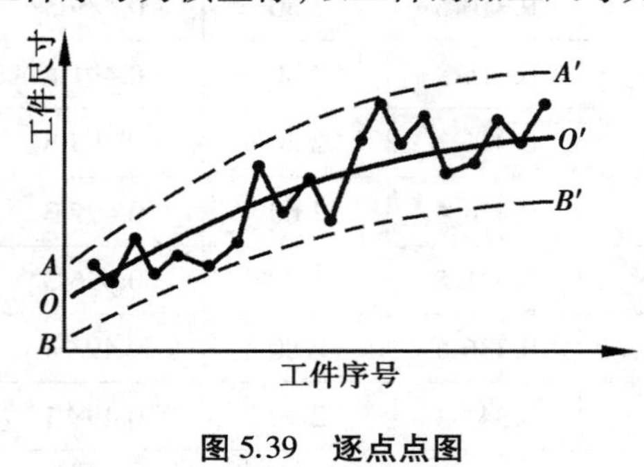

图 5.39 逐点点图

逐点点图反映了工件逐个的尺寸变化与加工时间的关系。若点图上的上下极限点包络成两根平滑的曲线,并作这两根曲线的平均值曲线,就能比较清楚地揭示出加工过程中误差的性质及其变化规律。

平均值曲线 OO'表示每一瞬时的分散中心,反映了变值系统误差随时间的变化规律,其起始点 O 位置的高低表明常值系统误差的大小。整个几何图形将随常值系统误差的大小不同,而在垂直方向处于不同的位置。上下限 AA'和 BB'间的宽度表示在随机性误差的作用下加工过程的尺寸分散范围,反映了随机误差的变化规律。

②$\bar{x}$-R 点图。为了能直接反映出加工中系统性误差和随机误差随加工时间的变化趋势,实际生产中常用样组点图代替逐点点图。样组点图的种类很多,常用的是$\bar{x}$-R 点图(平均值—极差点图),它由$\bar{x}$点图和 R 点图结合而成。前者控制工艺过程质量指标的分布中心,反映系统性误差及其变化趋势;后者控制工艺过程质量指标的分散程度,反映随机性误差及其变化趋势。单独的$\bar{x}$点图和 R 点图不能全面反映加工误差的情况,必须结合起来应用。

在加工过程中,若以顺次加工的 m 个工件(一般 $m=3\sim10$)为一组进行度量,则每一样组的平均值

$$\bar{x}=\frac{1}{m}\sum_{i=1}^{m}x_i$$

每一样组内工件的最大、最小尺寸之差,称为极差值 R。即

$$R=x_{\max}-x_{\min}$$

以样组序号为横坐标,以$\bar{x}$、R 为纵坐标,可以分别做出$\bar{x}$-R 点图,如图 5.40 所示。

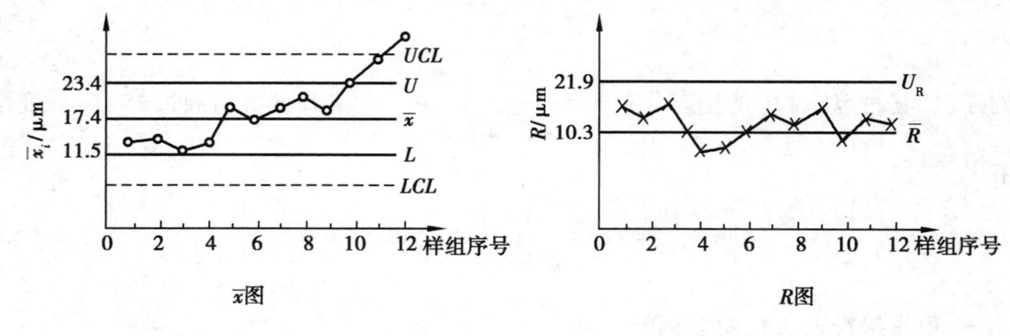

图 5.40 $\bar{x}$-R 点图

为了在点图上取得合理的判据,以判断工序的稳定程度,需要在点图上画出上、下控制线

和中心线。这样就能清楚地显示出加工过程中,工件平均尺寸和分散范围的变动趋势。中心线和上、下控制线的位置,可按下式计算:

$\bar{x}$图的中心线　$$\bar{\bar{x}} = \frac{1}{n}\sum_{i=1}^{n}\bar{x}_i \tag{5.30}$$

R 图的中心线　$$\bar{R} = \frac{1}{n}\sum_{i=1}^{n}\bar{R}_i \tag{5.31}$$

$\bar{x}$图的上控制线　$$U=\bar{\bar{x}}+A\bar{R} \tag{5.32}$$

$\bar{x}$图的下控制线　$$L=\bar{\bar{x}}-A\bar{R} \tag{5.33}$$

R 图的上控制线　$$U_R=D_1\bar{R} \tag{5.34}$$

R 图的下控制线　$$U_R=D_2\bar{R} \tag{5.35}$$

式中　n——一批工件的分组数;

$\bar{x}_i$——第 i 组工件的平均尺寸;

R_i——第 i 组工件的尺寸极差;

A、D——系数,见表5.5。

表5.5　系数 A、D_1 和 D_2 值

每组个数 m	2	3	4	5	6	7	8	9	10
A	1.880 6	1.023 1	0.728 5	0.576 8	0.483 3	0.419 3	0.372 6	0.336 7	0.308 2
D_1	3.268 1	2.574 2	2.281 9	2.114 5	2.003 9	1.924 2	1.864 1	1.816 2	1.776 8
D_2	0	0	0	0	0	0.075 8	0.135 9	0.183 8	0.223 2

在点图上作出中心线和控制线后,就可根据图中点的情况来判别工艺过程是否稳定。在$\bar{x}$-R 点图中,如果没有点超出控制线,大部分点在中心线上、下波动,少部分点在控制线附近,点没有明显的规律性变化(如没有上升或下降倾向及周期性波动),则说明生产过程正常;否则就要查找原因,及时调整机床及加工状态。如图5.40 的$\bar{x}$-R 点图所示,极差 R 没有超出控制范围,说明加工中的瞬时尺寸分散比较稳定,但$\bar{x}$点图上第11组抽样中的$\bar{\bar{x}}_{11}$已超出了上控制线,而 x_{12}还超出了公差带上限,这表明加工误差中存在某种占优势的系统误差,加工过程不稳定,必须停机查找原因。

由此可见,点图法是能明显表示出系统误差和随机误差的大小和变化规律,从而指明改进加工过程的方向。及时防止废品的发生,以及判断加工的稳定性。

5.3 机械加工表面质量

5.3.1 机械加工表面表面粗糙度及其影响因素

(1)切削加工后的表面粗糙度

1)切削加工表面粗糙度的形成　在切削加工表面上,垂直于切削速度方向的粗糙度不同于切削速度方向的粗糙度。一般来说前者较大,由几何因素和物理因素共同形成;后者主要由物理因素产生。此外,机床、刀具、工件和夹具组成的工艺系统的振动也是形成表面粗糙度的重要因素。

①几何因素:在理想的切削条件下,刀具相对工件做进给运动时,在工件表面上留下一定的残留面积。残留面积的高度形成了理论粗糙度,对车削加工而言,如图5.41(a)所示,若主要是以刀刃的直线部分形成表面粗糙度(不考虑刀尖圆弧半径的影响),则可通过几何关系得出:

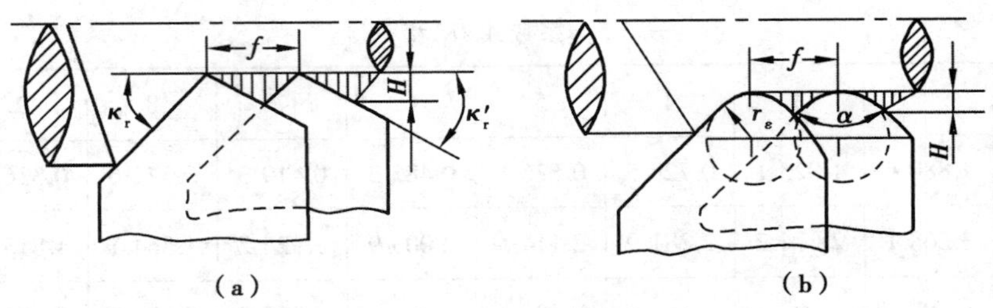

图5.41　车削加工时表面粗糙度的几何因素

$$H=\frac{f}{\cot \kappa_r+\cot \kappa_r'} \tag{5.36}$$

式中　f——刀具的进给量,mm/r;

κ_r、κ_r'——刀具的主偏角和副偏角。

若加工时的背吃刀量和进给量都较小,则加工后表面粗糙度主要是由刀尖的圆弧部分构成,其值可由图5.41(b)所示的几何关系导出:

$$H=r_\varepsilon\left(1-\cos\frac{\alpha}{2}\right)=2r_\varepsilon\sin^2\frac{\alpha}{4}$$

当中心角 α 很小时,可用 $\frac{1}{2}\sin\frac{\alpha}{2}$ 代替 $\sin\frac{\alpha}{4}$,且 $\sin\frac{\alpha}{2}=\frac{f}{2r_\varepsilon}$,故得:

$$H\approx 2r_\varepsilon\left(\frac{f}{4r_\varepsilon}\right)^2=\frac{f^2}{8r_\varepsilon} \tag{5.37}$$

图5.42所示的虚线是按上式计算所得的 Rz 与 r_ε、f 的关系曲线,图中实线是实际加工所得的结果。相比较可见计算所得与实际结果是相似的。两者在数量上的一些差别是因为 Rz 不仅受刀具几何形状的影响,同时还受金属层塑性变形的影响。在进给量小、切屑薄及金属

材料塑性较大的情况下，这个差别就更大些。

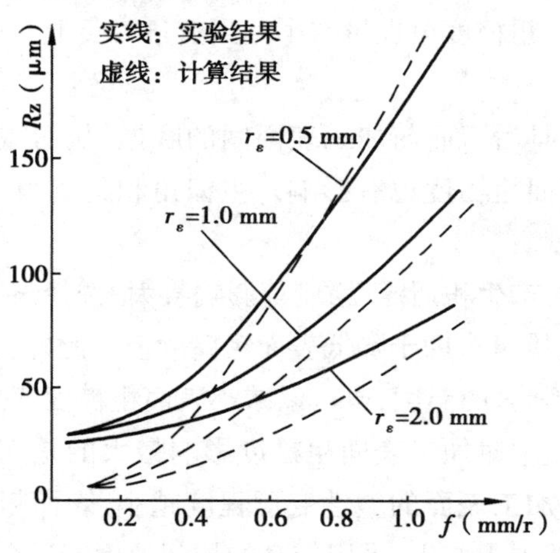

图 5.42　Rz 与 r_ε、f 的关系曲线

对铣削、钻削等加工，也可按几何关系导出类似的关系式，找出影响表面粗糙度的几何因素。但对铰孔加工来说，则同用宽刃车刀精车加工一样，刀具的进给量对加工表面粗糙度的影响不大。

对用金刚镗床高速镗削加工，由于精细镗孔时的背吃刀量和进给量都很小，加工后的表面粗糙度也主要由几何因素造成的。

为减少或消除几何因素对加工表面粗糙度的影响，可选用合理的刀具几何角度、减小进给量、选用具有直线过渡刃或者刀尖圆弧半径较大的刀具。

②物理因素：切削后表面的实际粗糙度与理论粗糙度有较大的差别（如图 5.43 所示），这是由于存在着与被加工材料的性能及切削机理有关的物理因素的缘故。

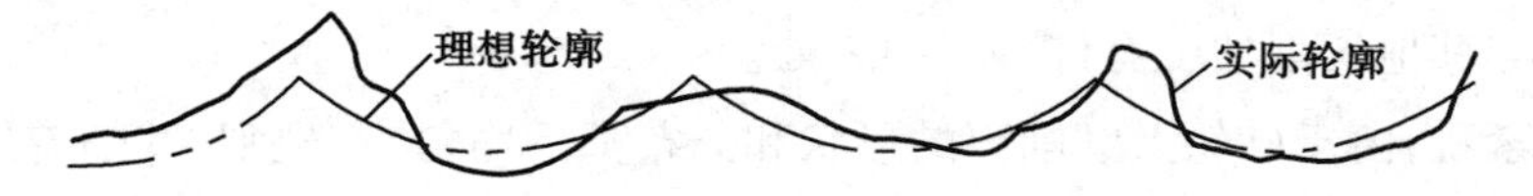

图 5.43　切削加工塑性材料的实际表面轮廓与理论轮廓

• 切削脆性材料（如铸铁）时，产生崩碎切屑，这时切削与加工表面的分界面很不规则，从而使表面粗糙度恶化，同时石墨由铸铁表面脱落产生脱落痕迹，也影响表面粗糙度。

• 切削塑性材料时，刀具的刃口圆角及后刀面的挤压和摩擦使金属发生塑性变形，导致理论残留面积的挤歪或沟痕加深，增大了表面粗糙度值。

• 切削过程中出现的积屑瘤与鳞刺，会使表面粗糙度严重恶化。在加工塑性材料时，是影响表面粗糙度的主要因素。

2）影响切削加工表面粗糙度的因素

①工件材料。工件材料的力学性能中塑性是影响表面粗糙度的最大因素。塑性较大的材料，加工后表面粗糙度值大，而脆性材料加工后表面粗糙度值比较接近理论值。对于同样的材料，晶粒组织愈粗大，加工后的表面粗糙度也愈大。为了减小加工后的表面粗糙度，常在切削加工前进行调质或正常化处理，以得到均匀细密的晶粒组织和合适的硬度。

②刀具几何形状、材料和刃磨质量。刀具的前角对切削加工中的塑性变形影响很大,前角增大,塑性变形减小,表面粗糙度值也将减小。当前角为负值时塑性变形增大,表面粗糙度值增大。

增大后角,可以减小刀具后刀面与加工表面间的摩擦,从而减小表面粗糙度。刃倾角影响着实际前角的大小,对表面粗糙度也有影响。主偏角和副偏角,刀尖圆弧半径从几何因素方面影响着加工表面粗糙度。

刀具材料及刃磨质量对产生积屑瘤、鳞刺等影响甚大,选择与工件摩擦系数小的材料(如金刚石)及提高刀刃的刃磨质量有助于降低表面粗糙度值。此外,合理选择冷却液,可以减少材料的变形和摩擦,降低切削区的温度,也可以减小表面粗糙度值。

③切削用量。切削用量中对加工表面粗糙度影响最大的是切削速度。试验证明切削速度越高,切削过程中切屑和加工表面的塑性变形程度越小,表面粗糙度值就越小。积屑瘤和鳞刺都在较低的切削速度范围内产生,采用较高的切削速度能避免积屑瘤和鳞刺对加工表面的影响。

实际生产中,要针对具体问题进行具体分析,抓住影响表面粗糙度的主要因素,才能事半功倍地降低表面粗糙度值。例如在高速精镗和精车时,如果采用锋利的刀尖和小进给量,加工轮廓曲线很有规律,如图 5.44 所示。说明粗糙度形成的主要因素是几何因素。若要进一步减小表面粗糙度,必须减小进给量,改变刀具几何参数,并注意在改变刀具几何形状时避免增大塑性变形。

图 5.44 精镗(车)后的表面轮廓图

(2)磨削加工后的表面粗糙度

磨削加工与其他切削加工有许多不同之处。

从几何因素看,由于砂轮上磨削刃的形状和分布都不均匀、不规则,并随着磨削过程中砂轮的自锐性而随时变化。定性地讨论可以认为:磨削加工表面是由砂轮上大量的磨粒划出的无数沟痕而形成的。单位面积上的刻痕数愈多,即通过单位面积的磨粒愈多,刻痕的等高性愈好,则粗糙度值也就愈小。

从物理因素来看,磨削刀刃即磨粒,大多数具有很大的负前角,使磨削加工产生比其他切削加工大得多的塑性变形。磨削的金属材料沿磨粒的侧面流动形成沟痕的隆起现象增大了表面粗糙度。磨削热使表面层金属软化,更易塑性变形,进一步加大了表面粗糙度值。

从上述两方面分析可知,影响磨削加工表面粗糙度的主要因素有:

①磨削砂轮的影响　砂轮的参数中砂轮的粒度影响最大。粒度愈细,则砂轮工作表面的单位面积上磨粒就愈多,因而在工件表面上的刻痕也愈细愈密,粗糙度愈小。

砂轮的硬度影响砂轮的自锐能力,砂轮太硬,钝化后的磨粒不易脱落而继续参与切削,与工件表面产生强烈的摩擦和挤压,加大工件塑性变形,使表面粗糙度急增。

此外砂轮的磨料、结合剂与组织对磨削表面粗糙度都有影响,应根据加工情况进行合理的选择。

②砂轮的修整　修整砂轮时的切深与走刀量愈小,磨削刃等高性愈好,磨出的工件表面粗糙度值愈小。即使砂轮粒度大,经过细修整后在磨粒上修出的微刃,也能加工出低粗糙度值的表面。

③磨削深度与工件速度　增大磨削深度和工件速度将增加塑性变形程度,从而增大粗糙度。

实际磨削中常常在磨削开始时采用较大的磨削深度以提高生产率,而在最后采用小的磨削深度或无进给量磨削以降低粗糙度。

磨削加工中的其他因素,如工件材料的硬度和韧性、冷却液的选择与净化、轴向进给速度等都是不容忽视的重要因素,在实际生产中解决粗糙度问题时应给予综合考虑。

5.3.2　机械加工表面物理机械性能及其影响因素

机械加工过程中由于力和热等因素的综合作用,工件表面层金属的物理力学性能和化学性能发生了一定的变化。主要包括:加工表面层因塑性变形产生的冷作硬化;加工表面层因切削热或磨削热引起的金相组织变化;加工表面层因力或热的作用产生的残余应力。

(1)加工表面的冷作硬化

加工表面的冷作硬化程度取决于产生塑性变形的力、速度及变形时的温度。切削力愈大,塑性变形愈大,因而硬化程度愈大。切削速度愈大,塑性变形愈不充分,硬化程度也就愈小。变形时的温度不仅影响塑性变形程度,还会影响塑性变形的回复,即当切削温度达到一定值时,已被拉长、扭曲、破碎的晶粒恢复到塑性变形前的状态。产生回复的温度为$(0.25 \sim 0.3)T_{熔}$($T_{熔}$ 为金属材料的熔点),回复过程中,冷作硬化现象逐渐消失。可见切削过程中使工件产生塑性变形及回复的因素对冷作硬化都有影响。

①刀具的影响　刀具的前角、刃口圆角半径和后刀面的磨损量对冷作硬化影响较大。减小前角、增大刃口圆角半径和后刀面的磨损量时,冷作层深度和硬度随之增大。

②切削用量的影响　影响较大的是切削速度 v 和进给量 f,切削速度增大,则硬化层深度和硬度都减小。这一方面是切削速度增加会使温度升高,有助于冷硬的回复;另一方面是由于切削速度增加后,刀具与工件接触时间短,使塑性变形程度减小。进给量 f 增大时,切削力增大,塑性变形程度也增大,使硬化现象严重。但在进给量较小时,刀具刃口圆角对工件表面的挤压作用加大而使硬化现象增大。

(2)加工表面层的金相组织变化——热变质层

机械加工中,在工件的切削区域附近产生一定的温升,当温度超过金相组织的相变临界温度时,金相组织将发生变化。对于切削加工而言,一般达不到这个温度,且切削热大部分被切屑带走。磨削加工中切削速度特别高,单位切削面积上的切削力是其他加工方法的数十倍,因而消耗的功率比切削加工大得多。所消耗的功中绝大部分都转变为热量,而且 70%以上的热量传给工件表面,使工件表面温度急剧升高,所以磨削加工中很容易产生加工表面金相组织的变化,在表面上形成热变质层。

现代测试手段测试结果表明，磨削时在砂轮磨削区磨削温度超过 1 000 ℃，磨削淬火钢时，在工件表面层上形成的瞬时高温将使金属产生以下两种金相组织的变化：

①如果磨削区温度超过马氏体转变温度（中碳钢为 250～300 ℃），工件表面原来的马氏体组织将转化成回火屈氏体、索氏体等与回火组织相近似的组织，使表面层硬度低于磨削前的硬度，一般称为回火烧伤。

②当磨削区温度超过淬火钢的相变临界温度（720 ℃），马氏体转变为奥氏体，又由于冷却液的急剧冷却，发生二次淬火现象，使表面出现二次淬火马氏体组织，硬度比磨削前的回火马氏体硬度高，一般称为二次淬火烧伤。

磨削时的瞬时高温作用会使表面呈现出黄、褐、紫、青等烧伤氧化膜的颜色，从外观上展示出不同程度的烧伤。如果烧伤层很深，在无进给磨削中虽然可能将表面的氧化膜磨掉，但不一定能将烧伤层全部磨除，所以不能从表面没有烧伤色来断言没有烧伤层存在。

磨削烧伤除改变了金相组织外，还会形成表面残余力，导致磨削裂纹。因此，研究并控制烧伤有着重要意义。烧伤与热的产生和传播有关，凡是影响热的产生和传导的因素，都是影响表面层金相组织变化的因素。

（3）加工表面层的残余应力

1）表面层残余应力的产生　各种机械加工所获得的零件表面层都残留有应力。应力的大小随深度而变化，其最外层的应力和表面层与基体材料的交界处（以下简称里层）的应力符号相反，并相互平衡。残余应力产生的原因可归纳为以下 3 个方面。

①冷塑性变形的影响。切削加工时，在切削力的作用下，已加工表面层受拉应力作用产生塑性变形而伸长，表面积有增大的趋势，里层在表面层的牵动下也产生伸长的弹性变形。当切削力去除后，里层的弹性变形要恢复，但受到已产生塑性变形的外层的限制而恢复不到原状，因而在表面层产生残余压应力，里层则为与之平衡的残余拉应力。

②热塑性变形的影响。当切削温度高时，表面层在切削热的作用下产生热膨胀，此时基体温度较低，因此表面层热膨胀受到基体的限制而产生热压缩应力。当表面层的应力大到超过材料的屈服极限时，则产生热塑性变形，即在压应力的作用下材料相对缩短。当切削过程结束后，表面温度下降到与基体温度一致，因为表面层已经产生了压缩塑性变形而缩短了，所以要拉着里层金属一起缩短，而使里层产生残余压应力，表面层则产生残余拉应力。

③金相组织变化的影响。切削时产生的高温会引起表面层金相组织的变化，由于不同的金相组织有不同的比重，表面层金相组织变化造成了体积的变化。表面层体积膨胀时，因为受到基体的限制而产生残余压应力。反之，表面层体积缩小，则产生拉应力。马氏体、朱氏体、奥光体的比重大致为：$r_m \approx 7.75$；$r_z \approx 7.78$；$r_o \approx 7.96$，即 $r_m < r_z < r_o$。磨削淬火钢时若表面层产生回火烧伤，马氏体转化成索氏体或屈氏体（这两种组织均为扩散度很高的珠光体），因体积缩小，表面层产生残余拉应力，里层产生残余压应力。若表面层产生二次淬火烧伤，则表面层产生二次淬火马氏体。其体积比里层的回火组织大，因而表层产生残余压应力，里层产生残余拉应力。

2）机械加工后表面层的残余应力　机械加工后实际表面层的残余应力是复杂的，是上述三方面原因综合作用的结果。在一定条件下,其中某一个方面或两个方面的原因可能起到主导作用,例如,在切削加工中如果切削温度不高,表面层中没有热塑性变形产生,而是以冷塑性变形为主,此时表面层中将产生残余压应力。切削温度较高,以致在表面层中产生热塑性变形时,热塑性变形产生的拉应力将与冷塑性变形产生的压应力抵消一部分。当冷塑性变形占主导地位时,表面层产生压应力;当热塑性变形占主导地位时,表面层产生残余拉应力。磨削时因磨削温度较高,常以相变和热塑性变形产生的残余拉应力为主,所以表面层常带有残余拉应力。

3)磨削裂纹　磨削加工一般是最终加工,磨削加工后表面残余拉应力比切削加工大,甚至会超过材料的强度极限而形成表面裂纹。

实验表明,磨削深度对残余应力的分布影响较大。减小磨削深度可以使表面残余拉应力较小。

磨削热是产生残余拉应力而形成磨削裂纹的根本原因,防止裂纹产生的途径也在于降低磨削热及改善散热条件。前面所提到的能控制金相组织变化的所有方法对防止磨削裂纹的产生是奏效的。

磨削裂纹的产生与材料及热处理工序有很大关系,硬质合金脆性大,抗拉强度低,导热性差,磨削时极易产生裂纹。含碳量高的淬火钢晶界脆弱,磨削时也极易产生裂纹。淬火后如果存在残余应力,即使在正常的磨削条件下出现裂纹的可能性也比较大。渗碳及氧化处理时如果工艺不当,会使表面层晶界面上析出脆性的碳化物、氧化物,在磨削热应力作用下容易沿晶界发生脆性破坏而形成网状裂纹。

磨削裂纹对机器的性能和使用寿命影响极大,重要零件上的微观裂纹甚至是机器突发性破坏的诱因,应该在工艺上给予足够的重视。

为了获得表层残余压应力的、高精度低粗糙度的最终加工表面,可以对加工表面进行喷丸、挤压、滚压等强化处理或采用精密加工或光整加工作为最终加工工序。

5.3.3　机械加工表面质量对零件使用性能的影响

(1)机械加工表面质量对机器使用性能的影响

1)表面质量对耐磨性的影响

①表面粗糙度及波纹度对零件耐磨性的影响。零件的磨损过程分为三个阶段:初期磨损阶段,磨损比较显著,也称跑合阶段;正常磨损阶段,磨损缓慢,也是零件正常工作阶段;急剧磨损阶段,磨损突然加快,致使工件不能正常工作。

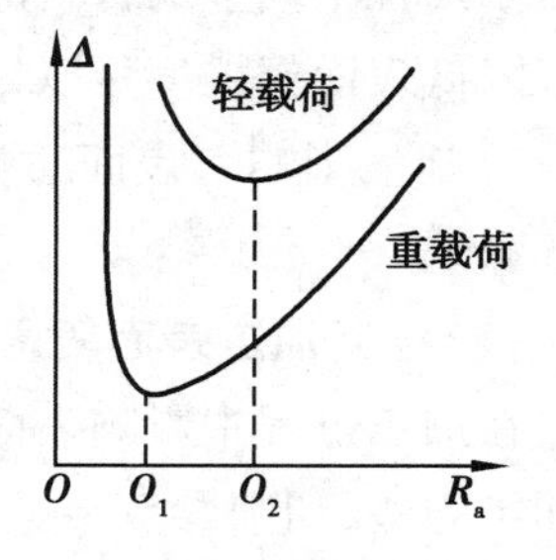

图 5.45　初期磨损量 Δ 与粗糙度 *Ra* 的关系

图 5.45 是表面粗糙度对初期磨损量的影响的试验曲线。从图中可以看出,在一定条件下,摩擦副表面有一个最佳粗糙度值。摩擦副表面粗糙度值较小时,金属的亲和力增加,不易形成润滑油膜,从而使磨损增加。摩擦副表面粗糙度值较大时,实际接触面积减小、单位面积压力增大,也不易形成润滑油

膜,同样使磨损加剧。最佳粗糙度值与工作条件有关,约为 $Ra=0.32\sim1.2\ \mu m$。

②表面物理机械性能对耐磨性的影响。表面冷作硬化一般能提高零件的耐磨性,原因是冷作硬化提高了表面层的硬度,降低了摩擦副进一步塑性变形和咬焊的可能。但过度的冷硬会使金属组织疏松,甚至出现裂纹和剥落现象,降低耐磨性。试验证明,在不同的条件下,最佳冷硬程度值是不同的。

表面层金相组织的变化改变了原有的金相组织,从而改变了原来的硬度,直接影响零件的耐磨性。出现淬火钢的回火烧伤时,对耐磨性的影响尤为显著。

2)表面质量对零件疲劳强度的影响

①表面粗糙度对零件疲劳强度的影响。零件表面的粗糙度、划痕和裂纹等缺陷容易引起应力集中形成疲劳裂纹并使之扩展,从而降低了疲劳强度。试验证明,减少表面粗糙度可以使受交变载荷的零件的疲劳强度提高 30%~40%。

②表面层的物理机械性能对零件疲劳强度的影响。表面层残余应力的性质和大小对零件疲劳强度的影响极大。当表面层具有残余压应力时,可以抵消部分交变载荷引起的拉应力,延缓疲劳裂纹的扩展,因而提高了零件的疲劳强度。而残余拉应力容易使加工表面产生裂纹,使疲劳强度降低。带有不同性质的残余应力的同样的零件,疲劳寿命可以相差几倍甚至几十倍。为此,生产中常用一些表面强化的加工方法,如滚压、挤压、喷丸等,来提高零件表面的硬度和强度,同时又使零件表面产生了残余压应力,从而提高零件的疲劳强度。

表面层适度的冷作硬化可以减少交变载荷引起的变形幅值。但冷作硬化过度,表面容易产生裂纹,反而会降低零件的疲劳强度。

磨削烧伤会降低疲劳强度,其原因是烧伤之后,表面层的硬度、强度都将下降。如果出现烧伤裂纹,疲劳强度的降低更为显著。

3)表面质量对配合精度的影响　表面粗糙度对配合精度的影响很大。对于间隙配合表面如果表面粗糙度值过大,初期磨损就比较严重,从而使间隙增大,降低配合精度和间隙配合的稳定性。对于过盈配合表面,轴在压入孔内时其表面的部分凸峰会被挤平,使实际过盈量减小,影响了过盈配合的连接强度和可靠性。

4)表面质量对零件耐腐蚀性的影响　当零件在潮湿的空气中或腐蚀性的介质中工作时,会发生化学腐蚀和电化学腐蚀。前者是由于在粗糙表面凹谷处积聚腐蚀性介质而产生;后者是由于两种不同金属材料的表面相接触时,在表面粗糙度顶峰间产生的电化学作用而被腐蚀掉。降低表面粗糙度可以提高零件的抗腐蚀性。

5)其他影响　表面质量对密封性能、零件的接触刚度、滑动表面间的摩擦系数等都有一定的影响。

(2)控制加工表面质量的途径

在加工过程中影响表面质量的因素是非常复杂的。为了获得所要求的表面质量,就必须对加工方法、切削参数等进行适当的控制。但是控制表面质量常常会增加成本,影响加工效率,所以对于一般零件宜采用正常的加工工艺保证表面质量,不必提出过高的要求。而对于一些直接影响产品性能、使用寿命和安全工作的重要零件的重要表面就有必要加以控制。例如,承受较高交变载荷的零件需要控制受力表面不产生裂纹与残余拉应力;测量块规则主要应保证其尺寸精度及稳定性,故必须严格控制表面粗糙度和残余应力等。类似这样的零件表面,就必须选用合适的加工工艺,严格控制表面质量,并进行必要的检查。

1)控制磨削参数　磨削是一种影响因素众多,对产品表面质量有很大影响的工艺方法。因此重要零件在采用磨削工序加工时必须很好地控制磨削用量。

前面讨论过磨削用量对磨削表面质量的影响。现在综合起来看,一些参数的选用与表面质量是相互矛盾的,例如修整砂轮,从降低表面粗糙度考虑砂轮应修整细密些,但是却常因此引起表面烧伤;为了避免工件烧伤,工件速度常选得较大,但又会增大表面粗糙度值和容易引起颤振;采用小磨削用量却又降低了生产效率;而且不同的材料其磨削性能也不一样。所以,光凭经验或靠手册常常不能全面地保证加工质量。生产中比较可行的办法是通过试验来确定磨削用量。可以先按初步选定的磨削用量磨削试件,然后通过检查试件的金相组织变化和测定表面层的微观硬度变化,就可以知道磨削表面层热损伤情况,据此调整磨削用量直至最后确定下来。

近年来国内外对磨削用量的优化进行了不少理论研究工作,对如何实现以下目标进行了探讨:①高表面质量,包括无烧伤、无裂纹,达到要求的表面粗糙度和表面残余应力;②动态稳定性;③低成本;④高切除率等。分析了磨削用量、磨削力、磨削热与表面质量之间的相互关系,并用图表示各项参数的最优组合。有人研究在磨削过程中加入过程指令,并通过计算机控制磨削。

另外还有靠控制磨削温度来保证工件质量的方法。办法是利用在砂轮间的铜或铝箔作为热电偶的一极,在磨削过程中连续测量磨削区的温度,然后控制磨削用量。

2)采用超精加工、珩磨等光整加工方法作为最终加工工序　超精加工、珩磨等都是利用磨条以一定的压力压在工件表面上,并作相对运动以降低工件表面粗糙度和提高工件加工精度的工艺方法,一般用于粗糙度为 $Ra=0.1$ μm 以上表面的加工,由于切削速度低、磨削压强小,所以加工时产生的热量很少,不会产生热损伤,并具有残余压应力,如果加工余量合适还可以去除磨削加工变质层。采用超精加工、珩磨工艺虽然比直接采用精磨达到粗糙度要多增加一道工序,但由于这些加工方法都是靠加工表面自身定位进行加工的,因而机床结构简单,精度要求不高,而且大多设计成工位机床,并能进行多机床操作,所以生产效率高,加工成本低。由于上述优点,在大批大量生产中应用得比较广泛。例如在轴承制造中为了提高轴承的接触疲劳强度和寿命,愈来愈普遍地采用超精加工来加工套圈与滚子的滚动表面。

3)采用喷丸、滚压等强化工艺　喷丸强化是利用压缩空气喷丸装置或离心式喷丸装置使大量的珠丸(一般是铸铁的,或是切成小段的钢丝)以很高的速度(一般 35~50 m/s)打击零件表面,使其产生冷硬层和残余压应力。这时表层金属晶粒的形状和方向也得到改变,因而有利于提高零件的抗疲劳强度和使用寿命。

滚柱滚压强化是通过淬火钢滚柱在零件表面上进行滚压,也使工件表面产生冷硬层和表面残余压应力,从而提高零件的承载能力和抗疲劳强度。加工时可用单个滚柱滚压也可用几个滚柱滚压,如图 5.46 所示。

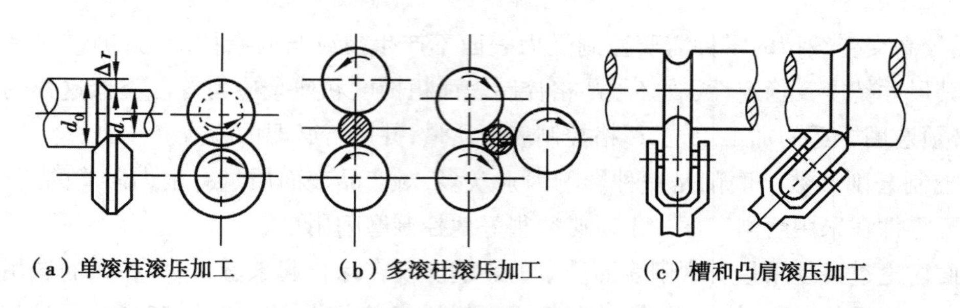

（a）单滚柱滚压加工　（b）多滚柱滚压加工　（c）槽和凸肩滚压加工

图 5.46　典型的滚柱滚压加工

对于承受高应力、交变载荷的零件可以采用喷丸、滚压、碾光等强化工艺使表面层产生残余压应力和冷作硬化并降低表面粗糙度，同时消除了磨削等工序的残余拉应力，因此可以大大提高疲劳强度及抗应力腐蚀性能。借助强化工艺还可以用次等材料代替优质材料，以节约贵重材料。但是采用强化工艺时应注意不要造成过度硬化，否则会使表面层完全失去塑性甚至引起显微裂纹和材料剥落，从而带来不良后果。因此采用强化工艺时必须很好地控制工艺参数以获得所要求的强化表面。

5.3.4　机械加工的振动及其控制措施

机械加工过程中，在工件和刀具之间常常产生振动。产生振动时，工艺系统的正常切削过程便受到干扰和破坏，从而使零件加工表面出现振纹，降低了零件的加工精度和表面质量。强烈的振动会使切削过程无法进行，甚至造成刀具“崩刃”。振动还影响刀具的使用寿命和机床的使用寿命，还会发出刺耳的噪声，恶化了工作环境，影响工人的健康。

随着现代工业的发展，特别是军事工业、电子工业和宇航工业的需要，出现了很多难加工材料，这些材料在进行切削加工时，极易引起振动，而另一方面，现代工业所需的精密零件对于加工精度和表面质量的要求越来越高。因此，在切削过程中哪怕出现极其微小的振动，也会导致被加工零件无法达到设计的质量要求。

高效、高速、强力切削和磨削加工，是机械加工发展的一个重要方向，但是，高速回转零件可能引起的强迫振动、大切削用量可能导致的自激振动，都是实现和推广这些加工方法的障碍之一。

所以，研究机械加工过程中振动的机理，掌握振动的变化规律，探讨如何提高工艺系统的抗振性和消除振动的措施，使机械加工过程既能保证较高的生产率，又可以保证零件的加工精度和表面质量，是在机械加工方面研究的一个重要课题。

机械加工中产生的振动，按其产生的原因可分为自由振动、强迫振动和自激振动三大类。自由振动往往是由于切削力的突然变化或其他外界力的冲击等原因所引起的。这种振动一般可以迅速衰减，因此对机械加工过程的影响很小。而强迫振动和自激振动是不能自然衰减的，而且危害较大。据统计，自由振动只占 5%左右，而强迫振动约占 30%，自激振动则占 65%。

(1)自由振动

当振动系统的平衡被破坏,系统只靠弹性恢复力来维持的振动叫作自由振动。它是一种最简单的振动。如图 5.50 所示,如果把固定在板弹簧末端上的小球,从平衡位置 O_1 搬至 O_2 点,然后放手,小球便会相对于它自己的平衡位置做自由振动。

在机械加工过程中,也有不少自由振动的实例,例如在内圆或外圆磨床上磨削零件的内孔或外圆表面,在砂轮和工件刚接触时,砂轮轴由于受到冲击,而产生自由振动。振动的结果,使在砂轮开始磨削处的工件表面出现振纹。类似的现象也常常发生在刨刀和加工刚接触的地方。悬臂镗杆镗孔时也极易产生自由振动。可将上述的实际振动系统近似地简化为单自由度线性振动系统的数学模型。如不考虑阻力的影响,上述质点将做等幅自由振动。但实际上,振动系统总会遇到各种形式的阻力。例如,固体间的干摩擦力;黏滞润滑油的阻力;空气的阻力;材料的内摩擦力等。由于阻力的存在,系统的能量不断地消耗,振幅就逐渐减小,直到振动停止,所以实际的自由振动,都不是等振幅自由振动,而是振幅很快衰减的自由振动。

(2)强迫振动

机械加工过程中的强迫振动是指在外界周期性干扰力的持续作用下而被迫产生的振动。它是由外界振源补充能量来维持振动的。与一般机械振动中的强迫振动没有本质上的区别。机械加工过程中的强迫振动的频率与干扰力的频率相同或是其整数倍;当干扰力的频率接近或等于工艺系统某一薄弱环节的固有频率时,系统将产生共振。强迫振动是影响加工质量和生产效率的关键问题之一。

1)切削加工中产生强迫振动的原因　切削加工中产生的强迫振动,其原因可从机床、刀具和工件三方面去分析。

机床中各种旋转零件(电动机转子,带轮、离合器、轴、齿轮、卡盘、砂轮等),由于形状不对称、材质不均匀或加工误差、装配误差等因素,难免会有偏心,旋转产生离心惯性力,从而产生振动。例如齿轮的周节误差和周节累积误差,会使齿轮传动的运动不均匀,从而使整个部件产生振动。主轴与轴承之间的间隙过大、主轴轴颈的圆度误差、轴承制造精度不够,都会引起主轴箱以及整个机床的振动。另外,皮带接头太粗而使皮带传动的转速不均匀,也会产生振动。至于某些零件的缺陷,使机床产生振动则更为明显。

在刀具方面,铣刀和拉刀是多齿刀具,在铣削、拉削加工中,刀齿在切入工件或从中切出时,都会产生很大的冲击,

在工件方面,被切削的工件表面上有断续表面或余量不均、硬度不一等,都会在加工中产生振动,如车削或磨削有键槽的外圆表面就会产生强迫振动。

当然,在工艺系统外部也有许多原因造成切削加工中的振动。例如相邻机床之间就会有相互影响。

2)强迫振动的特点

①强迫振动的稳态过程是简谐振动,只要干扰力存在,振动不会被阻尼衰减掉,去除了干扰力,振动就停止。

②强迫振动的频率等于干扰力的频率。

③阻尼愈小,振幅愈大,谐波响应轨迹的范围就大。增加阻尼,能有效地减小振幅。

④在共振区,较小的频率变化会引起较大的振幅和相位角的变化。

3)减小强迫振动的措施和途径

①减小或消除振源的激振力　例如对电动机的转子和砂轮等回转件不但要做静平衡,还要进行动平衡试验。轴承的制造精度以及装配和调试质量常常对减小强迫振动有较大影响。

②隔振　是在振动的传递路线中安放具有弹性性能的隔振装置,使振源所产生的大部分振动由隔振装置来吸收,以减少振源对加工过程的干扰,如将机床安置在防振地基上以及在振源与刀具和工件之间设置弹簧或橡胶垫片等。

③提高工艺系统的动刚度及阻尼　其目的是使强迫振动的频率远离系统的固有频率,使其避开共振区,刮研接触表面来提高接触刚度,调整镶条加强连接刚度等都会收到一定的效果。

④采用减振器和阻尼器　当在机床上使用上述方法仍无效时,可以考虑使用减振器和阻尼器。

⑤另外还可以采用按照需求,改变刀具转速或改变机床结构,以保证刀具冲击频率远离机床共振频率及其倍数;增加刀具齿数;减小切削用量以减小切削力。

(3)自激振动

机械加工过程中,由振动过程本身引起某种切削力的周期性变化,又由这个周期性变化的切削力反过来加强和维持振动,使振动系统补充了由阻尼作用消耗的能量,这种类型的振动被称为自激振动。切削过程中产生的自激振动是频率较高的强烈颤振,常常是影响加工表面质量和限制机床生产率提高的主要障碍。磨削过程中,砂轮磨钝以后产生的振动往往是自激振动。

1)自激振动的原理　金属切削过程中自激振动的原理如图5.47所示。它具有两个基本部分:切削过程产生交变力,激励工艺系统,工艺系统产生振动位移,再反馈给切削过程,维持振动的能量来源于机床的能源。

2)自激振动的特点

①自激振动是一种不衰减的振动。振动过程本身能引起某种力周期性的变化,振动系统能通过这种力的变化,从不具备交变特性的能源中周期性地获得能量补充,从而维持这个振动。外部的干扰有可能在最初触发振动时起作用,但是它不是产生这种振动的直接原因。

②自激振动的频率等于或接近于系统的固有频率,也就是说,由振动系统本身的参数所决定,这是与强迫振动的显著区别。

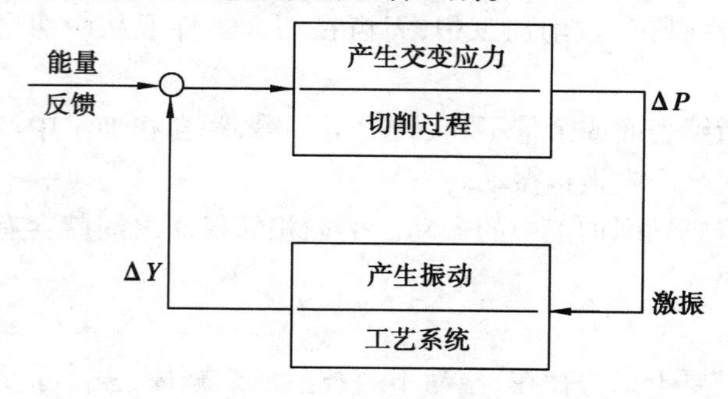

图5.47　机床自激振动系统

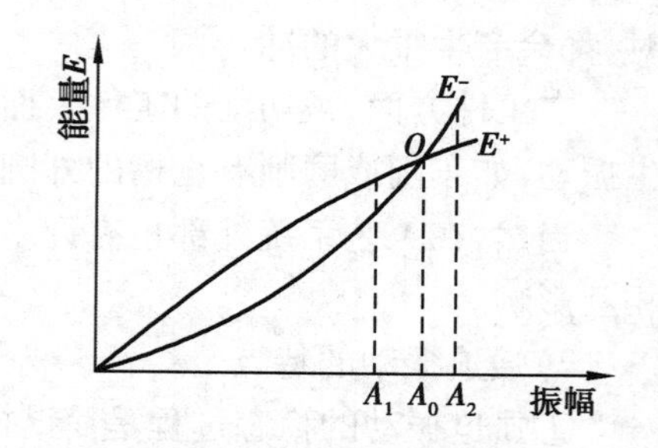

图5.48　自激振动系统的能量关系

③自激振动能否产生以及振幅的大小取决于振动系统在每一振动周期内系统所获得的与所消耗的能量的对比情况。当振幅为某一数值时,如果所获得的能量大于所消耗的能量,则振幅将不断增大;相反,如果所获得的能量小于所消耗的能量,则振幅将不断减小,振幅一

直增大或减小到所获得的能量都小于消耗的能量时为止。当振幅在任何数值时获得的能量都小于消耗的能量,则自激振动根本就不能产生。如图 5.48 所示,E^+ 为获得的能量,E^- 为消耗的能量,可见只有当 E^+ 和 E^- 的值相等时,振幅达到 A_0,系统才处于稳定状态。所谓稳定,就是指一个系统受到干扰而离开原来的状态后仍能自动恢复到原来状态的现象。当振幅为 A_1 时,获得的能量大于消耗的能量,振幅不断增大,直到二者相等;当振幅为 A_2 时,获得的能量小于消耗的能量,振幅不断减小,直到二者相等。

④自激振动的形成和持续,是由于过程本身产生的激振和反馈作用,所以若停止切削(或磨削)过程,即使机床仍然继续空运转,自激振动也就停止了。这也是与强迫振动的区别之处,所以可以通过切削(或磨削)试验来研究工艺系统或机床的自激振动。同时也可以通过改变对切削(或磨削)过程有影响的工艺参数(如切削或磨削用量)来控制切削(或磨削)过程,从而限制自激振动的产生。

3)消除自激振动的途径

①合理选择与切削过程有关的参数

自激振动的形成是与切削过程本身密切相关的,所以可以通过合理地选择切削用量、刀具几何角度和工件材料的可切削性等途径来抑制自激振动。

• 合理选择切削用量　如车削中,切削速度在 20~60 m/min 范围内,自激振动振幅增加很快。而当切削速度超过此范围以后,则振动又逐渐减弱了,通常切削速度在 50~60 m/min 左右稳定性最低,最容易产生自激振动,所以可以选择高速或低速切削以避免自激振动。关于进给量,通常当进给量较小时振幅较大,随着进给量的增大振幅反而减小,所以可以在加工粗糙度要求的许可条件下选择较大的进给量以避免自激振动。切削速度愈大,切削力愈大,愈易产生振动。

• 合理选择刀具的几何参数　适当地增大前角、主偏角,能减小切削力,从而减小振动。后角可尽量取小,但精加工中因背吃刀量较小,刀刃不容易切入工件,而且背吃刀量过小时,刀具后刀面与被加工表面间的摩擦可能过大,这样反而容易引起自激振动。通常在刀具的主后刀面下磨出一段后角为负值的窄棱面。如图 5.49 就是一种很好的防振车刀。另外,实际生产中还往往用油石使新刃磨的刃口稍稍钝化,也很有效。关于刀尖圆弧半径,它本身就和加工表面粗糙度有关。对加工中的振动而言,一般不要取得太大,若车削中当刀尖圆弧半径与背吃刀量近似相等时,则切削力就很大,容易振动。车削时刀尖过低或镗孔时刀尖过高,都易于产生自激振动。

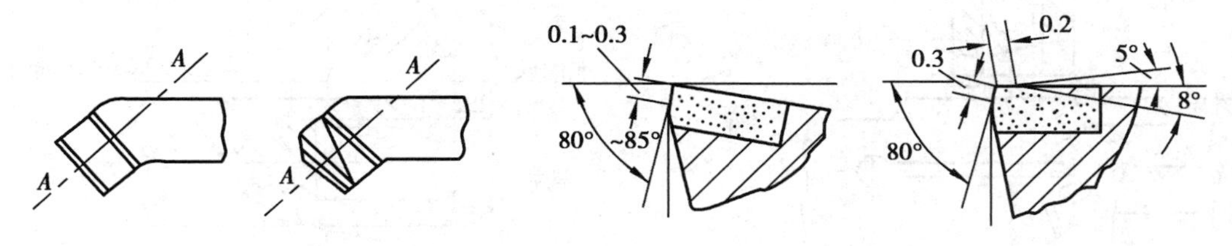

图 5.49　防振车刀

使用"油"性非常高的润滑油也是加工中经常使用的一种防振方法。

②提高工艺系统本身的抗振性

• 提高机床的抗振性。机床的抗振性能往往是占主导地位的,可以从改善机床刚性、合理安排各部件的固有频率、增大其阻尼以及提高加工和装配的质量等来提高其抗振性。如图5.50所示就是具有显著阻尼特性的薄壁封砂结构床身。

● 提高刀具的抗振性。希望刀具具有较高的弯曲与扭转精度,高的阻尼系数,因此要求改善刀杆的惯性矩,弹性模量和阻尼系数。例如硬质合金虽有高弹性模量,但阻尼性能较差,所以可以和钢组合使用,如图5.51所示的组合刀杆就能发挥钢和硬质合金两者的优点。

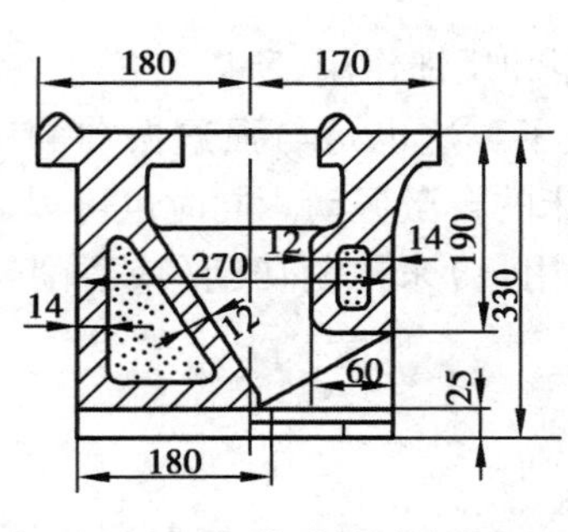

图5.50 薄壁封砂床身

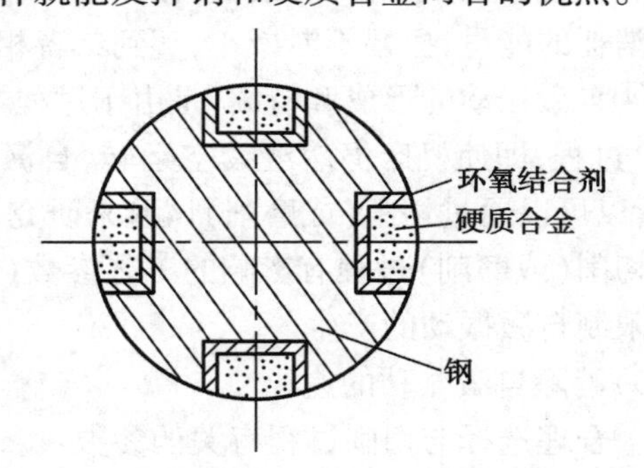

图5.51 钢、硬质合金组合刀杆

● 提高工件安装时的刚性。主要是提高工件的弯曲刚性,如在车削细长轴时,可以使用中心架、跟刀架,当用拨盘传动销拨动夹头传动时要保持切削中传动销和夹具不发生脱离等。

③使用消振器装置　图5.52车床上所用的冲击消振器,螺钉上套有质量块、弹簧和套,当车刀发生强烈振动时,质量块就在消振器座和螺钉的头部之间作往复运动,产生冲击,吸收能量。图5.53是镗孔所用的冲击消振器。冲击块安置在镗杆的空腔中,它与空腔间保持有0.05~0.10 mm的间隙。当镗杆发生振动时,冲击块将不断撞击镗杆吸收振动能量。因此能消除振动。这些消振装置经过生产使用证明,都具有相当好的抑振效果,并且可以在一定的范围内调整,所以使用上也较方便。

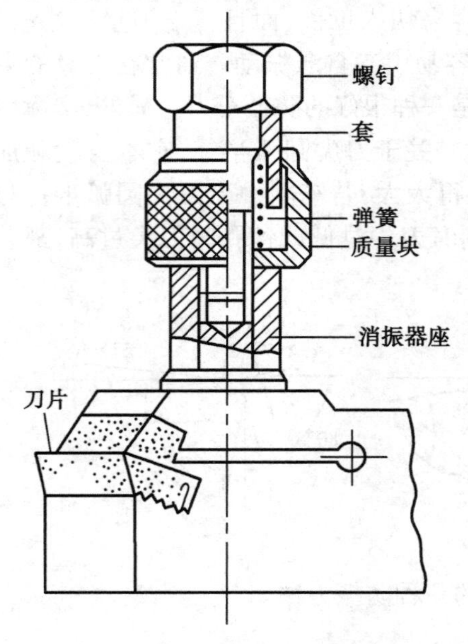

图5.52 车床上所用的冲击消振器

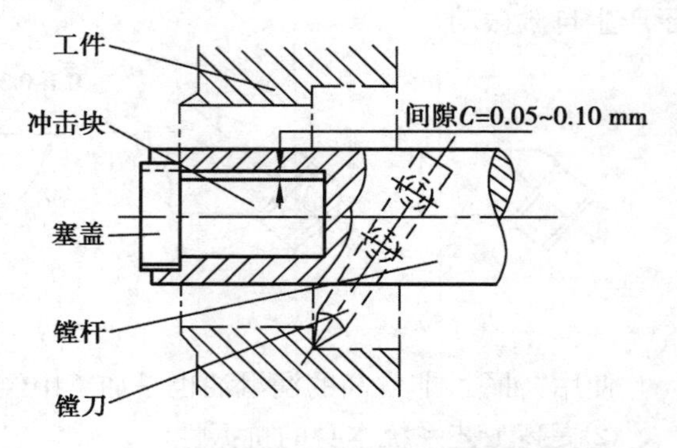

图5.53 镗杆上所用的冲击消振器

习题与思考题

5.1　工艺系统的静态、动态误差包括哪些内容?

5.2　什么是加工精度? 什么是加工误差? 二者有何异同?

5.3　什么是加工原理误差?

5.4　什么是工艺系统刚度? 工艺系统受力变形对加工精度有哪些影响?

5.5　什么是误差复映? 怎样减小误差复映的影响? 如何利用这一规律测定机床的刚度?

5.6　常用的误差预防工艺方法有哪些?

5.7　主轴的结构特点和技术要求有哪些? 为什么要对其进行分析? 它对制定工艺过程起什么作用?

5.8　主轴加工中,常以顶尖作为定位基准,试分析其特点。若工件是空心的,如何实现加工过程中的定位?

5.9　何谓误差敏感方向? 车床与镗床的误差敏感方向有何不同?

5.10　加工车床导轨为什么要求导轨中部要凸起一些? 磨削导轨时采取什么措施达到此目的?

5.11　举例说明传动链误差对哪些加工的加工精度影响较大,对哪些加工的加工精度影响小或没有影响。

5.12　车削轴类零件的一般操作程序是:对于刚性较好的轴,先车小端外圆,而且先从小直径依次向大直径外加工,然后掉头车大端外圆。对于刚性较差的轴则应先加工大端外圆,然后从大直径向小直径依次加工小端外圆。试说明其理由。

5.13　在三台车床上分别加工三批工件的外圆表面,加工后经测量,三批工件分别产生了如题图5.1所示的形状误差,试分析产生上述形状误差的主要原因。

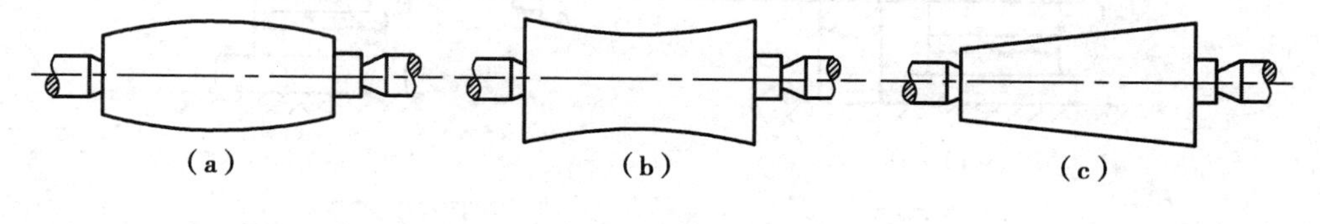

题图5.1

5.14　卧式镗床上对箱体件镗孔,试分析采用:1)刚性主轴镗杆;2)浮动镗杆(指与主轴连接的方式)和镗模夹具时,影响镗杆回转精度的主要因素有哪些?

5.15　磨外圆时,工件安装在固定顶尖上有什么好处? 实际使用时应注意哪些问题?

5.16　车床上加工圆盘件的端面时,有时会出现圆锥面(中

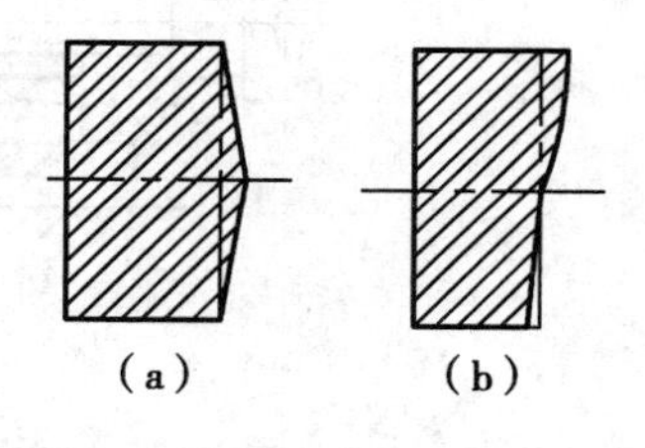

题图5.2

凸或中凹)或端面凸轮似的形状(螺旋面),试从机床几何误差的影响,分析造成如题图 5.2 所示的端面几何形状误差的原因。

5.17 在卧式车床上加工一光轴,已知光轴长度 $L=800$ mm,加工直径 $D=80_{-0.060}^{\ 0}$ mm,当该车床导轨相对于前、后顶尖连心线在水平面内平行度为 0.015/1 000 时,在垂直面内平行度为 0.015/1 000,如题图 5.3 所示,试求所加工的工件几何形状的误差值,并给出加工后光轴的形状。

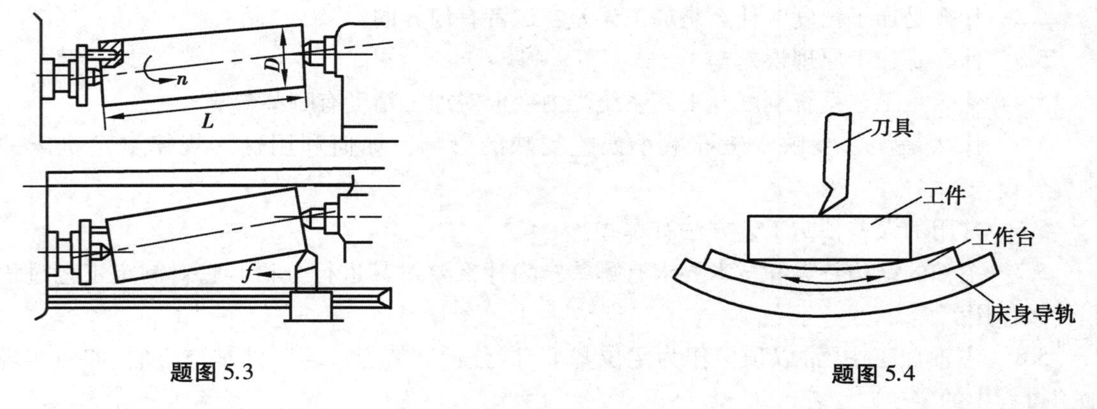

题图 5.3　　题图 5.4

5.18 当龙门刨床床身导轨不直时,如题图 5.4 所示。1)当工件刚度很差时;2)当工件刚度很大时。加工后的工件会成什么形状?

5.19 在卧式镗床上加工箱体孔,若只考虑镗杆刚度的影响,试在如题图 5.5 中画出下列四种镗孔方式加工后孔的几何形状,并说明为什么。

①如图(a),镗杆送进,有后支承;

②如图(b),镗孔送进,没有支承;

③如图(c),工作台送进;

④如图(d),在镗模上加工。

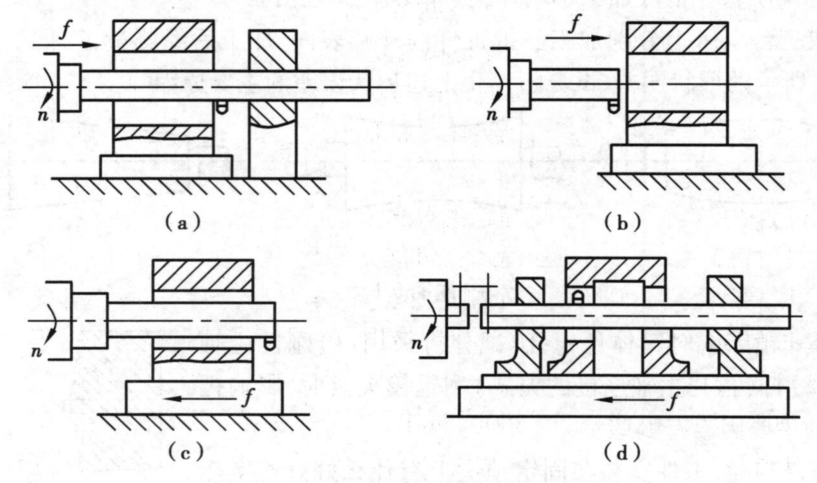

题图 5.5

5.20 什么会产生磨削烧伤及裂纹?它们对零件的使用性能有何影响?试举例说明减小磨削烧伤及裂纹的办法有哪些。

第 6 章 机械加工工艺规程设计

机械加工工艺规程是说明并规定机械加工工艺过程和操作方法,并以一定形式写成的工艺文件。生产规模的大小、工艺水平的高低以及各种解决工艺问题的方法和手段都要通过机械加工工艺规程来实现。本章将阐述机械加工工艺规程的基本原理和制订机械加工工艺规程所遇到的主要问题。

6.1 机械加工工艺规程的基本概念

6.1.1 生产过程和工艺过程

(1)生产过程

将原材料或半成品转变为产品的各有关劳动过程的总和,称为生产过程。

一台机器往往是由几十个、上千个甚至更多零件组成,而零件又是由原材料通过一系列的加工逐步形成的,所以机器的生产过程是相当复杂的。它包括:生产技术准备工作(如产品的开发设计、工艺设计和专用工艺装备的设计与制造、各种生产资料及生产组织等方面的准备工作);原材料及半成品的运输和保管;毛坯的制造;零件的各种加工、热处理及表面处理;部件和产品的装配、调试、检测及包装等。

应该指出,上述的“原材料”和“产品”的概念是相对的,一个工厂的“产品”可能是另一个工厂的“原材料”,而另一个工厂的“产品”又可能是其他工厂的“原材料”。因为在现代制造业中,通常是组织专业化生产的,如汽车制造、汽车上的轮胎、仪表、电器元件、标准件及其他许多零部件都是由其他专业厂生产的,汽车制造厂只生产一些关键零部件和配套件,并最后组装成完整的产品——汽车。产品按专业化组织生产,使工厂的生产过程变得较为简单,有利于提高产品质量,提高劳动生产率和降低成本,是现代机械工业的发展趋势。

(2)工艺过程

在生产过程中,凡直接改变生产对象的形状、尺寸及其材料性能而最终成为合格零件,以及将零件、部件装配成产品的全部过程,称为工艺过程。

如毛坯制造、机械加工、热处理、表面处理及装配等,它是生产过程中的主要过程。

6.1.2 机械加工工艺过程及其组成

机械加工工艺过程是指用机械加工的方法,直接改变毛坯或原材料的形状、尺寸和材料性能,使其成为合格零件所经过的过程。

一个零件的加工工艺往往是比较复杂的,根据它的技术要求和结构特点,在不同的生产条件下,常常需要采用不同的加工方法和设备,通过一系列的加工步骤,才能使毛坯变成零件。我们在分析研究这一过程时,为了便于描述,需要对机械加工工艺过程的组成单元给出科学的定义(GB/T 4863—2008《机械制造工艺基本术语》)。

机械加工工艺过程是由一个或若干个顺序排列的工序组成的,即:构成机械加工工艺过程的基本单元是工序。

由一个(或一组)工人在一台机床(或一个工作地点)对一个(或同时几个)工件所连续完成的那部分工艺过程,称为工序。

区分工序的主要依据是工作地点是否改变和加工是否连续。这里所说的连续是指该工序的全部工作要连续完成。

工序的内容由被加工零件结构的复杂程度、加工要求及生产类型来决定,同样的加工内容,可以有不同的工序安排。例如,加工如图 6.1 所示的阶梯轴,当加工数量较少时,可按表 6.1 所示划分工序,当加工数量较大时,可按表 6.2 所示划分工序。

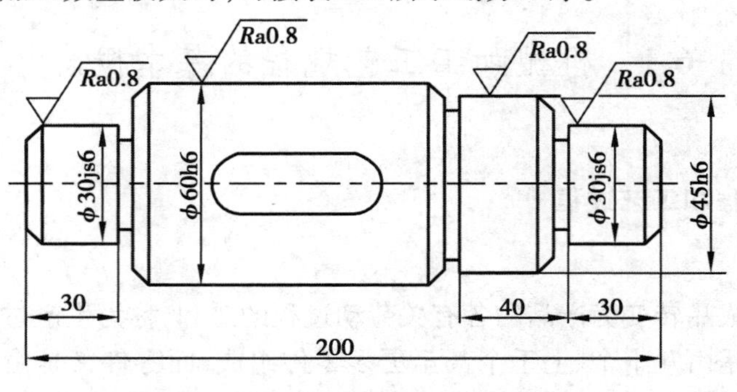

图 6.1 阶梯轴

表 6.1 阶梯轴工艺过程(产量较低时)

工序号	工序内容	设 备
1	车端面,钻中心孔	车床
2	车外圆,车槽、倒角	车床
3	铣键槽,去毛刺	铣床
4	粗磨外圆	磨床
5	热处理	高频淬火机
6	精磨外圆	磨床

表6.2　阶梯轴工艺过程(产量较高时)

工序号	工序内容	设　备
1	两边同时铣端面,钻中心孔	铣端面钻中心孔机床
2	车一端外圆,车槽和倒角	车床
3	车另一端外圆,车槽和倒角	车床
4	铣键槽	铣床
5	去毛刺	钳工台
6	粗磨外圆	磨床
7	热处理	高频淬火机
8	精磨外圆	磨床

从表6.1和表6.2可以看出,当工作地点变动时,即构成另一工序。同时,在同一工序内所完成的工作必须是连续的,若不连续,即构成另一工序。

在实际加工中,对每道工序都应该有一个简单的用来表示这道工序所要达到的加工要求的简图,这就是工序简图。工序简图用来表达本道工序所要达到的加工精度,除此之外,还应反映本工序工件的安装情况。

工件是按工序由一台机床送到另一台机床顺序地进行加工,因此,工序不仅说明加工的阶段性规律,同时,还是组织生产和管理生产的主要依据。是制订生产计划和进行成本核算的基本单元。

根据工序的内容,工序可进一步划分为:安装、工位、工步、走刀。

(1)安装

工件在机床工作台或夹具上装夹一次所完成的那一部分工序内容称为安装。在一道工序中,工件可能需要装夹一次或多次才能完成加工。如表6.1所示的工序1要进行两次装夹:先夹工件一端,车端面、钻中心孔,称为安装1;再调头车另一端面、钻中心孔,称为安装2。

工件在加工中,应尽量减少装夹次数,以减少装夹误差和装夹工件所花费的时间。

(2)工位

为了完成一定的工序内容,一次装夹工件后,工件与夹具或设备的可动部分一起,相对于刀具或设备的固定部分所占据的每一个位置称为工位。工位可以借助于夹具的分度机构或机床工作台实现工件工位的变换(圆周或直线变位)。

如图6.2所示是一个利用移动工作台或移动夹具,在一次装夹中顺次完成铣端面、钻中心孔两个工位的加工。

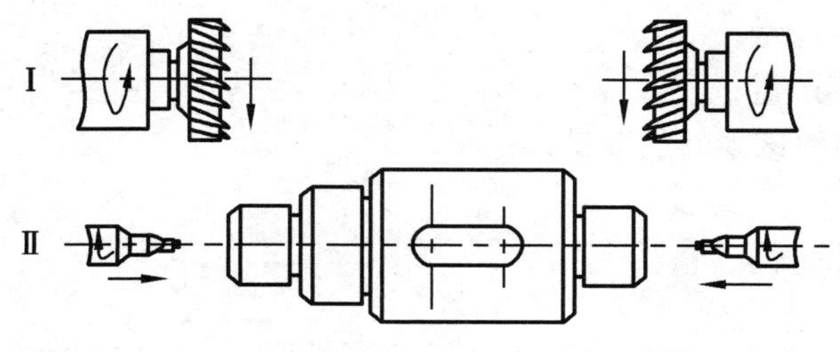

图6.2　多工位加工

这样不仅减少了安装工件所花的辅助时间,而且在一次安装中加工完毕,避免了重复安装带来的误差,提高了加工精度。

(3)工步

在一道工序的一次安装中,可能要加工几个不同的表面,也可能用几把不同刀具进行加工,还有可能用几种不同的切削用量(不包括背吃刀量)分几次进行加工。为了描述这个过程,工序又可细分为工步。工步是指加工表面、切削刀具和切削用量(不包括背吃刀量)都不变的情况下,所完成的那一部分工序内容。一般情况下,上述三个要素中任意改变一个,就认为是不同的工步了。

但下述两种情况可以作为一种例外。第一种情况,对那些连续进行的若干个相同的工步,可看作一个复合工步。如图 6.3 所示零件,连续钻四个 $\phi15$ mm 的孔,看做一个钻 4 个 $\phi15$ mm 孔的复合工步,以简化工艺文件。另一种情况,有时为了提高生产率,用几把不同的刀具,同时加工几个不同表面,如图 6.4 所示,也可看做一个工步,称为复合工步。

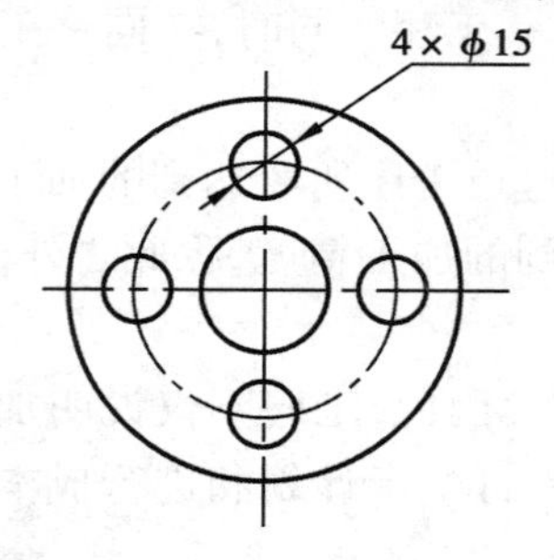

图 6.3 钻四个相同的孔

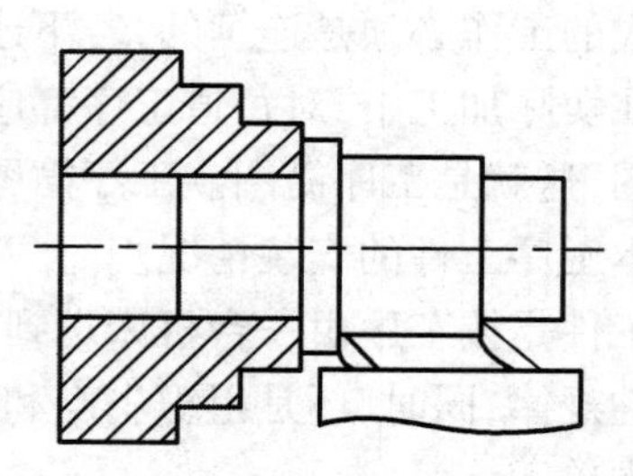

图 6.4 复合工步

(4)走刀

在一个工步内,如果被加工表面需切去的金属层很厚,则需要分几次切削,每进行一次切削称为一次走刀。一个工步可以包括一次走刀,也可以包括几次走刀。

6.1.3 生产纲领与生产类型

机械产品的制造工艺不仅与产品的结构、技术要求有很大关系,而且也与企业的生产类型有很大关系,而企业的生产类型是由企业的生产纲领所决定的。

(1)生产纲领

生产纲领是计划期内产品的产量。而计划期常定为一年。所以年生产纲领也就是年产量。

零件的生产纲领要计入备品和允许的废品数量,可按下式计算:

$$N=Qn(1+\alpha\%+\beta\%) \tag{6.1}$$

式中 N——零件的年产量;

Q——产品的年产量;

n——每台产品中该零件的数量;

$\alpha\%$——备品率;

$\beta\%$——平均废品率。

(2)生产类型

根据生产纲领的大小和产品品种的多少,机械制造企业的生产可分为三种生产类型:单件生产、成批生产和大量生产。

①单件生产。产品品种很多,同一产品的产量很少,而且很少重复生产,各工作地加工对象经常改变。重型机械制造、专用设备制造和新产品试制等均属这种生产类型。

②大量生产。每年制造的产品数量相当多,大多数工作地长期重复地进行某一工件的某一道工序的加工。汽车、拖拉机、轴承和自行车等产品制造多属大量生产类型。

③成批生产。一年中分批轮流制造几种产品,工作地的加工对象周期性地重复。机床、机车、纺织机械等产品制造,一般属成批生产类型。

同一产品(或零件)每批投入的生产数量称为生产批量。批量可根据零件的年产量及一年中的生产批数计算确定。一年的生产批数需根据市场需要、零件的特征、流动资金的周转及仓库容量等具体情况确定。根据每批投入的生产数量的大学,成批生产又分为小批生产、中批生产和大批生产。

生产类型可根据生产纲领和产品及零件的特征(轻重、大小、结构复杂程度、精度等)等条件来划分,表6.3根据重型机械、中型机械和轻型机械的年产量列出了不同生产类型的规范,可供编制工艺规程时参考。

表6.3　生产类型的划分(GB/T 24738—2009)

生产类型	零件的年生产纲领(件/年)		
	重型机械 (>100 kg)	中型机械 (10~100 kg)	轻型机械 (<10 kg)
单件生产	≤5	≤20	≤100
小批生产	5~100	20~200	100~500
中批生产	100~300	200~500	500~5 000
大批生产	300~1 000	500~5 000	5 000~50 000
大量生产	>1 000	>5 000	>50 000

注:表中生产类型的年产量可根据各企业产品具体情况而定。

从工艺特点上看,小批生产和单件生产的工艺特点相似,大批生产和大量生产的工艺特点相似,因此生产中常按单件小批生产、中批生产和大批大量生产来划分生产类型,并且按这三种生产类型归纳它们的工艺特点,如表6.4所示。

表6.4　各种生产类型的工艺特点

工艺特征	生产类型		
	单件小批生产	中批生产	大批大量生产
零件的互换性	用修配法、钳工修配、缺乏互换性	大部分具有互换性。装配精度要求高时,灵活应用分组装配法和调整法,同时还保留某些修配法	具有广泛的互换性。少数装配精度较高处,采用分组装配法和调整法

续表

工艺特征	生产类型		
	单件小批生产	中批生产	大批大量生产
毛坯的制造方法与加工余量	木模手工造型或自由锻造。毛坯精度低，加工余量大	部分采用金属模铸造或模锻。毛坯精度和加工余量中等	广泛采用金属模机器造型、模锻或其他高效方法。毛坯精度高，加工余量小
机床设备及其布置形式	广泛采用通用机床。按机床类别布置设备	部分通用机床和高效率设备。按工件类别排列设备	广泛采用高生产率专用机床、组合机床、半自动或自动机床和自动生产线
生产组织	零件生产无流水线。按零件类别划分车间或工段	成批轮番生产。部分零件按流水线生产，部分按同类零件组织生产	组织流水线或自动生产线生产
工艺装备	大多采用通用夹具、标准附件、通用刀具和万能量具。靠划线和试切法达到零件精度要求	部分采用专用夹具，部分采用找正安装达到精度要求。较多采用专用刀具和量具	广泛采用专用高效率夹具、复合刀具、专用量具或自动检验装置。靠调整法达到精度要求
对工人技术要求	技术熟练	技术比较熟练	调整工技术熟练，操作工要求熟练程度较低
工艺文件	工艺过程卡，关键工序需工序卡	工艺过程卡，关键零件需工序卡	工艺过程卡和工序卡，关键工序需调整卡和检验卡
成本	较高	中等	较低

生产类型不同，其工艺特点有很大差异。由表6.4可知，同一产品的生产，由于生产类型的不同，其工艺方法完全不同。一般说来，生产同样一个产品，大量生产要比单件生产与成批生产的生产效率高，成本低，产品质量稳定、可靠。但市场对机械产品的需求呈现多元化，需求量的大小也因产品而异。据资料显示目前在机械制造中，单件和小批生产占多数。随着科学技术的发展，产品更新换代的周期越来越短，产品的品种规格越来越多，多品种、小批量的生产是今后发展的趋势。为了让品种多而批量不大的产品也能按大批量的方式组织生产，应使产品的结构尽可能地标准化、通用化、系列化，如果产品结构的标准化、通用化、系列化系数达到70%~80%以上，那么就可以按协作方式组织专业化生产，将多品种小批量生产转化为大批量生产，以取得明显的经济效益。另外，表6.4的结论是在传统生产条件下归纳的。随着科学技术的发展和市场需求的变化，生产类型的划分正在发生着深刻的变化，传统的大批大量生产由于采用高效专用设备及工艺装备，往往不能适应产品及时更新换代的需要，而单件小批生产的能力又跟不上市场的急需，因此各种生产类型都朝着生产柔性化的方向发展。

6.1.4　机械加工工艺规程

规定产品或零部件制造工艺过程和操作方法等的工艺文件称为工艺规程。工艺规程有机械加工工艺规程、装配工艺规程及特种和专业工艺的工艺守则等。本小节介绍机械加工工艺规程设计的有关知识。

(1)机械加工工艺规程的作用

经审定批准的工艺规程是工厂生产活动中关键性的指导文件,它的主要作用有以下几方面:

1)是指导生产的主要技术文件　一切有关生产人员都必须严格执行工艺规程,不容擅自更改,这是严肃的工艺纪律。否则,可能造成废品,或产品质量及生产率下降,甚至会引起整个生产过程的混乱。

但是,工艺规程也不是一成不变的,随着科学技术的发展和工艺水平的提高,今天合理的工艺规程,明天也可能落后。因此,要注意及时把科学技术的进步的相关内容吸收到工艺规程中来,同时,还要不断吸收国内外业已成熟的先进技术。为此,企业除定期进行工艺整顿,修改工艺文件外,经过一定的审批手续,也可临时对工艺文件进行修改,使之更臻完善。

2)是生产组织管理和生产准备工作的依据　生产计划的制订,产品投产前原材料和毛坯的供应,工艺装备的设计、制造与采购,机床负荷的调整,作业计划的编排,劳动力的组织,工时定额的制订及成本的核算等,都是以工艺规程作为基本依据的。

3)是新设计和扩建企业(或生产线)的技术依据　在新建和扩建企业(或生产线)时,生产所需的设备的种类和数量、机床的布置、车间的面积、生产工人的工种、等级和数量以及辅助部门的安排等,都是以工艺规程为基础,根据生产类型来确定的。

除此之外,先进的工艺规程起着推广和交流先进经验的作用,典型工艺规程可指导同类产品的生产。

(2)机械加工工艺规程的格式及内容

常用的机械加工工艺规程有机械加工工艺过程卡和机械加工工序卡。

机械加工工艺过程卡的格式如表6.5所示,它是以工序为单位简要说明产品或零部件的加工过程的一种工艺文件,主要用来了解工件的加工流向,是制订其他工艺文件的基础,也是进行生产准备、编制作业计划和组织生产的依据。

机械加工工序卡的格式如表6.6所示,它是在机械加工工艺过程卡的基础上,按每道工序所编制的一种工艺文件。工序卡上对该工序每个工步的加工内容、工艺参数、操作要求及所用设备和工艺装备均有详细说明,并附有工序简图。在工序简图上,零件的外廓以细实线表示,该工序的加工部位用粗实线表示,除需标注该工序的工序尺寸和技术要求外,还需将定位基准和夹紧方式用规定的符号表示出来。工序卡主要用于直接指导工人进行生产。

单件小批生产时,一般只编制工艺过程卡,大批大量生产时,除需编制工艺过程外,还要编制工序卡;中批生产时,在编制工艺过程卡的基础上,对一些重要零件的主要工序一般也需制订工序卡。

表 6.5 机械加工工艺过程卡片(JB/T 9165.2—1998《工艺规程格式》)

	机械加工工艺过程卡片	产品型号		零件图号			
		产品名称		零件名称		共 页	第 页

材料牌号		毛坯种类		毛坯外形尺寸		每毛坯可制件数		每件台数		备注	

	工序号	工序名称	工序内容	车间	工段	设备	工艺装备	工时	
								准终	单件
描图									
描校									
底图号									
装订号									

										设计(日期)	审核(日期)	标准化(日期)	会签(日期)	
标记	处数	更改文件号	签字	日期	标记	处数	更改文件号	签字	日期					

表 6.6　机械加工工序卡（JB/T 9165.2—1998《工艺规程格式》）

	机械加工工序卡片	产品型号		零件图号			
		产品名称		零件名称		共　页	第　页

车间	工序号	工序名称	材料牌号
毛坯种类	毛坯外形尺寸	每毛坯可制件数	每台件数
设备名称	设备型号	设备编号	同时加工件数

夹具编号	夹具名称	切削液	
工位器具编号	工位器具名称	工序工时	
		准终	单件

	工步号	工步内容	工艺设备	主轴转速 r/min	切削速度 m/min	进给量 mm/r	切削深度 mm	进给次数	工步工时	
									机动	辅助
描　图										
描　校										
底图号										

											设计（日期）	审核（日期）	标准化（日期）	会签（日期）	
装订号															
	标记	处数	更改文件号	签字	日期	标记	处数	更改文件号	签字	日期					

(3)制订机械加工工艺规程的原则

制订工艺规程总的原则是:在一定的生产条件下,在保证质量和生产进度的前提下,能获得最好的经济效益。

制订工艺规程时,应注意以下三方面的问题:

1)技术上的先进性　所谓技术上的先进性,是指高质量、高效益的获得不是建立在提高工人劳动强度和操作技术的基础上,而是依靠采用相应的技术措施来保证的。因此,在制订工艺规程时,要了解国内外本行业工艺技术的发展,通过必要的工艺试验,尽可能采用先进的工艺和工艺装备。

2)经济上的合理性　在一定的生产条件下,可能会有多个能满足产品质量要求的工艺方案,此时应通过成本核算或评比,选择经济上最合理的方案,使产品成本最低。

3)具有良好的劳动条件,避免环境污染　在制订工艺规程时,要注意保证工人具有良好而安全的劳动条件,尽可能地采用先进的技术措施,将工人从繁杂笨重的体力劳动中解放出来。同时,要符合国家环境保护法的有关规定,避免环境污染。

(4)制订机械加工工艺规程的原始资料

制订工艺规程时,必须具备下列原始资料:

①产品装配图和零件图。

②验收产品的质量标准。

③产品的年生产纲领。

④毛坯的生产情况及毛坯的基本情况。

⑤本企业的生产条件,如现有设备情况、现有工装情况、工人的技术水平、专用设备和工艺装备的设计制造能力和水平等。

⑥国内外先进工艺及生产技术发展情况。制订工艺规程时,还需了解国内外的先进工艺和生产技术的发展情况,以便结合本企业的生产实际加以推广应用,使制订出的工艺规程具有先进性和最好的经济效益。

(5)制订机械加工工艺规程的步骤

制订工艺规程的主要步骤:

①仔细阅读装配图和零件图,进行零件的结构工艺性分析。对零件在机器中的作用,零件的材料、形状、结构、尺寸精度、几何精度、表面粗糙度、性能以及数量等的要求进行全面系统的了解和分析。

②选择毛坯的类型。常用的毛坯有型材、铸件、锻件、焊接件等。应根据零件的材料、形状、尺寸、生产批量和工厂的现有条件等因素综合考虑。

③确定工件在加工时的定位基准。

④拟订机械加工工艺路线。其主要内容有:加工方法的确定、加工阶段的划分、工序集中与工序分散原则的确定、加工顺序和热处理的安排等。

⑤确定各工序使用的机床、夹具、刀具、量具和辅具等。

⑥确定各工序的加工余量、计算工序尺寸和公差。

⑦确定各工序的切削用量和时间定额。

⑧确定各主要工序的技术要求及检验方法。

⑨编制工艺文件。

6.2 零件分析及零件的结构工艺性

6.2.1 分析产品装配图和零件图

在制订零件的机械加工工艺规程之前，要进行零件分析，主要包括零件的技术要求分析和零件的结构工艺性分析。

①分析产品的装配图。熟悉产品的性能、用途、工作条件，并由此了解零件在产品中的功用、工作条件，掌握零件上影响产品性能的关键加工部位和关键技术要求。

②分析零件图及零件的技术要求。审查图样的正确性、合理性，如视图是否正确、完整；结合产品装配图分析零件的尺寸标注、技术要求是否合理，材料选择是否恰当等。

③分析零件图并审查零件的结构工艺性。

6.2.2 零件的结构工艺性

所谓零件的结构工艺性(或生产工艺性)，是指所设计的零件在满足使用要求的前提下，制造的可行性、难易程度与经济性，是产品及其零部件工艺性审查中最主要的一部分，除此之外，工艺性审查还包括产品结构的使用工艺性。本处主要介绍零件的结构工艺性审查。

机械产品设计时除满足产品的使用要求外，还必须满足在现有生产条件下能用比较经济、合理的方法将其制造出来，并降低制造过程中对环境的负面影响，提高资源利用率、改善劳动条件、减少对操作者的危害，且便于使用、维修和回收。

零件的结构应尽量标准化、模块化、通用化和系列化，且便于继承；零件结构在满足使用要求的前提下，精度要尽量低一些，材料利用率要高。零件的结构工艺性对其工艺过程影响很大，使用性能相同而结构不同的零件，其制造难易程度和成本可能会有很大差别。为零件更容易制造，主要从以下几个方面审查其结构。

①零件尺寸公差、几何公差和表面结构的要求应经济、合理。根据零件的使用功能去合理规定零件的精度和表面粗糙度；不需要加工的表面，不要设计成加工面；要求不高的表面，不要设计成高精度、粗糙度小的表面。

②零件各加工表面的几何形状应尽量简单，尽可能布局在同一平面或同一轴线上，便于加工和测量。

③有相互位置要求的表面应便于在一次装夹中加工。

④零件应有合理的工艺基准并尽量与设计基准一致。

⑤零件的结构要素宜统一，并使其能尽量使用普通设备和标准刀具进行加工，以减小专用刀具、量具的设计和制造。

⑥零件的结构应便于多件同时加工。

⑦零件结构应便于加工中定位准确、夹紧可靠，以及便于安装。

⑧零件结构应便于使用较少切削液加工。

表6.7列举了机械加工中常见的零件结构工艺性问题。

表 6.7　零件机械加工结构工艺性示例

序　号	结构工艺性		说　明
	不合理	合　理	
1	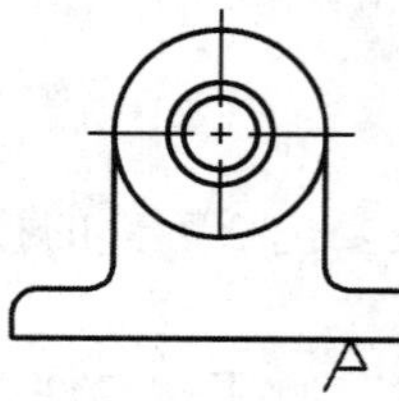	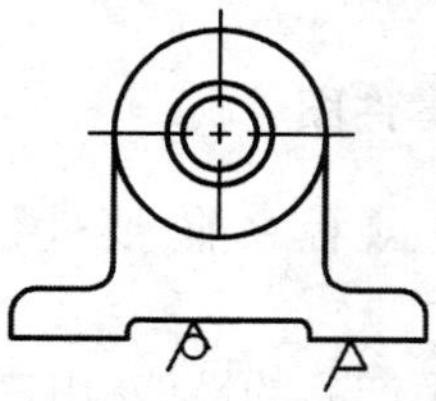	应尽量减小加工面,以减少加工劳动量和切削工具的消耗量;又有利于和机座平面的配合
2	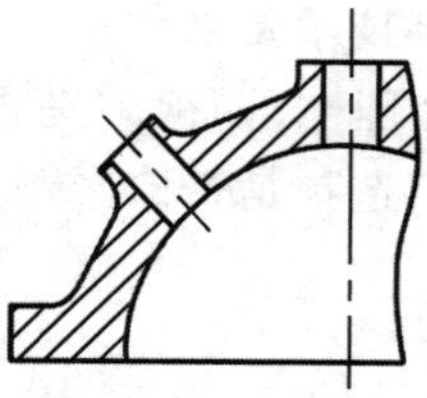	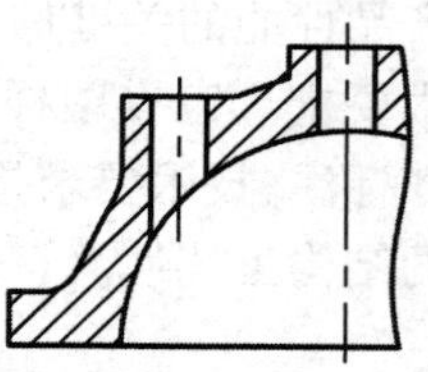	被加工表面(孔)的方向一致,可以在一次装夹中进行加工
3	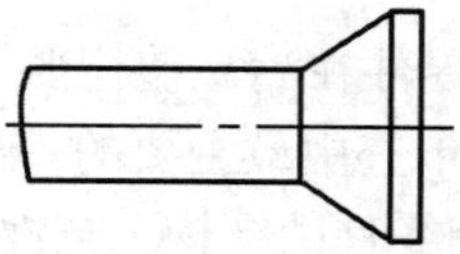	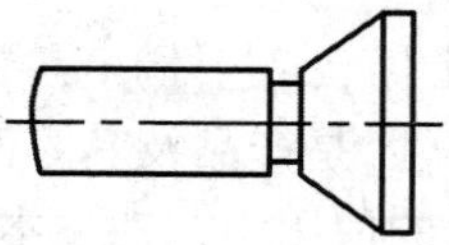	要有退刀槽以保证加工的可能性,减少刀具的磨损
4	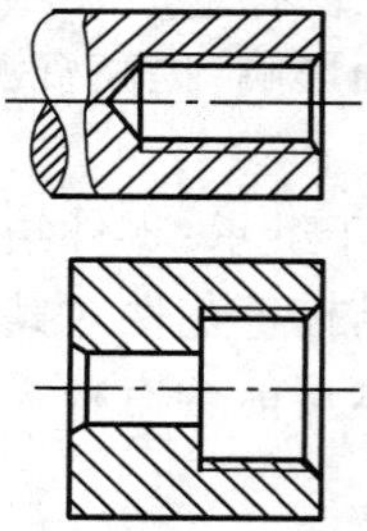	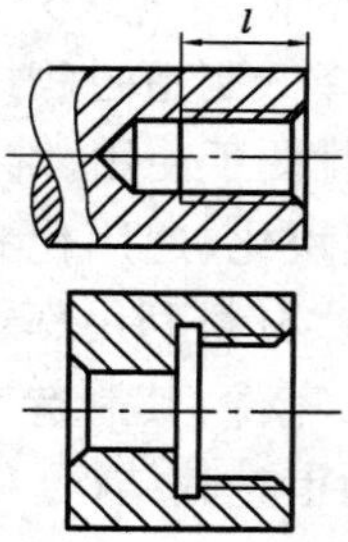 *l*	加工螺纹应有退刀槽
5	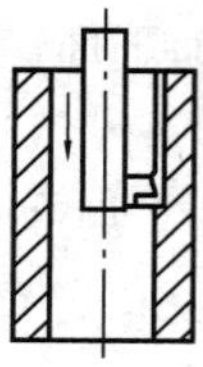	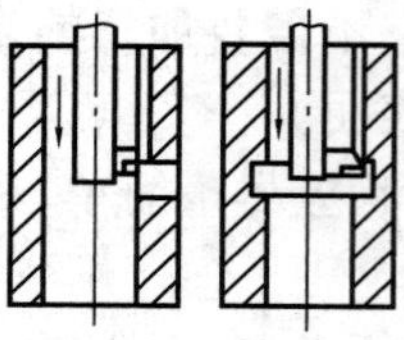	孔内不通的键槽前端必须有退刀槽
6	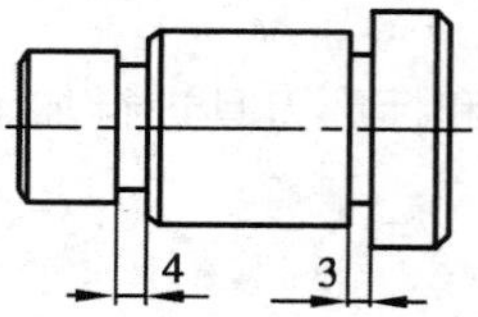 4　3	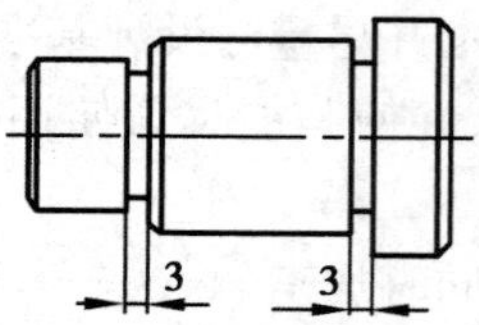 3　3	退刀槽尺寸相同,可减少刀具种类,减少换刀时间
7	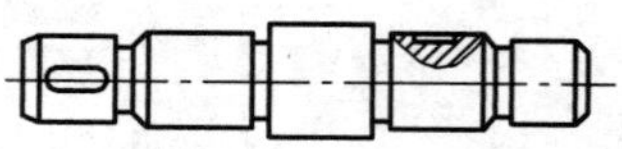	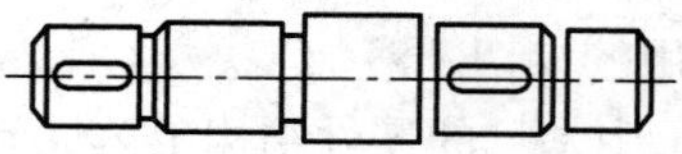	轴上键槽的尺寸、方位应相同,以便一次安装中加工

续表

序　号	结构工艺性		说　明
	不合理	合　理	
8	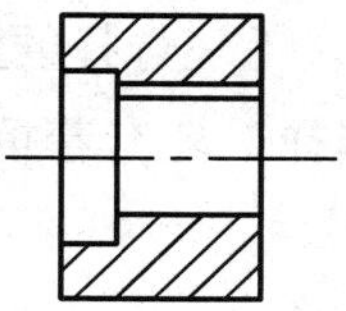	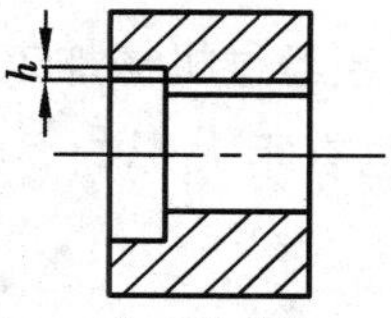 h>0.3~0.5	为了减少加工劳动量，改善刀具工作条件，沟槽的底面不能与其他表面重合
9	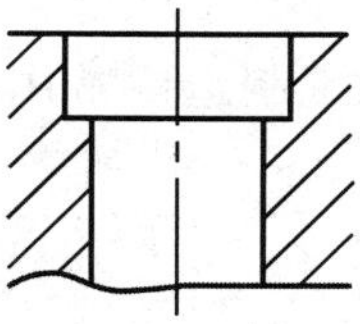	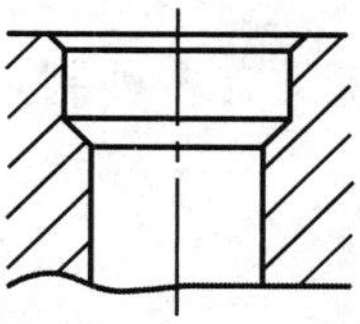	阶梯孔最好不用平面过渡，以便采用通用刀具加工
10	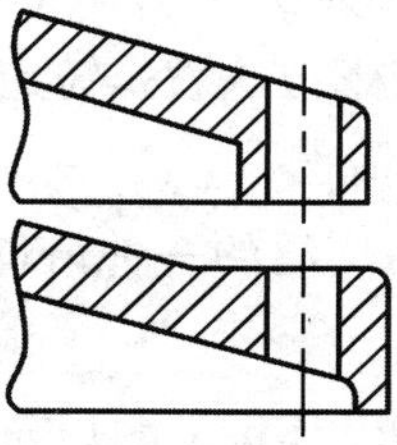	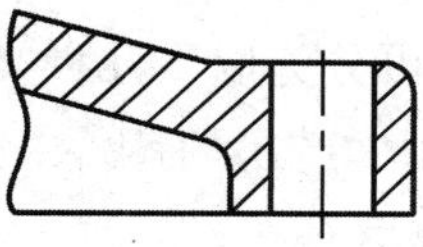	孔的钻入、钻出端应避免斜面，可减少刀具磨损、提高钻孔精度和生产率
11	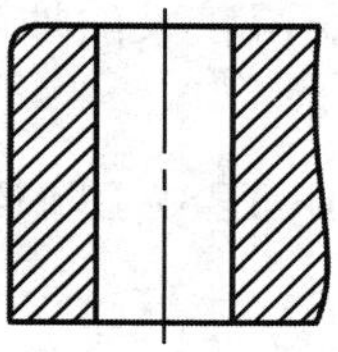	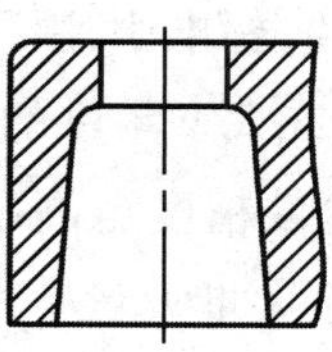	减少孔的加工长度、避免深孔加工；尽量减少高精度表面的加工
12	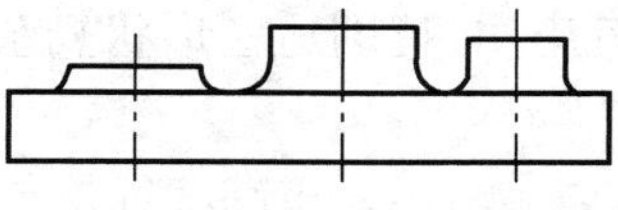	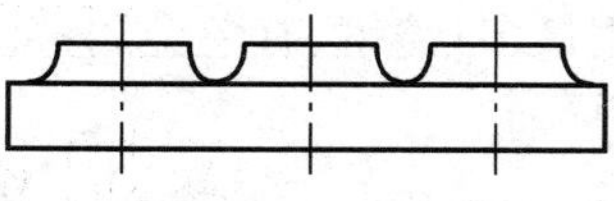	尽量减少加工面，连接处应设计凸台；所有凸台宜等高，以便一次走刀加工所有凸台
13	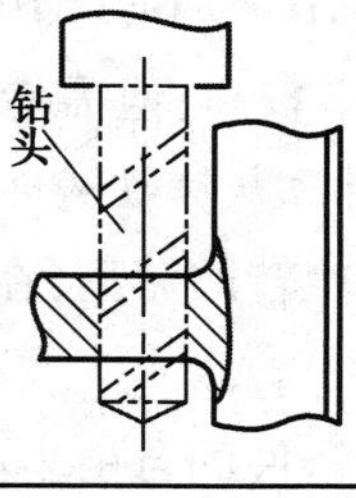 钻头	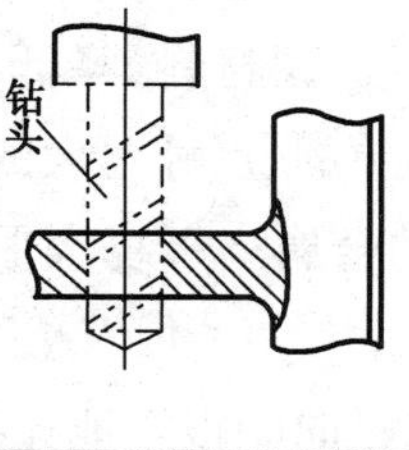 钻头	钻孔位置不能距外壁太近，以便采用标准刀辅具，提高加工精度

工艺人员对零件图进行工艺审查时，如发现问题，应及时提出，并会同有关设计人员共同研究，通过必要的程序及时进行修改。

6.3 毛坯的确定

零件是按照其技术要求由毛坯经过机械加工而最后形成的。毛坯选择的正确与否,不仅影响产品质量,而且对制造成本也有很大影响。因此,正确地选择毛坯有着重大的技术经济意义。

6.3.1 毛坯的种类

毛坯的种类很多,同一种毛坯又有多种制造方法。机械加工制造中常用的毛坯有以下几种。

(1)铸件

形状复杂的毛坯,宜用铸造方法制造。熔炼金属、制造铸型(芯),并将熔融的金属浇注到铸型中,凝固后获得的具有一定形状、尺寸和性能的零件毛坯成形方法就是铸造。

根据铸造方法不同,铸件又可分为以下几种类型。

1)砂型铸造铸件　使用砂型生产出的铸件。这是应用最为广泛的一种铸件,造型方法有木模手工造型和金属模机器造型之分。

木模手工造型铸件精度低(以灰铸铁为例:DCTG11~DCTG13,GB/T 6414—2017《铸件 尺寸公差、几何公差与机械加工余量》,标准引用下同),加工表面需留较大的加工余量,手工造型生产率低,适合于单件小批生产或大型零件的铸造。

金属模机器造型生产率高,铸件精度也高(以灰铸铁为例:DCTG8~DCTG12),但设备费用高,铸件的重量也受限制,适合于大批大量生产的中小型铸件。

砂型铸造“一型一件”,生产率低,劳动强度大,质量不高、且不稳定。但铸件成本较低;铸件材料适应性广,以铸铁应用最多,铸钢、有色金属铸造也有应用;特别适应形状复杂的、大型零件的毛坯制造。

2)金属型铸造铸件　在重力作用下将熔融金属浇入金属型中生产出的铸件。

金属型铸造铸件比砂型铸造铸件精度高(以灰铸铁为例:DCTG8~DCTG10)、表面质量和力学性能好;“一型多铸”,节省了造型材料,降低了工时,生产率较高;但需专用的金属型腔模。适合大批量生产中的形状简单的、尺寸不大的有色金属铸件和灰铸铁铸件。

3)离心铸造铸件　将熔融的金属浇入绕水平、倾斜或立轴旋转的铸型,在离心力作用下凝固形成的铸件。

由于离心运动使液体金属在径向能很好地充满铸型并形成铸件的自由表面;不用型芯能获得圆柱形的内孔。这种铸件结晶细,金属组织致密,零件的力学性能好,外圆精度及表面质量高;但内孔精度差,需要专门的离心浇注机。适合批量较大的黑色金属和有色金属的回转体铸件。

4)压力铸造铸件　将熔融金属在高压下高速充型,并在压力下凝固成形而形成的铸件。

这种铸件精度高(以合金为例:DCTG4~DCTG8),表面粗糙度值小,可达 $Ra3.2 \sim 0.8\ \mu m$,铸件的力学性能好,同时可铸造各种结构较复杂的零件,铸件上的各种孔眼、螺纹、文字及花纹图案均可铸出;但需要昂贵的设备和型腔模。适合于批量较大的形状复杂、尺寸较小的有色金属铸件。

5)熔模铸造铸件　用易熔材料如蜡料制成模样,在模样上包覆若干层耐火涂料制成型壳,熔出模样后经高温焙烧,再将熔融的金属注入其中而形成的铸件。熔模铸造又称失蜡铸造。

这种铸件精度较高(以灰铸铁为例:DCTG4~DCTG9),表面粗糙度值小,可达 $Ra3.2 \sim 1.6\ \mu m$;铸件的一致性好;但铸造工艺过程较复杂,使用和消耗的材料较贵。适合于铸造各种合金的形状复杂的小型铸件,特别可以铸高温合金铸件。

(2)锻件

机械强度要求高的钢制件,一般要用锻件毛坯。锻造是在加压设备及工(模)具作用下,使坯料、铸锭产生局部或全部的塑性变形,以获得一定几何形状、尺寸和质量的锻件的成形方法。锻件有自由锻造锻件和模锻件两类。

1)自由锻造锻件　是在锻造设备的上、下砧间直接使坯料变形而获得所需的几何形状和内部质量的锻件。

它的精度低,加工余量大,生产率也低,适合于单件小批生产及大型锻件。

2)模锻件　是在锻锤或压力机上,利用模具使毛坯变形而获得的锻件。

它的精度和表面质量均比自由锻造好,可以使毛坯形状更接近工件形状,加工余量小。同时由于模锻件的材料纤维组织分布好,锻制件的机械强度高。模锻的生产率高,但需要专用的模具,且锻锤的吨位也要比自由锻造大。主要用于批量较大的中小型零件。

(3)型材

型材按截面形状可分为:圆钢、方钢、六角钢、扁钢、角钢、槽钢及其他特殊截面的型材。

型材有冷拉和热轧两种。热轧的精度低,价格较冷拉的便宜,用于一般零件的毛坯。冷拉的尺寸较小,精度高,易于实现自动送料,但价格贵,多用于批量较大且在自动机床上进行加工的情况。

(4)焊接件

通过加热或加压或者两者并用,并且用或不用填充材料,将分离的型材或其他结构结合形成的合成件。

焊接件的优点是制造简便,周期短,毛坯重量轻;缺点是焊接件抗振性差,由于内应力重新分布引起的变形大,因此,在进行机械加工前需经时效处理。适于单件小批生产中制造大型毛坯。

(5)冲压件

使板料经分离或成形而得到的制件。

冲压件的尺寸精度高,一般可以不再进行加工或只进行精加工,生产率高。适于批量较大而厚度较小的中小型零件。

(6)冷挤压件

冷态下将金属毛坯放入模具模腔内,在强大的压力和一定的速度作用下,迫使金属从模腔中挤出,从而获得所需形状、尺寸以及具有一定力学性能的挤压件。

冷挤压毛坯精度高,表面粗糙度值小,可以不再进行机械加工;但要求材料塑性好,主要为有色金属和塑性好的钢材;生产率高。适于大批量生产中制造形状简单的小型零件。

6.3.2 毛坯的选择

毛坯的种类和制造方法对零件的加工质量、生产率、材料消耗及加工成本都会产生直接影响。提高毛坯精度,可减少机械加工的劳动量,提高材料利用率,降低机械加工成本,但毛坯制造成本随之提高,两者是相互矛盾的。选择毛坯应综合考虑下列因素。

(1)零件的材料及对零件力学性能的要求

当零件的材料确定后,毛坯的类型就基本上确定了。例如零件的材料是铸铁或青铜,只能选铸造毛坯,不能用锻造。

若材料是钢材,当零件的力学性能要求较高时,不管形状简单与复杂,都应选锻件毛坯;当零件的力学性能无过高要求时,可选型材或铸钢件。

(2)零件的结构形状与外形尺寸

钢质的一般用途的阶梯轴,如台阶直径相差不大,可用棒料;若台阶直径相差大,则宜用锻件,以节约材料和减少机械加工工作量。

大型零件受设备条件限制,一般只能用自由锻或砂型铸造;中小型零件根据需要可选用模锻或各种铸造方法。

(3)生产类型

大批大量生产时,应选用毛坯精度和生产率都高的毛坯制造方法,使毛坯的形状、尺寸尽量接近零件的形状、尺寸,以节约材料,减少机械加工工作量,由此而节约的费用会远远超出毛坯制造所增加的费用,获得好的经济效益。单件小批生产时,采用先进的毛坯制造方法所节约的材料和机械加工成本,相对于毛坯制造所增加的设备和专用工艺装备费用就得不偿失了,故应选毛坯精度和生产率均较低的一般毛坯制造方法,如自由锻和木模手工造型等方法。

(4)生产条件

选择毛坯时,应考虑现有生产条件,如现有毛坯的制造水平和设备情况,外协的可能性等。条件允许时应尽可能组织外协,实现毛坯制造的专业化生产,以获得好的经济效益。

(5)充分考虑利用新工艺、新技术和新材料

随着毛坯制造专业化生产的发展,目前毛坯制造方面的新工艺、新技术和新材料的应用越来越多,如精铸、精锻、冷轧、冷挤压、粉末冶金和工程塑料的应用日益广泛,这些方法可大大减少机械加工量,节约材料,有十分显著的经济效益。

除此之外,还要从工艺的角度出发,对毛坯的结构、形状提出要求,必要时,应会同毛坯车间共同商定毛坯图。

6.4　基准与定位基准选择

6.4.1　基准及其分类

基准是用来确定生产对象上几何要素之间的几何关系所依据的那些点、线、面。根据其功用的不同,可分为设计基准和工艺基准两大类。

(1)设计基准

在设计图上采用的基准,称为设计基准。换言之,在零件图上标注设计尺寸的起始位置的点、线、面称为设计基准。如图6.5所示,图(a)所示长方体零件,A、B面互为设计基准;图(b)所示阶梯轴零件,$\phi 50$ mm圆柱面的设计基准是$\phi 50$ mm的轴线,$\phi 30$ mm圆柱面的设计基准是$\phi 30$ mm的轴线,就同轴度而言,$\phi 50$ mm的轴线是$\phi 30$ mm的轴线的设计基准;图(c)所示带槽的轴,圆柱面下素线D是槽底面C的设计基准。

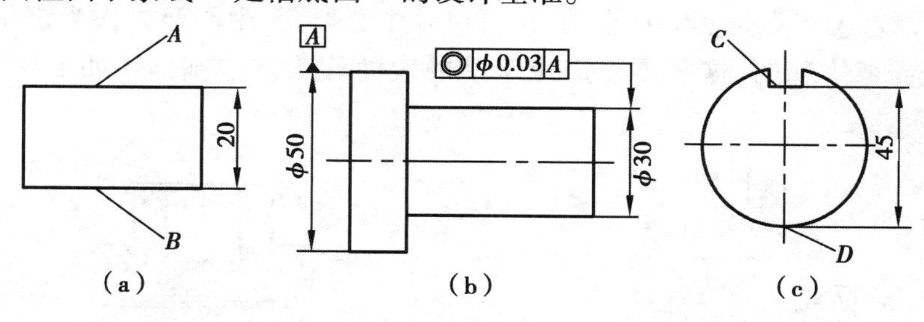

图6.5　设计基准示例

从图中可以看出,设计基准可以是实际存在的点、线、面,也可以是假想的点、线、面(轴线、对称面等),除此之外,对设计基准而言(不管是否假想),还可以互为设计基准。零件图上,还经常标注位置公差,如图6.5(b)中的同轴度公差,同样存在设计基准问题。

(2)工艺基准

工艺过程中所采用的基准称为工艺基准。工艺基准又可进一步分为:工序基准、定位基准、测量基准和装配基准。

①工序基准。工序图上用来确定本工序被加工表面的尺寸、形状、位置的基准,而在工序图上确定加工要求的尺寸叫工序尺寸。

如图6.6所示是在套筒零件上钻小孔的两种加工方案,图(a)所示工序基准为A面,图(b)所示工序基准为B面,可以看出,由于工序基准不同,相应的工序尺寸也不同。

如图6.7所示法兰盘加工示例,端面F为表面1和2的工序基准,表面1和2通过尺寸l_1及l_2与工序基准F相联系。外圆d和内孔D的工序基准是轴线。联系被加工表面与工序基准的尺寸,是这道工序应直接得到的尺寸,称为工序尺寸。因此,工序基准也就是工序图上工序尺寸、方向和位置公差标注的起始点。

由此可知,工序基准可以是实际存在的点、线、面,也可以是假想的点、线、面。零件加工时,应尽量使工序基准与设计基准重合,否则就需要进行尺寸换算,大多数情况下会增加加工

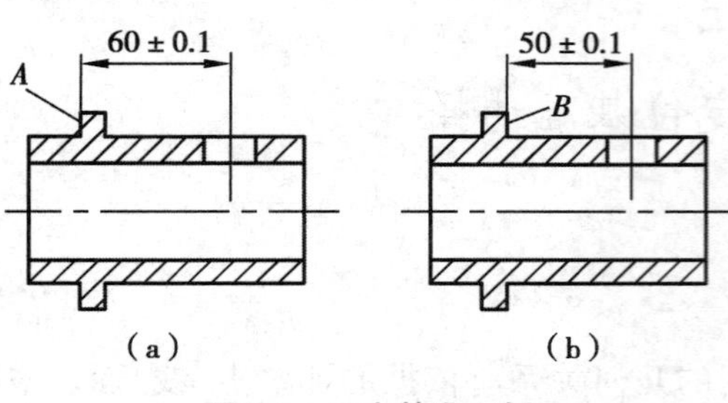

图 6.6　工序基准示例

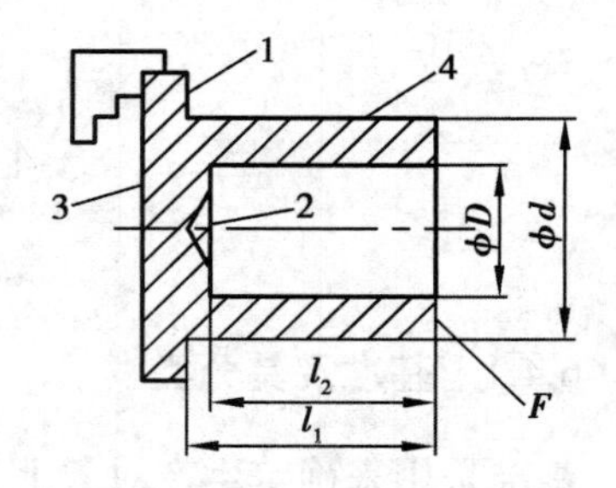

图 6.7　法兰盘加工示例

难度。

②定位基准。在加工中使工件在机床上或夹具中占据正确位置所依据的基准。即:安装工件时,用以确定被加工表面位置的基准。如图 6.8 所示,圆柱形工件在 V 型块上定位,工件与 V 型块实际接触的是两根素线 F_1 和 F_2,但由于 V 型块具有自动定心作用,故一般看作外圆柱中心线为定位基准。

如图 6.9 所示,盘套类工件常用的定位方式,工件的端面 A 和内孔轴线为定位基准。作为定位基准的点、线、面可以是实际存在的,也可以是中心要素,中心要素作为定位基准也是由实际存在的表面来体现的,这些体现定位基准的表面称为定位基面。如上图 6.8 和图 6.9 所示。

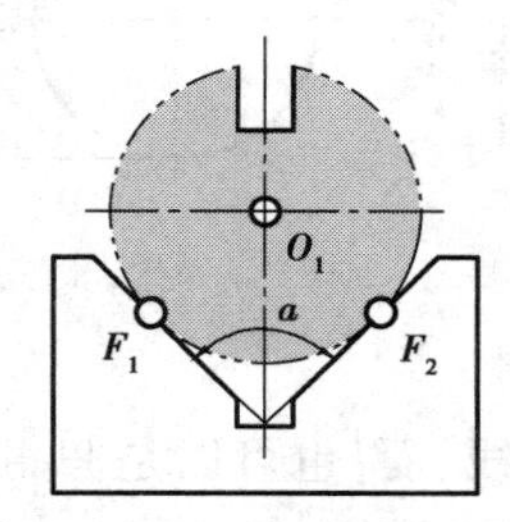

图 6.8　圆柱形工件在 V 型块上定位示例

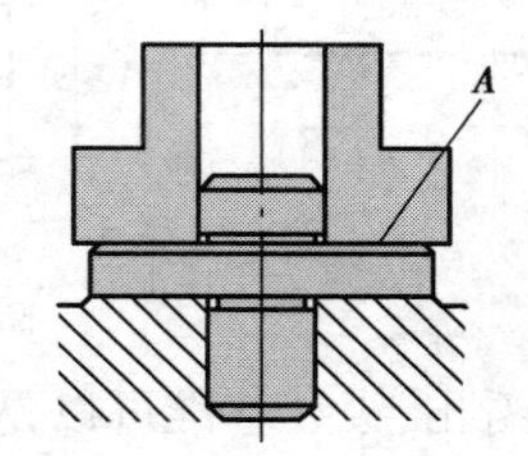

图 6.9　盘套工件的定位示例

工件上用作定位基准的表面可以是经过加工的表面,也可以是未经加工的表面,未经加工的表面作定位基准,称为粗基准;经过加工的表面作定位基准,称为精基准。

③测量基准。测量时所采用的基准,即用来确定被测量尺寸、形状和位置的基准,称为测量基准。如图 6.10 所示为在同一个零件上测量同一表面的两种方法,图(a)所示为使用量规检验上表面 A 时,小圆柱上素线 B 为测量基准;图(b)所示为使用游标卡尺检验上表面 A 时,大圆柱下素线 C 为测量基准。

④装配基准。装配时用来确定零件或部件在产品中的相对位置所采用的基准,称为装配基准。如图 6.11 所示为某车床主轴箱,其底面 C 和底部侧面 A 为主轴箱在床身上的装配基准。

在设计产品和制造产品的过程中,要注意尽量使所有基准都重合,以避免因尺寸转换导致的加工难度的增加和消除工件定位时的基准不重合误差。

6.4.2　定位基准的选择

定位基准是在加工中使工件在夹具或机床上占有正确位置所采用的基准。所以定位基

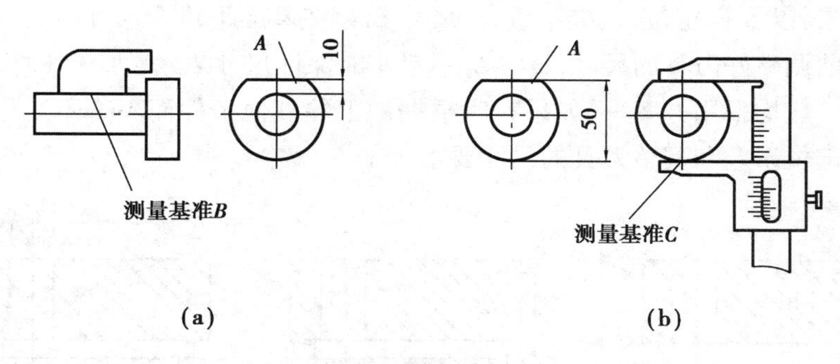

图6.10　测量基准示例

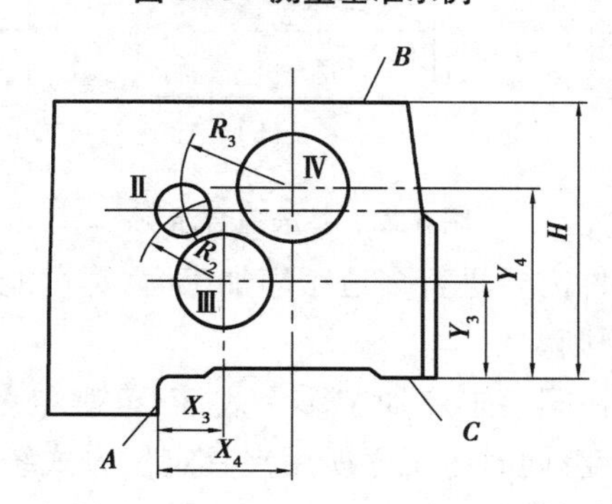

图6.11　装配基准示例

准的选择不仅影响着加工精度,还与零件的加工顺序有关。

定位基准有粗基准和精基准之分。在加工中,首先使用的是粗基准,并由粗基准加工出精基准;所以在选择定位基准时,首先考虑的是选择精基准,精基准选定后,再根据精基准的加工需要而合理地选择粗基准。

还应该指出,工件上的定位基准,一般应是工件上实际的表面(包括由实际的表面体现的中心要素),但有时为了使基准统一或定位可靠,操作方便,需要人为地制造一种基准面,这些表面在零件的工作中并不起作用,仅仅在加工中起定位作用,如顶尖孔、工艺搭子等。这类基准称为辅助基准,也叫工艺基准。

(1)精基准的选择

选择精基准时,重点考虑如何经济合理地达到零件的加工精度要求。所以,不仅要考虑减小工件的定位误差,保证工件的加工精度;同时也要考虑工件装卸方便,夹具结构简单,以降低生产成本。

精基准选择一般应遵循以下原则:

1)基准重合原则　所谓基准重合原则是指以设计基准或工序基准作为定位基准。

基准重合可以避免产生基准不重合误差,避免工序尺寸换算,进而避免因其导致的加工难度的增加,有利于保证零件的加工精度要求。因此精加工阶段更应该考虑这个原则。

如图6.12(a)所示为在某零件上加工孔的简图,其水平方向的位置尺寸(工序尺寸)是L_2,工序基准为A面,采用调整法加工。如图6.12(b)所示的定位方案一,以A面定位,基准重合,尺寸L_2没有基准不重合误差;而且加工前是直接按尺寸L_2来调整刀具。而图6.12(c)所示的定位方案二，以 B 面定位，基准不重合，尺寸 L_2 存在基准不重合误差，加工精度不容易保证；同时，加工前调整好刀具的尺寸，L_3 与 L_1 一起才能保证尺寸 L_2，增加了工序加工难度和工序成本。所以一般均采用方案一，如果有时根据加工的其他条件而不得不采用方案二时，一定要注意校核定位误差和调整刀具的尺寸要求。

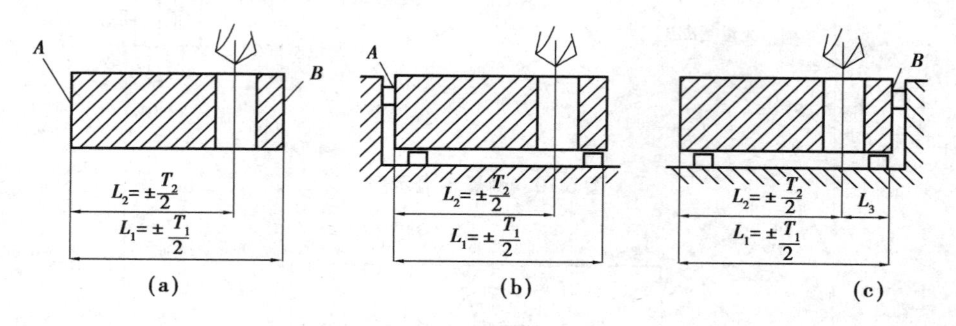

图 6.12　基准重合示例

2）基准统一原则　当零件需要进行多道工序加工时，尽可能在各工序的加工中选用同一组基准定位，称为基准统一原则。

采用基准统一原则可以在同一工序加工多个表面，可避免多次装夹带来的装夹误差，较好地保证各加工面的位置精度；同时各工序所用夹具定位方式统一，夹具结构相似，可减少夹具的设计、制造工作量，提高夹具设计和制造的生产率，降低成本；可以减少多次装载工件的辅助时间，提高生产率。

基准统一原则在机械加工中应用较为广泛，如轴类零件的加工，大多采用顶尖孔作统一的定位基准加工各个内外圆表面和轴肩端面；齿轮和盘套类零件的加工，一般都以内孔和一端面作统一定位基准加工齿坯、齿形；箱体和支架类零件加工，大多以"一面两孔"或一组平面作统一的定位基准加工孔系和平面。在自动机床或自动线上，一般也需遵循基准统一的原则。

3）自为基准原则　有些精加工工序，为了保证加工质量，要求加工余量小而均匀，采用已经过精加工的表面自身作为定位基准，称为自为基准原则。

如图 6.13 所示，在磨床上磨削床身导轨面时，为了保证加工余量小而均匀，安装时可以导轨面自身为定位基准，通过调整工件下面的四组楔铁，用千分表找正床身导轨表面定位。又如浮动镗孔、铰孔、珩磨及拉孔等，均是采用加工表面自身作定位基准。

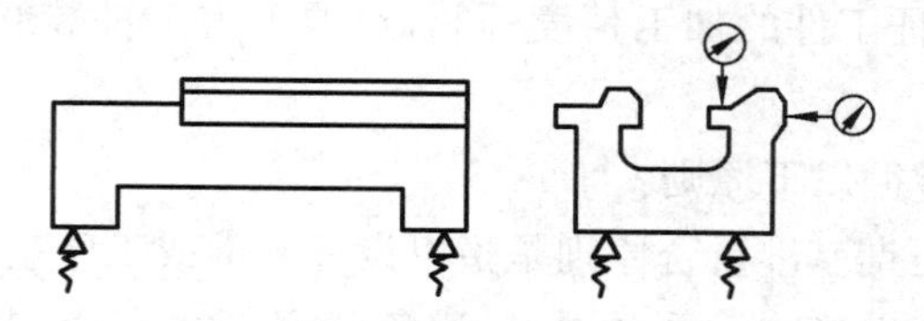

图 6.13　床身导轨面自为基准定位

自为基准加工只能提高加工表面的尺寸精度和降低表面粗糙度，不能提高表面间的相互位置精度，后者应由先行工序保证。

4）互为基准原则　当两个或两组表面的相互位置精度要求很高，而表面自身的尺寸和形状精度又很高时，常采用互为基准反复加工的办法来达到位置精度要求。

例如精密齿轮高频淬火后，在其后的磨齿工序中，常先以齿面为基准磨内孔，再以内孔定位磨齿面，如此反复加工以保证齿面与孔的位置精度。又如卧式车床主轴前后支承轴颈与前锥孔有严格的同轴度要求，为了达到这一要求，生产中常常以主轴颈表面和锥孔表面互为基准反复加工，最后以前后支承轴颈定位精磨前锥孔。

5）装夹稳定可靠、夹具简单原则　所选定位基准应能使工件定位稳定，夹紧可靠，操作方便，夹具结构简单。尤其是有多个方案的精基准可满足要求时，有些方案夹具会简单很多，所以在选择精基准时应多个方案进行对比分析。

以上介绍了精基准选择的几项原则，每一原则只能说明一个方面的问题，理想的情况是使基准既“重合”又“统一”，同时还能保证定位稳定、可靠、操作方便，夹具结构简单。但实际运用中往往出现相互矛盾的情况，这就要求从技术和经济两方面进行综合分析，抓住主要矛盾，进行合理选择。

（2）粗基准的选择

选择粗基准时，重点考虑如何为后续工序提供可靠的精基准、如何保证后续各个加工面加工时都能分配到合理的加工余量、如何保证加工面与不加工面的尺寸和位置精度等问题。

粗基准选择时应遵循以下原则：

1）重要表面原则　为了保证零件上某重要表面加工余量均匀，应选此重要表面为粗基准。

零件上有些重要表面，精度很高，为了达到加工精度要求，应使其加工余量尽量均匀。选择该重要表面为粗基准加工出精基准，以后在以精基准定位加工该表面时，能保证其加工余量均匀。

例如车床床身导轨面是重要表面，不仅精度和表面质量要求高，而且要求导轨整个表面具有大体一致的力学性能、耐磨性好。铸造浇注床身毛坯时，导轨面是朝下放置的，其表面层的金属组织均匀细密，铸造缺陷（气孔、夹砂等）少。因此，导轨面加工时，希望加工余量均匀，这样，不仅有利于保证加工精度，同时也可能使粗加工中切去的一层金属尽可能薄一些，以便留下一层组织紧密而耐磨的金属层。为了达到上述目的，在粗基准选择时，应以床身导轨面为粗基准先加工床脚平面，再以床脚面为精基准加工导轨面，这样就可以使导轨面的粗加工余量均匀，如图 6.14（a）所示。反之，若以床脚为粗基准先加工导轨面，由于床身毛坯的平行度误差，不得不在床身的导轨面上切去一层不均匀的较厚金属，不利于床身加工质量的保证，如图 6.14（b）所示。

以重要表面为粗基准，在重要零件的加工中得到较多的应用，例如机床主轴箱箱体的加工，通常是以主轴孔为粗基准先加工底面或顶面，再以加工好的平面为精基准加工主轴孔及其他孔，可以使精度要求高的主轴孔获得均匀的加工余量。

2）不加工表面原则　为了保证零件上加工面与不加工面的相对位置要求，应选不加工面作粗基准。

如图 6.15 所示铸件毛坯，铸造时孔 B 与外圆有偏心。如图 6.12（a）所示，若以不加工面（外圆 A）为粗基准加工孔 B，则加工后的孔 B 与不加工的外圆 A 基本同轴，较好地保证了壁

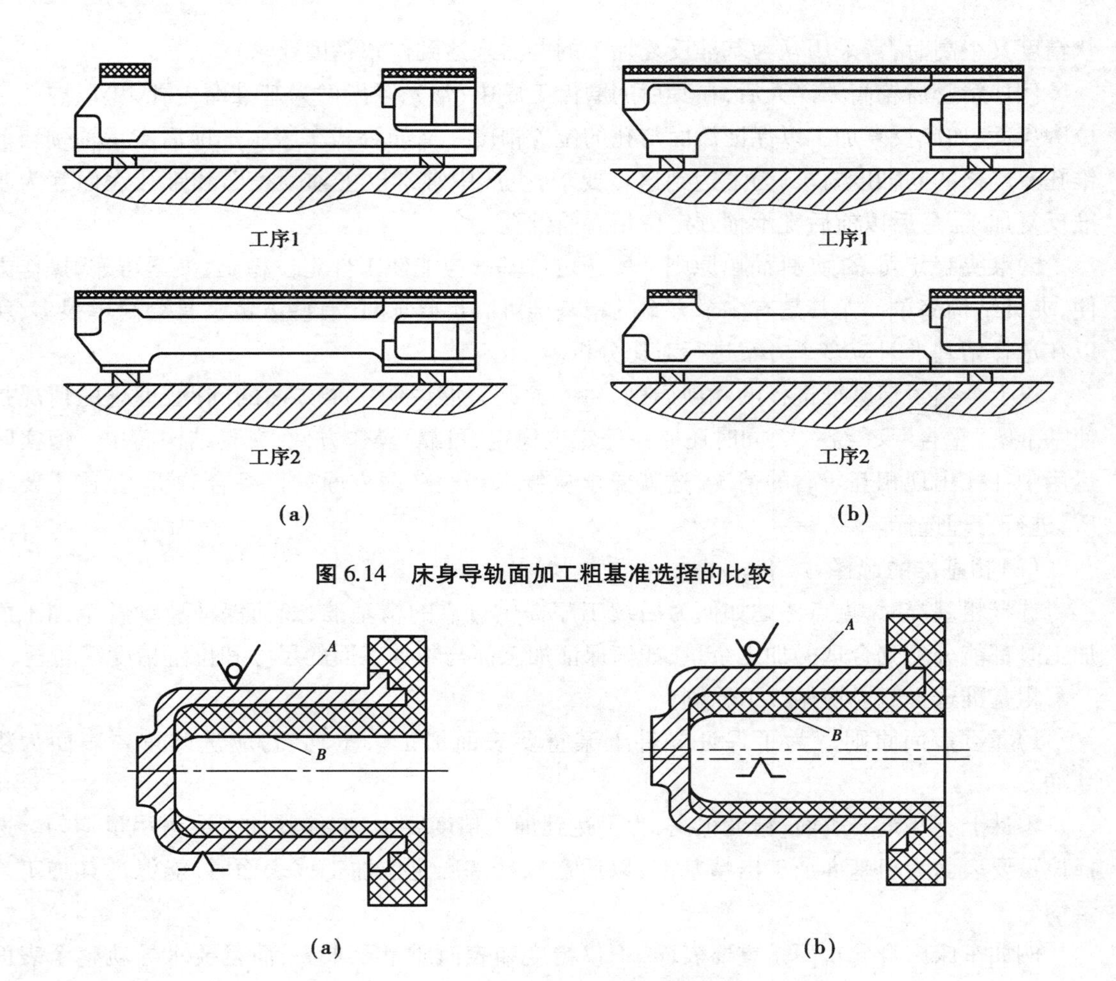

图 6.14　床身导轨面加工粗基准选择的比较

图 6.15　不加工表面作粗基准实例

厚均匀;如图(b)所示,若以内孔 B 自身定位加工孔 B,则能较好地保证内孔加工的余量均匀,但内外圆必然不同轴,壁厚不均匀。

当零件上有几个不加工表面时,应选与加工面的相对位置要求高的不加工面为粗基准;如果每个表面都要加工,则一般以加工余量小的表面作为粗基准。

如图 6.16 所示阶梯轴锻件毛坯,若毛坯大小圆柱的同轴度误差为 0~3 mm,大圆柱的最小加工余量为 8 mm,小圆柱的最小加工余量为 5 mm。若以加工余量大的大圆柱为粗基准先车小圆柱,则小圆柱可能会因加工余量不足而使工件报废。反之,若以加工余量小的小圆柱为粗基准先车大圆柱,则大圆柱的加工余量足够,经过加工的大圆柱外圆已与小圆柱毛坯外圆基本同轴;再以经过加工的大圆柱外圆为精基准车小圆柱,小圆柱的余量也就足够了。

3)一次使用原则　粗基准应尽量避免重复使用,特别是在同一尺寸方向上只允许装夹使用一次。因粗基准是未加工面,表面粗糙、形状误差大,如果二次装夹使用同一粗基准,两次装夹中加工出的表面就会产生较大的相互位置误差。

如图 6.17 所示小轴的加工,若重复使用毛坯面 B 定位加工 A 和 C 面,必然会使 A、C 面间产生较大的同轴度误差。

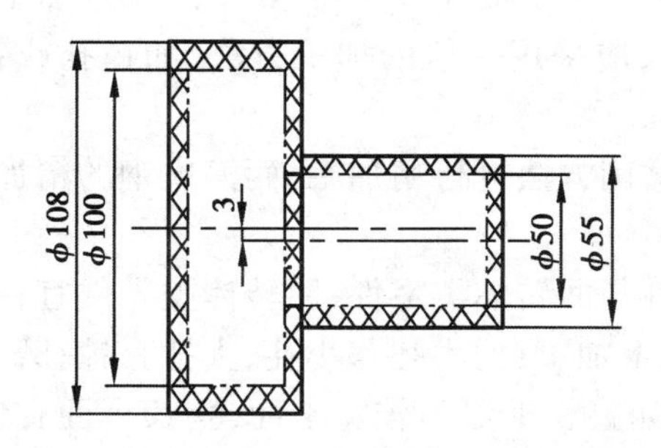

图6.16　以加工余量小的面为粗基准实例

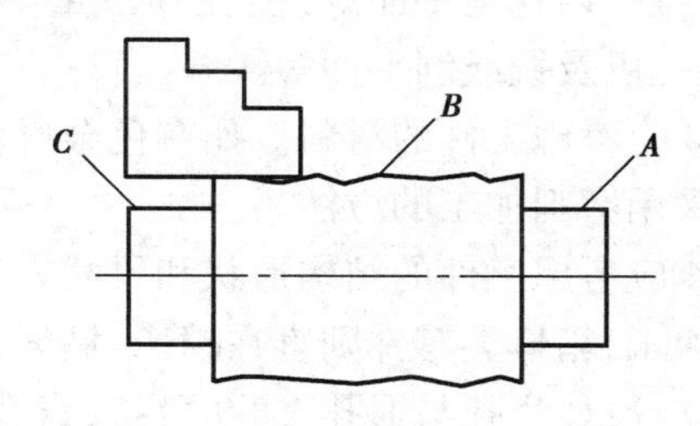

图6.17　重复使用粗基准实例

4)光滑平整原则　为了使定位稳定、可靠,应选毛坯尺寸和位置比较可靠、平整光洁的表面作粗基准。作为粗基准的表面应无锻造飞边和铸造浇冒口、分型面及毛刺等缺陷,用夹具装夹时,还应使夹具结构简单,操作方便。

6.5　工艺路线的制订

拟订零件的加工工艺路线,对零件加工质量、生产率和经济性有决定性的影响,因此,它是制订工艺规程中最关键的一步。通常应提出多个方案进行比较分析,以求最佳方案。拟订工艺路线时,主要考虑以下几方面的问题。

6.5.1　表面加工方法的选择

(1)机械加工的经济精度和表面粗糙度

在拟订零件的工艺路线时,首先要确定各个表面的加工方法。零件的形状尽管各种各样,但它们都可以认为是由多种简单的表面(如外圆、孔、平面、锥面、成形表面等)构成的几何体。针对每一种几何表面,都有一系列加工方法与之相对应;任何一种加工方法,可以获得的精度和表面粗糙度值均有一个较大的范围。例如,精细地操作,选择低的切削用量,获得的精度较高,但又会降低生产率,提高成本;反之,如增加切削用量提高了生产率,但获得的精度也较低了。所以,加工方法只有在一定的精度范围内才是经济的,这一定范围的精度就是指在正常加工条件下(采用符合质量标准的设备、工艺装备和标准技术等级的工人,不延长加工时间)所能达到的加工精度,这种精度称为加工经济精度,相应的表面粗糙度称为经济表面粗糙度。各种加工方法所能达到的经济精度和表面粗糙度,可查阅有关手册。

(2)表面加工方案选择

选择加工方法时应考虑以下几方面的问题:

①选择表面加工方案必须保证零件达到图纸要求是稳定而可靠的,并在生产率和加工成本方面是经济合理的。

表6.8、6.9和6.10分别列出了外圆表面、内孔和平面的典型加工方案及其能达到的经济精度。可根据零件表面的技术要求查表确定加工方案,先选定它的最终加工方法,然后再逐一选定各有关前导工序的加工方法。

②应考虑生产率和经济性的要求。大批大量生产时,应尽量采用高效率的先进加工方法,如拉削内孔与平面等;但在年产量不大的情况下,应采用一般的加工方法,如镗孔或钻、扩、铰孔以及铣或刨平面等。

③应考虑工件的材料。如有色金属就不宜采用磨削方法进行精加工,而淬火钢的精加工就需采用磨削加工的方法。

④应考虑工件的结构形状和尺寸。如箱体类零件与回转体类零件,回转体类零件宜在车床上加工,箱体类零件则宜在镗床、钻床、铣床等机床上加工;如大孔与小孔,大孔宜镗、磨,小孔则宜铰;如盲孔与通孔,通孔可拉,盲孔则不能拉;如狭长平面与较宽平面,狭长平面宜刨,相反则宜铣。

⑤选择加工方法还要考虑本企业(或本车间)的现有设备情况及技术条件。

在选择表面加工方法时,应先选择各主要表面的加工方法(或加工方案),待其选定后,再选择其他次要表面的加工方法(或加工方案),因为有些次要表面的加工方法往往与主要表面有关,会随着主要表面加工方法的改变而改变。

表 6.8　外圆表面加工方案的经济精度和表面粗糙度

序号	加工方案	经济精度等级	表面粗糙度 $Ra/\mu m$	适用范围
1	粗车	IT11～IT12	50～12.5	适用于加工淬火钢以外的各种金属
2	粗车—半精车	IT8～IT10	6.3～3.2	
3	粗车—半精车—精车	IT6～IT7	1.6～0.8	
4	粗车—半精车—精车—滚压(或抛光)	IT5～IT6	0.2～0.025	
5	粗车—半精车—磨削	IT6～IT7	0.8～0.4	主要用于加工淬火钢,也用于加工未淬火钢,但不宜用于加工非铁金属
6	粗车—半精车—粗磨—精磨	IT5～IT6	0.4～0.1	
7	粗车—半精车—粗磨—精磨—超精加工(或超精磨)	IT5～IT6	0.1～0.012	
8	精车—半精车—粗磨—精磨—研磨	IT5 级以上	<0.1	
9	粗车—半精车—粗磨—精磨—超精磨(镜面磨削)	IT5 级以上	<0.025	
10	粗车—半精车—精车—金刚石车	IT5～IT6	0.4～0.025	用于加工要求较高的非铁金属

表6.9 孔加工方案的经济精度和表面粗糙度

序号	加工方案	经济精度等级	表面粗糙度 Ra/μm	适用范围
1	钻	IT11~IT12	12.5	加工未淬火钢及铸铁的实心毛坯，也用于加工孔径小于15 mm~20 mm的非铁金属
2	钻—铰	IT8~IT10	3.2~1.6	
3	钻—粗铰—精铰	IT7~IT9	1.6~0.8	
4	钻—扩	IT10~IT11	12.5~6.3	同上，但孔径大于15 mm~20 mm
5	钻—扩—铰	IT8~IT9	3.2~1.6	
6	钻—扩—粗铰—精铰	IT7~IT8	1.6~0.8	
7	钻—扩—机铰—手铰	IT6~IT7	0.4~0.1	
8	钻—(扩)—拉	IT7~IT9	1.6~0.1	大批量生产中小零件的通孔(精度由拉刀的精度而定)
9	粗镗(或扩孔)	IT11~IT12	12.5~6.3	除淬火钢外的各种材料，毛坯有铸出孔或锻出孔
10	粗镗(粗扩)—半精镗(精扩)	IT9~IT10	3.2~1.6	
11	粗镗(粗扩)—半精镗(精扩)—精镗(铰)	IT7~IT8	1.6~0.8	
12	粗镗(扩)—半精镗(精扩)—精镗—浮动镗刀块精镗	IT6~IT7	0.8~0.4	
13	粗镗(扩)—半精镗—磨孔	IT7~IT8	0.8~0.2	主要用于加工淬火钢，也可用于加工未淬火钢，但不宜用于加工非铁金属
14	粗镗(扩)—半精镗—粗磨—精磨	IT6~IT7	0.2~0.1	

续表

序号	加工方案	经济精度等级	表面粗糙度 $Ra/\mu m$	适用范围
15	粗镗—半精镗—精镗—金刚镗	IT6~IT7	0.4~0.05	主要用于加工精度要求高的情况及非铁金属加工
16	钻—(扩)—粗铰—精铰—珩磨	IT6~IT7	0.2~0.025	加工钢铁材料精度要求很高的孔
17	钻—(扩)—拉—珩磨			
18	粗镗—半精镗—精镗—珩磨			
19	以研磨代替上述方案中的珩磨	IT5~IT6	<0.1	

表 6.10 平面加工方案的经济精度和表面粗糙度

序号	加工方案	经济精度等级	表面粗糙度 $Ra/\mu m$	适用范围
1	粗车	IT10~IT11	12.5~6.3	未淬硬钢、铸铁、非铁金属端面加工
2	粗车—半精车	IT8~IT9	6.3~3.2	
3	粗车—半精车—精车	IT6~IT7	1.6~0.8	
4	粗车—半精车—磨削	IT7~IT9	0.8~0.2	钢、铸铁端面加工
5	粗刨(粗铣)	IT12~IT14	12.5~6.3	未淬硬的平面加工
6	粗刨(粗铣)—半精刨(半精铣)	IT11~IT12	6.3~1.6	
7	粗刨(粗铣)—精刨(精铣)	IT7~IT9	6.3~1.6	
8	粗刨(粗铣)—半精刨(半精铣)—精刨(精铣)	IT7~IT8	3.2~1.6	
9	粗铣—拉	IT6~IT9	0.8~0.2	大量生产中未淬硬的小平面加工(精度视拉刀精度而定)

续表

序号	加工方案	经济精度等级	表面粗糙度 $Ra/\mu m$	适用范围
10	粗刨(粗铣)—精刨(精铣)—宽刃刀精刨	IT6~IT7	0.8~0.2	未淬硬的钢、铸铁及非铁金属工件,批量较大时宜采用宽刃精刨方案
11	粗刨(粗铣)—半精刨(半精铣)—精刨(精铣)—宽刃刀低速精刨	IT5	0.8~0.2	
12	粗刨(粗铣)—精刨(精铣)—刮研	IT5~IT6	0.8~0.1	
13	粗刨(粗铣)—半精刨(半精铣)—精刨(精铣)—刮研			
14	粗刨(粗铣)—精刨(精铣)—磨削	IT6~IT7	0.8~0.2	淬硬或未淬硬的钢铁材料工件
15	粗刨(粗铣)—半精刨(半精铣)—精刨(精铣)—磨削	IT5~IT6	0.4~0.2	
16	粗铣—精铣—磨削—研磨	IT5 级以上	<0.1	

6.5.2 加工阶段的划分

(1)机械加工工艺过程的加工阶段

在选定了零件上各表面的加工方法后,还需进一步确定这些加工方法在工艺路线中的顺序及位置。这与加工阶段的划分有关,当零件的加工质量要求较高时,一般都要经过粗加工、半精加工和精加工三个阶段,当零件精度要求特别高或表面粗糙度值要求特别小时,还要经过光整加工阶段。

1)粗加工阶段　在粗加工阶段主要是高效地切除各加工表面上的大部分余量,并加工出精基准。粗加工阶段能达到的精度较低(IT11 以下),表面粗糙度较大($Ra6.3$~$Ra50$ μm)。

2)半精加工阶段　半精加工阶段的主要任务是减小粗加工后留下的误差,使被加工零件达到一定精度,为精加工做准备,并完成大部分次要表面的加工。半精加工阶段精度可达 IT8~IT10 左右,表面粗糙度为 $Ra3.2$~$Ra6.3$ μm。

3)精加工阶段　保证各主要表面达到图纸规定的加工要求。加工精度可达 IT6~IT8 左右,表面粗糙度为 $Ra0.8$~$Ra1.6$ μm。

4)光整加工阶段　是对精度要求很高(IT5~IT6 以上)、表面粗糙度值要求很小($Ra<0.4$ μm)的零件安排的加工,其主要任务是减小表面粗糙度值或进一步提高尺寸精度和形状精度。由于切除极薄金属层,所以一般不能纠正各表面的方向、位置和跳动误差。

(2)划分加工阶段的原因

1)保证加工质量的需要　在粗加工阶段中,由于切除的金属层较厚,产生的切削力和切削热都比较大,所需的夹紧力也大,因而工件会产生较大的受力和受热引起的弹塑性变形,还有因较大的内应力重新分布带来的变形,从而造成较大的加工误差和较大的表面粗糙度值。通过半精加工和精加工,可以逐步修正工件的变形,提高加工精度,降低表面粗糙度;而且半精加工和精加工逐步减小切削用量、减小切削力和切削热,提高加工精度,降低表面粗糙度,最后达到零件图的要求。同时各阶段之间的时间间隔可使工件得到自然时效,有利于消除工件的内应力,使工件有恢复变形的时间,以便在后面的工序中加以修正。

2)合理使用设备(机床)的需要　粗加工时一般采用功率大,精度不高的高效率、高强度设备;而精加工时则应采用高精度设备。这样不但提高了粗加工的生产效率,而且也延长了高精度设备的使用寿命,且可降低加工成本。

3)便于热处理工序的安排　热处理工序的插入自然地将机械加工工艺过程划分为几个阶段。可根据不同的热处理要求,安排适当的热处理。如在精密主轴加工中,在粗加工后进行去应力的时效处理,在半精加工后进行淬火,在精加工后进行冰冷处理及低温回火,最后再进行光整加工。

4)及时发现毛坯缺陷　粗加工各表面后可及早发现毛坯的缺陷(如裂纹、气孔、砂眼等),及时修补或报废,避免继续加工而增加损失。

5)保护高精度的已加工表面　精加工阶段安排在最后,可保护精加工后的表面尽量不因夹紧、运输等而造成损伤。

应当指出,将工艺过程划分成几个阶段是对整个加工过程而言的,不能单纯从某一表面的加工或某一工序的性质来判断。例如工件的定位基准的加工总是优先安排,而在精加工阶段中安排某些次要表面,如钻孔之类的粗加工工序也是常有的。

还需指出的是,划分加工阶段也并不是绝对的。对于刚性好、加工精度要求不高或余量不大的工件就不必划分加工阶段。有些精度要求高的重型件,由于运输安装费时费工,一般也不划分加工阶段,而是在一次装夹下完成全部粗加工和精加工任务;为减少夹紧变形对加工精度的影响,可在粗加工后松开夹紧机构,然后用较小的夹紧力重新夹紧工件,继续进行精加工,这对提高加工精度是有利的。

6.5.3　工序集中与分散

零件上加工表面的加工方法选择好后,加工零件的各个工步也就确定了,接着就应该考虑如何合理地将这些工步组合成若干不同的工序。组合工序有两种截然不同的原则,一个是工序集中原则,另一个是工序分散原则。

(1)工序集中原则

所谓工序集中,就是把工件上较多的加工内容集中在一道工序中进行,而整个工艺过程由数量比较少的复杂工序组成。最大限度的集中是在一个工序内完成工件所有表面的加工。它的特点是:

①工序数目少,设备数量少,可相应减少操作工人数和生产面积。

②工件装夹次数少,不但缩短了辅助时间,而且在一次装夹中所加工的各个表面之间容易保证较高的位置精度。

③有利于采用高效率的专用机床和工艺装备,从而提高生产效率。

④由于采用比较复杂的专用设备和专用工艺装备,因此生产准备工作量大,调整费时,对产品更新的适应性差。

(2)工序分散原则

所谓工序分散就是在每道工序中仅仅对工件上很少的几个表面进行加工,整个工艺过程由数量比较多的简单工序组成。它的特点是:

①工序数目多,设备数量多,相应地增加了操作工人数和生产面积。

②可以选用最有利的切削用量。

③机床、刀具、夹具等结构简单,调整方便。

④生产准备工作量小,改变生产对象容易,生产适应性好。

工序集中和分散各有其特点,必须根据生产类型、工厂的设备条件、零件的结构特点和技术要求等具体生产条件确定。

在大批大量生产中,趋向于采用高效机床、专用机床及自动生产线等设备按工序集中原则组织工艺过程,但也可采用工序分散原则组织工艺过程,例如,轴承制造厂加工轴承外圈、内圈等,就是按工序分散原则组织工艺过程的。在成批生产中,既可按工序分散原则组织工艺过程,也可采用多刀半自动车床和转塔车床等高效通用机床按工序集中原则组织工艺过程。在单件小批生产中,宜采用通用机床按工序集中原则组织工艺过程。在现代制造中,由于数控机床等的使用,工艺过程的安排趋向于工序集中。

6.5.4 工序顺序的安排

工序顺序就是各工序的排列次序,包括机械加工工序的顺序、热处理工序的安排和其他辅助工序的安排。

(1)机械加工工序的安排

机械加工工序的安排应遵循以下几个原则:

①先基面后其他。选作精基准的表面应优先加工,以便为后续工序的加工提供精基准。

②先粗后精。整个零件的加工工序,应粗加工工序在前,相继为半精加工、精加工及光整加工工序。

③先主后次。先加工零件主要表面及装配基准面,然后再加工次要表面。

主要表面一般指零件上的基准面、工作面等,一般加工精度和表面质量要求较高,因此加工工序数目较多,而且加工质量的好坏,对整个零件的质量有较大的影响,所以要先加工主要表面。

主要表面的加工质量要求较高、相对难度较大,为了减少由于加工主要表面产生废品造成其他工序工时的损失,应先加工主要表面。

当次要表面的加工量很大时,为了避免次要表面的加工影响到主要表面的质量,因此在主要表面的最后精加工前应该将这些次要表面加工完成。

有些次要表面与主要表面有位置精度的要求,因此一般都放在最后的精加工或光整加工之前、随着主要表面的加工进行。

④先面后孔。先加工平面,再加工该平面上的孔。

对于箱体、支架等类型零件,平面的轮廓尺寸较大,用它定位比较稳定,因此应选平面作精基准,先加工平面,然后以平面定位加工孔,有利于保证孔的加工精度。

另外,在毛坯面上钻孔,钻头容易"引偏",所以应先加工平面,再加工该平面上的孔。

(2)热处理工序的安排

为了提高工件材料的力学性能,或改善工件材料的切削性能,或为了消除工件材料内部的内应力,在工艺过程中的适当位置应安排热处理工序。

①预备热处理。一般指改善材料加工性能、方便机械加工的热处理。预备热处理包括退火、正火、时效和调质处理等。

退火和正火是为了改善切削加工性能和消除毛坯的内应力,常安排在毛坯制造之后、粗加工之前进行,有时正火也安排在粗加工后进行。

调质处理即淬火后再高温回火的双重热处理方法。调质可以使钢的性能、材质得到很大程度的调整,其强度、塑性和韧性都较好,具有良好的综合机械性能。常置于粗加工之后进行。

时效处理主要用于消除毛坯制造和机械加工中产生的内应力。最好安排在粗加工之后进行,对于加工精度要求不高的工件也可放在粗加工之前进行。对于机床床身、立柱等结构比较复杂的铸件,在粗加工前后都要进行人工时效(或自然时效)处理,使材料组织稳定,以后不再有较大的变形。除铸件外,对一些刚性差的精密零件(如精密丝杠),为消除加工中产生的内应力,稳定零件的加工精度,在粗加工、半精加工和精加工之间可安排多次时效处理。

②最终热处理。即提高零件材料表面的硬度和耐磨性、提高抗腐蚀能力和表面美化等的热处理,最终热处理包括淬火、渗碳淬火和渗氮、液体碳氮共渗处理等。

淬火处理一般都安排在半精加工和精加工之间进行。这是由于工件淬硬后,表面会产生氧化层且有一定的变形,淬硬处理后需安排精加工工序,以修整热处理工序产生的变形。在淬火工序以前,需将铣槽、钻孔、攻螺纹和去毛刺等次要表面的加工进行完毕,以防工件淬硬后无法加工。

渗碳淬火常用于处理低碳钢和低碳合金钢,目的是使零件表层增加含碳量,淬火后使表层硬度增加,而芯部仍保持其较高的韧性,渗碳淬火有局部渗碳淬火及整体渗碳淬火之分,整体渗碳淬时,有时需先将有关部位(如淬火后需钻孔的部位等)进行防渗保护,以便淬火后加工;或将有关部位的加工放在渗碳和淬火之前进行。

渗氮、液体碳氮共渗等热处理工序,可根据零件的加工要求安排在粗、精磨削之间或在精磨之后进行,用于装饰及防锈表面的电镀、发蓝处理等工序,一般都安排在机械加工完毕后进行。

(3)辅助工序的安排

辅助工序种类很多,包括工件的检验、去毛刺、平衡及清洗工序等,其中检验工序对保证产品质量有极为……用,需在下列场合安排检验工序:

①粗加工全……工之前。

②工件从……个车间前后。

③重要工……

④零件……

除了一般……尺寸和几何误差检查)和表面粗糙度检查之外,还有其他检查,如 X 射线检查、超声波……检查等用于检查工件内部的质量,一般都安排在工艺过程的开始进行,荧光检查和磁力探伤主要用于检查工件表面质量,通常安排在精加工阶段进行。

特别应提出的是不应忽视去毛刺、倒棱以及清洗等辅助工序,特别是一些重要零件,往往由于这些工序安排不当而影响产品的使用性能和工作寿命。

6.6　工序设计

零件的工艺过程制订后,就应该进行工序内容设计,即选择每道工序的机床和工艺装备,确定工序加工余量和工序尺寸,确定切削用量、工时定额等。

6.6.1　机床和工艺装备选择

(1)机床的选择

选择机床应符合四个“相适应”的原则。

①机床的生产率应与零件的生产类型相适应。

②机床工作区域应与零件外形及加工表面尺寸相适应。

③机床的精度应与工序的加工精度要求相适应。

④机床的功率、刚度和工作参数应该与最合理的切削用量相适应。

(2)工艺装备的选择

1)刀具的选择　刀具的类型、规格及精度等级应与加工要求相适应。

一般采用标准刀具,生产批量大时,可采用高效率的复合刀具及专用刀具。

2)夹具的选择　夹具的类型应与零件的生产类型相适应;夹具的精度应与工序加工要求相适应。

单件小批生产时,应尽可能采用通用夹具,为提高生产效率,在条件允许时也可采用组合夹具;中批及以上生产时,应采用专用夹具,以提高生产效率;大批大量生产时,应采用高效专用夹具,以提高生产率并减轻工人劳动强度。

3)量具的选择　量具的类型应与零件的生产类型相适应;量具的精度等级应与被测工件的加工精度相适应。

单件小批生产时,应尽可能选择通用量具。大批大量生产时应广泛采用各种专用量具和检具。量具的精度等级应与被测工件的加工精度相适应。

6.6.2　加工余量的确定

(1)加工余量的概念

加工余量是指加工过程中从加工表面所切去的金属层厚度。

零件上要求较高的加工表面,往往需要经过一系列工序的加工,逐步提高加工精度,最后才能达到图纸设计要求。如图 6.18 所示,某套筒零件外圆表面需粗车—半精车—热处理—磨;内圆表面需经过粗车—半精车—热处理—磨—珩磨。每道工序达到一定的精度,前工序的加工为后工序做准备,并留有适当的加工余量由后工序切除。显然,加工余量过大,不仅增加了机械加工的工作量,降低生产率,增加材料、工具等消耗,提高了加工成本,而且对某些精加工来说,加工余量太大也会影响加工质量。若加工余量太小,又不能消除工件表面残留的各种缺陷和误差，造成废品。因此，合理地确定加工余量，对提高加工质量和降低成本都有十分重要的意义。

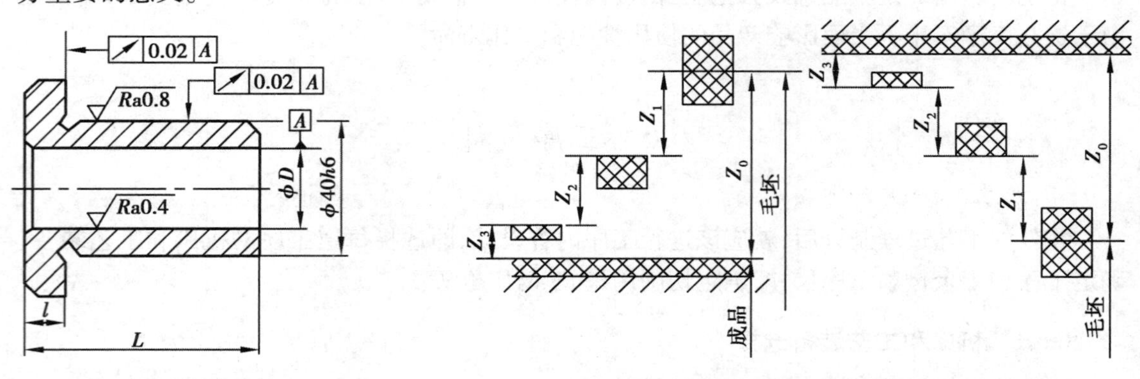

图 6.18　套筒零件　　　　图 6.19　加工总余量与工序余量的关系

1)工序余量与加工总余量　加工余量有工序余量和加工总余量之分。工序余量是指某一工序所切除的金属层总厚度，即相邻两工序的工序尺寸之差；加工总余量是指某加工表面上切除的金属层总厚度，即毛坯尺寸与零件图设计尺寸之差。同一加工表面的加工余量与各工序余量的关系如图 6.19 所示，由图可得下式：

$$Z_0 = \sum_{i=1}^{n} Z_i \tag{6.2}$$

式中　Z_0——加工总余量；

Z_i——各工序余量，n 为工序数。

2)最大余量和最小余量　由于毛坯尺寸和各工序尺寸存在误差，因此，无论是加工总余量还是工序余量实际上都是变动的值，就产生了最大余量和最小余量。通常毛坯尺寸按双向分布标注极限偏差；工序尺寸按“入体原则”标注极限偏差，即外尺寸取上极限偏差为零，标注成单向负偏差；内尺寸取下极限偏差为零，标注成单向正偏差。

3)双边余量和单边余量　加工余量还有双边余量和单边余量之分。对于平面，如图 6.20(a)所示，其加工余量为单边余量；对于孔和外圆等回转表面，如图 6.20(b)、(c)所示，加工余量是指双边余量，实际切削的金属层厚度为加工余量的一半。

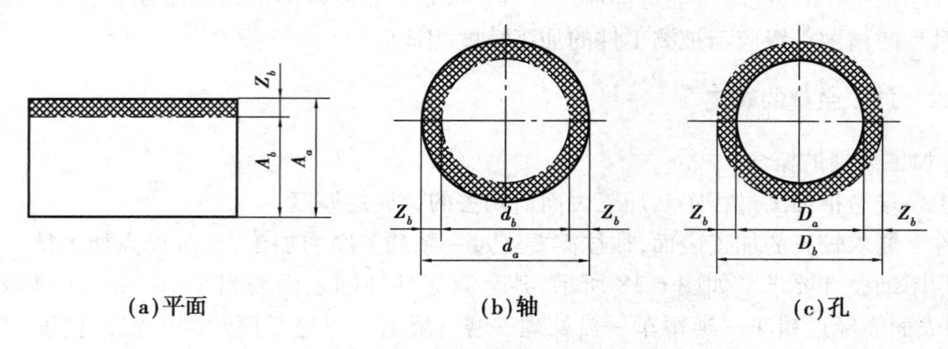

图 6.20　单边余量与双边余量

$$\text{对于平面，如图 6.20(a)：} Z_b = A_a - A_b \tag{6.3}$$

对于轴,如图 6.20(b):$2Z_b = d_a - d_b$　(6.4)

对于孔,如图 6.20(c):$2Z_b = D_b - D_a$　(6.5)

式中　Z_b——本工序的基本余量;

A_a、d_a、D_a——上工序的公称尺寸;

A_b、d_b、D_b——本工序的公称尺寸。

(2)影响加工余量的因素

为了合理确定加工余量,必须了解影响加工余量的因素。影响加工余量的主要因素有:

1)上工序的表面粗糙度 Rz_a 和表面缺陷层 D_a　在上工序加工后的表面上或毛坯表面上,存在着表面微观粗糙度值 Rz_a 和表面缺陷层 D_a(包括冷硬层、氧化层、裂纹等),如图 6.21 所示。为了保证加工质量,必须在本工序中切除。

2)上工序的尺寸公差 T_a　由于工序尺寸有误差,为了使上工序的实际工序尺寸在极限尺寸的情况下,本工序也能将上工序留下的表面粗糙度和缺陷层切除,本工序的加工余量应包括上工序的尺寸公差。

3)工件各表面的空间几何误差 ρ_a　属于这一类误差的有直线度、位置度、同轴度、平行度及轴线与端面的垂直度等。

工件上有些几何误差不包括在尺寸公差的范围内,但这些误差又必须在本工序的加工中给予纠正,在本工序的加工余量中必须包括各表面的空间几何误差。ρ_a 的数值与上工序的加工方法和零件的结构有关,可用近似计算法或查有关资料确定,若存在两种以上的空间偏差时可用向量和表示。

如图 6.22 所示轴类零件,由于上工序轴线有直线度误差 ρ_a,本工序加工余量必须相应增加 $2\rho_a$。

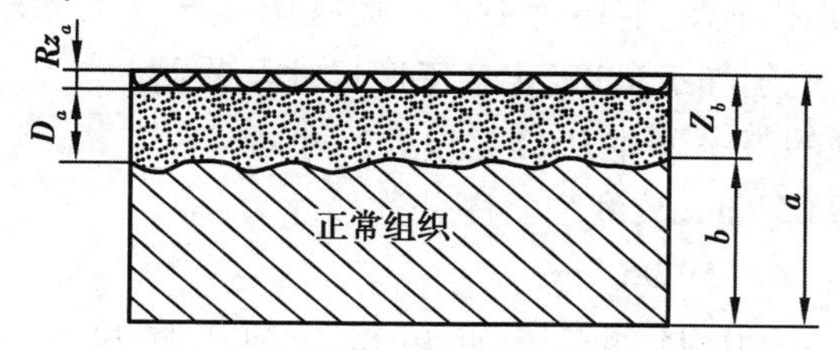

图 6.21　表面粗糙度及变形层

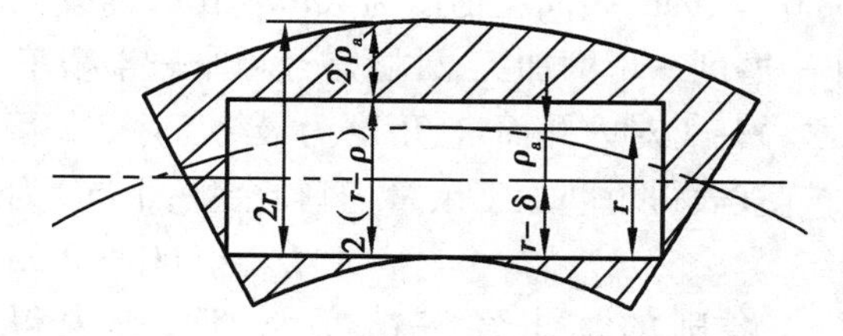

图 6.22　工件轴线弯曲对加工余量的影响

4)本工序的装夹误差 ε　此误差除定位误差和夹紧误差外,还包括夹具本身的制造误差,其大小为三者的向量和。

如果本工序有装夹误差(包括定位误差、夹紧变形误差、夹具制造误差等),使工件在加工时位置发生偏移,本工序加工余量则应考虑这些误差的影响。

如图 6.23 所示用三爪自动定心卡盘夹持工件外圆加工孔时,若工件轴心线偏移机床主轴回转轴线一个 e 值,造成内孔切削余量不均匀,为使上工序的各项误差和缺陷在本工序切除,则应将孔的加工余量加大。

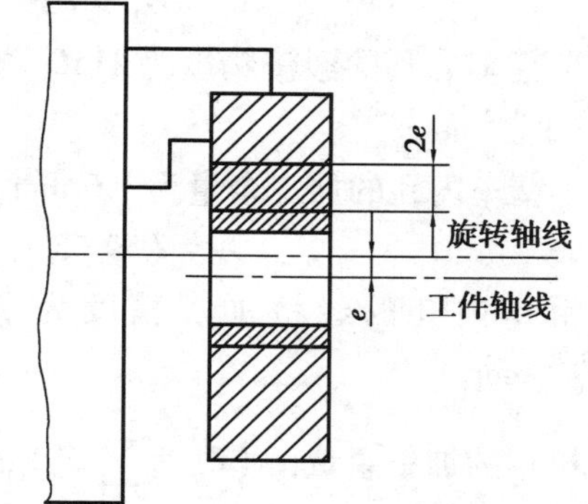

图 6.23　装夹误差对加工余量的影响

通过以上分析，可得到机械加工最小余量的计算公式：

对单面余量 $$Z_{b\min}=T_a+Rz_a+D_a+|(\vec{\rho}_a+\vec{\varepsilon}_b)| \tag{6.6}$$

对双面余量 $$2Z_{b\min}=T_a+2(Rz_a+D_a)+2|(\vec{\rho}_a+\vec{\varepsilon}_b)| \tag{6.7}$$

式中，$\vec{\rho}_a$与$\vec{\varepsilon}_b$是有方向的，它们的合成应为向量和，然后取绝对值。T_a、R_a、D_a 的值可查有关手册，$\vec{\rho}_a$和$\vec{\varepsilon}_b$则需根据实际情况通过计算或试验数据求得。

6.6.3 工序尺寸的确定

确定工序余量的方法有三种：

1)计算法　应用上面加工余量的计算公式通过计算确定加工余量。此法必须要有可靠的数据资料，一般适用于大批量生产，或者用来确定贵重金属的加工余量。

2)经验估计法　技术人员根据企业的生产情况，靠经验来确定加工余量。为防止余量不足而产生废品，通常所取的加工余量偏大，一般用于单件小批生产。

3)查表法　根据长期的生产实践和试验研究所积累的有关加工余量资料，制成各种表格并汇编成册，确定加工余量时，可借鉴这些手册，再根据本企业实际加工情况进行适当修正后确定，应用非常广泛。

下面以一个例子来说明用查表法确定加工余量、计算工序尺寸、确定工序公差的方法。

当工序基准与设计基准重合时，工序尺寸与设计尺寸和加工余量有关，前后两道工序的工序尺寸仅相差工序加工余量，工序尺寸的计算一般从最终工序开始逐步向前推算。工序尺寸的公差一般按加工经济精度确定，偏差一般按“入体原则”标注。

例：有一套筒零件，其内孔孔径为 $\phi 60^{+0.019}_{0}$ mm，表面粗糙度值为 $Ra0.4$ μm，外圆直径为 $\phi 80^{0}_{-0.035}$ mm，表面粗糙度为 $Ra0.8$ μm，内外圆均需淬火，毛坯为锻件。内孔需经粗车—半精车—磨削—珩磨加工；外圆需经粗车—半精车—磨削加工，试确定各工序尺寸及公差。

解：①对内孔而言，珩磨为最终工序，故珩磨的工序尺寸 D_1即为设计尺寸 $\phi 60^{+0.019}_{0}$ mm。

查表得珩磨加工余量（直径余量，下同）为 0.05 mm，故磨削工序公称尺寸为：

$$D_2=(60-0.05)\,\text{mm}=59.95\text{ mm}$$

磨削的加工经济精度为 IT7，查表得 $T_2=0.03$ mm，由此可得磨削工序尺寸为 $\phi 59.95^{+0.03}_{0}$ mm。

查表得磨削的加工余量为 0.4 mm，故半精车内孔的工序公称尺寸为：

$$D_3=(59.95-0.4)\,\text{mm}=59.55\text{ mm}$$

半精车内孔的经济精度为 IT10，查表得 $T_3=0.12$ mm，由此可得半精车内孔工序尺寸为 $\phi 59.55^{+0.12}_{0}$ mm。

半精车内孔的加工余量为 1.6 mm，因此，粗车内孔的工序公称尺寸为：

$$D_4=(59.55-1.6)\,\text{mm}=57.95\text{ mm}\approx 58\text{ mm}$$

粗车内孔的经济加工精度为 IT13，即 $T_4=0.46$ mm，故粗车内孔的工序尺寸为 $\phi 58^{+0.46}_{0}$ mm。

粗车的加工余量由 $(Z_0-\sum_{i=1}^{n-1}Z_i)$ 决定，查表得毛坯孔的总余量 Z_0为 8 mm，故毛坯孔的公称尺寸为：$D_0=(60-8)\,\text{mm}=52$ mm。毛坯公差为±2 mm，所以毛坯孔的尺寸为 $\phi 52\pm 2$ mm。

②对外圆而言，磨削为最终工序，故磨削的工序尺寸 d_1 即为设计尺寸 $\phi 80^{0}_{-0.035}$ mm。

由上面计算和确定内孔各工序加工余量、工序尺寸及其公差的过程可以看出，主要步骤为：查表得余量，查表得各加工方法的经济精度及公差，然后计算各工序的公称尺寸并标注偏差（最后工序尺寸偏差满足图纸要求、中间工序尺寸偏差“入体原则”标注、毛坯尺寸偏差“双向”标注）。

根据以上步骤，下面以列表形式来确定外圆各工序的工序尺寸，如表 6.11 所示。

表 6.11　$\phi 80^{0}_{-0.035}$ 外圆表面工序尺寸及其偏差确定表　　mm

工序名称	双边余量	经济精度		工序尺寸及其极限偏差
		公差等级	公差值	
磨削	0.5	IT7	0.035	$\phi 80^{0}_{-0.035}$
半精车	1.1	IT10	0.140	$\phi 80.5^{0}_{-0.14}$（80.5＝80+0.5）[b]
粗车	3.4（3.4＝5−0.5−1.1）[b]	IT13	0.540	$\phi 81.6^{0}_{-0.54}$（81.6＝80.5+1.1）[b]
毛坯	5[a]		4	$\phi 85\pm 2$（85＝80+5）[b]

注：[a]外圆毛坯总余量为 $Z_0=5$ mm；[b]括号内为前方数值的计算式，表示其来源。

6.6.4　切削用量的确定

切削用量确定是工序设计中一个重要内容，合理的切削用量既要满足加工要求，又要考虑生产率，还要受制于所用机床的功率。

切削用量的确定方法常用的有查表法和计算法。生产中主要用查表法，其主要步骤和方法如下：

①确定工序余量，工序余量尽量在一次走刀中去除。

②根据工序加工性质、尤其是表面粗糙度的要求确定进给量。

粗加工工序在一些特殊情况下，如切削力很大、工件长径比很大、刀杆伸出长度很大时，有时还需对选定的进给量校验，校验刀片和刀杆的强度、校验工件的刚性、校验机床进给机构薄弱环节的强度等。

③由已经确定的工序余量、进给量和刀具使用寿命，确定一个合理的切削速度，并按机床实有的主轴转速选取接近的主轴转速。

④根据所选的切削用量核验机床功率。

6.7　工艺尺寸链

确定工序尺寸时，如果是基于一个表面的多次加工的工序尺寸，可以按照工序加工余量和工序的加工经济精度来计算。但在工艺过程中如涉及基准变换，如图 6.12（c）所示的调刀尺寸的计算，就需要借助尺寸链来分析计算。

6.7.1 尺寸链的基本概念

(1)尺寸链定义及尺寸链图

尺寸链的定义是:在机器装配或零件加工过程中,由相互联系且按一定顺序排列的封闭的尺寸组合。

图6.24为拖拉机变速箱倒挡介轮的装配结构,保证齿轮转动的轴向间隙A_0决定于箱体内壁宽A_1和介轮宽A_2。由A_0、A_1、A_2三个尺寸按一定顺序构成封闭的尺寸组合,即为尺寸链。

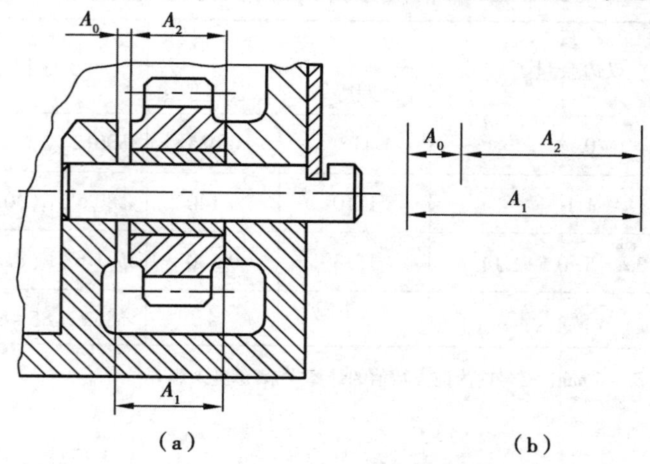

图6.24 倒挡介轮和箱壁的轴向间隙

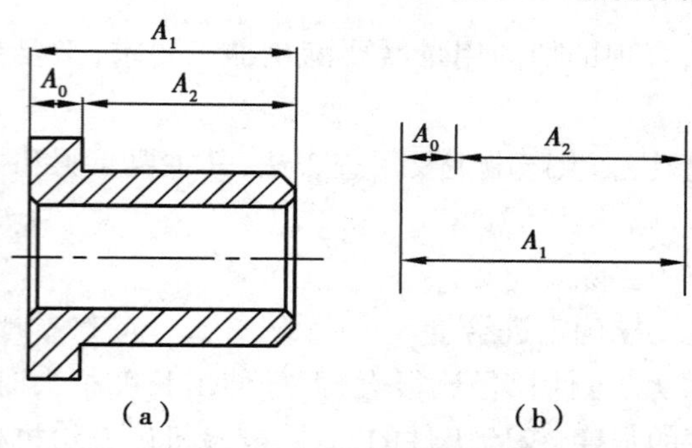

图6.25 工艺尺寸链图例

图6.25所示轴套,依次加工尺寸A_1和A_2,则尺寸A_0随之而定。因此,这三个相互联系的尺寸A_1、A_2、A_0构成了一个尺寸链,其中尺寸A_1和A_2是在加工过程中直接获得的,尺寸A_0是间接保证的,其公称尺寸和公差显然受制于尺寸A_1和A_2。

由上述可知,尺寸链具有以下三个特征:

①尺寸链具有封闭性,即组成尺寸链的各个尺寸是按一定顺序排列的封闭尺寸组合。

②尺寸链具有关联性,即尺寸链中存在一个尺寸A_0,它的大小取决于其他有关尺寸的大小。

③尺寸链至少是由三个尺寸(或角度量)构成的。

分析和计算尺寸链时,为简单起见,可以不画零件结构或装配单元的具体结构,只依次画出各个有关尺寸,即将在装配单元或零件上确定的尺寸链独立出来,如图6.24(b)、图6.25(b)所示,这就是尺寸链图。尺寸链图中各个尺寸可以不按标注位置绘制,但应保持各尺寸原有的连接关系。

(2)尺寸链的组成

尺寸链中的每一个尺寸称为尺寸链的环。有的环是独立存在的,有的环是受其他环影响而间接形成的。

1)封闭环　尺寸链中在装配或加工过程最后形成的一环为封闭环。它是在零件的加工和机器的装配过程中间接获得的尺寸。一个尺寸链中只有一个封闭环。如图6.24和图6.25中的A_0就是所在尺寸链中的封闭环。

2)组成环　尺寸链中对封闭环有影响的全部环。这些环中任一环的变动必然引起封闭环的变动。如图6.24和图6.25中的A_1、A_2。

根据组成环对封闭环的影响情况,组成环又可分为增环和减环。

①增环。在尺寸链中,当其余各环不变时,因其增大(或减小)而使封闭环也相应增大(或减小)的组成环称为增环。如图6.24及图6.25中的A_1。

②减环。在尺寸链中,当其余各环不变时,因其增大(或减小)而使封闭环相应地减小(或增大)的组成环称为减环。如图6.24及图6.25中的A_2。

判别尺寸链的增、减环,可采用上述增环和减环的定义来判断,但对于较为复杂的尺寸链,大多采用回路法。回路法是根据尺寸链的封闭性和尺寸的顺序性判别增、减环的。在尺寸链图上,首先对封闭环尺寸任意确定一个方向,用单向箭头表示,然后沿箭头方向环绕尺寸链回路画箭头。凡与封闭环箭头方向相反的组成环为增环,与封闭环箭头方向相同的组成环为减环。

(3)建立尺寸链

建立尺寸链可利用尺寸链的封闭性。

对工艺尺寸链来讲,建立尺寸链时,首先将间接获得的尺寸确定为封闭环,再从封闭环一端开始,按首尾相连的顺序画出有关的工序尺寸到封闭环的另一端,这样形成的封闭尺寸组,就是影响封闭环的尺寸链。

对装配尺寸链来讲,首先将需要间接保证的装配精度确定为封闭环,从封闭环一端开始,根据装配图上的装配关系,按顺序画出对封闭环有较大影响的有关零件的结构尺寸,到封闭环的另一端,这样形成的封闭尺寸组,就是影响装配精度的装配尺寸链。

(4)尺寸链的分类

1)按尺寸链的应用范围分类

①工艺尺寸链:全部组成环为同一零件工艺尺寸所形成的尺寸链。工艺尺寸包括工序尺寸、定位尺寸与测量尺寸等。如图6.25所示,三个相互联系的尺寸A_1、A_2、A_0构成了一个工艺尺寸链。

②装配尺寸链:全部组成环为不同零件设计尺寸所形成的尺寸链。也是在机器装配过程中,由对某项装配精度指标有关的相关零件的尺寸或相互位置关系所组成的尺寸链。

如图6.24中,A_1、A_2就是影响A_0(装配精度)的有关尺寸,这三个尺寸构成影响轴向间隙的装配尺寸链。

2)按环的特征分类

①长度尺寸链:全部环为长度尺寸的尺寸链。如图6.24(b)和图6.25(b)所示尺寸链。

②角度尺寸链:全部环为角度尺寸(如平行度、垂直度和倾斜度等)的尺寸链。

3)按各环在空间的位置关系分类

①直线尺寸链:全部组成环平行于封闭环的尺寸链。如图6.24(b)和图6.25(b)所示尺寸链。

②平面尺寸链:全部组成环位于一个或几个平行平面内,但某些组成环不平行于封闭环的尺寸链。

③空间尺寸链:尺寸位于几个不平行平面内的尺寸链。

6.7.2 尺寸链的计算方法

尺寸链的计算方法有极值法和概率法(统计公差)两种,本章只介绍极值法。

极值法是按组成环尺寸均为极限尺寸的条件,计算封闭环极限尺寸的一种方法。当尺寸链为直线尺寸链时,尺寸链的极值法计算公式如下。

(1)封闭环的公称尺寸

封闭环的公称尺寸计算公式为:

$$A_0 = \sum_{i=1}^{m} \overrightarrow{A}_i - \sum_{i=m+1}^{n-1} \overleftarrow{A}_i \tag{6.8}$$

式中 m——增环环数,下同;

n——尺寸链总环数(包括封闭环),下同。

即封闭环的公称尺寸等于所有增环公称尺寸之和减去所有减环公称尺寸之和。

(2)封闭环的极限尺寸

封闭环的极限尺寸的计算公式为:

$$A_{0\max} = \sum_{i=1}^{m} \overrightarrow{A}_{i\max} - \sum_{i=m+1}^{n-1} \overleftarrow{A}_{i\min} \tag{6.9}$$

$$A_{0\min} = \sum_{i=1}^{m} \overrightarrow{A}_{i\min} - \sum_{i=m+1}^{n-1} \overleftarrow{A}_{i\max} \tag{6.10}$$

即封闭环的上极限尺寸等于所有增环上极限尺寸之和减去所有减环下极限尺寸之和;封闭环的下极限尺寸等于所有增环下极限尺寸之和减去所有减环上极限尺寸之和。

(3)封闭环的极限偏差

封闭环的极限偏差的计算公式为:

$$ES(A_0) = \sum_{i=1}^{m} ES(\overrightarrow{A}_i) - \sum_{i=m+1}^{n-1} EI(\overleftarrow{A}_i) \tag{6.11}$$

$$EI(A_0) = \sum_{i=1}^{m} EI(\overrightarrow{A}_i) - \sum_{i=m+1}^{n-1} ES(\overleftarrow{A}_i) \tag{6.12}$$

即封闭环的上极限偏差等于所有增环的上极限偏差之和减所有减环的下极限偏差之和;封闭环的下极限偏差等于所有增环的下极限偏差之和减所有减环的上极限偏差之和。

(4)封闭环的公差(极值公差)

封闭环公差的计算公式为:

$$T_0 = ES(A_0) - EI(A_0) = \sum_{i=1}^{n-1} T_i \tag{6.13}$$

即封闭环的公差等于所有组成环公差之和。

从式(6.13)可以看出,尺寸链中所有组成环的公差以算术和的形式累积到封闭环上,为了减小封闭环的公差,或者在保持封闭环公差不变的情况下增大组成环的公差,这样可以使组成环的加工更经济、更容易,就应尽量减少组成环的环数,称为“尺寸链最短原则”。

6.7.3　工艺尺寸链的应用

(1)测量基准与设计基准不重合时工艺尺寸链的计算

如图 6.26(a)所示的套筒零件,由于孔底壁厚尺寸 $10_{-0.36}^{\ 0}$ mm 不便测量,而改用深度游标卡尺直接测量大孔的深度尺寸 A_2 来间接测量。为此,需要计算工序尺寸 A_2,其尺寸链图如图 6.26(b)所示。图中 $A_1=50_{-0.17}^{\ 0}$ mm 为已经取得的尺寸,A_2 为测量直接得到的尺寸,$A_0=10_{-0.36}^{\ 0}$ mm为通过前两个尺寸间接得到的尺寸,为封闭环。

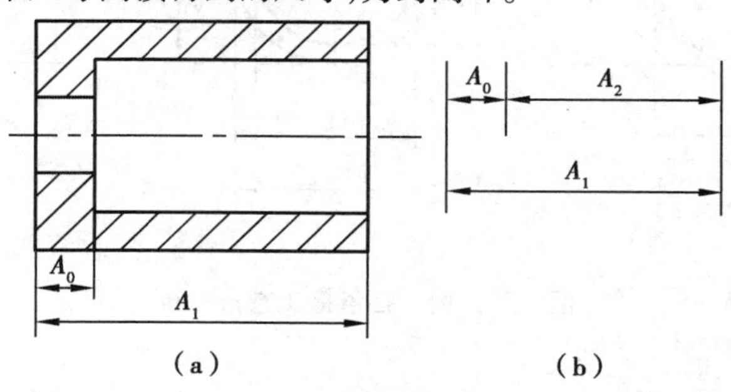

图 6.26　测量尺寸链

由图 6.26(b)可知,A_1 是增环,A_2 是减环,利用尺寸链的计算公式可得

$A_2=A_1-A_0=40$

由:$ES(A_0)=ES(A_1)-EI(A_2)$

得:$EI(A_2)=ES(A_1)-ES(A_0)=0$

又由:$EI(A_0)=EI(A_1)-ES(A_2)$

得:$ES(A_2)=EI(A_1)-EI(A_0)=0.19$

所以有:$A_2=40_{\ 0}^{+0.19}$

只要实测结果在 A_2 的 40~40.19 mm 范围内,设计尺寸 $10_{-0.36}^{\ 0}$ mm 就一定能得到保证。

(2)定位基准与工序基准或设计基准不重合时工艺尺寸链的计算

如图 6.27(a)所示零件,A、B 面在上工序已经加工,且保证了尺寸 $50_{-0.016}^{\ 0}$ mm 的要求。本工序以 A 面为定位基准采用调整法加工 C 面,保证 B、C 两面间的尺寸 $20_{\ 0}^{+0.033}$ mm,需求本工序的调刀尺寸 A_2。因为 C 面的工序基准(也是设计基准)是 B 面,定位基准与工序基准(设计基准)不重合。

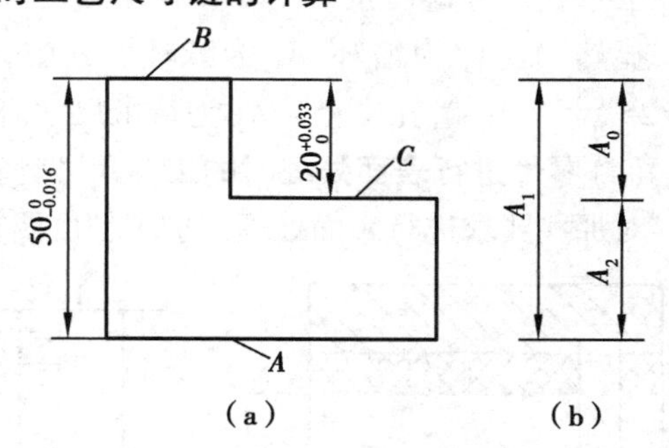

图 6.27　定位基准与工序基准或设计基准不重合的尺寸换算

因为尺寸 $A_1=50_{-0.016}^{\ 0}$ mm 已经得到(直接得到),而调整法加工将直接保证尺寸 A_2,所以 A_0($20_{\ 0}^{+0.033}$ mm)就只能间接保证了,A_0 是封闭环。建立尺寸链,如图 6.27(b)所示,其中 A_1是增环,A_2是减环。

由尺寸链计算公式可得:$A_2=30_{-0.033}^{-0.016}$ mm。加工时,只要保证 A_1 和 A_2 尺寸都在各自的公差范围内,就一定能保证 $A_0=20_{\ 0}^{+0.033}$ mm。

(3)中间工序尺寸及偏差的计算

在零件加工中,有些加工表面的测量基准和定位基准是一些还需要继续加工的表面,造成这些表面的最后一道工序中出现了需要同时控制两个尺寸的要求，其中一个尺寸是直接获得的，而另一个尺寸则只能间接获得，形成了尺寸链中的封闭环。如图 6.28(a)所示零件，需要加工内孔和键槽，有关内孔和键槽的加工顺序是：

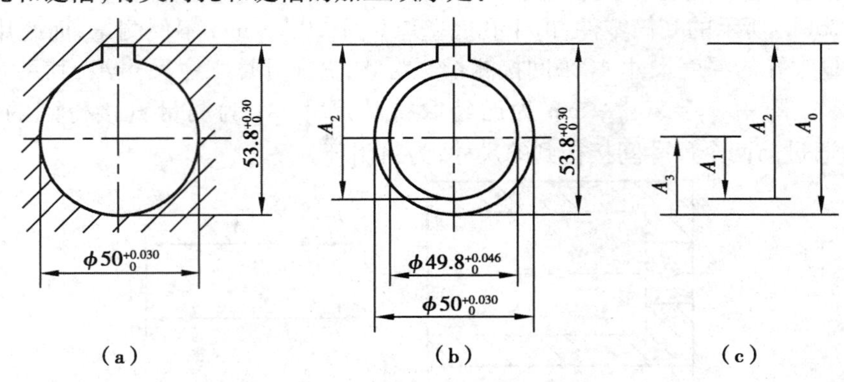

图 6.28　内孔插键槽工艺尺寸链

①镗内孔至 $\phi 49.8^{+0.046}_{0}$。

②插键槽到尺寸 A_2。

③淬火处理。

④磨内孔，同时保证内孔直径 $\phi 50^{+0.030}_{0}$ mm 和键槽深度 $53.8^{+0.30}_{0}$ mm 两个设计尺寸的要求。

从以上加工顺序可以看出，最后磨内孔工序直接保证了尺寸 $\phi 50^{+0.030}_{0}$ mm，同时自然形成了键槽尺寸 $53.8^{+0.30}_{0}$ mm，故其是间接保证的，是封闭环，而尺寸 $\phi 49.8^{+0.046}_{0}$ mm 和 $\phi 50^{+0.030}_{0}$ mm 及工序尺寸 A_2 是加工时直接获得的尺寸，为组成环。

将有关工艺尺寸标注在图 6.28(b)中，由于是“直径还需要加工”，因此，如果用直径去查找尺寸链，无法形成尺寸的封闭，所以这类问题要借助内孔的轴线不变，利用镗孔半径、磨孔半径去查找尺寸链。按封闭环查找出工艺尺寸链，如图 6.28(c)所示。

显然，A_2、A_3 为增环，A_1 为减环。其中，$A_0 = 53.8^{+0.30}_{0}$ mm，$A_1 = 24.9^{+0.023}_{0}$ mm(镗孔半径)，$A_3 = 25^{+0.015}_{0}$ mm(磨孔半径)，A_2 为待求尺寸。求解该尺寸链得：$A_2 = 53.7^{+0.285}_{+0.023}$ mm。

(4)零件进行表面处理时的工序尺寸计算

对那些要求进行表面处理而加工精度要求又比较高的表面，常常在表面处理之后安排最终磨削。为了保证磨削之后有一定厚度的表面处理层，需要进行有关的工艺尺寸的计算。

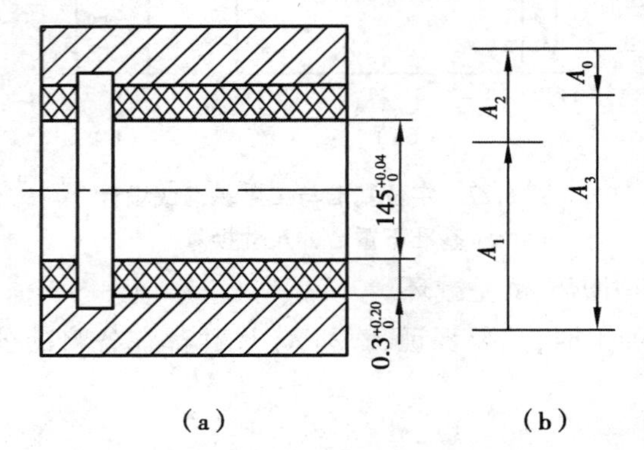

图 6.29　衬套内孔渗氮磨削工艺尺寸链

如图 6.29(a)所示，衬套内孔需进行渗氮处理，要求渗氮层深度为 0.3~0.5 mm。

其加工顺序为：

①粗磨孔至 $\phi 144.76^{+0.04}_{0}$ mm。

②渗氮处理，控制渗氮层深度 A_2。

③精磨孔至 $\phi 145^{+0.04}_{0}$ mm，同时保证渗氮层深度 0.3~0.5 mm。

根据加工顺序可以看出，最后一道工序只

能直接保证孔的直径 $\phi145_{0}^{+0.04}$ mm，故渗氮层深度是间接保证的封闭环，用 A_0 表示。由此查找出工艺尺寸链如图6.29(b)所示。图中 A_1、A_2 为增环，A_3 为减环。其中，$A_1=72.38_{0}^{+0.02}$ mm，$A_3=72.5_{0}^{+0.02}$ mm，$A_0=0.3_{0}^{+0.2}$ mm，A_2 为精磨前渗氮层深度，是待求的工序尺寸，解此尺寸链得 $A_2=0.42_{+0.02}^{+0.18}$ mm，即精磨前渗氮层深度应控制在0.44～0.60 mm。

6.8　数控加工工艺规程设计

数控加工工艺源于常规加工工艺，是常规加工工艺、计算机数控技术、计算机辅助设计和计算机辅助制造技术的有机结合。数控加工是按照事先编制好的数控加工程序在数控机床上自动地对工件进行加工的。由于数控加工的特点，数控工艺设计与常规加工工艺设计有不尽相同之处，除此之外，还要按照机床规定的指令格式将加工工艺描述为数控加工程序。

6.8.1　数控加工的特点

数控加工相对常规加工有如下特点。

(1)加工适应性广

数控加工在程序控制下，几个坐标可以联动并能实现多种函数的插补运算，能加工从简单表面到复杂型面的工件，特别适合复杂曲线、曲面及型腔等的加工。

当改变加工对象时，只需要改变数控加工程序就能适应新零件的自动化加工，而不需要改变机床机械部分和控制部分的硬件，因此，特别适合多品种、小批量的生产类型。

(2)加工精度高、质量稳定

数控机床传动链短且刚度高，传动件制造精度高，因而传动精度高；控制系统可以及时进行误差校正；因此数控加工可以获得很高的加工精度。

数控机床的进给运动和多数主运动都采用无级调速，且调速范围大，有利于选择合理的切削用量，获得高的加工精度。

数控加工是按照预先编制好的程序自动加工，没有人为干涉，因而加工质量稳定。

(3)生产率高

有些数控机床(加工中心)带有自动换刀系统和装置、自动转位工作台和自动检测装置等，因此数控加工可以实现工序高度集中，一次安装可以加工工件较多表面，生产率高。与常规机床相比，数控机床生产效率可以高出3～4倍，对于复杂型面的加工，生产效率甚至可提高几十倍。另外，数控机床大多选用高性能切削刀具，因此可以选用更高的切削用量，会进一步提高生产率。

(4)改善劳动条件，减轻劳动强度

数控加工是按照预先编制好的程序自动加工，大大减轻了操作者的劳动强度。此外，数控机床一般都具有较好的安全防护、自动排屑、自动冷却、自动润滑装置，操作者的劳动条件得到较大的改善。

(5)所需工装数量少且结构简单

由于数控加工工序高度集中，故所需夹具数量少。数控机床一般都配备有对刀部件等设备，可以解决对刀问题；由机床程序控制刀具的定位精度，可实现夹具中刀具的引导功能，因此数控机床夹具一般不需要设置刀具引导装置,大大简化了夹具的结构。

由此,一方面节约了专用夹具设计制造的时间降低了成本;另一方面,也更适应多品种、小批量的生产。

6.8.2 数控加工零件的工艺性

数控加工零件的工艺分析不仅要考虑一般机械加工工艺性问题,还应该从数控加工的可能性和方便性这两个方面对零件进行工艺性分析。

(1)零件图尺寸的标注与编程尺寸

①零件图的尺寸标注应符合数控加工的特点,尽量以同一基准标注不同结构的坐标尺寸。

②要对零件图上的尺寸进行数控化的数学处理。编程尺寸设定值要根据零件尺寸公差和零件的几何形状关系调整计算,以达到编程要求。

(2)零件的结构工艺性分析

①零件的内腔最好采用统一的几何类型和尺寸。这样可以减少刀具规格和换刀次数,使编程方便,生产效益提高。

②零件内槽的圆角半径要合理。因为内槽的圆角半径决定着刀具直径的大小,如果过小,则刀具刚度不足,生产效率低、加工精度低;如果过大,则铣刀端刃铣削平面的能力差(铣刀直径一定时,其端面刃铣削平面的面积较小),效率也较低。

③零件曲面的曲率半径不能过小,否则难以加工,甚至会有加工不到的区域。

④零件的刚性要好。特别是当零件需要连续进行粗、精加工,以及多表面的加工时,如果零件刚性差,就容易引起变形,影响加工质量和切削用量。

6.8.3 数控加工工艺路线设计

(1)定位基准的选择

选择的定位基准要有利于在一道工序中加工多个表面,因此,精基准应尽量遵循基准统一原则;且要让更多的加工表面处于方便加工、有利于同一工序加工的方位。

还应该力求做到设计基准、工序基准、定位基准和编程计算的基准统一。

(2)表面加工方法的选择

在保证表面加工精度和表面粗糙度的情况下,要考虑数控机床的功能特点,选择适合数控加工的加工方法。如箱体上的孔,宜选择镗、铰,而不宜选择磨孔,有时还可使用立铣刀高速铣削出内孔。

(3)工序的划分

在数控机床上加工零件,应该采用工序集中原则来划分工序。一般有以下几种方式划分工序。

①按零件的装夹方式划分工序。由于每个零件的结构形状不同,各表面的技术要求也有所不同,故加工时的定位方式各有差异。一般加工外形时,以内形定位;加工内形时,以外形定位。

②按粗、精加工划分工序。根据零件的加工精度、刚度和变形等因素来划分工序时,可按粗、精加工分开的原则来划分工序,先对需要加工的表面进行粗加工,再进行精加工。此时,可用不同的机床或不同的刀具进行加工,通常在一次装夹中,不允许将零件某一部分表面加

工完毕后,再加工零件的其他表面。

③按所用刀具划分工序。为了减少换刀次数,压缩编程时间,减少不必要的定位误差,可按刀具来集中工序的方法来加工零件。即在一次装夹中,尽可能用同一刀具加工出可能加工的所有表面,再换另一刀具加工其他表面。

④按加工部位划分工序。对于加工内容很多的工件,可按其结构特点将加工内容划分成几个部分,如内腔、外形、曲面等,再将每一部分的加工作为一道工序。

(4)加工顺序的安排

加工顺序的安排应根据零件的结构和毛坯状况,以及定位与夹紧的需要来考虑,除依照先基准后其他、先主后次、先面后孔和先粗后精的一般原则外,还应考虑以下几点:

①上道工序的加工不能影响下道工序的定位与夹紧,其间穿插有普通机床加工的,还要综合考虑数控加工与常规加工的衔接问题。

②先进行内形加工,再进行外形加工。

③以相同定位、夹紧方式的工艺过程,最好连续进行,以减少重复定位次数、换刀次数与挪动夹紧元件的次数等。

④在同一次安装中进行的多工序(工步)的加工,优先安排对工件刚性破坏较小的工序(工步)。

⑤一般情况下,离对刀点近的部位先加工,离对刀点远的部位后加工,以便缩短刀具移动距离,减少空行程时间。

(5)数控加工工序与常规加工工序的衔接

零件的工艺过程常常会出现数控加工工序和常规加工工序穿插进行,应做好二者之间的衔接,使整个工艺过程协调。需要协调的主要内容有:工序余量要求,要不要留余量,如果留,留多少;定位面与定位孔的尺寸精度及几何公差的要求;校形、平衡等特殊工序对前道工序的技术要求;毛坯的热处理状态要求等。

实际设计时,应先将数控加工工序和常规加工工序同等对待,按照一般的工艺原则去处理,然后再考虑数控加工的特殊性,对属于数控加工工艺过程部分进行单独处理。

6.8.4　数控加工工序设计

(1)机床选择

主要从零件和机床二个方面来选择、匹配。对于零件来说,主要有材料、形状复杂程度、尺寸大小、加工质量要求、零件数量等,还要考虑毛坯类型及相关结构和尺寸等情况;对于机床来说,主要有数控机床的工作区域的大小和加工范围、行程、联动轴数、精度和功率等。

(2)夹具选择

数控机床夹具要保证与机床有准确的相对坐标位置。数控机床用夹具还有与常规夹具不一样的要求和特点。

①高精度、高强度和高刚度。以适应数控机床上连续多表面的大切削用量的自动加工,以及切削力的大小、方向不断变化的情况。

②定位准确。一方面是工件的定位要准确,工件大多采用完全定位的方式,以满足在同一工序中加工不同表面、若干表面的定位要求;另一方面,夹具相对于机床坐标原点要定位准确,以便建立零件与机床坐标系的联系。

③夹紧快速化、自动化。采用液压夹紧、气动和电动等自动快速夹紧装置,完成强力、自动夹紧。

④由机床程序控制刀具的定位精度,并实现刀具的引导功能,夹具中的刀具引导功能弱化。

⑤夹具结构尽量简化,加工部位开阔,以防止对刀具运动轨迹的干涉。

⑥夹具应具有柔性、能实现快速重调。当工件批量不大时,尽量采用通用夹具、可调夹具和组合式夹具;当生产批量较大时,应采用专用夹具,但结构应力求简单,并具有柔性。

(3)刀具选择

数控加工对刀具的精度、强度、刚度及使用寿命要求较常规加工更高。刀具的精度会直接影响加工精度;刀具强度、刚度不足,不能适应多种情况的加工,影响生产率和加工精度;刀具使用寿命低,不仅会增加换刀、对刀等辅助时间,影响生产效率,还容易在工件加工表面上留下接刀刀痕,影响加工质量。

应根据机床的加工能力、工件材料的性能、加工工序内容、切削用量以及其他相关因素正确选用刀具和刀柄。

①刀具的尺寸要与被加工工件的表面尺寸相适应,特别是成形曲面的加工刀具。

②刀具的结构和尺寸应符合标准刀具系列,特别是对于具有自动换刀装置的加工中心。

③尽量采用高性能的刀具材料,以保证刀具有足够的切削能力和使用寿命。

④应采用标准刀柄系列,以便刀具能快速地装到机床主轴和刀库里。

(4)确定对刀点与换刀点

对刀点是指通过对刀确定刀具与工件相对位置的基准点。对刀点往往就选择在零件的加工原点,是数控加工程序运行的起点,所以又叫程序起点或起刀点。对刀点可以设在被加工零件上,也可以设在与零件定位基准有固定尺寸联系的夹具上的某一位置。

对刀点的选择原则如下:

①对刀点应使便于数学处理,使数控加工程序编制简单、方便。

②对刀点的选择应有利于提高加工精度,尽量选在零件的设计基准或工序基准上。

③对刀点应选择在容易找正、便于确定零件加工原点的位置。

④对刀点应选择在检查方便、可靠的位置。

换刀点是为加工中心、数控车床等多刀加工的机床而设置的,为防止换刀时碰伤零件或夹具,换刀点的位置应设置在工件和夹具的外部。

(5)选择切削用量

数控加工切削用量的选择原则与常规加工相同,选择时还要注意充分发挥数控机床和数控刀具的优良的切削性能,在保证加工质量要求的前提下,提高生产率。另外,因为数控切削用量要编入数控加工程序,所以选择切削用量时应结合数控编程进行。

6.8.5 数控加工工艺文件

数控加工工艺文件是数控编程员在编制加工程序单时与工艺人员作出的与程序单相关的系列技术文件。主要包括:编程任务书、数控加工工序卡、数控机床调整卡、数控刀具单、数控加工程序单等。这些技术文件既是数控加工的依据,也是需要操作者遵守和执行的规程,有的则是加工程序的具体说明。

由于没有统一的国家标准,不同企业的数控工艺文件的格式和内容有所不同,但其反映的主要内容大同小异。

(1)数控加工编程任务书

数控加工编程任务书说明了工艺设计人员对数控加工工序的技术要求、工序说明和数控加工前应保证的加工余量等内容,是编程人员与工艺人员协调工作和编制数控程序的重要依据。

(2)数控加工工序卡

数控加工工序卡与常规加工工序卡有许多相似之处,不同的是:工序图中应注明编程原点与对刀点,还要说明如数控系统型号、程序介质、程序编号和切削参数等内容。

(3)数控机床调整单

数控机床调整单是机床操作人员加工前调整机床和安装工件的依据,它主要包括机床控制面板开关调整单和数控加工零件安装、零点设定卡片两部分。主要包括机床控制面板上有关开关的位置、工件定位夹紧方法、夹紧次数、工件原点设定位置和坐标方向、夹具名称和图号等。

不同的数控机床功能不同,其调整单格式也不同。

(4)数控加工刀具调整单

数控加工刀具调整单包括刀具卡片(简称刀具卡)和刀具明细表(简称刀具表)两部分。

刀具卡片主要反映刀具编号、结构、尾柄规格、材料、数量或刀片型号等,它是组装刀具和调整刀具的依据。

刀具明细表主要反映刀具尺寸参数、补偿值、换刀方式等,它是调刀人员调整刀具、机床操作人员输入刀具数据的主要依据。

(5)数控加工进给路线图

数控加工进给路线图需要详细给出对刀点、走刀路线、抬刀点等位置坐标,它是编程人员编制合理加工程序的主要条件之一。

一般可采取统一约定的简要符号来表示进给路线图,不同的机床可以采用不同的图例与格式。

(6)数控加工程序单

数控加工程序单是编程人员根据工艺分析情况,经过数据计算,按照机床的指令代码编制的。数控程序是记录数控加工工艺过程、工艺参数、位移数据的清单,是实现数控加工的基本依据。

不同的数控系统,使用的指令代码不同,程序单的格式也不同。

6.9　成组技术

当今,市场竞争日趋激烈,产品更新换代越来越快,产品品种增多,而每种产品的生产数量却并不很多。据统计,75%~80%的机械产品是以中小批量生产方式制造的。与大量生产企业相比,中小批量生产企业的设备多、工艺装备多、劳动生产率低、生产周期长、产品成本高、生产管理复杂、市场竞争能力差。

能否把大批大量生产的先进工艺和高效设备以及生产方式用来组织中小批量产品的生产,一直是国际生产工程界广为关注的重大研究课题。成组技术(Group Technology,简称GT)

就是针对生产中的这种需求发展起来的一种生产和管理相结合的科学。成组技术已经渗透到企业生产活动的各个环节,如产品设计、生产准备和计划管理等,并成为现代数控技术、柔性制造系统和高度自动化的集成制造系统的技术基础。

6.9.1 成组技术的基本原理

将企业的多种产品、部件和零件,按一定的相似性准则,分类编组,并以这些组为基础,组织生产各个环节,从而实现多品种中小批量生产的产品设计、制造和管理的合理化,这种技术就统称为成组技术。

不同的机械产品,虽然其用途和功能各不相同,但是构成每种产品中的零件类型存在一定的规律性。德国亚琛工业大学在机床、汽车发动机、矿山机械等 26 个不同性质的企业中选取 45 000 种零件进行分析,结果表明有 70%左右的零件存在相似性,这就构成了实施成组技术的客观基础。由于这些不同零件在形状、尺寸、精度、表面质量和材料等方面具有相似性,从而在加工工序、定位夹紧、机床设备以及工艺路线等各个方面都呈现出一定的相似性。

成组技术就是对产品、部件和零件的相似性进行标识、归类和应用的技术。就成组加工而言,根据多种产品各种零件的结构形状特征和加工工艺特征,按规定的法则标识其相似性,按一定的相似程度将零件分类编组;再对组内零件制定统一的加工方案,实现生产过程的合理化。如图 6.30 所示。

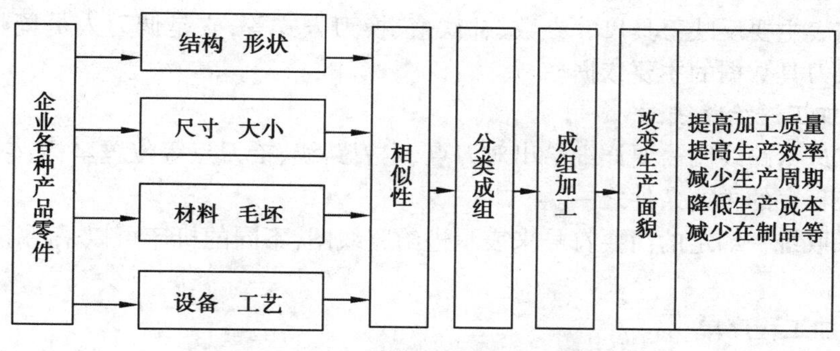

图 6.30 成组技术原理示意图

实践证明,在中小批量生产中采用成组技术,可以取得较好的综合经济效益。归纳起来,实施成组技术可以带来以下好处:

①将中小批量的生产变为大批大量或近似于大批大量的生产,提高生产率,稳定产品质量。

②减少加工设备和专用工艺装备的数目,降低固定投入,降低生产成本。

③促进产品设计标准化和规格化,减少零件的规格品种,减轻产品设计和工艺规程编制工作量。

④利于采用先进的生产组织形式和先进制造技术,实现科学生产管理。

6.9.2 分类编码系统

为了对机械产品的零件进行科学的分类,便于计算机贮存和识别,必须把各种零件的数据信息化。用一串数字和英文字母来描述零件的结构形状和工艺基本特征信息,称为零件的编码。它是标识相似性的手段,依据编码按一定的相似性和相似程度再将零件划分为零件组

（族）。因此它是成组技术的重要内容,其合理与否将会直接影响成组技术的经济效果。为此各国在成组技术研究和实践中都首先致力于分类编码系统的研究和制定。

分类编码方法的制定应该同时从零件结构设计和机械加工工艺两个方面来考虑。从设计角度考虑应使分类编码方法有利于零件的标准化,减少图样数量,也就是减少零件品种,统一零件结构设计要素;从工艺角度考虑则应使具有相同工艺过程和方法的零件归并成组,以扩大零件批量。但是考虑到零件的工艺过程在很大程度上取决于零件的结构形状,而工艺方法又是在不断改进提高的,因此可以把编码数字分为以设计特征为基础的主码和以工艺特征为基础的辅码。目前国外采用的常用分类方法有几十种,编码位数初始一般为4~9位,现在有多达26位数字和字母的编码位数,把零件特征分得很细,但实际使用比较复杂。主要分类方法有德国的Opitz和ZAFO、英国的Brisch、日本的KK-3和丰田分类法、前苏联的BEPTH、我国的JLBM-1(机械零件分类编码系统)和BLBM(兵器零件分类编码系统)等。

Opitz分类编码系统由德国亚琛工业大学的H.奥匹兹(H.Opitz)教授于1964年领导制定的。由于它对扩大零件通用化和组织成组加工都适合,且代码简明、使用方便,在国际上获得较为广泛应用,已被许多国家或企业直接采用,或以它为基础建立自己的分类编码系统。如我国的JLBM-1分类编码系统就是在Opitz分类编码系统和日本的KK-3分类编码系统的基础上根据我国的具体情况制订的。

Opitz分类编码系统采用九位数字编码,前五位是基本代码,第一位数字表示零件属于回转体还是非回转体以及尺寸大小的特征,第二位数字表示结构上的区别,第三、四、五位数字表示不同表面形状和加工特征;后四位是辅助代码,即第六位数字表示零件的公称尺寸,第七位数字表示零件材料,第八位数字表示毛坯形状,第九位数字表示被加工表面的精度。图6.31所示为Opitz编码系统结构简图。

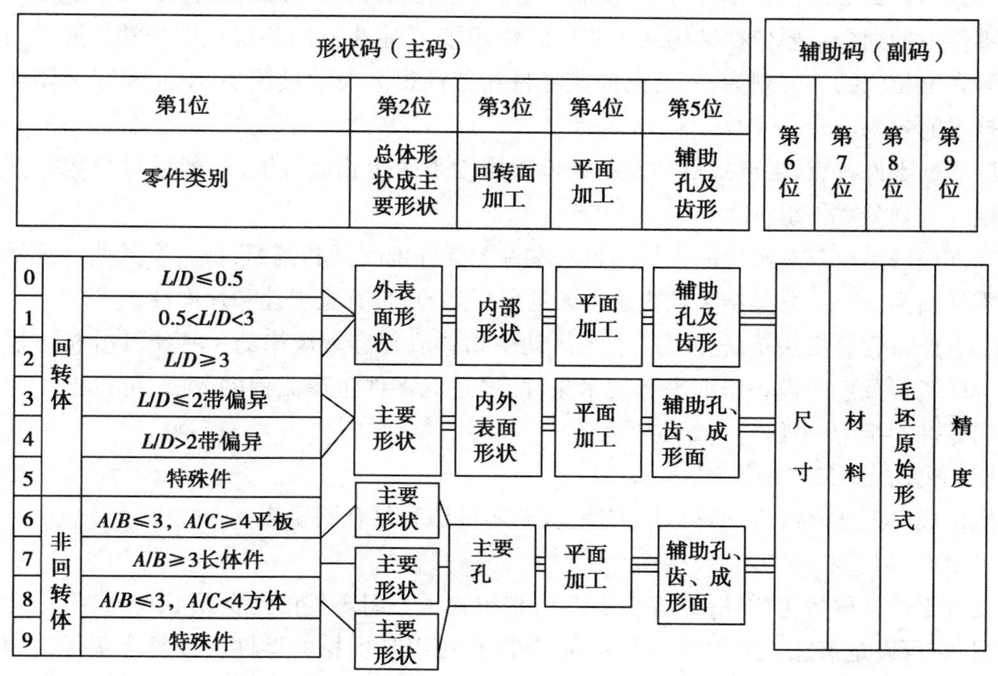

图6.31　Opitz分类编码系统结构简图

图 6.32 是某回转体零件的 Opitz 分类编码示例(形状部分)。

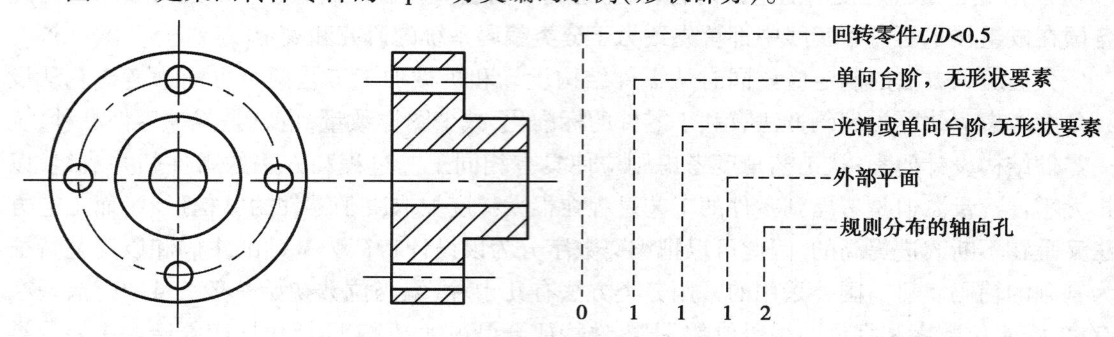

图 6.32 某回转零件的 Opitz 形状编码

6.9.3 成组加工工艺规程设计

在机械加工方面实行成组技术时,其工艺准备工作包括下面五个方面。

(1)零件分类编码、划分零件组(零件族)

为了减少现有零件工艺过程的多样性,扩大零件的工艺批量,提高工艺设计的质量,加工零件需根据其结构特征和工艺特征的相似性进行分类成组。分类是成组技术的基础,分类的依据是零件的相似性,分类的结果是形成零件组。零件的分类就是按一定的规则使相似或相同零件聚合而相异零件分开的过程;一个零件组就是某些特征相似的零件的组合。

将零件分类成组,然后才能以零件组为对象进行工艺设计和组织生产。零件分类成组的方法有三种:编码分类法、人工视检法和生产流程分析法。

①编码分类法是根据零件特征,按照一定的相似性直接采用编码进行分类的方法。

零件组的划分主要依据结构或工艺相似性,因此确定零件的相似程度非常重要。如果仅将代码完全相同的零件划为一族,则同族零件相似性很高而批量较小,不能较好地体现应用成组技术的效果。

应依据零件特点、生产批量和设备条件等因素来确定相似程度,一般通过规定零件组的特征矩阵来划分零件组。

②视检法是由具有经验的人员通过对零件图样仔细阅读和判断,把具有某些特征属性的一些零件归为一类。分类结果取决于个人的生产经验,带有主观性和片面性。

③生产流程分析法是研究工厂生产活动中物料流程客观规律的一种统计分析方法。以了解生产流程及生产设备明细表等技术条件,通过对零件生产流程的分析,可以把工艺过程相近的零件归结为一类。

(2)拟定成组工艺路线

拟定成组工艺路线有两种常用方法:复合零件法和复合路线法。

1)复合零件法

复合零件又称为主样件(或综合零件),它包含了一组零件的全部形状要素,有一定的尺寸范围,它可以是该加工组中的一个实际零件,也可以是虚拟的零件。按复合零件编制工艺路线,它将适合于该零件组内所有零件的加工;设计全组零件共同能采用的工艺装备,并对现有设备进行必要的改装等。划分为同一组的零件可以按相同的工艺路线在同一设备、生产单元或生产线上完成全部机械加工，一般改变加工零件只需进行少量的调整工作即可进行加工。

每个零件组只需要一个复合零件。对于形状简单的零件组，零件品种不超过100种为宜，形状复杂的零件族可包含20种左右的零件。这样设计出的复合零件不会过于复杂或过于简单。设计复合零件时，对于零件品种数少的零件组，应先分析全部零件图，选取形状最复杂的零件作为基础件，再把其他图样上相同的形状特征加到基础件上，就得到复合零件。对于比较大的零件组，可先分成几个小的件组，各自合成一个组合件，然后再由若干个组合件合成整个零件组的复合零件。如图6.33所示为一个零件组的复合零件。

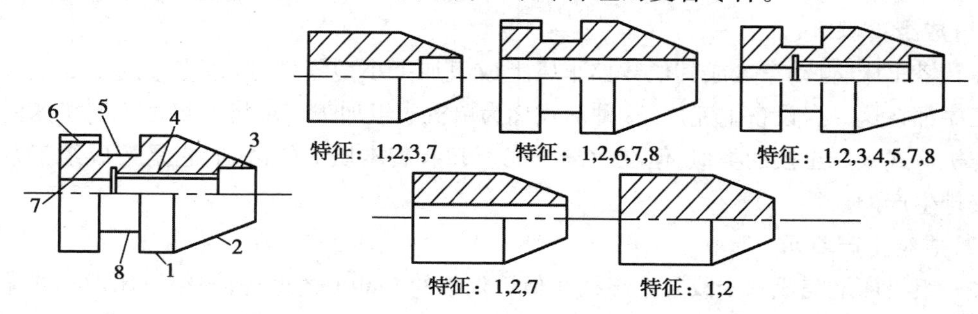

图6.33　复合零件示例

进行工艺设计时，要对零件组内各零件的结构特征和工艺特征仔细分析，认真总结，每个形状要素、工艺要求都应考虑在内，以满足该零件组所有零件的加工。

2）复合路线法

对于回转体类的形状规则、型体对称的零件而言，采用复合零件法不存在困难，但对于结构复杂的零件，如非回转体类零件来说，因为形状的极不规则，采用复合零件法便十分困难。此时可采用复合路线法。

复合路线法是从分析加工组中各零件的工艺路线入手，从中选出一个工序最多、加工过程安排合理并具有代表性的工艺路线。然后以它作为基础，逐个地与同组其他零件的工艺路线比较，并把其他特有的工序按合理的顺序叠加到有代表性的工艺路线上，使之成为一个工序齐全、安排合理并适合于组内所有零件的复合工艺路线。

（3）选择设备并确定生产组织形式

成组加工的设备可以有两种选择，一是采用原有通用机床或适当改装，配备成组可调夹具和刀具，二是设计专用机床或高效自动化机床及工艺装备。这两种选择相应的加工工艺方案差别很大，所以拟定零件工艺过程时应考虑到设备选择方案。各设备的台数根据工序总工时计算，应保证各台设备首先是关键设备达到高负荷率，一般可以留10%～15%的负荷量供扩大相似零件加工之用。此外设备的利用率不仅是指时间负荷率，还包括设备能力的利用程度，如空间、精度和功率负荷率等。

（4）设计成组夹具、刀具的结构和调整方案

这是实现成组加工的重要条件，将直接影响到成组加工的经济效果。因为改变加工对象时，要求对工艺系统只进行少量的调整。如果调整费事，则生产过程中断，准备终结时间延长,也就体现不出“成组批量”的优势了。因此对成组夹具、刀具的设计要求是改换工件时调整简便、迅速,定位夹紧可靠,能达到生产的连续性,调整工作对工人技术水平要求不高。

(5)进行技术经济分析

成组加工应做到在稳定地保证产品质量的基础上,达到较高的生产率和较高的设备负荷率(60%~70%)。因此根据制订的各类零件的加工过程,计算单件时间定额及各台设备或工艺装备的负荷率,若负荷率不足或过高,则可调整零件组或设备选择方案。

6.9.4 成组生产的组织形式

根据目前成组加工的实际情况,成组加工系统有如下三种基本形式。

(1)成组单机

在转塔车床、自动车床或其他数控车床上成组加工小型零件,这些零件的全部或大部分加工工序都在这一台设备上完成,这种形式称为单机成组加工。单机成组加工时机床的布置虽然与机群式生产工段的类似,但在生产方式上却有着本质上的区别,它是按成组工艺来组织和安排生产的。

(2)成组生产单元

在一组机床上完成一个或几个工艺相似零件组的全部工艺过程,该组机床即构成车间的一个封闭生产单元系统。这种生产单元与常规的小批量生产下所常用的“机群式”排列的生产工段是不一样的。一个机群式生产工段只能完成一个零件的个别工序,而成组生产单元却能完成一个零件组的全部工艺过程。成组生产单元的布置要考虑每台机床的合理负荷。如条件许可,应采用数控机床、加工中心代替普通机床。

成组生产单元的机床按照成组工艺过程排列,零件在单元内按照各自的工艺路线流动,缩短了工序间的运输距离,减少了在制品数量,缩短了零件的生产周期;同时零件的加工和输送不需要保持一定的节拍,使生产的计划管理具有一定的灵活性;单元内的工人工作趋向专业化,加工质量稳定,效率比较高,所以成组生产单元是一种较好的生产组织形式。

(3)成组生产线

成组生产线是严格地按零件组的工艺过程组织起来的。在线上各工序节拍是一致的,所以其工作过程是连续而有节奏地进行的。这就可缩短零件的生产时间和减少在制品数量。一般在成组生产线上配备了许多高效的机床设备,使工艺过程的生产效率大为提高。

成组生产线又有两种形式:成组流水线和成组自动线。成组流水线工件在工序间运输是采用滚道和小车进行,它能加工工件种类较多,在流水线上每次投产批量的变化也可以较大。成组自动线则是采用各种自动输送机构来运送工件,所以效率就更高。但它所能加工的工件种类较少,工件投产批量也不能作很大的变化,工艺适应性较差。

6.9.5 成组工艺文件

成组工艺文件没有统一的格式,各企业编制的成组工艺文件有各自的特点。但成组工艺文件在国家标准规定的工艺过程卡和工序卡的基本内容的基础上,还应注意以下几点:

①应有利于减轻工艺人员设计工艺和填写工艺文件的劳动量。

②应便于操作人员使用。

③尽量在不增添工艺设计劳动量的前提下，保持企业原有对工艺文件的使用习惯。

④应不使生产计划管理部门在合理组织和控制生产时发生困难和不便。

另外，零件组的工艺文件应合理地、清晰地表达该零件组内各零件的工艺过程。

6.10 计算机辅助工艺设计

6.10.1 概述

(1)计算机辅助工艺设计的概念与目标

计算机辅助工艺设计(Computer Aided Process Planning，简称 CAPP)就是利用计算机技术辅助工艺人员完成工艺审查、工艺方案设计、工艺规程设计、工艺定额编制、工艺管理等数字化工艺工作的活动(GB/T 26102—2010《计算机辅助工艺设计　导则》)。简单地讲，就是利用计算机辅助完成零件的工艺规程设计。

CAPP 的主要目标如下：

①提高工艺设计的效率与质量。

②促进工艺的标准化、规范化。

③促进工艺优化。

④满足产品全生命周期中对工艺设计的要求。

⑤保证工艺数据的完整性、一致性和可重用性。

⑥实现工艺知识和经验的积累、共享和管理。

⑦促进产品的并行设计和协同设计。

⑧涵盖企业工艺工作的全过程。

(2)计算机辅助工艺设计的产生与发展

用计算机来辅助进行工艺(过程)设计的思想最早出现于 20 世纪 60 年代，最著名的工艺过程自动设计系统是计算机辅助制造国际组织 CAM-I(Computer Aided Manufactring International)于 1976 年开发的计算机辅助工艺设计系统——CAPP。在这个 CAPP 系统中，预先准备好的工艺规程都存入数据库中。当一个新零件需要编制工艺规程时就调出一个相似零件的工艺规程，然后由工艺人员进行修改，以满足该零件的特定要求。现在对 CAPP 这个缩写表示法虽然还有不同的释义，但把计算机辅助工艺过程设计称为 CAPP 已经举世公认。

随着科学技术的进步，尤其是人工智能、神经网络、虚拟现实等技术的进一步发展，CAPP 将使工艺设计进一步朝着智能化、多元化、系统化，实用化、集成化、网络化的方向发展。

(3)计算机辅助工艺设计的意义

传统工艺设计存在如下问题：设计效率低，周期长，成本高；设计质量参差不齐，难于实现优化设计；工艺人员短缺和老化等。这些都是全球机械制造业面临的共同问题，计算机辅助工艺设计从根本上改变了这种状态。

计算机辅助工艺设计有如下基本意义：

①从根本上解决人工设计效率低,周期长,成本高的问题;

②可以提高工艺过程设计的质量,并有利于实现工艺过程设计的优化和标准化;

③可以使工艺设计人员从烦琐重复的工作中解放出来,集中精力去提高产品质量和工艺水平;

④可以继承优秀的工艺设计人员的知识和经验,并实现共享;

⑤CAPP 是连接 CAD 和 CAM 系统的桥梁,是发展计算机集成制造的不可缺少的关键技术。

6.10.2 CAPP 的分类及其实现方法

根据 CAPP 系统的工作原理,GB/T 26102—2010 将它分成四种类型:派生式、创成式、交互式和综合式。

(1)派生式 CAPP 系统(又称修订式、检索式、变异式 CAPP 系统)

派生式 CAPP 系统是将相似零(部)件归并成零(部)件组,设计时检索出已经保存在系统里的相应零(部)件组的工艺规程,并根据设计对象的具体特征加以修订的 CAPP 系统。

它是建立在成组技术基础上的 CAPP 系统。即利用零件的工艺相似性,通过检索和修改零件组的标准工艺(典型工艺)规程来制定新零件的工艺规程,所以也被称为修订式、检索式或变异式计算机辅助工艺规程设计系统。

建立派生式 CAPP 系统时,要对现有零件按相似性原则进行分组,形成零件组,建立零件组特征矩阵,为每个零件组制订标准(典型)工艺和相应的检索方法与逻辑,这些信息数据均预先存入 CAPP 数据库中。当为某一个新零件进行工艺设计时,就运行该 CAPP 系统。首先输入新零件的几何与工艺特征编码信息;计算机通过对零件组特征矩阵的检索,查明此新零件所属零件组;再调出该零件组的标准(典型)工艺规程;然后根据新零件具体的结构和加工要求,对标准(典型)工艺规程进行选择、删除和编辑,从而获得新零件的工艺规程。如图 6.34 所示为派生式 CAPP 系统建立阶段的基本流程和利用这个派生式 CAPP 系统制订一个新零件工艺规程的基本流程。

当一个企业生产的大多数零件相似程度较高,划分成的零件组较少,而每个族中包括的零件种类很多时,该方式有明显的优点。但该方式在依据零件组标准工艺规程修订出新零件的工艺规程时不能摆脱对有经验的工艺过程编制人员的依赖,不易适应新产品生产技术和生产条件的发展。

这一方法的理论基础比较成熟,应用也比较成熟,目前已开发的大部分的 CAPP 系统都属于这种类型。

(2)创成式 CAPP 系统(生成式 CAPP 系统)

创成式 CAPP 系统是将工艺人员设计工艺过程时的推理和决策方法转换成计算机可以处理的决策逻辑、算法,在使用时由计算机程序采用内部的决策逻辑和算法,依据制造资源信息,自动生成零(部)件的工艺规程的 CAPP 系统。

它的基本过程是当输入新零件的有关信息后,根据存储在计算机内的工艺数据库和加工知识库,应用各种工艺决策逻辑自动生成该零件的工艺规程。创成法的设计思想克服了修订式系统存在的缺点,它不以已有的工艺规程为基础,只要求输入零件的图形和工艺信息,就可

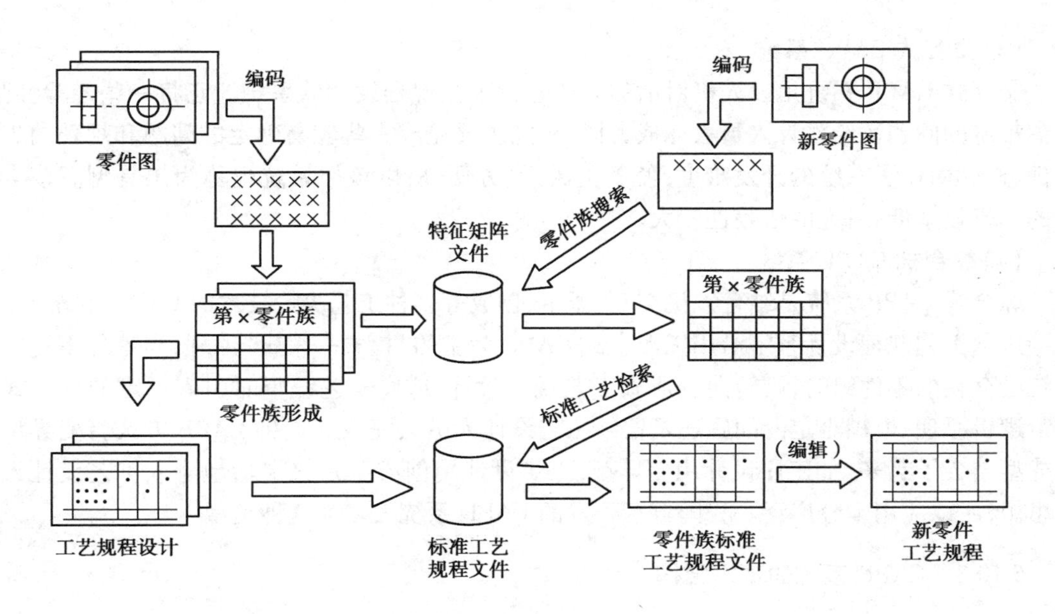

图6.34　派生式CAPP系统设计和应用流程框图

以创成一个新零件的工艺规程。其要点如下：

①预先将与零件工艺设计有关的工艺决策规则存储于计算机系统数据库或知识库中。

②输入零件图形及其加工要求等信息。

③计算机进行逻辑判断自动生成零件加工工艺规程。

④根据有关输入数据，由计算机计算工序尺寸、加工余量、切削用量、时间定额等。

⑤实现工艺过程的优化。

创成式CAPP系统基本上排除了人的干预，保证了工艺规程的客观性和科学性，从理论上讲是一种比较理想的方法。但是由于组成零件的几何要素很多，每一种要素可用不同的加工方法来实现，而它们之间的顺序又可以有多种组合方案，因此，工艺过程设计是一项经验性强、制约条件多的创造性的技术工作，往往要依靠工艺设计人员多年积累的生产经验和知识才能做出合理的决策，而不能仅仅依靠计算。为此，将人工智能技术应用在CAPP系统中形成的CAPP专家系统，也有把这种专家系统分成新的一类CAPP系统：智能性CAPP系统。以推理加知识的专家系统来解决工艺设计中经验性强、模糊和不确定的若干问题。CAPP专家系统发展至今形成了多种模型，包括基于专家系统（ES）、人工神经网络（ANN）、实例推理（CBR）、分布式人工智能（DRI）以及模糊逻辑（FL）、进化计算（EC）等各种类型的智能CAPP系统。

创成式CAPP系统的研究开始于20世纪70年代中期，由于这一方法不用过多地存储信息就可产生新零件的工艺规程，且运行时不需要进行技术性的干预即可通过决策逻辑和决策推理将专家的知识存储起来，因此这一方法得到普遍重视，被认为是很有前途的方法。但由于一些最基本的工程问题如零件信息描述和输入、决策逻辑的汇集、模型化及算法化、各种制造工程数据库的建立和维护等还没有很好地解决，至今完全创成式的系统还处于研究阶段，在生产中实用的尚不多见。

(3)交互式 CAPP 系统

交互式 CAPP 系统是以人机对话的方式进行工艺规程设计的系统。它将一些经验性强，模糊难定的问题留给设计人员去完成，计算机则主要完成一些较易确定的问题和烦琐的工艺文件，这就简化了系统的开发难度，使其更灵活、方便，所以该类系统也称为工具型。该类系统的运行效率低，对人的依赖性较大。

(4)综合式 CAPP 系统

综合式 CAPP 系统是结合人机交互、派生、创成等多种工艺决策技术的 CAPP 系统。

这种工艺规程设计系统沿用以派生式 CAPP 为主的"检索—编辑"原理，当零件不能归入系统已存在的零件组时，则转向创成式工艺规程设计，或在工艺编辑时引入一定的创成式的决策逻辑原理，模糊难定的问题还是留给工艺设计人员去完成。这种 CAPP 方式将变异型与创成型结合了起来(如工序设计用变异型，工步设计用创成型)，又灵活地融入工艺设计人员的思想，所以应用十分广泛。我国自行开发的 CAPP 系统大多为这种类型。

6.10.3 CAPP 系统的基本结构

尽管 CAPP 系统的种类很多，但其基本结构不外乎六大部分：零件信息的输入、工艺决策、工艺数据/知识库、工艺规程的输出(工序图输出)、人机界面与工艺文件管理。

(1)零件信息的输入

零件信息是 CAPP 系统进行工艺规程设计的依据。计算机目前还不能像人一样识别零件图上的所有信息，所以在计算机内部必须有一个专门的数据结构来对零件信息进行描述，如何描述和输入零件信息是 CAPP 最关键的问题之一。

(2)工艺决策

工艺决策是整个系统的指挥中心，它的作用是：以零件信息为依据，按预先规定的顺序或逻辑，调用有关工艺数据或规则，进行必要的比较、计算和决策，生成零件的工艺规程。

(3)工艺数据/知识库

工艺数据/知识库是系统的支撑工具，它包含了工艺设计所要求的所有工艺数据(如加工方法、切削用量、机床、刀具、夹具、量具、辅具以及材料、工时、成本核算等多方面的信息)和规则(包括工艺决策逻辑、工艺经验等)。

工艺数据和工艺资源数据是企业生产制造管理系统的重要基础数据源，企业应按照要求，利用计算机辅助技术保障工艺数据的一致性、完整性、规范性、及时性、安全性和可追溯性。

(4)工艺规程的输出(工序图输出)

一般 CAPP 系统输出为工艺文件，它是专用的表格文件，大多数的输出文件中还需要包括工序图。对于 CAPP/NC 集成系统，还要输出零件的数控加工程序。

(5)人机界面

人机界面是用户的工作平台，包括系统菜单、工艺设计的界面、工艺数据知识的输入和管理界面，以及工艺文件的显示、编辑、打印输出等。

(6)工艺文件管理

一个系统可能有上千个工艺文件，如何管理和维护这些文件是 CAPP 系统的重要内容。

6.11　机械加工工艺过程的生产率和技术经济分析

6.11.1　工艺过程的生产率

(1)时间定额的概念

时间定额是在一定生产条件下,规定生产一件产品或完成一道工序所需消耗的时间。时间定额是安排生产计划、核算生产成本、确定设备数量、人员编制以及规划生产面积的重要依据。

GB/T 24737.7—2009《工艺管理导则　第7部分　工艺定额编制》定义了时间定额的相关组成部分及其概念,并规定了其代表符号。

(2)时间定额的组成

时间定额分为单件时间和准备与终结时间两大类。

1)单件时间 T_P　完成一个工件的一道工序的时间称为单件时间,它由下列几部分组成:

①基本时间 T_b。基本时间是指直接改变生产对象的尺寸、形状、相对位置、表面状态或材料性质等工艺过程所消耗的时间。对于切削加工来说,基本时间是切除金属所耗费的时间(包括刀具的切入和切出时间)。

②辅助时间 T_a。辅助时间是指为实现工艺过程而必须进行的各种辅助动作所消耗的时间。如装卸工件、操作机床、改变切削用量、试切和测量工件、引进及退回刀具等动作所需时间都属辅助时间。

基本时间和辅助时间的总和称为作业时间 T_B,属于直接用于制造产品或零部件所消耗的时间。

基本时间可根据加工表面的尺寸、切削用量等进行计算,辅助时间的确定方法随生产类型不同而不同。大批大量生产时,为了使辅助时间规定得合理,须将辅助动作进行分解,再分别查表求得各分解动作所需的时间,最后予以综合;对于中批生产则可根据以往的统计资料来确定;单件小批生产中,一般用基本时间的百分比进行估算。

③布置工作地时间 T_s。布置工作地时间是为使加工正常进行,工人照管工作地(如更换刀具、润滑机床、清理切屑、收拾工具等)所消耗的时间,一般按作业时间的2%~7%估算。

④休息和生理需要时间 T_r。休息和生理需要时间是指工人在工作班内恢复体力和满足生理需要所消耗的时间,对机床操作工人,一般按作业时间的2%~4%估算。

以上四部分时间的总和即为单件时间 t_d 即

$$T_P = T_B + T_s + T_r = T_b + T_a + T_s + T_r \tag{6.14}$$

2)准备与终结时间(简称准终时间)T_e　工人为了生产一批产品或零部件,进行准备和结束工作所需消耗的时间。

在成批生产中,每加工一批工件的开始和终了时,工人还需做以下几项工作:开始时,工人需熟悉工艺文件,领取毛坯、材料并安装刀具和夹具,调整机床及其他工艺装备等;终了时,工人要拆下和归还工艺装备、送交成品等。为此所消耗的时间,即一批工件的准备终结时间,设一批工件的数量为 n,则分摊到每个工件上的准备终结时间为 T_e/n。

3）单件计算时间 T_c

①在成批生产中：

$$T_c = T_P + T_e/n = T_b + T_a + T_s + T_r + T_e/n \tag{6.15}$$

②在大批大量生产时，每个工作地始终完成某一固定工序，故不考虑准备终结时间，即

$$T_c = T_P = T_b + T_a + T_s + T_r \tag{6.16}$$

6.11.2 提高机械加工生产率的工艺措施

机械加工工艺规程的制订，必须在保证零件质量要求的前提下，提高劳动生产率和降低成本，即“优质、高产、低成本”。提高劳动生产率不单纯是一个工艺技术问题，还是一个综合性的问题，涉及到产品设计、制造工艺和生产组织管理等方面的问题。

（1）缩短单件时间

缩短单件时间即缩短时间定额中的的各个组成部分，尤其要缩短其中占比重较大的时间。如在通用设备上进行零件的单件小批生产中，辅助时间占有较大比重，而在大批大量生产中，基本时间所占的比重较大。

1）缩短基本时间　大批大量生产中，基本时间在单件时间中占有较大比重。缩短基本时间的主要途径有：

①提高切削用量。增大切削速度、进给量和背吃刀量都可缩短基本时间。但随之会降低刀具的使用寿命，故提高切削用量的主要途径是进行新型刀具材料的研究与开发。目前，硬质合金车刀的切削速度可达 100～300 m/min，陶瓷刀具的切削速度可达 100～400 m/min，有的甚至高达 750 m/min，聚晶金刚石和聚晶立方氮化硼刀具其切削速度高达 600～1 200 m/min。

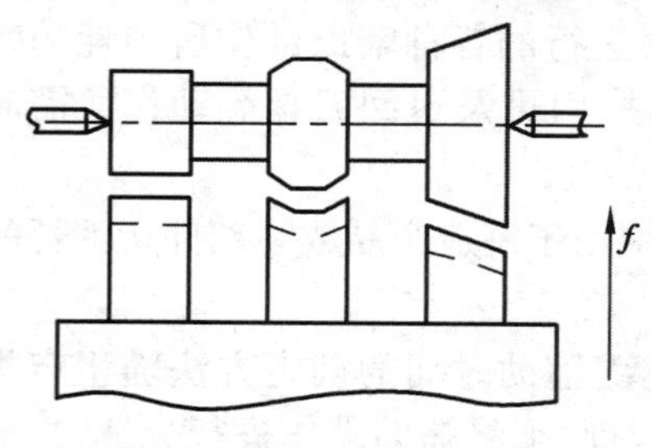

图 6.35　多刀同时加工

在磨削加工方面，高速磨削、强力磨削、砂带磨削的研究成果，使生产率有了大幅度提高。高速磨削的砂轮速度已达 80～125 m/s（普通磨削的砂轮速度仅为 30～35 m/s；缓进强力磨削的磨削深度可达 6～12 mm，有的企业直接用磨削来取代铣削或刨削而进行粗加工；砂带磨同铣削加工相比，切除同样金属余量的加工时间仅为铣削加工时间的 1/10。

缩短基本时间还可在刀具结构和刀具几何参数方面进行深入研究，例如群钻即可在很大程度上提高劳动生产率。

②采用多刀、多件加工。如图 6.35 所示，利用几把刀具或复合刀具对工件的同一表面或几个表面同时进行加工，如图 6.36 所示，将工件串联装夹或并联装夹，用一把刀具进行多件加工，有效地缩短基本时间。

2）缩短辅助时间　辅助时间在单件时间中占有较大的比重，尤其是在大幅度提高切削用量之后，基本时间显著减少，辅助时间所占比重就更高。此时，采取措施缩减辅助时间或使其与基本时间重叠成为提高生产率的重要手段。

①采用高效夹具。在大批大量生产中，采用气动、液动、电磁等高效夹具，中、小批生产采用成组夹具、组合夹具都能减少找正和装卸工件的时间。

②采用连续加工方法，使辅助时间与基本时间重合或大部分重合。例如图 6.37 所示，在

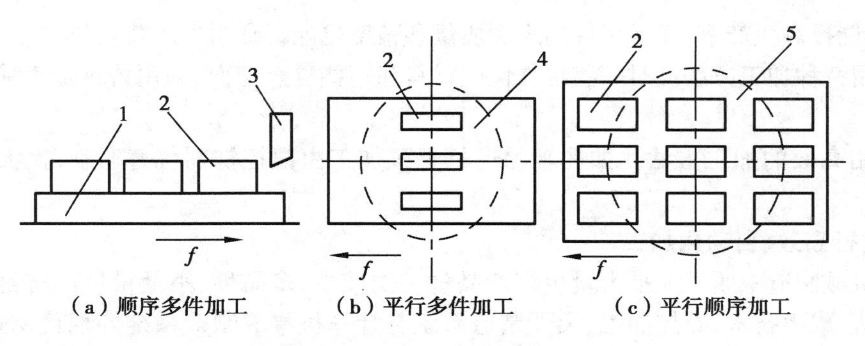

（a）顺序多件加工　（b）平行多件加工　（c）平行顺序加工

图6.36　多件加工示意图

1—工作台；2—工件；3—刨刀；4—铣刀；5—砂轮

双轴立式铣床上采用连续加工方式进行粗铣和精铣。在装卸区及时装卸工件，在加工区不停顿地进行加工。连续加工不需间隙转位，更不需停机，生产率很高。

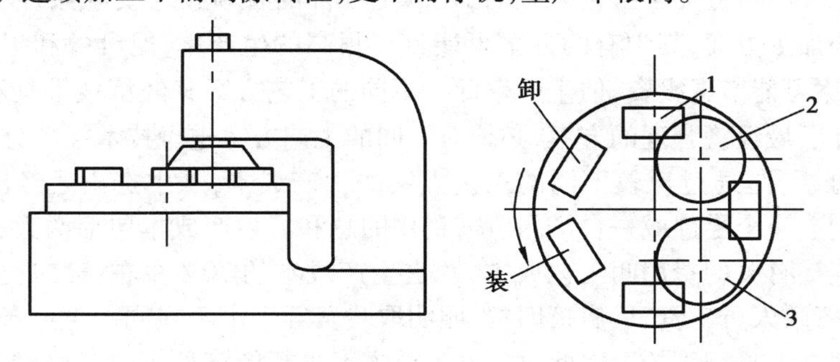

图6.37　立式连续回转工作台铣床

1—工件；2—精铣刀；3—粗铣刀

③采用在线检测的方法控制加工过程中的尺寸，使测量时间与基本时间重合。在线检测装置发展为自动测量系统，该系统不仅能在加工过程中测量并能显示实际尺寸，而且能用测量结果控制机床的自动循环，使辅助时间大大缩短。

3）缩短布置工作地时间　布置工作地时间，大部分消耗在更换刀具（包括刀具的小调整）的工作上，因此必须减少换刀次数，并缩减每次换刀所需时间。提高刀具或砂轮的使用寿命可减少换刀次数，而换刀时间的减少，则主要通过改进刀具的安装方法和采用装刀夹具等来实现。如采用各种快换刀夹、刀具微调机构、专用对刀样板或对刀样件以及自动换刀装置等，以减少刀具的装卸和对刀所需时间。

4）缩短准备终结时间　缩短准备与终结时间的主要方法是扩大零件的批量和减少调整机床、刀具和夹具的时间。在中、小批生产中，产品经常更换，批量小，使准备和终结时间在单件计算时间中占有较大的比重，同时，批量小又限制了高效设备和高效装备的应用。因此，扩大批量是缩短准备终结时间的有效途径。目前，采用成组技术，扩大相似件批量以及零、部件通用化、标准化、系列化是扩大批量最有效的方法。

（2）采用先进制造工艺方法

采用先进制造工艺方法是提高劳动生产率的另一有效途径，有时能取得较大的经济效益，常有以下几种方法。

①采用先进的毛坯制造新工艺。精铸、精锻、粉末冶金、冷挤压、热挤压和快速成型等新

工艺，不仅能提高生产率，而且工件的表面质量和精度也能得到明显改善。

②采用特种加工方法。对一些特殊性能材料和一些复杂型面，采用特种加工能极大地提高生产率。

③采用高效的加工方法。如曲轴的连杆轴颈加工由数控铣削代替车削，大大提高了生产率。

(3)进行高效、自动化加工

随着机械制造中属于大批大量生产产品种类的减少，多品种、小批量生产将是机械加工行业的主流，成组技术、数控加工、柔性制造系统与计算机集成制造系统等现代制造技术，不仅能适应多品种、小批量生产的特点，又能大大地提高生产率，是机械制造业的发展趋势。

6.11.3 工艺方案的技术经济分析

制订某一零件的机械加工工艺规程时，在满足零件的各项技术要求条件下，一般可以拟订出几种不同的加工方案，其中有的方案可能具有很高的生产率，但设备和工艺装备的投资大；而另一些方案可能节省投资，但生产率低。不同的工艺方案其经济效果是不同的，为确定在给定生产条件下最经济合理的方案，必须对不同的工艺方案进行技术经济分析和比较。

所谓经济分析，是通过比较不同的工艺方案的生产成本，从中选出最经济的工艺方案。生产成本是指制造一个零件或一台产品所需费用的总和。生产成本包括两大类费用：第一类是与工艺过程直接有关的费用叫工艺成本，约占生产成本的70%左右；第二类是与工艺过程无关的费用，如行政人员工资、厂房折旧费、照明取暖费等。由于在同一生产条件下与工艺过程无关的费用基本上是相等的。因此对零件工艺方案进行经济分析时，只分析与工艺过程有直接关系的工艺成本。

(1)工艺成本的组成

工艺成本由可变费用 V 与不变费用 C 两部分组成。可变费用与零件(或产品)年产量有关，它包括材料费或毛坯费、操作工人的工资、机床的维护费、通用机床和通用夹具及刀具的折旧费。不变费用与零件(或产品)年产量无关，它是指专用机床和专用夹具、刀具的折旧费用。因为专用机床、专用夹具及刀具是为加工某零件专门设计制造的，不能用来加工其他零件，而工艺装备及设备的折旧年限是一定的，因此专用机床、专用夹具及刀具的费用与零件(或产品)的年产量没有直接的关系，即当年产量在一定范围内变化时，这类费用基本不变。

一种零件(或一道工序)的全年工艺成本 E(单位：元)可用下式表示：

$$E=NV+C \tag{6.17}$$

式中 V——每个零件的可变费用，单位为元/件；

N——零件的年产量，单位为件；

C——全年的不变费用，单位为元。

单件工艺成本 E_d(单位为元/件)为：

$$E_d=V+\frac{C}{N} \tag{6.18}$$

图6.38及图6.39分别表示全年工艺成本及单件工艺成本与年产量之间的关系。由图6.38可知，全年工艺成本 E 与年产量 N 呈直线关系。这说明全年工艺成本的变化量 ΔE 与年产量的变化量 ΔN 成正比。如图6.39所示，曲线 A 区相当于单件小批生产时设备负荷率很低

的情况，此时如果 N 略有变化，E_d 就会有很大变化。曲线的 B 区，即使 N 变化很大，其工艺成本的变化也不大，这相当于大批大量生产的情况，此时，不变费用对单件成本影响很小。A、B 之间相当于成批生产情况。

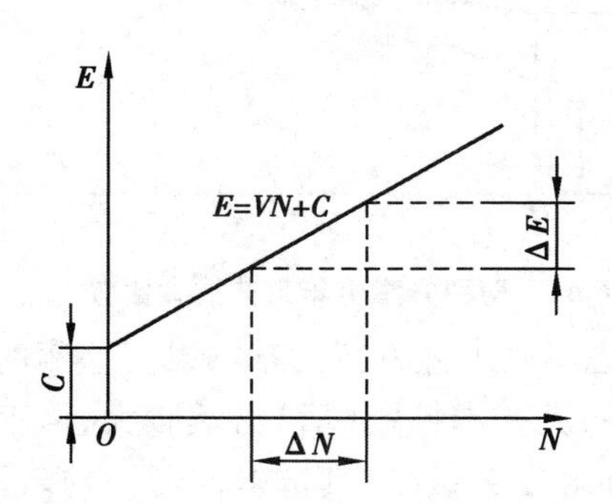

图 6.38　全年工艺成本与年产量的关系

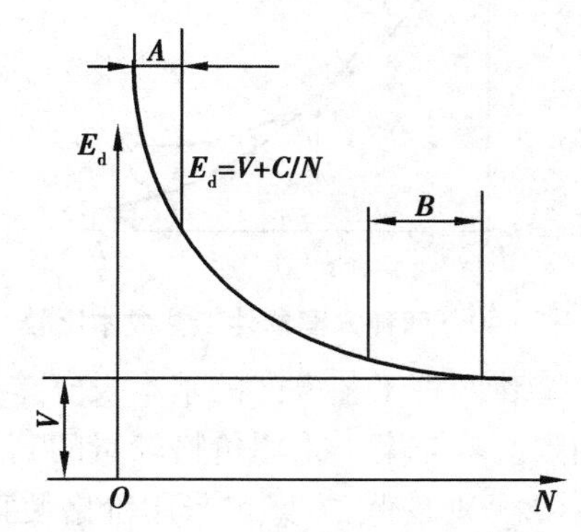

图 6.39　单件工艺成本与年产量的关系

(2)工艺方案的经济评比

对不同的工艺方案进行经济对比时，可以分两种情况。

①工艺方案的基本投资相近或都采用现有设备，则工艺成本即可作为衡量各工艺方案经济性的重要依据。

a.如两种工艺方案只有少数工序不同，可对这些不同工序的单件工艺成本进行比较。当年产量一定时，有

第一方案　　$E_{d1}=V_1+\dfrac{C_1}{N}$

第二方案　　$E_{d2}=V_2+\dfrac{C_2}{N}$

当 $E_{d1}>E_{d2}$ 时，则第二方案的经济性好。

若零件的年产量 N 为变量时，可用图 6.40 所示曲线进行比较。N_k 为两曲线相交处的产量，称临界产量。由图可见，当 $N<N_k$ 时，$E_{d1}>E_{d2}$，应取第二方案；当 $N>N_k$ 时，$E_{d1}>E_{d2}$，应取第一方案。

b.当两种工艺方案有较多的工序不同时，可对该零件的全年工艺成本进行比较，两方案全年工艺成本分别为

第一方案　　$E_1=NV_1+C_1$

第二方案　　$E_2=NV_2+C_2$

如图 6.41 所示，对应于两直线交点处的产量 N_k 称为临界产量。当 $N<N_k$ 时，$E_1<E_2$，宜采用第一方案；当 $N>N_k$ 时，$E_1>E_2$，宜用第二方案。当 $N=N_k$ 时，$E_1=E_2$，则两种方案经济性相当，所以有：

$$N_kV_1+C_1=N_kV_2+C_2$$

故

$$N_k=\frac{C_2-C_1}{V_1-V_2} \tag{6.19}$$

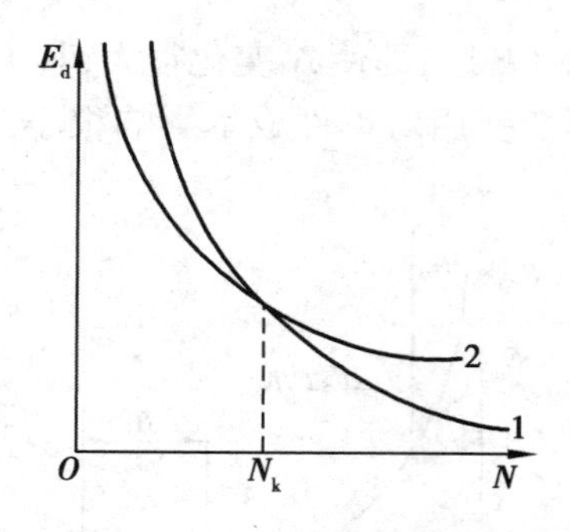

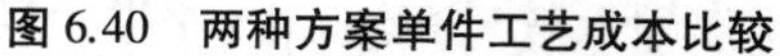
图 6.40 两种方案单件工艺成本比较

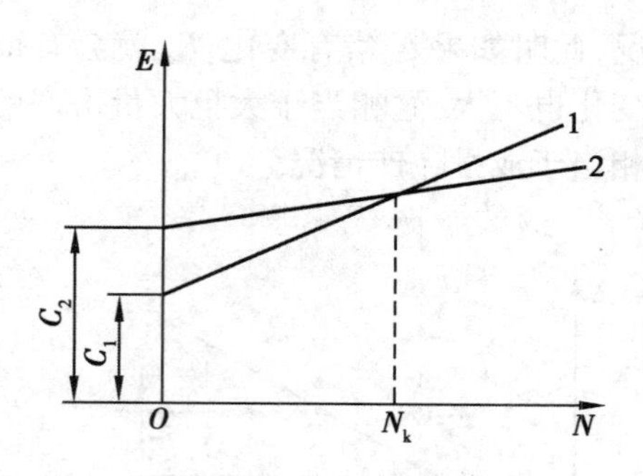

图 6.41 两种方案全年工艺成本比较

②若两种工艺方案的基本投资差额较大时，必须考虑不同工艺方案的基本投资差额的回收期限。若方案一采用价格较贵的高效设备及工艺装备，其基本投资（K_1）必然较大，但工艺成本（E_1）则较低；方案二采用价格便宜、生产率低的设备和工艺装备，其基本投资（K_2）较小，但工艺成本（E_2）则较高。方案一较低的工艺成本是增加了投资的结果。这时如果仅比较其工艺成本的高低是不全面的，而是应该同时考虑两种方案基本投资的回收期限。所谓投资回收期是指一种方案比另一种方案多耗费的投资通过降低工艺成本回收所需要的时间，常用τ表示。显然，τ越小，经济效益越好；τ越大，则经济效益越差。τ可由下式计算：

$$\tau = \frac{K_1 - K_2}{E_2 - E_1} = \frac{\Delta K}{\Delta E} \tag{6.20}$$

式中　τ——回收期限，单位为年；

ΔK——两种工艺方案基本投资的差额（又称为追加投资），单位为元；

ΔE——全年工艺成本的节约额，单位为元/年。

投资回收期必须满足以下要求：

a.投资回收期应小于国家规定的标准回收年限，如采用新夹具的标准回收期常定为 2~3 年，采用新机床的标准回收期常定为 4~6 年。

b.投资回收期应小于投资的设备的使用年限。

c.投资回收期应小于市场预测对该产品的需求年限。

习题与思考题

6.1　试拟定题图 6.1 所示零件的机械加工工艺路线，内容包括：工序名称、工序简图、工序内容等。生产类型为成批生产。

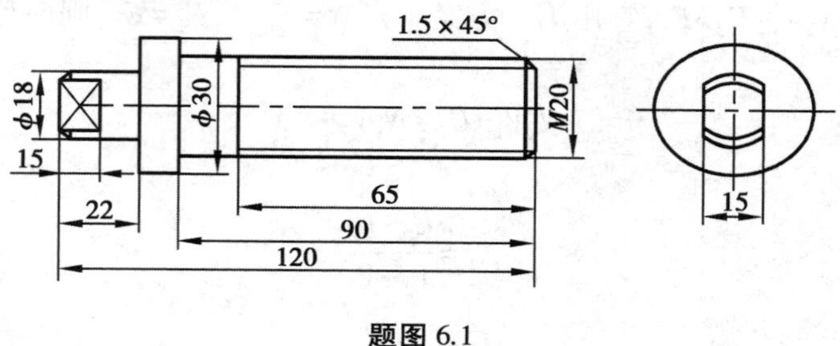

题图 6.1

6.2　什么是生产过程、工艺过程、工艺规程？工艺规程在生产中起何作用？

6.3　什么是工序、安装、工位、工步和走刀？

6.4　简述机械加工工艺规程的设计原则、步骤和内容。

6.5　机械加工工艺过程卡与工序卡的区别是什么？简述它们的应用场合。

6.6　有一小轴，毛坯为热轧棒料，大量生产的工艺路线为粗车—半精车—淬火—粗磨—精磨，外圆设计尺寸为 $\phi\ 30^{0}_{-0.013}$ mm，已知各工序的加工余量和经济精度如下表，试确定各工序尺寸及其偏差。

题表 6.1

工序名称	工序余量	经济精度
精磨	0.1	IT6
粗磨	0.4	IT8
半精车	1.1	IT10
粗车	2.4	IT12
总余量	4	

6.7　何谓劳动生产率？提高机械加工劳动生产率的工艺措施有哪些？

6.8　何谓生产成本与工艺成本？两者有何区别？比较不同工艺方案的经济性时，需要考虑哪些因素？

6.9　何谓零件的结构工艺性？试举例说明零件的结构工艺性对零件制造有何影响？

6.10　批量生产如题图 6.2 所示两个零件，毛坯均为铸铁件、孔已铸出，图中除有不加工的符号的表面外，其余表面均需要加工。试选择两个零件的粗基准和精基准。

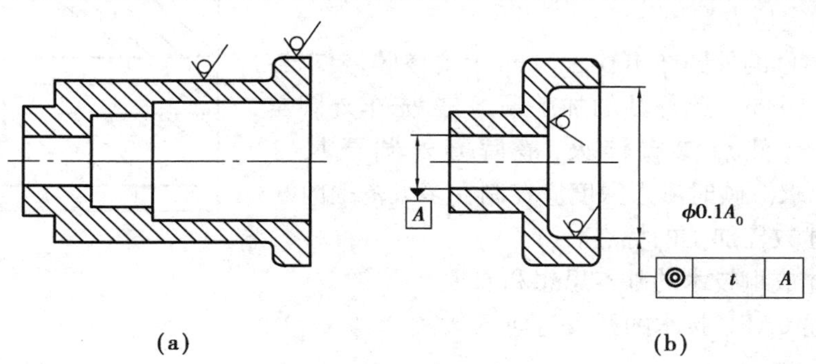

题图 6.2

6.11　零件的加工为什么要划分加工阶段？在什么情况下可以不划分或不严格划分加工阶段？

6.12　何谓“工序集中”与“工序分散”？各有何特点？

6.13　安排工序顺序时，一般应遵循哪些原则？

6.14　如题图 6.3 所示零件加工时，图样要求保证尺寸 6±0.1 mm，但这一尺寸不便测量，

通常是通过测量 L 来间接保证。试求工序尺寸 L 及偏差。

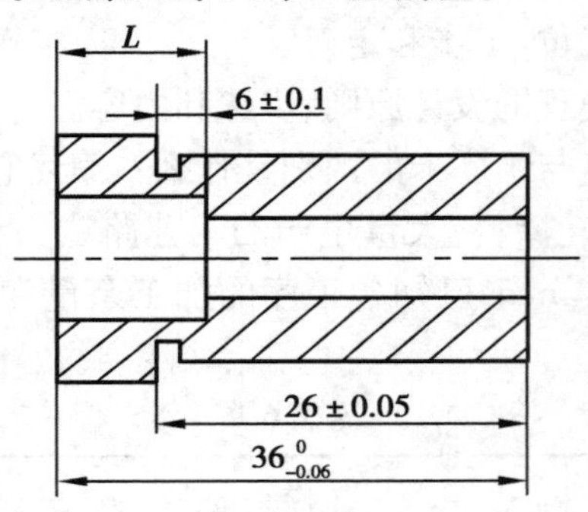

题图 6.3

6.15　加工套筒零件时，其轴向尺寸及有关工序简图如题图 6.4 所示，试求工序尺寸 A_1、A_2、A_3 及其极限偏差。

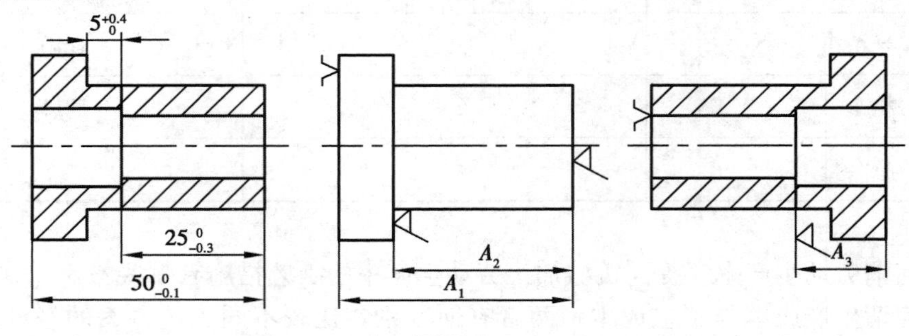

题图 6.4

6.16　如题图 6.5 所示套筒零件，加工 A 时要求保证尺寸 $L_3 = 10^{+0.20}_{0}$ mm，已知 $L_1 = 60 \pm 0.05$ mm，$L_2 = 30^{+0.1}_{0}$ mm，若在铣床上采用调整法加工，试求分别以左端面定位；以右端面定位时的工序尺寸及极限偏差，并比较哪种定位方案更好。

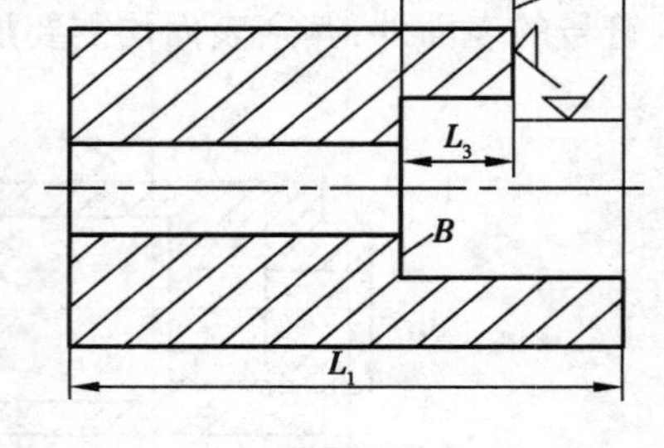

题图 6.5

6.17　某零件的外圆 $\phi\ 100^{\ 0}_{-0.035}$ mm 上要渗碳，要求渗碳深度为 1 ~ 1.2 mm。此外圆的加工顺序是：先车外圆至尺寸 $\phi 100.5$ mm，然后渗碳淬火，最后磨外圆至尺寸 $\phi 100^{\ 0}_{-0.035}$ mm。求渗碳时渗入深度应控制在多大范围内？

6.18　简述数控加工的特点。

6.19　简述成组技术的基本思想和原理。

6.20　简述 CAPP 技术的开发有何意义？

第 7 章
机床夹具设计

7.1 机床夹具概述

在机床上加工工件时，为了保证加工要求，应使工件相对于刀具和机床在切削成形运动中占有正确位置，即工件必须定位；为避免加工中受到切削力、重力等外力的作用而破坏定位，还必须将工件压紧夹牢，即工件必须夹紧；工件的定位和夹紧称为安装。在机床上用来安装工件的工艺装备叫做机床夹具，简称夹具，是机床的一个附加装置。

早在19世纪后期欧美工厂中出现了夹持工件的卡盘，这就是最早出现的夹具。至今夹具广泛应用于机械制造过程的切削加工、热处理、装配、焊接和检测等工艺过程中。在各种机器的生产、工件的加工中都存在从简单到复杂，以及不同自动化程度的夹具，例如一台中型轴流式喷气发动机在成批生产中需要七千多套专用夹具。

夹具在机械加工中占有十分重要的地位，它在保证工件的加工精度、提高生产率、降低生产成本、扩大机床使用范围、减轻工人劳动强度等方面有重要的作用。现代机床夹具的发展方向主要表现在精密化、高效化、柔性化等方面。

7.1.1 工件的安装方式

工件安装的好坏将直接影响零件的加工精度，而安装的快慢则影响生产率的高低。因此，工件的安装，对保证质量、提高生产率和降低加工成本有着重要的意义。

在不同的生产条件下可采用不同的安装方式。

(1)直接找正安装

直接找正安装是用百分表、划针或目测的方式在机床上直接找正工件位置的方法。

如图7.1所示为在磨床上用四爪卡盘安装套筒磨内孔，先用百分表找正工件外圆表面，然后再夹紧，以保证磨削后的内孔与外圆同轴。

直接找正安装是根据工件上的某一表面或某几个表面来找正实现的。该方法一般精度不高，生产率低，对工人技术水平要求高。一般适用于单件小批生产或新产品试制。

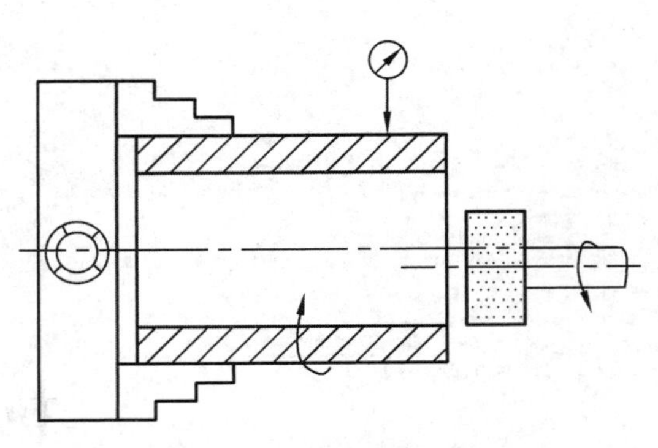

图 7.1　直接找正安装

对形状复杂、毛坯精度较低的零件，用直接找正安装比较困难，这时可采用划线找正安装。

(2) 划线找正安装

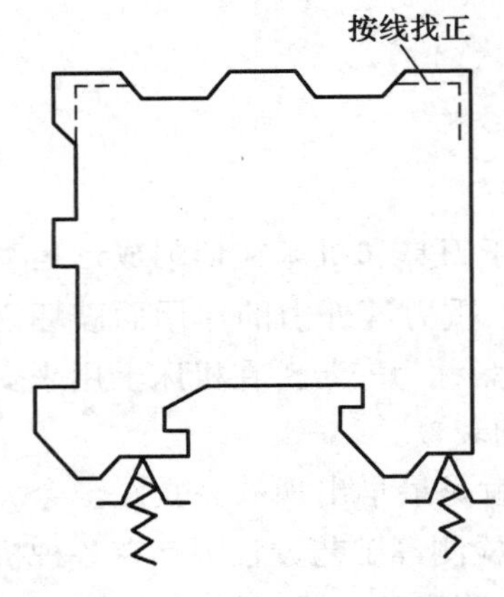

图 7.2　划线找正安装

这种方法是先在毛坯上按照零件图划出某些导出要素(即中心线、对称线或面)或各待加工表面的加工线，然后将工件装在机床工作台上，根据工件上划好的线来找正工件在机床上的安装位置。

如图 7.2 所示为某车床床身毛坯加工，为保证床身各处壁厚均匀及各加工面的加工余量，先在平台上将毛坯按图划好加工线，然后在龙门刨床工作台上用千斤顶支起床身毛坯，按划好的线找正后夹紧，再对床身毛坯底面进行粗刨。

这种安装方法增加了划线工序且划线时间长，所以效率低；划线找正法的精度受到划线精度和找正精度的影响，划线时会产生测量误差，线条有一定的宽度，找正时也会产生误差，所以安装精度较低，且对工人技术水平要求高。

这种方法适用于单件、小批量生产中精度不高、形状比较复杂的较大箱体或基础零件。即使是在单件、小批生产中，如果可以用直接找正安装方式，也最好不用划线找正安装。

(3) 用专用夹具安装

工件放在为其加工专门设计和制造的夹具中，工件上的定位表面一经与夹具上的定位元件的工作表面配合或接触，即完成了定位，然后在此位置上夹紧工件。

工件安装在专用夹具上，由于采用了专用的定位元件和夹紧装置，所以能直接保证工件和刀具之间的相对位置，并且在整个加工过程中保持这个正确的加工位置。这种方法可以迅速而方便地使工件在机床上处于所要求的正确位置，生产率高。

如图 7.3 所示为一加工拨叉孔的钻床夹具，拨叉工件在夹具上由下面的大环形定位元件和左侧的短 V 形块定位，确定了拨叉的孔中心基本上与其外圆中心同轴；由右侧的螺杆带动浮动压块夹紧工件；钻头通过工件上方的快换钻套引导对拨叉孔进行钻孔、扩孔等加工。通过这套专用夹具，工人可以快速、准确地确定好工件的正确位置。

在成批、大量生产中，为了提高生产率，保证加工质量及质量的稳定，减轻工人的劳动强度，以及便于技术水平较低的工人来加工技术要求较高的工件，从而降低生产费用，所以广泛使用专用夹具安装工件。

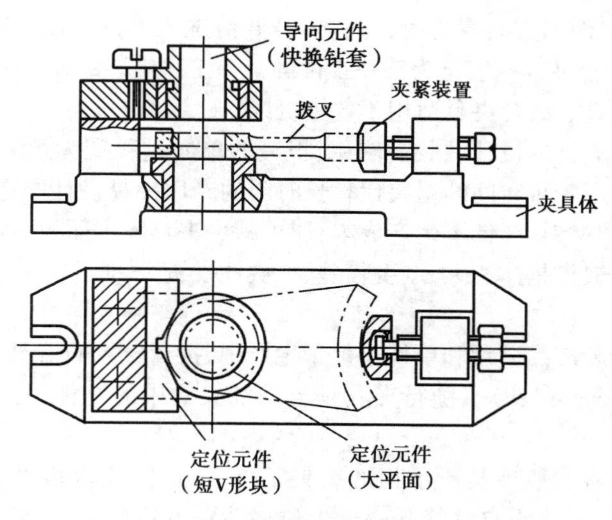

图7.3　用专用夹具安装

7.1.2　机床夹具的分类

机床夹具的种类和形式繁多，有不同的分类方法。

(1)按夹具的通用特性分类

可分为通用夹具、专用夹具、可调夹具、组合夹具、自动线夹具(随行夹具)和数控机床夹具等。这是最常见的机床夹具分类方法之一。

1)通用夹具　一般作为通用机床的附件，如车床上的三爪卡盘、顶尖和鸡心夹头，铣床上的平口钳、分度头和回转台等。

通用夹具无须调整或稍加调整就可以用于装夹不同的工件。这类夹具一般已标准化，由专业工厂生产，主要用于单件小批量生产。

2)专用夹具　专用夹具是针对某一工件的某工序专门设计制造的。

该类夹具专用性很强，操作迅速方便；当产品变更时，该类夹具就因无法使用而报废，因此它适用于成批及大批量生产。使用专用夹具可显著地提高劳动生产率，易于保证工件加工精度且使加工精度稳定，有利于降低工人的技术等级要求和减轻工人的劳动强度。广泛应用于成批生产、大量生产中，在一些难以装夹的工件小批量生产时也有使用。

3)可调夹具(成组专用夹具)　可调夹具是当改变生产的工件时，可以通过快速调整、少量换件就可适应新工件加工的一类专用夹具。

由于可调夹具加工的零件组中各产品生产批量较小，为每种工件设计专用夹具不经济，而通用夹具又不能满足加工质量或难于满足生产率的要求。此时，采用成组技术，首先确定一个"复合零件"，该零件能代表组内零件(结构尺寸不同、但结构有较大的相似性)的主要特征，然后针对"复合零件"设计夹具，并根据组内零件的特点(主要指结构和尺寸等)，设计可调整件和可更换件。应使调整方便、更换迅速、结构简单。利用成组夹具能扩大工件生产批量，因此可以采用高效夹紧装置，如各种气动和液压装置。

成组可调夹具适用于多品种、小批量生产，能应用成组技术的工件生产；这也是数控机床加工批量不大的工件时对专用夹具的一种要求。

4)组合夹具　组合夹具是由一套预先制造好的标准零件组装成的专用夹具。它在使用时有专用夹具的优点,而当产品变更时,将它拆开并清洗入库,留待组装成新的组合夹具,所以它不会"报废"。组合夹具一般是为某一工件的某一工序组装的专用夹具,也可以组装成通用可调夹具或成组夹具。组合夹具适用于各类机床。

组合夹具把专用夹具的设计、制造、使用、报废的单向过程变为组装、拆散、清洗入库、再组装的循环过程。可用较短时间的组装代替长时间的专用夹具设计制造周期,从而缩短了生产周期,节省了工时和材料,降低了生产成本;还可减少夹具库房面积,有利管理。

组合夹具的主要缺点是体积大、刚度较差、一次性投资大、成本高。这使组合夹具的推广应用受到一定限制。

组合夹具适用于新产品试制和单件小批量生产中,批量较大的情况也较适用。

5)自动线夹具(随行夹具)　随行夹具是自动线夹具中的一种,另一种自动线夹具为固定式夹具。

随行夹具除了具有一般夹具所承担的装夹工件任务外,还担负沿自动线输送工件的任务。工件装上该夹具后,将沿自动线从一个工位移动到下一个工位,直到下线,故为"随行夹具"。

6)数控机床夹具　数控机床上使用的夹具为数控机床夹具。

在现代生产中,数控机床的应用已愈来愈广泛。数控机床加工时,刀具或工作台的运动是由程序控制,按一定坐标位置进行的。因此,数控机床夹具设计与其他夹具设计有不同之处。数控机床夹具上一般应设置原点(对刀点);数控机床夹具一般无须设置刀具导向装置,这是因为数控机床加工时,机床、夹具、刀具和工件始终保持严格的坐标关系,刀具与工件间无须导向元件来确定位置。

数控机床上应尽量选用可调夹具、拼装夹具和组合夹具。因为数控机床上加工的工件,大多是单件小批生产,必须采用柔性好、准备时间短的夹具;生产批量较大时,选用专用数控夹具。

(2)按夹具使用的机床分类

可分为车床夹具、铣床夹具、钻床夹具、镗床夹具、磨床夹具、齿轮加工机床夹具、数控机床夹具等。

(3)按夹具装置的动力源分类

可分为手动夹具和机动夹具,机动夹具中又分为气动夹具、液压夹具、电磁夹具和真空夹具等。

7.1.3　专用机床夹具的组成

机床夹具种类繁多,结构各异,但其工作原理是基本上相同的。专用机床夹具常由以下几个部分组成。

1)定位元件及定位装置　用于确定工件在夹具中位置的定位元件及定位装置。

定位元件主要包含支承钉、V形块、定位销等,有些夹具还用若干零件构成的装置给工件定位。如图7.3所示,下方的平面定位元件和左侧的短V形块就是该夹具的定位元件。

2)夹紧装置　用于工件在外力(如重力、惯性力以及切削力等)作用下仍能保持正确位置的夹紧装置。

它一般由夹紧动力装置(如汽缸、油缸等)、传动机构(如杠杆、螺纹传动副等)、夹紧元件

(如压板、夹爪等)等组成。如图 7.3 所示钻床夹具采用手动螺旋夹紧装置。

3)对刀及刀具导向元件　用来对准刀具或引导刀具的对刀元件或刀具引导元件。

在采用调整法加工时,为了预先调正夹具相对于刀具的正确位置,在夹具上应设有确定刀具(铣刀、刨刀等)位置或引导刀具(孔加工刀具等)的元件。如铣床夹具的对刀块、钻床夹具的钻套(安装在钻模板上)和镗床夹具的镗套(安装在镗模支架上)等。如图 7.3 所示,快换钻套就是刀具的直接引导元件,为了快速和频繁更换钻套还必须设置钻套用衬套,衬套直接安装在钻模板上。

4)其他元件及装置　如定向键、操作件以及根据夹具特殊功用需要具有的一些装置,如分度(或转位)装置、大型夹具的吊装元件等。

5)夹具体　夹具体用于连接夹具各元件及装置,使夹具成为一个整体的基础件。夹具体还用于夹具与机床的连接,以确定夹具相对机床(或刀具)的位置。如图 7.3 所示。

7.2　工件的定位

如前所述,工件加工前要在夹具中定位以占据正确位置。那么,工件应该占据哪些正确位置?用何种定位元件去实现工件占据正确位置的目的?工件在夹具中完成定位后,其位置是否正确、能否满足加工要求?这是工件的定位必须解决的三个问题。

7.2.1　工件定位的基本原理

(1)六点定位原理

工件在夹具中定位的目的,是要使一批在该工序中加工的所有工件均能按加工要求在夹具中占有一致的正确位置(不考虑定位误差的影响)。怎样才能使每个工件按加工要求在夹具中保持一致的正确位置呢?要弄清楚这个问题,我们先来讨论与定位相反的问题,即工件放置在夹具中的位置可能有哪些变化?如果消除了这些可能的位置变化,那么工件也就定好了位。

任何一个工件在夹具中未定位时,可以看成空间直角坐标系中的自由物体,它可以沿三个坐标轴方向放在任意位置,即具有沿三个坐标轴移动的自由度,记为$\vec{x}$、$\vec{y}$、$\vec{z}$,如图 7.4(b)所示;同样,工件绕三个坐标轴转动的位置也是可以任意放置的,即具有绕三个坐标轴转动的自由度,记为$\overset{\curvearrowright}{x}$、$\overset{\curvearrowright}{y}$、$\overset{\curvearrowright}{z}$,如图 7.4(c)所示。因此,要使一批工件在夹具中占有一致的正确位置,就必须限制工件的$\vec{x}$、$\vec{y}$、$\vec{z}$、$\overset{\curvearrowright}{x}$、$\overset{\curvearrowright}{y}$、$\overset{\curvearrowright}{z}$六个自由度。

为了限制工件的自由度,在夹具中通常用一个支承点来限制工件的一个自由度,这样用合理布置的六个支承点限制工件的六个自由度,使工件的位置完全确定,称为“六点定位原理”。

例如用调整法加工如图 7.5(a)所示零件的槽,为保证槽底面距 M 面的尺寸 $A\pm\frac{T_a}{2}$及平行度要求,必须将零件 M 面置于与工作台面平行的平面内,限制$\overset{\curvearrowright}{x}$、$\overset{\curvearrowright}{y}$、$\vec{z}$三个自由度;为保证槽侧面距 N 面的尺寸 $B\pm\frac{T_b}{2}$及平行度,零件 N 面需与机床进给方向平行,限制$\vec{x}$、$\overset{\curvearrowright}{z}$两个自由度;

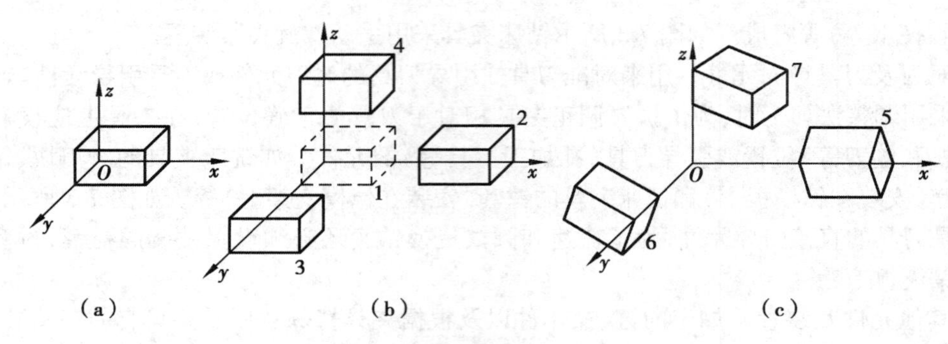

图 7.4　工件的六个自由度

为保证尺寸 $C\pm\frac{T_c}{2}$,需限制$\vec{y}$一个自由度。如图 7.5(b)所示,现假设在空间直角坐标系中,*xoy* 坐标平面与夹具底面重合且与工作台平面平行,*yoz* 平面与工作台纵向进给平行,*xoz* 平面与工作台横向进给平行。在 *xoy* 平面上设置三个支承点,工件 *M* 面紧贴在三个支承点上,限制了 $\overset{\frown}{x}$、$\overset{\frown}{y}$、$\vec{z}$三个自由度;在 *yoz* 平面设置二个支承点,工件 *N* 面紧贴在这二个支承点上,限制了$\vec{x}$、$\overset{\frown}{z}$ 二个自由度;在 *xoz* 平面上设置一个支承点,工件 *P* 面紧贴其上,限制了$\vec{y}$一个自由度。这样,工件的六个自由度全部被限制了,所有工件放置在夹具中的位置就可保持一致的正确且确定的位置,当刀具的加工位置调整好后,就可保证工件的加工技术要求了。

在讨论定位问题时,我们把具体的定位元件抽象化,使其转化为相应的定位支承点,再用这些定位支承点来限制工件的自由度。

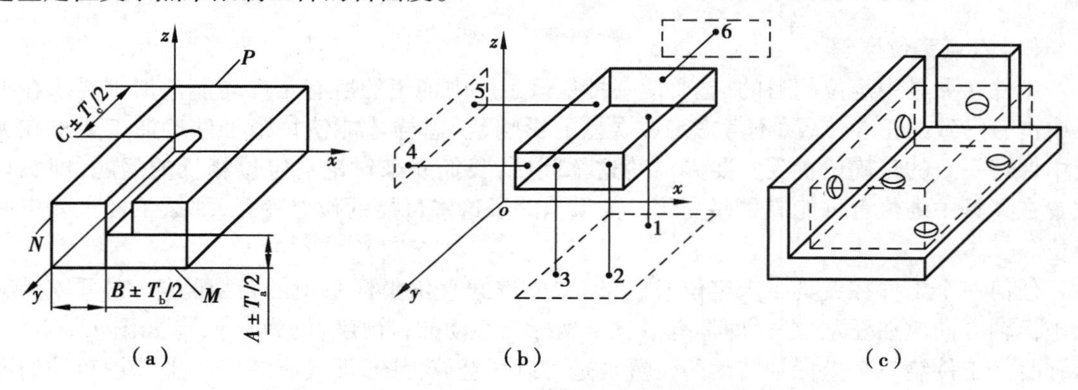

图 7.5　长方体零件的定位分析

使用六点定位原理时,六个支承点的分布必须合理,否则不能有效地限制工件的六个自由度。如上例中,*xoy* 平面的三个支承点应成三角形,且三角形面积越大,定位越稳定。*yoz* 平面上的两个支承点的连线不能与 *xoy* 平面垂直,否则不能限制绕 *z* 轴转动的自由度。

在具体的夹具结构中,所谓定位支承点是以定位元件来体现的,如图 7.5(c)所示。长方体的定位可以以六个支承钉代替六个支承点,这种形式的六点定位方案是比较典型的。

(2)工件在夹具中定位的类型

1)完全定位　工件在夹具中定位时,工件的六个自由度被完全限制了的定位称为完全定位。如图 7.5 所示定位方式就是完全定位。

但在生产中并不是所有工序都采用完全定位。究竟应该限制几个自由度和限制哪几个自由度,由工序的加工要求所决定。

如在图7.5(a)所示被加工零件上加工的是一个通槽,则没有尺寸 $C\pm\frac{T_c}{2}$的要求,也就不需限制$\vec{y}$,即在这道铣槽的工序中,只需要用五个支承点,限制五个自由度就可以确定工件的正确加工位置了,也就是说,只要限制工件五个自由度就能满足加工要求了。

由此可见,从保证加工要求来看,工件的正确定位并不一定是对工件的六个自由度都要加以限制,这是因为有些自由度并不影响加工要求,不影响加工要求的自由度就不一定加以限制。在考虑工件定位方式时,首先要找出哪些自由度会影响加工要求,哪些自由度与保证加工精度无关,前者称为第一种自由度,后者称为第二种自由度。对于工件的第一种自由度,这是工件加工时定位必须限制的自由度;至于第二种自由度,应按照承受切削力、夹紧力和夹具结构等需要,考虑是否加以限制。

2)不完全定位(部分定位) 工件在夹具中定位时,若六个自由度没有被全部限制,但加工需要限制的自由度已被全部限制时,称为不完全定位。

如图7.6所示,用圆柱铣刀在卧式铣床上铣削 F 面。简图上标注被加工面 F 到轴线的尺寸为 H,即 ϕd 的轴线是被加工表面 F 的工序基准。为保证加工要求,应限制工件$\vec{z}$和 $\overset{\frown}{x}$ 两个自由度。因为如果不限制,当工件沿 z 轴移动时,将影响尺寸 H 的大小;当绕 x 轴转动时,将使工件两轴端的尺寸 H 不一致。

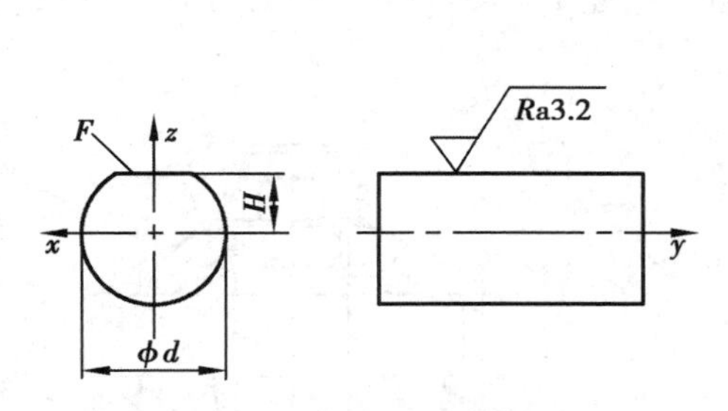

图7.6 用圆柱铣刀铣削轴上平面的简图

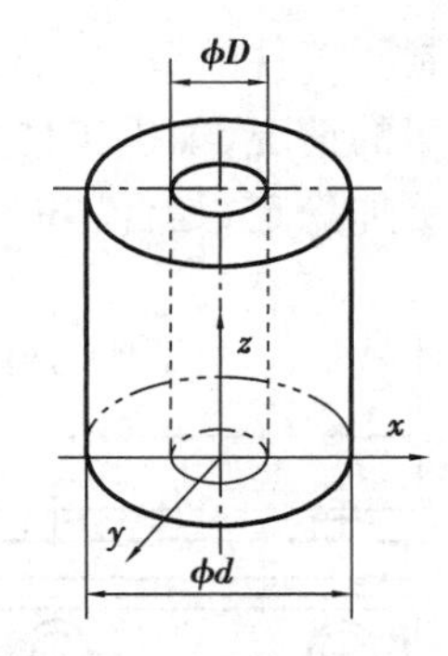

图7.7 在钻床上钻孔

又如图7.7所示,在立式钻床上钻一个与外径为 ϕd 的轴同轴线的通孔 ϕD,所以 ϕd 的轴线为工序基准。为保证 ϕD 轴线与 ϕd 轴线的同轴度,应限制工件$\vec{x}$、$\vec{y}$、$\overset{\frown}{x}$ 、$\overset{\frown}{y}$ 四个自由度。

综上所述,为保证工件的加工要求,必须正确定位。正确定位就是限制工件工序基准的自由度。为分析方便,应首先建立坐标系,一般坐标平面与工序基准方向相平行。根据工件加工要求,分析限制工序基准的自由度,凡是影响加工要求的自由度都应加以限制,即第一种自由度必须限制;不影响加工要求的自由度就不一定加以限制。

在考虑定位方案时,为简化夹具结构,对不需要限制的自由度,一般不设置定位支承点,但也不尽然。如图7.7所示在光轴上钻通孔,按定位原理不需要限制$\vec{z}$,轴的端面可不设置定位支承,但在设计时,常常设置一个定位支承,一方面可承受一定的切削力,以减小夹紧力,另一方面也便于调整机床的工作行程。又如图7.8所示在盘类工件上钻通孔,$\vec{z}$的自由度可不限制,但实际上往往被限制了,若有意不限制,反而使夹具的结构更复杂。

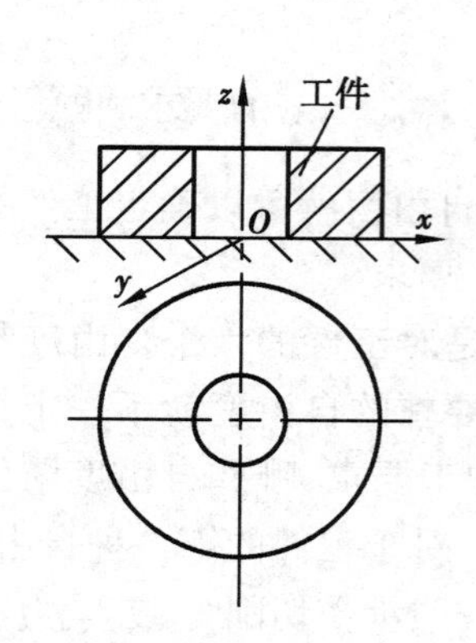

图 7.8　盘类工件上钻通孔

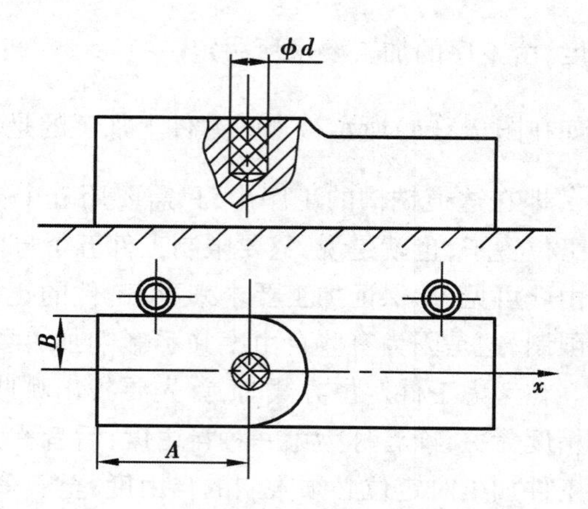

图 7.9　欠定位示例

3)欠定位　工件在夹具中定位时,根据工件的加工要求,应该限制的自由度没有全部限制的定位称为欠定位。欠定位不能保证本工序的加工技术要求,一般不允许这种情况发生。

如图 7.9 所示,在 x 方向上未设置定位支承,孔到左端面的距离尺寸 A 就无法得到保证。

4)过定位(重复定位)　工件在夹具中定位时,由两个或两上以上的定位元件重复限制工件的同一自由度的定位,称为过定位。

如图 7.10 所示,加工工件上平面,采用的四个支承在工件下面来定位,四个支承实际定位效果只限制了工件的 $\overset{\frown}{x}$、$\overset{\frown}{y}$、$\vec{z}$三个自由度,因而是过定位。这种过定位是否允许,取决于工件定位基准面的情况,如果工件定位平面已经加工且处于同一个平面内,采用这种过定位方式将使工件更加稳定,是合理的、可取的。

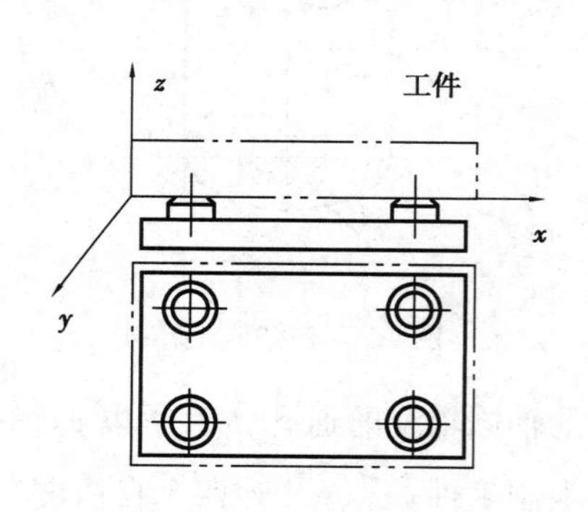

图 7.10　过定位示例

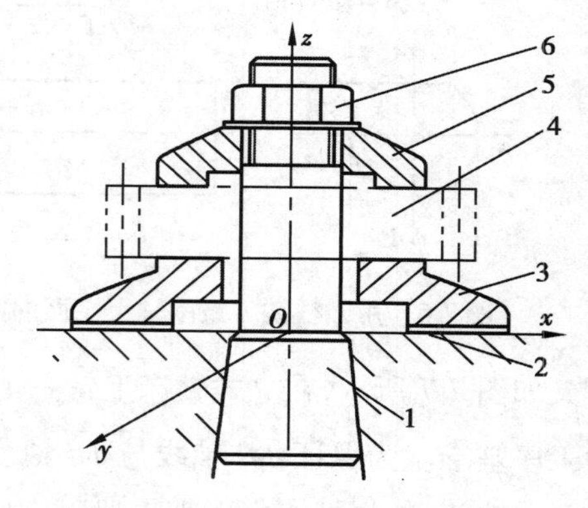

图 7.11　插齿时齿坯的定位

1—心轴;2—工作台;3—支承凸台;
4—工件;5—压垫;6—压紧螺母

如图 7.11 所示,工件在插齿机上插齿时的定位,工件 4 以内孔在心轴 1 上定位,限制了工件$\vec{x}$、$\vec{y}$、$\overset{\frown}{x}$、$\overset{\frown}{y}$ 四个自由度;又以端面在支承凸台 3 上定位,限制了工件 $\overset{\frown}{x}$、$\overset{\frown}{y}$、$\vec{z}$三个自由度,其中 $\overset{\frown}{x}$、$\overset{\frown}{y}$ 被心轴和凸台重复限制。由于工件内孔和心轴的间隙很小,当工件内孔与端面的垂直度误差较大时,工件端面与凸台实际上只有一点接触。如图 7.12(a)所示,造成定位不稳定。更为严重的是,工件一旦被夹紧,在夹紧力的作用下,势必引起心轴或工件的变形,如图

7.12(b)和(c)所示。这样就会影响工件的装卸和加工精度,这种过定位是不允许的。

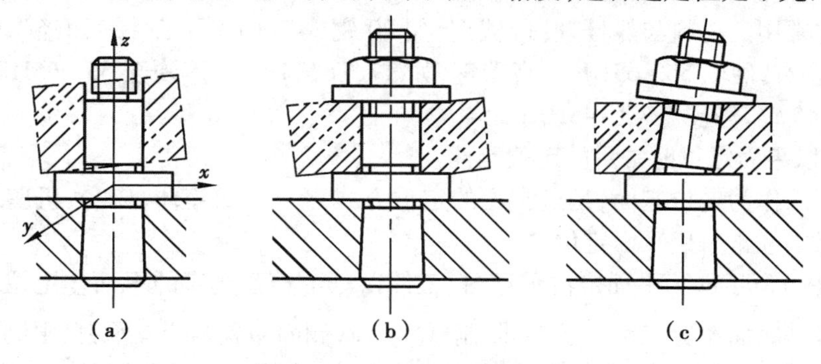

图7.12　齿坯过定位的影响

综上所述,过定位在一般情况下,由于定位不稳定,在夹紧力作用下会使工件或定位元件产生变形,影响加工精度和工件的装卸,应尽量避免;但在有些情况下,如定位表面经过加工、且精度较高,重复限制的自由度的支承点不会使工件的装夹产生干涉及冲突,这种形式上的过定位,不仅是可取的,有时还是必需的,有利于提高工件定位的稳定性和刚性,在生产中也常有应用。

(3)应用六点定位原理时应注意的问题

应用六点定位原理分析工件在夹具中定位时,要注意以下两个问题,否则容易出现两种错误理解。

①在分析定位元件对工件在夹具限制的自由度时,当定位支承点与工件的定位基面接触时,才具有限制自由度的作用,若脱离接触,即失去了限制自由度的作用。

对定位的一种错误理解:认为工件定位后,仍具有沿定位支承相反的方向移动的自由度。这种理解显然是错误的,因为工件的定位是以工件的定位基准与定位元件的工作表面相接触为前提条件,如果工件离开了定位元件的工作表面也就不成其为定位,也就谈不上限制其自由度了。至于工件在外力的作用下,有可能离开定位元件,应是夹紧来解决的问题。

②工件在夹具中的定位元件上定位后,由于加工中要受到外力的作用,一般需要夹紧工件。

对定位的另一种错误理解:工件在夹具中被夹紧了,也就没有自由度可言了,因此,工件也就定了位。这是把定位和夹紧混为一谈,是概念上的错误。我们所说的工件的定位是指所有加工工件在夹紧前要在夹具中按要求占有一致的正确位置(忽略定位误差),而夹紧是在任何位置均可夹紧,不能保证各个工件在夹具中处于同一位置。如图7.9所示定位方式,由于在x轴方向的任一位置均可被夹紧,实际上就是工件沿x轴方向移动的自由度没有被消除,使一批工件在x轴方向的位置不确定,造成各个工件孔到端面的尺寸不一致。

另外,在分析工件在夹具中定位时还有一点要注意,“点”和“面”是相对的,是随着定位元件定位面的大小和工件定位表面的大小而变化的。

7.2.2　典型定位表面及定位元件

在实际生产中,起约束作用的支承点是具有一定形状的几何体,这些用来限制工件自由度的几何体称为定位元件。常用定位元件已经标准化,现行标准是机械工业局于1999年发布的系列机械行业标准(JB)《机床夹具零件及部件》。

定位元件应具有较高的精度、低的表面粗糙度、良好的耐磨性、较高的硬度和刚度。

定位元件常用的材料与热处理：低碳钢，如 20 钢或 20Cr 钢，工件表面经渗碳淬火，深度 0.8~1.2 mm 左右，硬度 55~65HRC；高碳钢，如 T7、T8、T10 等，淬硬至 55~65HRC；此外也有用中碳钢，如 45 钢，淬硬至 43~48HRC。

(1)工件以平面定位时常用的定位元件

工件以平面作为定位基面，是最常见的定位方式之一。如箱体、床身、机座、支架等类型的零件的加工中经常采用平面定位。

如图 7.5(c)所示即为平面定位示意图，工件以三个相互垂直的平面作定位基准，采用的定位元件可以是底面布置三个支承钉，限制 $\overset{\frown}{x}$、$\overset{\frown}{y}$、$\vec{z}$，侧面布置两个支承钉，限制$\vec{x}$、$\overset{\frown}{z}$，后面布置一个支承钉，限制$\vec{y}$。也可以采用支承板作定位元件，如图 7.13 所示，对自由度的限制情况仍如图 7.5 所示。

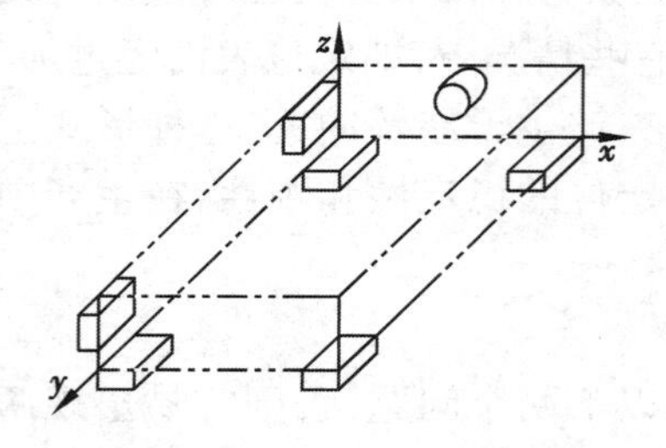

图 7.13　平面定位示意图

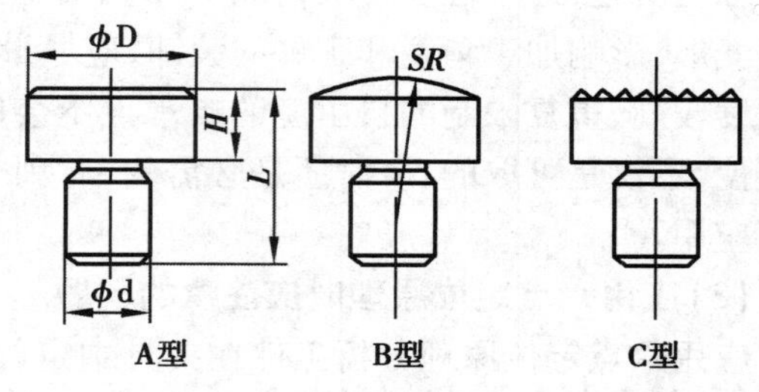

图 7.14　支承钉(JB/T 8029.2—1999)

工件以平面作为定位基准，常用的定位元件如下所述。

1)固定支承　常见的固定支承有支承钉和支承板两类形式，在使用过程中它们的位置都是固定不动的。

①支承钉：如图 7.14 所示。当工件以加工过的精基准定位时，可采用 A 型平头支承钉；当工件以粗糙不平的粗基准定位时，采用 B 型球头支承钉；C 型齿纹头支承钉主要用在工件侧面定位，它能增大接触面的摩擦系数。

②支承板：一般用于精基准定位。如图 7.15 所示。A 型结构简单，但沉头螺钉处清理切屑比较困难，适用于侧面和顶面定位；B 型支承板在沉头孔处带斜凹槽，易于保持工作表面清洁，适用于底面定位。当工件定位基准平面较大时，常用几块支承板组合成一个平面。

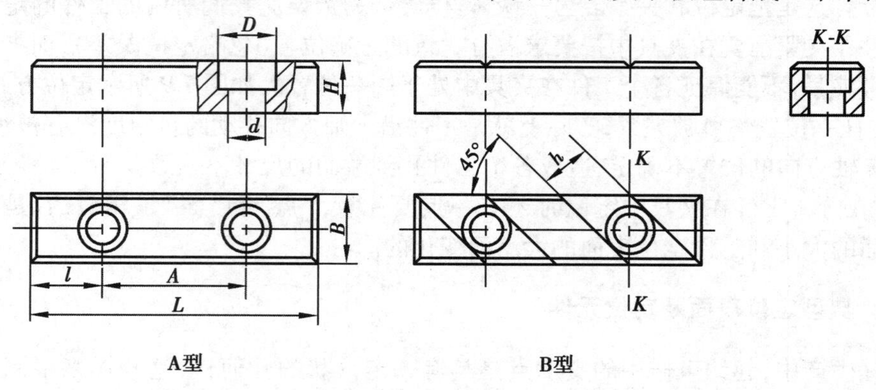

图 7.15　支承板(JB/T 8029.1—1999)

为保证各固定支承的定位表面严格共面,装配后需将其工作表面进行磨削加工。

2)可调支承　可调支承是指支承钉的高度可以进行调节。

如图7.16所示为常用的几种可调支承。工作时,要先松开下面的锁紧螺母2后再调整可调支承1,调好合适的高度后还需用锁紧螺母锁紧。图(a)是圆柱头调节支承,直接用手或扳手拧动圆柱头进行调节,一般适用于重量轻的小型工件;图(b)是调节支承,是用扳手拧动圆柱头进行调节,一般适用于稍重的工件;图(c)是六角头支承,用扳手拧动圆柱头进行调节,一般适用于较重的工件;图(d)是带浮动支撑块的自位调节支承,其一是防止在调节时带动工件转动,其二是增大与工件的接触面积,避免螺杆头部直接与工件接触而造成压痕;图(e)是侧向可调支承,用于侧面调节位置的支承。

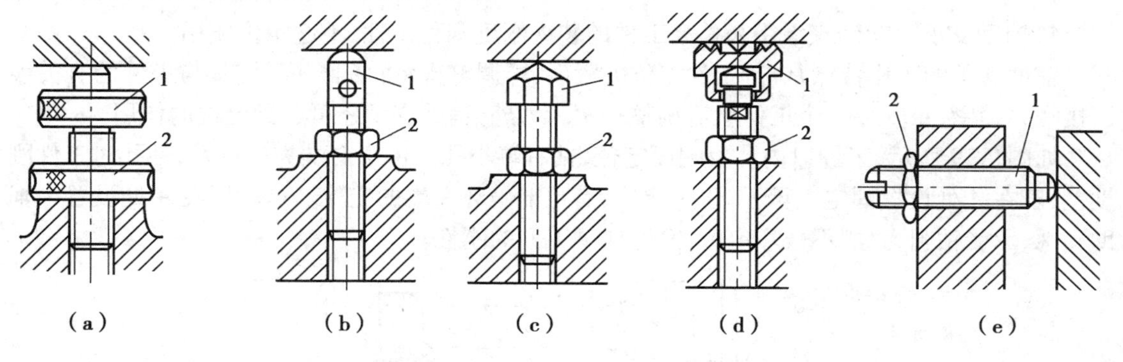

图7.16　可调支承(JB/T 8026.1/2/3/4—1999)

可调支承主要用于工件以粗基准定位或定位基面的形状复杂(如成型面、台阶面等)时,以及各批毛坯的尺寸、形状变化较大时的情况。如图7.17所示工件,毛坯为砂型铸件,先以A面定位铣削B面,再以B面定位镗削两个孔。铣削B面时,若采用固定支承,由于定位基面A的尺寸和形状误差较大,铣削完后,一批工件B面与两毛坯孔(图中虚线)的距离尺寸H_1、H_2变化大,致使镗孔时余量很不均匀,甚至出现余量不够。因此,将固定支承改为可调支承,再根据每批毛坯的实际误差大小调整支承钉的高度,就可避免上述情况发生。

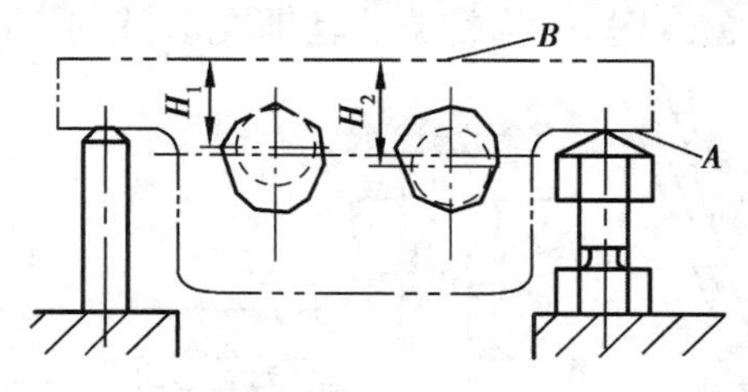

图7.17　可调支承的应用

可调支承在一批工件加工前调整一次。在同一批工件的加工过程中,它的作用与固定支承相同。

3)自位支承(浮动支承)　在工件定位过程中,能自动调整位置的支承称为自位支承。

如图7.18所示为夹具中常见的几种自位支承。其中图(a)、(b)是两点式自位支承,图(c)是三点式自位支承。这类支承的工作特点是:支承点的位置能随着工件定位基面的不同而自动调节,定位基面压下其中一点,其余点便上升,直至各点都与工件接触。接触点数的增加,提高了工件的装夹刚度和稳定性,但其作用仍相当于一个固定支承,只限制工件一个移动自由度。

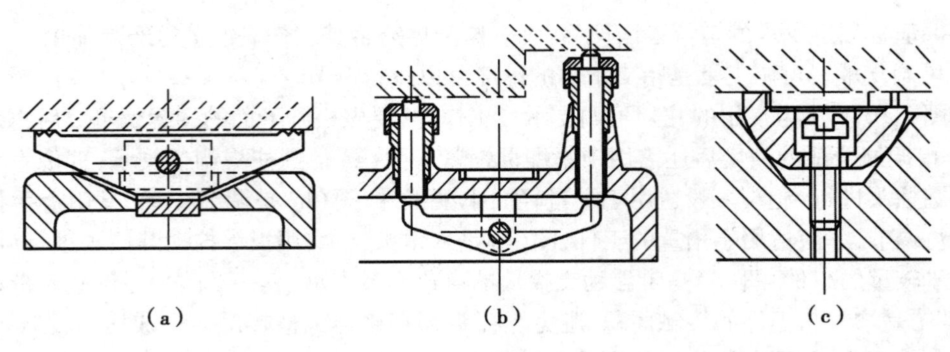

图 7.18　自位支承

4) 辅助支承　辅助支承用来提高工件的装夹刚度和稳定性,不起定位作用。

辅助支承的工作特点是:待工件定位夹紧后,再调整支承钉的高度,使其与工件的有关表面接触并锁紧,每安装一个工件就需调整一次。另外,辅助支承还可起预定位的作用。

如图 7.19 所示,工件以内孔及端面定位,钻右端小孔。由于右端为一悬臂,钻孔时工件刚性差,若在 *A* 处设置固定支承,属于过定位,有可能破坏左端的定位。这时可在 *A* 处设置一辅助支承,承受钻削力,既不破坏定位,又增加了工件的刚性。

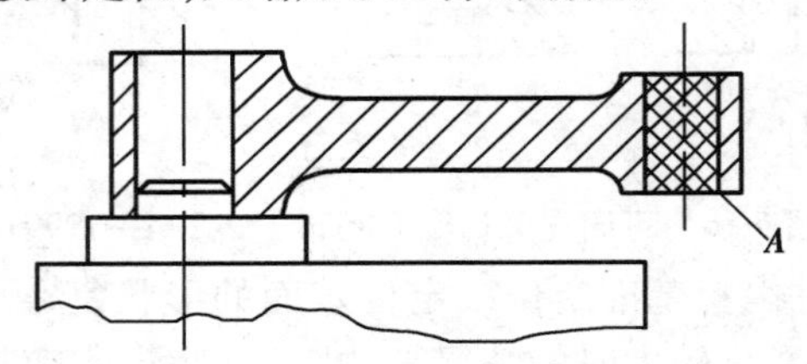

图 7.19　辅助支承的应用

如图 7.20 所示为夹具中常见的三种辅助支承。图(a)为自动调节支承(JB/T 8026.7—1999),滑柱 1 在弹簧 2 的作用下与工件接触,转动手柄使顶柱 3 将滑柱锁紧;图(b)为推引式辅助支承,工件夹紧后,向左推动手轮 4 使斜楔 6 左移并使滑销 5 与工件接触,转动手轮可使斜楔 6 的开槽部分涨开而锁紧。图(c)为螺旋式辅助支承,靠手动调节接触工件。

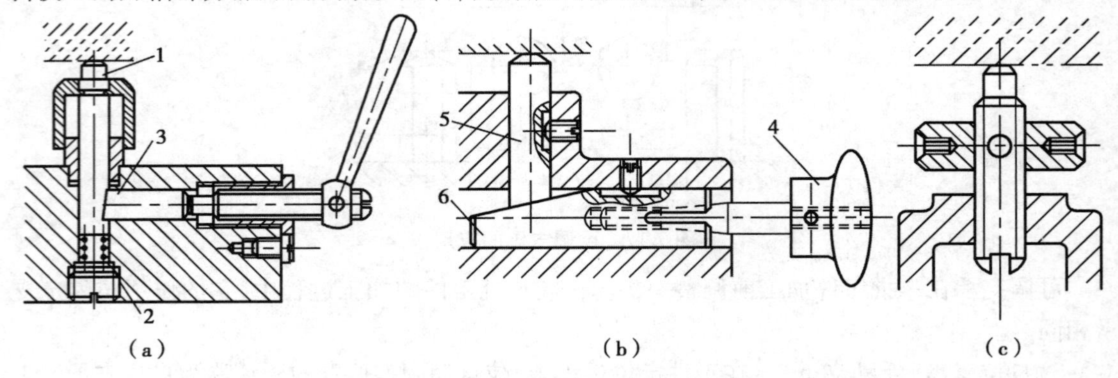

图 7.20　辅助支承

1—滑柱;2—弹簧;3—顶柱;4—手轮;5—滑销;6—斜楔

(2) 工件以圆孔定位时常用的定位元件

工件以圆孔定位是常见的,如箱体类零件、盘类零件、杆叉类零件常以圆孔作为定位基面,而此时是以工件的孔的轴线作为定位基准的,夹具定位元件采用圆柱销或心轴。

1)圆柱销(定位销)　以圆柱表面与工件内孔配合来定位的定位元件,一般分为固定式和可换式两类。

图7.21所示为常用的圆柱定位销的结构,图7.22所示为常用的棱形销的结构。为便于工件顺利装入,定位销的头部应有15°倒角;为保证定位销的安装精度,一般与夹具体采用过盈配合;工件孔径较小(D>3～10)时,为增加定位销强度,避免销因受撞击而折断,或热处理时淬裂,通常把根部倒成圆角,这时夹具体上应有沉孔,使定位销的圆角部分沉入孔内而不会妨碍定位。

大批大量生产时,为了便于定位销的更换,可采用图7.21(d)、7.22(d)所示的可换式定位销(JB/T 8014.3—1999),这了便于更换,在定位销与夹具体之间加了一个衬套,故其定位精度比固定销稍低一点。

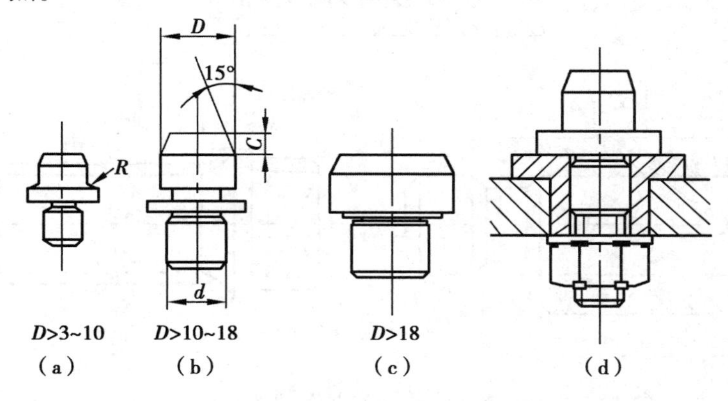

图7.21　定位销A型——圆柱销(JB/T 8014.2—1999)

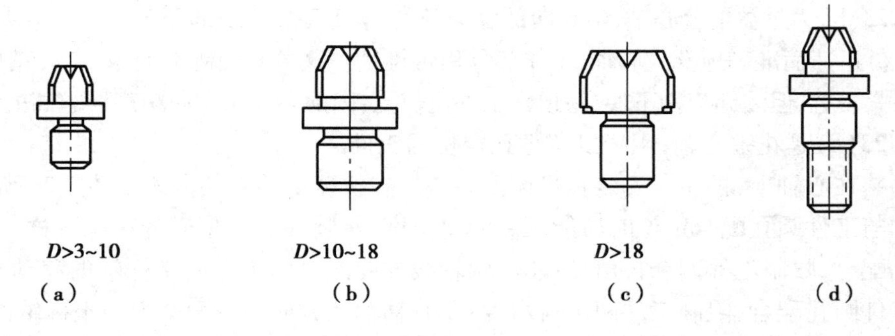

图7.22　定位销B型——棱形销(JB/T 8014.2—1999)

定位销与工件圆孔配合定位时所能限制的自由度,一般可根据工件定位面与定位元件(圆柱定位销)工作表面的接触长度L与工件孔的直径D之比而定。当$L/D \geqslant 1$时,可认为是长圆柱定位销与工件圆孔配合,它们限制工件四个自由度:非圆柱销轴线方向的另两个方向坐标轴的移动和转动;当$L/D<1$时,可认为是短定位销与工件圆孔配合,限制工件两个自由度:非圆柱销轴线方向的另两个方向坐标轴的移动。棱形销由于只有两段圆弧与工件孔接触,故长棱形销限制工件一个移动自由度和一个转动自由度,短棱形销限制工件一个移动自由度。

2)圆柱心轴　以圆柱表面与工件内孔配合来定位的定位元件。对于套类零件,为了简化定心定位结构，常采用刚性心轴作为定位元件。

如图 7.23 所示为常用刚性圆柱心轴的结构形式。图(a)为间隙配合心轴。其定位部分直径按 h6、g6 或 f7 制造，装卸工件方便，但定心精度不够高；为了减少因配合间隙而造成的工件倾斜，工件常以孔和端面联合定位，因而要求工件定位孔与定位端面有较高的垂直度要求。使用开口垫圈可实现快速装卸工件，当工件内孔与端面垂直度误差较大时，就采用球面螺母和锥面垫圈。

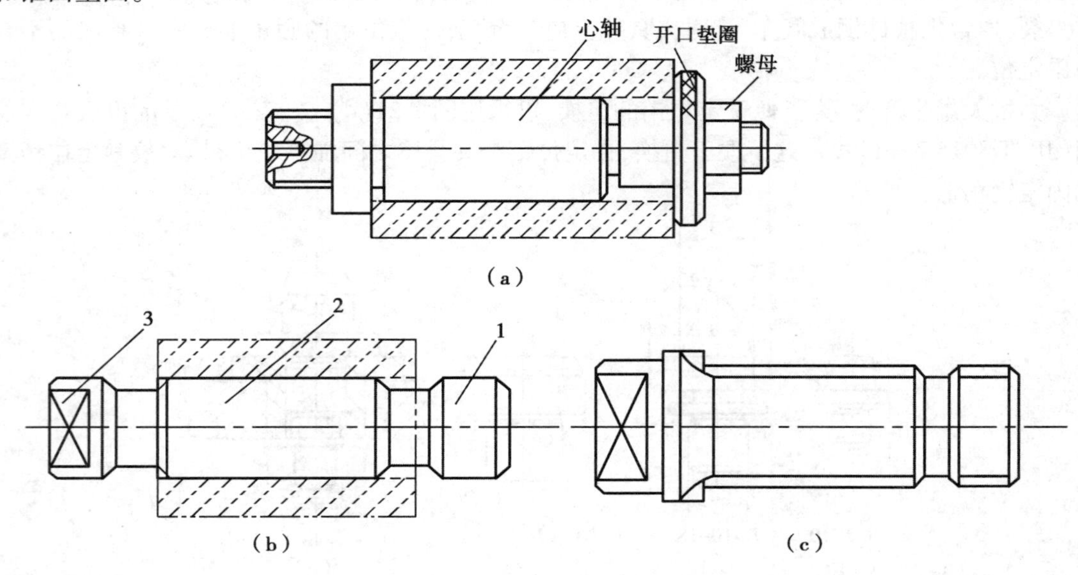

图 7.23 圆柱心轴

1—导向部分；2—工作部分；3—传动部分

图 7.23(b)为过盈配合心轴，由导向部分 1，工作部分 2 及传动部分 3 组成。导向部分的作用是使工件迅速而准确地套入心轴，工作部分稍带锥度。这种心轴制造简单，定心精度高，可不用另设夹紧装置，但装卸工件不便，易损伤工件定位孔，因此多用于定心精度要求高的精加工。

图 7.23(c)是花键心轴，用于以花键孔定位的工件。

工件装在心轴上，再一起安装在机床上。心轴在机床上的安装方式如图 7.24 所示。

心轴与工件圆孔配合定位时所能限制的自由度，与圆柱销定位时的情况一样。长心轴与工件圆孔配合，限制工件四个自由度：非心轴轴线方向的另两个方向坐标轴的移动和转动；短心轴与工件圆孔配合，限制工件两个自由度：非心轴轴线方向的另两个方向坐标轴的移动。

3）圆锥销　图 7.25 为工件以圆孔在圆锥销上定位的示意图。两者接触的迹线是一个圆，可限制工件三个自由度：$\vec{x}$、$\vec{y}$、$\vec{z}$。其中，图(a)用于粗基准定位，图(b)用于精基准定位。

工件在单个圆锥销上定位容易倾斜，为此，圆锥销一般与其他定位元件组合定位，如图 7.26 所示。图(a)为工件在双圆锥销上定位；图(b)为圆锥—圆柱组合心轴，锥度部分使工件准确定心，圆柱部分可减少工件倾斜；图(c)以工件底面作为主要定位基面，圆锥销是活动的，即使工件毛坯孔的孔径变化较大，也能准确定位。以上三种定位方式均限制工件五个自由度。

4）圆锥心轴（小锥度心轴）　如图 7.27 所示，工件在锥度心轴上定位，并靠工件定位圆孔与心轴的弹性变形夹紧工件，标准心轴锥度为 1∶3 000、1∶5 000 和 1∶8 000。这种定位方式的定心精度较高，也不用另设夹紧装置，但工件的轴向位移误差较大，传递的扭矩较小，适用于工件定位孔精度不低于 IT7 的精车和磨削加工,不能加工端面。

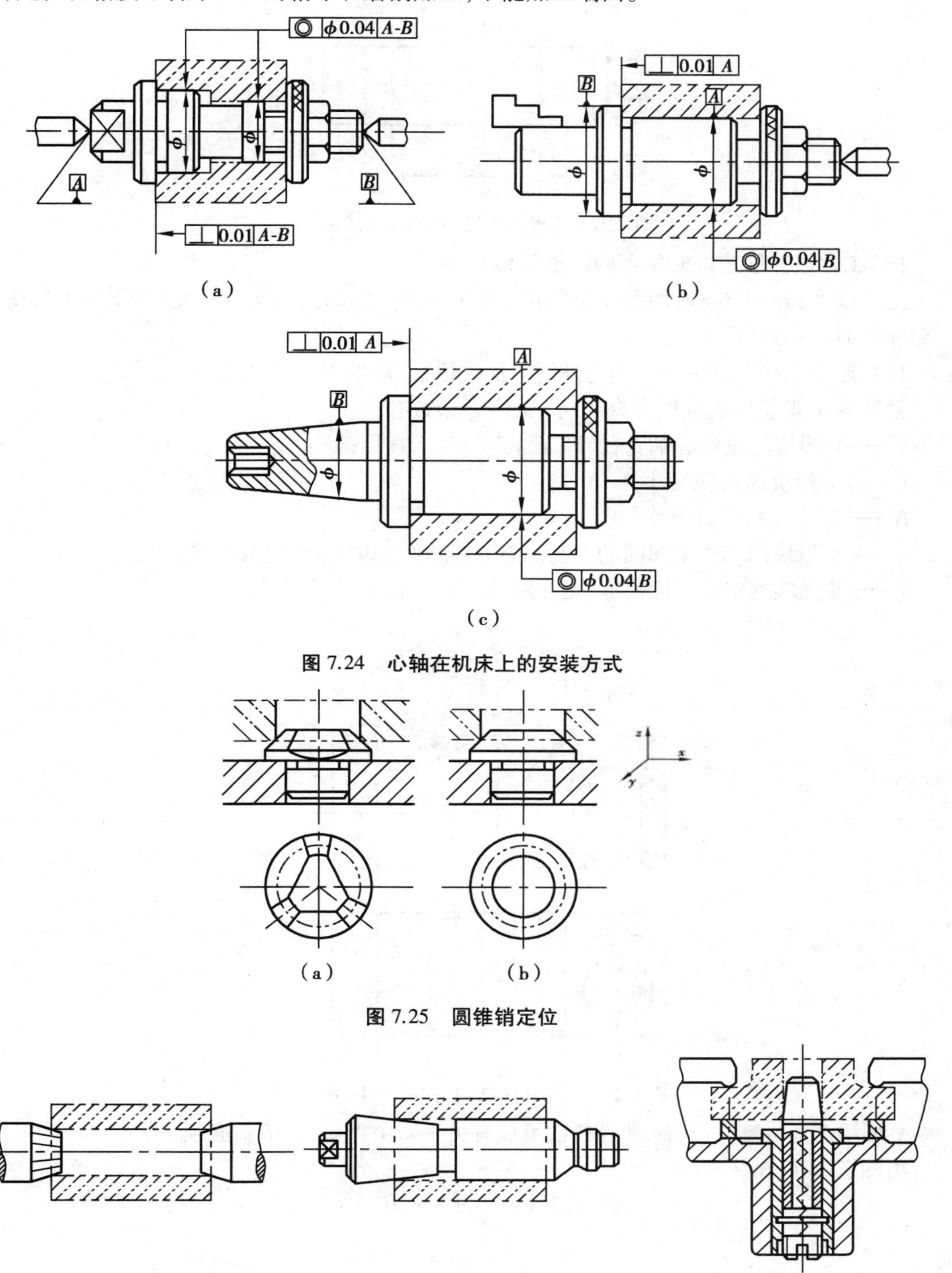

图 7.24　心轴在机床上的安装方式

图 7.25　圆锥销定位

图 7.26　圆锥销组合定位

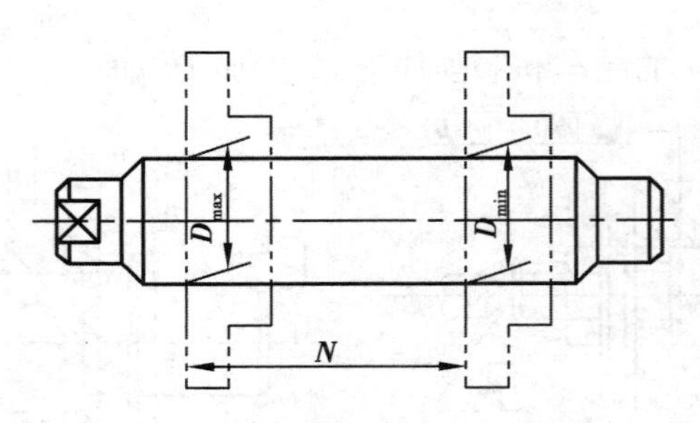

图 7.27　小锥度心轴(JB/T 10116—1999)

(3)工件以外圆定位时常用的定位元件

工件以外圆面定位,有两种定位形式:定心定位和支承定位;有三种定位元件:V 形块、定位套和平面支承定位。

1)V 形块　在夹具中为了确定外圆的轴线位置,常采用 V 形块定位。

常见的 V 形块结构如图 7.28 所示,其主要参数有:

d——V 形块的设计心轴直径,即工件定位基面直径;

H——V 形块的高度尺寸;

N——V 形块的开口尺寸;

α——V 形块两工作平面间的夹角。有 60°、90°、120°三种,其中以 90°应用最广;

T——V 形块的定位高度尺寸,也是制造 V 形块时的检验尺寸。

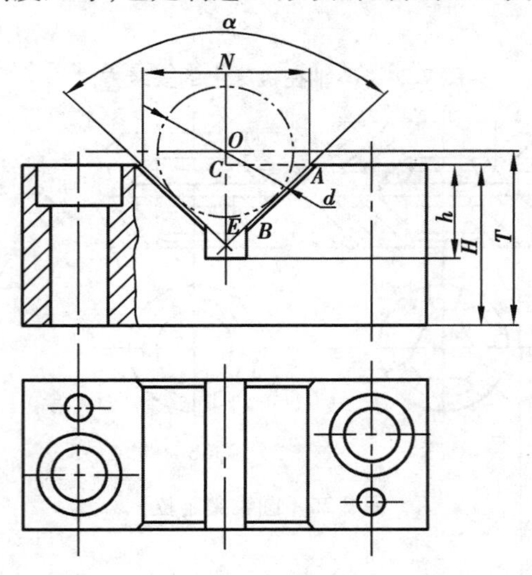

图 7.28　V 形块的结构(JB/T 8018.1—1999)

V 形块已经标准化了,H、N 等参数可从有关手册中查得,但 T 值必须计算。

由图 7.28 可知

$$T = H + OC = H + (OE - CE)$$

而

$$OE = \frac{d}{2\sin\frac{\alpha}{2}}, CE = \frac{N}{2\tan\frac{\alpha}{2}}$$

所以
$$T=H+0.5\left(\frac{d}{\sin\frac{\alpha}{2}}-\frac{N}{\tan\frac{\alpha}{2}}\right) \tag{7.1}$$

当 $\alpha=90°$时，
$$T=H+0.707d-0.5N \tag{7.2}$$

图7.29所示为常用V形块的结构。其中图7.29(a)用于较短的精基准定位；图7.29(b)用于较长的精基准和相距较远的两个定位面；V形块不一定采用整体结构的钢件，大型V形块可在铸铁底座上镶淬硬的垫板，如图7.29(c)所示。

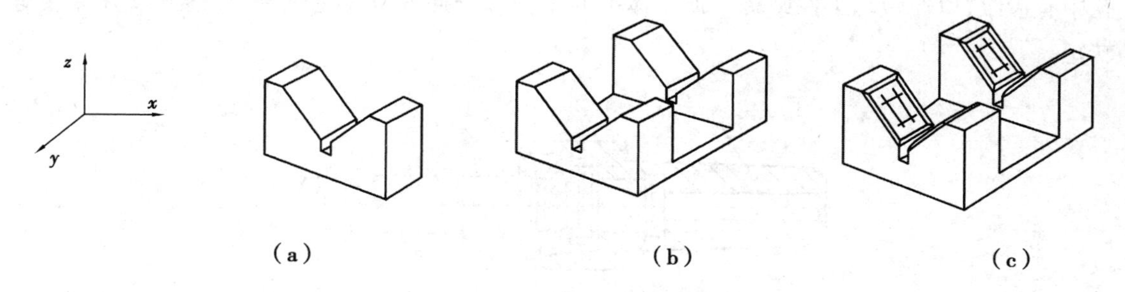

图7.29　V形块的结构类型

工件在V形块中定位，当工件外圆与V形块接触线较长时，相当于长V形块与外圆接触，它限制工件四个自由度，即：$\vec{x}$、$\vec{z}$和$\overset{\frown}{x}$、$\overset{\frown}{z}$。当接触线较短时，相当于短V形块，限制工件两个自由度，即：$\vec{x}$、$\vec{z}$。

V形块定位的最大优点就是对中性好，它可使一批工件的定位基准轴线对中在V形块两V形斜面的对称平面上，而不受定位基准直径误差的影响；V形块定位的另一个特点是无论定位基面是否经过加工、是完整的圆柱面还是局部圆弧面，都可采用V形块定位。因此，V形块是用得最多的外圆定位元件。

2)定位套　定位套又分为圆柱型定位套(简称“定位套”)、半圆套和圆锥套。

工件外圆以定位套定位与工件孔以圆柱销定位在限制工件自由度的功能上实质上是一样的，只是工件和定位元件互换而已。

①定位套：图7.30为外圆柱在定位套定位。为了限制工件沿轴向的自由度，常与端面联合定位。用端面作为主要定位面时，应控制套的长度，以免出现过定位及夹紧时工件产生不允许的变形。

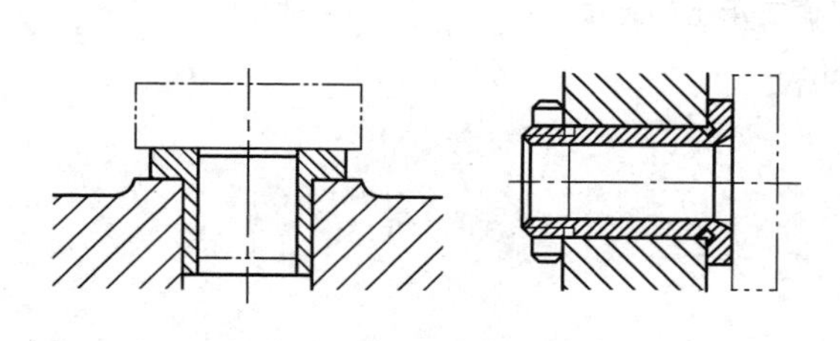

图7.30　外圆柱在定位套定位

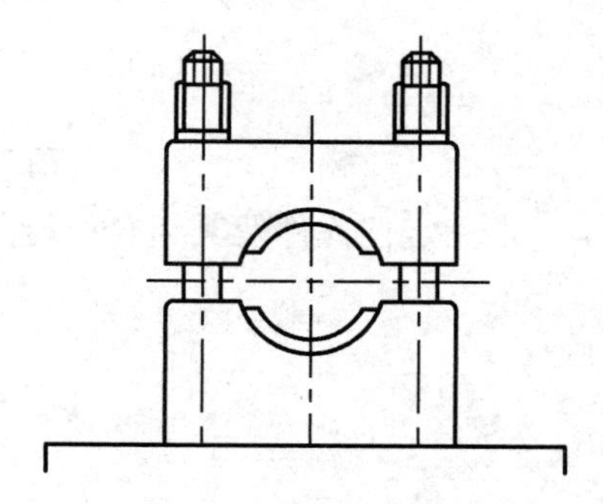

图7.31　外圆柱在半圆套定位

②半圆套:如图 7.31 所示为半圆套定位装置,下面的半圆套是定位元件,上面的半圆套起夹紧作用。

定位基面的精度不低于 IT8~IT9,半圆的最小内径取决于工件定位基面的最大直径。

这种定位方式主要用于大型轴类零件及不便轴向装夹的零件,如汽车发动机曲轴加工常常用到半圆套定位。

③圆锥套:图 7.32 为通用的反顶尖。工件以圆柱面的端部在圆锥套 3 的锥孔中定位,锥孔中有齿纹,以便带动工件旋转。顶尖体 1 的锥柄部分插入机床主轴孔中,螺钉 2 用来传递转矩。

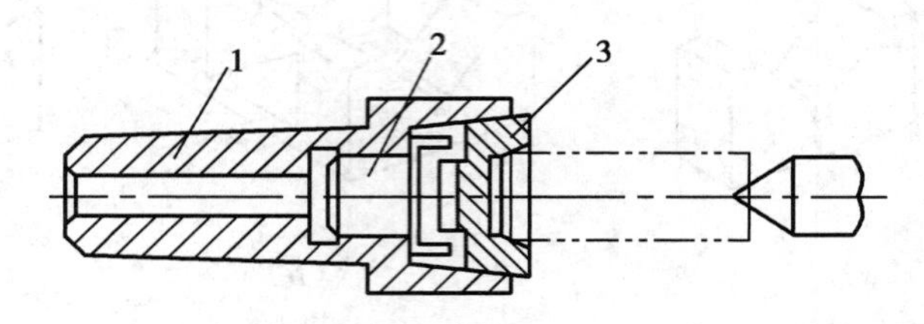

图 7.32　外圆柱在圆锥套中定位

1—顶尖体;2—螺钉;3—圆锥套

3)支承定位　工件以外圆表面的侧母线定位时,常采用平面定位元件来定位,这属于支承定位。

支承定位时限制工件自由度的多少由工件与定位支承的接触长度来定。如图 7.33(a)所示,接触长度较短,支承板限制工件一个移动自由度;如图 7.33(b)所示,二者接触较长,则限制了工件两个自由度。

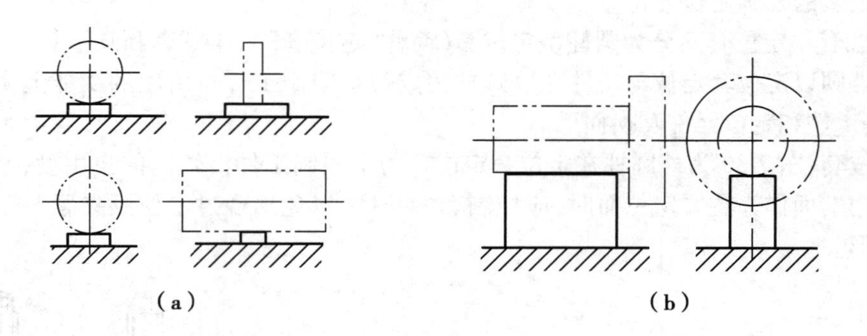

图 7.33　外圆柱在平面支承上的定位

常见定位元件及其组合所能限制的自由度见表 7.1。

表 7.1　常用定位元件限制的自由度

工件的定位面	夹具定位元件	图　例	限制的自由度
平　面	一个支承钉	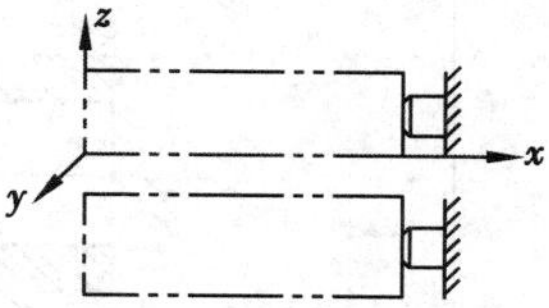	$\vec{x}$
	一块支承板	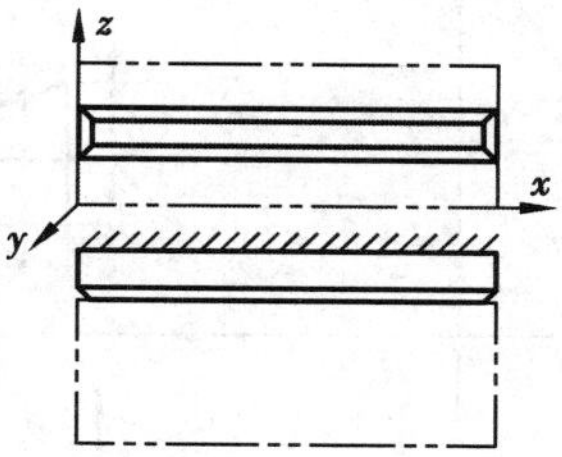	$\vec{y}\ \overset{\frown}{z}$
	三个支承钉	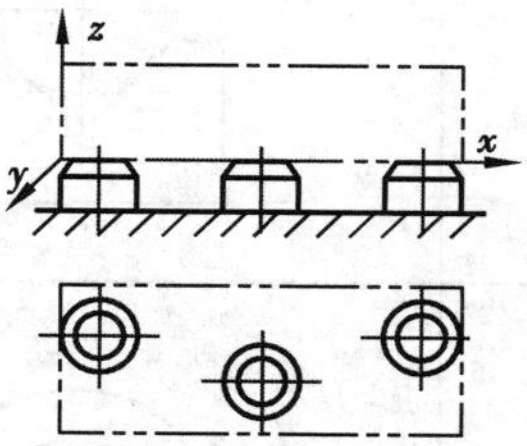	$\vec{z}\ \overset{\frown}{x}\ \overset{\frown}{y}$
	两个支承板	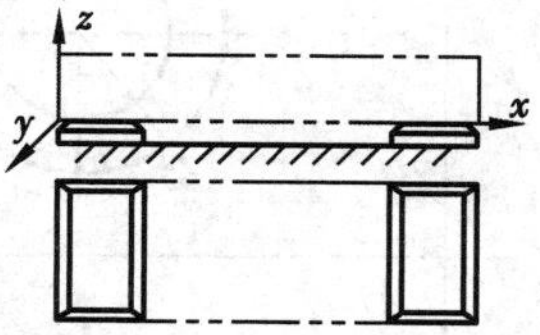	$\vec{z}\ \overset{\frown}{x}\ \overset{\frown}{y}$
圆柱孔	短圆柱销	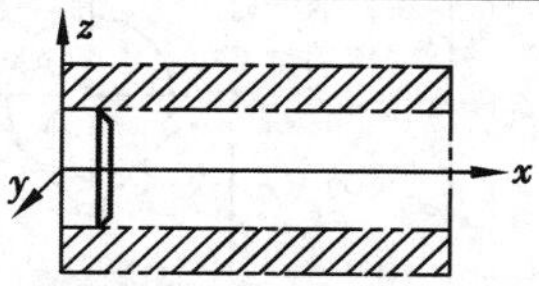	$\vec{y}\ \vec{z}$
	短菱形销	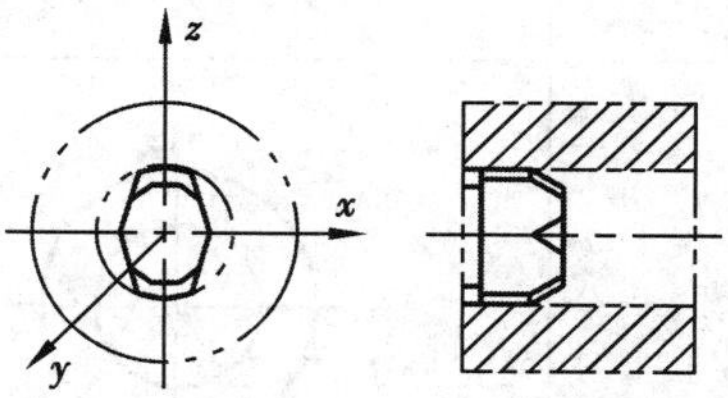	$\vec{z}$
	长圆柱心轴	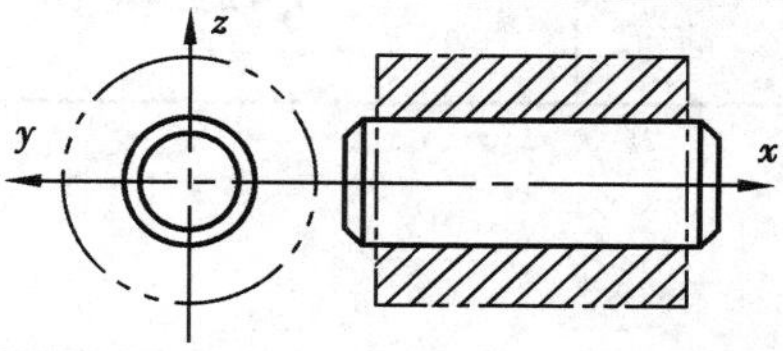	$\vec{y}\ \vec{z}\ \overset{\frown}{y}\ \overset{\frown}{z}$

续表

工件的定位面	夹具定位元件	图　例	限制的自由度
	长圆柱销	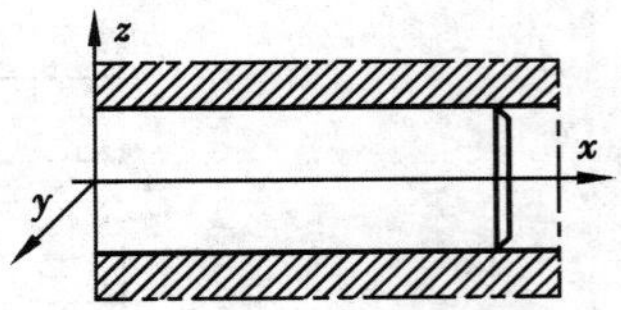	$\vec{y}$　$\vec{z}$　$\overset{\curvearrowright}{y}$　$\overset{\curvearrowright}{z}$
	圆锥销	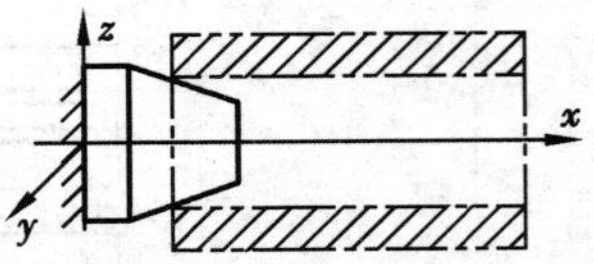	$\vec{y}$　$\vec{z}$　$\vec{x}$
圆柱面	短V形块	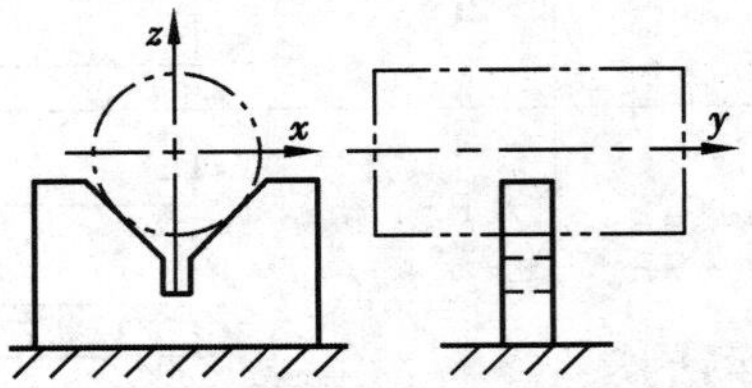	$\vec{x}$　$\vec{z}$
	短定位套	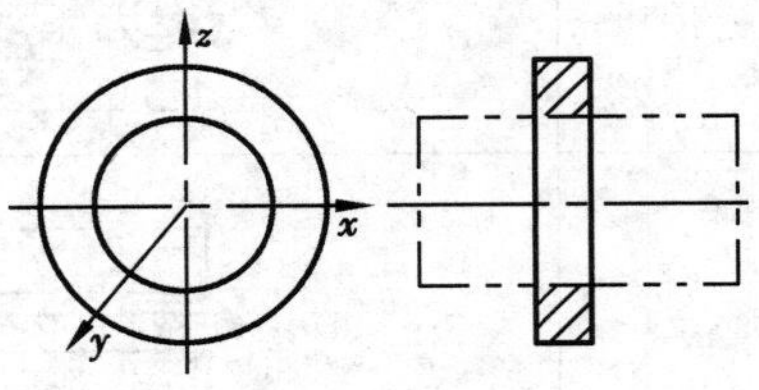	$\vec{x}$　$\vec{z}$
	长V形块	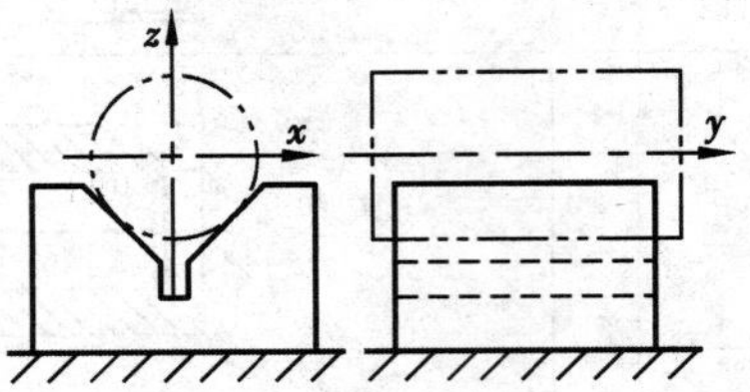	$\vec{x}$　$\vec{z}$　$\overset{\curvearrowright}{x}$　$\overset{\curvearrowright}{z}$
	长定位套	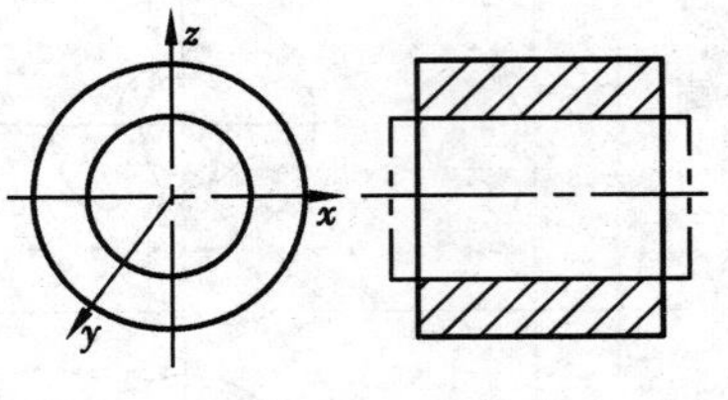	$\vec{x}$　$\vec{z}$　$\overset{\curvearrowright}{x}$　$\overset{\curvearrowright}{z}$

续表

工件的定位面	夹具定位元件	图　例	限制的自由度
圆锥孔	顶尖	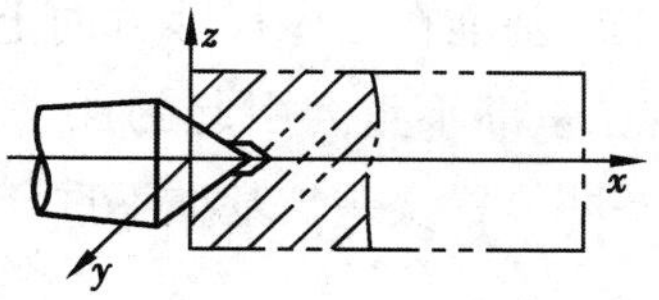	$\vec{x}$　$\vec{y}$　$\vec{z}$
	锥度心轴	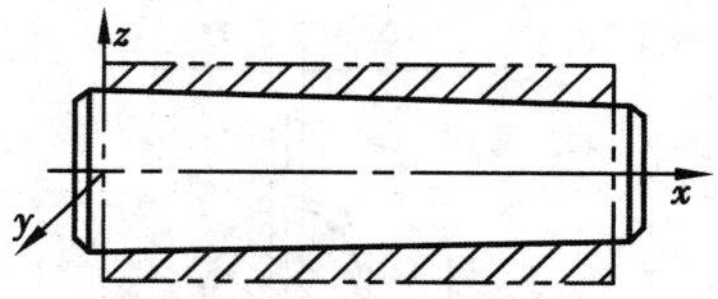	$\overset{\frown}{y}$　$\overset{\frown}{z}$ $\vec{x}$　$\vec{y}$　$\vec{z}$

7.2.3　定位误差的分析与计算

在机械加工中,造成工件产生加工误差的因素很多。在这些误差因素中,有一项是与工件定位有关的。

因为工件定位不准确而引起的加工误差称为定位误差。用调整法加工一批工件时,工件在定位过程中,会遇到定位基准与工序基准不重合,以及工件的定位基准(基面)与定位元件的工作表面存在制造误差等情况,这些都能引起工件的工序基准偏离理想位置,由此引起工序尺寸产生加工误差。

(1)定位误差产生的原因

1)基准位置误差　工件在夹具中定位时,由于定位副(工件的定位表面与定位元件的工作表面)的制造误差和配合间隙的影响,使定位基准在加工尺寸方向上产生位移,导致各个工件的加工位置不一致而造成的加工误差,称为基准位置误差。

如图 7.34 所示,图(a)为在圆柱面上卧铣平面的工序简图,工序尺寸为 L;图(b)是定位示意图,工件以内孔 D 在圆柱销(或心轴)上定位,定位销垂直放置,O 是圆柱销轴线。对尺寸 L 而言,工序基准是内孔轴线,定位基准也是内孔轴线,工序基准与定位基准重合。此时,由于定位副有制造误差且孔轴之间留有配合间隙,使一批工件的工序基准(内孔轴线)在左右方向(工序尺寸 L 的方向)上一段距离内变化,由于加工表面不变,因此给加工尺寸 L 造成了误差,这是因为定位基准副不准确造成的,故称之为基准位置误差,以 Δ_{jy} 表示。

基准位置误差等于定位基准在加工尺寸方向上的变动范围。

2)基准不重合误差　由于定位基准与工序基准不重合而造成的加工误差,称为基准不重合误差。

如图 7.35 所示,盘类零件上加工槽,A、E 为工序尺寸的两种标注情况,此时工序基准为工件的下母线,而工件仍以内孔装在夹具的心轴上,其定位基准为孔的轴线。如果孔与心轴为过盈配合,则孔的轴线与心轴的轴线重合。调整法加工,刀具的位置是按心轴轴线来调整的,并在加工一批工件的过程中，其位置是不变的。假设需要保证的工序尺寸是 A，这时不存在因定位引起的工序基准位置的变化，所以，就不存在由定位引起的加工误差；但是若工序尺寸是 E 时，工序基准与定位基准不重合，当工件外圆直径 d_g 有尺寸误差时，工序基准在工序尺寸方向上就会产生位置变化，工序基准在工序尺寸方向上就会产生位置变化，其最大值为 $Td_g/2$。这就是由于工序基准与定位基准不重合引起的加工误差，称为基准不重合误差，以 Δ_{jb} 表示。一般而言，定位误差就是基准位置误差与基准不重合误差之和。

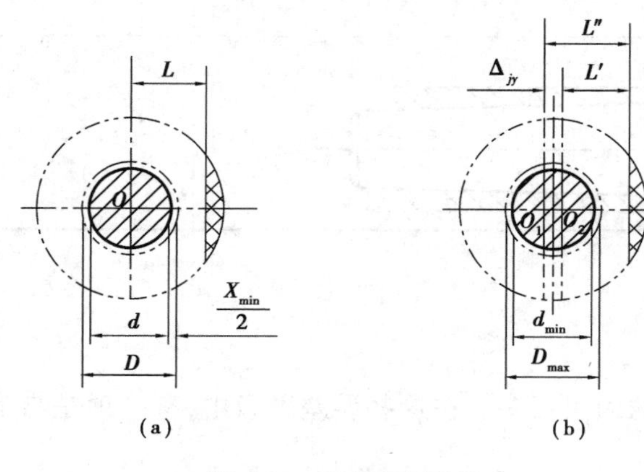

图 7.34　基准位置误差

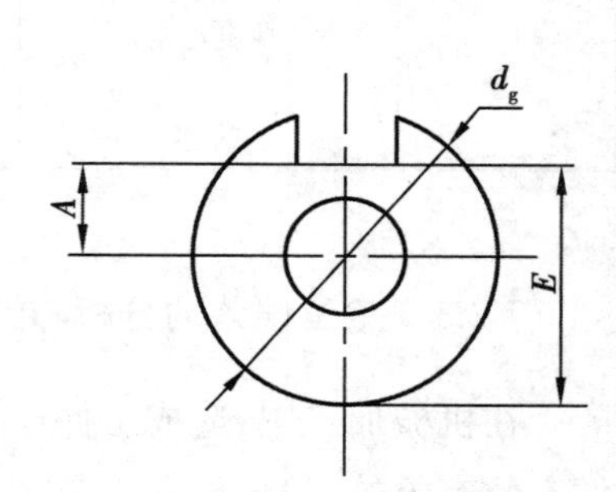

图 7.35　基准不重合误差

(2)定位误差的分析与计算

不论由何种原因引起定位误差，只要出现定位误差，就会使工序基准在工序尺寸方向上发生位置偏移。因此，分析计算定位误差，就是找出一批工件的工序基准沿工序尺寸方向可能发生的最大偏移量。

根据定位误差产生的原因，定位误差 Δ_{dw} 应由基准不重合误差 Δ_{jb} 与基准位置误差 Δ_{jy} 组合而成，计算时，先分别计算出 Δ_{jb} 和 Δ_{jy}，然后将两者合成为 Δ_{dw}。

1)工件以平面定位时的定位误差　工件以平面定位产生定位误差的原因，是由于基准不重合和基准位移引起的，其中基准位置误差是大多由定位基准(平面)之间的方向或位置误差产生的。

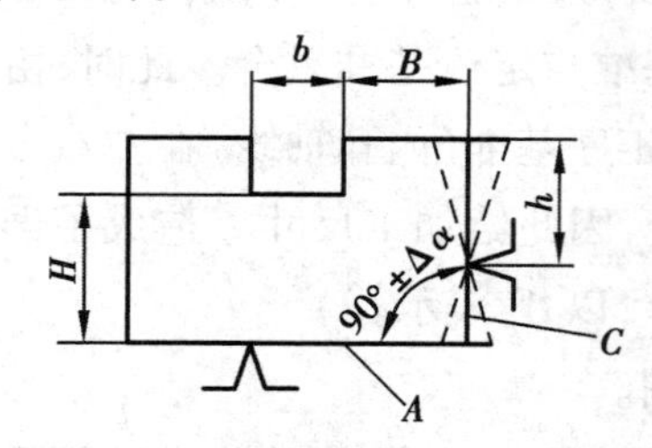

图 7.36　平面定位时的定位误差

如图 7.36 所示，在一个箱体零件上铣通槽，以底面 A 和侧面 C 为定位基准。该工序要求保证工序尺寸 b、H 及 B。其中 b 是用铣刀直接保证的；尺寸 H 及 B 是靠工件相对于铣刀的正确位置来保证的。对于尺寸 H 而言，工序基准是底面 A，因此定位基准与工序基准重合，则基准不重合误差为零；如果底面 A 已经加工过、且质量较好，则其基准位置误差也为零。对于尺寸 B 而言，工序基准是侧面 C，因此定位基准与工序基准重合，基准不重合误差为零；但由于底面 A 与侧面 C 之间存在垂直度误差，因此，在调整好的机床上加工一批工件时，由于定位基准之间存在方向误差(垂直度误差)，引起工序基准位置发生变化，故工序尺寸 B 也随之产生加工误差，其定位误差为基准位置误差，为：

$$\Delta_{dwB} = \Delta_{jy} = 2h \cdot \tan\alpha \tag{7.3}$$

由于定位误差计算的是工序基准的最大变动量，故当 $h<H/2$ 时，定位误差应由下式计算：

$$\Delta_{dwB} = \Delta_{jy} = 2(H - h)\tan\alpha \tag{7.4}$$

由式 7.3 和式 7.4 可知，当右侧支承点位于 H 的等分高度时，尺寸 B 定位误差最小。

2）工件以圆孔定位时的定位误差　工件以圆孔定位方式不同时，其所产生的定位误差是不同的，现以圆孔在间隙配合的心轴（或定位销）上定位为例分析定位误差。

根据心轴放置的位置不同，分固定边接触与非固定边接触两种情况。

①固定边接触：此时心轴水平放置。如图 7.37 所示，工件因自重使圆孔上母线与心轴上母线始终保持接触，一般应视作工件内孔的上母线支承定位，而工序基准为圆孔轴线，故存在基准位置误差和基准不重合误差。

$$\Delta_{dw} = \overline{O_1 O_2} = \frac{T_D + T_d}{2} \tag{7.5}$$

但当工件重量较轻，且以螺旋夹紧直接作用在工件端面上时，工件因螺旋夹紧的旋转力矩带动可能转动，而导致其与定位销的间隙位置是随机的，属于非固定边接触的类型，则不应按此方式计算。

②非固定边接触：此时心轴垂直放置。如图 7.38 所示，工序基准与定位基准重合，但工件定位孔与心轴母线之间的接触可以是任何方向，若在工件上加工平面，工序基准 O 的最大变动范围就是定位误差（基准位置误差）。

$$\Delta_{dw} = \overline{O_1 O_2} = D_{\max} - d_{\min} = T_D + T_d + X_{\min} \tag{7.6}$$

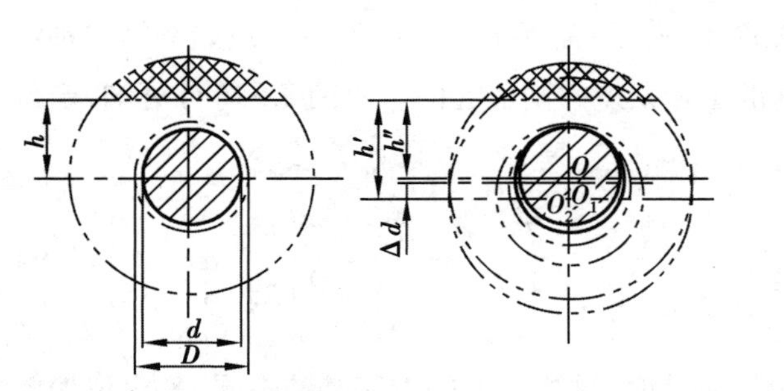

图 7.37　固定边接触时的定位误差

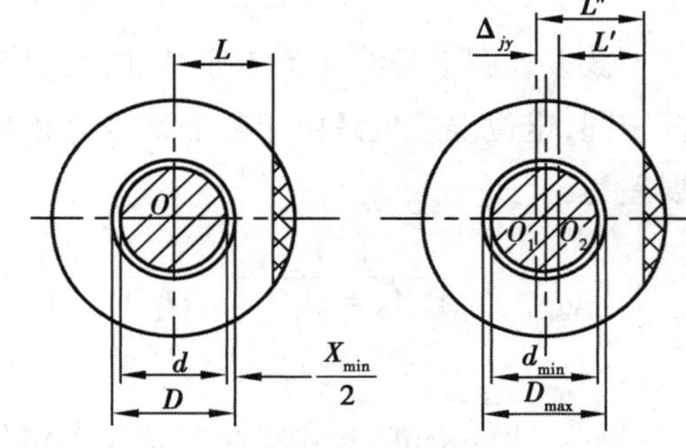

图 7.38　非固定边接触时的定位误差

3）工件以外圆定位时的定位误差　工件以外圆定位时的情况，只分析工件外圆在 V 形块上定位时的定位误差。现以在圆柱体上铣键槽为例说明其定位误差的计算。

由于键槽槽底的工序基准不同，而可能出现如图 7.39 所示的三种情况。

①以外圆轴线 O 为工序基准：如图 7.39（a）所示，在外圆 $d^{0}_{-T_d}$ 上铣削工序尺寸为 h_1 的键槽，工序基准为外圆的轴线，定位基准也为外圆轴线，两者是重合的，不存在基准不重合误差。但是由于一批工件的定位基面——外圆有制造误差，将引起工序基准 O 在 V 形块对称平面上发生上下偏移，从而使工序尺寸产生加工误差：

$$\Delta_{dw(h_1)} = h'_1 - h_1 = \overline{O_1 O_2}$$

而定位误差可以通过ΔO_1C_1C与ΔO_2C_2C的关系求得：

$$\Delta_{dw(h_1)}=\overline{O_1\,O_2}=\overline{O_1C}-\overline{O_2C}=\frac{\overline{O_1\,C_1}}{\sin\dfrac{\alpha}{2}}-\frac{\overline{O_2\,C_2}}{\sin\dfrac{\alpha}{2}}=\frac{d}{2\sin\dfrac{\alpha}{2}}-\frac{d-T_d}{2\sin\dfrac{\alpha}{2}}=\frac{T_d}{2\sin\dfrac{\alpha}{2}}\quad(7.7)$$

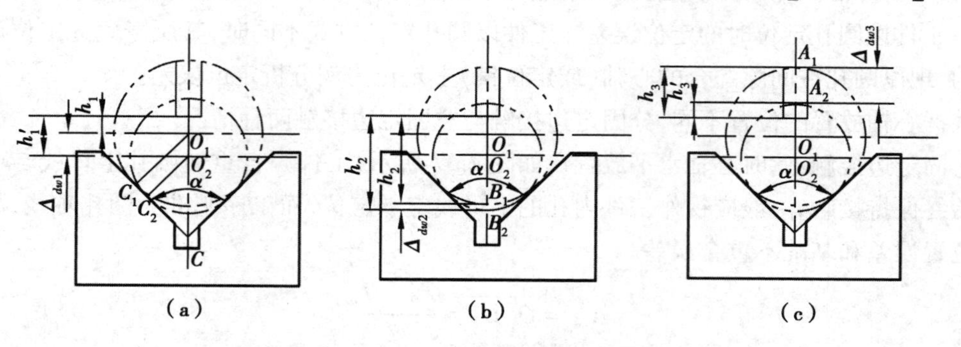

图 7.39　外圆在 V 形块上定位时的定位误差

②以外圆下母线B为工序基准：如图 7.39(b)所示，铣键槽时，保证的工序尺寸为h_2。这时，除了存在上述的因定位基面制造误差而产生的基准位置误差外，还存在基准不重合误差。定位误差为：

$$\Delta_{dw(h_2)}=\overline{B_1\,B_2}=\overline{O_1\,O_2}+\overline{O_2\,B_2}-\overline{O_1\,B_1}=\frac{T_d}{2\sin\dfrac{\alpha}{2}}+\frac{d-T_d}{2}-\frac{d}{2}=\frac{T_d}{2}\left(\frac{1}{\sin\dfrac{\alpha}{2}}-1\right)\quad(7.8)$$

③以外圆上母线A为工序基准：如图 7.39(c)所示，需保证的工序尺寸为h_3。与第二种情况相同，定位误差也是由于基准不重合和基准位置误差共同引起的。由图 7.39(c)可知，定位误差为：

$$\Delta_{dw(h_3)}=\overline{A_1\,A_2}=\overline{O_1\,O_2}+\overline{O_1\,A_1}-\overline{O_2\,A_2}=\frac{T_d}{2\sin\dfrac{\alpha}{2}}+\frac{d}{2}-\frac{d-T_d}{2}=\frac{T_d}{2}\left(\frac{1}{\sin\dfrac{\alpha}{2}}+1\right)\quad(7.9)$$

由上述分析可知，外圆在 V 形块上定位铣键槽时，键槽深度的工序基准不同，其定位误差也是不同的，即$\Delta_{dw(h_2)}<\Delta_{dw(h_1)}<\Delta_{dw(h_3)}$。从减少定位误差来考虑，标注尺寸$h_2$最佳。定位误差大小还与定位基面的尺寸公差和 V 形块的夹角α有关。α角越大，定位误差越小，但其定位稳定性也将降低。

因为 V 形块具有良好的对中性，故键槽宽度的对称度的定位误差为零。

以上分析了以平面、内孔及外圆定位时，产生定位误差的原因及其计算。分析定位误差要注意以下几点：

①定位误差是因为工件定位不准确产生的加工误差，是加工误差的一个组成部分，一般按照不大于工件工序尺寸公差的 1/3 来校核其是否满足要求；

②定位误差产生的原因是因为定位基准与工序基准不重合，还有工件定位面的制造误

差、夹具定位元件定位面的制造误差和二者之间的配合精度造成的；

③定位误差一般是由基准位置误差和基准不重合误差两部分组成的，但并不是所有情况下这两部分都存在，极端情况下，定位误差等于零；

④定位误差的表现形式是工序基准相对加工表面产生的变动，因此求解定位误差就是找出这个最大变动值；

⑤定位误差只发生在采用调整法加工一批工件的情况下，试切法不会产生定位误差。

(3)加工误差不等式

机械加工中，产生加工误差的因素很多。归纳起来，主要有以下几个方面：

①工件在夹具中安装时，所产生的安装误差 Δ_{az}，包括定位误差 Δ_{dw} 和夹紧误差 Δ_{jj}。夹紧误差相对定位误差较小，一般情况下可忽略不计。

②夹具对刀元件和导向元件与定位元件之间的误差，以及夹具定位元件与夹具安装基面间的位置误差所引起的对刀误差 Δ_{dd}；夹具安装在机床上位置不准确而引起的安装误差 Δ_{az}。两者之和称对定误差 Δ_{DD}。

③加工过程中其它原因引起的加工误差 Δ_C，称为过程误差。如机床、刀具本身的误差，加工中的热变形及受力变形引起的误差等。

为了保证工件的加工要求，上述三项加工误差总和不应超过工件加工要求的公差 T，即应满足下列不等式：

$$\Delta_{dw} + \Delta_{DD} + \Delta_C \leqslant T \tag{7.10}$$

夹具方案设计时，根据工件公差进行预分配，将公差大体上分成三等份：定位误差 Δ_{dw} 占1/3；对定误差 Δ_{DD} 占1/3；过程误差 Δ_C 占1/3。公差的预分配仅作为误差估算时的初步方案。夹具设计时应根据具体情况进行必要的调整。一般，在对夹具定位方案进行定位误差计算时，所求得的定位误差不超过工件公差的1/3，就可认为方案是可行的。

7.3　工件的夹紧

在机械加工过程中，工件会受到切削力、离心力、惯性力及重力等外力的作用，为了保证在这些外力作用下，工件仍能在夹具中保持已由定位元件所确定的正确加工位置，而不致发生振动和位移，在夹具中必须设置夹紧装置将工件可靠夹紧。

7.3.1　夹紧装置的组成及其基本要求

(1)夹紧装置的组成

夹紧装置的组成如图7.40所示，由以下三部分组成。

1)动力源　它是产生夹紧作用力的装置，它产生原始作用力。

夹紧动力源分手动夹紧和机动夹紧两种。手动夹紧的力来源于人力，比较费时费力。为了改善劳动条件和提高生产率，目前在大批量生产中均采用机动夹紧。机动夹紧的力来源于

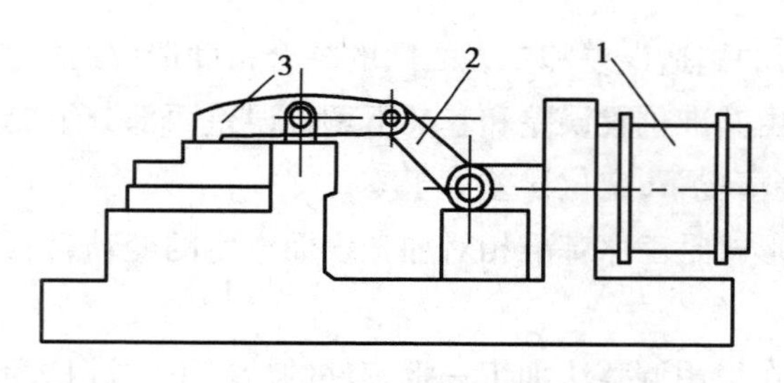

图 7.40　夹紧装置的组成

1—气缸；2—杠杆；3—压板

气动、液压、气液联动、电磁、真空等。

2)传力机构　它是介于动力源和夹紧元件之间传递动力的机构。

中间传力机构在传递夹紧力时应满足以下几个要求：

①改变原始作用力的方向。

②改变原始作用力的大小，通常是增大原始作用力，故又称为增力机构。

③具有一定的自锁性能，以便在夹紧力一旦消失后仍能保证整个夹紧系统处于可靠的夹紧状态，这一点在手动夹紧时尤为重要。

3)夹紧元件　它是直接与工件接触完成夹紧作用的最终执行元件。

(2)夹紧装置的基本要求

在夹紧工件的过程中，夹紧作用的效果会直接影响工件的加工精度、表面粗糙度以及生产率。因此，设计夹紧装置应遵循以下原则：

①不破坏工件定位原则。夹紧应有助于定位，而不破坏定位。

②工件不变形原则。夹紧力的大小要适当，既要保证夹紧可靠，又应使工件在夹紧力的作用下不致产生加工精度所不允许的变形，而且夹紧力最好应在一定范围内可以调节大小。

③工件不振动原则。对刚性较差的工件，或者进行断续切削以及不宜采用气缸直接夹紧的情况，应提高支承元件和夹紧元件的刚性，并使夹紧部位尽可能靠近加工表面，以避免加工时工件和夹紧系统产生振动。

④安全可靠原则。夹紧传力机构应有足够的夹紧行程，夹紧要具有一定的自锁性能，以保证夹紧可靠。

⑤经济实用原则。夹紧装置的自动化和复杂程度应与生产纲领相适应，在保证生产效率的前提下，其结构应力求简单，便于制造、维修，工艺性好；操作方便、省力，使用性能好。

7.3.2　夹紧力的确定

夹紧力方向、作用点和大小三个要素的确定。

(1)夹紧力的方向

夹紧力的方向与工件的定位情况、工件加工中所受外力的作用方向等因素有关。选择时应遵守以下准则：

①夹紧力的方向应有助于定位稳定，且主要夹紧力应朝向主要定位基面。

如图7.41(a)所示为工件的工序简图,要求本工序所加工的孔D与基准面A垂直,所以应选择A面为第一定位基准;如图7.41(b)的夹紧力方向指向定位基准面A,则能保证该面的良好接触,容易保证工序要求的垂直度;如图7.41(c)和(d)夹紧力均指向第二定位基准,因为工件A面和底面有垂直度误差,所以均只能保证底面的良好接触,破坏了A面的良好接触,不易保证所加工孔与A面的垂直度。

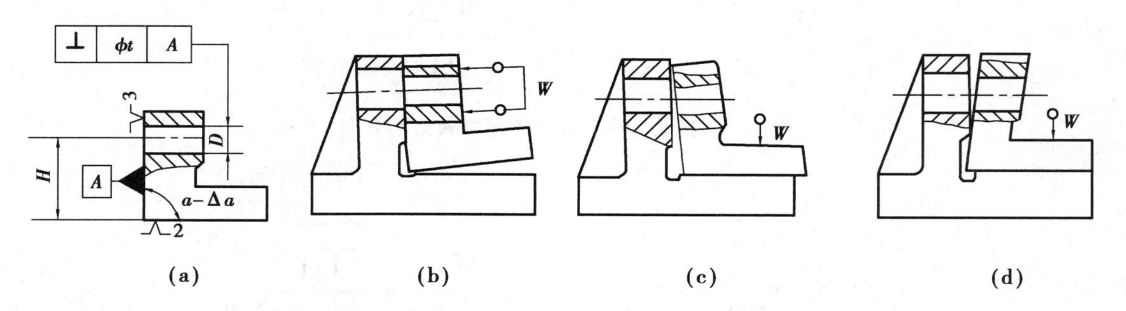

图7.41　夹紧力应指向主要定位基准面

②夹紧力的方向应有利于减小夹紧力,以减小工件变形、减轻劳动强度。

如图7.42所示,夹紧力W、工件重力G和切削力F之间的相互关系。如图(a)夹紧力与重力和切削力同向,所需夹紧力最小;图(b)和图(c)尚可;图(d)和图(e)所需夹紧力最大。

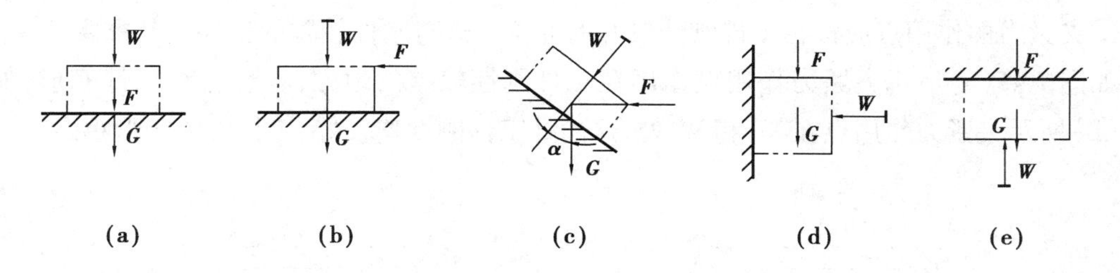

图7.42　夹紧力W、工件重力G和切削力F之间的相互关系

③夹紧力的方向应是工件刚性较好的方向。由于工件在不同方向上的刚度是不等的,不同的受力表面也因其接触面积的大小而变形各异。尤其在夹压薄壁工件时,更需注意使夹紧力的方向指向工件刚性最好的方向。

如图7.43(a)所示,夹紧力指向薄壁工件的径向,工件在该方向刚性差,容易变形;如图7.43(b)所示,在工件外圆上增加了一个过渡套,采用一个螺母套向工件实施轴向夹紧,工件在该方向刚性较好,变形较小。在内圆磨床上采用这种方式夹紧工件磨内孔,其圆度可达到0.005 mm以内。

(2)夹紧力的作用点

夹紧力作用点是指夹紧元件与工件接触的一小块面积,确定夹紧力的作用点就是确定夹紧力作用点的位置和数目。合理选择夹紧力作用点必须遵守以下原则:

①夹紧力的作用点应落在定位元件的支承范围内,应尽可能使夹紧点与支承点对应,使夹紧力作用在支承上。

如图7.44(a)所示夹紧力作用点在工件支承之外,将导致工件倾斜,破坏工件的定位;而

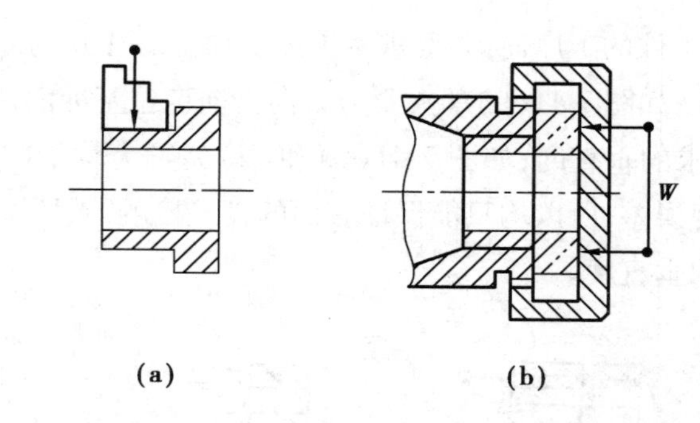

图 7.43　夹紧力应指向工件刚性较好的方向

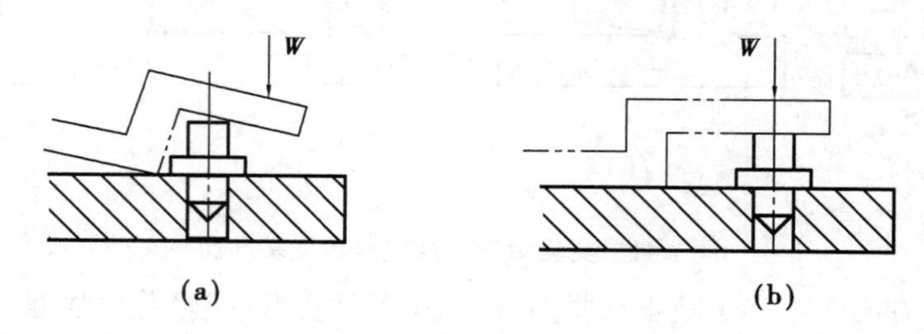

图 7.44　夹紧力作用点应处于工件支承面内

如图 7.44(b)所示则是合理的。

②夹紧力的作用点应选在工件刚性较好的部位。这对刚性较差的工件尤其重要。

如图 7.45(a)所示夹紧力作用点作用在工件刚性较差的地方,容易导致工件变形;如图 7. 45(b)所示夹紧力作用点在 W_1 和 W_2 处,这两处工件刚性均较好,工件夹紧变形小。

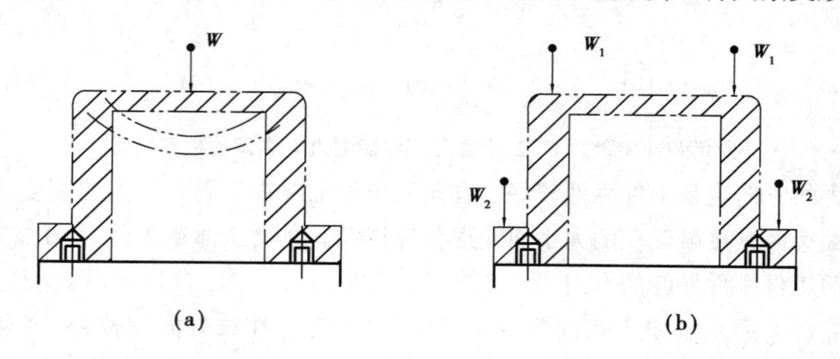

图 7.45　夹紧力作用点应处于工件刚性较好的部位

③夹紧力的作用点应尽量靠近加工表面,以防止工件产生振动和变形,提高定位的稳定性和可靠性。

如图 7.46 所示,某箱体工件欲加工其支臂上的两个小平面,工件限制了六个自由度,夹紧力 W 从上向下指向主要定位面,但是,由于加工面离夹紧力作用点距离较远,加工时容易产生振动,所以需要在靠近加工面附近再设置一个夹紧力 W_1,为此还要设置一个辅助支承来承受这个夹紧力。

(3)夹紧力的大小

夹紧力的大小对于保证定位稳定、夹紧可靠,确定夹紧装置的结构尺寸都有着密切的关

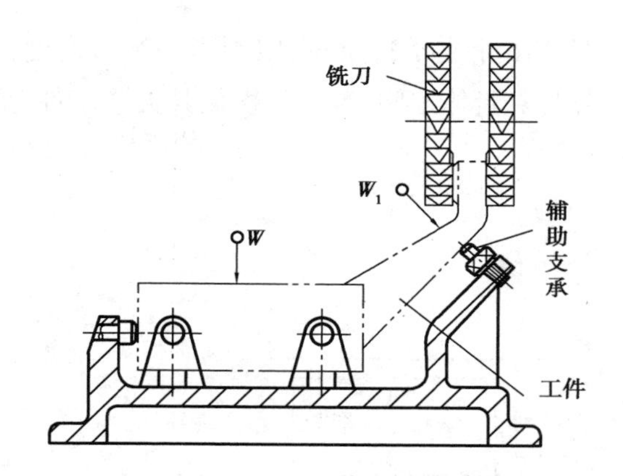

图7.46　夹紧力作用点应尽量靠近工件加工表面

系。夹紧力的大小要适当,夹紧力过小会使夹紧不可靠,在加工过程中工件可能发生位移而破坏定位;夹紧力过大则会使工件变形加大,也会对加工质量产生不利影响。

加工过程中,工件受到切削力、离心力、惯性力及重力等其他力的作用,理论上夹紧力的大小应与作用在工件上的其他力相平衡,而实际上情况是很复杂的,夹紧力的大小还与工艺系统的刚度、夹紧机构的传递效率等多种因素有关。

实际设计中常采用估算法、类比法和试验法确定所需的夹紧力。

当采用估算法确定夹紧力的大小时,为简化计算,通常将夹具和工件看成一个刚性系统。根据工件所受切削力(大型工件应考虑重力、高速旋转的工件应考虑惯性力)、夹紧力等作用情况,找出加工过程中对夹紧最不利的状态,按静力平衡原理计算出所需理论夹紧力,再乘以安全系数作为实际所需夹紧力,即:

$$W_o = KW \tag{7.11}$$

式中　W_o——实际所需夹紧力,N;

W——按静力平衡计算出的理论夹紧力,N;

K——安全系数,粗加工取 $K=2.5\sim3$,精加工取 $K=1.5\sim2$。

夹紧力三要素的确定实际上是一个综合性问题。必须全面考虑工件结构特点、工艺方法、定位元件的结构和布置等多种因素,才能最后确定并具体设计出较为理想的夹紧装置。

7.3.3　常用夹紧机构设计

夹紧机构应满足生产率、加工方法、加工要求、工件结构和所需要的夹紧力的大小等多方面的要求。常用的夹紧机构有斜楔夹紧机构、螺旋夹紧机构、圆偏心夹紧机构、定心夹紧机构和联动夹紧机构等。

(1)斜楔夹紧机构

斜楔夹紧机构是夹紧机构中最基本的形式之一,螺旋夹紧机构、偏心夹紧机构及定心对中夹紧机构等都可以看成是斜楔夹紧机构的变型。

1)作用原理及夹紧力　斜楔夹紧机构利用楔块的斜面将楔块的推力转变为夹紧力,从而夹紧工件。

如图7.47(a)所示,工件以6个支承钉定位,限制了六个自由度,欲加工上面的小孔。斜楔从夹具上的导槽插入工件与夹具体之间,敲击斜楔使其夹紧工件;加工完毕,从斜楔另一端敲击斜楔使其退出。

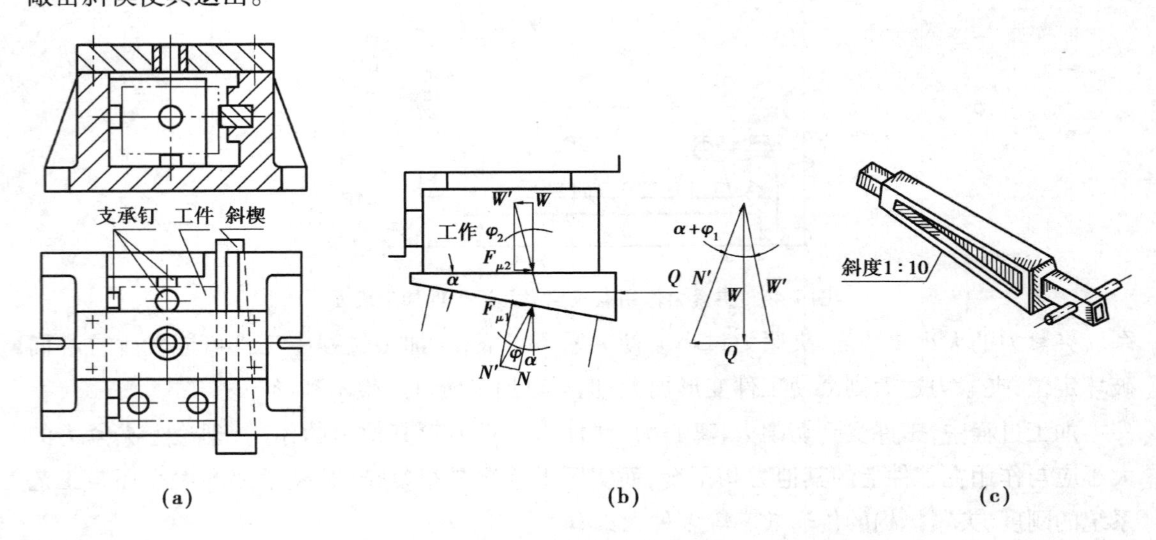

图7.47　典型的斜楔夹紧机构

如图7.47(b)所示,取斜楔进行静力平衡分析,得出其夹紧力计算公式:

$$W = \frac{Q}{\tan(\alpha + \phi_1) + \tan \phi_2} \tag{7.12}$$

式中　W——斜楔对工件的夹紧力,N;

Q——施加在斜楔上的原始作用力,N;

α——斜楔的升角,(°);

ϕ_1——工件与斜楔之间的摩擦角,摩擦系数$f=\tan \phi_1 = 0.1 \sim 0.5$;

ϕ_2——夹具体与斜楔之间的摩擦角,摩擦系数$f=\tan \phi_2 = 0.1 \sim 0.5$。

2)斜楔的自锁条件　自锁是指当工件被夹紧之后,在原始作用力消失后,机构在摩擦力作用下,工件依然被夹紧的现象。

根据力学定义,自锁条件是压力角(斜楔升角)小于摩擦角,即:

$$\alpha \leqslant \phi_1 + \phi_2 \tag{7.13}$$

一般钢铁的摩擦系数为0.1~0.15,所以有$\phi = \arctan(0.1 \sim 0.15) = 5°43' \sim 8°28'$,为了保证自锁的可靠性,一般取$\alpha = 6°$(斜度1:10)。如图7.47(c)所示,为一种自锁斜楔的结构。

3)斜楔夹紧机构的特点及适用范围

①具有自锁性。

②能改变原始作用力的方向。

③结构简单,能实现增力作用,而且斜楔的斜角越小,增力比越大。

④夹紧行程很小,故对工件夹紧表面的尺寸精度要求比较高,以避免发生夹不着或无法夹的情况。

⑤斜楔夹紧和松开均需敲击，费时、费力，效率低。

因此，斜楔夹紧机构常应用于毛坯质量较好时。但很少用来手动直接夹紧工件，常在机动夹紧中使用。

(2)螺旋夹紧机构

用螺杆、螺母和压板等元件组成的夹紧机构，称为螺旋夹紧机构。

1)作用原理　螺旋夹紧机构中的螺旋，相当于把斜楔绕在圆柱体上，故它的作用原理与斜楔夹紧相似。螺旋夹紧机构是利用螺旋副配合转动，使绕在圆柱体上的斜楔产生的轴向移动和轴向力直接夹紧工件或推动夹紧元件对工件实施夹紧的。

如图7.48(a)所示，直接用单个螺柱压紧工件，转动螺柱夹紧工件时，可能导致损伤工件夹紧表面，还可能带动工件转动；如图7.48(b)所示，在螺柱头部装一个浮动压块，以较大的夹压表面来减小夹紧时对工件的损伤，同时浮动压块也不会带动工件转动。

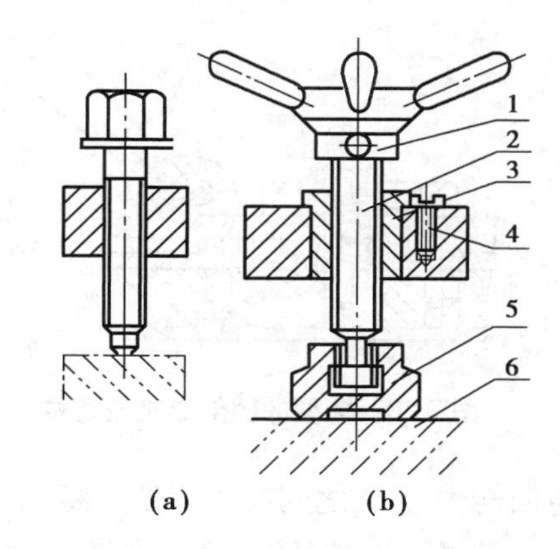

图7.48　典型的螺旋夹紧机构

1—手柄；2—螺杆；3—螺母套；4—防转螺钉；5—压块；6—工件

如图7.49所示，是常见的螺旋压板夹紧机构。图7.49(a)所示为移动压板夹紧机构，夹紧方式主要用作增大夹紧行程；图7.49(b)所示为转动压板夹紧机构，主要用于改变夹紧力的作用方向；图7.49(c)所示为铰链压板夹紧机构，主要起增力作用。

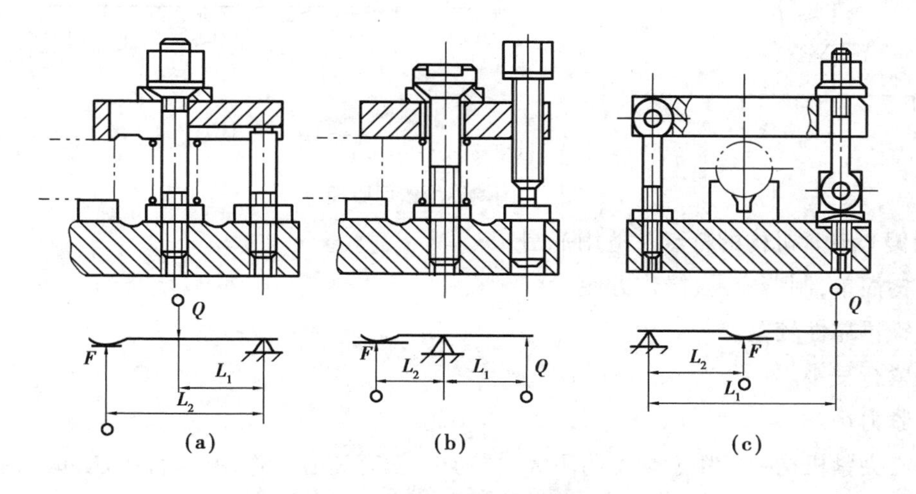

图7.49　典型的螺旋压板夹紧机构

2)螺旋夹紧机构的特点及适用范围

①结构简单，制造容易，操作方便。

②自锁性能好(螺旋夹紧机构中，螺纹的升角 $\alpha \leqslant 4°$)。

③增力比大。

④夹紧行程大。

⑤夹紧动作慢,辅助时间长,效率低。

因此,螺旋夹紧机构应用十分广泛,尤其适合于手动夹紧工件,因其效率低,不适合用于自动化夹具上。

(3)圆偏心夹紧机构

利用圆偏心轮的偏心量来夹紧工件的机构,称为圆偏心夹紧机构。

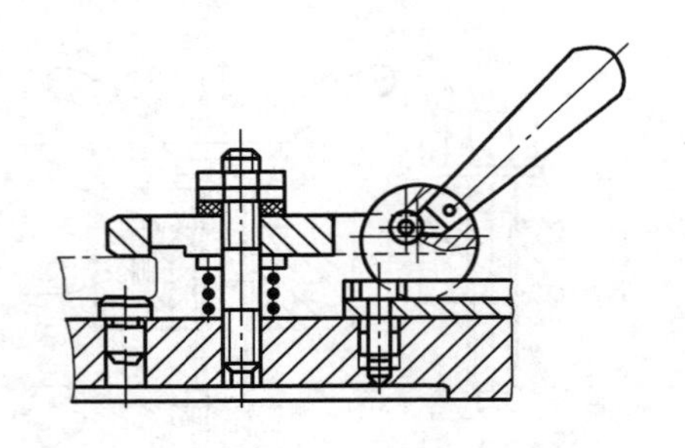

图 7.50　典型的圆偏心夹紧机构

如图 7.50 所示为一典型的圆偏心夹紧机构,手柄顺时针转动,偏心轮通过移动压板将工件夹紧。

1)作用原理　作用原理与斜楔夹紧相似,只是将平面斜楔变成了弧形斜楔。

如图 7.51(a)所示,圆偏心轮的几何中心 O_1与回转中心 O_2之间有一个偏心距 e,手柄顺时针转动,偏心轮将夹紧工件。以 O_2为圆心,以 r 为半径画圆,这就是"基圆",将下半部阴影部分展开(仅展开一半),便成如图 7.51(b)的曲线楔。从图中可以看出,偏心圆上各点的升角 α 是变化的,在 0°和 180°时为 0,在 90°时达到最大升角。正因为如此,圆偏心的工作角度一般在 45°~135°之间。

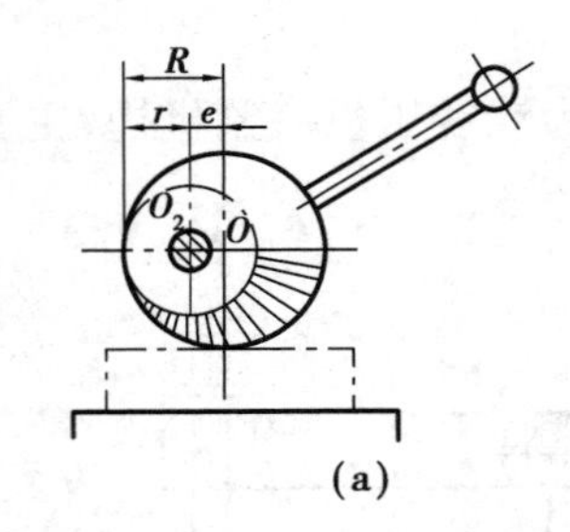

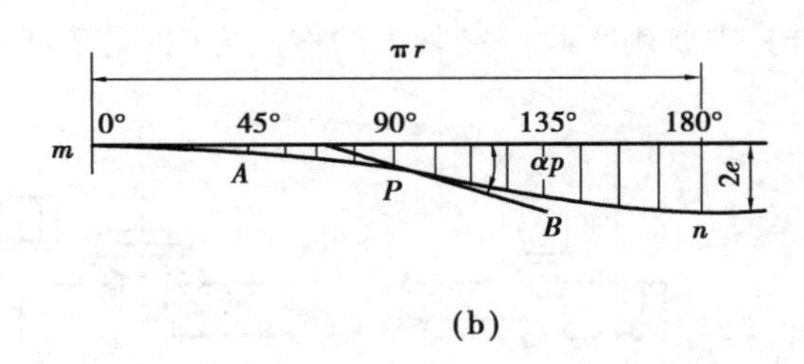

图 7.51　圆偏心的作用原理

2)圆偏心夹紧机构的特点及适用范围

①结构简单,制造容易,操作方便。

②自锁可靠性较差。

③夹紧行程小。

④夹紧力小。

圆偏心夹紧机构一般用于切削力不大、振动小、没有离心力作用、工件夹压部分相关尺寸公差不大的场合。一般很少直接用来夹紧工件,大多与其他夹紧元件联合使用。

(4)定心、对中夹紧机构

定心、对中夹紧机构在夹紧工件时能使工件定中心或对中,所以这种夹紧机构同时实现工件的定位和夹紧,其与工件接触的元件既是定位元件,又是夹紧元件。

1)作用原理　利用定位—夹紧元件的等速移动或转动、均匀弹性变形等方式来实现定位和夹紧。

如图7.52所示为对中夹紧机构的夹具实例,利用左、右螺旋的螺杆3来实现同时向中间等速移动V型块1和2夹紧工件,并同时向外移动来松开工件;其中心位置可以由螺钉5和9调节叉形件7,并由螺钉4和10锁紧。

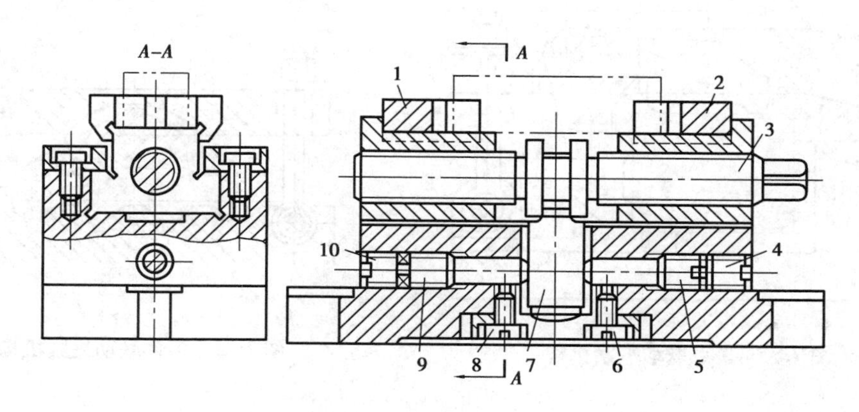

图7.52　对中夹紧机构

1、2—V型块;3—带螺母的左右螺杆;4、10—锁紧螺钉;6、8—螺钉;7—叉形件;5、9—调节螺钉

如图7.53所示为定心夹紧机构。利用锥面使滑块4(共二组6个)均匀、等速移动来夹紧工件。

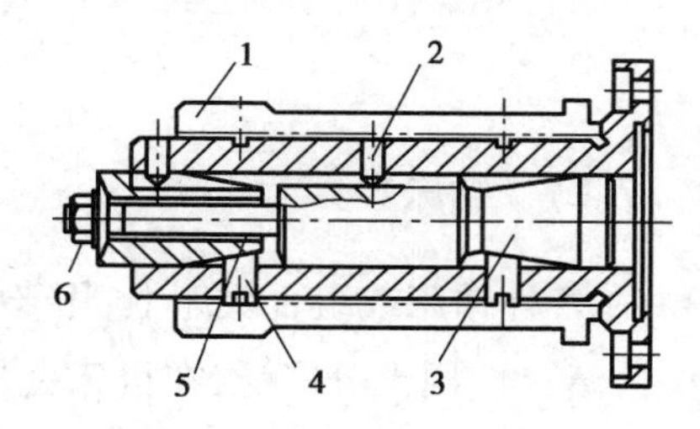

图7.53　定心夹紧机构

1—工件;2—导向销钉;3—锥形柱;4—滑块;5—锥套;6—螺母

2)定心、对中夹紧机构的特点及适用范围

①定位元件和夹紧元件是同一个元件。

②各定位或夹紧元件之间运动关系准确,并保持等距离的移动(可以是反向的、径向的),定位精度高。

③各定位或夹紧元件的关联运动可使定位尺寸偏差均匀、对称地分布在工件定位基准面上。

因此,定心、对中夹紧机构较适合形状对称、精度要求较高的工件的夹紧。

(5)联动夹紧机构

联动夹紧机构是指由一个原始作用力,同时在多点对工件进行夹紧的机构。可以是对一个工件的多点、多方向的夹紧,也可以对多个工件进行夹紧,有时甚至与定位、快速进退等其它夹具上的动作进行联动。

图7.54所示是对一个工件进行四点双向联动夹紧的机构;图7.55所示是对四个相同工件进行同时夹紧的机构。这两套夹紧机构均采用了三个浮动压块来实现浮动,均可通过调节力臂的距离实现四个点不同或相同的夹紧力。

设计联动夹紧要注意以下几点:

①必须设置必要的浮动环节,并确保有足够的浮动量。

②应进行运动分析和受力分析，以确保实现设计意图。

③中间传力机构应力求增力。

④要设置必要的复位环节，保证复位准确、快速。

⑤避免过于复杂，否则会降低可靠性，制造困难。

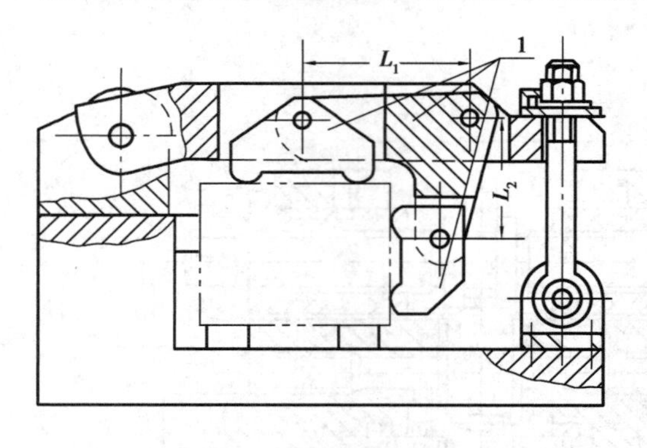

图 7.54 多点联动夹紧机构

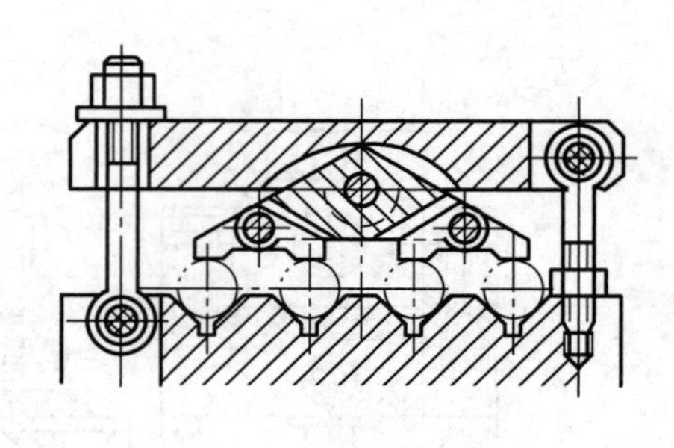

图 7.55 多件联动夹紧机构

7.4 各类专用机床夹具

7.4.1 钻床夹具

在各种钻床或组合机床上，用来钻、扩、铰各种孔所采用的装置，称为钻床夹具，习惯上称为"钻模"，应用十分广泛，在机床夹具中占比最大。

(1) 钻床夹具的类型

1) 固定式钻模　使用时固定在钻床工作台上的钻模。加工直径大于 10 mm 的孔，需将钻模固定，以防止因受切削力矩作用导致工件随钻模转动。

这类夹具相对机床上的位置固定，工件在夹具中的位置也固定，夹具相对刀具的位置在夹具安装到机床上时调整好后也固定，所以夹具的刚度较好，加工精度较高。

2) 回转式钻模　用于加工工件上同一圆周上的平行孔系，或加工分布在同一圆周上的径向孔系的钻模，孔的位置精度由钻套和夹具上的回转、分度对定机构来保证。

回转式钻模的基本型式有立轴、卧轴和斜轴三种。其钻套一般是固定不动的，加工时通过夹具上的回转部分带动工件一起转动，来实现对多个位置上的孔进行加工。

3) 翻转式钻模　这类钻模没有转轴和分度装置，用手进行翻转，实现对工件多个方向上的孔进行加工。

因为需要工人用手翻转夹具，所以钻模连同工件的总重量不能太重，一般限于 9~10 kg 以内。主要适用于加工小型工件上分布在几个方向不同的表面上的孔，可以减少工件的装夹次数，提高工件上各孔之间的位置精度。

4)移动式钻模　工件安装到夹具上后,可通过夹具(包括工件)的整体移动或夹具局部结构的直线移动来依次完成多个不同位置上的孔的加工。

整体移动式钻模一般适用于在台式钻床、立式钻床上加工小尺寸孔的小型多孔工件。

5)盖板式钻模　盖板式钻模没有夹具体,钻模板上除了钻套以外,还有钻模板在工件上的定位元件和夹紧装置,加工时,钻模板像盖子一样覆盖在工件上。

盖板式钻模结构简单、轻便、排屑方便;盖板式钻模在每个工件加工时均要从工件上装卸,费时、费力。因此,当盖板式钻模较大时,设计时要注意减轻其重量(如开窗孔),并设计便于手持操作的手柄。

盖板式钻模适合用于在体积大而笨重的工件上加工小孔。

6)滑柱式钻模　升降式钻模板在滑柱上移动以夹紧、松开和装卸工件的钻模。

滑柱式钻模自锁可靠,结构简单且已标准化,操作迅速方便,通用可调性好。但手动滑柱式钻模的机械效率较低,夹紧力不大。此外,由于滑柱和导向孔为间隙配合(一般为 *H7/f7*),因此被加工孔的垂直度和孔的位置尺寸难以达到较高的精度。

滑柱式钻模主要用于中小工件上孔与端面的垂直度精度低于 0.1 mm 的孔加工。

(2)钻模板的类型

钻模板是供安装钻套用的,钻模板再安装到夹具上。因此,要求钻模板应该具有一定的强度和刚度,以防止由于变形而影响钻套的位置精度和导向精度。

1)固定式钻模板　这种钻模板直接固定在夹具体上而不可移动或转动。

利用固定式钻模板加工孔时所获得的位置精度较高,但有时装卸工件不太方便。

2)铰链式钻模板　利用铰链把钻模板与夹具体安装在一起,钻模板相对夹具体可以转动。

铰链式钻模板装卸工件方便,对于同一工序上钻孔后接着锪面、攻丝的情况尤为适宜,但铰链处有间隙,因而加工孔的位置精度比固定式钻模板低。

3)可卸式钻模板　钻模板可以从夹具体上取下来,以便于装卸工件。

使用这种钻模板时,每个工件均要装卸钻模板,费时费力,且钻孔的位置精度较低,故一般多在使用其它类型钻模板不便于安装工件时采用。

4)悬挂式钻模板　安装在机床主轴上,由机床主轴带动其上下升降的钻模板。

悬挂式钻模板便于装卸工件,有利于对同一个表面上的多个孔进行加工,但由于钻模板与导柱的配合是间隙配合,所以孔的位置精度不够高,但不影响同一表面上多个孔的位置关系。

悬挂式钻模板适用于成批、大量生产中钻削同一方向上的平行孔系,可在立式钻床上配合多轴传动头或在组合机床上使用。

(3)钻套的类型

钻套是钻模上特有的刀具引导元件,钻头、铰刀等孔加工刀具通过钻套引导再进入工件,一方面确定了孔的位置,另一方面增加了刀具系统的刚性。

钻套应该具有较高的硬度和耐磨性。钻套常用高碳钢制造，或低碳钢制造但经渗碳淬火，使其硬度达 58~64HRC；钻套还应有较高的精度，一般钻套内孔精度达 IT5~IT7 级。

1）固定式钻套　固定式钻套固定在钻模板上。

如图 7.56（a）所示，固定式钻套分为 A 型和 B 型。B 型为带肩型，主要用于钻模板厚度较薄时，用以保证钻套必要的刀具导引长度。

固定式钻套结构简单，其外圆以 *H7/n6* 或 *H7/r6* 配合压入钻模板，钻套固定不动，所以其位置精度高，但磨损后不易更换。

固定式钻套适用于单件、小批量生产及孔距小或孔的位置精度要求高的场合。

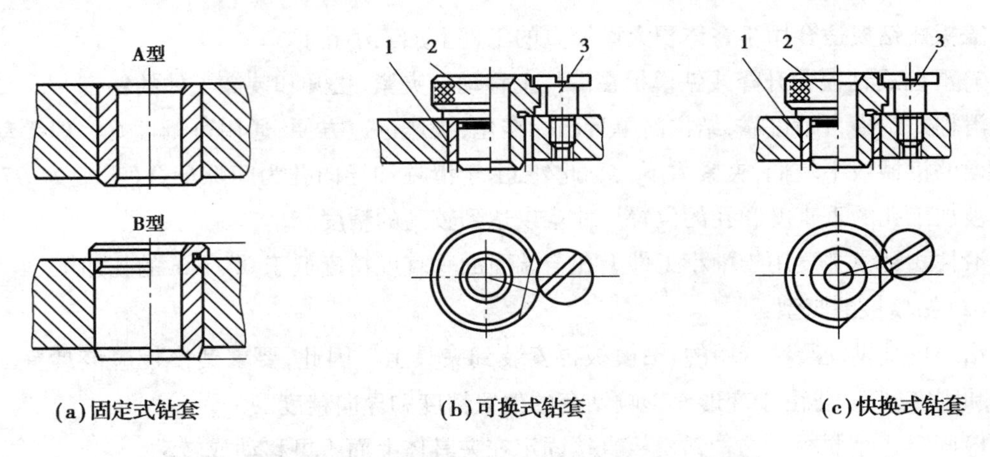

(a)固定式钻套　(b)可换式钻套　(c)快换式钻套

图 7.56　各类标准钻套（JB/T 8045.1/2/3/4/5—1999）

1—钻套用衬套；2—可换钻套/快换钻套；3—钻套螺钉

2）可换式钻套　可换式钻套磨损后可方便更换。

如图 7.56（b）所示，可换式钻套与钻模板之间要加衬套，衬套与钻模板 *H7/n6* 或 *H7/r6* 配合，衬套与钻套之间 *F7/m6* 或 *F7/k6* 配合，为防止钻套转动和随刀具退出时滑出，还需要加钻套螺钉压紧。

可换式钻套适用于大批量生产，以方便钻套磨损后更换；但不宜用于同一工序中对同一个孔进行多工步加工、需要连续更换刀具的场合。

3）快换式钻套　快换式钻套可快速更换。

如图 7.56（c）所示，快换式钻套与钻模板之间要加衬套，衬套与钻模板 *H7/n6* 或 *H7/r6* 配合，衬套与钻套之间 *F7/m6* 或 *F7/h6* 配合，为防止钻套转动，需要加钻套螺钉压紧。与可换式钻套不同的是，该钻套加工出一个削边平面，当钻套逆时针稍微转动一下，即可快速取出钻套更换。

快换式钻套适用于同一工序中对同一个孔进行多工步加工、需要连续更换刀具的场合。

除以上三类标准钻套外，根据加工的具体条件，如加工的几个孔孔距很小、在斜面上钻孔、钻模板与所加工孔的距离较远等一些特殊情况时，还会用到特殊钻套。

7.4.2　铣床夹具

铣床夹具用于在铣床上加工平面、键槽、缺口、沟槽及成型面等，在生产中应用很广泛。

(1)铣床夹具的分类

按使用范围可分为通用铣夹具(如平口台式虎钳、分度头等)、专用铣夹具和组合铣夹具三类；按工件的进给方式分为直线进给夹具(安装在直线进给工作台上)、圆周进给夹具(安装在立式圆形工作台上)和沿曲线进给夹具(如仿形)等三类；根据装夹工件数目可分为单件加工夹具和多件加工夹具等。

(2)铣床夹具设计时应注意的问题

①要特别注意定位的稳定性和夹紧的可靠性。因为铣削加工是一种切削力大、有冲击和振动的加工过程，所以夹具的定位面应尽可能大一些，使定位更稳定；夹紧力要足够，手动夹紧时要有良好的自锁性。

②要注意铣削加工的进给方向，使加工能够进行。

③由于铣削加工的加工余量一般较大，所以夹具应有足够的排屑和容屑空间，还要考虑切削液的浇入和排出。

④应选择适用的对刀方法，合理设置对刀装置。对刀方法一般有单件或样件试切对刀、对刀装置对刀等方法。

⑤铣床夹具的夹具体要有足够的强度和刚度，稍大一些的夹具体，要采用框式结构并设置适当的筋板；此外还要有较好的稳定性，设计时，应使其高、宽之比 $H/B \leqslant 1 \sim 1.25$，以降低夹具的重心。

(3)铣床夹具的对刀装置

在成批及以上生产时，大多采用对刀装置对刀，对刀装置对刀可以快速且准确地完成刀具和夹具(工件)的相对位置的调整。

对刀装置由对刀块和塞尺组成，结构已标准化。

图 7.57 所示为各种标准对刀块，对刀块的对刀面有一个表面或者两个表面。对刀时，需

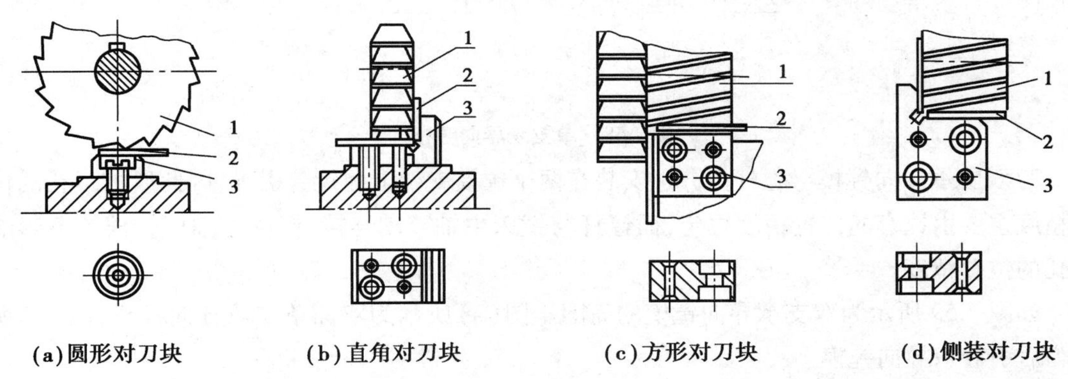

(a)圆形对刀块　(b)直角对刀块　(c)方形对刀块　(d)侧装对刀块

图 7.57　各类标准对刀块(JB/T 8031.1/2/3/4—1999)及对刀装置

1—铣刀；2—塞尺；3—对刀块

要在对刀块和刀具之间加一个塞尺(标准塞尺分平塞尺和圆柱塞尺两类,JB/T 8032.1/2—1999),调整刀具与夹具的相对位置,直到塞尺与对刀块的对刀表面稍有摩擦即可。

(4)铣床夹具在机床工作台上的安装

铣床夹具安装在通用铣床上时,要设计锁紧夹具用的T形螺钉需要的U形槽,其槽宽和槽距要与对应的铣床工作台上的T形槽相匹配。如果有侧向加工要求的铣床夹具,还应在夹具体底座下面设置两个距离尽量远的定位键(JB/T 8016—1999、JB/T 8017—1999),以使夹具保持与机床进给方向平行。

7.4.3 镗床夹具

镗床夹具(镗模)主要用于在镗床上加工箱体、支架等类工件的精密孔系,除了孔本身的尺寸精度和形状精度外,特别有利于保证同轴孔系的同轴度以及多轴孔系之间的位置精度,其位置精度一般可达±0.02~0.05 mm。

镗床夹具由镗套引导镗杆,再由镗杆上的镗刀对工件孔、环形槽、平面等表面进行加工;镗套安装在镗模支架上,镗模支架安装在夹具体上。

(1)镗模的主要类型

镗模的类型主要取决于镗模支架的布置形式,一般分为单支承镗模和双支承镗模。

1)单支承导向镗模　镗杆由安装在一个镗模支架上的镗套引导,镗杆与镗床主轴刚性连接,镗床主轴回转误差要影响镗孔的位置精度。

如图7.58所示为单支承导向镗模的简图。图(a)所示为单支承后导向镗模;图(b)所示为单支承前导向镗模。

单支承导向镗模一般适用于加工短孔(单孔)和小孔等。

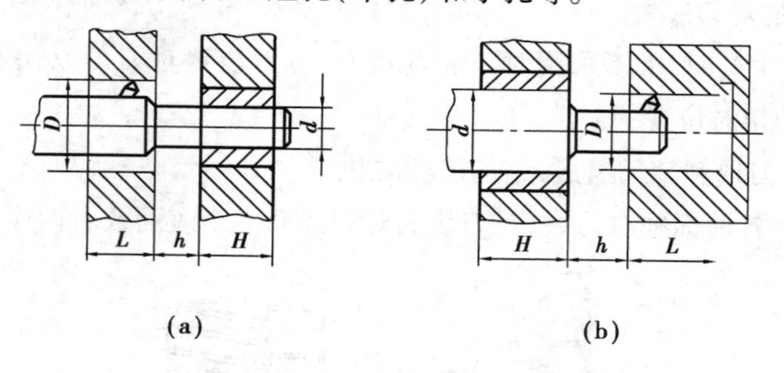

图7.58　单支承导向镗模

2)双支承导向镗模　镗杆由分别安装在两个镗模支架上的镗套引导,因此所加工孔的位置精度主要由镗套的位置精度决定,而镗杆与镗床主轴浮动连接,镗床主轴回转误差不影响镗孔的位置精度。

如图7.59所示为双支承导向镗模的简图。图(a)所示为双面单支承导向镗模;图(b)所示为后引导双导向镗模。

双支承导向镗模更适用于加工长孔或同轴线上的多个孔。

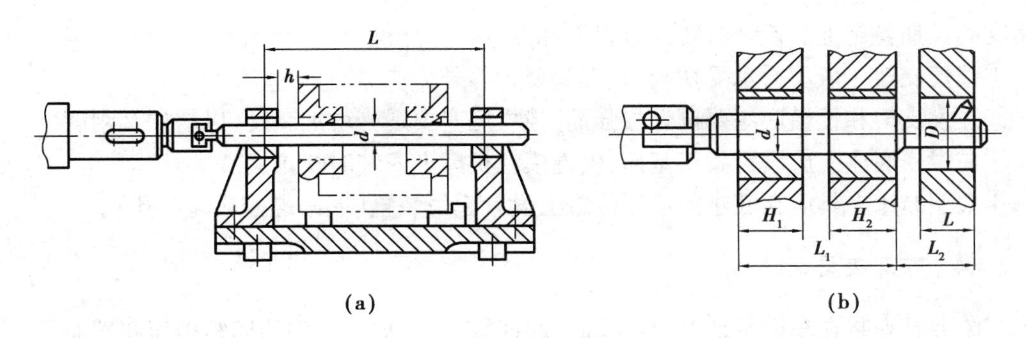

图7.59 双支承导向镗模

(2)镗套的主要类型

镗套的作用类似于钻套,是用来直接引导刀具(镗杆)的,但其精度要更高一些;此外,考虑的问题也要多一些,如较高的镗杆线速度与镗套内孔的摩擦、镗刀怎样通过镗套内孔等。

常用的镗套分为两大类:固定式镗套和回转式镗套。

1)固定式镗套 在加工过程中不随镗杆转动的镗套为固定式镗套。镗杆既转动(作主运动)又移动(作进给运动)。

固定式镗套结构已标准化,结构紧凑、外形尺寸小;易于保证镗套的中心位置,从而具有较高的孔系位置精度;但容易磨损,镗杆线速度高时,易发热"咬死"。因此,适用于低速镗孔,一般在镗杆线速度 $v_c \leqslant 24$ m/min 时使用。

2)回转式镗套 在加工过程中随镗杆一起转动的镗套为回转式镗套。镗杆与镗套无相对转动,但有相对的轴向移动(进给运动)。

为了减小镗杆与镗套内孔的摩擦,回转式镗套一般要安装轴承。因为轴承的类型不一样,回转式镗套又分为滑动式镗套和滚动式镗套。滚动式镗套结构较复杂,整体结构外形尺寸大;获得的位置精度较低;镗杆与镗套之间的运动由高速转动变为低速移动,因此摩擦力较小,适用于高速镗孔,一般在镗杆线速度线 v_c>24 m/min 时使用。

几种镗套的性能特点对比如表7.2所示。

表7.2 几种镗套的特点比较

类 别	固定式镗套	滑动式镗套	滚动式镗套
适应镗杆线速度	低($v_c \leqslant 24$ m/min)	较高(v_c>24 m/min)	高(v_c>24 m/min)
承载能力	较大	大	低
润滑要求	较高	高	低
径向尺寸	小	较小	大
加工精度	较高	高	低
应用	低速、一般镗孔	低速、小孔距	高速、大孔距

(3)镗模支架和镗模底座设计

镗模支架和镗模底座是镗模上的关键零件,要求有足够的强度和刚度,有较高的精度,以及精度的长期稳定性。设计时要注意以下几点：

①镗模支架一般不得承受切削力、夹紧反力等外力。

②镗模支架和镗模底座要设计加强筋，镗模底座要适当增加高度，以增加其刚度。

③在镗模底座上应设置找正基面，供镗模在机床上安装时找正用。

④大型镗床夹具应在底座的适当位置上设置起吊装置(起吊螺栓或起吊孔)。

7.4.4 车床夹具

车床夹具安装在车床主轴上，与主轴一起回转，用来加工工件的回转表面和端面。

车床夹具上除了常见的顶尖、三爪自定心卡盘、四爪单动卡盘、花盘等通用夹具外，常常还要用到一些专用夹具。

车床夹具最大的特点或与其他夹具的不同点，就是加工过程中的平衡和安全性问题。因此，车床夹具设计时应注意以下几点：

①结构紧凑、质量小、外形尺寸要尽可能小，尽量设计成圆形，而且重心尽量靠近回转轴线，以减小惯性力和回转力矩。

②应有足够的强度、刚度和可靠的夹紧装置，以保证能在加工过程中高速回转。

③应有平衡措施(配重块、平衡块等)消除不平衡现象，以增加加工过程中的稳定性、减小振动。

④要保证与机床主轴端部的定位准确、连接可靠。

⑤要设计可靠的自锁结构，以防止在回转时夹具元件的松脱，必要时，回转部分外面应设置防护罩、护板等防护装置。

7.4.5 数控机床夹具

数控机床夹具是在数控机床上使用的夹具。数控机床是高精度、高效率、高自动化的加工设备，加工时机床、刀具、夹具和工件之间有准确的相对坐标位置。因此数控机床用夹具与传统夹具有不一样的要求和特点。

①应该具有高精度、高强度和高刚度。由于在数控机床上往往是连续多表面的高速、大切削用量的自动加工，切削力的大小、方向在不断变化，所以要求数控机床夹具精度、强度和刚度都应该高，以提高工件在夹具的定位精度且保持在加工过程中变形小。

②定位准确。一方面是工件的定位要准确，工件大多采用完全定位的方式，以满足在同一工序中加工不同表面、若干表面的定位要求；另一方面，夹具相对于机床坐标原点要定位准确，满足其严格的位置要求，以保证能在数控机床坐标系统中实现工件与刀具相对运动的要求。

③工件夹紧快速化、自动化。为缩短工件加工中的辅助时间、减轻工人的劳动强度，装卸工件大量采用自动化，如采用液压夹紧、气动和电动等自动快速夹紧装置，完成强力、自动夹紧。

④刀具引导功能弱化。数控机床一般都配备有接触试测头、刀具预调仪及对刀部件等设备，可以由机床解决对刀问题；由机床程序控制刀具的定位精度，可实现夹具中刀具的引导功能，因此数控机床夹具一般不需要设置刀具引导装置，大大简化了夹具的结构。

⑤夹具结构简化、防止干涉。为适应数控机床一道工序中对多表面的加工，要避免夹具结构对刀具运动轨迹的干涉。

⑥应具有柔性、能实现快速重调。数控机床夹具应具有柔性，应稍加调整即可夹持多种不同形状和尺寸的工件。当工件批量不大时，尽量采用通用夹具、可调夹具和组合式夹具；当生产批量较大时，应采用专用夹具，但结构应力求简单。

7.5　机床夹具的设计方法与步骤

7.5.1　专用夹具设计的基本要求

机床夹具作为机床的附加装置，其设计质量的好坏对工件的加工质量、效率、成本和工人的劳动强度均有直接的影响。机床夹具应满足下列基本要求：

①保证工件的加工精度。保证加工精度的关键首先在于正确地选定定位基准和定位元件，必要时还需进行定位误差分析；还要注意夹具中其他零部件的结构对加工精度的影响，确保夹具能满足工件的加工精度要求。

②提高生产效率。专用夹具的复杂程度应与生产纲领相适应，应尽量采用各种快速高效的装夹机构，保证操作方便，缩短辅助时间，提高生产效率。

③工艺性能好。专用夹具的结构应力求简单、合理，便于制造、装配、调整、检验、维护等。专用夹具的制造属于单件生产，当最终精度由调整或修配保证时，夹具上应设置调整和修配结构。

④使用性能好。专用夹具的操作应简便、省力、安全可靠。在客观条件允许且又经济适用的前提下，应尽可能采用气动、液压等机动夹紧装置以减轻操作者的劳动强度。专用夹具还应排屑方便，必要时可设置排屑结构，防止切屑破坏工件的定位和损坏刀具，防止切屑的积聚带来大量的热量而引起工艺系统变形。

⑤经济性好。专用夹具应尽可能采用标准元件和标准结构，力求结构简单、制造容易，以降低夹具的制造成本。因此，设计时应根据生产纲领对夹具方案进行必要的技术经济分析，以提高夹具在生产中的经济效益。

7.5.2　专用夹具设计方法与步骤

工艺人员在编制零件的工艺规程时，会提出相应的夹具设计任务书，经有关负责人批准后下达给夹具设计人员。夹具结构设计的规范化程序如下。

(1)明确设计要求，收集设计资料

①了解零件的生产纲领、投产批量以及生产组织等有关信息。单件小批量生产尽量采用通用夹具，设计专用夹具时多采用结构简单的手动夹紧；大批大量生产时多采用自动化程度较高的自动夹紧，同时安装的工件数也较多，结构也较复杂。

②仔细研究零件工作图、毛坯图及其技术要求，以明确零件的结构、尺寸和精度等要求，明确毛坯状况。

③了解工件加工的工艺规程和本工序的工序图。这是夹具设计的主要依据,工序图给出了本工序关于机床、刀具、切削用量和量具等方面的具体参数,还给出了定位、夹紧方案,以及本工序的加工要求等相关信息。

④调研国内外同类型夹具资料,收集国家和行业相关标准。尽量利用夹具有关零、部件标准,使设计标准化,并使设计工作量小;利用典型夹具结构图册,使夹具设计简化;利用国内外先进经验,使夹具更合理、更先进。

⑤了解本企业制造和使用夹具的生产条件和技术现状,结合本企业实际使夹具设计更适用。

(2)确定夹具的主要结构方案

①确定工件的定位方式,选择定位元件,设计定位机构。

②确定工件的夹紧方案,设计夹紧装置。

③确定刀具的对准及引导方式,选择刀具的对准及导引元件,设计刀具引导装置。

④确定夹具的其他组成部分,如分度装置和微调机构等。

⑤协调各元件、装置的布局,确定夹具体的总体结构和尺寸。

在确定方案的过程中,会有各种方案供选择,但应从保证精度、提高生产率和降低成本的角度出发,选择相适应的最佳方案。

(3)绘制夹具总图

绘制夹具总图通常按以下步骤进行。

①遵循国家机械制图标准,绘制比例应尽可能选取 1∶1,以便使绘制的夹具总图具有良好的直观性。

②主视图的选择一般应取操作者实际位置,以便于夹具装配及使用时参考。视图剖面应尽可能少,但必须能够清楚地表达夹具各部分的结构。

③用双点划线绘出工件轮廓外形、定位基准和加工表面,并将工件视为透明体。

④根据工件定位基准的形状和尺寸,选择合适的定位元件并合理布置。

⑤根据对夹紧的要求,按照夹紧方案设计原则,选择合理的夹紧力方向和作用点、计算或选择大小适当的夹紧力。画出夹紧工件的状态,对行程较大的夹紧机构还应用双点划线画出夹紧元件的放松位置,或者移动元件的极限位置。

⑥围绕工件的几个视图依次绘出对刀元件和刀具导向装置,对于复杂的刀具引导装置(如滚动镗套),应选择合理的剖面表达清楚。

⑦根据需要绘制出其他装置,如分度、转位装置等。

⑧最后绘制出夹具体及其与机床连接元件,并用夹具体把夹具的各组成元件、装置连成一体。

⑨在夹具总图上标注尺寸和技术要求。

⑩零件编号、绘制明细栏和标题栏。

⑪夹具精度校核。在夹具设计中,当结构方案拟订以后,应对夹具的方案进行精度分析和估算;在夹具总图设计完成后,还应根据夹具有关元件的配合性质及技术要求再进行一次复核。这是确保产品加工质量而必须进行的误差分析。

⑫绘制夹具零件工作图。夹具总图绘制完毕后,对夹具上的非标准件要绘制零件工作

图,并规定相应的技术要求。

(4)夹具总装配图上的尺寸和技术要求

1)应标注的尺寸和技术要求

①夹具的外形轮廓尺寸。一般是夹具外廓的最长、最宽和最高尺寸,一般还包括移动部分的空间尺寸。

②工件与定位元件之间的联系尺寸。如工件孔在心轴或定位销上定位时,定位元件定位表面的公差带。

③各定位元件之间的尺寸。如工件孔在两个定位销上定位时,两定位销之间的距离尺寸及其公差。

④夹具与刀具之间的联系尺寸。一是对刀装置的对刀面与相应定位元件之间的尺寸,如铣床夹具的对刀块的对刀面到相应定位元件定位表面的距离及其公差,钻床夹具的钻套中心线、镗床夹具的镗套中心线到相应定位元件定位表面的距离及其公差;二是刀具引导元件的工作面与刀具之间的配合,只标注刀具引导元件用于配合的公差带,如钻套和镗套与刀具配合的内孔的公差带等。

⑤刀具引导元件之间的尺寸。如多孔加工时钻套之间的中心距及其公差、镗套之间的中心距及其公差。

⑥夹具内部的配合尺寸,尽管这些配合与工件、机床和刀具无关,但能保证夹具装配后满足使用要求。

⑦夹具与机床的联系尺寸。对于通用机床,是夹具体上与机床连接部分的尺寸(如车床主轴、铣床T形槽等)的对应尺寸,铣床夹具和刨床夹具还要标注定位键(定向键)与机床T形槽的配合尺寸;如是专用机床,则只需要标注安装螺栓孔的尺寸。

除以上要求外,有些时候还要标注与夹具装配精度有关的或与检验方法有关的特殊的技术要求。如夹具的装配、调整方法,如几个支承钉或支承板等应装配后修磨以达到等高、装配时调整某元件或修磨某元件的定位表面等,以保证夹具精度;工艺孔的设置和检测;夹具使用时的操作顺序;夹具表面的装饰要求等。

2)尺寸公差与配合的确定

一般可分两种情况。

①夹具上定位元件之间,对刀、引导元件之间的尺寸公差,一般取工件相应尺寸公差的$\frac{1}{3}$~$\frac{1}{5}$。夹具上标注尺寸公差时,一律采用双向对称分布公差制,因此,在按工件加工尺寸公差来确定夹具的尺寸公差时,应先将工件的尺寸公差换算成双向对称分布公差。

②定位元件与夹具体的配合与尺寸公差,夹紧装置各组成零件间的配合与尺寸公差等,应根据其功用和装配要求,按公差与配合国家标准的原则来确定,生产中也可按类比法来确定。

习题与思考题

7.1 机床夹具由哪几部分组成?

7.2　机床夹具常用的动力源有哪几种?

7.3　工件在夹具中定位和夹紧的任务是什么?

7.4　何为工件的六点定位原理?

7.5　题图 7.1 所示工件的定位限制了几个自由度？哪几个自由度？属何种形式的定位?

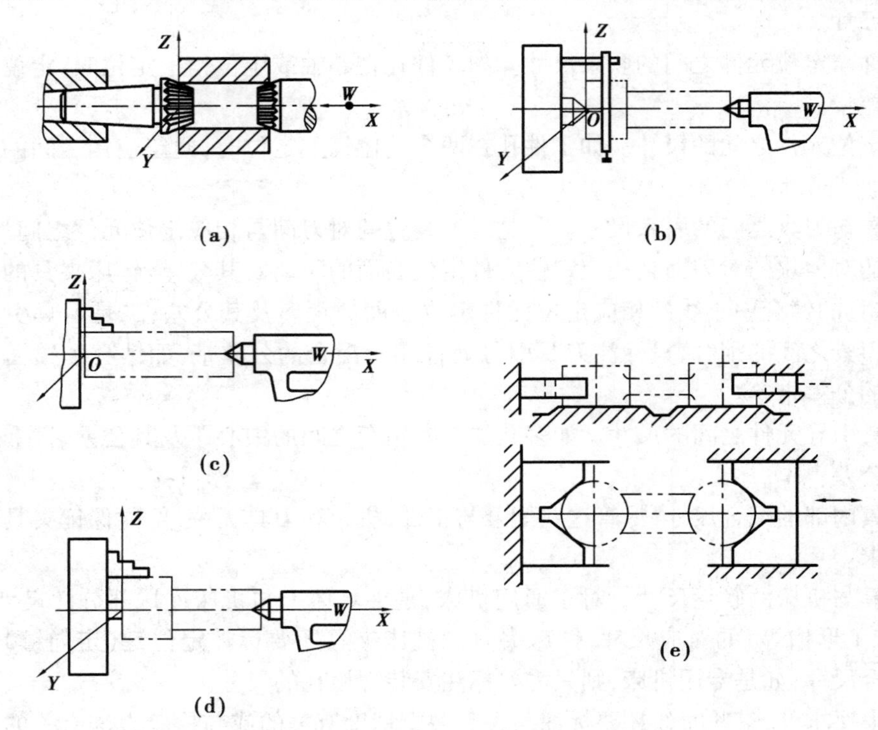

题图 7.1

7.6　题图 7.2 所示工件的定位限制了哪几个自由度？是否合理？如何改进?

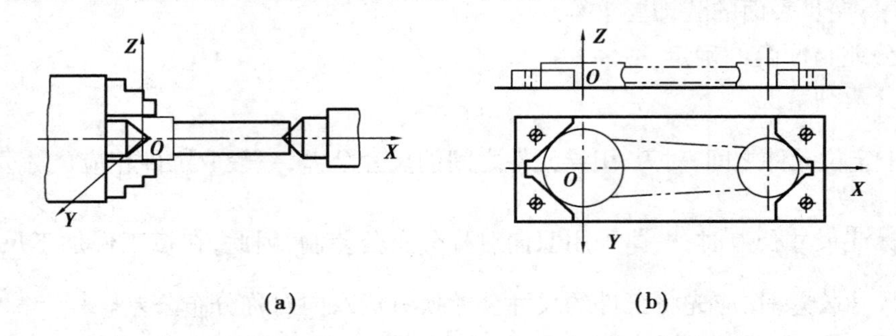

题图 7.2

7.7　如题图 7.3(a)所示零件加工孔 D,要求保证孔与底面的平行度,如图 7.3(b)、(c)所示的两种夹紧方案哪种更合理？为什么?

7.8　试分析题图 7.4 所示的各种夹紧力作用点是否合理,为什么？如何改进?

7.9　何为定位误差？其造成定位误差的原因是什么?

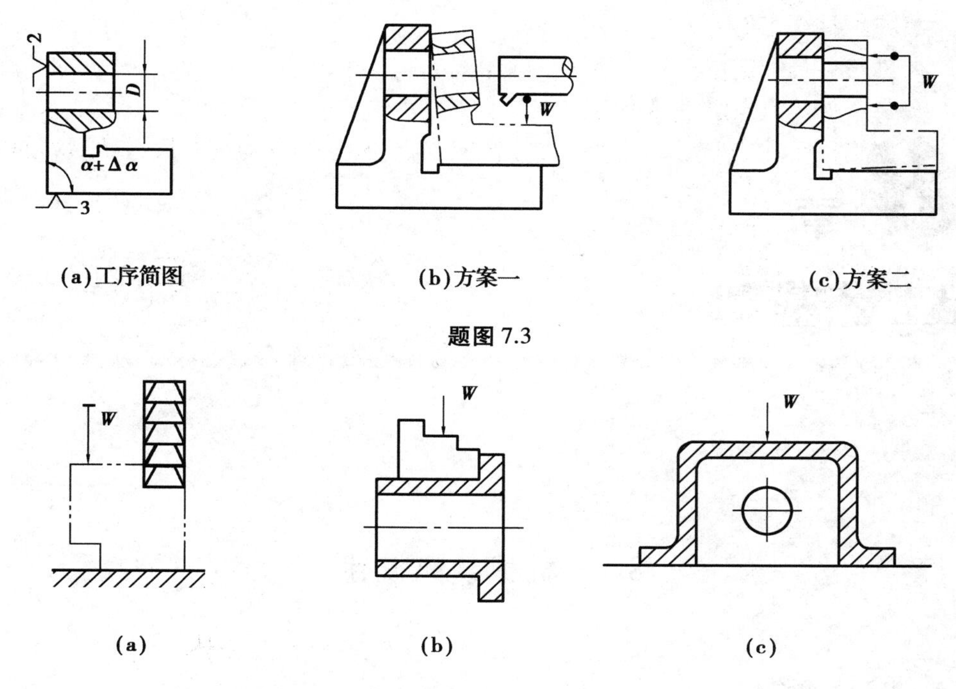

(a)工序简图　　(b)方案一　　(c)方案二

题图 7.3

(a)　　(b)　　(c)

题图 7.4

7.10　如题图 7.5 所示，欲在外圆尺寸为 $\phi40^{0}_{-0.08}$ mm 的工件上钻一小孔 O，孔 O 的中心线在外圆的轴截面内，要求保证尺寸 $l=35^{0}_{-0.05}$ mm，现采用如图所示的三种定位方案。试计算每种定位方案的定位误差。已知 V 形块夹角 $\alpha=90°$。

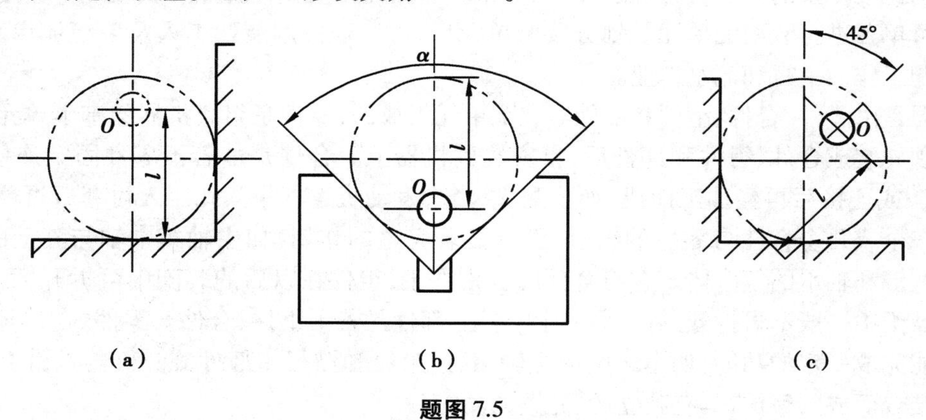

(a)　　(b)　　(c)

题图 7.5

7.11　专用钻床夹具有哪几种钻套？各有何特点？适用于何种场合？

7.12　镗床夹具上的镗套有哪两种类型？适用于何种情况？

7.13　铣床夹具对刀块如何实现其对刀作用？

第 8 章 装配工艺基础

8.1 机械装配概述

8.1.1 装配的概念

任何机器产品都是由许多零件和部件所组成。按照规定的技术要求,将若干个零件组合成组件,并进一步结合成部件以至整台机器的装配过程,分别叫组装、部装和总装。

结构比较复杂的产品,为保证装配质量和效率,根据产品结构特点,从装配工艺角度将其分解为可单独进行装配的单元。划分装配单元后,可合理使用装配工人及装配地点,且便于组织装配工作的平行和流水作业。

机器是由零件、合件、组件和部件等装配单元组成的,零件是组成机器的基本单元。零件一般都预先装成合件、组件和部件后,再安装到机器上。合件是由若干零件固定连接(铆或焊)而成,或连接后再经加工而成,如装配式齿轮,发动机连杆小头孔压入衬套后再精镗。组件是指一个或几个合件与零件的组合,没有显著完整的作用,如主轴箱中轴与其上的齿轮、套、垫片、键和轴承的组合体。它与合件的区别在于,组件在以后的装配中可拆开,而合件在以后的装配中一般不再拆开,可作为一个零件。部件是若干组件、合件及零件的组合体,并在机器中能完成一定的功能,如车床中的主轴箱、进给箱和溜板箱部件等。机器是由上述各装配单元结合而成的整体,具有独立的、完整的功能。

机器的装配是整个机器制造过程中的最后一个阶段,它包括装配、调整、检验和试验等工作。通过装配,最后保证产品的质量要求。它是对机器设计和零件加工质量的一次总检验,能够发现设计和加工中存在的问题,从而加以不断改进。

8.1.2 装配精度

机器的质量,是以机器的装配精度、工作性能、使用效果和寿命等综合指标来评定的。机器的质量主要取决于机器结构设计的正确性、零件的加工质量(包括材料和热处理)以及机器的装配精度。

对于一般机器,装配精度是为了保证机器、部件和组件的良好工作性能;对于机床,装配精度则还将直接影响到被加工零件的精度,故其重要性更为突出。

正确地规定机器、部件和组件等的装配精度要求,是产品设计的一个重要环节。装配的精度要求既影响产品的质量,又影响产品制造的经济性。因而它是确定零件精度要求和制订装配工艺措施的一个重要依据。

产品装配精度包括:

(1)方向、位置和跳动精度

方向、位置和跳动精度指相关零部件间的平行度、垂直度、同轴度、各种跳动及距离尺寸精度等。

(2)相对运动精度

相对运动精度指有相对运动的零部件间在运动方向和相对速度上的精度。如普通车床溜板在导轨上移动的直线度、尾座移动对溜板移动的平行度、溜板移动对主轴中心线的平行度等。相对速度上的精度即传动精度。如滚齿机滚刀主轴与工作台的相对运动、车床加工螺纹时主轴与刀架移动的相对运动等,在速度比上均有严格的精度要求。

(3)配合质量及接触质量

配合质量是指零件配合表面间实际的间隙或过盈量达到要求的程度。接触质量即接触精度,是指实际接触面积的大小和接触点分布情况与规定数值的符合程度。可以通过涂色检验法来检查。它既影响接触面刚度,又影响配合质量。

机器是由零件装配而成,因而零件的有关精度直接影响到相应的装配精度。例如,普通车床的装配精度中有一项尾座移动相对溜板移动的平行度要求,它主要取决于溜板用导轨与尾座用导轨之间的平行度,如图8.1所示。

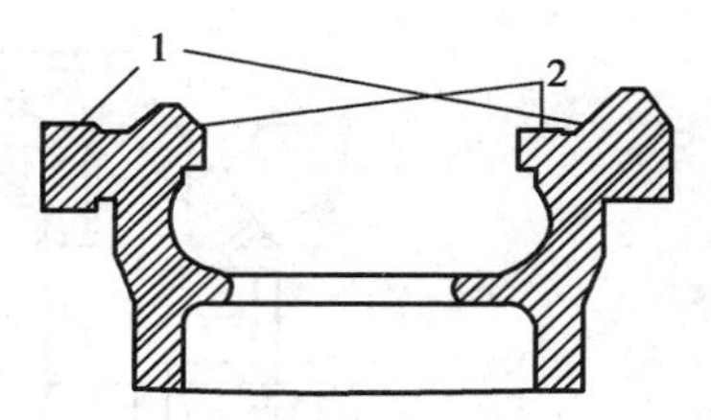

图8.1　车床导轨截面图

1—溜板用导轨;2—尾座用导轨

但是,如果装配精度要求较高,或组成部件的零件较多,装配精度完全由有关零件的制造精度来保证,将导致成本增加,有时甚至无法加工。此时往往需要对有关零件进行必要的调整、修配或选择装配。这样既能满足装配精度要求,又不至于增加成本。例如,尾座移动相对溜板移动的平行度要求,装配中一般是对溜板及尾座底板进行配制或配磨来解决。

综上所述,产品装配精度与零件加工精度有直接关系,但并不完全取决于零件的加工精度,要想合理地保证装配精度,应从产品结构设计、零件加工和装配方法等几方面综合考虑。

8.2　装配尺寸链

8.2.1　装配尺寸链的定义和形式

装配尺寸链与工艺尺寸链有所不同。工艺尺寸链由一个零件上有关尺寸组成,主要解决零件加工精度问题;而装配尺寸链是以某项装配精度指标(或装配要求)作为封闭环,查找所有与该项精度指标(或装配要求)有关零件的尺寸(或位置要求)作为组成环而形成的尺寸链。由有关多个零件上的尺寸组成,有时两个零件之间的间隙也构成组成环,装配尺寸链主要解决装配精度问题。

装配尺寸链和工艺尺寸链都是尺寸链,有共同的形式、计算方法和解题类型。

装配尺寸链可以按各环的几何特征和所处空间位置分为长度尺寸链、角度尺寸链、平面尺寸链及空间尺寸链。

8.2.2 装配尺寸链的建立

装配尺寸链的建立就是在装配图上,根据装配精度的要求,找出与该项精度有关的零件及其有关尺寸,最后画出相应的尺寸链线图。通常称与该项精度有关的零件为相关零件,零件上有关尺寸称为相关尺寸。装配尺寸链的建立是解决装配精度问题的第一步,只有当所建立起来的尺寸链正确时,求解尺寸链才有意义。因此在装配尺寸链中,如何正确地建立尺寸链,是一个十分重要的问题。

下面从长度尺寸链来阐述装配尺寸链的建立。

装配尺寸链的建立可以分为三个步骤:确定封闭环、查找组成环和画出尺寸链图。现以图 8.2 所示的传动箱中传动轴的轴向装配尺寸链为例进行说明。

图 8.2(a)所示的某减速器的齿轮轴组件装配示意图。齿轮轴 1 在左右两个滑动轴承 2 和 5 中转动,两轴承又分别压入左、右箱体 3、4 的孔内,为避免轴端和齿轮端面与滑动轴承端面的摩擦,装配精度要求是齿轮轴台肩和轴承端面间的轴向间隙为 0.2~0.7 mm。试建立以轴向间隙为装配精度的尺寸链。

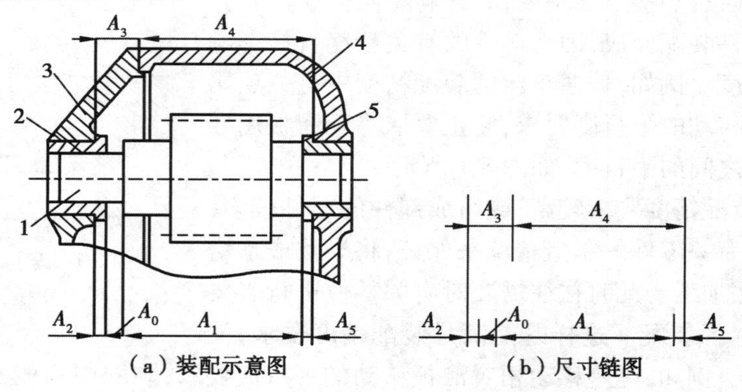

(a)装配示意图　(b)尺寸链图

图 8.2　齿轮轴组件的装配示意图及其尺寸链

(1)确定封闭环

装配尺寸链的封闭环时装配精度要求 A_0=0.2~0.7 mm。

(2)查找组成环

装配尺寸链的组成环是相关零件的相关尺寸。

本例中的相关零件是齿轮轴 1、左滑动轴承 2、左箱体 3、右箱体 4 和右滑动轴承 5。确定相关零件以后,应遵守“尺寸链环数最少”原则,确定相关尺寸,在例中的相关尺寸是 A_1、A_2、A_3、A_4 和 A_5,它们是以 A_0 为封闭环的装配尺寸链中的组成环。

请注意,“尺寸链环数最少”是建立装配尺寸链时遵循的一个重要原则,它要求装配尺寸链中所包括的组成环数目为最少,以便于保证装配精度。

(3)画出尺寸链图,并确定组成环的性质

将封闭环和所找到的组成环连接起来画出尺寸链图,如图 8.2(b)所示。其中:A_1、A_2 和

A_5 是减环，A_3 和 A_4 是增环。

8.2.3　装配尺寸链的计算方法

装配尺寸链的计算方法同工艺尺寸链相同，有极值法和概率法两种，这里不再赘述。

8.3　保证装配精度的方法

任何机械产品，要达到装配精度要求，除了与组成产品的零件加工精度有关外，还在一定程度上依赖于装配的工艺方法。保证装配精度的方法，可归纳为四种，即互换法、分组法、修配法和调整法。

8.3.1　互换法

零件加工完毕经检验合格后，在装配时不经任何调整和修配就可以达到要求的装配精度，这种方法就是互换法。根据机械产品的生产纲领、结构性能和精度要求，又可将互换法分为完全互换法、不完全互换法（部分互换法或大数互换法）。

（1）完全互换法

完全互换法就是机器在装配过程中每个待装配零件不需要挑选、修配和调整，装配后就能达到装配精度要求的一种方法，这种方法是用控制零件的制造精度来保证机器的装配精度。

完全互换法的装配尺寸链是按极值法来计算的。完全互换法的优点是装配过程简单，生产效率高；对工人的技术水平要求不高；便于组织流水作业及实现自动化装配；容易实现零部件的专业协作；便于备件供应及维修工作等。

因为有这些优点，因此只要能满足零件经济精度要求，无论何种生产类型都应首先考虑采用完全互换法装配。但是在装配精度要求较高，尤其是组成零件的数目较多时，就会导致零件的加工精度要求过高，因此考虑采用不完全互换法。

（2）不完全互换法

不完全互换法又称部分互换法或大数互换法。当机器的装配精度较高，组成环零件的数目较多，用极值法（完全互换法）计算各组成环的公差，结果势必很小，难以满足零件的经济加工精度的要求，甚至很难加工。因此，在大批大量的生产条件下采用概率法（统计公差）计算装配尺寸链，用不完全互换法保证机器的装配精度。

与完全互换法相比，采用不完全互换法装配时，零件的加工误差可以放大一些。使零件加工容易，成本低，同时也达到部分互换的目的。其缺点是将会出现极少数产品的装配精度超差。这就需要考虑补救措施，或者事先进行经济核算来论证可能产生的废品而造成的损失小于因零件制造公差放大而得到的增益。

8.3.2　分组法

分组法又称分组互换法或选择装配法。

当封闭环的精度要求很高，用完全互换法和不完全互换法来解时，组成环的公差非常小，

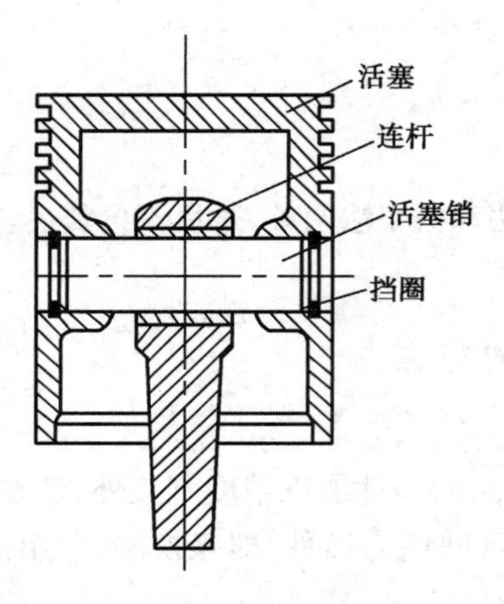

图 8.3 活塞、活塞销和连杆组装图

使加工十分困难甚至不可能,同时也不经济。这时可将全部组成环的公差扩大 3~6 倍,使组成环能够按经济公差加工,然后再将各组成环按原公差大小分组,并按相应组进行装配,这就是分组法。

采用分组法时,必须保证原来的配合精度和配合性质的要求,否则就没有意义,因此一般多是各组成环的公差相等,如果各组成环的公差不等,则分组互换装配时,配合精度不变,而各尺寸组的配合性质将不同。

如图 8.3 所示,连杆小头孔和活塞销的配合要求精度很高,活塞销的直径为 $\phi\ 25_{-0.005\ 0}^{-0.002\ 5}$ mm,连杆小头孔的直径为 $\phi\ 25_{0}^{+0.002\ 5}$ mm,配合间隙要求为 0.002 5~0.007 5 mm,因此生产上多采用分组互换法,将活塞销的直径公差增大四倍,为 $\phi 25_{-0.012\ 5}^{-0.002\ 5}$ mm,连杆小头孔的直径公差也增大四倍,为 $\phi 25_{-0.007\ 5}^{+0.002\ 5}$ mm,再进行分四个组按组装配,就可保证配合精度和性质,如表 8.1 所示。为了避免在装配时出错,在各组零件上标志不同颜色。

表 8.1 活塞销和连杆小头孔的分组互换装配

组 别	标志颜色	活塞销直径/mm	连杆小头孔直径/mm	配合性质	
				最大间隙/mm	最小间隙/mm
1	白	$\phi\ 25_{-0.005\ 0}^{-0.002\ 5}$ mm	$\phi\ 25_{0}^{+0.002\ 5}$ mm	0.007 5	0.002 5
2	绿	$\phi\ 25_{-0.007\ 5}^{-0.005\ 0}$ mm	$\phi\ 25_{-0.002\ 5}^{0}$ mm		
3	黄	$\phi\ 25_{-0.010\ 0}^{-0.007\ 5}$ mm	$\phi\ 25_{-0.005\ 0}^{-0.002\ 5}$ mm		
4	红	$\phi\ 25_{-0.012\ 5}^{-0.010\ 0}$ mm	$\phi\ 25_{-0.007\ 5}^{-0.005\ 0}$ mm		

由表 8.1 可知各组的配合精度和配合性质均与原来相同。

分组法中选定的分组数不宜太多,否则会造成零件的尺寸测量、分类、保管、运输等装配组织工作复杂。分组数只要使零件能达到经济精度就可以了。

采用分组法时,各组成环的尺寸分布曲线都是正态的,才能使装配时得以配套,否则将造成零件积压。图 8.4 所示为各组尺寸分布不对应的情况。

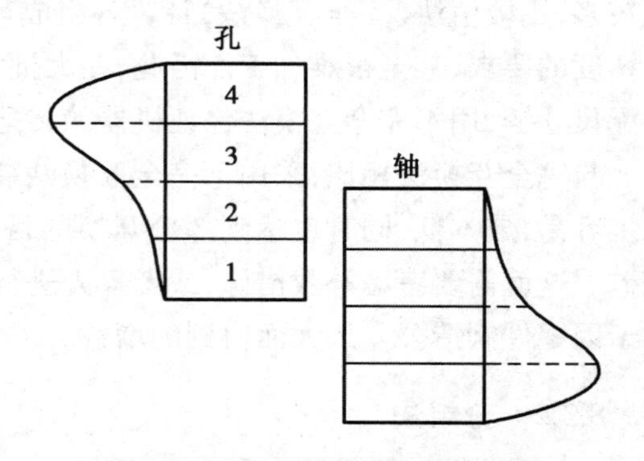

图 8.4 分组互换中各组尺寸分布不对应的情况

通常分组法多用于封闭环精度要求很高的短环尺寸链，一般组成环为 2~3 个，在汽车、拖拉机、轴承等制造中可以见到，其应用范围较窄。

8.3.3 修配法

在封闭环精度要求较高的长环尺寸链中，用互换法来装配，会增加机械加工的难度，同时提高了成本。另外，在单件小批或中批生产中，由于产量不大，也不必用互换法来装配。这时可采用修配法来装配，即先将各组成环的尺寸按可能的经济公差制造，选定一个组成环为修配环，在装配时用修配该环的尺寸来满足封闭环的要求。

图 8.5 所示是一台普通车床的前后顶尖等高的装配尺寸链，它是一个多环尺寸链，在生产中简化为一个四环尺寸链，已知 $A_0 = 0^{+0.06}_{+0.03}$ mm，只允许后顶尖比前顶尖高，$A_1 = 160$ mm，$A_2 = 30$ mm，$A_3 = 130$ mm，若用完全互换法和大数互换法来求解，零部件的加工精度都难以保证，由于机床多为小批生产，故多用修配法来装配。

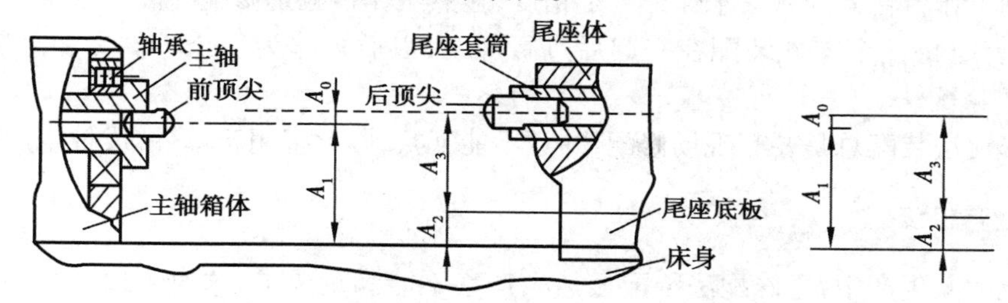

图 8.5 普通车床前后顶尖等高装配尺寸链

用修配法来装配时，有组成环尺寸公差的确定、修配环的选择、修配环公称尺寸的确定和修配量的计算等几个问题，现结合图 8.5 所示的装配尺寸链来说明。

(1) 选择修配环

主要从装配时便于修配来考虑，显然，在这些组成环中，尾座底板最便于在装配时修配加工，故选 A_2 为修配环。

(2) 确定组成环的公差

各组成环按经济精度确定公差如下 $A'_1 = 160 \pm 0.1$ mm、$A'_2 = 30^{+0.2}_{0}$ mm、$A'_3 = 130 \pm 0.1$ mm。

(3) 确定修配环的公称尺寸

用修配法装配时，当修配环为被包容件时，其尺寸只能是逐渐修小而不能变大；当修配环为包容件时，其尺寸只能是逐渐修大而不能变小，因此就要计算其公称尺寸，以保证修配量。

根据所确定的各组成环公差，用极值法求出这时封闭环的公差，可得

$$A'_0 = 30^{+0.4}_{-0.2} \text{ mm}$$

而原来封闭环要求 $A_0 = 30^{+0.06}_{+0.03}$ mm，可见这时封闭环的上极限偏差大于原封闭环的上极限偏差，但由于修配环 A_2 是增环，修配(减小)它的尺寸就可以满足原封闭环的要求。

但是这时封闭环的下极限偏差小于原封闭环的下极限偏差，当 A_0在装配中出现的值小于 0.03 mm 时，由于修配环是增环，将产生不能修配的情况。因此必须事先增大修配环的公称尺寸，使封闭环的下极限偏差大于原封闭环的下极限偏差，可见需要增大(0.2+0.03) mm = 0.23 mm，这样修配环 A_2 的尺寸应为 $A''_2 = A'_2 + 0.23 \text{ mm} = 30.23^{+0.2}_{0}$ mm。

(4)修配量的计算

根据改变后的修配环尺寸,重新用极值法计算这时的封闭环尺寸,可得 $A_0''=0_{+0.03}^{+0.63}$ mm,与原封闭环尺寸 $A_0=0_{+0.03}^{+0.06}$ mm 比较,可知:

$$\text{最大修配量为}(0.63-0.06)\text{mm}=0.57\text{ mm}$$

$$\text{最小修配量为}(0.03-0.03)\text{mm}=0\text{ mm}$$

考虑在车床装配时,为提高接触刚度,尾座底板必须经过刮研,因此需留有一定的刮研量,按生产经验最小刮研量为 0.10 mm,这时应将修配环 A_2 的公称尺寸再增加 0.10 mm,则

$$A_2'''=A_2''+0.10\text{ mm}=30.33_{\ 0}^{+0.2}=30_{+0.33}^{+0.53}\text{ mm}$$

值得提出的是在机床制造业中,常常利用机床本身有切削加工的能力,在修配中,用自己加工自己的方法进行修配,以保证装配精度要求,这就是"就地加工"修配法。例如在牛头刨床和龙门刨床装配工作中,为保证工作台台面与牛头滑枕滑动导轨、龙门车身导轨的平行度,多采用自刨工作台台面的方法来保证装配精度,显然工作台就是修配环。

另外,有时将几个零件装配在一起后进行加工,以后再作为一个零件参加总装,这就是"合并加工"修配法。

由于修配法装配总是要有现场修配,并且不能互换,因此多用于单件、成批生产中。

8.3.4 调整法

在大批大量生产中,用修配法装配显然生产率不能满足要求,这时可以更换不同尺寸的某一组成环来调整封闭环的尺寸,以满足装配精度要求,称为固定调整法;也可以调整某一组成环的位置来达到装配精度要求称为可动调整法。这两种方法统称为调整法,而所选的该组成环称为调整环。

1)固定调整法　在装配尺寸链中,选择某一组成环为调节环(补偿环),该环是按一定尺寸间隙分级制造的一套专用零件(如垫圈、垫片或轴套等)。产品装配时,根据各组成环所形成累积误差的大小,通过更换调节件来实现调节环实际尺寸的方法,以保证装配精度,这种方法即固定调节法。

图 8.6 所示的车床主轴大齿轮的装配中,加入一个厚度为 A_k 的调节垫就是加入一个零件作为调节环的实例。待 A_1、A_2、A_3、A_4装配后,现测其轴向间隙值,然后去掉 A_4,选择一个适当厚度的 A_k装入,再重新装上 A_4,即可保证所需的装配精度。

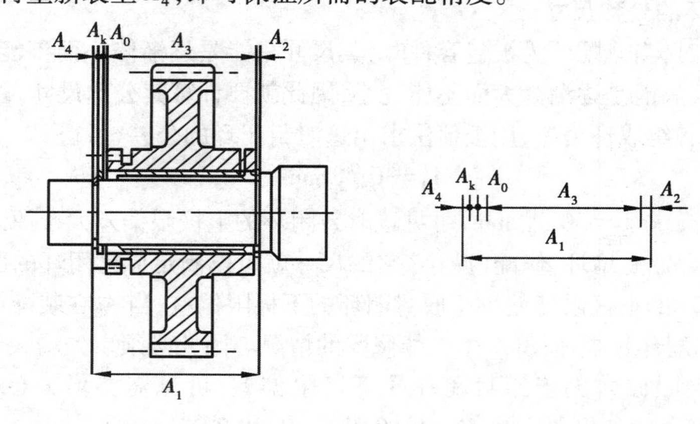

图 8.6　固定调整装配法

2)可动调整法　用改变调整件位置来满足装配精度的方法,叫做可动调整装配法。调整过程中不需要拆卸零件,比较方便。

在机械制造中使用可动调整装配法的例子很多。如图 8.7(a)所示,是调整滚动轴承间隙或过盈的结构,可保证轴承既有足够的刚度又不至于过分发热。如图 8.7(b)所示,是用调螺钉通过垫片来保证车床溜板和车身导轨之间的间隙。如图 8.7(c)所示,是通过转动调整螺钉,使斜楔块上下移动来保证螺母与丝杆之间的合理间隙。

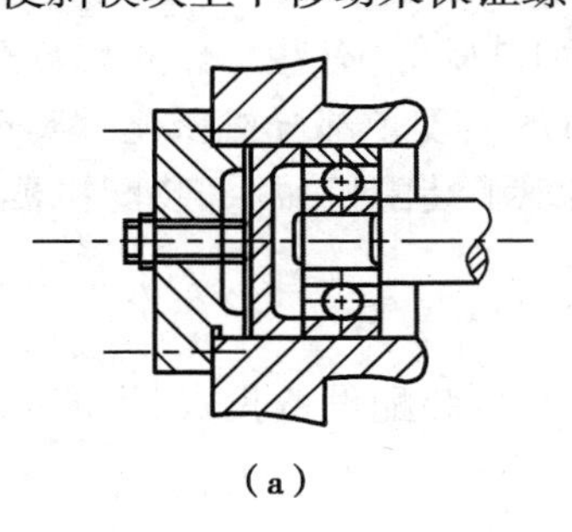
(a)

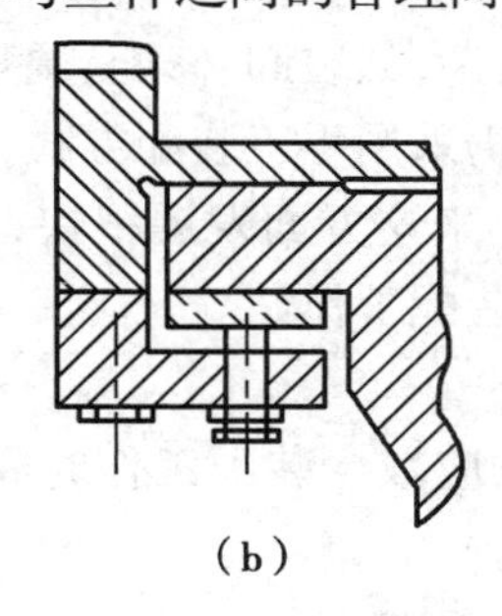
(b)

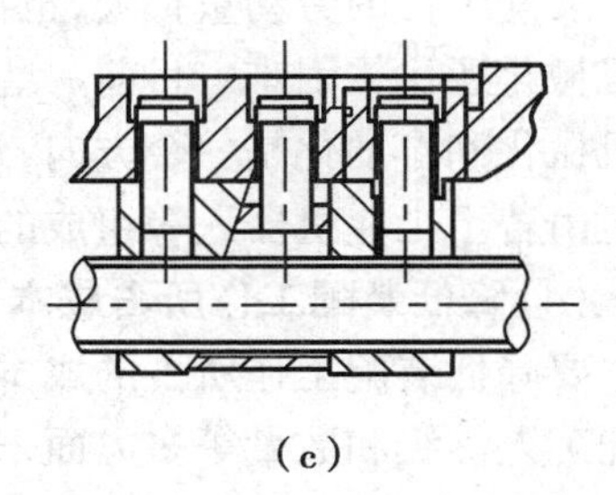
(c)

图 8.7　可动调整法

可动调整法不但调整方便,能获得比较高的精度,而且可以补偿由于磨损和变形等所引起的误差,使设备恢复原有精度。所以在一些传动机构或易磨损机构中常用可动调整法,但是,可动调整法中因可动调整件的出现,削弱了机构的刚性,因而在刚性要求较高或机构比较紧凑,无法安排可动调整件时,就必须采用其他的调整法。

在选择装配方法时,先要了解各种装配方法的特点及应用范围。一般来说,应优先选用完全互换法;在生产批量较大,组成环又较多时,应考虑采用不完全互换法;在封闭环的精度较高,组成环数较少时,可以采用选配法;只有在应用上述方法使零件加工困难或不经济时,特别是在中小批生产时,尤其是单件生产时才宜采用修配法或调整法。

8.4　装配工艺规程的制订

8.4.1　制订装配工艺规程的原则

装配工艺规程就是用文件的形式将装配的内容、顺序、检验等规定下来,成为指导装配工作和处理装配工作中所发生问题的依据。它对装配质量的保证、生产率和成本的分析、装配工作中的经验总结等都有积极的作用。当前,大批大量生产的工厂大多有装配工艺规程,而单件小批生产的工厂所制订的装配工艺规程则比较简单,甚至没有装配工艺规程。

在制订装配工艺规程时应考虑以下几个原则:

(1)保证产品的质量

产品的质量最终是由装配保证的,即使是全部零件都合格,但由于装配不当,也可能装出不合格的产品。因此,装配一方面能反映产品设计和零件加工中的问题,另一方面,装配本身应确保产品质量,例如滚动轴承装配不当就会影响机器的回转精度。

(2)满足装配周期的要求

装配周期就是完成装配工作所给定的时间,它是根据产品的生产纲领来计算的,即所要求的生产率。在大批大量生产中，多用流水线来进行装配，装配周期的要求由生产节拍来满足。例如，年产 150 00 辆汽车的装配流水线，其生产节拍为 9 min（按每天一班 8 h 工作制计算），它表示每隔九分钟就要装配出一辆汽车，当然这要由许多装配工位的流水作业来完成，装配工位数与生产节拍有密切关系。在单件小批生产中和成批生产中，多用年产量和月产量来表示装配周期。

（3）减少手工装配劳动量

装配工作的劳动量很大，也比较复杂，如装卸、修配、调整和试验等，有些工作实现自动化和机械化还比较困难。目前一些工厂仍采用手工装配方式，有的实现了部分机械化。实现装配机械化和自动化是一个方向，近些年来这方面发展很快，出现了装配机械手、装配机器人，甚至由若干工业机器人等组成的柔性装配工作站。

（4）降低装配工作所占成本

要降低装配工作所占的成本，首先应减少装配工作时间，并从装配设备投资、生产面积、装配工人等级和数量等多方面来考虑。

8.4.2　制订装配工艺规程的原始资料

（1）产品图纸和技术性能要求

产品图纸包括全套总装图、部装图和零件图，从产品图纸可以了解产品的全部尺寸、结构、配合性质、精度、材料和重量等，从而可以制订装配顺序、装配方法和检验项目，设计所需的装配工具，购置相应的起吊工具和检验、运输等设备。

技术性能要求是指产品的精度、运动行程范围、检验项目、试验及验收等。其中精度一般包括机器几何精度、部件之间的位置精度、零件之间的配合精度和传动精度等。而试验一般包括性能试验、温升试验、寿命试验和安全考核试验等。可见技术性能要求与装配工艺有密切关系。

（2）生产纲领

生产纲领就是年产量，它是制订装配工艺和选择装配生产组织形式的重要依据。

对于大批大量生产，可以采用流水线和自动装配线的生产方式，这些专用生产线有严格的生产节奏，被装配的产品或部件在生产线上按生产节拍连续移动或断续移动，在进行的过程中或停止的装配工位上进行装配，组织十分严密。装配过程中，可以采用专用装配工具及设备。如汽车制造，轴承制造的装配生产就是采用流水线和自动装配线的生产方式。

对于单件小批生产的产品，多采用固定生产地的装配方式，产品固定在一块生产地上装配完毕，试验后再转到下一工序。如机床制造的装配生产就是这样。

（3）生产条件

在制订装配工艺规程时，要考虑工厂现有的生产条件和技术，如装配车间的生产面积、装配工具和装配设备、装配工人的技术水平等，使所制订的装配工艺能够切合实际，符合生产要求，这是十分重要的。对于新建厂，要注意调查研究，设计出符合生产实际的装配工艺。

8.4.3　装配工艺规程的内容及制订步骤

（1）产品图纸分析

从产品的总装图、部装图和零件图了解产品结构和技术要求，审查结构的装配工艺性，研究装配方法,并划分装配单元。

(2)确定生产组织形式

根据生产纲领和产品结构确定生产组织形式。装配生产组织形式可分为移动式和固定式两类,而移动式又可分为强迫节奏和自由节奏两种。如图8.8所示。

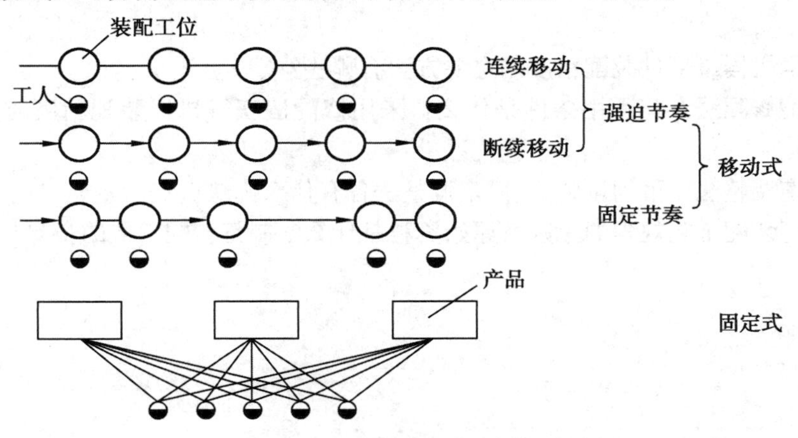

图8.8　各种装配生产组织形式

移动式装配流水线工作时产品在装配线上移动,有强迫节奏和自由节奏两种,前者节奏是固定的,又可分为连续移动和断续移动两种方式,各工位的装配工作必须在规定的节奏时间内完成,进行节拍性的流水生产,装配中如出现装配不上或不能在节奏时间内完成装配工作等问题,则立即将装配对象调至线外处理,以保证流水线的畅通,避免产生堵塞。连续移动装配时,装配线作连续缓慢的移动,工人在装配时随装配线走动,一个工位的装配工作完毕后,工人立即返回原地。断续移动装配时,装配线在工人进行装配时不动,到规定时间,装配线带者被装配的对象移动到下一工位,工人在原地不走动。移动式装配流水线多用于大批大量生产,如汽车、拖拉机和发动机等的装配中多采用强迫节奏的移动式装配线。

固定式装配即产品固定在一个工作地上进行装配,它可以组织流水作业,由若干工人按装配顺序分工装配,这种方式多用于机床、汽轮机等成批生产中。

(3)装配顺序的决定

在划分装配单元的基础上,决定装配顺序是制订装配工艺规程中最重要的工作,它是根据产品结构及装配方法划分出合件、组件和部件,划分的原则是先难后易、先内后外、先下后上,最后画出装配系统图。

(4)合理装配方法的选择

装配方法的选择主要是根据生产纲领、产品结构及其精度要求等确定。大批大量生产多采用机械化、自动化的装配手段;单件小批生产多采用手工装配。大批大量生产多采用互换法、分组法和调整法等来达到装配精度的要求;而单件小批生产多采用修配法来达到要求的装配精度。某些要求很高的装配精度在目前的生产技术条件下,仍靠高级技工手工操作及经验来得到。

(5)编制装配工艺文件

装配工艺文件主要有装配工艺过程卡片、装配主要工序卡片、检验和试车卡片等。装配工艺过程卡片有装配工序、装配工艺装备和工时定额等。简单的装配工艺过程有时可用装配

(工艺)系统图代替。

习题与思考题

8.1　保证机器或部件装配精度的主要方法有哪些?

8.2　何谓修配法?其适用条件是什么?采用修配法获得机器装配精度时,选取修配环的原则是什么?

8.3　何谓调整法?可动调整法、固定调整法各有什么优缺点?

8.4　制订装配工艺规程的原则及原始资料是什么?制订装配工艺的步骤是什么?

第 9 章 先进制造技术与制造模式

9.1 概　述

随着现代科学技术的发展与交叉融合,对制造技术提出了很多新的要求,也给予了强大的支持。因此,涌现了许多先进的制造技术。自动化制造系统、高速切削以及一些先进制造模式等近年来都有了长足的发展。本章将对这些先进制造技术作简单的介绍。

9.1.1 先进制造技术的定义与特点

先进制造技术是制造业不断吸收信息技术和现代管理技术的成果,并将其综合应用于产品设计、加工、检测、管理、销售、使用、服务乃至回收的制造全过程,以实现优质、高效、低耗、清洁、灵活生产,提高对动态多变的市场的适应能力和竞争能力的制造技术的总称。其特点主要体现在以下几个方面:

(1)实用性

先进制造技术最重要的特点在于:它首先是一项面向工业应用,具有很强实用性的新技术。从其应用于制造全过程的范围,特别是达到的目标与效果,无不反映这是一项应用于制造业,对制造业、对国民经济的发展可以起重大作用的实用技术。

先进制造技术的发展往往是针对某一具体的制造业(如汽车制造、电子工业)的需求而发展起来的先进、适用的制造技术,有明确的需求导向的特征。

先进制造技术不是以追求技术的高新为目的,而是注重产生最好的实践效果,以提高效益为中心,以提高企业的竞争力和促进国家经济增长和综合实力为目标。

(2)广泛性

先进制造技术相对传统制造技术在应用范围上的一个很大不同点在于,传统制造技术通常只是指各种将原材料变成成品的加工工艺,而先进制造技术虽然仍大量应用于加工和装配过程,但由于其组成中包括了设计技术、自动化技术、系统管理技术,因而则将其综合应用于制造的全过程,覆盖了产品设计、生产准备、加工与装配、销售使用、维修服务甚至回收再生的整个过程。

(3)动态性

由于先进制造技术本身是在针对一定的应用目标,不断地吸收各种高新技术逐渐形成、不断发展的新技术,因而其内涵不是绝对的和一成不变的。反映在不同的时期,先进制造技术有其自身的特点;也反映在不同的国家和地区,先进制造技术有其本身重点发展的目标和内容,通过重点内容的发展以实现这个国家和地区制造技术的跨越式发展。

(4)集成性

传统制造技术的学科、专业单一独立,相互间的界限分明;先进制造技术由于专业和学科间的不断渗透、交叉、融合,界线逐渐淡化甚至消失,技术趋于系统化、集成化、已发展成为集机械、电子、信息、材料和管理技术为一体的新型交叉学科。因此可以称其为"制造工程"。

(5)系统性

传统制造技术一般只能驾驭生产过程中的物质流和能量流。随着微电子、信息技术的引入,使先进制造技术还能驾驭信息生成、采集、传递、反馈、调整的信息流动过程。先进制造技术是可以驾驭生产过程的物质流、能量流和信息流的系统工程。

(6)多目标性

先进制造技术的核心是优质、高效、低耗、清洁等基础制造技术,它是从传统的制造工艺发展起来的,并与新技术实现了局部或系统集成,其重要的特征是实现优质、高效、低耗、清洁、灵活的生产。

9.1.2 先进制造技术的发展趋势

在21世纪,随着电子、信息等高新技术的不断发展,随着市场需求个性化与多样化,未来先进制造技术发展的总趋势是向集成化、精密化、智能化、网络化、信息化、自动化、柔性化、数字化、虚拟化、极端化、精密化和清洁化的方向发展。

(1)集成化

集成化主要包括3个方面的内容:首先是现代技术集成,如机电一体化;其次是加工技术的集成,如激光加工、高能束加工、电加工等;最后就是企业的集成,如并行工程、敏捷制造、精益生产和CIMS等。

(2)智能化

智能化制造作为一种模式,集自动化、集成化和智能化于一身,并不断地向纵深发展。其具有高技术含量和高技术水平,是一种由智能机器和人类专家共同组成的人机一体化系统。

(3)网络化

网络化是先进制造技术发展的必由之路。电子商务目前已经得到实际应用,网络化制造正在成为制造自动化技术的研究热点。

(4)信息化

全球工业发达的国家制造业的发展在很大程度上得益于信息化技术广泛和深入的应用。信息化就是将传感技术、计算机技术、软件技术等融入制造业中,实现产品的信息化与数字化,这样不仅可提高产品的性能,还可使之具有一定的智能,从而满足市场日益增长的个性化和多样化的需求。在经济全球化的格局下,基于全球网络化制造的虚拟企业生产方式促进了现代管理理论的发展和创新,全球正在兴起"管理信息化"的浪潮。

(5)自动化

自动化是为了减轻、强化、延伸、取代人的有关劳动的技术或手段。自动化总是伴随着有关的机械或工具来实现。可以说,机械是一切技术的载体,也是自动化技术的载体。第一次工业革命以机械化形式的自动化来减轻、延伸或取代人的有关体力劳动,第二次工业革命即电气化进一步促进了自动化的发展,自动化已成为先进制造技术发展的前提条件。

(6)柔性化

制造自动化系统从刚性自动化发展到可编程自动化,再发展到综合自动化,系统的柔性程度越来越高。模块化技术是提高制造自动化系统柔性的重要策略和方法。

(7)数字化

数字化用于制造业可包括数字化制造技术与数字化产品两部分。将数字化技术用于支持产品全生命周期的制造活动和企业的全局优化运作就是数字化制造技术,将数字化技术注入工业产品就形成了数字化产品。数字化技术将实现CAD/CAM/CAE/CAPP的一体化,使制造业向无图纸制造方向发展。例如,设计的产品由CAD软件完成造型后,图形数据经校核后可直接传送给数控机床完成加工。这就实现了无图纸加工,可极大地缩小产品研发的周期和成本。

(8)虚拟化

虚拟制造技术是在一个统一模型之下对设计和制造等过程进行集成的,它将与产品制造相关的各种过程与技术集成在三维动态的仿真真实过程的实体数字模型之上。虚拟化可显著降低由于前期设计给后期制造带来的重复,达到产品的开发周期和成本最小化、产品设计质量的最优化和生产效率的最大化。

(9)极端化

极端化是指在极端条件下工作,制造极端尺度或极高功能的器件或有极端要求的产品,如在高温、高压、高湿、强磁场、强腐蚀等条件下工作,或有高硬度、大弹性等要求,或在几何形体上极大、极小、极厚、极薄、形状复杂等。

(10)精密化和微型化

精密加工、超精密加工技术、微型机械是现代化机械制造技术发展的方向之一。精密和超精密加工技术包括精密和超精密切削加工、磨削加工、研磨加工以及特种加工和复合加工(如机械化学研磨、超声磨削和电解抛光等)三大领域。超精密加工技术已向纳米技术发展。

(11)清洁化

20世纪90年代,国际上提出了绿色制造,又称清洁生产和面向环境的制造。目前,世界各国在绿色产品设计、绿色洁净生产、废旧产品的回收利用和再制造等方面都开展了大量研究和开发工作,并取得了初步成果。德国制定了《产品回收法规》,日本等国提出了减少、再利用及再生的3R(Reduce, Reuse, Recycle)战略,美国提出了再制造(Remanufacturing)及无废弃物制造(Waste-free Process)的新理念,欧盟颁布了《汽车材料回收法规》。

9.2　机械制造自动化技术

9.2.1　机械制造自动化的概念

自动化技术是当代先进制造业技术的重要组成部分,它是当前制造工程领域中涉及面比较宽、研究比较活跃的技术,已经成为制造行业获取优势市场竞争力的重要手段之一。目前,“自动化”已经从自动控制、自动调节、自动补偿和自动识别等发展到自我学习、自我组织、自我维护和自我修复等更高程度的自动化。制造自动化是指广义制造概念下的制造过程的所有环节采用自动化技术,实现制造全过程的自动化,也就是对制造过程进行规划、运作、管理、组织、控制与协调优化,以使产品制造过程实现高效、优质、低耗、及时和洁净的目标。

广义制造概念下的制造自动化技术的内涵主要体现在以下两个方面:

(1)制造技术的自动化

它包括产品设计自动化、企业管理自动化、加工过程自动化和质量控制过程自动化。产品设计自动化包括计算机辅助设计(CAD)、计算机辅助工艺设计(CAPP)、计算机辅助分析(CAE)、产品数据管理(PDM)和计算机辅助制造(CAM);企业管理自动化包括企业 MRP、MRPⅡ和 ERP 等;加工过程自动化包括各种计算机控制技术,如现场总线、NC、CNC、DNC、各种自动生产线、自动存储和运输、自动检测和监控设备等。质量控制自动化包括各种自动检测方法、手段和设备,计算机辅助质量统计分析方法、远程维修与服务等。

(2)制造系统的自动化

随着市场竞争日趋激烈,企业在谋取生存和发展的竞争环境下,只有尽量缩短产品的交货时间或尽量提早新产品的上市时间(T)、提高产品的质量(Q)、降低产品的成本(C)和提高服务水平(S),才能在竞争中取胜。因此 TQCS 就成为制造业自动化所追求的功能目标。TQCS 是对产品而言的,也就是在产品的全生命周期的各个阶段使 TQCS 都得到改善,产品的 TQCS 才能得到改善。例如,要想使新产品的上市时间缩短,只有压缩产品的设计、制造等各个阶段的时间才能实现。而采用单项制造技术的自动化达不到这个目的,于是人们从制造系统方面寻找出路,出现了许多新的制造系统,如计算机集成制造系统(CIMS)、网络化制造系统、敏捷制造等,随着新制造系统的出现,也就出现了新的制造模式。但这些新的制造系统的特点是都把制造系统作为一个整体来看待,用提高整个系统自动化的程度来改善 TQCS,这就是制造系统的自动化。它的突出特点是采用信息技术(Information Technology),实现产品全生命周期中的信息集成,即人、技术和管理三者的有效集成。

就制造自动化技术地位而言,制造自动化代表着先进制造技术的水平,促使制造业逐渐由劳动密集型产业向技术密集型和知识密集型产业转变,是制造业发展的重要表现和重要标志。制造自动化技术也体现了一个国家的科技水平。采用制造自动化技术可以有效改善劳动条件,提高劳动者的素质,显著提高劳动生产率,大幅度提高产品质量,促进产品更新,带动相关技术的发展,有效缩短生产周期,显著降低生产成本,提高经济效益,大大提高企业的市场竞争力。

9.2.2 计算机集成制造系统

(1)CIMS 的发展和概念

20 世纪 70 年代以来,随着电子信息技术、自动化技术的发展以及各种先进制造技术的进步,制造系统中许多以自动化为特征的单元技术得以广泛应用。如 CAD、CAPP、CAM、工业机器人、FMS、MRP Ⅱ 等单元技术的应用,为企业带来显著效益。然而,人们同时发现,如果局部发展这些自动化单元技术,会产生"自动化孤岛"现象。自动化孤岛具有较大封闭性,相互之间难以实现信息的传递与共享,从而降低系统运行的整体效率,甚至造成资源浪费。自动化单元如果能够实现信息集成,则各种生产要素之间的配置会得到更好的优化,各种生产要素的潜力可以得到更大的发挥,各种资源浪费可以减少,从而获得更好的整体效益。这正是计算机集成制造系统的出发点。

CIM(Computer Integrated Manufacturing,计算机集成制造)概念最早由美国约瑟夫·哈林顿(Joseph Harrington)博士于 1973 年在《Computer Integrated Manufacturing》一书中首先提出。其基本观点是:"企业生产的各个环节是一个不可分割的整体,从市场分析、产品设计、加工制造、经营管理到售后服务的全部生产活动要统一考虑。""整个制造过程实质上是一个数据采集、传递和加工处理的过程,最终形成的产品可看作是数据的物质表现。"这两个观点至今仍是 CIM 的核心部分,其实质内容是信息(数据)的集成。

CIM 概念自从提出以来,已被越来越多的人所接受,其概念与内涵得以不断丰富和发展,应用领域也已从典型的离散型机械制造业扩展到化工、冶金等连续或半连续制造业。CIMS(Computer Integrated Manufacturing System,计算机集成制造系统)则是基于 CIM 哲理而组成的现代制造系统。

(2)CIMS 的构成

一个制造企业通常具备设计、制造和经营管理 3 项主要功能,此外,由于产品质量对于一个制造企业的竞争和生存越来越重要,所以常常也把质量保证系统作为企业功能的主要方面之一。为了实现上述企业功能的信息集成,还需要一个由计算机网络、数据库所组成的信息集成支撑环境。

根据 CIMS 的技术构成和系统构成,CIMS 通常由经营管理与决策分系统、设计自动化分系统、制造自动化分系统、质量保证分系统以及由计算机通信网络子系统和数据库子系统组成的支撑分系统等部分有机组成,即 4 个功能分系统和一个支撑分系统。其中,经营管理与决策分系统的输入信息主要为市场信息,设计自动化分系统的输入信息为各种技术信息,而制造自动化分系统将原材料转换为产品。信息通过各个分系统的加工、处理和传递,在支撑分系统的支持下实现连续传递与共享,从而使整个制造系统处于一种协调、高效的运行状态。当然,并不是任何一个企业实施 CIMS 都必须实现这几个分系统,而应根据具体需求和条件,在 CIM 思想指导和总体规划下分步实施。以下介绍每一分系统的具体功能。

1)经营管理与决策分系统 经营管理与决策分系统是企业在管理领域中应用计算机系统的总称。CIMS 环境下的经营管理与决策分系统是指以 CIM 为指导思想并在其制造环境下实现经营管理与决策的系统。对一般离散制造系统如机械制造系统,通常以制造资源计划(Manufacturing Resource Planning,MRP Ⅱ)或物料需求计划(Material Requirement Planning,MRP)为核心,从制造资源出发,考虑企业进行经营决策的战略层、中短期生产计划编制的战术层以及车间作业计划与生产活动控制的操作层,其功能覆盖市场销售、物料供应、各级生产计划与控制、财务管理、成本、库存和技术管理等内容,是以经营生产计划、主生产计划、物料需求计划、能力需求计划、车间计划、车间调度与控制为主体形成的闭环一体化经营管理与决策系统。它在CIMS中相当于神经中枢,指挥与控制各个部分有条不紊地工作。

2)设计自动化分系统　设计自动化分系统是在产品开发过程中引入计算机技术而形成的系统,包括计算机辅助的产品概念设计、工程与结构分析、详细设计。工艺设计与数控编程等内容,通常被划分为CAD、CAPP、CAM、工程数据管理等子系统,子系统之间强调信息的连续流动和共享,即CAD/CAPP/CAM系统集成。设计自动化分系统的目的是使产品开发活动更高效优质地进行,同时通过与CIMS的其他分系统进行信息交换实现整个制造系统的信息集成。

3)制造自动化分系统　CIMS中的制造自动化分系统是CIMS环境下的制造设备、装置、工具、人员、相应信息以及相应的系统体系结构和组织管理模式所组成的系统。从CIMS的功能系统结构看,制造自动化分系统是CIMS中信息流和物料流的结合点,是CIMS最终产生效益的聚集地;从CIMS的信息流看,制造自动化分系统涉及产品的制造、装配检验等环节的信息处理和集成。制造自动化分系统一般包含5个子系统:制造设备子系统、物料运输与存储子系统、能量流子系统、制造信息子系统、制造过程生产计划调度与控制子系统。

4)质量保证分系统　质量保证分系统主要是采集、存储、评价与处理存在于设计、制造过程中与质量有关的信息,从而进行一系列的质量决策和控制,有效地保证质量并促进质量的提高。质量保证分系统包括质量监测与数据采集、质量评价、质量决策、质量控制与跟踪等功能。

5)支撑分系统　支撑分系统由数据库子系统和计算机通信网络子系统组成。

6)数据库子系统　数据库子系统是以数据库管理系统为核心,由与数据库有关的计算机硬件、软件、数据集合以及应用人员组成的为CIMS提供信息服务的系统。信息服务通常包括对数据的定义、组织、存放、查找、维护和传递等功能。数据库子系统是CIMS的信息管理和控制中心,具体执行各种制造信息的管理、传递和交换任务。

7)计算机通信网络子系统　计算机通信网络子系统为CIMS中信息的传递、交换和共享提供必要的信息通道及控制机制,是信息集成得以实现的载体。计算机通信网络子系统使整个制造系统实现资源共享,提高系统的可靠性,并且使各个分系统之间方便、及时地进行信息交流。

9.3　快速原形技术

快速原形技术(Rapid Prototyping Manufacturing, RPM)是在20世纪90年代发展起来的一种快速成形技术。它突破了传统的加工模式,不需要机械加工设备即可快速地制造出形状极为复杂的工件,被认为是近年来在制造技术领域的重大突破。它产生的背景是由于全球市场一体化的形成,制造业竞争非常激烈,产品开发的速度日益成为竞争的主要矛盾,在这种情况下,自主快速开发产品的能力就成为制造业全球竞争的实力基础;同时制造业为满足日益变化的用户需求(消费者的需求表现为主体化、个性化和多样化),又要求制造技术有较强的灵活性,能够以小批量甚至单件生产而不增加产品的成本。因此,从20世纪开始,企业的发展战略已经从60年代“如何做得更多”、70年代“如何做得更便宜”、80年代“如何做得更好”发展到90年代“如何做得更快”。RPM就是在这种社会背景下发展起来,并很快地在全世界范围内推广开来的。

9.3.1　快速原形技术的基本原理

快速原型技术不同于传统的在型腔内成形、毛坯切削加工后获得零件的方法,而是在计算机控制下,基于离散材料堆积原理,采用不同方法堆积材料最终完成零件的成形与制造的技术。快速原型技术是综合利用CAD技术、数控技术、材料科学、机械工程、电子技术和激光技术等的集成以实现从零件设计到三维实体原型制造的一体化系统技术。其主要技术特点体现在分层切片、层面信息处理和快速堆积成形三个方面:

1)分层切片　分层切片处理是将CAD三维实体沿给定的方向(通常为Z向)离散成一系列有序的二维层片的过程,薄片的厚度可根据快速成形系统制造精度在0.05~0.1mm之间选择。

2)层面信息处理　根据每层轮廓信息,进行工艺规划,选择加工参数,系统自动生成刀具移动轨迹和数控加工代码。

3)快速堆积成形　快速成形系统根据切片的轮廓和厚度要求,用片材、丝材、液体或粉末材料制成所要求的薄片,通过一片片的堆积,最终完成三维实体原型的制备。

9.3.2　快速原形技术的主要工艺方法

自从美国的3D-Systems公司推出它的第一代商用快速原型制造系统SLA-1以来的10年间,RPM得到异乎寻常的快速发展。目前全球范围内有超过30种系统。一般可将其分为两大类:一类是基于激光或其他光源的成形技术,如立体印刷法(Stereolithgphy Appatus,SLA)、分层实体制造(Laminated Object Manufacturing,LOM)、选择性激光烧结(Selective Laser Sintering,SLS)等;另一类是基于喷射的成形技术,如熔融沉积制造(Fused Deposition Modeling,FDM)、三维打印制造(Three Dimensional Printing,TDP)等。下面介绍两种典型的RPM技术。

(1)分层实体制造

分层实体制造是采用激光或刀具对箔材和纸进行切割,将所获得的层片粘连成三维实体,图9.1所示为分层实体制造原理图。它是由计算机、原材料存储及送料机构、热黏压机构、激光切割系统、可升降工作台、数控系统和机架等组成。

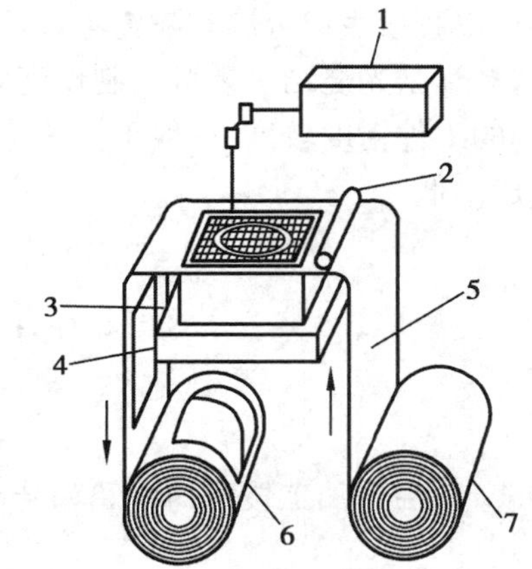

图9.1　分层实体制造原理图

1—激光器;2—压辊;3—加工中的零件;4—升降台;5—箔材;6—废材卷;7—新材卷

首先由原材料存储及送料机构在升降平台上铺一层箔材(指涂有黏结剂覆层的纸、陶瓷箔、金属箔或其他材质层的箔材),然后用COZ激光切割系统在计算机控制下切出本层轮廓,非零件部分全部切碎以便于去除。当本层完成后,升降台下移,然后由送料机构再铺上一层箔材,用滚子碾压并加热，以固化黏结剂，使新铺上的一层牢固地黏结在已成形体上，再切割该层的轮廓。如此反复直到加工完毕。最后去除切碎部分以得到完整的零件。所以对分层实体制造来说，它的关键技术是控制激光的光强和切割速度，使它们达到最好配合，以保证良好的切口质量和切割深度。

目前用分层实体制造所得到的原形精度较高，此外所得制件能承受高达 200 ℃的温度，有较高的硬度和较好的力学性能，可进行各种切屑加工。但是它不能用来制作塑料工件。另外工件会遇湿膨胀，成形后应尽快进行表面防潮处理。

(2) 选择性激光烧结

选择性激光烧结的原理和立体印刷非常相像，主要区别在于所使用的材料及其形状。立体印刷所使用的材料是液态的紫外光敏树脂，而选择性激光烧结则使用粉末材料。这是该项技术的主要优点之一，因为理论上任何可熔的粉末都可以用来制造模型，这样的模型可以用作真实的原型制作。下面就简单介绍一下选择性激光烧结的工作原理。

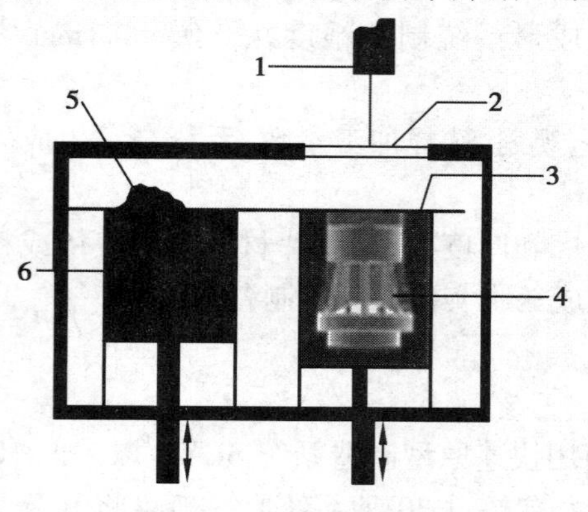

图 9.2　激光烧结成形原理图

1—激光器；2—激光窗；3—工作面；4—加工中的零件；5—铺粉小车；6—粉料

图 9.2 所示是选择性激光烧结的成形原理图。首先采用铺粉小车将一层粉末材料平铺在工作台上，然后用激光束在计算机控制下有选择地进行烧结（零件的空心部分不烧结，仍为粉末材料），被烧结的部分便固化在一起构成零件的实心部分。当一层截面烧结完后，工作台下降一个层的厚度，铺粉小车又在上面铺上一层均匀密实的粉末，进行新一层截面的烧结，并与下面已成形的部分实现黏结，直至完成整个模型。在成形过程中，未经烧结的粉末对模型的空腔和悬臂部分起着支撑作用，不需要另外的支撑。

目前，选择性激光烧结不仅能生产塑料材料，还可以直接生产金属和陶瓷零件。它可以选择不同的材料粉末制造不同用途的模具，如选用选择性激光烧结工艺可以制作高尔夫球头的模具及产品、内燃机进气管模型等。用该工艺制作的工件精度较高，一般工件整体范围的公差±0.05 mm。此外，它的材料利用率高，价格便宜，成本低。

9.4　高速加工技术

9.4.1　高速加工技术的内涵和特点

(1) 高速加工的概念

高速加工是用一种比常规速度高得多（一般指 10 倍左右）的速度对零件进行加工的先进技术。目前世界各国对其还没有一个确切的定义，根据近年来对高速加工的特点和设备的研究可将其定义为：高速加工技术是指采用超硬材料的刀具、磨具和能可靠地实现高速运动的高精度、高自动化、高柔性的制造设备，以极大地提高切削速度来达到提高材料切除率、加工精度和加工质量的现代制造加工技术。

高速加工是一个相对的概念，不同的工件材料、不同的加工方式有着不同的切削速度范围，因而很难就高速加工的切削速度范围给定一个确切的数值。德国 Darmstadt 工业大学的研究给出了7种材料的高速加工的速度范围，见表9.1。

表9.1　常见材料高速加工速度范围

加工材料	速度范围/(m·min^{-1})
铝合金	2 000~7 500
铜合金	900~5 000
钢	600~3 000
铸铁	800~3 000
超耐热镍基合金	80~500
钛合金	150~1 000
纤维增强塑料	2 000~9 000

此外，高速加工的切削速度也可按工艺方法划分，分别是车削：700~7 000 m/min；铣削：300~6 000 m/min；钻削：200~1 100 m/min；磨削：150 m/s 以上(540 km/h)。

(2)高速加工的特点

高速加工的速度比常规加工速度几乎高出一个数量级，在切削原理上是对传统切削认识的突破。由于切削机理的改变，而使高速加工产生出许多自身的优势，主要表现在以下几个方面：

1)大幅度提高切削和磨削效率，减少设备使用量　在切削加工方面，随着切削速度的大幅度提高，进给速度也相应提高5~10倍，这样，单位时间材料切除率可提高3~6倍，因而零件加工时间通常可减缩到原来的1/3。同时非切削的空行程时间也大幅度减少，从而提高了加工效率和设备利用率，缩短了生产周期。

在磨削方面，实验表明，200 m/s 高速磨削的金属切除率在磨削力不变的情况下比80 m/s 时提高150%，而340 m/s 时比180 m/s 时提高200%。

2)切削力、磨削力小，工件加工精度高　在切削方面，对同样的切削层参数，由于加工速度高，高速切削的单位切削力明显减小，使剪切变形区变窄，剪切角增大，变形系数减小，切屑流出速度加快，从而可使切削变形较小，切削力比常规切削力降低30%~90%，刀具使用寿命可提高70%。若在保持高效率的同时适当减少进给量，切削力的减幅还要加大，这使工件在切削过程中的受力变形显著减小。同时，高速切削使传入工件的切削热的比例大幅度减少，加工表而受热时间短、切削温度低，因此，热影响区和热影响程度都较小。有利于提高加工精度，有利于获得低损伤的表面结构状态和保持良好的表面物理性能及机械性能。故高速加工特别适合于大型框架件、薄壁件、薄壁槽形件等刚性较差工件的高精度、高效加工。

而在磨削方面，随着砂轮速度的提高，单位时间内参与切削的磨粒数增加，每个磨粒切下的磨屑厚度变小，导致每个磨粒承受的磨削力变小，总磨削力也大大降低。由于磨屑厚度变薄，在磨削效率不变时，法向磨削力随磨削速度的提高而大幅度减小，从而减小磨削过程中的变形，提高工件的加工精度。实验表明：在其他条件一定时，将磨削速度由33 m/s 提高至

200 m/s,磨削表面的粗糙度值由 2.0 μm 降低至 1.1 μm。

3)加工能耗低,节省制造资源　高速切削时,单位功率所切削的切削层材料体积显著增大。如洛克希德飞机公司的铝合金高速切削,主轴转速从 4 000 r/min 提高到 20 000 r/min 时,切削力下降了 30%,而材料切除率增加 3 倍。单位功率的材料切除率可达 130~160 cm^3/(min · kW),而普通铣削仅为 30 cm^3/(min · kW)。由于切除率高,能耗低,工件的在制时间短,提高了能源和设备的利用率,降低了切削加工在制造系统资源中的比例。因此,高速切削符合可持续发展战略的要求。

4)简化了工艺流程,降低了生产成本　在某些应用场合,高速铣削的表面质量可与磨削加工媲美,高速铣削可直接作为最后一道精加工工序。因而简化了工艺流程,降低了生产成本,其经济效益十分可观。

当然,高速铣削也存在一些缺点,如昂贵的刀具材料及机床(包括数控系统)、刀具平衡性能要求高以及主轴寿命低等。

9.4.2　高速切削的相关技术

高速、高速切削技术是在机床结构及材料、机床设计制造技术、高速主轴系统、快速进给系统、高性能 CNC 控制系统、高性能刀夹系统、高性能刀具材料及刀具设计制造技术、高效高精度测量测试技术、高速切削机理、高速切削工艺等相关的硬件与软件技术的基础之上综合而成的。因此,高速切削加工是一个复杂的系统工程,由机床、刀具、工件、加工工艺、切削过程监控及切削机理等方面形成了高速切削的相关技术。

(1)高速切削的刀具技术

刀具是高速切削工艺系统中最活跃的因素。刀具材料的发展,刀具结构的变革及刀具可靠性的提高,成为高速切削得以实施的工艺基础。

1)高速切削的刀具材料　高速切削时,产生的切削热和对刀具的磨损比普通切削速度时要高得多,因此,高速切削使用的刀具材料有更高的要求,目前适合于高速切削的刀具材料主要有以下几种。

①涂层刀具:通过在刀具基体上涂覆金属化合物薄膜,以获得远高于基体的表面硬度和优良的切削性能。

②金属陶瓷刀具(碳化钛基类硬质合金):与普通硬质合金刀具相比可承受更高的切削速度,陶瓷刀具与金属材料的亲和力小,热扩散磨损小,其高温硬度优于硬质合金,故耐磨损、耐高温。

③立方氮化硼(CBN)刀具:突出优点是热稳定性好(1 400 ℃),化学惰性大,在 1 200~1 300 ℃下也不与铁系材料发生化学反应。因此特别适合于高速精加工硬度 45~65HRC 的淬火钢、冷硬铸铁、高温合金等,实现“以切代磨”。

④聚晶金刚石(PCD)刀具:摩擦因数低,耐磨性极强,具有良好的导热性,适用于加工有色金属、非金属材料,特别适合于难加工材料及粘连性强的有色金属的高速切削,但价格较贵。

2)高速切削的刀柄结构　刀柄是高速加工机床(加工中心)的另一个重要配套件,它的作用是提高刀具与机床主轴的连接刚性和装夹精度。在高速切削条件下,刀具与机床的连接界面装夹结构要牢靠,工具系统应有足够的整体刚性。同时,装夹结构设计必须有利于迅速换刀,具有广泛的互换性和较高的重复精度。目前高速加工机床上普遍采用是日本的BIG-PLUS刀柄系统和德国的HSK刀柄系统。

(2)高速切削机床

1)高速主轴系统　实现高速切削的关键因素之一是拥有性能优良的高速切削机床,自20世纪80年代中期以来,开发高速切削机床便成为国际机床工业技术发展的主流。高速主轴是高速切削机床的关键零件之一。

在高速运转的条件下,传统的齿轮变速箱和皮带传动方式已不能适应要求,代之以宽调速交流变频电机来实现数控机床主轴的变速,从而使机床主运动传动的机械结构大为简化,形成一种新型的功能部件——主轴单元。在高速数控机床中,几乎无一例外地采用了电主轴-电机与机床主轴合二为一的结构形式。即采用无外壳电机,将其空心转子直接套装在机床主轴上,带有冷却套的定子则安装在主轴单元的壳体内,形成内装式电机主轴,简称"电主轴",如图9.3所示。

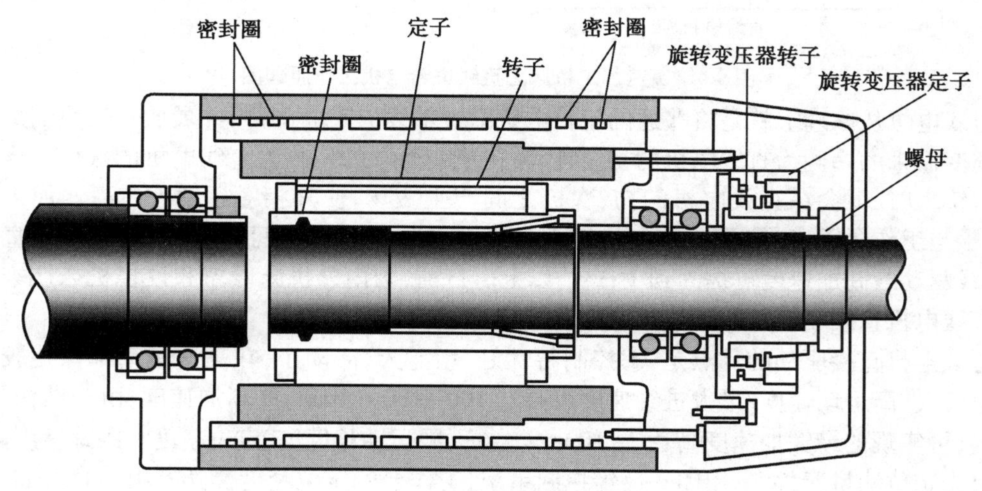

图9.3　高速电主轴的结构简图

电机的转子就是机床的主轴,机床主轴单元的壳体就是电机座,从而实现了变频电机与机床主轴的一体化。由于它取消了从主电机到机床主轴之间的一切中间传动环节,把主传动链的长度缩短为零。故称这种新型的驱动与传动方式为"零传动"。由于完全取消了机械传动机构,其转速可轻而易举地达到50 000 r/min,甚至更高,不仅如此,由于结构紧凑,消除传动误差,它还具有质量轻、惯性小、响应快、可避免振动与噪声的优点。

目前转速在10 000~20 000 r/min之间的主轴加工中心越来越普及,转速高达100 000 r/min,200 000 r/min,250 000 r/min的实用高速主轴也正在研制开发中。高速主轴几乎全部是内装交流伺服电机直接驱动的集成化结构。由于转速极高,主轴零件在离心力作用下会产生振动和变形,电机产生的热及摩擦热会引起热变形,所以高速主轴必须满足高刚性、高回转精度、良好热稳定性、可靠的工具装卡、良好的冷却润滑等性能要求。

由于集成化主轴组件结构的传动部件减少,轴承成为决定主轴寿命和负荷能力的关键部件。为了适应高速切削加工,高速主轴越来越多地采用陶瓷轴承、磁悬浮轴承及空气轴承等。

2)快速进给系统　高速机床不但要求主轴有很高的转速和功率,同时也要求机床进给系统能瞬时达到高速、瞬时停止。这就要求高速切削机床的进给系统不仅要能达到很高的进给速度,还要具有大的加速度以及高的定位精度。

传统机床采用旋转电机带动滚珠丝杠的进给方案,由于其工作台的惯性以及受螺母丝杠本身结构的限制,进给速度和加速度一般比较小。目前,快速进给速度很难超过 60 m/min,最高加速度很难突破 1 m/s^2。目前,高速加工机床一般采用直线电机直接驱动的形式,如图 9.4 所示为直线电机系统的原理图。

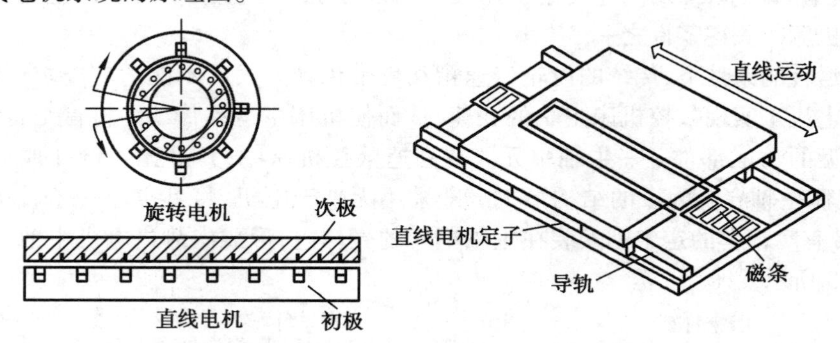

图 9.4　高速加工机床之直线进给电机工作原理图

直线电机从原理上就是将普通的旋转电机沿过轴线的平面剖开,并展成一直线而成。由定子演变而来的一侧为直线电机的初级,由转子演变而来的一侧为直线电机的次极。当交流电通入绕组时,就会在直线电机的初、次极之间产生磁场,使其相对运动。在高速加工机床上,动子与工作台固连,定子安装在机床上。从而消除了一切中间传动环节,实现了直接驱动,直线驱动最高加速度可提高到 1 m/s^2 以上。目前,国内外机床专家和许多机床厂家普遍认为直线电机直接驱动是新一代机床的基本传动形式。

直线电机直接驱动的优点是:①控制特性好、增益大、滞动小,在高速运动中保持较高的位移精度:②高运动速度,最大进给速度可高达 100~180 m/min;③高加速度,由于结构简单、质量轻,可实现的最大加速度高达 2~10 m/s^2;④无限运动长度;⑤定位精度和跟踪精度高,以光栅尺为定位测量元件,采用闭环反馈控制系统,工作台的定位精度高达 0.01~0.1 μm;⑥起动推力大(可达 12 000 N);⑦由于无传动环节,因而无摩擦、无往返程空隙,且运动平稳;⑧有较大的静、动态平衡。

但直线电机驱动也有缺点,如:①由于电磁铁热效应对机床结构有较大的热影响,需附设冷却系统;②存在电磁场干扰,需设置挡切削防护;③有较大功率损失;④缺少力转换环节,需增加工作台制动锁紧机构;⑤由于磁性吸力作用,造成装配困难;⑥系统价格较高,应用技术还不完善。

目前高速加工进给单元的速度已由过去的 8~12 m/min 提高到 30~50 m/min,某些加工中心已达到了 60 m/min。日本研制的高效平面磨床,工作台进给采用直线电机,最高速度 60 m/min,最大加速度可以达到 10 m/s^2。

3) 支承制造技术　高速加工机床的支承制造技术是指高速加工机床的支承构件,如床身、立柱、箱体、工作台、底座、拖板和刀架等的制造技术。

由于高速加工机床同时需要高主轴转速、高进给精度、高加速度,又要求用于高精度的零部件加工,因而集“三高”(高速度、高精度、高刚度)于一身就成为高速加工机床的最主要特征。目前常采用的措施有:一是改革床身结构,如 Gidding 和 Lewis 公司在其 M 高速加工中心上将立柱与底座合为一个整体,使机床整体刚性得以提高;二是使用高阻尼特性材料,如聚合物混凝土。日本牧野高速机床的主轴油温与机床床身的温度通过传感控制保持一致,协调了主轴与床身的热变形。机床厂商同时在切除、排屑、丝杠热变形等方面采用各种热稳定性措施,极大地保证了机床稳定性和精度。

机床的床身一般采用整体铸造结构。高速加工机床中,为减少直线和回转运动的动量与惯量(移动质量和转动质量),对于相同刚度而言,可采取轻质材料来制造运动零部件,如钛合金、铝合金和显微强化复合材料等。

(3) 高速切削机理

目前,关于铝合金的高速切削机理研究,已取得了较为成熟的理论,并已用于指导铝合金高速切削生产实践。而关于黑色金属及难加工材料的高速切削加工机理研究尚在探索阶段,其高速切削工艺规范还很不完善,是目前高速切削生产中的难点,也是切削加工领域研究的焦点。正开展的研究工作主要包括铸铁、普通钢材、模具钢、钛合金和高温合金等材料在高速切削过程中的切屑形成机理、切削力、切削热变化规律及刀具磨损对加工效率、加工精度和加工表面完整性的影响规律,继而提出合理的高速切削加工工艺。另外,高速切削已进入铰孔、攻丝、滚齿等的应用中,其机理也都在不断研究之中。

(4) 高速切削工艺

高速切削作为一种新的切削方式,目前,尚没有完整的加工参数表可供选择,也没有较多的加工实例可供参考,还没有建立起实用化的高速切削数据库,在高速加工的工艺参数优化方面,也还需要做大量的工作。高速切削 NC 编程需要对标准的操作规程加以修改。零件程序要求精确并必须保证切削负荷稳定。多数 CNC 软件中的自动编程都还不能满足高速切削加工的要求,需要由人工编程加以补充。应该采用一种全新的编程方式,使切削数据适合高速主轴的功率特性曲线。

9.5　先进制造生产模式

9.5.1　并行工程

并行工程是对产品及其相关过程(包括制造过程和支持过程)进行并行、一体化设计的一种系统化的工作模式。这种工作模式力图使开发者从一开始就考虑到产品整个生命周期(从概念形成到产品报废)中所有的因素,包括质量、成本、进度与用户需求等。

上面关于并行工程定义中所说的支持过程,包括对制造过程的支持(如原材料的获取、中间产品库存、工艺过程设计、生产计划等)和对使用过程的支持(如产品销售、使用维护、后服务、产品报废后的处理等)。

并行工程的核心是实现产品及其相关过程设计的集成。并行工程的基本方法是依赖于产品开发中各学科、各职能部门人员的相互合作、相互信任和共享信息,通过彼此间的有效通信和交流,尽早考虑产品全生命周期中各种因素,尽早发现和解决问题,以达到各项工作协调一致。

与传统设计方法相比,并行工程的主要特点为:设计的出发点是产品的整个生命周期的技术要求;并行设计组织是一个包括设计、制造、装配、市场销售、安装及维修等方面专业人员在内的多功能设计组,其设计手段是一套具有CAD/CAM、仿真、测试功能的计算机系统,它既能实现信息集成,又能实现功能集成,可在计算机系统内建立一个统一的模型来实现以上功能;并行设计能与用户保持密切对话,可以充分满足用户要求;可缩短新产品投放市场的周期,实现最优的产品质量、成本和可靠性。

并行工程同CIM一样,是一种经营理论、一种工作模式。这不仅体现在产品开发的技术方面,也体现在管理方面。并行工程对信息管理技术提出了更高要求,不仅要对产品信息进行统一管理与控制,而且要求能支持多学科领域专家群体的协同合作,并要求把产品信息与开发过程有机地集成起来,做到把正确的信息在正确的时间以正确的方式传递给正确的人。大量实践表明,实施并行工程可以获得明显的经济效益。据统计,实施并行工程可以使新产品开发周期缩短40%~60%早期生产中工程变更次数减少一半以上,产品报废及返工率减少75%。产品制造成本降低30%~40%。

9.5.2 精益生产系统

精益生产是20世纪90年代由美国麻省理工学院在总结日本丰田汽车公司生产经验所得,称其为“世界级制造技术的核心”,并在国际汽车计划研究报告中首次提出了精益生产这个概念。

Lean Production中的“Lean”被译成“精益”是有其深刻含义的。“精”表示精良、精确、精美,“益”则包含利益、效益等,它突出了这种生产方式的特点。精益生产简练的含义就是运用多种现代管理方法和手段,以社会需求为依托,以充分发挥人的作用为根本,有效配置和合理使用企业资源为企业谋求经济效益的一种新型生产方式。

精益生产方式彻底地消除了无效劳动。它有以下两个原则:

①最大限度地满足市场多元化的需要。企业必须使产品多元化,而且还需在时间上以最快的速度设计制造出消费者满意的产品。

②最大限度地降低成本。主张用最少的人干最多的活,做到“一人多机,一机多能,多工序操作,多机床管理”。

概括地说,精益生产方式可以用6个字来形容:速、小、美、变、零、源。“速”,就是以最快的速度开发新产品,以最快的速度生产出新产品,以最快的速度完成任务;“小”,就是使机构精简到最小、最精干,用最少的人干最多的活;“美”,就是对工作做到尽善尽美,是对工作严谨务实的态度和对产品完美的追求;“变”,就是最大限度地适应市场变化,在竞争激烈、发展速度极快的社会,人们对需要的层次和种类也在不断地发生变化;“零”就是使企业的在制品为零,即库存为零,这样既可以减少资源浪费又可以减少资金占用量;“源”,就是一切工作从头做起,在产品设计阶段就追求精,力争使产品在质量、性能相同的情况下,成本最小。

精益生产方式综合了单件生产与大量生产的优点,既避免了前者的高成本,又避免了后者的僵化,具有以下特征:

①以“人”为中心——尊重人,充分发挥人的主观能动性。把工人组织起来,集体地对产品负责。生产线一旦出现问题,每个工人都有权把生产线停下来,以分析问题,解决问题。

②以“简化”为手段——简化企业的组织机构,简化产品的开发过程,简化零部件的制造过程,简化产品的结构。总之,简化一切不必要的工作内容,消灭一切浪费。

③以“尽善尽美”为最终目标——不断改善、追求完美。在丰田的生产中要求以100%的

合格率从前道工序流到后道工序,而绝不允许任何中间环节有不合格的产品流入到后道工序。丰田方式并不一定要求以大规模的技术改造和设备升级来提高生产水平,而注重以不断的管理改革和技术革新来趋近“尽善尽美”的目标。

9.5.3 敏捷制造系统

敏捷制造(AM)这一概念的提出是1991年美国国防部委托美国里海大学(Lehigh University)亚柯卡研究所拟订一个同时体现工业和国防共同利益的中长期制造技术规划框架,在其《21世纪制造企业发展战略》研究报告中提出的。是一种直接面向用户不断变更的个性化需求、完全按订单生产,可重新设计、重新组合、连续更新的信息密集的制造系统,目前已经取得了引人注目的实际效果。

敏捷制造,又称为灵捷制造。目前尚无统一、公认的定义,一般可以这样认为:敏捷制造是在“竞争、合作、协同”机制作用下,企业通过与市场、用户、合作伙伴在更大范围、更高程度上的集成,提高企业竞争能力,最大限度地满足市场用户的需求,实现对市场需求做出灵活快速反应的一种制造生产新模式。也可以指企业采用现代通信技术,以敏捷动态优化的形式组织新产品开发,通过动态联盟(又称虚拟企业)、先进柔性生产技术和高素质人员的全面集成,迅速响应客户需求,及时交付新产品并投放市场,从而赢得竞争优势,获取长期的经济效益。

敏捷制造的目的就是针对变化莫测的市场需求,能够迅速地响应市场的变化,在尽可能短的时间内制造出能够满足市场需要的低成本、高质量的少报品,并投放到市场。

敏捷制造的特点主要体现在:

①AM是自主制造系统。AM具有自主性,每个工件和加工过程、设备的利用以及人员的投入都由基本单元自己掌握和决定。这种系统简单、易行、有效。再者,以产品为对象的AM,每个系统只负责一个或若干个同类产品的生产,易于组织小批或者单件生产,不同产品的生产可以重叠进行。如果项目组的产品较复杂时,可以将之分成若干单元,使每一个单元对相对独立的分产品的生产负有责任,分单元之间有明确的分工,协调完成各个项目组的产品。

②AM是虚拟制造系统。AM系统是一种以适应不同产品为目标而构造的虚拟制造系统。其特色在于能够随着环境的变化迅速的动态重构,对市场的变化做出快速的反应,实现生产的柔性自动化。实现该目标的主要途径是组建虚拟企业。其主要特点概括为:功能的虚拟化(企业虽具有完各的企业功能,但没有执行这些功能的机构);组织的虚拟化(企业组织是动态的,倾向于分布化,讲究轻薄和柔性,呈扁平的网状结构);地域的虚拟化(企业中少报品开发、加工、装配、营销分布在不同地点,通过计算机网络加以连接)。

③AM是可重构的制造系统。AM系统设计不是预先按规定的需求范围建立某过程,而是使制造系统从组织结构上具有可重构性、可重用性和可扩充性3方面的能力,它有预计完成变化活动的力,通过对制造系统的硬件重构和扩充,适应新的生产过程,要求软件可重用,对新制造活动进行指挥、调度与控制。

9.5.4 虚拟制造系统

为了在竞争激烈的全球市场占据一席之位,应以最短少产品研发周期(Time),最优质的产品质量(Quality),最低廉的制造成本(Cost)和最好的售后服务((Service)来赢得市场与用户,即所谓的TQCS要求。而对快速多变的市场需求,美国在20世纪后期首先提出虚拟制造

(Virtual Manufacturing)的思想,虚拟制造又称拟实制造、像素制造或屏幕制造。主要利用信息技术、仿真技术、计算机技术等对现实制造活动中的人、物、信息及制造过程进行全面的仿真,以发现制造中可能出现的问题,在产品实际生产前就采取预防措施,使得产品一次性制造成功,从而达到降低成本、缩短产品开发周期,增强企业竞争力的目的。在虚拟制造中,产品从初始外形设计、生产过程的建模、仿真加工、模型装配到检验整个的生产周期都是在计算机上进行模拟和仿真的,因而可以减少前期设计给后期加工制造带来的麻烦。

在产品设计阶段,借助建模与仿真技术及时地、并行地、模拟出产品未来制造过程乃至产品全生命周期的各种活动对产品设计的影响,预测、检测、评价产品性能和产品的可制造性等。从而更加有效地、经济地、柔性地组织生产,增强决策与控制水平,有力地降低由于前期设计给后期制造带来的回溯更改,达到产品的开发周期和成本最小化、产品设计质量的最优化、生产效率的最大化。

由于计算机软硬件技术和网络技术的广泛应用,虚拟制造具有以下特点:

①高度集成:产品与制造环境是虚拟模型,在计算机上对虚拟模型进行产品设计、制造、测试,甚至设计人员或用户可“进入”虚拟的制造环境检验其设计、加工、装配和操作,而不依赖于传统的原型样机的反复修改。因此,应综合运用系统工程、知识工程、并行工程系统仿真和人机工程等多学科先进技术,实现信息集成、知识集成、串并行交错工作机制集成和人机集成。

②支持敏捷制造:开发的产品(部件)可存放在计算机里,不但大大节省仓储费用,更能根据用户需求或市场变化快速改型设计,快速投入批量生产,从而能大幅度压缩新产品的开发时间,提高质量,降低成本。

③分布合作:可使分布在不同地点、不同部门的不同专业人员在同一个产品模型上同时工作,相互交流、信息共享,减少大量的文档生成及其传递的时间和误差,从而使产品开发以快捷、优质、低耗响应市场变化。

9.5.5 绿色制造系统

由于全球经济以前所未有的高速度持续发展,给环境带来了严重的污染,据统计,造成环境污染的排放物有70%以上来自制造业。对制造业来说,就是要考虑产品整个生命周期对环境的影响,最大限度地利用原材料、能源,减少有害排放物,减轻对环境的污染。1996年美国制造工程师学会(SME)发表了关于绿色制造的蓝皮书《Green Manufacturing》,提出了绿色制造的概念,并对其内涵和作用等问题进行了较详细的介绍。

绿色制造的概念还没有统一的定义。综合当前的研究,一般可定义为:绿色制造是一个综合考虑环境影响资源效率的现代制造模式,其目标是使得产品从设计、制造、包装、运输、使用到报废处理的整个产品生命周期中,对环境影响(副作用)最小,资源效率最高。

从制造业来看,绿色制造涉及三大领域即:制造领域(包括产品生产周期全过程)、环境领域、资源领域。绿色制造的内容涉及到绿色设计及其相关的绿色材料、绿色工艺、绿色包装、绿色处理等问题。

习题与思考题

9.1　试分析先进制造技术的发展趋势。
9.2　简述先进制造技术的特点。
9.3　什么是计算机集成制造系统？
9.4　快速原形制造技术的主要工艺方法有哪些？
9.5　高速加工的关键技术有哪些？
9.6　简述精益生产的含义？
9.7　简要说明精益生产和敏捷制造的侧重点。
9.8　试论述绿色制造的重要性。

参考文献

[1] 卢秉恒.机械制造技术基础[M].3 版.北京:机械工业出版社,2011.
[2] 熊良山.机械制造技术基础[M].4 版.武汉:华中科技大学出版社,2020.
[3] 袁军堂.机械制造技术基础[M].北京:清华大学出版社,2013.
[4] 李凯岭.机械制造技术基础(3D)[M].北京:机械工业出版社,2017.
[5] 塞洛普·卡尔帕基安,史蒂文·R.施密德著.制造工程与技术——机加工[M].蒋永刚,译.北京:机械工业出版社,2019.
[6] 邓建新,赵军.数控刀具材料选用手册[M].北京:机械工业出版社,2005.
[7] 陈日濯.金属切削原理[M].北京:机械工业出版社,1993.
[8] 徐宏海,等.数控机床刀具及其应用[M].北京:化学工业出版社,2005.
[9] 廖念钊.互换性与技术测量[M].5 版.北京:中国计量出版社,2012.
[10] 王伯平.互换性与技术测量基础[M].4 版.北京:机械工业出版社,2013.
[11] 黄鹤汀.金属切削机床:上册[M].北京:机械工业出版社,1998.
[12] 赵世华.金属切削机床[M].北京:航空工业出版社,1996.
[13] 王先奎.机械制造工艺学[M].3 版.北京:机械工业出版社,2013.
[14] 王启平.机械制造工艺学[M].5 版.哈尔滨:哈尔滨工业大学出版社,2005.
[15] 罗力渊,孙一平,唐克岩.机械制造工艺与工装[M].哈尔滨:哈尔滨工业大学出版社,2017.
[16] 陈朴.机械制造生产实习[M].2 版.重庆:重庆大学出版社,2018.
[17] 李东君.数控加工技术[M].北京:机械工业出版社,2018.
[18] 许香穗,蔡建国.成组技术[M].2 版.北京:机械工业出版社,2000.
[19] 赵良才.计算机辅助工艺设计:CAPP 系统设计[M].北京:机械工业出版社,2005.
[20] 王隆太.先进制造技术[M].3 版.北京:机械工业出版社,2020.
[21] 裴未迟,龙海洋,李耀刚,等.先进制造技术[M].北京:清华大学出版社,2019.
[22] 唐一平.先进制造技术(英文版)[M].北京:科学出版社,2007.
[23] 胡大鹏.曲轴加工技术报告,东风汽车商用车公司动力总成[R].十堰,2022.
[24] 童建兵.数控加工技术报告,东风汽车商用车公司动力总成[R].十堰,2022.
[25] 国家质量监督检验检疫总局,中国国家标准化管理委员会. 金属切削 基本术语:GB/T

12204—2010[S]. 北京：中国标准出版社，2011.
[26] 国家质量监督检验检疫总局，中国国家标准化管理委员会. 高速工具钢：GB/T 9943—2008[S]. 北京：中国标准出版社，2008.
[27] 国家质量监督检验检疫总局，中国国家标准化管理委员会. 硬质合金牌号 第1部分：切削工具用硬质合金牌号：GB/T 18376.1—2008[S]. 北京：中国标准出版社，2008.
[28] 中华人民共和国国家质量监督检验检验总局，中国国家标准化管理委员会. 优先数和优先数系：GB/T 321—2005[S]. 北京：中国标准出版社，2005.
[29] 国家质量监督检验检疫总局. 一般公差 未注公差的线性和角度尺寸的公差：GB/T 1804—2000[S]. 北京：中国标准出版社，2000.
[30] 国家市场监督管理总局. 产品几何技术规范（GPS）矩阵模型：GB/T 20308—2020[S]. 北京：中国标准出版社，2020.
[31] 国家市场监督管理总局，国家标准化管理委员会. 产品几何技术规范：GB/T 1800.1—2020[S]. 北京：中国标准出版社，2020.
[32] 国家市场监督管理总局，国家标准化管理委员会. 产品几何技术规范：GB/T 1800.2—2020[S]. 北京：中国标准出版社，2020.
[33] 国家质量监督检验检疫总局. 机械制图 尺寸公差与配合注法：GB/T 4458.5—2003[S]. 北京：中国标准出版社，2004.
[34]国家质量监督检验检疫总局. 产品几何量技术规范（GPS）圆锥配合：GB/T 12360—2005[S]. 北京：中国标准出版社，2005.
[35] 国家标准化管理委员会. 产品几何量技术规范（GPS）几何要素 第2部分：圆柱面和圆锥 面的提取中心线、平行平面的提取中心面、提取要素的局部尺寸：GB/T 18780.2—2003[S]. 北京：中国标准出版社，2003.
[36] 国家市场监督管理总局，国家标准化管理委员会. 产品几何技术规范：GB/T 1182—2018[S]. 北京：中国标准出版社，2018.
[37] 国家市场监督管理总局，国家标准化管理委员会. 产品几何技术规范（GPS）几何公差成组：GB/T 13319—2020[S]. 北京：中国标准出版社，2020.
[38] 国家质量监督检验检疫总局，中国国家标准化管理委员会. 产品几何技术规范：GB/T 17851—2010[S]. 北京：中国标准出版社，2011.
[39] 国家市场监督管理总局，国家标准化管理委员会. 产品几何技术规范：GB/T 4249—2018[S]. 北京：中国标准出版社，2018.
[40] 国家市场监督管理总局，国家标准化管理委员会. 产品几何技术规范（GPS）几何公差最大实体要求（MMR）、最小实体要求（LMR）和可逆要求：GB/T 16671—2018[S]. 北京：中国标准出版社，2018.
[41] 国家市场监督管理总局，国家标准化管理委员会. 产品几何技术规范：GB/T 24637.1—2020[S]. 北京：中国标准出版社，2020.
[42] 国家市场监督管理总局，国家标准化管理委员会. 产品几何技术规范：GB/T 24637.2—2020[S]. 北京：中国标准出版社，2020.
[43] 国家市场监督管理总局，国家标准化管理委员会. 产品几何技术规范：GB/T 24637.3—2020[S]. 北京：中国标准出版社，2020.

[44] 国家市场监督管理总局，国家标准化管理委员会. 产品几何技术规范：GB/T 38760—2020[S]. 北京：中国标准出版社，2020.

[45] 国家市场监督管理总局，国家标准化管理委员会. 产品几何技术规范：GB/T 38762.1—2020[S]. 北京：中国标准出版社，2020.

[46] 国家技术监督局. 形状和位置公差 未注公差值：GB/T 1184—1996[S]. 北京：中国标准出版社，1996.

[47] 国家质量监督检验检疫总局，中国国家标准化管理委员会. 产品几何技术规范(GPS)技术产品文件中表面结构的表示法：GB/T 131—2006[S]. 北京：中国标准出版社，2007.

[48] 国家质量监督检验检疫总局，中国国家标准化管理委员会. 产品几何量技术规范：GB/T 1031—2009[S]. 北京：中国标准出版社，2009.

[49] 国家质量监督检验检疫总局，中国国家标准化管理委员会. 产品几何技术规范：GB/T 3505—2009[S]. 北京：中国标准出版社，2009.

[50] 国家质量监督检验检疫总局，中国国家标准化管理委员会. 产品几何技术规范：GB/T 10610—2009[S]. 北京：中国标准出版社，2009.

[51] 国家质量监督检验检疫总局，中国国家标准化管理委员会. 产品几何技术规范：GB/T 16747—2009[S]. 北京：中国标准出版社，2009.

[52] 中国机械工业联合会. 金属切削机床 型号编制方法：GB/T 15375—2008[S]. 北京：中国标准出版社，2009.

[53] 国家质量监督检验检疫总局，中国国家标准化管理委员会. 金属切削机床 精度分级：GB/T 25372—2010[S]. 北京：中国标准出版社，2010.

[54] 国家质量监督检验检疫总局，中国国家标准化管理委员会. 金属切削机床 术语：GB/T 6477—2008[S]. 北京：中国标准出版社，2009.

[55] 国家质量监督检验检疫总局，中国国家标准化管理委员会. 普通磨料 代号：GB/T 2476—2016[S]. 北京：中国标准出版社，2016.

[56] 国家市场监督管理总局，国家标准化管理委员会. 普通磨料 碳化硅：GB/T 2480—2022[S]. 北京：中国标准出版社，2022.

[57] 国家质量监督检验检疫总局，中国国家标准化管理委员会. 固结磨具　用磨料粒度组成的检测和标记　第 1 部分:粗磨粒：GB/T 2481.1—1998[S]. 北京：中国标准出版社，1998.

[58] 国家质量监督检验检疫总局，中国国家标准化管理委员会. 固结磨具用磨料 粒度组成的检测和标记 第 2 部分:微粉：GB/T 2481.2—2009[S]. 北京：中国标准出版社，2009.

[59] 国家市场监督管理总局，国家标准化管理委员会. 固结磨具 一般要求：GB/T 2484—2018[S]. 北京：中国标准出版社，2018.

[60] 国家质量监督检验检疫总局，中国国家标准化管理委员会. 固结磨具 技术条件：GB/T 2485—2016[S]. 北京：中国标准出版社，2016.

[61] 国家市场监督管理总局，国家标准化管理委员会. 固结磨具 硬度检验：GB/T 2490—2018[S]. 北京：中国标准出版社，2018.

[62] 国家市场监督管理总局，国家标准化管理委员会. 超硬磨料 立方氮化硼：GB/T 6408—

2018[S]. 北京：中国标准出版社，2018.
[63] 国家市场监督管理总局，国家标准化管理委员会. 超硬磨料 人造金刚石品种：GB/T 23536—2022[S]. 北京：中国标准出版社，2022.
[64] 国家质量技术监督局. 固结磨具用磨料 粒度组成的检测和标记 第1部分：粗磨粒 F4~F220：GB/T 2481.1—1998[S]. 北京：中国标准出版社，1999.
[65] 中国机械工业联合会. 机械制造工艺基本术语：GB/T 4863—2008[S]. 北京：中国标准出版社，2009.
[66] 国家质量监督检验检疫总局，中国国家标准化管理委员会. 机械制造工艺文件完整性：GB/T 24738—2009[S]. 北京：中国标准出版社，2010.
[67] 国家质量监督检验检疫总局，中国国家标准化管理委员会. 工艺装备设计管理导则 第2部分:工艺装备设计选择规则：GB/T 24736.2—2009[S]. 北京：中国标准出版社，2010.
[68] 国家质量监督检验检疫总局，中国国家标准化管理委员会. 工艺管理导则 第3部分:产品结构工艺性审查：GB/T 24737.3—2009[S]. 北京：中国标准出版社，2010.
[69] 国家质量监督检验检疫总局，中国国家标准化管理委员会. 工艺管理导则 第4部分:工艺方案设计：GB/T 24737.4—2012[S]. 北京：中国标准出版社，2012.
[70] 国家质量监督检验检疫总局，中国国家标准化管理委员会. 工艺管理导则 第5部分:工艺规程设计：GB/T 24737.5—2009[S]. 北京：中国标准出版社，2010.
[71] 国家质量监督检验检疫总局，中国国家标准化管理委员会. 工艺管理导则 第6部分:工艺优化与工艺评审：GB/T 24737.6—2012[S]. 北京：中国标准出版社，2012.
[72] 国家质量监督检验检疫总局，中国国家标准化管理委员会. 工艺管理导则 第7部分:工艺定额编制：GB/T 24737.7—2009[S]. 北京：中国标准出版社，2010.
[73] 原国家机械工业局. 工艺规程格式：JB/T 9165.2—1998[S]. 北京:机械工业部机械标准化研究所出版,1998.
[74] 国家质量监督检验检疫总局，中国国家标准化管理委员会. 机械制造工艺文件完整性：GB/T 24738—2009[S]. 北京：中国标准出版社，2010.
[75] 国家质量监督检验检疫总局，中国国家标准化管理委员会. 铸造术语：GB/T 5611—2017[S]. 北京：中国标准出版社，2017.
[76] 国家质量监督检验检疫总局，中国国家标准化管理委员会. 锻压术语：GB/T 8541—2012[S]. 北京：中国标准出版社，2012.
[77] 国家质量监督检验检疫总局，中国国家标准化管理委员会. 铸件 尺寸公差、几何公差与机械加工余量：GB/T 6414—2017[S]. 北京：中国标准出版社，2017.
[78] 国家质量监督检验检疫总局，中国国家标准化管理委员会. 尺寸链 计算方法：GB/T 5847—2004[S]. 北京：中国标准出版社，2005.
[79] 国家质量监督检验检疫总局，中国国家标准化管理委员会. 计算机辅助工艺设计 导则：GB/T 26102—2010[S]. 北京：中国标准出版社，2011.
[80] 机械科学研究院. 机床夹具零件及部件 支承钉：JB/T 8029.2—1999[S]. 北京:机械工业部机械标准化研究所出版,1999.
[81] 原国家机械工业局. 机床夹具零件及部件 支承板：JB/T 8029.1—1999[S]. 北京:机械

工业部机械标准化研究所出版,1999.
[82] 机械科学研究院. 机床夹具零件及部件 六角头支承: JB/T 8026.1—1999[S]. 北京:机械工业部机械标准化研究所出版,1999.
[83] 机械科学研究院. 机床夹具零件及部件 顶压支承: JB/T 8026.2—1999[S]. 北京:机械工业部机械标准化研究所出版,1999.
[84] 原国家机械工业局. 机床夹具零件及部件 圆柱头调节支承: JB/T 8026.3—1999[S]. 北京:机械工业部机械标准化研究所出版,1999.
[85] 机械科学研究院. 机床夹具零件及部件 调节支承: JB/T 8026.4—1999[S]. 北京:机械工业部机械标准化研究所出版,1999.
[86] 原国家机械工业局. 机床夹具零件及部件 球头支承: JB/T 8026.5—1999[S]. 北京:机械工业部机械标准化研究所出版,1999.
[87] 机械科学研究院. 机床夹具零件及部件 自动调节支承: JB/T 8026.7—1999[S]. 北京:机械工业部机械标准化研究所出版,1999.
[88] 机械科学研究院. 机床夹具零件及部件 固定式定位销: JB/T 8014.2—1999[S]. 北京:机械工业部机械标准化研究所出版,1999.
[89] 机械科学研究院. 机床夹具零件及部件 可换定位销: JB/T 8014.3—1999[S]. 北京:机械工业部机械标准化研究所出版,1999.
[90] 机械科学研究院. 机床夹具零件及部件 V 形块: JB/T 8018.1—1999[S]. 北京: 机械工业出版社, 2004.
[91] 机械科学研究院. 机床夹具零件及部件 固定 V 形块: JB/T 8018.2—1999[S]. 北京: 机械工业出版社, 1999.
[92] 机械科学研究院. 机床夹具零件及部件 调整 V 形块: JB/T 8018.3—1999[S]. 北京: 机械工业出版社, 1999.
[93] 机械科学研究院. 机床夹具零件及部件 活动 V 形块: JB/T 8018.4—1999[S]. 北京: 机械工业出版社, 1999.